基础化学创新课程系列教材

无机及分析化学

主　编　蒋珍菊
副主编　刘家琴　邱海燕　张　燕
　　　　李翠芹　杨万明　何　毅

科学出版社

北　京

内 容 简 介

本书共 11 章。绪论简要介绍了化学学科的发展史和无机及分析化学课程的相关信息；物质结构基础包括：原子结构、元素周期律及化学键和分子间作用力等主要知识；化学反应基本原理包括：化学热力学、化学反应速率、化学平衡。按照化学反应基本原理和化学分析方法介绍了无机化学四大平衡，以及与之对应的四大滴定分析方法；在学生掌握化学反应基本规律、物质结构基础等基本知识的基础上，介绍基础的仪器分析方法；元素部分为选学内容，包括金属元素化学、非金属元素化学。

本书可作为综合性大学和高等工科院校的生物工程、食品科学与工程、制药工程、环境工程、地质工程、安全工程、材料科学与工程、高分子材料与工程、冶金工程等专业的本科生教材，也可供其他相关专业的教师和学生参考。

图书在版编目（CIP）数据

无机及分析化学/蒋珍菊主编. —北京：科学出版社，2021.5
基础化学创新课程系列教材
ISBN 978-7-03-067826-3

Ⅰ. ①无… Ⅱ. ①蒋… Ⅲ. ①无机化学-高等学校-教材 ②分析化学-高等学校-教材 Ⅳ. ①O61 ②O65

中国版本图书馆 CIP 数据核字（2020）第 264757 号

责任编辑：侯晓敏 陈雅娴 李丽娇 / 责任校对：杨 赛
责任印制：师艳茹 / 封面设计：迷底书装

科学出版社 出版
北京东黄城根北街 16 号
邮政编码：100717
http://www.sciencep.com
保定市中画美凯印刷有限公司印刷
科学出版社发行 各地新华书店经销
*
2021 年 5 月第 一 版 开本：787×1092 1/16
2024 年 8 月第四次印刷 印张：23 1/4 插页：1
字数：595 000
定价：69.00 元
（如有印装质量问题，我社负责调换）

前　言

　　无机及分析化学是高分子材料与工程、材料科学与工程、制药工程等相关专业的重要基础课程，为学生学习后续基础课程或相关专业课打下坚实的化学基础。本书的内容紧紧围绕近年来相关专业人才培养目标变化、专业课程体系的新特点，以针对性、适度性和实用性为原则，更新传统教学内容及要求，旨在培养学生储备从事相关职业的基础知识和基本能力。编写过程中注重理论知识联系实际应用，吸纳几所高校多年来化学类基础课程改革的最新成果，引入教学案例，更加注重培养学生分析问题、解决问题的能力和实事求是的职业精神，更加突出教材的"思想性、科学性、先进性、启发性和实用性"，满足新工科、新农科等背景下专业建设的迫切需求。

　　本书采用国家法定计量单位及中华人民共和国标准 GB 3102.8—93《物理化学和分子物理学的量和单位》所规定的符号，选用国际通用数据及规范化学名词术语。在编写体例上，为了使学生能及时回顾所学重要知识点，章末设计了本章小结；为了拓展学生的知识面，章末设计了"化学视野"栏目。

　　本书由蒋珍菊担任主编，参与本书编写的有西华大学蒋珍菊(第 1、2 章)、西南石油大学邱海燕(第 3、4 章)、昆明理工大学杨万明(第 5、7 章)、西华大学刘家琴(第 6 章)、贵州大学李翠芹(第 8、9 章)、西华大学张燕(第 10 章)、西华大学何毅(第 11 章)。

　　在编写过程中得到科学出版社编辑的帮助及各参编院校领导的鼓励，在此一并表示衷心的感谢。

　　由于编者学识水平及教学经验有限，本书难免存在疏漏和不当之处，恳请专家和读者批评指正。

编　者

2020 年 6 月

目　　录

第1章 绪 论

1.1 化学的发展

化学是研究物质组成、结构、性质、变化及应用的一门自然学科。它的发展经历了漫长又曲折的过程，在流逝的历史中，生产发展的需求直接推动着化学的发展，同时也为化学研究提供了必要的技术设备和丰富的资料，使它逐步成为一门科学。随着炼金术、炼丹术等的出现，人们开始了最早的化学实验，化学实验一直是人们研究化学的重要内容和不可缺少的手段，这为化学学科的建立奠定了实践基础。化学作为一门基础科学和应用科学，在现代自然科学中占有十分重要的地位，它推动了当代科学技术的进步和人类物质文明的飞速发展。其发展大致可分为以下几个时期。

1.1.1 萌芽时期

远古时期，原始人类为了生存，在与自然界的抗争中发现并利用了火。火的使用是原始人类对化学的第一发现，因为燃烧本身就是一种化学变化，火是物质燃烧时所表现出的一种化学现象。原始人类从用火开始进入文明社会，同时开始用化学方法认识和改造天然物质。火的发现和利用改善了人类的生存条件，对人类本身的发展和技术的发展起了极大的推进作用，这是人类学会制造工具以后的又一次技术飞跃。

从远古时期到公元前 1500 年，人类学会在烈火中用黏土制出陶器、用矿石煅烧出金属，学会由谷物酿造出酒，给丝、麻等织物染上颜色，这些都是在实践经验的直接启发下经过长期摸索而形成的最早的制陶、冶金、酿酒、织染等化学工艺，为人类在这些方面的发展积累了一定的化学经验，但还没有形成化学知识，只是化学的萌芽时期。

1.1.2 丹药时期

约从公元前 1500 年到公元 1650 年，化学被炼丹术、炼金术所牵引、驱动和发展，炼丹是化学的原始形式。为求得"长生不老的仙丹"或象征富贵的黄金，炼丹家和炼金术士开始了最早的化学实验，记载和总结炼丹术的书籍也相继出现。虽然炼丹家的"工作"都以失败而告终，但他们在炼制"长生不老药"的过程中，积累了许多化学经验和知识，总结了许多化学实验操作经验，制造了许多化学实验器皿。炼金术士在探索"点石成金"的方法时实现了物质间用人工方法进行的相互转变，发现了许多物质发生化学变化的条件和现象，也为化学的发展积累了丰富的实践经验。据中国、阿拉伯、埃及、希腊等国家关于炼丹术的书籍中记载，这一时期积累了许多物质间的化学变化，为化学的进一步发展提供了丰富的素材。炼丹术、炼金术几经盛衰，使人们更多地看到了它荒唐的一面。在欧洲文艺复兴时期，随着化学方法在医药和冶金方面得到充分应用，出版了一些有关化学的书籍，第一次有了"化学"这个名词。英语的"chemistry"起源于"alchemy"，即"炼金术"。"chemist"至今还保留着两个相关的含义，"化学家"和"药剂师"。这些可以说是化学脱胎于炼金术和制药业的文化遗迹。

1.1.3　燃素时期

1650～1775 年是近代化学的孕育时期。随着冶金工业和实验室经验的积累，人们对感性知识进行了总结，对化学变化的理论进行了研究，使化学成为自然科学的一个分支。这一阶段开始的标志是英国化学家波义耳(R. Boyle)对化学元素提出科学的概念，当时人们难以辨别什么是元素。在探索元素的过程中，德国化学家贝歇尔(J. J. Becher)与其学生施塔尔(G. E. Stahl)提出"燃素说"，这是化学领域中第一个把化学现象统一起来的理论。化学借助"燃素说"从炼金术中解放出来，"燃素说"认为可燃物能够燃烧是因为其本身含有燃素，燃烧过程是可燃物中燃素放出的过程。尽管现在知道这个理论是错误的，但"燃素说"是化学领域最早提出的反应理论，它把大量的化学事实统一在一个概念中，解释了许多化学现象，并"统治"化学长达百年。

1.1.4　发展时期

1775～1900 年是近代化学发展的时期。1775 年前后，拉瓦锡(A. L. de Lavoisier)用定量化学实验阐述了燃烧的氧化学说，解释了燃烧过程的本质，开创了定量化学时期，使化学沿着正确的轨道发展。19 世纪初，英国化学家道尔顿(J. Dalton)提出近代原子学说，强调了各种元素原子的质量为其最基本的特征，引入量的概念，这是与古代原子论的一个主要区别。

近代原子论使当时的化学知识和理论得到了合理的解释，成为解释化学现象的统一理论。意大利科学家阿伏伽德罗(A. Avogadro)继而提出分子概念。自从用原子-分子论来研究化学，化学才真正被确立为一门科学。在这一时期，人们建立了不少化学基本定律。俄国化学家门捷列夫(Менделéев)发现了元素周期律，德国化学家李比希(J. von Liebig)和维勒(F. Wöhler)发展了有机结构理论，这些都为化学成为一门独立的学科和现代化学的发展奠定了基础。

1.1.5　现代时期

20 世纪确定化学是一门建立在实验基础上的学科，实验与理论一直是化学研究中相互依赖、彼此促进的两个方面。19 世纪下半叶，热力学理论被引入化学，从宏观角度解决了化学平衡的问题。合成氨、硫酸、氯碱等化学工业的发展，促进化学学科的深入发展，无机化学、分析化学、有机化学和物理化学四大基础化学学科在这个时期逐渐形成。进入 20 世纪以后，受到自然科学其他学科发展的影响，人们广泛地应用了当代科学的理论、技术和方法，使化学在认识物质的结构、组成、合成新物质和分析测试等方面取得了长足的进展，在理论方面也取得了许多重要成果。

20 世纪初，电子理论和量子力学的诞生、X 射线和放射性元素的发现为化学的发展创造了条件。量子论的发展使化学和物理学有了共同的语言，解决了化学中许多悬而未决的问题。同时，化学又向生物学、医学、天文学和地质学等其他学科渗透，使蛋白质的结构等问题得到逐步的解决。数学方法及计算机技术在化学领域中的应用，进一步推动化学学科的飞速发展，促使化学学科进入现代化学时期。20 世纪中叶至今，化学学科给古老的生物学注入新的活力，在揭示生命的奥秘中起到了其他学科无法替代的重要作用，也制造了许多化学与其他相关学科相结合的经典。例如，1955 年迪·维尼奥(V. du. Vigneaud)因最早采用人工方法合成蛋白质激素(催产素和加血压素)而获得了诺贝尔化学奖。1962 年肯德鲁(J. Kendrew)和佩鲁茨(Perutz)因利用 X 射线成功地测定了鲸肌红蛋白和马血红蛋白的空间结构而获得了诺贝尔化学奖。1984 年梅里菲尔德(R. B. Merrifield)因发明多肽固相合成技术(这对整个有机合成化学与新药开发起到了极大的推动作用)而获得了诺贝尔化学奖。1997 年斯科(J. C. Skou)因发现了钠钾 ATP 酶及有关机理与博耶(P. D. Boyer)和沃克(J. E. Walker)(揭示能量分子 ATP 的形成过程)荣膺诺贝尔化学奖。

在 20 世纪 20 年代以后,化学由传统的无机化学、分析化学、有机化学和物理化学四大学科体系,发展为除四大基础化学外加生物化学、高分子化学、核放射性化学七大学科体系,并且与化学相关的交叉学科,如地球化学、海洋化学、大气化学、环境化学、宇宙化学、星际化学等也相继诞生,化学已被公认为"21 世纪的中心学科",实现了从经验到理论的重大飞跃,真正成为一门独立的学科。

1.2　化学与人类的关系

化学在人类的生存、发展过程中起着重要作用。化学知识带来了新材料、新工艺,改善了人类的生活质量,人类运用化学知识解决了能源危机、环境污染等带来的一些社会问题,化学对人类的贡献不容忽视。目前,人类生活在一个充满了化学制品的世界里,无论是织布用的棉麻,制成绸缎所用的蚕丝,还是织成呢绒大衣的羊毛,它们的主要成分都是碳水化合物或蛋白质。例如,20 世纪 30 年代以后,人类以石油、天然气和煤等为原料,利用化学方法合成的涤纶、尼龙、腈纶等高分子材料逐步替代棉、麻、丝、毛等纺织品,使服装的材质发生了根本性的变化;现代建筑所用的水泥、石灰、油漆、玻璃和塑料,以及用以提高粮食产量的化学肥料和农药等都是化学制品。又如,用以代步的各种现代交通工具,不仅需要汽油、柴油等作为动力,还需要各种汽油添加剂、防冻剂及润滑油等;超市的货架上琳琅满目且色香味俱佳的食品中所含的食品添加剂,以及药品、洗涤剂、化妆品等无一不是化学产品。人类的生活越来越离不开化学。

1.2.1　化学与生命

在 100 多种元素中,人体就含有 60 多种。其中,有 28 种元素是生命健康所必需的元素,称为生命必需元素,包括氢、硼、碳、氮、氧、氟、钠、镁、硅、磷、硫、氯、钾、钙、钒、铬、锰、铁、钴、镍、铜、锌、砷、硒、溴、钼、锡和碘。在这 28 种生命必需的元素中,按体内含量的高低可分为常量元素和微量元素。常量元素指含量占生物体总质量 0.01%以上的元素,有氧、碳、氢、氮、磷、硫、氯、钾、钠、钙和镁,这 11 种元素共占人体总质量的99.95%。微量元素是指含量占生物体总质量 0.01%以下的元素,如铁、硅、锌、铜、溴、锡、锰等。无论是常量元素还是微量元素,在人体内都十分重要,直接影响人体健康,但人体内生命元素的含量都有一个最佳范围,超过或低于这个范围,对人的健康均不利。

1.2.2　化学与生活

生活中处处有化学,化学与人们的生活密切相关。人们的衣、食、住、行方方面面都受惠于化学,如每一座楼房、每一条公路等从建设开始就涉及化学变化。在起居中,化学让生活变得多姿多彩,如各种漂亮的衣服、洗发露、香水等。在食品中,化学为做出可口的饭菜提供了丰富的调味品。化学为交通工程领域的科技创新、节能减排、安全便捷、高质量低维护提供了新型材料，如飞机使用碳纤维制造等都离不开化学。

1.2.3　化学与环境

化学带来了物质世界的繁荣，同时也给环境带来一些负面影响。保护环境，与自然和谐相处，已成为人类文明的主要任务。目前，水体污染、大气污染及城市发展带来的其他污染给人类带来的危害已不容忽视。环境问题已成为 21 世纪人类面临的主要问题，如白色污染等问题已经引起全世界研究者的关注。目前，绿色化学得到空前的发展，绿色化学又称环境无害化学、环境友好化学、清洁化学，即减少或消除危险物质的使用和产生。绿色化学涉及有机合成、催化、生物化学、分析化学等分支领域，内容广泛。绿色化学倡导用化学的技术和方法减少或停止对人类健康、社区安全、生态环境有害的原料、催化剂、溶剂和试剂的使用，以及产物、副产物等的产生。世界各国都采取强有力的措施加强环境保护，如 2017 年我国提出"蓝天保卫战"，2018 年将其固化为"三年行动计划"，这是我国继 2013 年"大气十条"实施以来的又一环境保护重大举措，为持续改善环境提供政策支持。

1.3　无机及分析化学课程的性质、地位和任务

传统化学按研究对象和研究的原理分为无机化学、分析化学、有机化学和物理化学四大分支。无机化学的研究对象是元素及其化合物。分析化学是研究物质的组成、结构和测定方法及有关原理的一门学科。有机化学的研究对象是碳氢化合物及其衍生物。物理化学是根据物理现象和化学现象之间的相互关联和相互转化研究物质变化规律的一门学科。

无机及分析化学是由无机化学和分析化学两大基础课程整合而成的一门重要的基础理论课程，厘清了两门课之间的逻辑关系，优化了课程结构。它是各高等院校结合专业人才培养目标的需要，将无机化学和分析化学的基本理论和基础知识融为一体的一门课程，主要以物质结构基础理论、四大平衡(酸碱平衡、配位平衡、沉淀溶解平衡和氧化还原平衡)以及化学热力学和动力学基本原理为主线，讲授化学学科最基本的理论和知识，分析化学部分重点讨论定量分析的基本原理和方法，同时简要介绍仪器分析中的基础分析方法。无机及分析化学是为生物工程、食品科学与工程、能源与化学工程、制药工程、环境工程、地质工程、环境科学、安全工程、材料科学与工程、高分子材料与工程、冶金工程等相关专业本科生开设的一门基础必修课。无机及分析化学课程较好地消除了以往课程内容重复或脱节的现象，充分体现了作为一门化学基础课程的基础性、应用性和实践性。

1.4　无机及分析化学的学习方法

学习方法无定式，只要付出努力，就一定会有回报。

1. 学习原动力

古往今来，杰出的人物无一不是靠自主学习才有所发现、有所创造的。谁能教亚里士多德成为亚里士多德？谁能教爱因斯坦发现解释宇宙的根本原理？谁能教屠呦呦提取青蒿素？

自主学习和创造是前进的一种动力。哈佛大学荣誉校长陆登庭(N.L.Rudensitne)曾说："如果没有好奇心和纯粹的求知欲动力，就不可能产生那些对人类和社会具有巨大价值的发明创造。"做任何事情都需要有动力，学习无机及分析化学同样需要有动力，只有明确了为什么要学，自己想学，才有可能学好无机及分析化学。

2. 讲究方法

研究表明，学习效果和学习效率在很大程度上取决于学习方法是否科学，要找出最适合自己的学习方法。其中最基本的学习方法是：课前预习，记录疑难；课上听讲、讨论，做好笔记；课后及时复习，独立完成作业；进行单元小结，找出知识间的内在联系；充分利用网络资源，提高自学能力。在学习的过程中，学习前人如何进行观察和实验，如何形成分类，归纳成概念、原理，并不断体会、理解创造的过程，形成创新意识，努力尝试创新；应努力把握学科发展的最新进展，努力用所学概念和原理理解新的事实，思索其中可能存在的矛盾问题，设计并参与新的探索。

3. 注重实验

化学是一门注重实践的学科，知识大多来自实验，实验现象有助于学生更好地记忆和理解知识，应给予充分的重视。实验是培养动手能力、分析问题和解决问题能力的重要环节，在进行实验过程中，要掌握实验的基本操作，领悟实验原理，提高实验技能，培养严谨的学风和科学的态度。

4. 勤学多问

在学习中要养成勤于思考、勇于探索、善于发现的好习惯，着眼点不只是会几道题，记住一些公式或事实，更主要的是要概括出某些知识的共通性，找到解决问题的普遍规律。在学习中要注重知识的逻辑性，注意时刻培养自己的创新意识；要有独立钻研的精神，善于观察，思维灵活，有敢于冲破旧的模式和固定思维、建立新思维的勇气，敢于大胆地提出自己的新见解和观点。陶行知先生曾说："发明千千万，起点是一问。智者问得巧，愚者问得笨。"

5. 理论联系实际

化学研究既有宏观的物质及其变化的现象、事实，又有微观粒子的组成、结构和运动变化。古人云："工欲善其事，必先利其器。"就理论联系实际而言，"器"就是科学理论，"利其器"就是不断加强理论学习。在学习过程中理论联系实际，既是化学课程理论的要求，也是科学技术和学生学习实际的需要。在学习无机及分析化学的过程中要不断将化学基本理论应用到专业学习中，并加以应用。

第 2 章　物质结构基础

自然界中种类繁多、五彩纷呈的物质都是由 100 多种元素的原子以不同种类、不同数目及不同方式结合而形成的，物质内部结构不同，因此各种物质在性质上有差异。要了解物质的性质和用途，就必须认识物质的结构。除核反应外，化学反应只发生在原子核外的电子层中，只涉及核外电子运动状态的改变。研究化学反应的规律，掌握物质的性质及物质性质与结构之间的关系，就必须研究原子结构及原子与原子之间的结合方式等基础知识。本章着重讲述原子核外电子的运动状态和规律，为认识分子的结构及了解物质性质提供重要的基础。

2.1　原子结构及经典模型

人类探索物质结构的历史由来已久。公元前 400 年，古希腊哲学家德谟克利特(Democritus)提出原子的概念。1803 年，英国物理学家道尔顿提出"原子说"。1833 年，英国物理学家法拉第(M. Faraday)提出法拉第电解定律，表明原子带电，且电可能以不连续的粒子存在。1874 年，斯通尼(G. J. Stoney)建议将电解过程被交换的粒子称为电子。1879 年，克鲁克斯(S. W. Crookes)从放电管(高电压低气压的真空管)中发现了阴极射线。1886 年，哥德斯坦(E. Goldstein)从放电管中发现了阳极射线。1897 年，英国物理学家汤姆孙(J. J. Thomson)证实阴极射线的存在，即阴极材料上释放出的高速电子流，并测量出电子的荷质比($z/m=1.7588\times10^8$ C·g^{-1})，这在一定意义上是历史上第一次发现电子。1909 年，美国物理学家密立根(R. A. Millikan)的油滴实验测出了电子的带电量，并强化了"电子是粒子"的概念。

19 世纪中叶，人们已经认识到光来自原子内部，可利用光谱探索原子的奥秘。19 世纪，瑞典化学家埃格斯特朗(A. J. Angstrom)最先从气体放电的光谱中确定了氢的可见光范围内的谱线并精确测量了它们的波长。1880 年，天文学家哈金斯(W. Huggins)和沃格尔(H. C. Vogel)成功地拍摄了恒星的光谱，发现氢的光谱可以扩展到紫外区，氢原子发射谱线呈现阶梯形，一条一条明显地排列。

1911 年，英国物理学家卢瑟福(E. Rutherford)通过α粒子散射实验提出了原子的核式结构模型，开启了原子结构的大门。

2.1.1　原子结构

1. 原子的组成

1902 年，德国物理学家莱纳德(P. E. A. von Lénárd)从实验中证明高速的阴极射线能通过数千个原子，提出了中性微粒动力子模型，原子的大部分体积是空无所有的空间，而刚性物质大约仅为其全部的 10^{-9}(十亿分之一)。莱纳德设想"刚性物质"是分散于原子内部空间里的若干阳电和阴电的合成体。英国化学家和物理学家道尔顿创立原子学说后，很长时间内人们都认为原子是微小的、不可分割的实心球。

自 1869 年德国科学家希托夫(J. W. Hittorf)发现阴极射线后，克鲁克斯、赫兹、勒纳、汤姆孙等一大批科学家研究了阴极射线，历时 20 余年，汤姆孙发现了电子的存在。而原子是不带电的，既然从原子中能分离出是它质量 1/1700 的带负电电子，说明原子内部还有结构，也说明原子中还存在带正电的物质，它们应与电子所带的负电中和，使原子呈电中性。1919 年，卢瑟福用 α 粒子轰击氮核，从氮核中打出了一种粒子，并测定了它的电荷与质量，它的电荷量为一个单位，质量也为一个单位，卢瑟福将其命名为质子。又用 α 粒子撞击硼(B)、氟(F)、铝(Al)、磷(P)核等也都能产生质子，故推论"质子"为元素和原子核的共有成分。1932 年，英国物理学家查德威克(J. Chadwick)用 α 粒子撞击铍原子核，发现了中子。

原子主要由质子、中子、电子组成。由于电子的质量很小，约为质子质量的 1/1836，所以在计算原子质量时，电子质量通常忽略不计，只计原子核质量(质子和中子的质量总和)。质子和中子的质量都很小，分别为 1.6726×10^{-27} kg 和 1.6748×10^{-27} kg。计算时，为方便起见，通常用质子、中子的相对质量进行，即 ^{12}C 原子质量的 1/12(质量为 1.6606×10^{-27} kg)为衡量标准，质子和中子与它的相对质量虽分别为 1.007 和 1.008，但都取近似整数值为 1。将原子核内所有的质子和中子的相对质量取近似整数值相加，所得的数值称为原子的质量数，则

$$质量数(A) = 质子数(Z) + 中子数(N)$$

例如，以 $^{A}_{Z}X$ 代表一个质量数为 A、质子数为 Z 的原子，则构成原子的粒子间的关系式可以表示如下：

$$原子(^{A}_{Z}X)\begin{cases} 原子核\begin{cases} 质子Z个 \\ 中子(A-Z)个 \end{cases} \\ 核外电子Z个 \end{cases}$$

核电荷数是原子核所带的电荷数。原子核中每个质子带 1 个单位正电荷，中子不带电荷，因此核电荷数由质子数决定。各元素按核电荷数由小到大的顺序进行编号，所得的序号称为该元素的原子序数，即原子序数在数值上等于该原子的核电荷数，如氧元素原子核内有 8 个质子，原子的核电荷数为 8，其原子序数也为 8。

原子失去核外电子形成阳离子，原子得到电子形成阴离子。同种元素的原子和离子间的区别只是核外电子数目不同。例如，$^{23}_{11}Na$ 表示钠原子，质量数 23，质子数 11，中子数 12，核外电子数 11，是第 11 号元素；$^{23}_{11}Na^{+}$ 表示带 1 个单位正电荷的钠离子，质量数 23，质子数 11，中子数 12，核外电子数 10。

原子作为一个整体为电中性，原子核所带的正电量和核外电子所带的负电量相等，即 8 号氧元素核电荷数为 8，核外有 8 个电子。综上所述，在原子中存在以下关系：

$$原子序数 = 核电荷数 = 核内质子数 = 核外电子数$$

2. 同位素

核素是指具有一定数目质子和一定数目中子的一种原子。很多元素有质子数相同而中子数不同的几种原子。同位素是具有相同核电荷数(核内质子数)的同一类原子的总称，即同位素是质子数相同而中子数不同的同种元素的一组核素。同位素是同一元素的不同原子，其原子具有相同数目的质子，但中子数目不同，结构也不同，因而表现出不同的核性质。同一元

素的各种同位素原子间物理性质有差异，但化学性质几乎完全相同，如氢元素的同位素有 ^1_1H、^2_1H 和 ^3_1H；碳元素的同位素有 $^{12}_6C$、$^{13}_6C$ 和 $^{14}_6C$；碘元素的同位素有 $^{127}_{53}I$ 和 $^{131}_{53}I$；钴元素的同位素有 $^{59}_{27}Co$ 和 $^{60}_{27}Co$。

各同位素之间物理性质有较大差异，部分同位素能自发放出不可见的 α、β或γ射线。放射性同位素的原子放射出的射线可以用灵敏的探测仪测定出它们的踪迹，所以放射性同位素的原子又称为"示踪原子"，可以用于研究药物的作用机制、吸收和代谢等。放射性同位素在医疗等领域被广泛应用，如 $^{131}_{53}I$ 是治疗甲状腺疾病最常见的放射性药物；$^{60}_{27}Co$ 放出的射线能深入组织，对癌细胞有破坏作用；$^{14}_6C$ 含量的测定可以推算文物或化石的"年龄"。

2.1.2 卢瑟福原子模型

1911 年，英国物理学家卢瑟福的 α 粒子散射实验，发现原子有核，且原子核带正电、质量极大、体积很小。利用带正电的α粒子(氦核)轰击金属箔，发现大部分(99.9%)粒子穿过金属箔后仍保持原来的运动方向，但有极少数α粒子发生了较大角度的偏转。在分析实验结果的基础上，卢瑟福提出了原子的核型结构：原子模型像一个太阳系，带正电的原子核像太阳，带负电的电子像绕着太阳转的行星。在这个"太阳系"，核外电子就像地球绕太阳运转，在一定轨道中绕原子核运动。原子中带正电的物质集中在一个很小的核心上，而且原子质量的绝大部分也集中在这个很小的核心上，形成了经典原子模型。

2.1.3 氢原子光谱图与玻尔氢原子模型

1. 氢原子光谱图

氢原子(^1_1H)由一个质子及一个电子构成，是最简单的原子，研究其光谱是了解物质结构理论的主要基础。氢原子光谱指的是氢原子内的电子借由外界提供的能量在不同能级跃迁时，发射或吸收不同波长、能量的光子而得到的光谱，即氢原子的电子跃迁至高能级后，在回到低能级的同时，放出能量等于两能级间能量差的光子，再以光栅、棱镜或干涉仪分析其光子能量、强度，可以得到其发射光谱。或用已知能量、强度的光源照射氢原子，能量等于能级能量差的光子会被氢原子吸收，因而在该谱图中形成暗线。在大自然中氢原子倾向于以双原子分子存在，但科学家仍能用阴极射线管使其分解成单一原子。

氢原子光谱是不连续的线光谱，从无线电波、微波、红外光、可见光到紫外光区段都有可能有其谱线。根据电子跃迁后所处的能级，可将光谱分为不同的线系。理论上有无穷个线系，前 6 个常用线系以发现者的名字命名，氢原子能级简图见图 2-1，即莱曼(主量子数 n 大于或等于 2 的电子跃迁到 $n = 1$ 的能级，产生的一系列光谱线称为莱曼系，此系列谱线能量位于紫外光波段)、巴耳末系(主量子数 n 大于或等于 3 的电子跃迁到 $n = 2$ 的能级，产生的一系列光谱线称为巴耳末系，巴耳末系有四条谱线处于可见光波段，是最早被发现的线系)、帕邢系(主量子数 n 大于或等于 4 的电子跃迁到 $n = 3$ 的能级，产生的一系列光谱线称为帕邢系，由帕邢于 1908 年发现，位于红外光波段)、布拉开系(主量子数 n 大于或等于 5 的电子跃迁到 $n = 4$ 的能级，产生的一系列光谱线称为布拉开系，由布拉开于 1922 年发现，位于红外光波段)、普丰德系(主量子数 n 大于或等于 6 的电子跃迁到 $n = 5$ 的能级，产生的一系列光谱线称为普丰德系，由普丰德于 1924 年发现，位于红外光波段)、韩福瑞系(主量子数 n 大于或等于 7 的电子跃迁到 $n = 6$ 的能级，产生的一系列光谱线称为韩福瑞系，由韩福瑞于 1953 年发现，位于红外光波段)。

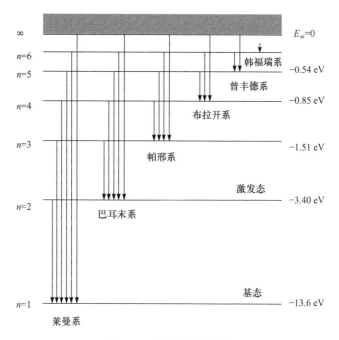

图 2-1　氢原子能级简图

1885 年，瑞士人巴耳末 (Balmer) 归纳出氢原子谱线的经验公式：

$$\frac{1}{\lambda} = R\left(\frac{1}{2^2} - \frac{1}{n^2}\right) \qquad (n = 3, 4, 5, \cdots)$$

1989 年，瑞典物理学家里德伯 (J. Rydberg) 设法发展了另一个不但可以和已知的巴耳末经验式吻合，而且能预测其他未知谱线的公式，将不同的整数代入里德伯的经验式 (2-1)，可以发现并得到不同的氢光谱系列谱线。

$$\sigma = \frac{1}{\lambda} = R_H\left(\frac{1}{n^2} - \frac{1}{n'^2}\right) \qquad (n = 1, 2, 3, \cdots; n' = n+1, n+2, n+3, \cdots) \qquad (2\text{-}1)$$

式中，σ 为波数；λ 为波长；$R_H = 1.097 \times 10^7 \, \text{m}^{-1}$，为里德伯常量；$n$ 与 n' 都是正整数，且 $n' > n$。

2. 玻尔模型

氢原子光谱为什么符合里德伯公式？主要是因为氢原子光谱与氢原子的电子运动之间存在着内在联系，1913 年丹麦物理学家玻尔 (N. Bohr) 在他的原子模型 (简称玻尔模型) 中给出了这样的原子图像：电子在一些特定的可能轨道上绕核做圆周运动，离核越远能量越高；可能的轨道由电子的角动量 (必须是 $\frac{h}{2\pi}$ 的整数倍) 决定；当电子在这些可能的轨道上运动时原子不发射也不吸收能量，只有当电子从一个轨道跃迁到另一个轨道时，原子才发射或吸收能量，而且发射或吸收的辐射是单频的，辐射的频率和能量之间的关系符合 $E = h\nu$。玻尔理论成功地说明了原子的稳定性和氢原子光谱线的规律，提出了玻尔模型。玻尔模型的要点为：

（1）行星模型：玻尔假定，氢原子核外电子是处在一定的线性轨道上绕核运行的，正如太阳系的行星绕太阳运行一样。

（2）定态假设：玻尔假定，氢原子的核外电子在轨道上运行时具有一定的、不变的能量，不会释放能量，这种状态称为定态。能量最低的定态称为基态，能量高于基态的定态称为激发态。

（3）量子化条件：玻尔假定，氢原子核外电子的轨道不是连续的，而是分立的，在轨道上运行的电子具有一定的角动量（$L = mvr$，其中 m 为电子质量，v 为电子线速度，r 为电子线性轨道的半径），只能按式（2-2）取值：

$$L = n\left(\frac{h}{2\pi}\right) \qquad (n = 1, 2, 3, 4, 5, 6, \cdots) \qquad (2\text{-}2)$$

式中，n 为正整数；L 为角动量；h 为普朗克常量（6.626×10^{-34} J·s）。

（4）跃迁规则：电子吸收光子就会跃迁到能量较高的激发态，反过来，激发态的电子会放出光子，返回基态或能量较低的激发态；光子的能量为跃迁前后两个能量之差。

玻尔理论大大扩展了量子论的影响，加速了量子论的发展。1915 年，德国物理学家索末菲（A. Sommerfeld）把玻尔的原子理论推广到包括椭圆轨道，并考虑电子的质量随其速度而变化的狭义相对论效应，导出光谱的精细结构与实验相符。

1916 年，爱因斯坦（A. Einstein）从玻尔的原子理论出发用统计的方法分析了物质的吸收和发射辐射的过程，导出了普朗克辐射定律。

玻尔还求得氢原子基态时电子离核距离 $r = 52.9$ pm[1 pm（皮米）$=10^{-12}$ m]，通常称为玻尔半径，用 a_0 表示。

从氢原子能量图中可以看出，原子中电子的能量不是任意的，而是有一定条件的，它具有微小而单独的能量单位——量子（$h\nu$），也就是说物质吸收或放出能量就像物质微粒一样，只能以单个的、一定分量的能量，一份一份地按照这一基本分量（$h\nu$）的倍数吸收或放出能量，即能量是量子化的。由于原子的两种定态能级之间的能量差不是任意的，即能量是量子化的、不连续的，由此产生的原子光谱必然是分离的、不连续的。

微观粒子的能量及其他物理量具有量子化的特征是一切微观粒子的共性，是区别宏观物体的重要特性之一。

2.2　微观粒子（电子）的运动特征

与宏观世界相比较，分子、原子、电子等物质均称为微观粒子。微观粒子的运动规律与宏观物体有较大区别，其自身特有的运动规律和特征可以归结为波粒二象性，表现为量子化和统计性。

波粒二象性是指一切物质同时具备波的特质及粒子的特质。波粒二象性是量子力学中的一个重要概念。在经典力学中，研究对象总是被明确区分为两类：波和粒子。前者的典型例子是光，后者则组成了我们常说的"物质"。

2.2.1　光电效应与光的波粒二象性

光的本质是什么？这个问题在牛顿(I. Newton)与惠更斯(C. Huygens)时代就有不同的看法。1680～1690 年，牛顿认为光如同经典力学中的质点一样，是粒子流。而波动学说的创始人之一——惠更斯，则认为光是一种波动现象。

19 世纪，人们发现了光的干涉、衍射和偏振现象，而在当时，这些现象只能由波动理论给出合理的解释。后来，麦克斯韦(J. C. Maxwell)证明了光是一种电磁波。直到爱因斯坦的光子学说建立后，人们才对光的本质有了新的认识。

1905 年，爱因斯坦提出了光电效应的光量子解释，人们开始意识到光波同时具有波和粒子的双重性质。爱因斯坦将其解释为量子化效应：金属被光子击出电子，每一个光子都带有一部分能量 E，这份能量对应于光的频率 ν：$E = h\nu$，h 为普朗克常量。光束的颜色取决于光子的频率，而光强则取决于光子的数量。由于量子化效应，每个电子只能整份地接受光子的能量，因此只有高频率的光子(蓝光，而非红光)才有能力将电子击出。

1924 年，德布罗意(L. V. Duc de Broglie)注意到原子中电子的稳定运动需要引入整数来描述，与物理学中其他涉及整数的现象如干涉和振动简正模式类似，提出"物质波"假说，认为和光一样，一切物质都具有波粒二象性。

2.2.2　微观粒子的波粒二象性

实物粒子也具有波粒二象性，将波长 λ 和动量 P 联系起来，如式(2-3)所示：

$$\lambda = \frac{h}{P} = \frac{h}{mv} \tag{2-3}$$

式中，m 为质量；v 为粒子运动速度；h 为普朗克常量；λ 为波长；P 为动量。这是对爱因斯坦等式的一般化，因为光子的动量 $P = \dfrac{E}{c}$（c 为真空中的光速），所以 $\lambda = \dfrac{c}{\nu}$。即一个动量为 P、能量为 E 的微观粒子，在运动中表现为一个波长为 $\lambda = \dfrac{h}{mv}$、频率为 $\nu = \dfrac{E}{h}$ 的沿微粒运动方向传播的波(物质波、德布罗意波)，即电子等实物微粒也具有波粒二象性。

根据这一假说，电子也具有干涉和衍射等波动现象，德布罗意的方程由贝尔实验室戴维孙(C. J. Davission)和革末(L. H. Germer)以低速电子束射向镍单晶获得电子，经单晶衍射实验得以证实，测得电子的波长与德布罗意公式一致。汤姆孙以高速电子穿过多晶金属箔获得类似 X 射线在多晶上产生的衍射花纹，证实了电子的波动性；后来又有其他实验观测到氦原子、氢分子及中子的衍射现象，微观粒子的波动性已被广泛地证实。由微观粒子波动性发展起来的电子显微镜、电子衍射技术和中子衍射技术已成为探测物质微观结构和晶体结构分析的有力手段。

由此可见，波粒二象性是微观粒子运动的特征，因而微观粒子的运动不能用经典的牛顿力学，而必须用微观世界的量子力学来描述。

2.2.3　不确定性原理

在经典力学中，宏观物体在任一瞬间的位置和动量都可以用牛顿定律准确测定。但用将光照到一个粒子上的方式来测量一个粒子的位置和速度，一部分光波被该粒子散射开，由此指明其位置。但人们不可能将粒子的位置确定到比光的两个波峰之间的距离更小的程度，所以为了精确测定粒子的位置，必须用短波长的光。简单来说，如果想测定一个粒子的精确位置，就需要用波长尽量短的波，但波长越短，对这个粒子的扰动也越大，对它的速度测量也越不精确；如果想要精确测量一个粒子的速度，就要用波长较长的波，就不能精确测定它的位置。

德国物理学家海森伯（W. K. Heisenberg）于 1927 年提出的不确定性原理表明，在量子力学中，粒子的位置与动量不可同时被确定，位置的不确定性与动量的不确定性遵守不等式(2-4)：

$$\Delta x \cdot \Delta P \geqslant \frac{h}{4\pi} \tag{2-4}$$

式中，Δx 为位置标准差；ΔP 为动量标准差；h 为普朗克常量。也就是说，在位置被测定的一瞬间，即当光子被电子偏转时，电子的动量发生一个不连续的变化，因此在确知电子位置的瞬间，关于它的动量就只能知道相应于其不连续变化的大小的程度。于是，位置测定得越准确，动量的测定就越不准确，反之亦然。

2.3　核外电子的运动状态

微观粒子运动具有波粒二象性，由于微观粒子的波粒二象性及不确定性原理，核外电子的运动状态不能用经典牛顿力学描述，而要用量子力学描述。1926 年，奥地利物理学家薛定谔（E. Schrödinger）指出，既然光具有波粒二象性，且其行为可以用波动方程描述，则对于同样具有波粒二象性的电子，其运动状态也应当能满足代表波动特性的波动方程。量子力学认为自然界所有的粒子，如光子、电子或原子，都能用一个微分方程如薛定谔方程描述。这个方程的解即为波函数，它描述了粒子的状态。波函数具有叠加性，即它们能够像波一样互相干涉和衍射。同时，波函数也被解释为描述粒子出现在特定位置的概率幅[①]，粒子性和波动性就统一在同一个解释中。

2.3.1　薛定谔方程与波函数

1. 薛定谔方程

薛定谔提出的量子力学基本方程是一个非相对论的波动方程。它描述了微观粒子的状态随时间变化的规律，在量子力学中的地位相当于牛顿定律对于经典力学一样，是量子力学的基本假设之一，其正确性只能靠实验确定。假设描述微观粒子状态的波函数为 $\psi(r, t)$，质量为 m 的微观粒子在势场 $V(r, t)$ 中运动的薛定谔方程为

$$\frac{\partial^2 \psi}{\partial x^2} + \frac{\partial^2 \psi}{\partial y^2} + \frac{\partial^2 \psi}{\partial z^2} = -\frac{8\pi^2 m}{h^2}(E - V)\psi \tag{2-5}$$

这是一个二阶偏微分方程。式中，ψ 为波函数（是三维空间 x、y 和 z 的函数）；m 为微粒的质量；h 为普朗克常量；E 为粒子的总能量；V 为粒子的势能。在给定初始条件和边界条件，以及波函数所满足的单值、有限、连续的条件下，解薛定谔方程，可解出波函数 $\psi(r, t)$，就可

---

① 在量子力学中，概率幅又称为量子幅，是一个描述粒子的量子行为的复函数。例如，概率幅可以描述粒子的位置。当描述粒子的位置时，概率幅是一个波函数，表达为位置的函数。该波函数必须满足薛定谔方程。

求出描述微观粒子(如电子)运动状态的函数式——波函数功及与此状态相应的能量 E。

薛定谔方程揭示了微观物理世界物质运动的基本规律，是原子物理学中处理一切非相对论问题的有力工具，在原子、分子、固体物理、核物理、化学等领域被广泛应用。

2. 波函数(原子轨道)

波函数 ψ 不是一个具体的数值，是描述微观粒子运动的数学函数式，每个 ψ 代表电子在原子中的一种运动状态，因为波函数 ψ 是 x、y、z 的函数，故可粗略地将 ψ 看作在三维空间里找到该电子的一个区域；为了通俗化，量子力学借用经典力学的"原子轨道"一词，把原子体系中的每个 ψ 称为一个原子轨道(或原子轨函)。此处的原子轨道绝不是玻尔理论的原子轨道，而是指电子的一种空间运动状态，用统计的方法，可在 ψ 所代表的区域内找到核外运动的该电子，而该电子在此区域内(这一轨道)的运动是随机出现的。

薛定谔方程在直角坐标系中难以求解，但可以转化为球坐标，以便对某些情况下的电子运动状态求解。在球坐标系中，薛定谔方程的表达式为

$$\frac{1}{r^2}\frac{\partial}{\partial r}\left(\frac{\partial \psi}{\partial r}\right)+\frac{1}{r^2\sin\theta}\frac{\partial}{\partial \theta}\left(\sin\theta\frac{\partial \psi}{\partial \theta}\right)+\frac{1}{r^2\sin^2\theta}\frac{\partial^2 \psi}{\partial \phi^2}=-\frac{8\pi^2 m}{h^2}(E-V) \tag{2-6}$$

球坐标系与直角坐标系的转化关系为

$$x=r\cdot\sin\theta\cdot\cos\phi, \quad y=r\cdot\sin\theta\cdot\sin\phi, \quad z=r\cdot\cos\theta \tag{2-7}$$

三维空间中任意一点的位置可用 (x,y,z) 或 (r,θ,ϕ) 表示，如果知道 (x,y,z) 或 (r,θ,ϕ) 即可找到原子轨道在空间的位置，直角坐标系与球坐标系相互变换示意图见图 2-2。

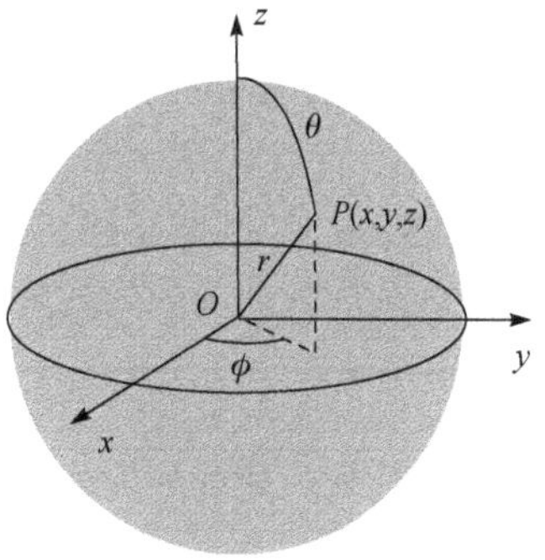

波函数 ψ 本身没有明确的物理意义，只是描述核外电子运动状态的数学函数式，但可由此计算粒子的分布概率。当势能函数 V 不依赖于时间 t 时，粒子具有确定的能量，粒子的状态称为定态。定态时的波函数可写成式(2-5)中 $\psi(r)$，称为定态波函数，满足定态薛定谔方程，这一方程在数学上称为本征方程，式中 E 为本征值，它是定态能量，$\psi(r)$ 又称为属于本征值 E 的本征函数。

3. 氢原子核外电子的波函数

图 2-2 直角坐标系与球坐标系的相互变换

在所有的原子中，只有氢原子或类氢离子的薛定谔方程是可以精确求解的，所用的方法是变量分解法，求得的波函数 ψ 具有下列通式：

$$\psi(r,\theta,\phi)_{n,l,m}=R(r)_{n,l}\cdot\Theta(\theta)_{l,m}\cdot\Phi(\phi)_m \tag{2-8}$$

式中，$R(r)_{n,l}$ 只是变量 r 的函数，因而称为径向波函数；$\Theta(\theta)_{l,m}$ 和 $\Phi(\phi)_m$ 分别为角度 θ 和 ϕ 的函数，二者的乘积称为角度波函数。式中的 n、l、m 为解方程时产生的三个参数，用以决定不同状态下的波函数形式。这三个参数的取值是不连续的，因此称为量子数。与玻尔理论中量子化条件不同的是，这三个量子数不是人为规定的，而是数学上求解波动方程所要求的。

2.3.2 四个量子数与核外电子层结构

如前所述，通过求解氢原子的波动方程得到波函数 $\psi(r,\theta,\phi)_{n,l,m}$，除了 r、θ、ϕ 三个位置变量外，还包含 n、l、m 三个量子数，实际上当三个量子数 n、l、m 确定了，波函数的形式也确定了。例如，当 $n=1$、$l=0$、$m=0$ 时，有

$$\sqrt{\frac{1}{\pi a_0^3}}\,\mathrm{e}^{-\frac{r}{a_0}} \tag{2-9}$$

因此，要确定一个波函数（原子轨道），需要用三个量子数描述。研究发现，原子核外电子运动本身还有自旋运动，而且自旋有且只有两种状态，可以用一个新的量子数描述，这个新的量子数称为自旋量子数 m_s。因此，要准确地描述一个电子在核外的运动状态，需要四个量子数。这四个量子数的值一旦确定，电子在该状态下的能量相对高低及该电子的可能运动范围（高于90%的概率），即原子轨道的形状就可以确定。

1. 主量子数 n 和电子层

主量子数 n 是与能量有关的量子数，是确定波函数表达式首先要确定的量子数，原子具有分立能级，能量只能取一系列值，每一个波函数都对应相应的能量。氢原子及类氢离子的分立值为 $E_n=-\dfrac{2.18\times10^{-18}}{n^2}\mathrm{J}$，$n$ 越大，能量越高，电子层离核越远。主量子数决定了电子出现的最大概率的区域离核的远近，决定了电子的能量高低，习惯上把 n 值相同的所有波函数的集合称为一个电子层，即所有 $n=1$ 的波函数称为第一电子层；所有 $n=2$ 的波函数的集合称为第二电子层；……。一般在描述一个或一组波函数时，用数字1、2、3、…表示其电子层 n 的大小，而在描述一个完整的电子层时，常用K、L、M、N、O、P、Q分别表示 $n=1$、2、3、4、5、6、7的电子层，如表2-1所示。

表2-1　电子层 n 与电子层符号对应关系

电子层(n)	1	2	3	4	5	6	7
电子层符号	K	L	M	N	O	P	Q

2. 角量子数 l 和电子亚层

电子在原子核外运动，不仅具有一定的能量，还具有一定的角动量 L，因为 l 取值的大小决定了在指定的电子层中电子运动角动量 $L=mvr$ 的大小，所以一般称该量子数 l 为角量子数。电子在原子中具有确定的角动量 L，它的取值不是任意的，只能取一系列分立值，称为角动量量子化。$L=\sqrt{l(l+1)}\,\dfrac{h}{2\pi}$，$l=0,1,2,\cdots,n-1$。又因角动量 L 与原子核外电子运动的范围有关，即与原子轨道的形状有关，所以 l 的取值还决定原子轨道的基本形状，即在一定的能量状态下，电子以一定概率出现在核外三维空间的限定范围，这个限定范围就是发现电子的概率为90%以上的三维空间。

角量子数受主量子数 n 的限制，只有当 n 值确定后，l 的取值才有意义。

不同的 n 值下，即在不同的电子层中，l 的取值是不相同的。在 n 值确定后，l 的取值为

$l = 0, 1, 2, \cdots, n-1$，即 l 的取值从 0 开始，到 $n-1$ 结束。当 $n = 1$ 时，$l = 0$；当 $n = 2$ 时，$l = 0, 1$；当 $n = 3$ 时，$l = 0, 1, 2$。在第 n 电子层中可以有 n 个取值。

习惯上把 l 相同的一组波函数或原子轨道称为一个电子亚层。在同一 n 值中，角动量越大，能量越高，一般 $l = 0, 1, 2, 3, 4$ 分别用符号 s、p、d、f、g 表示。例如，1s 表示 $n = 1$、$l = 0$ 的波函数或原子轨道；4f 表示 $n = 4$、$l = 3$ 的一组波函数或原子轨道。

s 亚层的电子称为 s 电子，p 亚层的电子称为 p 电子，依此类推。在同一电子层中，亚层电子的能量按 s、p、d、f 的顺序依次增大，即 $E_{ns} < E_{np} < E_{nd} < E_{nf}$（氢原子和类氢离子除外）。

每一电子层中所包含的亚层数等于其电子层数：① $n = 1 (l = 0)$ 有 1 个亚层，称 1s 亚层；② $n = 2 (l = 0, 1)$ 有 2 个亚层，称 2s 亚层和 2p 亚层；③ $n = 3 (l = 0, 1, 2)$ 有 3 个亚层，称 3s 亚层、3p 亚层和 3d 亚层；④ $n = 4 (l = 0, 1, 2, 3)$ 有 4 个亚层，称 4s 亚层、4p 亚层、4d 亚层和 4f 亚层……每个电子层中对应的电子亚层见表 2-2。

表 2-2　电子层、电子亚层对应关系

电子层(n)	1	2	3	4	⋯
电子亚层	1s	2s, 2p	3s, 3p, 3d	4s, 4p, 4d, 4f	⋯

3. 磁量子数

角动量是矢量，具有方向性，电子的角动量在磁场中会发生分裂，产生相应的、不同方向上的分量。原子中电子绕核运动的轨道角动量在外磁场方向上的分量是量子化的，并由量子数 m 决定，m 称为磁量子数。对于任意选定的外磁场方向 Z，角动量 L 在此方向上的分量 L_Z 只能取一系列分裂值，这种现象称为空间量子化。$L_Z = m\dfrac{h}{2\pi}, m = 0, \pm 1, \pm 2, \cdots, \pm l$，所以 m 的取值有 $2l + 1$ 个，m 的取值个数代表了指定电子亚层中波函数或原子轨道的个数及原子轨道在三维空间的具体伸展方向。例如，当 $n = 1$ 时，$l = 0$ 且只能为 0，说明第一个电子层只有一层，即 $l = 0$ 的电子亚层，或者说是 1s 电子层；当 $l = 0$ 时，$m = 0$ 且只能等于 0，说明 $l = 0$ 的电子亚层只有一个波函数(原子轨道) $\psi(r, \theta, \phi)_{1,0,0}$，即 1s 轨道。

同理，所有 $l = 0$ 的电子亚层只有一个 ns 轨道。

当 $l = 1$ 时，$m = 0, \pm 1$，有 3 个取值，说明 $l = 1$ 时的电子亚层，即 np 轨道有 3 个，依此类推，nd 轨道有 5 个，nf 轨道有 7 个……不同原子轨道具有相同能量的现象称为能量简并，对应的轨道称为简并轨道。

4. 自旋量子数

随着原子光谱的深入研究，发现电子本身具有自旋运动，而且这种运动形式只有两种，粒子的自旋也产生角动量，其大小取决于自旋磁量子数(m_s)。电子自旋角动量是量子化的，其值为 $L_s = \sqrt{s(s+1)}\dfrac{h}{2\pi}$，$s = \dfrac{1}{2}$，$s$ 为自旋量子数，自旋角动量的一个分量 L_{s_Z} 应取下列分立值：$L_{s_Z} = m_s\dfrac{h}{2\pi}, m_s = \pm\dfrac{1}{2}$，或用两个箭头符号 "↑" 和 "↓" 分别表示 $m_s = +\dfrac{1}{2}$ 和 $m_s = -\dfrac{1}{2}$ 两种不同的自旋方式。

综上所述，原子核外每个电子的运动状态由四个量子数确定，其能量的高低由它所处的电子层(n)、电子运动角动量的大小及运动范围的大致形状电子亚层(l)确定，电子绕核运动的角动量在外磁场中的取向由磁量子数(m)确定，电子自旋角动量在外磁场中的取向由自旋量子数(m_s)确定。

2.3.3 波函数(原子轨道)及概率密度函数(电子云)图

1. 波函数(原子轨道)径向分布图

薛定谔方程中原有的波函数 $\psi(r,\theta,\phi)=R(r) \cdot Y(\theta,\phi)$ 中，$R(r)_{n,l}$ 是只随电子离核的距离 r 变化的变量，因此该函数为径向波函数。氢原子基态的原子轨道 $\psi_{1,0,0}(r,\theta,\phi)=\sqrt{\dfrac{1}{\pi a_0^3}}\,\mathrm{e}^{-\frac{r}{a_0}}$，是一个随 r 变化的函数式，而玻尔理论中氢原子基态的轨道则是 $r=52.9\ \mathrm{pm}$ 的一个圆。表 2-3 为氢原子的部分波函数。

表 2-3　氢原子的部分波函数(a_0 为玻尔半径)

轨道	$\psi(r,\theta,\phi)$	$R(r)$	$Y(\theta,\phi)$
1s	$\sqrt{\dfrac{1}{\pi a_0^3}}\,\mathrm{e}^{-\frac{r}{a_0}}$	$2\sqrt{\dfrac{1}{a_0^3}}\,\mathrm{e}^{-\frac{r}{a_0}}$	$\sqrt{\dfrac{1}{4\pi}}$
2s	$\dfrac{1}{4}\sqrt{\dfrac{1}{2\pi a_0^3}}\left(2-\dfrac{r}{a_0}\right)\mathrm{e}^{-\frac{r}{2a_0}}$	$\sqrt{\dfrac{1}{8a_0^3}}\left(2-\dfrac{r}{a_0}\right)\mathrm{e}^{-\frac{r}{2a_0}}$	$\sqrt{\dfrac{1}{4\pi}}$
$2p_z$	$\dfrac{1}{4}\sqrt{\dfrac{1}{2\pi a_0^3}}\left(\dfrac{r}{a_0}\right)\mathrm{e}^{-\frac{r}{2a_0}}\cos\theta$	$\sqrt{\dfrac{1}{24a_0^3}}\left(\dfrac{r}{a_0}\right)\mathrm{e}^{-\frac{r}{2a_0}}$	$\sqrt{\dfrac{3}{4\pi}}\cos\theta$

氢原子波函数(原子轨道)径向分布图见图 2-3。

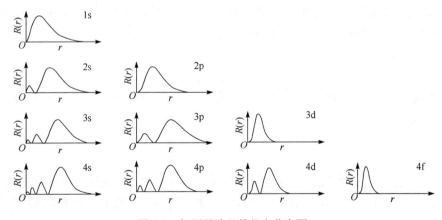

图 2-3　氢原子波函数径向分布图

2. 波函数(原子轨道)角度分布图

在波函数 $\psi(r,\theta,\phi)=R(r) \cdot Y(\theta,\phi)$ 中，除去径向分布函数后，剩余部分与角度有关系，称

为波函数的角度函数 $Y(\theta,\phi)_{l,m}=\Theta(\theta)_{l,m}\cdot\Phi(\phi)_m$。角度波函数随角度 (θ,ϕ) 变化，角度波函数 $Y(\theta,\phi)$ 随角度变化关系的图形称为波函数角度分布图或原子轨道角度分布图，由薛定谔方程求解出角度波函数 $Y(\theta,\phi)$，从坐标原点出发，引出不同 θ、ϕ 角度的直线，按照有关波函数角度分布的函数式 $Y(\theta,\phi)$ 算出 θ 和 ϕ 变化时的 $Y(\theta,\phi)$ 值，使直线的长度为 $|Y|$，将所有直线的端点连接起来，则在空间形成一个封闭的曲面，并在曲面上标上 Y 值的正负号，这样的图形称为原子轨道的角度分布图或波函数角度分布图。氢原子波函数角度分布图见图 2-4。

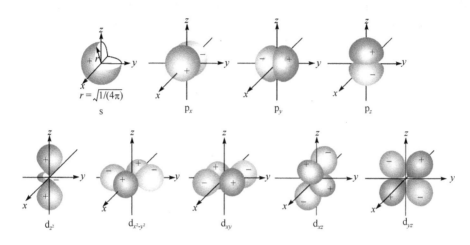

图 2-4 氢原子波函数角度分布图

3. 电子云

电子是质量很小的带负电荷的粒子，其在核外做高速运动但没有固定的运动轨迹。电子在核外空间某一区域内出现机会的多少(电子在核外空间各处出现的概率)可通过数学统计中的概率求算，也可用单位体积内小黑点的数目表示。小黑点密集的地方，表示电子出现的概率大，小黑点稀疏的地方，表示电子出现的概率小。用小黑点的疏密表示电子概率分布的图形称为电子云。电子云图中的黑点不表示电子的数目，只表示电子可能出现的瞬间位置。例如，氢原子只有一个电子，该电子在核外的运动状态即电子云如图 2-5 所示。

由图 2-5 可知，离核越近的地方黑点越密集，电子云密度越高，电子出现的概率越大；离核越远的地方黑点越稀疏，电子云密度越低，电子出现的概率越小。在离核距离 (r) 相等的球面上概率密度相等，与电子所处的方位无关，因此基态氢原子的电子云是球形对称的。

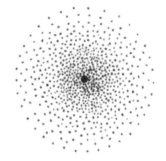

图 2-5 基态氢原子电子云

根据薛定谔方程，相应波函数绝对值的平方 $|\psi|^2$ 则代表电子在空间某点 (x,y,z) 出现的概率，即原子中的电子总是按一定的概率分布在核外空间各处。从电子衍射实验可知，波函数的强度与电子在空间 (x,y,z) 处单位体积内出现的概率密度成正比，因此 $|\psi|^2$ 代表电子在核外空间出现的概率密度，即在单位体积内出现的概率，电子在空间的概率密度分布 $|\psi|^2$ 即为电子云。设核外空间微体积为 $d\tau$，则 $|\psi|^2$ 表示电子在此微体积空间出现的概率。

因为波函数为 $\psi(r,\theta,\phi)_{n,l,m} = R(r)_{n,l} \cdot Y(\theta,\phi)_{l,m}$ ，所以 $|\psi|^2$ 的表达式为

$$\psi^2(r,\theta,\phi)_{n,l,m} = R^2(r)_{n,l} \cdot Y^2(\theta,\phi)_{l,m}$$

4. 电子云(概率密度)径向分布图

电子的径向分布函数为 $D(r) = 4\pi r^2 R^2(r)_{n,l}$ ，由于 $R^2(r)_{n,l}$ 表示半径为 r 的球面内电子出现的概率密度，故 $D(r)$ 表示半径为 r 的球面内电子出现的概率，而 $D(r) \cdot dr$ 则表示从 r 到 $r + dr$ 在空间形成的球壳层内电子出现的概率，即"径向概率"。把不同 r 值代入 $D(r)$ 函数式，得到电子云径向分布函数图 $D(r)$-r 图。$D(r)$-r 图表示半径为 r 的球面上电子出现的概率。

以 $D(r)$ 对 r 作图，从径向来表示电子云在空间的分布规律，氢原子电子云径向分布函数示意图如图 2-6 所示。

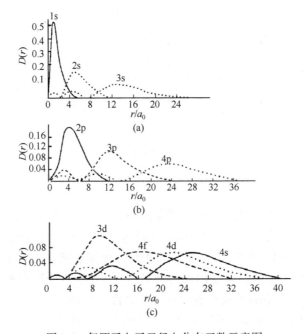

图 2-6　氢原子电子云径向分布函数示意图

从概率密度函数的径向分布图可以发现,不同状态下电子的运动形式是不同的。图 2-6(a) 是不同主量子数的 s 原子轨道, 对 1s 原子轨道, 其概率径向分布函数只有 1 个峰值, 而 2s 轨道有 2 个峰值和 1 个概率密度几乎为零的节面, 3s 轨道有 3 个峰值和 2 个节面。图 2-6(b) 是不同主量子数的 p 原子轨道, 2p 轨道有 1 个峰值, 3p 轨道有 2 个峰值、1 个节面……图 2-6(c) 是不同主量子数和角量子数的原子轨道。由图 2-6 可知, 对任何一种原子轨道, 其概率密度沿径向分布函数出现最大值的个数应为 $(n-l)$ 个, 出现节面个数应为 $(n-l-1)$ 个。依此类推 5f 轨道, $n = 5$, $l = 3$, 5f 轨道径向概率密度分布函数出现的峰值个数为 $(5-3) = 2$, 节面个数为 1; 7s 应该有 7 个峰值、6 个节面; 6p 应该有 5 个峰值、4 个节面。节面的出现说明电子在三维球面上出现的概率几乎为零, 也就说明在某些状态下, 电子的运动空间可能不是连续的。

1s 电子在离核最近处出现的概率密度有极大值, 但在相应的 $D(r)$-r 图中, 由于离核最近

处 $4\pi r^2$ 趋近于 0，所以 $D(r)$ 值趋近于零；当 r 增大时，$4\pi r^2$ 增大，但 $R^2(r)_{n,l}$ 在迅速地减小，这两种因素共同作用就产生极大值。对于氢原子的基态，1s 态的 $D(r)$ 极大值处于玻尔半径 $r = 52.9\,\text{pm}$ 处。对于氢原子各种轨道，显示 $D(r)$ 最大值的峰数为 $(n–l)$，但主峰随 n 增大而远离核；对于同一 n 值，l 值越大，峰数越少，主峰离核越近，如氢原子的 4s、4p、4d 和 4f 轨道。从 $D(r)$-r 图可以看到，无论是什么电子云，核附近都有一定的概率分布，但是 s 态比 p 态、d 态和 f 态在核附近有较大的出现概率。这就表明外层电子有深入内层空间、钻入内层的倾向。因此，$D(r)$-r 图反映了核外电子概率分布的层次及穿透性，显示电子运动的"波动性"。常用它来讨论多电子原子轨道的能量效应，即"屏蔽效应"和"钻穿效应"，这将在 2.5.2 小节中讨论。

5. 电子云（概率密度）角度分布图

角度函数 $Y(\theta,\phi)_{l,m} = \Theta(\theta)_{l,m} \cdot \Phi(\phi)_m$ 中 $Y(\theta,\phi)$ 绝对值的平方称为电子云（概率密度）的角度分布函数。电子云角度分布图即 $Y^2(\theta,\phi)_{l,m}$-(θ,ϕ) 图，表示电子在核外空间某处出现的概率密度随方向 (θ,ϕ) 发生的变化，与 r 值大小无关。$Y^2(\theta,\phi)_{l,m}$-(θ,ϕ) 图是在 $Y(\theta,\phi)_{l,m}$-(θ,ϕ) 图基础上画出来的，氢原子 s 轨道 $Y^2(\theta,\phi)_{l,m}$-(θ,ϕ) 和 $Y(\theta,\phi)_{l,m}$-(θ,ϕ) 的示意图见图 2-7。

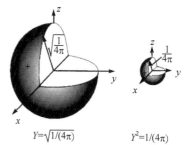

$$Y = \sqrt{1/(4\pi)} \qquad Y^2 = 1/(4\pi)$$

图 2-7 氢原子 s 轨道 $Y^2(\theta,\phi)_{l,m}$-(θ,ϕ) 和 $Y(\theta,\phi)_{l,m}$-(θ,ϕ) 示意图

图 2-8 为氢原子 p、d 轨道的电子云（概率密度）角度分布图。

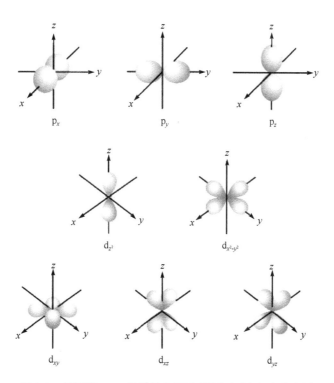

图 2-8 氢原子 p、d 轨道的电子云（概率密度）角度分布图

从图形上看，原子轨道的形状与概率密度分布的形状类似。明显不同的是：因为 $Y \leqslant 1$，Y^2 图比 Y 图"瘦小"一些（可分别比较图 2-3 与图 2-6、图 2-4 与图 2-8）；Y 图有正号、负号，而 Y^2 图均为正号，即原子轨道有正负区域之分，而概率密度分布无正负之分。由于原子轨道角度分布图突出地表示了原子轨道的极大值和原子轨道的对称性，故对研究化学键的成键方向、能否成键及讨论原子轨道组合形成分子轨道等方面有重要应用。

科学研究表明，同一电子层中电子的能量稍有差别，电子云的形状也不相同。同一电子层中，当电子云形状相同时，电子具有相同的能量，电子云形状不同时，电子具有的能量不同。角量子数决定了轨道形状，因此也称为轨道形状量子数。s 为球形，p 为哑铃形，d 为花瓣形，f 轨道则更为复杂。

能量相同的原子轨道称为简并轨道，其数目称为简并度。例如，p 轨道有 3 个简并轨道，简并度为 3。简并轨道在外磁场作用下会产生能量差异，这就是线状谱在磁场下分裂的原因。每个电子层中可能有的最多原子轨道数 n^2 见表 2-4。

表 2-4　电子层、电子亚层和原子轨道数对应关系

电子层 (n)	电子亚层	原子轨道数
$n = 1$	1s	$1 = 1^2$
$n = 2$	2s，2p	$1 + 3 = 4 = 2^2$
$n = 3$	3s，3p，3d	$1 + 3 + 5 = 9 = 3^2$
$n = 4$	4s，4p，4d，4f	$1 + 3 + 5 + 7 = 16 = 4^2$
n	…	$1 + 3 + 5 + 7 + \cdots = n^2$

2.4　原子核外电子的排布

2.4.1　原子核外电子的排布规律

氢原子和类氢离子核外只有一个电子，它只受核的吸引作用，其波动方程可以精确求解，其原子轨道的能量只取决于主量子数，在主量子数 n 相同的同一电子层中，各电子亚层的能量是相等的，如 $E_{2s} = E_{2p} < E_{3s} = E_{3p} = E_{3d} \cdots$。而在多电子原子或离子中，电子不仅受核的吸引，原子核电子层之间还存在相互排斥力，不能精确求解相应的波动方程，电子的能量不仅取决于主量子数 n，还与角量子数 l 有关。

原子光谱实验和量子力学理论表明，原子核外电子的排布遵循以下三个规律。

1. 泡利不相容原理

泡利不相容原理是 1925 年由奥地利物理学家泡利（W. E. Pauli）提出的。该原理指出，在同一原子中不可能有四个量子数完全相同的电子，即每个原子轨道最多只能容纳两个电子，并且这两个电子的自旋必须相反。从而可以得出，第 n 层最多能容纳的电子数是 $2n^2$ 个，1～4 电子层可容纳电子的数目如表 2-5 所示。

表 2-5　电子层可容纳电子的最大数目

	K(1)	L(2)		M(3)			N(4)			
电子亚层	s	s	p	s	p	d	s	p	d	f
亚层中的轨道数	1	1	3	1	3	5	1	3	5	7
亚层中的电子数	2	2	6	2	6	10	2	6	10	14
每个电子层中可容纳电子的最大数目($2n^2$)	2	8		18			32			

2. 能量最低原理

在不违背泡利原理的情况下，核外电子总是优先排布在能量最低的轨道上，只有当这些轨道占满后，电子才依次进入能量较高的轨道。在多电子原子中，电子能量的高低与主量子数 n 和角量子数 l 有关。当 $n \geqslant 3$ 时，出现能级交错现象。图 2-9 为多电子原子中原子轨道能量由低到高的一般顺序，图中 1 个圆圈代表 1 个原子轨道。其中一个原子中能量相等的轨道称为简并轨道或等价轨道，如同一亚层的 3 个 p 轨道或 5 个 d 轨道为简并轨道。

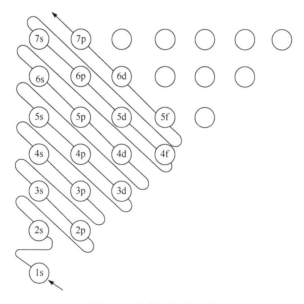

图 2-9　泡利近似能级图

因此，多电子原子或离子核外电子填充轨道顺序为：1s→2s→2p→3s→3p→4s→3d→4p→5s→4d→5p→ 6s→4f→5d→6p→7s→5f→6d→7p→⋯

我国著名的化学家和教育家徐光宪根据光谱实验数据对基态多电子原子轨道的能级高低提出了一种理论依据，即中性基态多电子原子核外电子排布能量遵循 ($n+0.7l$) 近似规律（徐光宪第一规则）。轨道能量的高低顺序可由 ($n+0.7l$) 值判断，数值大小顺序对应于轨道能量的高低顺序，将首位数相同的能级归为一个能级组，并推出随原子序数增加，电子在轨道中填充的顺序与泡利近似能级组一致，其能级组见表 2-6。

表 2-6　多电子能级对应的多电子原子能级组

能级	$n + 0.7l$	能级组	轨道数目	可容纳电子数
1s	1.0	1	1	2
2s	2.0	2	4	8
2p	2.7			
3s	3.0	3	4	8
3p	3.7			
4s	4.0	4	9	18
3d	4.4			
4p	4.7			
5s	5.0	5	9	18
4d	5.4			
5p	5.7			
6s	6.0	6	16	32
4f	6.1			
5d	6.4			
6p	6.7			
7s	7.0	7	未填充完	未填充完
5f	7.1			
6d	7.4			

　　例如，^{19}K 原子的最后一个电子填充在 3d 还是 4s 轨道使原子能量较低？因为 $(3+0.7 \times 2) = 4.4 > (4+0.7 \times 0) = 4.0$，所以电子应填在 4s 轨道上。

　　运用 $(n+0.7l)$ 这个公式可以解释许多化学现象，该规则分析的主要是不同电子层、不同轨道上电子能量的问题，由于它是从实验结果而来，是一个经验式，故有其片面性，它可以较好地适用于外层电子，内层电子的能量主要取决于 n。根据核外电子排布规则，也可知道该规则有局限性，如后面提及的半充满等特例情况，该规则是无法解释说明的。

　　3. 洪德规则

　　洪德(F. Hund)规则也称等价轨道原则，由德国物理学家洪德提出。在同一亚层的各个轨道上排布的电子总是尽先分占不同的轨道，并且自旋方向相同，这样整个原子的能量最低，这个规则称为洪德规则。例如，碳原子核外有 6 个电子，其中 2 个先填入 1s 轨道，2 个填入 2s 轨道，最后 2 个电子根据洪德规则应以自旋相同的方式进入 2p 亚层的两个能量相等的轨道。

　　洪德规则也有特例，在简并轨道中，等价轨道在全充满(s^2、p^6、d^{10}、f^{14})、半充满(s^1、p^3、d^5、f^7)和全空(s^0、p^0、d^0、f^0)时，能量较低、原子结构状态稳定。例如，^{24}Cr 的核外电子排布式是 $1s^2 2s^2 2p^6 3s^2 3p^6 3d^5 4s^1$，而不是 $1s^2 2s^2 2p^6 3s^2 3p^6 3d^4 4s^2$；^{46}Pd 的核外电子排布

式是 $1s^2 2s^2 2p^6 3s^2 3p^6 3d^{10} 4s^2 4p^6 4d^{10} 5s^0$，而不是 $1s^2 2s^2 2p^6 3s^2 3p^6 3d^{10} 4s^2 4p^6 4d^8 5s^2$；^{29}Cu 的核外电子排布式是 $1s^2 2s^2 2p^6 3s^2 3p^6 3d^{10} 4s^1$，而不是 $1s^2 2s^2 2p^6 3s^2 3p^6 3d^9 4s^2$。

2.4.2　原子核外电子排布的表示方法

1. 轨道表示式

用方框或圆圈表示原子轨道，在轨道的上方标明电子亚层，原子轨道内用向上或向下的箭头表示该轨道中的电子数及自旋方向。电子填充的顺序按原子核外电子的排布规律进行，如：

$$\text{氢}(^1\text{H})\quad \overset{\text{1s}}{\boxed{\uparrow}} \qquad\qquad \text{氧}(^8\text{O})\quad \overset{\text{1s}}{\boxed{\uparrow\downarrow}}\ \overset{\text{2s}}{\boxed{\uparrow\downarrow}}\ \overset{\text{2p}}{\boxed{\downarrow\uparrow\,|\,\uparrow\,|\,\uparrow}}$$

2. 电子排布式

电子排布式是按核外电子在各亚层中的排布情况，将各亚层中的电子数标在各相应亚层符号右上角的表示方法。由于化学反应中通常只涉及外层电子的改变，因此一般不必写出完整的电子排布式，只需写出外层电子排布式。外层电子排布式又称价层电子构型，对主族元素，即为最外层电子分布的形式，为 $ns np$ 电子，如硫(S)的外层电子排布式为 $3s^2 3p^4$。对副族元素，则是指最外层的 s 电子和次外层 d 电子的分布形式 $(n-1)d ns$，如钪(Sc)和锰(Mn)的外层电子排布式分别为 $3d^1 4s^2$ 和 $3d^5 4s^2$。对于镧系和锕系元素，其外层电子排布式除最外层电子外，常需考虑外数第 3 层的 f 电子及次外层的 d 电子，即 $(n-2)f(n-1)d ns$。

为方便起见，书写电子排布式时，通常把内层已达到稀有气体电子层结构的部分用稀有气体的元素符号加方括号表示，并称为原子实。例如，O、Na、Cl 和 Mn 的电子排布式可表示为 [He] $2s^2 2p^4$、[Ne]$3s^1$、[Ne]$3s^2 3p^5$ 和 [Ar] $3d^5 4s^2$，即 [He]、[Ne]、[Ar] 称为原子实，分别表示为 $1s^2$、$1s^2 2s^2 2p^6$、$1s^2 2s^2 2p^6 3s^2 3p^6$。

由洪德规则特例可知存在半充满、全充满的情况，外层电子的分布为：^{24}Cr 是 $3d^5 4s^1$ 而不是 $3d^4 4s^2$，^{42}Mn 是 $3d^5 4s^2$ 而不是 $3d^6 4s^1$，^{29}Cu 是 $3d^{10} 4s^1$ 不是 $3d^9 4s^2$……

应当指出，各元素原子中电子分布的实际情况只有通过原子光谱等实验手段才能得到可靠的结论。上述几条分布规律主要是由实验归纳而得，它有助于掌握、推测大多数元素原子的核外电子分布状况。还有一些元素的原子其核外电子分布状况是不能用上述几条规律说明的。例如，^{41}Nb 是 $4d^4 5s^1$ 而不是 $4d^3 5s^2$，^{44}Ru 是 $4d^7 5s^1$ 而不是 $4d^6 5s^2$ 等。表 2-7 列出了元素原子的电子结构。

【例 2-1】　试写出 19 号元素钾的电子排布式和价层电子构型。

解　电子排布式为：$1s^2 2s^2 2p^6 3s^2 3p^6 4s^1$ 或 [Ar] $4s^1$；

价层电子构型为：$4s^1$。

表 2-7 元素原子的电子层结构

周期	原子序数	元素符号	电子层结构	周期	原子序数	元素符号	电子层结构	周期	原子序数	元素符号	电子层结构
1	1	H	$1s^1$		37	Rb	$[Kr]5s^1$		73	Ta	$[Xe]4f^{14}5d^36s^2$
	2	He	$1s^2$		38	Sr	$[Kr]5s^2$		74	W	$[Xe]4f^{14}5d^46s^2$
2	3	Li	$[He]2s^1$		39	Y	$[Kr]4d^15s^2$		75	Re	$[Xe]4f^{14}5d^56s^2$
	4	Be	$[He]2s^2$		40	Zr	$[Kr]4d^25s^2$		76	Os	$[Xe]4f^{14}5d^66s^2$
	5	B	$[He]2s^22p^1$		41	Nb	$[Kr]4d^45s^1$		77	Ir	$[Xe]4f^{14}5d^76s^2$
	6	C	$[He]2s^22p^2$		42	Mo	$[Kr]4d^55s^1$	6	78	Pt	$[Xe]4f^{14}5d^96s^1$
	7	N	$[He]2s^22p^3$		43	Tc	$[Kr]4d^55s^2$		79	Au	$[Xe]4f^{14}5d^{10}6s^1$
	8	O	$[He]2s^22p^4$		44	Ru	$[Kr]4d^75s^1$		80	Hg	$[Xe]4f^{14}5d^{10}6s^2$
	9	F	$[He]2s^22p^5$		45	Rh	$[Kr]4d^85s^1$		81	Tl	$[Xe]4f^{14}5d^{10}6s^26p^1$
	10	Ne	$[He]2s^22p^6$	5	46	Pd	$[Kr]4d^{10}$		82	Pb	$[Xe]4f^{14}5d^{10}6s^26p^2$
3	11	Na	$[Ne]3s^1$		47	Ag	$[Kr]4d^{10}5s^1$		83	Bi	$[Xe]4f^{14}5d^{10}6s^26p^3$
	12	Mg	$[Ne]3s^2$		48	Cd	$[Kr]4d^{10}5s^2$		84	Po	$[Xe]4f^{14}5d^{10}6s^26p^4$
	13	Al	$[Ne]3s^23p^1$		49	In	$[Kr]4d^{10}5s^25p^1$		85	At	$[Xe]4f^{14}5d^{10}6s^26p^5$
	14	Si	$[Ne]3s^23p^2$		50	Sn	$[Kr]4d^{10}5s^25p^2$		86	Rn	$[Xe]4f^{14}5d^{10}6s^26p^6$
	15	P	$[Ne]3s^23p^3$		51	Sb	$[Kr]4d^{10}5s^25p^3$		87	Fr	$[Rn]7s^1$
	16	S	$[Ne]3s^23p^4$		52	Te	$[Kr]4d^{10}5s^25p^4$		88	Ra	$[Rn]7s^2$
	17	Cl	$[Ne]3s^23p^5$		53	I	$[Kr]4d^{10}5s^25p^5$		89	Ac	$[Rn]6d^17s^2$
	18	Ar	$[Ne]3s^23p^6$		54	Xe	$[Kr]4d^{10}5s^25p^6$		90	Th	$[Rn]6d^27s^2$
4	19	K	$[Ar]4s^1$		55	Cs	$[Xe]6s^1$		91	Pa	$[Rn]5f^26d^17s^2$
	20	Ca	$[Ar]4s^2$		56	Ba	$[Xe]6s^2$		92	U	$[Rn]5f^36d^17s^2$
	21	Sc	$[Ar]3d^14s^2$		57	La	$[Xe]5d^16s^2$		93	Np	$[Rn]5f^46d^17s^2$
	22	Ti	$[Ar]3d^24s^2$		58	Ce	$[Xe]4f^15d^16s^2$		94	Pu	$[Rn]5f^67s^2$
	23	V	$[Ar]3d^34s^2$		59	Pr	$[Xe]4f^36s^2$		95	Am	$[Rn]5f^77s^2$
	24	Cr	$[Ar]3d^54s^1$		60	Nd	$[Xe]4f^46s^2$		96	Cm	$[Rn]5f^76d^17s^2$
	25	Mn	$[Ar]3d^54s^2$		61	Pm	$[Xe]4f^56s^2$		97	Bk	$[Rn]5f^97s^2$
	26	Fe	$[Ar]3d^64s^2$		62	Sm	$[Xe]4f^66s^2$	7	98	Cf	$[Rn]5f^{10}7s^2$
	27	Co	$[Ar]3d^74s^2$		63	Eu	$[Xe]4f^76s^2$		99	Es	$[Rn]5f^{11}7s^2$
	28	Ni	$[Ar]3d^84s^2$	6	64	Gd	$[Xe]4f^75d^16s^2$		100	Fm	$[Rn]5f^{12}7s^2$
	29	Cu	$[Ar]3d^{10}4s^1$		65	Td	$[Xe]4f^96s^2$		101	Md	$[Rn]5f^{13}7s^2$
	30	Zn	$[Ar]3d^{10}4s^2$		66	Dy	$[Xe]4f^{10}6s^2$		102	No	$[Rn]5f^{14}7s^2$
	31	Ga	$[Ar]3d^{10}4s^24p^1$		67	Ho	$[Xe]4f^{11}6s^2$		103	Lr	$[Rn]5f^{14}6d^17s^2$
	32	Ge	$[Ar]3d^{10}4s^24p^2$		68	Er	$[Xe]4f^{12}6s^2$		104	Rf	$[Rn]5f^{14}6d^27s^2$
	33	As	$[Ar]3d^{10}4s^24p^3$		69	Tm	$[Xe]4f^{13}6s^2$		105	Db	$[Rn]5f^{14}6d^37s^2$
	34	Se	$[Ar]3d^{10}4s^24p^4$		70	Yb	$[Xe]4f^{14}6s^2$		106	Sg	$[Rn]5f^{14}6d^47s^2$
	35	Br	$[Ar]3d^{10}4s^24p^5$		71	Lu	$[Xe]4f^{14}5d^16s^2$		107	Bh	$[Rn]5f^{14}6d^57s^2$
	36	Kr	$[Ar]3d^{10}4s^24p^6$		72	Hf	$[Xe]4f^{14}5d^26s^2$		108	Hs	$[Rn]5f^{14}6d^67s^2$
									109	Mt	$[Rn]5f^{14}6d^77s^2$

注：单框内为过渡元素，双框内为镧系或锕系元素。

2.5 元素周期律与元素周期表

物质结构的科学实验和理论的深化揭示了元素周期律的本质：随元素原子序数(核电荷)的递增，原子的电子层结构发生周期性的变化，故元素单质及其化合物的性质呈现周期性的变化。元素周期表是元素周期律的具体表现形式，它反映了元素之间的相互联系和变化规律，反映了元素性质与原子结构的关系，对学习研究化学及其应用具有重要意义。

现在通用的长式周期表就是在门捷列夫（短式）周期表的基础上，按照元素原子序数递增的顺序从左到右排成横列，再把电子层结构相似的元素按电子层数的递增由上到下排成一个纵行而得到的。长式周期表更能体现原子电子层结构与周期律的内在联系。把长式周期表和原子的电子层结构相对照，就充分地体现了它们的内在联系。元素的周期性是该元素的原子核外电子分布周期性变化的必然结果：同一周期元素性质的递变是因为原子核外电子分布的递变；同一族元素性质的相似是因为核外电子分布情况的相似。

2.5.1 元素周期表的结构

1. 周期

元素周期表中具有相同电子层（n 相同），从左到右按原子序数递增顺序排列成一横行的一系列元素称为一个周期。周期的序数等于该周期元素原子具有的电子层数（主量子数的最大值）。元素周期表中共有 7 个横行，分别对应七个周期：特短周期（第 1 周期，2 种元素）；短周期（第 2 周期、第 3 周期，各 8 种元素）；长周期（第 4 周期、第 5 周期，各 18 种元素）；特长周期（第 6 周期、第 7 周期，各 32 种元素）；科学家预测第 8 周期可填充 50 种元素。每一周期容纳元素的数目与该能级组最多能容纳的电子数目一致，因此各周期包括的元素数目分别是 2 个、8 个、8 个、18 个、18 个、32 个、32 个。

【例 2-2】 判断第 5 周期和第 7 周期各包含多少种元素，为什么？

解 按照能级组划分，第 5 周期包括 5s、4d、5p 亚层，原子轨道数（1+5+3）=9，这些轨道最多能容纳 18 个电子，所以第 5 周期应包含 18 种元素。

同理，第 7 周期包括 7s、5f、6d、7p 亚层，原子轨道数（1+7+5+3）=16，这些轨道最多能容纳 32 个电子，即包含 32 种元素。

第 6 周期中从 57 号元素镧到 71 号元素镥共 15 种元素，第 7 周期中从 89 号元素锕到 103 号元素铹共 15 种元素，因电子层结构和性质非常相似，分别统称为镧系元素及锕系元素。为了使周期表的结构紧凑，将镧系、锕系元素分别放在周期表的相应周期的同一格里（称为镧系收缩和锕系收缩），并按原子序数递增的顺序在表的下方分列两个横行，实际上每一种元素在周期表中还是各占一格。

2. 族

根据原子的价层电子组态，把性质相似的元素归为一个族。同族元素的价层电子组态相似，元素的性质与其价层电子组态密切相关。元素周期表有 18 个纵行，共 16 个族：除Ⅷ族包括 8、9、10 共 3 个纵行外，其余每个纵行为一族，同族元素电子层数不同，但决定元素性质的价电子层结构大致相同。族可分为主族（族序后加字母"A"）、副族（族序后加字母"B"）和第Ⅷ族。族序数用罗马数字Ⅰ、Ⅱ、Ⅲ、Ⅳ、Ⅴ、Ⅵ、Ⅶ、Ⅷ表示。

（1）主族：主族元素价层电子排布在最外层的 ns 或 np 轨道上。同族元素从上到下电子层依次增加，价层电子排布相同，价层轨道上的电子总数等于其族数。周期表中共有 8 个主族，主族元素的内层轨道全充满，很稳定，通常只有价层电子参加化学反应(ⅧA 除外)，如ⅠA、ⅡA、ⅢA、ⅣA、ⅤA、ⅥA、ⅦA，主族的序数等于该主族元素原子的最外层电子数。第ⅧA族由稀有气体元素构成，其元素原子的价层电子构型为稳定结构，它们的化学性质很不活泼，在通常情况下难以发生化学反应。

(2)副族：元素价层电子一般是排布在$(n-1)d$ 和ns轨道上。其中，ⅠB、ⅡB 元素有$(n-1)d^{10}$的价电子结构，族数只等于ns轨道上的电子数；ⅢB～ⅦB 元素的族数等于$(n-1)d$及ns轨道上电子数的总和。在化学反应中，副族元素通常除了失去最外层ns轨道上的电子外，还能失去部分$(n-1)d$轨道上的电子。第 6 周期和第 7 周期的ⅢB 族分别是各包含 15 个元素的镧系和锕系，价层电子排布在$(n-2)f$、$(n-1)d$及ns轨道上。

(3)第Ⅷ族：第Ⅷ族由长周期元素第 8、9、10 共 3 个纵行构成，第Ⅷ族有三列元素，价层电子也是$(n-1)d$及ns轨道上的电子数之和，分别为 8、9、10。通常把第Ⅷ族和副族元素称为过渡元素，其中镧系元素和锕系元素还称为内过渡元素。过渡元素价层电子构型比较复杂，除最外层，还包括次外层和倒数第 3 层。

综上所述，元素周期表中共 16 个族，分别为 8 个主族、7 个副族、1 个第Ⅷ族。

3. 元素周期表中元素的分区

根据元素原子的价层电子构型，将元素周期表中的元素划分为五个区，如图 2-10 所示，其中包含 s 区、p 区、d 区、ds 区和 f 区。

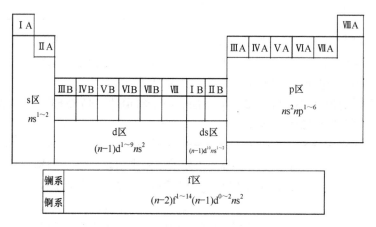

图 2-10　周期表中元素的分区

(1)s 区元素：包括ⅠA 和ⅡA 族元素，价层电子构型为$ns^{1\sim2}$，为活泼的金属元素(H 除外)，在化学反应中容易失去价电子形成+1 或+2 价阳离子。在化合物中它们的氧化数不变。

(2)p 区元素：包括ⅢA～ⅧA 族元素，价层电子构型为$ns^2np^{1\sim6}$ (He 除外)，该区有金属元素、非金属元素和稀有气体，大部分为非金属元素。除 He 元素外，p 区元素有多种氧化数，形成的化合物种类非常丰富。

(3)d 区元素：包括ⅢB～ⅦB 族和第Ⅷ族元素，都是金属元素。d 区元素价层电子构型除$(n-1)d^x ns^2$外，还有$(n-1)d^{x+1}ns^1$或$(n-1)d^{x+2}ns^0$，其中$x=1\sim8$。族数由最外层ns轨道上的电子数(y)与次外层 d 轨道上的电子数(x)之和来判断，当$x+y=8\sim10$时，为Ⅷ族，其余的数值即为相应副族元素所在的族数。

(4) ds 区元素：包括 I B 和 II B 族。其价层电子构型为 $(n-1)d^{10}ns^{1\sim2}$。不同于 d 区元素，ds 区元素的 $(n-1)$d 轨道是全充满的，它们都是金属，氧化数可变。

(5) f 区元素：价层电子构型为 $(n-2)f^{1\sim14}(n-1)d^{0\sim2}ns^2$。其中，最后一个电子填充在 4f 轨道上的称为镧系元素；填充在 5f 轨道上的称为锕系元素。f 区元素只有 $(n-2)$f 轨道上的电子数不同，因此同系内元素的化学性质极为相似。f 区元素都是具有多种氧化数的金属，常见氧化数为+3。

【例 2-3】　已知某元素的原子序数为 27，试写出该元素基态原子的电子构型、价层电子构型，并指出该元素在周期表中所属周期、族、区及单电子数。

解　该基态原子含有的 27 个电子的电子构型为 $1s^2 2s^2 2p^6 3s^2 3p^6 3d^7 4s^2$ 或 [Ar] $3d^7 4s^2$。价层电子构型为 $3d^7 4s^2$，可知该元素位于 d 区；价层电子总数为 9，属第 VIII 族；其最外层电子的主量子数 $n=4$，该元素位于第 4 周期；3d 轨道有 7 个电子，故有 3 个单电子。

2.5.2　元素周期表中元素性质的递变规律

原子结构周期性变化的特点决定了元素性质的周期性变化，元素的性质主要包括原子的有效核电荷、原子半径、电离能、电子亲和能和元素电负性等，这些性质均随原子电子构型的变化而呈现周期性变化。

1. 有效核电荷

1) 屏蔽效应

在多电子原子中，某电子 i 受到原子核和其他电子的共同作用，电子之间的排斥作用与原子核对电子的吸引作用正好相反，其结果相当于其他电子对原子核有所屏蔽，抵消了部分正电荷对电子的吸引力，这种效应称为其他电子对电子 i 的屏蔽效应。其他电子对核电荷抵消得越多，对电子 i 的屏蔽作用就越强。实际上，屏蔽作用主要来自内层电子。

若原子的核电荷数为 Z，对核外某电子 i 来说，由于屏蔽效应而被抵消的核电荷数称为屏蔽常数 σ，则它们有以下关系：

$$Z' = Z - \sigma$$

式中，Z' 为有效核电荷数。对于电子 i，屏蔽常数 σ 越大，屏蔽效应就越大，则电子 i 受到核吸引的有效核电荷数 Z' 降低得就越多，电子的能量就越高，该电子就越活跃。

多电子原子中，电子的能量与 n、Z、σ 有关。n 越小，能量越低。例如，1s 电子的能量低于 2s 电子的能量；Z 越大，相同亚层上电子的能量越低。例如，F 原子 1s 电子的能量比 H 原子 1s 电子的能量低；反过来，σ 越大，受到的屏蔽作用越强，能量就越高。

屏蔽常数 σ 数值的大小既与电子 i 所处的状态有关，又与原子中其余电子数目有关。1930 年，斯莱特(J. C. Slater)提出了计算 σ 值的经验规则：将原子中的电子按下列顺序分组，(1s)(2s2p)(3s3p)(3d)(4s4p)(4d)(4f)(5s5p)(5d)…，然后按照以下规则计算屏蔽常数 σ。

(1) 外层电子对内层电子没有屏蔽作用，$\sigma = 0$。

(2) 次外层电子对外层电子的屏蔽作用较强，$\sigma = 0.85$；内层电子几乎屏蔽了核对外层电子的吸引，$\sigma = 1.00$。

（3）同一轨道中电子的相互屏蔽作用较小，$\sigma = 0.35$；1s 电子之间为 $\sigma = 0.30$。

（4）若被屏蔽的为 nd 或 nf 电子时，所有内层电子对被屏蔽电子的 $\sigma = 1.00$。

当 l 相同而 n 不同时，n 越大，电子层数越多，外层电子受到内层电子的屏蔽作用越强，轨道能量越高，即

$$E_{1s} < E_{2s} < E_{3s} < \cdots$$

$$E_{2p} < E_{3p} < E_{4p} < \cdots$$

2）钻穿效应

当 n 相同而 l 不同时，由函数的径向分布可知，l 越小，曲线上的峰越多，电子钻穿到离核更近的能力越强，即电子在核附近出现的可能性越大，受核的吸引力越强，同时受其他电子的屏蔽作用越弱，能量越低。这种由于角量子数 l 不同，而在原子核附近出现的概率也不同的现象称为核外电子的钻穿效应。因此，n 相同的同一主能级层上，不同亚层有如下能级顺序：

$$E_{ns} < E_{np} < E_{nd} < E_{nf} < \cdots$$

这个顺序也可以从原子轨道的径向分布函数示意图 2-6 看出。

电子的钻穿效应会造成 n 小能量却高的反常现象，如 4s 轨道上电子的钻穿能力更强，导致 $E_{4s} < E_{3d}$，此现象称为能级交错。

在多电子原子中，原子核吸引最外层电子的有效核电荷，随原子序数的增加而呈现周期性的变化。

同一周期从左到右，主族元素每增加的一个电子均在同一电子层中，随着核电荷数的增加，有效核电荷数的增加也比较迅速；副族元素增加的电子在 $(n-1)d$ 亚层上，次外层电子对外层电子的屏蔽作用较大，因而有效核电荷数增加比较缓慢；f 区元素增加的电子都在 $(n-2)f$ 亚层上，对外层电子的屏蔽作用更大，有效核电荷数几乎不增加。

同族元素从上到下，电子层逐渐增加，内层电子的屏蔽作用使有效核电荷数增加缓慢。

2. 原子半径

根据原子所受相邻原子作用力的不同，原子半径分为三种，即共价半径、范德华半径和金属半径。共价分子或原子晶体中，以共价单键结合的两个原子核间距离的一半称为共价半径。通常把同元素原子间形成共价键键长的一半作为该元素的共价半径；当分子中两个相邻但不成键的原子靠近至一定距离时，可设想原子本身的排斥力范围为一刚性球体，该球体的半径称为范德华半径；金属单质晶体中两个相邻原子核间距离的一半为金属半径（表 2-8）。

表 2-8　不同原子半径的比较

原子	共价半径/pm	范德华半径/pm	金属半径/pm
C	77	155	
Na	157	231	186
Cl	99	198	

三种半径中，原子处于键合状态的是共价半径和金属半径，比范德华半径小。

同一周期主族元素从左到右，因有效核电荷数显著增加，核对外层电子的吸引力显著增大，故原子半径明显逐渐减小。

同一周期过渡元素的有效核电荷数增加不明显，因此原子半径缓慢减小；当 $(n-1)$d 轨道全充满形成 18 电子构型时，对外层的屏蔽作用变大，导致对最外层电子的有效核电荷数明显减小，因而原子半径有所增加。内过渡元素有效核电荷数变化不大，原子半径几乎不变。

同一主族元素从上到下，原子半径随周期数的增加而显著递增。由于内层电子的屏蔽效应，有效核电荷数实际增加不多，从上到下电子层数增加的影响超过了有效核电荷数增加的影响，因此原子半径逐渐增大。

同一副族元素，原子半径的变化趋势与主族元素相似，但原子半径增大的幅度较小。值得注意的是，镧系、锕系元素的原子半径随原子序数的增加而逐渐减小的趋势变小，这是因为增加的电子进入 $(n-2)$f 亚层，对外层电子的屏蔽作用更大，但是一个 f 电子还不能完全抵消一个核电荷的影响，所以原子半径减小缓慢，从 La 到 Lu 原子半径缓慢减小的现象称为镧系收缩。镧系收缩的结果使镧系后面部分第 6 周期副族元素的原子半径与同族第 5 周期相应元素的原子半径大小很相近，使 Zr 和 Hf、Nb 和 Ta 及 Mo 和 W 的化学性质分别极其相似。

周期表中各元素的原子半径见图 2-11。其中，金属元素为金属半径，稀有气体为范德华半径，其余为共价半径。

H 37																	He 122
Li 152	Be 111											B 88	C 77	N 70	O 66	F 64	Ne 160
Na 186	Mg 160											Al 143	Si 117	P 110	S 104	Cl 99	Ar 191
K 227	Ca 197	Sc 161	Ti 145	V 132	Cr 125	Mn 124	Fe 124	Co 125	Ni 125	Cu 128	Zn 133	Ga 122	Ge 122	As 121	Se 117	Br 114	Kr 198
Rb 248	Sr 215	Y 181	Zr 160	Nb 143	Mo 136	Tc 136	Ru 133	Rh 135	Pd 138	Ag 144	Cd 149	In 163	Sn 141	Sb 141	Te 137	I 133	Xe 217
Cs 265	Ba 217	La 173	Hf 159	Ta 143	W 137	Re 137	Os 134	Ir 136	Pt 138	Au 144	Hg 160	Tl 170	Pb 175	Bi 155	Po 153	At	Rn

La 188	Ce 183	Pr 183	Nd 182	Pm 181	Sm 180	Eu 204	Gd 180	Tb 178	Dy 177	Ho 177	Er 176	Tm 175	Yb 194	Lu 172

图 2-11 元素的原子半径(pm)

3. 电离能

电离能是基态的气态原子失去电子变为气态阳离子(电离)，必须克服核电荷对电子的引力所需要的能量，单位为 $kJ \cdot mol^{-1}$，即 1 mol 基态的气态原子失去电子形成 1 mol 气态阳离子所需要的能量。电离能反映原子失去电子的难易程度。电离能越大，原子越难失去电子，元素的非金属性也越强；反之，则金属性越强。影响电离能的主要因素有原子的有效核电荷、原子半径和原子的电子构型。这些影响因素在元素周期表中均呈现周期性变化，因而元素的电离能在周期表中也具有周期性变化的规律。

气态基态原子失去第一个电子时所需的最低能量称为第一电离能 I_1；失去第二个电子时所需的能量称为第二电离能 I_2，……依此类推。原子失去电子后形成阳离子，半径变小，核对电子的吸引力增强，因而同一元素的各级电离能将依次增大。例如

$$Li(g) - e^- \longrightarrow Li^+(g) \qquad I_1 = 520.2 \ kJ \cdot mol^{-1}$$
$$Li^+(g) - e^- \longrightarrow Li^{2+}(g) \qquad I_2 = 7298.1 \ kJ \cdot mol^{-1}$$
$$Li^{2+}(g) - e^- \longrightarrow Li^{3+}(g) \qquad I_3 = 11815 \ kJ \cdot mol^{-1}$$

通常用元素的第一电离能比较原子失去电子的倾向。同一周期主族元素自左向右，因原子半径逐渐减小和有效核电荷数递增，核对外层电子的吸引力逐渐增大，因而气态基态原子失去电子所需要的能量逐渐升高，所以电离能呈逐渐增大的趋势。稀有气体因具有稳定的电子层结构，在同一周期中电离能最高。同一主族元素从上到下因原子半径增大显著，核对外层电子的吸引力减弱，最外层电子的电离趋于容易，因而电离能逐渐降低。

4. 电子亲和能

电子亲和能是基态的气态原子得到电子变为气态阴离子所放出的能量，即 1 mol 基态的气态原子获得电子形成 1 mol 气态阴离子所释放的能量，单位为 $kJ \cdot mol^{-1}$。电子亲和能反映原子结合电子能力的大小。释放的能量越多，越易获得电子成为负离子。影响电子亲和能的主要因素与电离能类似。因此，电子亲和能的变化规律类似于电离能，也呈现出周期性的变化规律。同一周期从左到右，元素的电子亲和能逐渐增大（ⅧA 族除外）；同一族从上到下，元素的电子亲和能逐渐减小，如卤族元素原子的电子亲和能较高，它们易与电子结合成稳定的负离子，而金属元素原子的电子亲和能普遍较低，很难得到电子形成负离子。

电子亲和能用 A_1、A_2、…表示。当原子获得多个电子时，需要克服负电荷之间的排斥力，因此要吸收能量，A 为正值。例如，

$$O(g) + e^- \longrightarrow O^-(g) \qquad A_1 = -140.0 \ kJ \cdot mol^{-1}$$
$$O^-(g) + e^- \longrightarrow O^{2-}(g) \qquad A_2 = 844.2 \ kJ \cdot mol^{-1}$$

5. 元素的电负性

从上面的讨论可知，元素的电离能和电子亲和能分别是孤立地衡量基态原子得失电子的能力。但是，分子中原子间争夺电子的能力需要综合考虑原子的电离能和电子亲和能这两方面的因素。因此，鲍林（L. Pauling）在 1932 年首先提出了元素电负性的概念，以此衡量原子在成键时吸引成键电子能力的相对大小。并指定 F 的电负性数值等于 3.98（通常记为 4.0），此为元素电负性的比较标度，也称鲍林电负性标度，以此得出其他元素的电负性数值。

元素的电负性较真实地反映了元素的金属性和非金属性。元素的电负性越大，该原子在分子中吸引成键电子的能力越强，元素的非金属性也就越强；反之越弱。图 2-12 列出了各元素的电负性数值。

由图 2-12 可见，主族元素的电负性呈周期性变化。在同一周期中，从左到右，元素的电负性几乎逐渐增大，原子在分子中吸引成键电子的能力逐渐增强；在同一主族中，从上到下，元素的电负性几乎逐渐减小，原子在分子中吸引成键电子的能力逐渐减弱。副族元素的电负性变化无明显规律。

按照鲍林的电负性标度，通常认为金属元素的电负性数值一般小于 2.0，非金属元素的电负性数值一般大于 2.0。在周期表中，Cs 的电负性最小，等于 0.79，位于周期表的左下角，是金属性最强的元素；F 的电负性最大，约等于 4.0，在周期表的右上角，是非金属性最强的

元素。

H 2.20																	He
Li 0.98	Be 1.57											B 2.04	C 2.55	N 3.04	O 3.44	F 3.98	Ne
Na 0.93	Mg 1.31											Al 1.61	Si 1.90	P 2.19	S 2.58	Cl 3.16	Ar
K 0.82	Ca 1.00	Sc 1.36	Ti 1.54	V 1.63	Cr 1.66	Mn 1.55	Fe 1.83	Co 1.88	Ni 1.91	Cu 1.90	Zn 1.65	Ga 1.81	Ge 2.01	As 2.18	Se 2.55	Br 2.96	Kr
Rb 0.82	Sr 0.95	Y 1.22	Zr 1.33	Nb 1.60	Mo 2.16	Tc 2.10	Ru 2.28	Rh 2.20	Pd 2.28	Ag 1.93	Cd 1.69	In 1.73	Sn 1.96	Sb 2.05	Te 2.10	I 2.66	Xe
Cs 0.79	Ba 0.89	La~Lu 1.10~1.30	Hf 1.30	Ta 1.50	W 1.70	Re 1.90	Os 2.20	Ir 2.20	Pt 2.20	Au 2.40	Hg 1.90	Tl 2.04	Pb 2.33	Bi 2.02	Po 2.00	At 2.20	

图 2-12   元素的电负性数值

2.5.3 元素周期表特征

综上所述，元素周期表具有如下特征。

1. 反映元素性质的递变规律

元素性质随着元素周期表发生规律性递变，有利于人们认识及分析元素之间的相互联系和内在规律，根据元素在元素周期表中所处的位置，可以推测其一般性质、预测新元素的结构和性质特点等。

2. 指导新用途元素的发现

通常性质相似的元素在周期表中的位置靠近。例如，Cl、P、S、N、As 等可用于农药的研发，可在该区域寻找生产高效低毒农药的相关元素；过渡元素中的 Ti、Ta、Mo、W、Cr 等具有耐高温、耐腐蚀等特点，可在该区域寻找新的具有该特性的合金材料；在 Ge、Si、Ga、Se 等金属与非金属分界线附近可寻找新的半导体材料等。

3. 分析元素的电子层结构

当主量子数 n 依次增加时，n 每增加 1 个电子层，就增加一个能级组，而每个能级组相当于周期表中的一个周期。周期数就等于它的电子层数。

2.6 化学键和分子间作用力

自然界的物质种类繁多、性质各异，只有少数物质由原子组成，而大多数是由原子以不同数目、不同方式结合成的分子组成。组成物质的分子、原子或离子之间存在强烈的相互作用，物质中直接相邻原子或离子间的强烈相互作用称为化学键。化学键可分为离子键、共价键和金属键 3 种基本类型。分子的性质取决于分子的组成、化学键和空间构型，此外物质的性质还与分子之间的相互作用力有关。因此，研究化学键、分子构型及分子间的作用力对于了解物质的性质及其变化规律具有十分重要的意义。

2.6.1　离子键

1. 离子键的形成

NaCl 是由带相反电荷的正、负离子组成，在熔融状态或水溶液中均能导电。1916 年，德国化学家科塞尔(Kossel)根据稀有气体原子具有稳定结构的事实提出了离子键理论。科塞尔认为，当电负性较小的活泼金属元素的原子与电负性较大的活泼非金属元素的原子相互接近时，金属原子失去最外层价电子，形成带正电荷的正离子，而非金属原子得到电子，形成带负电荷的负离子。这种正、负离子之间的静电作用力称为离子键，含有离子键的化合物称为离子化合物，如 KCl、$MgCl_2$ 等。

以氯化钠为例，钠为活泼金属元素，最外层有 1 个电子，容易失去该电子形成结构稳定的阳离子 Na^+；氯为活泼非金属元素，最外层有 7 个电子，容易得到 1 个电子形成 8 电子的稳定结构，成为阴离子 Cl^-。这两种电荷相反的阴阳离子可通过静电吸引而互相结合，它们之间的这种静电作用即为离子键。反应式如下：

Na失电子：　　　　　$Na(1s^2 2s^2 2p^6 3s^1) - e^- \longrightarrow Na^+(1s^2 2s^2 2p^6)$

Cl得电子：　　　　　$Cl(1s^2 2s^2 2p^6 3s^2 3p^5) + e^- \longrightarrow Cl^-(1s^2 2s^2 2p^6 3s^2 3p^6)$

离子结合：　　　　　$Na^+(1s^2 2s^2 2p^6) + Cl^-(1s^2 2s^2 2p^6 3s^2 3p^6) \longrightarrow NaCl$

离子键的本质是阴离子和阳离子之间的静电作用，元素的电负性相差越大，所形成的化合物离子性越强。一般来说，当两种元素的电负性数值相差大于 1.7 时，它们之间主要形成离子键。

离子化合物的性质与离子键的强度有关，影响离子键强度的主要因素有离子的电荷、离子的电子组态和离子半径。正、负离子的电荷数与对应原子的电子组态、电离能、电子亲和能等因素有关。一般情况下，正离子电荷数多为+1 或+2，最高为+4；负离子电荷数多为-1 或-2，电荷数为-3 或-4 的负离子多数为含氧酸根离子等。

离子的电子组态多指单个原子的正、负离子外层电子组态，有如下几种：2 电子组态(如 Li^+)、8 电子组态(如 Na^+、F^-)、18 电子组态(如 Ag^+)、18+2 电子组态(如 Sn^{2+})和 9～17 电子组态(如 Fe^{3+})等。

2. 离子半径

离子半径与原子半径类似，离子并不存在确定的半径。在离子化合物中，相邻正、负离子间的静电引力和斥力达到平衡时，离子间保持一定的距离，离子可近似地看成具有一定半径的球，两个离子的半径之和等于核间的平衡距离，即

$$R = r_1 + r_2 \tag{2-10}$$

X 射线晶体衍射实验可以测得正、负离子的核间距。1927 年，美国化学家鲍林根据核外电子排布情况和有效核电荷数，提出一套推算离子半径的理论方法，得出了鲍林离子半径。离子半径变化规律归纳为如下几点。

(1)同一元素的负离子半径大于原子半径，正离子半径小于原子半径。同一元素正离子的半径随电荷数增加而减小。

(2)同一周期元素，电子组态相同的正离子的半径随离子电荷数的增加而减小，负离子的

半径随离子电荷数的增加而增大。

(3)同一主族元素，电荷数相同的正、负离子的半径随离子的电子层数增加而增大。

3. 离子键的特性

(1)无方向性。离子是电荷分布呈球形对称的带电体，其在空间各方向上都可以与带相反电荷的离子结合成键。因此，离子键无方向性。

(2)无饱和性。尽管受正、负离子半径相对大小和电荷多少等因素的影响，一个离子的周围只能排列数个带相反电荷的离子，但实际上每个离子在其空间允许的范围内可尽可能多地吸引带异性电荷的离子。因此，从离子键的本质看，离子键没有饱和性。

例如，NaCl 晶体中，每个 Na^+ 周围吸引 6 个 Cl^-，每个 Cl^- 周围吸引 6 个 Na^+。除了这些距离较近的离子间的吸引作用，离子还会受到距离较远的其他异性离子的吸引作用。因此，在离子化合物的晶体中没有单个的分子。

4. 离子键的强度

离子键的强度受到离子电荷、离子半径等离子性质的影响。离子的电荷数越多，离子键越牢固。离子半径越小，正、负离子间的距离越小，离子键越牢固。

5. 离子的变形性和离子极化

在离子化合物中，正、负离子均带有电荷，互为外电场，均能使对方的电子云分布发生变形而偏离原来的球形对称分布，这种现象称为离子极化。离子的场强越强，极化力越强。

影响离子极化力的因素主要有离子半径、离子电荷数和离子外层电子组态，极化力一般是考虑正离子使负离子变形的能力。通常情况是考虑负离子的变形性，正离子变形较小。

(1)离子半径：当离子的电荷数和外层电子组态相同时，离子的半径越大，变形性就越大。例如，$I^->Br^->Cl^->F^-$；$Cs^+>Rb^+>K^+>Na^+>Li^+$。

(2)离子电荷数：当离子的外层电子组态相同、半径相近时，负离子的电荷数越高，变形性越大，如 $O^{2-}>F^-$；正离子的电荷数越高，变形性越小，如 $Na^+>Mg^{2+}>Al^{3+}>Si^{4+}$。

(3)离子外层电子组态：当离子的半径相近、电荷数相同时，变形性大小顺序为 18 电子组态、18+2 电子组态、2 电子组态 > 9～17 电子组态 > 8 电子组态，如 $Ag^+>K^+>Hg^{2+}>Ca^{2+}$。

虽然正、负离子都具有极化力和变形性，但正离子半径小、电荷数高，极化力较大，变形性较小；而负离子半径较大，变形性较大，极化力相对较小。因此，在讨论离子极化时，通常是考虑正离子对负离子的极化力，以及负离子被极化后的变形性。如果正离子也具有不可忽视的变形性，如 18 电子组态、18+2 电子组态、9～17 电子组态的离子半径较大，也能被负离子极化而变形。正离子被极化后，反过来又增加了它对负离子的极化作用，这种极化称为相互极化。

正、负离子之间如果完全没有极化作用，所形成的化学键是典型的离子键。但实际上，正、负离子之间总是存在不同程度的极化作用，当正、负离子相互极化作用显著时，正、负离子的电子云均发生明显变形，导致正、负离子外层电子云发生部分重叠，从而使离子键向共价键过渡。从离子极化观点看，没有完全理想的离子键，即使是电负性最小的 Cs 与电负性最大的 F 形成的 CsF，也不是百分之百的离子键。

离子极化对化合物某些性质的影响：①对化合物溶解度的影响。离子化合物通常易溶于水，而共价化合物较难溶于水。由于离子极化而使共价成分增多的无机化合物在水中的溶解度较小。例如，AgF、AgCl、AgBr、AgI 在水中的溶解度依次递减，就是随 X⁻半径逐渐增大、Ag⁺对 X⁻的极化作用依次增强、共价键成分依次增多所致。影响化合物溶解度的因素是多方面的，而离子极化对无机化合物溶解度的影响比较显著。②对化合物颜色的影响。当离子的外层电子吸收可见光($\lambda = 400 \sim 760$ nm)中某波长的光从基态跃迁到激发态时，其余波长的光被反射或透射出去，物质就会呈现反射光或透射光的颜色。当物质对可见光不吸收或全吸收时，物质相应地为无色或黑色。在离子化合物中，若离子的基态与激发态能量差较大，激发时一般不吸收可见光，因此在白光下不显示颜色。当离子极化造成的共价键成分增加时，基态与激发态之间的能量差减小，电子跃迁所需的能量恰好落在可见光范围内，离子极化作用越强，基态与激发态的能量差越小，吸收可见光的波长越长，物质呈现的颜色越深。例如，在 AgX 中，随着 X⁻半径的增大，X⁻与 Ag⁺的相互极化作用逐渐增强，AgX 的颜色依次加深；硫化物的颜色比氧化物的颜色深，也是类似的原因。此外，当相互极化作用消失后，物质因极化而呈现的颜色就会消失或改变。例如，PbI_2 晶体呈黄色，但溶于水解离成离子后成为无色溶液。

2.6.2　共价键

当两个原子电负性相差较小或相同时，它们之间是如何形成化学键的呢？1916 年，美国化学家路易斯(G. N. Lewis)提出了原子之间通过共用电子对成键的观点。路易斯认为，原子通过共用电子对使每个参与成键的原子都达到与稀有气体原子相同的外电子层为 ns^2 或 ns^2np^6 的稳定结构，这就是所谓的"八隅律"[①]。原子间通过共用电子对所形成的化学键称为共价键，如 H_2、CO_2 等。

路易斯的贡献在于解释了电负性相差比较小的元素原子之间的成键事实。但该理论不能说明共价键的本质，不能解释带负电荷的两个电子不相互排斥、反而能配对成键使原子结合在一起的原因；也不能解释未达到 8 电子的稳定分子，如 $BeCl_2$ 分子、BF_3 分子，或多于 8 电子，如 PCl_5 分子、SF_6 分子能稳定存在的原因；更不能解释 O_2 具有磁性的原因等。随着量子力学的发展，逐渐建立的新的共价键理论——现代价键理论(简称 VB 法)和分子轨道理论(简称 MO 法)逐一解决了这些问题。

1. 共价键的本质

1927 年，海特勒(W. H. Heitler)和伦敦(F. W. London)用量子力学方法处理 H_2 分子，从理论上阐明了共价键理论，得到 H_2 分子的能量 E 与核间距 r 的关系曲线。

当两个 H 原子的 1s 电子自旋方向相反时，随着核间距 r 的减小，系统的能量 E 逐渐降低，当核间距 r 等于 r_0 时，系统能量降至最低值 E_0，此时两个 H 原子间形成了稳定的共价键，这种状态称为 H_2 分子的基态；相反，若两个 H 原子的 1s 电子自旋方向相同时，核间距 r 越小，E 越大，表明这两个 H 原子不能结合形成稳定的 H_2 分子，这种状态称为 H_2 分子的排斥态。

---

① 八隅律是指主族元素的原子，其价层有 4 个轨道，当与其他原子反应结合或形成离子时，倾向于形成每个原子的价层有 8 个电子的化合物。

　　成键时，两个 H 原子的 1s 轨道在两核间重叠，使电子在两核间出现的概率密度增大，这个电子云密集区域既降低了两个原子核间的排斥力，又增加了对两核的吸引作用，两方面的作用都使系统能量降低，使 H_2 分子形成共价键。

　　2. 价键理论基本要点

　　海特勒和伦敦把对 H_2 分子的处理结果推广到其他分子中，建立了现代价键理论，后来鲍林等又发展了这一理论。现代价键理论的基本要点如下：

　　(1) 当两个原子相互接近时，只有自旋方向相反的未成对电子才能配对形成共价键。

　　(2) 一个原子有几个未成对电子，就能形成几个共价键，故共价键有饱和性。

　　(3) 形成共价键时，原子轨道相互重叠区域越大，形成的共价键越牢固。原子轨道重叠部分越多，两核间电子云越密集，所形成的共价键越牢固。原子轨道中除 s 轨道呈球形对称外，p、d、f 轨道都有一定的空间取向，它们在形成共价键时，将尽可能沿着原子轨道最大重叠程度的方向进行，因此原子轨道总是尽可能沿着最大重叠的方向进行重叠，称为原子轨道最大重叠原理，故共价键有方向性。例如，HCl 形成共价键时，成键原子 H、Cl 各提供 1 个电子，形成共用电子对，该电子对共同围绕 2 个成键原子核运动，为 2 个成键原子所共有，使双方都达到稳定的电子构型。成键过程如下：

$$H\cdot + \cdot H \longrightarrow H\!:\!H$$

$$Cl\cdot + \cdot Cl \longrightarrow Cl\!:\!Cl$$

$$H\cdot + \cdot Cl \longrightarrow H\!:\!Cl$$

图 2-13 为 s 轨道与 p 轨道的重叠情况。

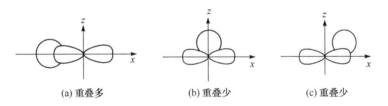

(a) 重叠多　　　　　　　(b) 重叠少　　　　　　　(c) 重叠少

图 2-13　s 轨道与 p 轨道在不同方向重叠的示意图

　　3. 共价键的类型

　　按照原子轨道重叠方式的不同，共价键可分为 σ 键和 π 键。

　　1) σ 键

　　σ 键是指成键原子沿键轴（核间连线）的方向，以"头碰头"的形式重叠形成的共价键，如图 2-14 所示的 s-s、p_x-s 和 p_x-p_x 轨道的重叠。

　　σ 键有如下特点：①原子轨道的重叠部分沿键轴呈圆柱形对称分布。②原子轨道的重叠部分可沿着键轴旋转任意角度，轨道的形状及符号均保持不变。③原子轨道重叠程度达到最大，因而 σ 键稳定。④σ 键可单独存在于两原子间，是构成分子结构的骨架，两原子间只可能形成一个 σ 键。

　　2) π 键

　　π 键是指成键原子的原子轨道垂直于两核连线，以"肩并肩"的形式重叠形成的共价键。

形成 π 键时，原子轨道的重叠部分垂直于键轴并呈镜面反对称，如互相平行的 p_y-p_y 或 p_z-p_z 轨道重叠，如图 2-15 所示。

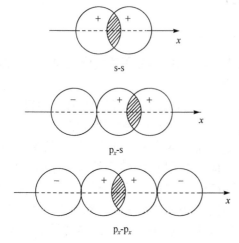

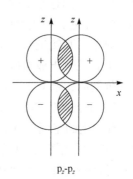

图 2-14 s-s 和 s-p 重叠形成 σ 键　　　　图 2-15 p_z-p_z 轨道重叠形成 π 键

π 键有如下特点：①形成 π 键时，若成键轨道围绕键轴旋转 180°，轨道的形状重合，但符号相反，所以两部分重叠区域对键轴所在的平面呈镜面反对称。由于 π 键的存在，两个成键原子不能绕 σ 键轴转动。②π 键与 σ 键共存于具有双键或三键的两个成键原子间。原子轨道的重叠情况决定了 π 键较不稳定。③π 键不决定分子的构型。

由于 σ 键的轨道重叠程度比 π 键的轨道重叠程度大，因而 σ 键比 π 键牢固。π 键较易断开，易发生化学反应。σ 键构成分子的骨架，能单独存在于两原子间，而 π 键不能单独存在。共价单键一般为 σ 键，在共价双键和三键中，除一个 σ 键外，其余为 π 键。例如，两个 N 原子间形成共价三键，其中一个 σ 键，两个 π 键，即 N≡N。N 原子的电子组态为 $1s^2 2s^2 2p_x^1 2p_y^1 2p_z^1$，其中 3 个单电子分别占据 3 个互相垂直的 p 轨道。当两个 N 原子结合成 N_2 分子时，各以 1 个 $2p_x$ 轨道沿键轴以"头碰头"方式重叠形成 1 个 σ 键后，余下的 2 个 $2p_y$ 和 2 个 $2p_z$ 轨道只能以"肩并肩"方式进行重叠，形成 2 个 π 键。所以，N_2 分子中有 1 个 σ 键和 2 个 π 键，构成共价三键。图 2-16 为 N_2 分子形成示意图。

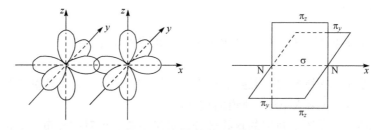

图 2-16 N_2 分子形成示意图

3) 配位键

配位键是指共价键的共用电子对全部由两个成键原子中的一个原子提供，而另一个原子只提供空轨道而形成的特殊的共价键。以 NH_4^+ 的形成为例，NH_3 分子中 N 原子的 2p 轨道存在一对未参与成键的电子(孤对电子)，H^+ 有 1s 空轨道。在 NH_3 与 H^+ 作用时，NH_3 中 N 原子的孤对电子进入 H^+ 的空轨道，与氢共用，形成配位键。配位键用"→"表示，箭头指向接受孤对电子的原子，如：

$$\left[\begin{array}{c} H \\ | \\ H-N\rightarrow H \\ | \\ H \end{array} \right]^+$$

因此，在配位键中一个成键原子的价电子层有孤对电子，另一个成键原子的价电子层有空轨道。配位键与普通共价键的本质都是共用电子对。

4. 共价键参数

1) 键能

键能是衡量化学键强弱的物理量，是指在 25℃和 101.3 kPa 条件下，断开 1 mol 气态双原子分子之间的化学键所需要的能量，单位是 $kJ \cdot mol^{-1}$。键能越大，化学键越牢固，分子越稳定。

2) 键长

分子中两成键原子核间的平均距离称为键长，以 pm(皮米)为单位。在一般情况下，键长越短，键越牢固，表 2-9 给出了常见共价键的键长和键能。

表 2-9　常见共价键的键长和键能

共价键	键长/pm	键能/($kJ \cdot mol^{-1}$)	共价键	键长/pm	键能/($kJ \cdot mol^{-1}$)
C—C	154	347	H—H	74	436
C=C	134	611	N—N	145	159
C≡C	120	837	N≡N	110	946
C—H	109	414	O—O	148	142
C—N	147	305	N—H	101	389
C—O	143	360	O—H	96	464
C=O	121	736			

3) 键角(α)

分子中相邻共价键间的夹角称为键角。双原子分子的形状总是直线形的；多原子分子因原子在空间排列不同，有不同的几何构型，某些分子的键长、键角和分子构型见表 2-10。

表 2-10　某些分子的键长、键角和分子构型

共价键	键长/pm	键角 α/(°)	分子构型
CO_2	116.3	180	直线形
H_2O	96	104.5	V 形
BF_3	131	120	三角形
NH_3	101.5	107	三角锥形
CH_4	109	109.5	四面体形

4) 共价键的极性

根据共用电子对在两个原子核间有无偏移，将共价键分为极性共价键和非极性共价键。电负性相同的原子形成的共价键，由于其吸引电子的能力相同，共用电子对正好位于两个原子核间，无偏移，此时的共价键没有极性，称为非极性共价键，简称非极性键，如 H_2、O_2 等。

电负性不同的原子形成的共价键，由于其吸引电子的能力大小不同，共用电子对将偏向电负性大的原子，导致其带有较多的负电荷，而另一原子因电子的远离而带部分正电荷，此时的共价键称为极性共价键，简称极性键，如 HCl、H_2O 等。可见，共价键的极性大小与成键原子的电负性差值有关，差值越大，极性越大。

2.6.3　杂化轨道理论

价键理论揭示了共价键的本质，阐明了共价键的饱和性和方向性，但在解决多原子分子或离子的空间构型时却遇到了困难。例如，CH_4 中的 C 只有两个未成对电子，形成两个键角应为 $90°$ 的共价键，而实际却形成了 4 个完全相同的 C—H 键，呈正四面体构型，键角均为 $109.5°$。因此，在价键理论基础上，1931 年鲍林提出了杂化轨道理论，成功地解释了与上述问题有关的一系列问题。

1. 杂化轨道的形成

杂化是原子在形成分子时，同一原子中能量相近的轨道混合起来重新组合成一组能量相等有利于成键的新轨道的过程，形成的新轨道称为杂化轨道。新的杂化轨道与杂化前相比，形状、能量和方向都有改变，成键能力增强，有几个原子轨道参与杂化，就能组合成几个杂化轨道。图 2-17 描述了碳原子的杂化过程。

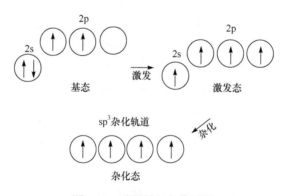

图 2-17　碳原子的杂化过程

杂化后的轨道比杂化前更有利于原子轨道间的最大程度重叠，因而杂化轨道的成键能力更强。杂化轨道之间在空间尽可能以最大角度伸展，使其相互间的排斥力最小，有利于形成更稳定的共价键。中心原子的杂化方式决定了杂化轨道之间的夹角，成键后所形成的分子空间构型也不相同。所以，中心原子的杂化类型决定了分子的空间构型。

2. 杂化轨道的类型

杂化轨道的类型有很多，本章主要介绍 s-p 型杂化。s-p 型杂化主要包括 sp、sp^2 和 sp^3 杂化。

1) sp 杂化

原子在形成分子时，同一原子的 1 个 ns 轨道和 1 个 np 轨道混合，重新组成 2 个能量相等的 sp 杂化轨道的过程称为 sp 杂化。新形成的每个 sp 杂化轨道中含有 1/2 的 s 轨道成分和 1/2 的 p 轨道成分，夹角为 180°，呈直线形。例如，Be 的外层电子构型为 $2s^2$，其形成 $BeCl_2$ 时的杂化过程如图 2-18 所示，$BeCl_2$ 为直线形。

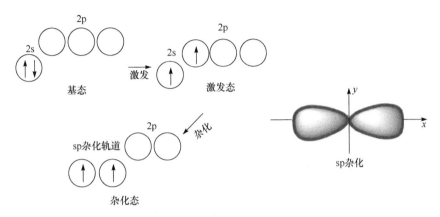

图 2-18　Be 原子的 s 轨道和 p 轨道组合成 sp 杂化轨道示意图

2) sp^2 杂化

原子在形成分子时，同一原子的 1 个 ns 轨道和 2 个 np 轨道混合，重新组成 3 个能量相等的 sp^2 杂化轨道的过程称为 sp^2 杂化。新形成的每个 sp^2 杂化轨道中含有 1/3 的 s 轨道成分和 2/3 的 p 轨道成分，杂化轨道之间的夹角为 120°，呈平面三角形。例如，B 的外层电子构型为 $2s^2 2p^1$，其形成 BF_3 时的杂化过程和杂化轨道的空间构型如图 2-19 所示，BF_3 为平面三角形。

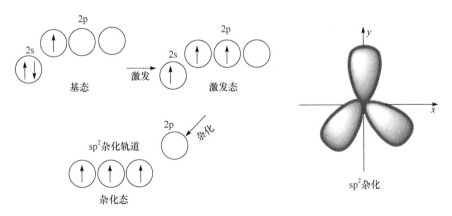

图 2-19　B 原子的 s 轨道和 p 轨道组合成 sp^2 杂化轨道示意图

3) sp^3 杂化

原子在形成分子时，同一原子的 1 个 ns 轨道和 3 个 np 轨道混合，重新组成 4 个能量相等的 sp^3 杂化轨道的过程称为 sp^3 杂化。新形成的每个 sp^3 杂化轨道中含有 1/4 的 s 轨道成分和 3/4 的 p 轨道成分，杂化轨道之间的夹角为 109.5°，呈正四面体形。以碳原子为例，碳原子最

外层电子构型为 $2s^2 2p^2$，在形成 CH_4 杂化轨道时，C 原子的一个 2s 电子吸收能量激发到能量较高的 2p 空轨道上，形成 4 个未成对电子；同时，2s 及 2p 轨道能量相近，可以混合起来重新组合成 4 个能量相等的新的 sp^3 杂化轨道，如图 2-20 所示，CH_4 为正四面体形。

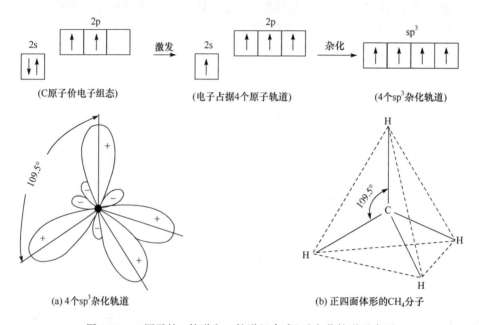

图 2-20　C 原子的 s 轨道和 p 轨道组合成 sp^3 杂化轨道示意图

4）等性杂化和不等性杂化

轨道的杂化分为等性杂化和不等性杂化。在形成分子的过程中，所有杂化轨道均参与成键，形成分子后，每个杂化轨道都生成 1 个共价键，整个分子中同一组杂化的每个杂化轨道是完全等同的，具有完全相同的特性，在空间的立体分布也完全对称、均匀。这种杂化称为等性杂化，形成的杂化轨道称为等性杂化轨道，如以上介绍的 $BeCl_2$、BF_3、CH_4 等。

在形成分子的过程中，如果在杂化轨道中有不参与成键的孤对电子存在，形成分子后，同一组杂化轨道分为参与成键的杂化轨道和不成键的杂化轨道两类，使各杂化轨道的成分不完全相同，在空间分布不是完全对称、均匀的，这种杂化称为不等性杂化，形成的杂化轨道称为不等性杂化轨道。例如，NH_3 分子中 N 原子的外层电子构型为 $2s^2 2p^3$，它的 1 个 2s 轨道和 3 个 2p 轨道形成 4 个 sp^3 杂化轨道，其中 1 个轨道被 N 原子的孤对电子占据，其余 3 个轨道中各含有 1 个成单电子，并与氢形成 3 个共价单键，孤对电子的电子云对成键电子的排斥作用较强，使 NH_3 分子的键角变为 107°，空间构型为三角锥形，如图 2-21 所示。

同样，在 H_2O 分子的形成过程中，O 原子的 1 个 2s 轨道和 3 个 2p 轨道形成 4 个 sp^3 杂化轨道，其中有 2 个轨道被 O 原子的孤对电子占据，另 2 个轨道各含有 1 个单电子与 2 个 H 原子形成 2 个 O—H 键。2 个孤对电子的电子云对成键电子的排斥作用较强，使 H_2O 分子的键角变为 104.5°，空间构型呈 V 形（图 2-22）。

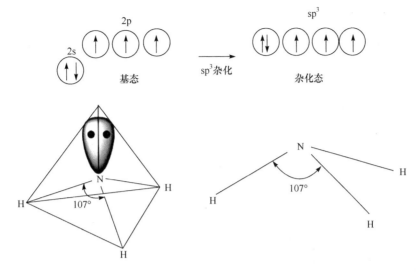

图 2-21 N 原子的 s 轨道和 p 轨道组合成 sp^3 杂化轨道及 NH_3 的空间构型示意图

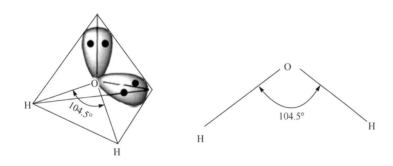

图 2-22 H_2O 分子的空间构型示意图

常见化合物的杂化类型及空间构型见表 2-11。

表 2-11 常见化合物的杂化类型及空间构型

化合物类型	杂化类型	键角	空间构型	举例
AB_2	sp	180°	直线形	$HgCl_2$、$BeCl_2$、C_2H_2、CO_2
AB_3	sp^2	120°	平面三角形	BCl_3、BBr_3、C_2H_4
AB_4	sp^3	109.5°	正四面体形、四面体形	CH_4、CBr_4、CCl_4、SiH_4、$SiCl_4$、CH_2Cl_2、CH_3Cl
AB_3	不等性 sp^3	107°	三角锥形	NH_3、H_3O^+、PCl_3、PF_3、NF_3
AB_2	不等性 sp^3	104.5°	V 形	H_2O、H_2S、OF_2

2.6.4 价层电子对互斥理论

为了快速准确地预测 AB_n 型（A 为中心原子，B 为配位原子）多原子分子或离子的几何构型，1940 年美国西奇威克（N. V. Sidgwick）等相继提出了价层电子对互斥理论，简称 VSEPR 法。

1. 价层电子对互斥理论的要点

(1) AB_n 型分子或离子的几何构型主要取决于中心原子 A 的价电子层中各电子对(包括成键电子对和孤对电子)的相互排斥作用。这些电子对在中心原子周围应尽可能互相远离,以使彼此间的排斥能最小。

(2) 价层电子对间斥力的大小取决于电子对之间的夹角和电子对的成键情况。电子对之间的夹角越小,排斥力越大。相邻电子对之间排斥力大小的顺序为:孤对电子-孤对电子 > 孤对电子-成键电子对 > 成键电子对-成键电子对。

2. 判断分子空间构型的规则和步骤

判断电子对的空间分布,首先确定中心原子的价层电子对数。中心原子的价层电子对数等于价电子总数(中心原子的价电子数+配原子提供的价电子数)的一半。计算价层电子对数时有如下规定:作为中心原子,氧族元素的原子可提供 6 个价电子,卤素原子提供 7 个价电子;作为配体,氧族元素的原子不提供电子,而氢和卤素原子各提供 1 个电子;若为复杂离子,计算价层电子对数时,还应加上负离子的电荷数或减去正离子的电荷数;计算电子对数时,若剩余 1 个电子未能整除,也当作 1 对电子处理;双键、三键视为 1 对电子。

$$价层电子对数 = \frac{中心原子A的价电子数 + 配位原子B提供的共用电子数}{2}$$

$$孤对电子数 = \frac{1}{2}(中心原子的价电子数 - 配位原子未成对电子总数 - 离子电荷代数值)$$

若计算结果出现小数,则进为整数。根据中心原子的价层电子对数,从表 2-12 中找到相应的电子对在空间的排布方式。再确定中心原子的孤对电子数和成键电子对,判断分子的空间构型。若中心原子价层电子对都是成键电子对,无孤对电子,则电子对的空间分布就是该分子的空间构型。若中心原子价层电子对中有孤对电子,分子的空间构型将不同于电子对的空间分布。根据中心原子的成键电子对数和孤对电子数,由表 2-12 可查出分子的空间构型。

表 2-12 理想的价层电子对构型和分子构型

A 的电子对数	价层电子对构型	分子类型	成键电子对数	孤对电子数	分子空间构型	举例
2	直线形	AB_2	2	0	直线形	CO_2、$HgCl_2$
3	平面三角形	AB_3	3	0	平面三角形	BF_3、NO_3^-
		AB_2	2	1	V 形	SO_2、$PbCl_2$
4	四面体形	AB_4	4	0	正四面体形	CH_4、SO_4^{2-}
		AB_3	3	1	三角锥形	NH_3、H_3O^+
		AB_2	2	2	V 形	H_2O、H_2S
5	三角双锥形	AB_5	5	0	三角双锥形	PCl_5、PF_5
		AB_4	4	1	变形四面体	$TeCl_4$、SF_4
		AB_3	3	2	T 形	ClF_3、BrF_3
		AB_2	?	3	直线形	XeF_2、I_3^-

续表

A 的电子对数	价层电子对构型	分子类型	成键电子对数	孤对电子数	分子空间构型	举例
6	八面体形	AB_6	6	0	正八面体形	SF_6、SiF_6^{2-}
		AB_5	5	1	四方锥形	BrF_5、SbF_5^{2-}
		AB_4	4	2	平面正方形	XeF_4、ICl_4^-

【例 2-4】　判断 SO_2 分子的空间构型。

解　中心原子 S，S 的价层电子数=6，O 提供的共用电子数=0，价层电子对数=$\dfrac{6}{2}$=3，由于 3 对价层电子中有一对是孤对电子，因此 SO_2 的分子构型为 V 形。

【例 2-5】　判断 ClF_3 分子的空间构型。

解　Cl 的价层电子数=7，F 提供的共用电子数=3，价层电子对数 $=\dfrac{3+7}{2}=5$，ClF_3 的 5 对价层电子中有 2 对孤对电子，故其分子构型为 T 形。

【例 2-6】　判断 NH_4^+、SO_4^{2-} 的空间构型。

解　NH_4^+ 中 N 的价层电子数=5，H 提供的共用电子数=3，不含孤对电子，价层电子对数=$\dfrac{3+5}{2}$=4，查表得空间构型为四面体形；

SO_4^{2-} 中 S 的价层电子数=6，O 提供的共用电子数=2，孤对电子=$\dfrac{6-2\times4+2}{2}=0$，价层电子对数=$\dfrac{6+2}{2}$=4，查表得空间构型为四面体形。

2.6.5　分子的极性

分子的极性是分子中正、负电荷中心不重合，导致分子内电荷分布不均匀、不对称所产生的。假定分子内存在 1 个正电荷中心和 1 个负电荷中心，根据正、负电荷中心是否重合，可将分子分为极性分子和非极性分子。若正、负电荷中心完全重合为非极性分子，若正、负电荷中心不能重合则为极性分子。

相同原子组成的双原子单质分子均为非极性分子，如 Cl_2、H_2 等。相同原子组成的多原子分子根据正、负电荷中心是否重合，判断是极性分子还是非极性分子，如 O_3 为极性分子，P_4 为非极性分子等。

不同原子组成的双原子分子为极性分子，如 HCl，Cl 的电负性比 H 大，共用电子对偏向 Cl，分子内部正、负电荷中心不重合，为极性分子。

不同原子组成的多原子分子，若键有极性，分子的极性取决于分子的空间构型是否对称。如果空间构型对称，则键的极性能相互抵消，为非极性分子，否则为极性分子。例如，CO_2 分子中的 C—O 键是极性键，由于其空间结构是直线形对称结构，正、负电荷中心重合，为非极性分子，见图 2-23 (a)。而 H_2O 分子中的 O—H 键是极性键，分子的空间结构是 V 形，正、负电荷中心不能重合，故为极性分子，见图 2-23(b)。

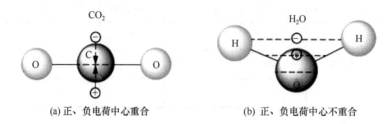

(a) 正、负电荷中心重合　　　　　　　　　(b) 正、负电荷中心不重合

图 2-23　CO_2、H_2O 的空间构型

正、负电荷中心的距离和电荷中心所带电量的乘积称为偶极矩，它是一个矢量，方向规定为从正电中心指向负电中心，用符号 μ 表示，单位为 deb(德拜，非法定单位，1 deb=3.336×10^{-30} C·m)。分子的极性与偶极矩大小有关。若偶极矩为零，分子为非极性分子；若偶极矩不为零，分子为极性分子；偶极矩越大，分子的极性越强。一些分子的偶极矩见表 2-13。

表 2-13　分子的偶极矩

分子式	偶极矩/($\times10^{-30}$ C·m)	极性判断	分子式	偶极矩/($\times10^{-30}$ C·m)	极性判断
H_2	0	非极性	SO_2	5.33	极性
N_2	0	非极性	NH_3	4.90	极性
CO_2	0	非极性	HCN	9.85	极性
CS_2	0	非极性	HF	6.37	极性
CH_4CO	0.40	弱极性	HCl	3.57	极性
$CHCl_3$	3.50	极性	HBr	2.67	极性
H_2S	3.67	极性	HI	1.40	极性
H_2O	6.17	极性			

2.6.6　分子间作用力和氢键

1. 分子间作用力

原子结合成分子后，分子间通过分子间作用力结合成物质，由于分子间作用力是 1873 年荷兰物理学家范德华(J. D. van der Waals)首先提出的，因此分子间作用力又称范德华力。该作用力对物质的物理性质如物质状态(气态、液态、固态)之间的变化、沸点、溶解度、表面张力等有重要影响。分子间作用力按作用力产生的原因和特点分为取向力、诱导力和色散力。

(1)取向力。极性分子正、负电荷中心不重合，一端为正，另一端为负，存在一个固有偶极。当极性分子之间相互接近时，固有偶极的同极相斥，异极相吸，使分子按异极相邻状态产生有序排列，由此产生的力称为取向力。取向力是一种静电引力，分子的极性越大，分子间距离越小，取向力越大。

(2)诱导力。极性分子和非极性分子接近时，极性分子的偶极产生的电场会诱导非极性分子的正、负电荷中心发生偏移，使非极性分子的正、负电荷中心不重合，产生诱导偶极。非极性分子的诱导偶极与极性分子的固有偶极相互吸引产生的静电作用力称为诱导力。极性分子与极性分子靠近时，也会相互诱导产生诱导偶极，也存在诱导力。

(3) 色散力。非极性分子内的原子核和电子总在不断运动，在某一瞬间，正、负电荷中心发生偏移，产生瞬间偶极。当几个分子相互接近时会产生因瞬间偶极异极相吸导致的作用力，称为色散力。瞬间偶极虽然是短暂的，但是原子核和电子不断运动，瞬间偶极不断出现，所以分子间始终存在色散力。

分子间作用力从本质上讲是一种静电引力，没有方向性和饱和性，只要周围空间允许就能相互吸引，但其作用距离仅在几百皮米以内。分子间作用力的大小与距离的六次方成反比，作用力随着分子间距离增大而迅速下降。影响分子间作用力大小的因素主要有分子的极性和相对分子质量的大小，分子的极性越大，分子间作用力越大；组成结构相似的不同分子，相对分子质量越大，分子间作用力也越大。

综上所述，分子间不同作用力的分布情况是：在非极性分子之间只有色散力；在极性分子和非极性分子之间，既有诱导力，又有色散力；而在极性分子之间，取向力、诱导力和色散力都存在。对于大多数分子，色散力是主要的；只有极性大的分子，取向力才比较显著；诱导力通常都很小。

物质的沸点、熔点、物态等物理性质与分子间作用力有关，一般来说，分子间作用力小的物质，其沸点和熔点都较低，如 HCl、HBr、HI 的分子间作用力依次增大，其沸点和熔点依次递增。在常温下，Cl_2 是气体，Br_2 是液体，I_2 是固体。

2. 氢键

按照分子间力对不同物质的物理性质的影响，一般认为同族元素从上到下，分子半径依次增大，分子间作用力增强，熔点、沸点依次升高，因此氧族元素的氢化物中，H_2O 的熔点、沸点应小于 H_2S、H_2Se 和 H_2Te。但实际研究却发现水的熔点、沸点最高。同样，HF 和 NH_3 在同系物中都有类似反常现象。这说明水分子之间、氟化氢分子之间和氨分子之间除了存在分子间作用力外，还存在另外一种作用力——氢键。

1) 氢键的形成

在分子中，当氢与电负性很大的原子 X（如 F、O、N）以共价键结合后，共用电子对强烈地偏向电负性大的 X 原子，使氢原子成为只带正电荷的几乎裸露的质子，它能与另一个电负性较大并带孤对电子的原子 Y 产生较大的静电吸引作用，该静电吸引力即为氢键。通常用 X—H···Y 表示，其中虚线表示氢键。例如，O—H···O，F—H···F，也可以是不同元素的原子，如 N—H···O。由此可见，若要形成氢键：①分子中必须有一个 H 原子；②分子中同时含有电负性大、半径小且含有孤对电子的 Y 原子（如 F、O、N 等）；③分子中的 H 必须与电负性特别大的 X 原子直接相连形成强极性键。

氢键的强弱与 X、Y 原子的电负性及半径大小有关。X、Y 原子的电负性越大，半径越小，则 X、Y 上的负电荷密度越大，形成的氢键越强。Cl 的电负性比 N 的电负性略大，但半径比 N 大，只能形成较弱的氢键。C 的电负性较小，很难形成氢键。常见氢键的强弱顺序是：F—H···F > O—H···O > O—H···N > N—H···N > O—H···Cl > O—H···S。

2) 氢键的特点

(1) 氢键属于静电作用力，键能一般在 $42\,kJ\cdot mol^{-1}$ 以下，它比化学键弱得多，但比分子间作用力强。

(2) 氢键不同于分子间作用力，它具有饱和性和方向性。饱和性是指 H 原子与 X 原子形成共价键后，只能吸引一个电负性大、半径小的 Y 原子而形成一个氢键，不能再与第二个 Y 原子形成第二个氢键。这是因为 H 原子半径比 X、Y 原子小得多，当形成 X—H---Y 后，第二个 Y 原子再靠近 H 原子时，将会受到 X 和 Y 原子电子云的强烈排斥而无法成键。氢键的方向性是指以 H 原子为中心的 3 个原子 X—H---Y 尽可能在一条直线上，这样 X 原子与 Y 原子间的距离较远，排斥力较小，Y 与 H 的吸引力大，形成的氢键稳定。

(3) 能形成氢键的元素应具备电负性很大、半径小、有孤对电子的特点，通常为 F、O、N 等原子。

(4) X、Y 可以相同，也可以不同。

3) 氢键的分类

氢键可分成分子间氢键和分子内氢键两种。两个分子之间形成的氢键称为分子间氢键，如 HF 与 HF 分子间、NH_3 与 H_2O 等分子间可以形成氢键。同一分子内 X—H 键与它内部的原子 Y 之间结合而形成的氢键称为分子内氢键，如 HNO_3、邻硝基苯酚等分子内部形成的氢键即为分子内氢键。分子内氢键虽不在一条直线上，但可形成较稳定的环状结构。能形成氢键的物质相当广泛，如许多无机含氧酸、有机羧酸、醇、胺、蛋白质等物质的分子之间都存在氢键。

4) 氢键的应用

氢键的形成对物质性质有不可忽略的影响，因为破坏氢键需要消耗能量，所以在化合物中能形成分子间氢键的物质，其沸点、熔点比不能形成分子间氢键的高。同样，熔化热和气化热等也偏高。相反，分子内氢键的形成，一般使化合物的沸点和熔点降低。例如，邻硝基苯酚的熔点是 318 K，而间硝基苯酚和对硝基苯酚的熔点分别为 369 K 和 387 K。由于氢键具有饱和性，H 原子形成分子内氢键，不能再形成分子间氢键，从而使分子间作用力较形成分子间氢键的弱。间硝基苯酚和对硝基苯酚还可形成分子间氢键，因此它们的熔点高于邻硝基苯酚。

氢键的形成也影响物质的溶解度，若溶质和溶剂间能形成分子间氢键，可使溶解度增大。例如，氨、乙醇、乙酸等与水都可形成分子间氢键，所以氨在水中溶解度很大，乙醇、乙酸可以与水混溶。若溶质形成分子内氢键，则在极性溶剂中溶解度小，而在非极性溶剂中溶解度增大。例如，邻硝基苯酚分子可形成分子内氢键，对硝基苯酚分子因硝基与羟基相距较远不能形成分子内氢键，但它能与水分子形成分子间氢键，因此邻硝基苯酚在水中的溶解度比对硝基苯酚的溶解度小，而在苯中的溶解度邻位大于对位。

一些生物大分子物质如蛋白质、核酸中均有分子内氢键。脱氧核糖核酸(DNA)分子中，两条多核苷酸链靠碱基之间(C=O---H—N 和 C=N—H---N)形成氢键配对而相连，即腺嘌呤(A)与胸腺嘧啶(T)配对形成 2 个氢键，鸟嘌呤(G)与胞嘧啶(C)配对形成 3 个氢键。它们盘曲成双螺旋结构的各圈之间也是靠氢键维系而增强稳定性，氢键一旦被破坏，分子的空间结构发生改变，生理功能就会丧失。可见，氢键在人类和动植物的生理和生化过程中起着十分重要的作用。

本 章 小 结

1. 重要的基本概念

波函数、量子数与电子云；波函数角度分布与电子云角度分布；原子和离子的电子排布式与外层电子排布式；金属与电负性；化学键；键长、键角和键能；极性分子与分子偶极矩；等性杂化与不等性杂化；分子间作用力与氢键。

2. 原子结构及经典模型

了解经典原子结构模型，掌握原子结构。原子中电子运动具有能量量子化、波粒二象性和统计学的特征。

3. 波函数

波函数(又称原子轨道)ψ 表征原子中电子的运动状态。波函数由三个量子数确定，主量子数 n、角量子数 l 和磁量子数 m 分别确定了轨道的能量(多电子原子轨道能量还与 l 有关)、基本形状和空间取向等特征。此外，自旋量子数 m_s 的两个取值分别代表两个不同的自旋状态。

4. 电子云

波函数的平方表示电子在核外空间某位置单位体积内出现的概率大小，即概率密度。用黑点疏密程度描述原子核外电子的概率密度分布规律。

5. 多电子原子结构

多电子原子的轨道能量由 n、l 决定，并随 n、l 值增大而升高。n、l 都不同的轨道能级可能发生交错。

6. 核外电子分布和元素周期表

多电子原子核外电子分布一般遵循三个基本原则，以使原子核外电子能量最低。元素的核外电子构型按元素周期表可以分为五个区。元素性质随原子核外电子构型的周期性变化而变化(如元素的氧化数、原子半径、电负性、电离能等)。

7. 分子的空间构型

杂化轨道理论强调成键时能级相近的原子轨道互相杂化，以增强成键能力，可以用来解释分子的空间构型。一般有 sp、sp^2、sp^3 等性杂化和 sp^3 不等性杂化，对应的常见物质为 $HgCl_2$、BF_3、CH_4 和 H_2O 等。未知物质可以通过价层电子对互斥理论计算并估计其空间构型。

8. 分子的极性

分子可分为极性分子和非极性分子。若正、负电荷中心完全重合为非极性分子；若正、负电荷中心不能重合则为极性分子。相同原子组成的双原子单质分子均为非极性分子；相同原子组成的多原子分子根据正、负电荷中心是否重合，判断其为极性分子还是非极性分子；不同原子组成的双原子分子为极性分子；不同原子组成的多原子分子，若键有极性，分子的极性取决于分子的空间构型是否对称，若空间构型对称，为非极性分子，否则为极性分子。

9. 化学键、分子间作用力和氢键

化学键分为金属键、离子键和共价键。金属键主要是金属晶体中，自由电子与原子(或正离子)之间形成的化学键。离子键是由正、负离子通过静电引力相互吸引而形成的化学键。共价键是原子间通过共用电子对形成的化学键。分子间作用力主要有色散力、诱导力和取向力三种，一般以色散力为主。氢键具有方向性和饱和性，对分子晶体来说，分子间作用力稍强或存在氢键(分子间)导致物质的熔点、沸点稍高。

化 学 视 野

1. 物质放射性的发现

1896 年，法国物理学家贝克勒尔(A. H. Becquerel)知悉德国物理学教授伦琴(W. Röntgen)在前一年发现 X 射线后，决定研究能产生荧光的物质能否也发出这一射线。当时已经知道一些能产生荧光的物质在日光照射后能发出荧光。他选用硫酸钾铀，将其经日光照射后放置在黑纸密封的照相底片旁边，发现它的确发出与 X 射线相似的射线，能穿透黑纸，使照相底片感光。由于接连几天天气阴雨，他就把一些未经日光照射过的铀化合物和用黑纸密封的照相底片一起放进桌子的抽屉里。偶然地，他将这些底片显影，底片上竟然也显现出那块铀化合物的形象。这就说明，未经照射的铀化合物也能发射出穿透黑纸而使照相底片感光的射线。贝克勒尔接着又用其他含铀的化合物进行实验，结果是一样的。他确定这种新的射线是由铀原子本身发出的，与其他因素无关。

这是继 X 射线发现后又一个新奇的发现。这引起了法国物理学家皮埃尔·居里(P. Curie)和他的妻子玛丽·居里(M. Curie)的注意。居里夫人考虑到，虽然观察到铀有这种现象，但是没有任何理由可以证明铀是唯一能发出这种新射线的化学元素，应该还可以从其他物质中寻找。她在检查了许多化合物和矿物后，于 1898 年发现另一种元素钍的化合物也自动发出和铀射线相似的射线。于是她认为这种放出射线的现象并不是铀的特性，而是某些物质的特性，称它为放射性，并把像铀和钍一样具有这种放射性的元素称为放射性元素。

1902 年，英籍新西兰物理学家卢瑟福等在研究物质的放射性时，将放射性物质放射的射线通过磁场，发现它们形成速度不同、穿透物质的能力也不同的三束粒子，并用希腊字母 α、β 和 γ 给它们命名，确定它们的本质和性质：α 射线是带正电的氦原子核流，受薄铝片阻挡；β 射线是带负电的电子流，受更厚的铝片阻挡；γ 射线是一种比 X 射线波长更短的电磁波，穿透力很强。

氦原子核是由 2 个质子和 2 个中子组成的，当一种放射性元素的原子放射出一个 α 粒子后，电荷就少 2 个单位(每个质子带 1 个单位正电荷，而中子不带电)，质量数(质子数和中子数之和)就少 4 个单位(质子质量和中子质量大致相等，都是 1 个质量单位)，变成另一元素的原子。当一种放射性元素的原子放射出一个 β 粒子后，新核的质量不变，但电荷却增加了 1 个单位。电子是不存在于原子核中的，它是由 1 个中子转化为质子时放射出来的。原子核中少 1 个中子，多 1 个质子，虽然质量数不变，但核电荷数不同，也变成另一元素的原子。科学家把这种放射性元素自发转变成另一种元素的过程称为蜕变或衰变。

除少数例外，放射性物质只放射 α 射线，或者只放射 β 射线。放射出 α 粒子的变化称为 α 蜕变，放射出 β 粒子的变化称为 β 蜕变。

放射性元素在不停地放射着，一种放射性元素蜕变到原来数量的一半所需的时间称为半衰期，也常被认为是这种放射性元素的寿命。它们的寿命各不相同，有的能"活"几千年或更长时间，有的只能"活"几秒或更短时间(如 118 号元素 Og 的半衰期为 12 ms)。

2. 人造元素的实现

元素相互转变的设想早在古代就已经产生。我国古代的一些自称修炼有术的方士曾经妄想用他们的手指或某种法宝"点石成金"，西方的炼金术士们也在寻找"哲人石"，企图靠它把贱金属转变成贵金属。随着科学技术的发展，在物质放射性的发现和原子结构的研究，特别是原子核变化的研究进行以后，把一种元素转变成另一种元素的设想才得以实现。

把一种元素转变成另一种元素是原子核的变化过程，称为核反应。这与化学变化(化学反应)完全不同。在化学反应中，只是原子核外电子的得失或转移，原子核没有发生变化。例如，氧气和氢气化合生成水，在水分子中还保留着氧原子和氢原子，但是在核反应中则完全不同，一种元素的原子转变成另一种元素的原子。

天然放射性元素自发地不停地进行衰变，是天然的核反应；一个天然放射性元素镭原子在衰变后转变成铅原子，是自然的元素转变。

1919 年，卢瑟福用镭放射的α粒子撞击氮原子，结果氮原子转变成氧原子，同时放出质子，首次实现了核反应：

$$\ce{^{14}_{7}N + ^{4}_{2}He -> ^{17}_{8}O + ^{1}_{1}H}$$

在上述实验中，使用的射弹是天然的α粒子。1932 年，英国物理学家考克罗夫特(J. Cockcroft)和爱尔兰物理学家瓦尔顿(E. T. S. Walton)首先用人工加速的质子撞击锂原子核，实现了人工核反应：

$$\ce{^{7}_{3}Li + ^{1}_{1}H -> ^{4}_{2}He + ^{4}_{2}He}$$

科学家又以中子为有效的射弹撞击原子核。中子不像α粒子或质子带有正电荷而与原子核发生排斥作用，因此比较容易打入原子核中。自 1934 年起，意大利物理学家费米(E. Fermi)多次进行用中子撞击原子核的实验。

1934 年，居里夫妇的女儿伊伦·约里奥-居里(I. Joliot-Curie)和她的丈夫弗雷德里克·约里奥-居里(F. Joliot-Curie)用α粒子撞击铝原子，得到下列核反应：

$$\ce{^{27}_{13}Al + ^{4}_{2}He -> ^{1}_{0}n + ^{30}_{15}P}$$

式中，n 为中子(neutron)，左上角的数字 1 表示它的质量数，左下角的 0 表示它不带电荷。当α粒子停止撞击后，他们发现仍然有射线发射出来，原来产生的 $\ce{^{30}_{15}P}$ 是磷的一种放射性同位素原子。由此，用人工方法获得了放射性元素，人工放射性元素开始不断出现。

把一种元素转变成另一种元素，首先要有射弹去射击，或者说撞击、轰击、照射核靶。但是原子核在整个原子中只占很小的体积，原子核的截面面积大概只占整个原子截面面积的一亿分之一，因此用射弹打中原子核是不容易的，再加上库仑力的排斥作用，难上加难。在卢瑟福进行的实验中，差不多是十万个α粒子中只有一个打中氮原子核，引起核反应。天然放射性物质放出的α粒子数本来就不多，而它们放出的方向又是四面八方的。这种情况就促使科学家设法加速轰击粒子的速度，从而加大它的能量。由此，人工加速器或称为粒子加速器应运而生。

加速器设计的工作从 1922 年开始，在加速器中，不仅是质子、α粒子、氘核(重氢原子核 $\ce{^{2}_{1}D}$)得到加速，获得巨大能量，碳、氮、氧、铍等轻元素，甚至一些重元素的离子也能被加速而得到很高的能量，加速器成为核反应不可缺少的工具。由一种元素转变成另一种元素，除了放射性元素的蜕变外，还有一种类型是原子核分裂，简称核蜕变或裂变。裂变是一个核分裂成两半，分裂的产物比较复杂，在这些分裂的产物中得到不少人工合成的元素。

但是，仅仅靠原子核物理学的发展，也只是获得人造元素，至于如何鉴定它们并将它们进行分离还要采用化学的方法，如离子交换色谱分离法等。因为人工制得的元素在最初获得的数量都很微小，不是以克计，而是以几个原子计，它们的半衰期也往往不是以秒计，而是以几毫秒(千分之一秒)计。这再次说明，一种科学技术的成就是依赖多种科学技术的发展而获得的。

习　　题

一、解释题

1. 试区别下列名词或概念。

(1)基态与激发态；(2)概率与概率密度；(3)原子轨道与电子云。

2. 请解释 Fe 元素填充电子时先填充 4s 轨道，后填充 3d 轨道；失去电子时，先失去 4s 电子，后失去 3d 电子。

二、判断题

1. 不存在四个量子数完全相同的两个电子。(　　)

2. 电子云图中黑点越密之处表示那里的电子越多。(　　)

3. 主量子数为 4 时，有 4s、4p、4d、4f 四条轨道。（　　）

4. 多电子原子轨道能级与氢原子的轨道能级相同。（　　）

5. 某原子 $3d^1$ 电子运动状态可用 $n = 3$，$l = 1$，$m = 0$，$m_s = \frac{1}{2}$ 量子数描述。（　　）

6. N、P、As 元素的第一电离能(I_1)比同周期相邻元素的都大，是因为它们具有全满的稳定结构。（　　）

7. CH_4 和 NH_3 的中心原子杂化轨道类型分别是不等性 sp^3 杂化和等性 sp^3 杂化。（　　）

8. 共价键类型有σ键和 π 键，其中键能较大的是 π 键。（　　）

9. 最外层电子构型为 $ns^{1\sim2}$ 的元素不一定都在 s 区。（　　）

10. 共价键极性用电负性差值衡量；而分子的极性用偶极矩衡量。（　　）

11. 下列分子① NH_3、② AsH_3、③ PH_3、④ SbH_3 中，键能大小顺序是④>①>②>③。（　　）

三、选择题

1. 氢原子轨道的能级高低顺序是（　　）。

A. $E_{1s} < E_{2s} < E_{2p} < E_{3s} < E_{3p} < E_{3d} < E_{4s}$ 　　　　　B. $E_{1s} < E_{2s} < E_{2p} < E_{3s} < E_{3p} < E_{4s} < E_{3d}$

C. $E_{1s} < E_{2s} = E_{2p} < E_{3s} = E_{3p} < E_{4s} < E_{3d}$ 　　　　　D. $E_{1s} < E_{2s} = E_{2p} < E_{3s} = E_{3p} = E_{3d} < E_{4s}$

2. 下列电子构型的原子中$(n = 2,3,4)$，I_1 最低的是（　　）。

A. ns^2np^3 　　　　　B. ns^2np^4 　　　　　C. ns^2np^5 　　　　　D. ns^2np^6

3. $3p_z$ 轨道可用下列量子数表示的是（　　）。

A. 3，1，0 　　　　　B. 3，1，+1 　　　　　C. 3，1，−1 　　　　　D. 3，0，0

4. 决定多电子原子轨道能级的量子数是（　　）。

A. n 　　　　　B. n 和 l 　　　　　C. l 和 m 　　　　　D. n、l 和 m

5. 决定原子轨道的量子数是（　　）。

A. n，l 　　　　　B. n，l，m_s 　　　　　C. n，l，m 　　　　　D. m，m_s

6. 在某原子中，各原子轨道有下列四组量子数，其中能级最高的是（　　）。

A. 3，1，1 　　　　　B. 2，1，0 　　　　　C. 3，0，0 　　　　　D. 3，2，−1

7. 在 $n = 5$ 的电子层中，能容纳最多电子数的是（　　）。

A. 25 　　　　　B. 50 　　　　　C. 21 　　　　　D. 32

8. 具有 Ar 电子层结构的负一价离子的元素是（　　）。

A. Cl 　　　　　B. F 　　　　　C. Br 　　　　　D. I

9. 下列原子轨道的 n 相同，且各有一个自旋方向相反的不成对电子，沿键方向可形成 π 键的是（　　）。

A. p_x-p_x 　　　　　B. p_x-p_y 　　　　　C. p_y-p_z 　　　　　D. p_z-p_z

10. 下列物质分子中是 sp 杂化轨道的是（　　）。

A. H_2O 　　　　　B. NH_3 　　　　　C. CO_2 　　　　　D. $BeCl_2$

11. 下面解释正确的是（　　）。

A. H_2 的键能等于 H_2 的解离能

B. C—C 键能是 C═C 键能的一半

C. 根据基态电子构型可知有多少未成对的电子，就能形成多少个共价键

D. 直线形分子 X—Y—Z 是非极性分子

12. 下列分子(离子)中，不具有孤对电子的是（　　）。

A. H_2O 　　　　　B. NH_3 　　　　　C. OH^- 　　　　　D. NH_4^+

13. 下列分子中偶极矩不为零的是（　　）。

A. $BeCl_2$ 　　　　　B. SO_2 　　　　　C. CO_2 　　　　　D. CH_4

14. 下列物质分子间氢键最强的是（　　）。

A. NH_3 　　　　　B. H_2O 　　　　　C. HF 　　　　　D. H_3BO_3

15. 下列物质分子间只存在色散力的是（　　）。

A. CO_2 　　　　　B. H_2S 　　　　　C. NH_3 　　　　　D. HBr

16. 下列化合物中，能形成分子内氢键的物质是（　　　）。

A. NH_2OH　　　　　　B. C_2H_5OH　　　　　　C. 对羟基苯甲酸　　　　D. 邻羟基苯甲酸

四、填空题

1. 按所示格式填写下表：

原子序数	价电子组态	周期	族
18			
24			
29			
33			
48			
87			

2. 不参考元素周期表，试给出下列原子或离子的电子组态和未成对电子数。

(1)第 4 周期前七个元素是_____、_____、_____、_____、_____、_____、_____。

(2)第 4 周期的稀有气体元素是_____。

(3)原子序数为 38 的元素的最稳定离子是_____。

(4)4p 轨道半充满的主族元素是_____。

3. 已知 M^{2+} 的 3d 轨道中有 5 个电子，试指出：

(1)基态 M 原子的核外电子组态是_____。

(2)基态 M 原子的最外层和最高能级组中电子数各为_____、_____。

(3)M 元素在元素周期表中的位置是_____。

4. 写出下列轨道的符号：

(1)$n = 4$，$l = 0$_____。(2)$n = 3$，$l = 1$_____。

(3)$n = 2$，$l = 1$_____。(4)$n = 5$，$l = 3$_____。

5. 已知某多电子元素原子的电子具有下列量子数，试排列出它们能量高低的次序：_____。

(1)$3，2，+1，+\dfrac{1}{2}$；　　　　(2)$2，1，+1，-\dfrac{1}{2}$；　　　　(3)$2，1，0，+\dfrac{1}{2}$；

(4)$3，1，-1，-\dfrac{1}{2}$；　　　　(5)$3，1，0，+\dfrac{1}{2}$；　　　　(6)$2，0，0，-\dfrac{1}{2}$。

6. 下列元素基态原子的电子组态各违背了什么原理？写出改正后的电子组态：

(1)B: $1s^2 2p^3$_____；(2)Be: $1s^2 2p^2$_____；(3)N: $1s^2 2s^2 2p_x^2 2p_y^1$_____。

五、简答题

1. 铁在人体内的运输和代谢需要铜的参与。在血浆中，铜以铜蓝蛋白形式存在，催化氧化 Fe^{2+} 成 Fe^{3+}，从而使铁被运送到骨髓。试用原子结构的基本理论解释为什么 Fe^{3+} 比 Fe^{2+} 要稳定得多。

2. 利用价层电子对互斥理论，指出下列分子中心原子价层电子对数、中心原子价层电子对杂化方式、中心原子价层电子对空间几何构型及分子空间几何构型：CO_2、ONF、BF_3、ICl_3。

3. 利用价层电子对互斥理论，指出下列离子中心原子价层电子对数、中心原子价层电子对杂化方式、中心原子价层电子对空间几何构型及分子空间几何构型：IF_4^-、PCl_4^+、SeO_3^{2-}、I_3^-。

4. 根据杂化轨道理论说明下列分子成键过程：$BeCl_2$、NCl_3、XeF_4、SF_6、CO_3^{2-}、SO_4^{2-}、SO_3^{2-}、NO_3^-。

5. 指出下列分子间存在的分子间作用力类型：

(1)乙醇和水；(2)氨和水；(3)苯和四氯化碳；(4)溴化氢和碘化氢；(5)H_2S 气体分子。

6. 丙烷($CH_3CH_2CH_3$)、甲醚(CH_3OCH_3)、一氯甲烷(CH_3Cl)、乙醛(CH_3CHO)和乙腈(CH_3CN)的偶极矩分别为 0.1 deb、1.3 deb、1.9 deb、2.7 deb 和 3.9 deb，比较它们的沸点高低。

7. 乙腈(CH_3CN)和一碘甲烷(CH_3I)的偶极矩分别为 3.9 deb 和 1.62 deb：

(1)比较 CH_3CN 和 CH_3I 的取向力大小；

(2)比较 CH_3CN 和 CH_3I 的色散力大小。

8. 下列化合物哪些存在氢键？是什么类型的氢键？

(1)NH_3；(2)HNO_3；(3)H_3BO_3(固体)；(4)C_2H_6；(5)邻硝基苯酚；(6)对硝基苯酚。

9. 判断下列物质熔点高低顺序：

(1)金刚石、单晶硅、硅甲烷(SiH_4)；

(2)单质碘、单晶硅、五氯化碘(ICl_5)；

(3)生石灰(CaO)、膦(PH_3)、萤石(CaF_2)。

第3章 化学反应基本原理

化学反应种类繁多，现象各不相同，但是化学反应都遵循一些相同的规律，这些规律包括化学反应中的能量关系、化学反应的方向和限度、化学反应的速率和机理，它们是化学反应的基本规律，也称为化学反应一般原理。其中，化学反应中的能量关系、化学反应的方向和限度属于化学热力学研究的范畴，化学反应速率和机理属于化学反应动力学的研究范畴。化学热力学研究的是反应的可能性，而化学动力学是研究如何实现反应，即反应的现实性。

运用化学热力学方法研究化学问题时，着眼于宏观性质的变化，不涉及物质的微观结构，因此只需要知道研究对象的起始状态和最终状态，不需要知道变化过程的机理。化学热力学不涉及化学反应时间，而化学动力学的研究对象是性质随时间变化的非平衡动态体系，包括反应速率和反应机理等问题。

化学热力学和化学动力学的内容广而深，在无机及分析化学中只介绍最基本的概念、理论、方法和应用。

3.1 化学反应中的能量关系

3.1.1 基本概念

1. 化学反应进度

1）化学计量数

某化学反应方程式：
$$cC + dD \Longrightarrow yY + zZ$$

若把反应物全部移到方程式的右边，上述反应式变为如下形式：
$$0 = yY + zZ - cC - dD \tag{3-1}$$

随着反应的进行，反应物 C、D 不断减少，产物 Y、Z 不断增加。为了表达方便，令
$$\nu_C = -c , \quad \nu_D = -d , \quad \nu_Y = y , \quad \nu_Z = z$$

代入式(3-1)得
$$0 = \nu_Y Y + \nu_Z Z + \nu_C C + \nu_D D$$

对于任一化学反应方程式，其计量方程式可用式(3-2)表示：
$$0 = \sum_B \nu_B B \tag{3-2}$$

式中，B 为包含在化学反应中的所有反应物或生成物(分子、原子或离子)；ν_B 为物质 B 的化学计量数，其量纲为一。根据规定，反应物的化学计量数为负值，而生成物的化学计量数为正值。例如，合成氨反应：

$$N_2 + 3H_2 \rightleftharpoons 2NH_3$$

其化学反应计量方程式可写成：

$$0 = 2NH_3 - N_2 - 3H_2$$

$\nu(NH_3)=2$，$\nu(N_2)=-1$，$\nu(H_2)=-3$，分别为该反应中生成物 NH_3 和反应物 N_2、H_2 的化学计量数，表明反应中每消耗 1 mol N_2 和 3 mol H_2，生成 2 mol NH_3。

若把合成氨反应写成如下形式：

$$\frac{1}{2}N_2 + \frac{3}{2}H_2 \rightleftharpoons NH_3$$

则化学计量数 ν_B 分别为

$$\nu(NH_3)=1，\quad \nu(N_2)=-\frac{1}{2}，\quad \nu(H_2)=-\frac{3}{2}$$

因此，对于同一个化学反应，反应式中各物质的化学计量数与化学反应方程式的写法有关。

2) 化学反应进度 ξ 的定义

为了描述化学反应进行的程度，国家标准规定了一个物理量——化学反应进度，其符号为 ξ。对于任意的化学计量方程式 $0 = \sum\limits_B \nu_B B$，反应进度的定义式为

$$d\xi = \nu_B^{-1} dn_B \quad 或 \quad dn_B = \nu_B d\xi \tag{3-3}$$

式中，n_B 为 B 的物质的量；ν_B 为 B 的化学计量数；ξ 的单位为 mol。

若体系发生一定程度的反应，则

$$n_B(\xi) - n_B(\xi_0) = \nu_B(\xi - \xi_0) \quad 或 \quad \Delta n_B = \nu_B \Delta\xi \tag{3-4}$$

式中，$n_B(\xi_0)$、$n_B(\xi)$ 分别为反应进度 ξ_0 和 ξ 时物质 B 的物质的量；ξ_0 为反应开始时的反应进度，一般 $\xi_0 = 0$，则

$$\Delta n_B = \nu_B \xi \quad 或 \quad \xi = \Delta n_B / \nu_B \tag{3-5}$$

例如，对于合成氨反应：

$$N_2 + 3H_2 \rightleftharpoons 2NH_3$$

当 $\xi_0 = 0$ 时，若有足够量的 N_2 和 H_2，根据式(3-5)可得各物质的 Δn_B 与 ξ 的关系。例如，当 $\Delta n(N_2) = 0.5$ mol 时，反应进度 $\xi = \Delta n(N_2)/\nu(N_2) = (-0.5 \text{ mol})/(-1) = 0.5$ mol。

由表 3-1 的数据可知，对同一个化学反应方程式来说，反应进度 ξ 的值与物质的选取无关，因为反应进度 ξ 是反应式中任一物质的 Δn_B 除以该物质的化学计量数 ν_B。但是，如果同一化学反应的化学反应方程式写法不同（即 ν_B 不同），相同物质的量变化时对应的反应进度就会有区别，因此反应进度必须与化学反应方程式对应（表 3-2）。

表 3-1　反应 $N_2 + 3H_2 \rightleftharpoons 2NH_3$ 中各物质的 Δn_B 与 ξ 的关系

$\Delta n(N_2)$ / mol	$\Delta n(H_2)$ / mol	$\Delta n(NH_3)$ / mol	ξ / mol
0	0	0	0
−0.5	−1.5	1	0.5
−1	−3	2	1

表 3-2　化学反应方程式写法与 ξ 的关系

化学反应方程式	$\Delta n(N_2)/mol$	$\Delta n(H_2)/mol$	$\Delta n(NH_3)/mol$	ξ/mol
$N_2 + 3H_2 \rightleftharpoons 2NH_3$	−1	−3	2	1
$\frac{1}{2}N_2 + \frac{3}{2}H_2 \rightleftharpoons NH_3$	−1	−3	2	2

显然，反应进度 ξ 与物质 B 的选择无关，而与化学计量方程式的写法有关。

为了便于比较，在后面的各个热力学函数变的计算中，都以单位反应进度(摩尔反应)为计量基础，单位反应进度即 ξ = 1 mol。对于反应 $cC + dD \rightleftharpoons yY + zZ$，若发生 1 mol 反应进度的反应，则

$$\xi = \Delta n_C / \nu_C = \Delta n_D / \nu_D = \Delta n_Z / \nu_Z = \Delta n_Y / \nu_Y = 1 \text{ mol}$$

也就是消耗 c mol 物质 C，同时也消耗 d mol 物质 D，并生成 y mol 物质 Y 和 z mol 物质 Z。1 mol 反应就是反应进行到各物质的 Δn_B 在数值上恰好等于其化学计量数 ν_B。通常 1 mol 反应简称为摩尔反应。

2. 体系和环境

事物之间是相互联系的，为了便于研究，需要将某一部分物质或空间与其余部分划分开，被划分出来作为研究对象的这一部分物质或空间称为体系(也称为物系或系统)，体系以外与体系密切相关的其余部分称为环境。例如，研究溶液中的反应，溶液就是研究的对象，即体系，而盛溶液的烧杯、溶液上方的空气等都是环境。体系和环境的划定完全是人为的，可以是实际的，也可以是想象的。

根据体系与环境之间的物质和能量的交换情况，通常将体系划分为三类：

(1)敞开体系：体系与环境之间既有能量交换，又有物质交换。

(2)封闭体系：体系与环境之间只有能量交换，没有物质交换。

(3)孤立体系：也称为隔离系统，体系与环境之间既没有能量交换，又没有物质交换。

注意绝对的孤立体系是一种理想状态，实际上是不存在的，为了研究方便，在某些条件下近似地把一个体系看作孤立体系。

3. 状态和状态函数

体系的状态是体系所有宏观性质的综合表现。宏观性质指的是压力、体积、温度、物质的量、质量、密度、黏度、导热系数、组成，以及本章将要介绍的热力学能、焓、熵、吉布斯函数等一系列物理量。

当体系的所有性质都有确定值时，体系就处于某一状态。当体系的某种或多种性质发生变化，则体系的状态就发生了变化，即由一种状态变为另一种状态。通常把体系变化前的状态称为始态，变化后的状态称为终态。

例如，某理想气体在 100 kPa 时，具有一定温度 T、一定体积 V 及一定物质的量 n，此时，该气体处于状态 1。若将该状态中体系的压力降低到 80 kPa 时，则该气体由状态 1 变化到状态 2。前者为始态，后者为终态。

用来描述体系状态的各种宏观性质的物理量称为状态函数。体系的状态确定后，每一个

状态函数都具有单一的确定值。体系由始态变到终态时，状态函数的改变值仅取决于体系的始态和终态，与体系在两个状态间经历的途径无关。比如，前面的例子中体系的压力由 100 kPa 变成 80 kPa，压力变化 $\Delta p = p_2 - p_1 = 80 \text{ kPa} - 100 \text{ kPa} = -20 \text{ kPa}$。

体系各个状态函数之间存在相互联系，在确定体系状态时，只需要确定其中几个独立变化的性质，其余的性质就随之而定。例如，对于理想气体体系，若知道了温度、压力、体积、物质的量这四个状态函数中的任意三个，就可以通过理想气体状态方程确定第四个状态函数。

根据状态函数与体系中物质数量的关系，状态函数可分为以下两大类。

1）广度性质的状态函数

广度性质又称为容量性质。广度性质的状态函数的数值在一定条件下与体系中的物质数量成正比，即具有加和性。体积、质量、热力学能、焓、熵、吉布斯函数等都是广度性质的状态函数。

2）强度性质的状态函数

强度性质的状态函数的数值在一定条件下仅由体系物质本身的特性决定，与体系中物质的数量无关，不具有加和性。温度、压力、密度、黏度等都是强度性质的状态函数。

4. 过程和途径

当体系的状态发生变化时，由一种状态变化到另一种状态，这种状态的变化称为过程。完成这种变化的具体步骤称为途径。

一个过程可以由多种途径实现。例如，一定量的 298.15 K 的水变为 323.15 K 的水，完成这个过程，可以设计通过图 3-1 所示的两种途径实现。无论采用哪种途径，状态函数的改变量仅取决于体系的始态和终态，与状态的变化途径无关。

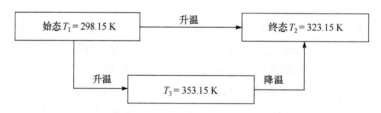

图 3-1　体系状态变化的不同途径

热力学中常见的过程有下列几种：

（1）恒压过程：也称为等压过程，是体系的压力保持不变的过程。

（2）恒温过程：也称为等温过程，是体系的始态温度 T_1、终态温度 T_2 相等的过程。

（3）恒容过程：也称为等容过程，是体系的体积始终保持不变的过程。

（4）绝热过程：是体系与环境间无热量交换的过程。

5. 热和功

体系的状态发生变化时，往往伴随着与环境间的能量交换，能量交换有热和功两种形式。

体系与环境间因存在温度差而引起的能量交换称为热（或热量），用符号 Q 表示。热力学中规定，体系从环境吸热，Q 为正值（体系能量升高，$Q > 0$）；体系向环境放热，Q 为负值（体系能量降低，$Q < 0$）。

体系与环境间除热以外的其他各种能量交换称为功，用符号 W 表示。热力学规定，环境对体系做功，W 为正值(体系能量升高，$W > 0$)；体系对环境做功，W 为负值(体系能量下降，$W < 0$)。

功有多种形式，如体积功、电功、机械功、引力功、表面功等。由于体系体积发生变化而产生的功称为体积功(或称膨胀功、无用功)，除体积功以外的其他形式的功统称为非体积功(或称非膨胀功、有用功，用 W_f 表示)。

功和热是体系的状态发生变化时与环境交换的能量，与过程密切相关。它们不是状态函数，而是与过程相联系的物理量。功和热只有在能量交换的过程中才会有具体的数值，且过程或途径不同，功和热的数值不同。功和热的单位为焦耳(J)或千焦(kJ)。

恒压条件下，即体系反抗恒定外压膨胀或者受恒定外压作用而被压缩，体积功的计算公式为

$$W_{体} = -p \cdot \Delta V \tag{3-6}$$

显然，体系膨胀，即 $\Delta V > 0$，$W_{体} < 0$，体系对环境做功；反之，$\Delta V < 0$，$W_{体} > 0$，环境对体系做功。

在化学反应中，体系一般只做体积功，所以在本章的讨论中除特别说明外，体系所做的功均指体积功。

6. 热力学能与热力学第一定律

1) 热力学能

体系内部各种形式能量的总和称为体系的热力学能(或内能)，用符号 U 表示。从微观角度看，热力学能包括：体系中分子、原子、离子等微观粒子的动能(平动能、转动能、振动能)；各种微粒间相互吸引或排斥而产生的势能；原子间相互作用的化学键能；电子运动能；原子核能等。但不包括体系宏观的动能和势能。由于体系内部的微观粒子的运动方式及其相互作用极其复杂，热力学能的绝对数值难以确定。

热力学能是体系本身的性质，仅取决于体系的状态，热力学能是一个状态函数。当体系状态发生变化时，热力学能的改变值 ΔU 只与体系始、终状态有关，而与变化的途径无关。虽然热力学能的绝对数值难以确定，但 ΔU 的数值可通过体系与环境交换的热和功的数值确定。热力学能是体系的广度性质，具有加和性。

2) 热力学第一定律

自然界的一切物质都具有能量，能量有各种不同的形式，能够从一种形式转化为另一种形式，从一种物质传递到另一种物质，在转化和传递过程中，能量的总值不变。这就是能量守恒定律。

将能量守恒定律运用于宏观的热力学体系，就是热力学第一定律。也就是在孤立体系中，能量可以转化和传递，但能量的总值不变。

对于封闭体系，当体系从始态变到终态时，环境以热、功的形式分别传递给体系 Q 与 W 的能量。根据热力学第一定律，环境传递给体系的能量只能转变为体系的热力学能，即体系从始态变到终态的热力学能改变量 $\Delta U = U_2 - U_1$ 来自于环境传递的热和功。因此，可以得到热力学第一定律的数学表达式：

$$\Delta U = Q + W \tag{3-7}$$

当体系在相同的始态、终态间经历不同过程时，各个过程的 Q 和 W 值各不相同，但

$Q + W$(即ΔU)的数值必然相同。

【例 3-1】　某体系从环境中吸收热量并膨胀做功,已知从环境吸热 100 kJ,对环境做功为 150 kJ,求该过程中体系和环境的热力学能变。

解　体系吸热 100 kJ,对环境做功 150 kJ,所以

$$Q(\text{体系}) = 100 \text{ kJ}, \quad W(\text{体系}) = -150 \text{ kJ}$$

根据热力学第一定律的数学表达式(3-7)得

$$\Delta U(\text{体系}) = Q(\text{体系}) + W(\text{体系}) = 100 \text{ kJ} - 150 \text{ kJ} = -50 \text{ kJ}$$

对于环境而言,体系吸热,环境就要放热,故 $Q(\text{环境}) = -100 \text{ kJ}$,环境得到体系的功,故 $W(\text{环境}) = 150 \text{ kJ}$,代入式(3-7)得

$$\Delta U(\text{环境}) = Q(\text{环境}) + W(\text{环境}) = -100 \text{ kJ} + 150 \text{ kJ} = 50 \text{ kJ}$$

计算结果表明:变化过程中体系减少了 50 kJ 的能量,环境增加了 50 kJ 的能量。体系与环境加在一起组成一个孤立体系,则体系与环境的总能量保持不变,即

$$\Delta U(\text{体系}) + \Delta U(\text{环境}) = 0$$

---

7. 重要的气体定律

1) 理想气体状态方程

理想气体是一种假想模型,满足两个假设:①分子本身没有体积;②分子间没有相互作用力。理想气体是对处于高温、低压状态的实际气体的行为简化而建立的一种理想模型。当实际气体处于高温、低压状态,分子间距离很大,相互之间作用力极小,分子本身的大小相对于整个气体的体积可以忽略不计时,实际气体的行为才非常接近理想气体,可以近似地当作理想气体处理。

气体的压力 p、体积 V、物质的量 n 和温度 T 是描述气体状态的四个参数。对理想气体来说,只要其中三个参数确定,第四个参数也随之确定,并且遵从如下关系式:

$$pV = nRT \tag{3-8}$$

式中,R 为摩尔气体常量。式(3-8)只适用于理想气体,因而称为理想气体状态方程。采用式(3-8)进行计算时,务必注意各物理量的单位,常用 SI 单位,p、V、T 的 SI 单位分别为 Pa、m^3、K。

已知在标准状况($p = 101325$ Pa, $T = 273.15$ K)下,1 mol 理想气体的标准摩尔体积为 22.414×10^{-3} m^3,将这些数据代入式(3-8)可以获得摩尔气体常量 R 的数值及单位。

$$R = \frac{pV}{nT} = \frac{101325 \text{ Pa} \times 22.414 \times 10^{-3} \text{ m}^3}{1 \text{ mol} \times 273.15 \text{ K}}$$

$$= 8.314 \text{ Pa} \cdot \text{m}^3 \cdot \text{mol}^{-1} \cdot \text{K}^{-1} \quad (1 \text{ Pa} \cdot \text{m}^3 = 1 \text{ N} \cdot \text{m}^{-2} \cdot \text{m}^3 = 1 \text{ N} \cdot \text{m} = 1 \text{ J})$$

$$= 8.314 \text{ J} \cdot \text{mol}^{-1} \cdot \text{K}^{-1}$$

显然,摩尔气体常量与气体的种类无关,与 p、V、n、T 的单位有关。

【例 3-2】　为了行车安全，汽车上装备安全气囊防止碰撞时司乘人员受到伤害。该空气袋是用 N_2 充胀起来的，N_2 是由叠氮化钠 NaN_3 与 Fe_2O_3 在火花的引发下瞬间反应生成的。反应式为：$6NaN_3(s) + Fe_2O_3(s) \longrightarrow 3Na_2O(s) + 2Fe(s) + 9N_2(g)$，计算在 25℃、101.325 kPa 下，产生 75.0 L N_2 需要 NaN_3 的质量。

解　根据反应方程式可知 6 mol NaN_3 反应生成 9 mol N_2，利用理想气体状态方程可计算出在 25℃、101.325 kPa 下 9 mol N_2 的体积。

$$V = \frac{nRT}{p} = \frac{9 \text{ mol} \times 8.314 \text{ J} \cdot \text{mol}^{-1} \cdot \text{K}^{-1} \times (273.15 + 25) \text{ K}}{101325 \text{ Pa}} = 220.2 \times 10^{-3} \text{ m}^3 = 220.2 \text{ L}$$

故产生 75.0 L N_2 需要的 $m(NaN_3)$ 有如下关系：

$$\frac{6 \text{ mol} \times 65.01 \text{ g} \cdot \text{mol}^{-1}}{m(NaN_3)} = \frac{220.2 \text{ L}}{75.0 \text{ L}}$$

$$m(NaN_3) = 132.9 \text{ g}$$

在常温常压下，一般的实际气体可用理想气体状态方程进行近似计算。在低温和高压下，实际气体与理想气体有较大的差别，需要将理想气体状态方程加以修正，这部分内容在后续的物理化学课程中将学习到。

2）分压定律

在生产和科学实验中，实际遇到的气体大多数是由几种气体组成的混合物。如果混合气体的各组分之间不发生化学反应，则在常温常压下，可将其看作理想气体，仍满足理想气体状态方程。

如果将几种互不发生反应的气体放入同一容器中，其中任一组分气体向容器壁所施加的压力，称为该气体的分压（p_B）。气体具有扩散性，因此在混合气体中，每一组分气体都是均匀地充满整个容器，因此其分压 p_B 与相同温度下该气体单独占有与混合气体相同体积时所产生的压力相等。1801 年，英国物理学家道尔顿（J. Dalton）通过大量实验总结出组分气体的分压与混合气体总压之间的关系，这就是著名的道尔顿分压定律。

若某混合气体有 i 种互不发生化学反应的组分气体，混合气体及其组分气体都满足理想气体状态方程：

$$p_{总}V = n_{总}RT$$
$$p_1V = n_1RT，\quad p_2V = n_2RT，\quad \cdots，\quad p_iV = n_iRT$$
$$n_{总} = n_1 + n_2 + \cdots + n_i$$

则可以得到分压定律的第一种表达形式：

$$p_{总} = p_1 + p_2 + \cdots + p_i$$

即

$$p_{总} = \sum_i p_i \tag{3-9}$$

式（3-9）表示，混合气体的总压等于各组分气体的分压之和。

又 $\dfrac{p_1}{p_{总}} = \dfrac{n_1}{n_{总}}$，$\dfrac{p_2}{p_{总}} = \dfrac{n_2}{n_{总}}$，$\cdots$，$\dfrac{p_i}{p_{总}} = \dfrac{n_i}{n_{总}}$，

$$p_i = p_总 \frac{n_i}{n_总}$$

令 $x_i = \dfrac{n_i}{n_总}$，x_i 称为组分 i 的物质的量分数，则

$$p_i = p_总 x_i \tag{3-10}$$

并且有 $\sum_i x_i = 1$，即所有组分气体的物质的量分数之和等于 1。

式(3-10)表示，混合气体中某组分气体 i 的分压等于总压乘以该气体的物质的量分数，这是分压定律的另一种表达形式。

【例 3-3】 某潜水员潜至水下 30 m 处作业，此时温度为 20℃，压力为 404 kPa。在这种条件下，若维持 O_2、He 混合气体中 $p(O_2) = 21$ kPa，氧气的物质的量分数为多少？以 1.0 L 混合气体为基准，计算 O_2、He 的质量。

解 根据式(3-10)得，

$$x(O_2) = \frac{p(O_2)}{p_总} = \frac{21\ \text{kPa}}{404\ \text{kPa}} = 0.052$$

混合气体只有 O_2、He 两种组分气体，根据 $\sum_i x_i = 1$，有

$$x(O_2) + x(He) = 1$$

$$x(He) = 1 - x(O_2) = 0.948$$

$$n_总 = \frac{p_总 V}{RT} = \frac{404 \times 10^3\ \text{Pa} \times 1.0 \times 10^{-3}\ \text{m}^3}{8.314\ \text{J·mol}^{-1}\text{·K}^{-1} \times (273.15 + 20)\text{K}} = 0.166\ \text{mol}$$

$$m(O_2) = n_总 \times x(O_2) \times M(O_2) = 0.166\ \text{mol} \times 0.052 \times 32.0\ \text{g·mol}^{-1} = 0.28\ \text{g}$$

$$m(He) = n_总 \times x(He) \times M(He) = 0.166\ \text{mol} \times 0.948 \times 4.00\ \text{g·mol}^{-1} = 0.63\ \text{g}$$

3.1.2 化学反应热效应

由于物质的热力学能各不相同，当化学反应发生后，生成物的热力学能总和与反应物的热力学能总和一般不相等，体系的热力学能变化在反应过程中以热和功的形式表现出来。化学反应中，反应物的化学键断裂，形成新的化学键以生成产物。化学反应热效应就是表示化学键的断裂和形成所引起的热量变化。

化学反应热效应是体系发生化学反应时，不做非体积功，生成物和反应物的温度相同时，体系吸收或放出的热量。化学反应热效应常简称为反应热。

强调恒温，即生成物和反应物的温度相同，是为了避免将生成物温度升高或降低所引起的热量变化混入到反应热中。只有生成物和反应物的温度相同，反应热才是化学反应本身引起的热量变化。

热与过程有关，化学反应通常在恒压或恒容条件下进行，所以反应热常分为恒压反应热

和恒容反应热。

1. 恒容反应热

在恒温、不做非体积功的条件下，若体系在容积恒定的容器中进行化学反应，该过程的反应热称为恒容反应热，用符号 Q_V 表示。

因为是恒容过程，$\Delta V = 0$，则 $W_{体} = 0$，同时体系不做非体积功，体系与环境间无功的交换，即 $W = W_{体} + W_f = 0$。根据热力学第一定律的数学表达式(3-7)可得

$$\Delta U = Q + W = Q_V$$

$$Q_V = \Delta U \tag{3-11}$$

式(3-11)说明，恒容反应热在数值上等于体系热力学能的改变量。因此，虽然热力学能的绝对数值难以确定，但是可以利用体系的 Q_V 确定 ΔU 的值。

一些有机物燃烧反应的恒容反应热可以用弹式热量计测定，如图 3-2 所示。氧弹是一种特制的不锈钢容器，耐温耐压且密封性好。把一定质量的待测有机物置于充满高压氧气的氧弹中，用电火花引燃进行燃烧反应，大多数有机物在氧弹中能迅速完全地燃烧生成产物。产生的热量使氧弹周围的介质及热量计本身的温度升高。通过测定燃烧前后热量计温度的变化值 ΔT，就可以计算出该样品燃烧反应的恒容反应热，此处将弹式热量计近似作为孤立体系。

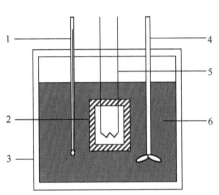

图 3-2　弹式热量计
1. 温度计；2. 氧弹；3. 绝热套；4. 搅拌器；
5. 引燃线；6. 水

2. 恒压反应热

在恒温、不做非体积功的条件下，若体系在恒定压力下进行化学反应，该过程的反应热称为恒压反应热，用符号 Q_p 表示。

由恒压反应热的定义($p_1 = p_2 = p$，$W_f = 0$)、体积功的计算公式(3-6)和热力学第一定律可得

$$\Delta U = Q + W = Q_p - p\Delta V$$

$$Q_p = \Delta U + p\Delta V = (U_2 - U_1) + p(V_2 - V_1) = (U_2 + p_2 V_2) - (U_1 + p_1 V_1) \tag{3-12}$$

由于 U、p、V 都是状态函数，因此它们的组合($U + pV$)一定也具有状态函数的性质。为了使问题简单化，定义体系的($U + pV$)为一个新的状态函数，称为焓，用符号 H 表示：

$$H = U + pV \tag{3-13}$$

则由式(3-12)可得

$$Q_p = (U_2 + pV_2) - (U_1 + pV_1) = H_2 - H_1 = \Delta H$$

即

$$Q_p = \Delta H \tag{3-14}$$

式(3-14)说明，恒压反应热在数值上等于体系的焓变。

焓是为了处理热力学问题方便而提出的，无明确物理意义。U 的绝对数值不能确定，所

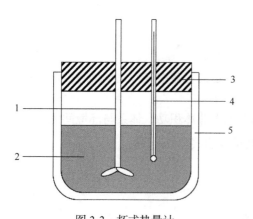

图 3-3 杯式热量计
1. 搅拌杆；2. 反应体系；3. 绝热盖；4. 温度计；
5. 绝热杯

以焓的绝对数值也不能确定。焓是状态函数，只要体系的状态发生了变化，焓变 ΔH 就有确定的数值，但是只有恒温、恒压、不做非体积功条件下，才有 $Q_p = \Delta H$。

一些化学反应的恒压反应热可以用杯式热量计测定，如图 3-3 所示，使用方法与弹式热量计相似。利用该装置可以测定中和热、溶解热等，如可以测定反应 $CuSO_4 + Zn \rightleftharpoons ZnSO_4 + Cu$ 的恒压反应热 Q_p。

3. Q_p 与 Q_V 的关系

同一个反应的恒压反应热 Q_p 和恒容反应热 Q_V 之间存在一定的关系。根据焓的定义式(3-12)可得

$$\Delta H = (U_2 + p_2V_2) - (U_1 + p_1V_1) = \Delta U + p_2V_2 - p_1V_1 \tag{3-15}$$

忽略固体和液体的体积变化，只考虑反应前后气体的体积变化，将理想气体状态方程 $pV = nRT$ 代入式(3-15)可得

$$\Delta H = \Delta U + n_2RT_2 - n_1RT_1 \tag{3-16}$$

恒温条件下，$T_2 = T_1$，则

$$\Delta H = \Delta U + (n_2 - n_1)RT = \Delta U + \Delta n_gRT \tag{3-17}$$

式(3-17)中 Δn_g 为反应前后气体的物质的量之差。前面推出 $\Delta H = Q_p$、$\Delta U = Q_V$，代入式(3-17)可得

$$Q_p = Q_V + \Delta n_gRT \tag{3-18}$$

由式(3-18)可知，当反应物与生成物中气体的物质的量相等时，或者反应物和生成物全为固体或液体时，$Q_p = Q_V$，$\Delta H = \Delta U$。

在化学热力学中，对于状态函数的改变量的表示及其单位都有严格的规定。当泛指一个过程时，其状态函数的改变量可写成如 ΔU、ΔH 等形式，ΔU、ΔH 的单位是 J 或 kJ。若指明某一反应但没有指明反应进度，即不做严格的定量计算时，其相应的热力学能改变量及焓变可分别表示为 $\Delta_r U$、$\Delta_r H$，下角标 r 表示化学反应，其单位仍是 J 或 kJ。但是，容量性质状态函数的改变量，如 $\Delta_r H$，其大小与反应进度有关。反应进度不同，$\Delta_r H$ 必然不一样，如相同条件下燃烧 1 mol 碳和 2 mol 碳放出的热是不一样的，因此引入摩尔反应焓变 $\Delta_r H_m$ 是很有必要的。$\Delta_r H_m$ 表示某反应按给定的反应方程式进行 1 mol 反应，即 $\xi = 1$ mol 时的焓变。$\Delta_r H_m$ 中的下角标 m 表示 1 mol 反应。

$\Delta_r H_m$ 可以由 $\Delta_r H$ 和此时的反应进度求得：

$$\Delta_r H_m = \frac{\Delta_r H}{\xi} \tag{3-19}$$

由式(3-19)可知，$\Delta_r H$ 的单位一般为 kJ，而 ξ 的单位为 mol，因此 $\Delta_r H_m$ 的单位为 kJ·mol^{-1}。

根据上述观点，式(3-17)两边同时除以反应进度 ξ，则有

$$\Delta_r H_m = \Delta_r U_m + \sum_B \Delta \nu_{B(g)} RT \qquad (3-20)$$

式中，$\sum\limits_B \Delta \nu_{B(g)}$ 为反应式中所有气态物质化学计量数之和，即 $\xi = 1$ mol 时气体物质的量的改变量。

【例 3-4】 在 101.3 kPa 和 298.15 K 下，反应 $CH_4(g) + 2O_2(g) \Longrightarrow CO_2(g) + 2H_2O(l)$ 的反应进度为 1.5 mol 时，放出 1335.45 kJ 的热量，求此条件下该反应的 $\Delta_r H_m$ 及 $\Delta_r U_m$。

解 该反应在恒温、恒压、不做非体积功的条件下进行，所以

$$Q_P = \Delta_r H = -1335.45 \text{ kJ}$$

$$\Delta_r H_m = \frac{\Delta_r H}{\xi}$$

$$\Delta_r H_m = \frac{-1335.45 \text{ kJ}}{1.5 \text{ mol}} = -890.3 \text{ kJ} \cdot \text{mol}^{-1}$$

又

$$\Delta_r H_m = \Delta_r U_m + \sum_B \nu_{B(g)} RT$$

则

$$\Delta_r U_m = \Delta_r H_m - \sum_B \nu_{B(g)} RT$$

$$= -890.3 \text{ kJ} \cdot \text{mol}^{-1} - [(-1)+(-2)+(+1)] \times 8.314 \text{ J} \cdot \text{mol}^{-1} \cdot \text{K}^{-1} \times 298.15 \text{ K}$$

$$= -890.3 \text{ kJ} \cdot \text{mol}^{-1} + 4957.64 \text{ J} \cdot \text{mol}^{-1}$$

$$= -885.3 \text{ kJ} \cdot \text{mol}^{-1}$$

显然，即使有气体参与的反应，$\Delta n_g RT$ 与 ΔH 相比也是非常小的值，因此在一般情况下，$\Delta H \approx \Delta U$。

3.1.3 热化学反应方程式

表示出反应热的化学反应方程式称为热化学方程式。

由于反应热与反应方向、反应条件(温度、压力)、物质的聚集状态有关，因此书写热化学方程式时应注意以下几点：

(1)正确书写出化学反应计量方程式。同一反应，不同的化学计量方程式，其反应热的数值不同。

(2)要注明反应的压力和温度。若温度和压力分别是 298.15 K 和 100 kPa 时，可以略去不写。

(3)要注明反应物和产物的聚集状态，用 g、l、s、aq 分别表示气体、液体、固体、水溶液。溶液中的溶质要注明浓度，若浓度为 1 mol · L^{-1} 可略去不写。固体若有多种晶型时，要注明晶型。

通常，化学反应都在恒压、不做非体积功的条件下进行，$Q_p = \Delta H$，因此通常直接用 ΔH 表示反应热。反应热的表示方法见下面的热化学方程式实例。

$$C(石墨) + O_2(g) \Longrightarrow CO_2(g) \quad \Delta_r H_m = -393.5 \text{ kJ} \cdot \text{mol}^{-1}$$

$$\frac{1}{2}C\text{（石墨）}+\frac{1}{2}O_2\,(g) \Longrightarrow \frac{1}{2}CO_2\,(g) \quad \Delta_r H_m = -196.8\ \text{kJ}\cdot\text{mol}^{-1}$$

$$C\text{（金刚石）}+O_2(g) \Longrightarrow CO_2(g) \quad \Delta_r H_m = -395.4\ \text{kJ}\cdot\text{mol}^{-1}$$

$$H_2(g)+\frac{1}{2}O_2(g) \Longrightarrow H_2O(g) \quad \Delta_r H_m = -241.82\ \text{kJ}\cdot\text{mol}^{-1}$$

$$H_2(g)+\frac{1}{2}O_2(g) \Longrightarrow H_2O(l) \quad \Delta_r H_m = -285.83\ \text{kJ}\cdot\text{mol}^{-1}$$

3.1.4　赫斯定律

1840 年前后，俄国化学家赫斯(G. H. Hess)经过多年的热化学实验研究，从大量实验结果中总结出了赫斯定律：一个化学反应，在恒温恒压(或恒温恒容)条件下，无论是一步完成还是分多步完成，其反应热是相同的。

赫斯研究的化学反应基本是在恒压或者恒容的条件下进行的，因为 $Q_p = \Delta H$，$Q_V = \Delta U$，而ΔH、ΔU 是状态函数的改变量，只与体系始、终态有关，与途径无关。因此，赫斯定律实际上揭示的是状态函数的性质。

利用赫斯定律不仅可以用已知反应的反应热推算难以测定或无法测定的化学反应的反应热，同时赫斯定律也适用于各种状态函数改变量的计算。

例如，C 与 O₂ 化合生成 CO 的反应热无法直接测定(难以控制 C 只生成 CO 而不生成 CO₂)，但是 C 与 O₂ 化合生成 CO₂ 及 CO 与 O₂ 化合生成 CO₂ 的反应热是可以准确测定的，因而可利用赫斯定律把 C 与 O₂ 化合生成 CO 的反应热计算出来。

【例 3-5】 已知：(1) $C(s)+O_2(g) \Longrightarrow CO_2(g)\ \Delta H_1$；

(2) $CO(g)+\frac{1}{2}O_2(g) \Longrightarrow CO_2(g)\ \Delta H_2$；

求：(3) $C(s)+\frac{1}{2}O_2(g) \Longrightarrow CO(g)$ 的ΔH_3。

解　在相同反应条件下进行的三个化学反应之间存在图 3-4 所示的关系。按照反应的方向，可选择 $C(s)+O_2(g)$ 和 $CO_2(g)$ 分别作为反应的始态和终态，从始态到终态有两种不同的途径：Ⅰ和Ⅱ。

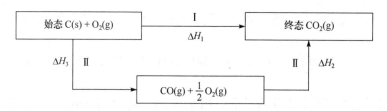

图 3-4　由 $C(s)+O_2(g)$ 反应生成 $CO_2(g)$ 的两种途径

按照状态函数的改变量只与体系的始态和终态有关的性质，途径Ⅰ和途径Ⅱ的反应焓变应相等，即$\Delta H_1 = \Delta H_2 + \Delta H_3$，所以

$$\Delta H_3 = \Delta H_1 - \Delta H_2$$

根据赫斯定律，在反应条件(温度、压力)、物质的聚集状态相同的条件下，热化学反应方程式可以像普通的代数方程式一样进行加减运算，即化学反应相加减，对应的反应热也相加减。

3.1.5 反应焓变的计算

1. 物质的标准态

对于不同的体系或同一体系的不同状态，状态函数有不同的数值，如前面提到的状态函数 U、H 及后面将要讲到的 S、G 等。为了比较不同体系或同一体系不同状态的状态函数改变量，需要规定一个状态作为比较的标准，这就是热力学标准状态。热力学规定物质的标准状态是温度 T 及标准压力 $p^{\ominus}(p^{\ominus} = 100\ \text{kPa})$ 下的状态，简称标准态，用右上标"$\ominus$"表示。当体系处于标准态时，是指体系中所有物质均处于各自的标准态，对于具体的物质，其相应的标准态如下：

(1)纯气体的标准态为标准压力 $p^{\ominus}$ 下纯气体物质的理想气体状态。混合气体中任一组分的标准态是该气体组分的分压为 $p^{\ominus}$ 时的理想气体状态。

(2)液体、固体的标准态是标准压力下的纯液体、纯固体。

(3)溶液中溶质的标准态是指标准压力下溶质的浓度为 $c^{\ominus}(c^{\ominus} = 1\ \text{mol} \cdot \text{L}^{-1})$ 的溶液。

必须注意，在标准态中没有规定温度。当体系处于不同温度下的标准状态时，其热力学函数有不同的值。一般的热力学函数值均为 298.15 K(即 25℃)时的数值，若不是 298.15 K，需特别指明。

2. 标准摩尔反应焓变

摩尔反应焓变 $\Delta_r H_m$ 表示某反应按给定的反应方程式进行 1 mol 反应，即 $\xi = 1$ mol 时的反应焓变。当化学反应中所有物质均处于温度 T 时的标准状态时，该反应的摩尔反应焓变为标准摩尔反应焓变，以 $\Delta_r H_m^{\ominus}(T)$ 表示，T 为反应的热力学温度，298.15 K 通常省略不写。前面举例的热化学反应方程式中的摩尔反应焓变都是标准摩尔反应焓变。

3. 标准摩尔生成焓和标准摩尔燃烧焓

化学热力学规定，在某温度下，由处于标准状态的各种元素的参考状态单质生成标准状态的 1 mol 某物质时的反应焓变，定义为该温度下该物质的标准摩尔生成焓，以符号 $\Delta_f H_m^{\ominus}(B, \beta, T)$ 表示，其单位为 kJ·mol^{-1}。$\Delta_f H_m^{\ominus}(B, \beta, T)$ 中的下标 f 表示生成反应，括号中的 β 表示物质 B 的聚集状态(如 g、l、s 等)，T 为 298.15 K 时一般省略不写。

元素的参考状态单质是指在温度 T 及标准状态下该元素的最稳定单质。例如，石墨、液态溴、斜方硫、O_2、H_2、N_2 等为最稳定的单质。在热化学中，规定在指定温度的标准状态下，元素的最稳定单质的标准摩尔生成焓为零。由此可知，由稳定单质生成的某物质，其生成反应的标准摩尔反应焓变就是该物质的标准摩尔生成焓。注意生成反应中的反应物必须是参考状态单质，生成物必须是一种某物质，且该物质的化学计量数 $\nu_B = 1$。

(1) C(石墨)+O_2(g) ══ CO_2(g)　　　　　$\Delta_r H_m^{\ominus} = -393.5\ \text{kJ} \cdot \text{mol}^{-1}$

(2) C(金刚石)+O_2(g) ══ CO_2(g)　　　　$\Delta_r H_m^{\ominus} = -395.4\ \text{kJ} \cdot \text{mol}^{-1}$

(3) H_2(g)+$\dfrac{1}{2}O_2$(g) ══ H_2O(g)　　　$\Delta_r H_m^{\ominus} = -241.82\ \text{kJ} \cdot \text{mol}^{-1}$

(4) $H_2(g) + \dfrac{1}{2}O_2(g) \Longrightarrow H_2O(l)$ 　　$\Delta_r H_m^\ominus = -285.83 \text{ kJ} \cdot \text{mol}^{-1}$

上述 4 个反应中(1)、(3)、(4)满足生成反应的要求，即反应物全是参考状态单质，生成物都是一种物质，且 $\nu_B = 1$。而反应(2)中的 C(金刚石)不是参考状态单质。因此，通过反应(1)、(3)、(4)可知，$\Delta_f H_m^\ominus(CO_2,g) = -393.5 \text{ kJ} \cdot \text{mol}^{-1}$，$\Delta_f H_m^\ominus(H_2O,g) = -241.82 \text{ kJ} \cdot \text{mol}^{-1}$，$\Delta_f H_m^\ominus(H_2O,l) = -285.83 \text{ kJ} \cdot \text{mol}^{-1}$。

对于水溶液中进行的离子反应，常常涉及水合离子的标准摩尔生成焓。在某温度下，由处于标准态下的参考状态单质生成溶于大量水(形成无限稀薄溶液)的 1 mol 水合离子 B(aq)，该反应的标准摩尔反应焓变就是该水合离子的标准摩尔生成焓，符号为 $\Delta_f H_m^\ominus(B,\infty,aq,T)$，其中的"∞"表示在大量水中或无限稀薄溶液，通常省略。规定水合氢离子为参考状态，298.15 K 时由标准状态下的单质 $H_2(g)$ 生成 1 mol 水合氢离子 $H^+(aq)$ 的标准摩尔生成焓为零。

$$\dfrac{1}{2}H_2(g) \Longrightarrow H^+(aq) + e^-$$

$\Delta_f H_m^\ominus(H^+,\infty,aq,298.15 \text{ K}) = 0 \text{ kJ} \cdot \text{mol}^{-1}$，简写为 $\Delta_f H_m^\ominus(H^+,aq) = 0 \text{ kJ} \cdot \text{mol}^{-1}$。

其他水合离子与水合氢离子比较，便可得到其他水合离子的标准摩尔生成焓。本书附录 I 列出了在 298.15 K、100 kPa 下常见物质与水合离子的标准摩尔生成焓 $\Delta_f H_m^\ominus$ 的数据。

无机化合物大部分可由单质直接合成，而许多有机化合物很难由单质直接合成，因此生成焓无法测定，但绝大部分有机化合物都能燃烧。热力学规定：标准状态下，1 mol 物质完全燃烧时的反应焓变称为该物质的标准摩尔燃烧焓，用符号 $\Delta_c H_m^\ominus$ 表示，单位为 kJ · mol^{-1}。下标"c"表示 combustion(燃烧)。完全燃烧是指 C 变为 $CO_2(g)$，H 变为 H_2O (l)，S 变为 $SO_2(g)$，N 变为 $N_2(g)$，Cl 变为 HCl(aq)等；同时规定，这些燃烧产物的燃烧焓为零，单质氧的燃烧焓也为零。

4. 利用 $\Delta_f H_m^\ominus$ 计算 $\Delta_r H_m^\ominus$

利用物质的标准摩尔生成焓 $\Delta_f H_m^\ominus$ 可以计算化学反应的标准摩尔反应焓变 $\Delta_r H_m^\ominus$。根据质量守恒定律，一个化学反应中的反应物和生成物可以由相同物质的量、相同种类的参考状态单质生成。

为推导由 $\Delta_f H_m^\ominus$ 计算 $\Delta_r H_m^\ominus$ 的公式，以反应 $CH_4(g) + 2O_2(g) \Longrightarrow CO_2(g) + 2H_2O(g)$ 为例，如图 3-5 所示，若把参考状态单质定为始态，反应的生成物定为终态，由参考状态单质转变为生成物可以通过两种途径实现，一种为参加反应的参考状态单质直接转变为生成物，另一种为参加反应的参考状态单质先生成反应物，再转化为生成物。

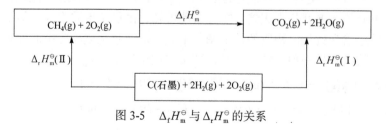

图 3-5　$\Delta_f H_m^\ominus$ 与 $\Delta_r H_m^\ominus$ 的关系

根据赫斯定律可知两种途径的反应热相等，故有

$$\Delta_r H_m^{\ominus}(\text{I}) = \Delta_r H_m^{\ominus}(\text{II}) + \Delta_r H_m^{\ominus}$$

则所求化学反应的标准摩尔反应焓变

$$\Delta_r H_m^{\ominus} = \Delta_r H_m^{\ominus}(\text{I}) - \Delta_r H_m^{\ominus}(\text{II})$$

根据标准摩尔生成焓的定义可得

$$\Delta_r H_m^{\ominus}(\text{I}) = \Delta_f H_m^{\ominus}(CO_2,g) + 2\Delta_f H_m^{\ominus}(H_2O, g)$$

同理　　　　　　$$\Delta_r H_m^{\ominus}(\text{II}) = \Delta_f H_m^{\ominus}(CH_4,g) + 2\Delta_f H_m^{\ominus}(O_2, g)$$

则

$$\Delta_r H_m^{\ominus} = (+1)\times\Delta_f H_m^{\ominus}(CO_2,g) + (+2)\times\Delta_f H_m^{\ominus}(H_2O, g) \tag{3-21}$$

$$+(-1)\times\Delta_f H_m^{\ominus}(CH_4,g) + (-2)\times\Delta_f H_m^{\ominus}(O_2, g)$$

仔细观察式(3-21)右边各物质标准摩尔生成焓的系数，可以发现这些系数是反应方程式 $CH_4(g) + 2O_2(g) \Longrightarrow CO_2(g) + 2H_2O(g)$ 中各物质的化学计量数，则对于任一化学反应 $0 = \sum_B \nu_B B$，利用 $\Delta_f H_m^{\ominus}$ 计算 $\Delta_r H_m^{\ominus}$ 的公式为

$$\Delta_r H_m^{\ominus} = \sum \nu_B \Delta_f H_m^{\ominus}(B) \tag{3-22}$$

【例 3-6】　铝热剂是把铝粉和氧化铁粉末按一定比例配成的混合物，当用引燃剂点燃时，反应猛烈进行，得到氧化铝和单质铁，并放出大量的热，体系的温度能到达 3000℃，使生成的铁熔化，该反应常用于野外焊接铁轨。利用 $\Delta_f H_m^{\ominus}(298.15\,\text{K})$ 计算铝热反应的 $\Delta_r H_m^{\ominus}(298.15\,\text{K})$。

$$2Al(s) + Fe_2O_3(s) \Longrightarrow 2Fe(s) + Al_2O_3(s)$$

解　由附录Ⅰ查得各物质的 $\Delta_f H_m^{\ominus}(298.15\,\text{K})$ 如下：

物质	Al(s)	Fe₂O₃(s)	Fe(s)	Al₂O₃(s)
$\Delta_f H_m^{\ominus}/(\text{kJ·mol}^{-1})$	0	−824.2	0	−1675.7

由式(3-22)得

$$\Delta_r H_m^{\ominus} = \sum \nu_B \Delta_f H_m^{\ominus}(B)$$

$$=(-2)\times\Delta_f H_m^{\ominus}(Al) + (-1)\times\Delta_f H_m^{\ominus}(Fe_2O_3) + 2\times\Delta_f H_m^{\ominus}(Fe) + 1\times\Delta_f H_m^{\ominus}(Al_2O_3)$$

$$=(-1)\times(-824.2) + 1\times(-1675.7)$$

$$=-851.5(\text{kJ·mol}^{-1})$$

标准摩尔反应焓变和温度有关，但受温度的影响很小，可以近似认为在一般的温度范围内，$\Delta_r H_m^{\ominus}$ 和 $\Delta_r H_m^{\ominus}(298.15\,\text{K})$ 相等，即

$$\Delta_r H_m^{\ominus}(T) \approx \Delta_r H_m^{\ominus}(298.15\,\text{K}) \tag{3-23}$$

除了利用标准摩尔生成焓，还可以利用标准摩尔燃烧焓、键能、活化能等热力学数据计算反应的标准摩尔反应焓变，对应计算公式的推导与 $\Delta_r H_m^{\ominus} = \sum \nu_B \Delta_f H_m^{\ominus}(B)$ 的推导方法类似。

3.2　化学反应进行的方向

3.2.1　化学反应的自发性

自然界发生的过程都有一定的方向性。例如，不借助外力，水从高处流向低处，直到两处水位相等；热从高温物体传递给低温物体，直到两物体温度相等；电流从高电势流向低电势，直到电势差为零。不需要借助外力一经引发就能自动进行的过程称为自发过程，相应的化学反应称为自发反应。自发过程有以下共同特点：

（1）自发过程具有明确的方向性。自发过程在一定条件下只能自发地向一个方向进行，其逆过程不能自发进行，是非自发的。若要使非自发过程能够进行，必须借助外力对体系做功。例如，要使水由低处向高处流，必须靠抽水机做机械功；要使热量由低温物体传递给高温物体，必须利用冷冻机做功。

（2）自发过程都具有做功的能力。例如，高处流下的水可以推动水轮机做机械功；热机利用热传导而做功；利用硫酸铜和锌的反应可以组成原电池做电功。

（3）自发过程都有一定的限度。一定条件下，自发过程一直进行直至达到平衡状态，即自发过程的最大限度。自发过程做功的能力随着自发过程的不断进行而逐渐减小，当体系达到平衡后，就不具有做功的能力。例如，水流到最低处不再流动，其水位差为零；热传导到两物体温度相等就会停止，其温度差为零。化学反应进行到一定程度达到化学平衡，从宏观上看化学反应停止了。总之，自发过程总是单方向趋于平衡状态。平衡状态就是该条件下自发过程的限度。

如何判断一个化学反应能否自发进行，一直是人们极为关注的问题。在研究各种体系的变化过程时，人们发现自然界的自发过程一般都是朝着能量降低的方向进行。例如，水从高处流向低处，是由势能差决定的，电流的定向流动是由电位差决定的，热量的传递是由温度差决定的，这些过程都是朝着体系能量降低的方向进行。体系有趋于最低能量状态的倾向，称为最低能量原理。那么化学反应的自发方向是由什么因素决定的？什么物理量能作为化学反应自发性的判据？

3.2.2　影响化学反应方向的因素

1. 化学反应的焓变

说到化学反应自发性的判据，人们首先想到的是化学反应的热效应。对于放热反应，在反应过程中体系的能量降低，这可能是决定反应自发方向的主要因素。很多放热反应确实在常温下可以自发进行，如铁的氧化、碳的燃烧、置换反应等。

$$C(石墨)+O_2(g) = CO_2(g) \qquad \Delta_r H_m^\ominus = -393.5 \text{ kJ} \cdot \text{mol}^{-1}$$

$$Zn + Cu^{2+} = Cu + Zn^{2+} \qquad \Delta_r H_m^\ominus = -218.66 \text{ kJ} \cdot \text{mol}^{-1}$$

因此，有人曾试图以反应的焓变（$\Delta_r H_m$）作为反应自发性的判据。认为恒温、恒压条件下，当$\Delta_r H_m < 0$时，化学反应自发进行；当$\Delta_r H_m > 0$时，化学反应不能自发进行。但是实践表明，有些吸热反应也能自发进行。例如，水的蒸发、NH_4Cl溶于水等都是吸热过程，在常温下也能自发进行。

$$NH_4Cl(s) == NH_4^+(aq) + Cl^-(aq) \qquad \Delta_r H_m^{\ominus} = 14.7\ kJ \cdot mol^{-1}$$

$$Ag_2O\ (s) == 2Ag(s) + \frac{1}{2}O_2(g) \qquad \Delta_r H_m^{\ominus} = 31.0\ kJ \cdot mol^{-1}$$

又如，$CaCO_3$ 的分解反应是吸热反应，

$$CaCO_3(s) == CaO(s) + CO_2(g) \qquad \Delta_r H_m^{\ominus} = 178.32\ kJ \cdot mol^{-1}$$

在常温下，该反应是非自发的。但当温度升高到约 1123 K 时，$CaCO_3$ 的分解反应就变成了自发过程，而此时反应的焓变近似等于 178.22 $kJ \cdot mol^{-1}$（温度对焓变的影响很小）。

综上所述，反应的焓变对反应的进行方向有一定的影响，但不是唯一的影响因素，因此把焓变作为过程自发性的普遍判据是不准确和不全面的。进一步的研究发现，物质的宏观性质与其内部的微观结构有内在的联系，除了焓变，体系的混乱度也是影响过程自发性的因素。

2. 化学反应的熵变

1）混乱度

在探寻过程自发性判据的研究中，发现许多自发的吸热过程有混乱程度增加的趋向。例如，水的蒸发，液体水分子吸热变为气态水分子，气态水分子的运动更为自由，处于更混乱的状态。又如，NH_4Cl 的溶解，NH_4Cl 晶体中的 NH_4^+ 和 Cl^- 整齐有序地排列在晶格结点上，溶于水后形成水合离子，在水中扩散，运动较为自由，处于比较混乱（无序）的状态。以及前面提到的 $CaCO_3$ 高温下分解，都是液相中的离子数或气相中分子数增加，因而使体系的混乱度增大。人们把体系内部微观粒子排列的混乱程度称为混乱度。研究发现，对于自发的吸热过程，体系的混乱度都是增大的。

综上分析可知，在自然界中发生的各种物理、化学变化过程，至少受到两种因素的制约，一是体系的自发变化将使体系的能量趋于降低，二是体系的自发变化将使体系的混乱度增大。过程的自发性是由这两种因素共同作用的结果。

2）熵

热力学中引入一个新的状态函数——熵，以符号 S 表示，用来描述体系的混乱度。熵是体系混乱度的宏观量度。若以 Ω 表示体系内部的微观状态数，则熵与微观状态数 Ω 有如下关系：

$$S = k \ln\Omega \qquad (3\text{-}24)$$

式中，k 为玻耳兹曼（Boltzmann）常量，$k = 1.3807 \times 10^{-23}\ J \cdot K^{-1}$。体系中微观粒子每一种可能的排列方式称为一种微观状态。体系的状态一定，其微观状态数一定，则熵也唯一确定，因此熵也是状态函数。由式（3-24）可知，体系的微观状态数 Ω 越大，熵值越大。还可以看出，熵的单位与玻耳兹曼常量 k 相同，为 $J \cdot K^{-1}$。

熵是广度性质的状态函数，具有加和性。体系混乱度增加的过程即为熵增的过程。尽管式（3-24）给出了熵 S 和体系微观状态数 Ω 的关系，但实际上体系的微观状态数非常庞大，无法算出，因此熵不能通过这个式子计算。

体系混乱度越低，有序性越高，熵值就越低。随着温度的降低，体系的熵值大幅度降低。20 世纪初，人们根据一系列低温实验事实和推测，总结得出了热力学第三定律：在绝对零度（0 K）时，体系内一切热运动全部停止了，纯物质的完美晶体的微观粒子排列整齐有序，混乱

度达到最小，其微观状态数 $\Omega = 1$，此时体系的熵值 $S^*(0\ \mathrm{K}) = 0$，这里用上标"*"表示完美晶体。

以热力学第三定律为基础，利用物质的摩尔质量、热容、相变热等数据，可以计算出各种物质在一定温度下熵值的大小，即以 $S^*(0\ \mathrm{K}) = 0$ 为始态，以温度 T 时的指定状态 $S(\mathrm{B}, T)$ 为终态，反应进度为 1 mol 时的熵变 $\Delta_r S_m$ 即为物质 B 在该指定状态下的摩尔规定熵（物质 B 的化学计量数 $\nu_B = 1$）。

$$\boxed{\text{始态B}(0\ \mathrm{K}，\text{完美晶体})} \longrightarrow \boxed{\text{终态B}(T)}$$

$$\Delta_r S_m(\mathrm{B}) = S_m(\mathrm{B}, T) - S^*(\mathrm{B}, 0\ \mathrm{K}) = S_m(\mathrm{B}, T)$$

1 mol 纯物质在标准状态下的摩尔规定熵称为标准摩尔熵，用符号 $S_m^{\ominus}$ 表示，单位为 $\mathrm{J \cdot K^{-1} \cdot mol^{-1}}$。熵与焓及热力学能等状态函数的不同之处在于其绝对值可以求算，因此在 298.15 K、标准状态下，参考状态单质的标准摩尔熵有确定值，但不等于 0。水合离子的标准摩尔熵是以 $S_m^{\ominus}(\mathrm{H^+}, \mathrm{aq})$ 为基准而求得的相对值。常见物质和水合离子在 298.15 K 时的标准摩尔熵见附录 I。

通过熵的定义和熵与体系微观状态数的关系可得如下规律：

(1) 同一物质在相同条件下，聚集状态不同时，$S_m^{\ominus}(\mathrm{g}) > S_m^{\ominus}(\mathrm{l}) > S_m^{\ominus}(\mathrm{s})$。

(2) 同一物质在相同聚集状态下，温度越高，分子热运动越剧烈，$S_m^{\ominus}$ 越大。

(3) 同一物质，压力越大，运动范围越小，$S_m^{\ominus}$ 越小（液体、固体受到的影响较小）。

(4) 相同状态下，分子结构相似的物质，相对分子质量越大，$S_m^{\ominus}$ 越大。

3）标准摩尔反应熵变

当化学反应中任何物质均处于温度 T 时的标准状态时，该反应的摩尔反应熵变为标准摩尔反应熵变，以 $\Delta_r S_m^{\ominus}(T)$ 表示，T 为反应的热力学温度，298.15 K 通常省略不写。

熵是状态函数，反应的熵变只与体系的始态和终态有关，与途径无关。标准摩尔反应熵变的计算与标准摩尔反应焓变的计算类似。

对任一反应
$$0 = \sum_B \nu_B \mathrm{B}$$

$$\Delta_r S_m^{\ominus} = \sum_B \nu_B S_m^{\ominus}(\mathrm{B}) \tag{3-25}$$

值得注意的是，标准摩尔熵 $S_m^{\ominus}$ 与标准摩尔生成焓 $\Delta_f H_m^{\ominus}$ 有根本的不同。因为 H 的实际数值不能得到，物质的 $\Delta_f H_m^{\ominus}$ 是以参考状态单质的 $\Delta_f H_m^{\ominus} = 0$ 为基准得到的相对值；而物质的标准摩尔熵的值可以求得。$\Delta_r H_m^{\ominus}$ 的单位为 $\mathrm{kJ \cdot mol^{-1}}$，$\Delta_r S_m^{\ominus}$ 的单位为 $\mathrm{J \cdot K^{-1} \cdot mol^{-1}}$。

应当指出，虽然物质的熵随温度的升高而增大，但只要温度升高时，没有引起物质聚集状态的变化，生成物的熵随温度的升高而引起的增大，与反应物的熵随温度的升高而引起的增大通常相差不是很大。所以，反应的 $\Delta_r S_m^{\ominus}$ 与 $\Delta_r H_m^{\ominus}$ 相似，在无机及分析化学中可忽略温度的影响，认为反应的熵变基本不随温度而变化，即

$$\Delta_r S_m^{\ominus}(T) \approx \Delta_r S_m^{\ominus}(298.15\ \mathrm{K}) \tag{3-26}$$

【例 3-7】 计算 298.15 K，标准状态下反应 $H_2(g) + Cl_2(g) == 2HCl(g)$ 的标准摩尔反应熵变。

解 查附录Ⅰ得各物质的 $S_m^\ominus$ (298.15 K) 如下：

$$H_2(g) + Cl_2(g) == 2HCl(g)$$

$S_m^\ominus /(J \cdot K^{-1} \cdot mol^{-1})$ 130.7   223.1   186.9

$$\Delta_r S_m^\ominus = \sum_B \nu_B S_m^\ominus (B) = 2 \times S_m^\ominus(HCl, g) - S_m^\ominus(H_2, g) - S_m^\ominus(Cl_2, g)$$

$$= 2 \times 186.9 - 223.1 - 130.7$$

$$= 20.0 (J \cdot K^{-1} \cdot mol^{-1})$$

在 298.15 K、标准状态下，$H_2(g) + Cl_2(g) == 2HCl(g)$ 为熵增大的反应。

由于气体的混乱度远大于液体和固体，因此一般对于气体物质的量增加的反应，$\Delta_r S_m^\ominus > 0$；反之，则 $\Delta_r S_m^\ominus < 0$。那么能否用 ΔS 作为过程自发性的判据？

同样举个例子来说明，反应 $HCl(g) + NH_3(g) == NH_4Cl(s)$ 在 298.15 K、标准状态下自发进行。由于该反应是气体物质的量减少的反应，不用计算即可知 $\Delta_r S_m^\ominus < 0$。显然，仅用体系熵的增加判断反应的自发性也是不全面的。

3.2.3 化学反应自发方向的判据

从上面的讨论可知，判断化学反应自发进行的方向要考虑体系趋于最低能量和最大混乱度两个因素，即综合考虑焓变和熵变两个因素。1878 年，美国物理化学家吉布斯 (J. W. Gibbs) 由热力学定律证明，在恒温、恒压、非体积功等于零的自发过程中，其焓变、熵变、温度三者的关系为

$$\Delta H - T\Delta S < 0$$

由于 H、T、S 都是状态函数，它们的组合也是状态函数，因此为了处理问题方便，定义体系的 $(H-TS)$ 为一个新的状态函数，称为吉布斯函数，也称为吉布斯自由能，用符号 G 表示：

$$G = H - TS \tag{3-27}$$

吉布斯函数 G 是广度性质的状态函数，单位为 J 或 kJ。由于 H 的绝对数值无法求算，所以 G 的绝对数值也无法确定。

当一个体系从始态 (吉布斯函数为 G_1) 变化到终态 (吉布斯函数为 G_2) 时，体系的吉布斯函数变 $\Delta G = G_2 - G_1$。在恒温条件下 $(T_2 = T_1)$，由式 (3-27) 可得

$$\Delta G = G_2 - G_1 = (H_2 - T_2 S_2) - (H_1 - T_1 S_1)$$

$$\Delta G = \Delta H - T\Delta S \tag{3-28}$$

大量的实验事实证明，在恒温、恒压、不做非体积功的条件下，体系总是自发地朝着吉布斯函数降低 $(\Delta G < 0)$ 的方向进行；当体系的吉布斯函数降低到最小值 $(\Delta G = 0)$ 时达到平衡状态；体系的吉布斯函数升高 $(\Delta G > 0)$ 的过程不能自发进行，但逆过程可自发进行。因此，ΔG 可作为恒温、恒压、不做非体积功条件下反应自发性的判据。

$\Delta G < 0$，自发进行；

$\Delta G = 0$，平衡状态；

$\Delta G > 0$，不能自发进行(其逆过程自发进行)。

从式(3-28)可以看出，ΔG 的值取决于ΔH、ΔS 和 T，按ΔH、ΔS 的符号及温度 T 对ΔG 的影响，可归纳为表 3-3 所示的四种情况。

表 3-3 　ΔH、ΔS、T 对ΔG 的影响

ΔH	ΔS	T	ΔG	反应的自发性	反应实例
−	+	任意	−	在任何温度下都自发	$2N_2O(g) == 2N_2(g) + O_2(g)$
+	−	任意	+	在任何温度下都非自发	$CO(g) == C(s) + \frac{1}{2}O_2(g)$
+	+	低温 高温	+ −	低温非自发 高温自发	$CaCO_3(s) == CaO(s) + CO_2(g)$
−	−	低温 高温	+ −	高温非自发 低温自发	$NH_3(g) + HCl(g) == NH_4Cl(s)$

必须指出，表 3-3 中的低温、高温是相对而言的，对不同反应要具体计算温度。

3.2.4　标准摩尔生成吉布斯函数与标准摩尔反应吉布斯函数变

与标准摩尔生成焓 $\Delta_f H_m^\ominus$ 类似，在标准状态下由稳定单质生成 1 mol 物质时的标准摩尔反应吉布斯函数变 $\Delta_r G_m^\ominus$ 称为该物质的标准摩尔生成吉布斯函数，用符号 $\Delta_f G_m^\ominus(B,\beta,T)$ 表示，单位为 kJ · mol^{-1}。注意生成反应中的反应物为参考状态单质，生成物为唯一的一种物质，其化学计量数 $\nu_B = 1$。

同样，298.15 K、标准状态下参考状态单质的标准摩尔生成吉布斯函数为零。水合离子的标准摩尔生成吉布斯函数也是以水合氢离子为基准求得的相对值，即 $\Delta_f G_m^\ominus(H^+,aq, 298.15\ K) = 0$。常见物质和一些水合离子在 298.15 K 时的 $\Delta_f G_m^\ominus$ 列于附录 I 中。

对任一反应 $$0 = \sum_B \nu_B B$$

其在 298.15 K 下的标准摩尔反应吉布斯函数变 $\Delta_r G_m^\ominus(298.15\ K)$ 可由物质的 $\Delta_f G_m^\ominus(B, 298.15\ K)$ 计算。

$$\Delta_r G_m^\ominus(298.15\ K) = \sum_B \nu_B \Delta_f G_m^\ominus(B, 298.15\ K) \tag{3-29}$$

也可利用式(3-28)进行计算：

$$\Delta_r G_m^\ominus(T) = \Delta_r H_m^\ominus(T) - T\Delta_r S_m^\ominus(T) \tag{3-30}$$

即 $$\Delta_r G_m^\ominus(298.15\ K) = \Delta_r H_m^\ominus(298.15\ K) - 298.15 \times \Delta_r S_m^\ominus(298.15\ K)$$

【例 3-8】 求 298.15 K、标准状态下反应 $CH_4(g) + 2H_2O(g) == CO_2(g) + 4H_2(g)$ 的 $\Delta_r G_m^\ominus$，并判断该条件下反应的自发性。

解　方法 I：查附录 I 得各物质的 $\Delta_f G_m^\ominus(298.15\ K)$ 如下：

$$CH_4(g) + 2H_2O(g) == CO_2(g) + 4H_2(g)$$

$\Delta_f G_m^\ominus$ (298.15 K)/(kJ · mol^{-1})–50.72　–228.58　　　–394.34　　　0

$$\Delta_r G_m^\ominus(298.15\ \text{K}) = \sum_B \nu_B \Delta_f G_m^\ominus(B, 298.15\ \text{K})$$

$$= \Delta_f G_m^\ominus(CO_2,g) + 4 \times \Delta_f G_m^\ominus(H_2,g) - \Delta_f G_m^\ominus(CH_4,g) - 2 \times \Delta_f G_m^\ominus(H_2O,g)$$

$$= -394.34 + 4 \times 0 - (-50.72) - 2 \times (-228.58)$$

$$= 113.54\ (\text{kJ} \cdot \text{mol}^{-1}) > 0$$

方法Ⅱ：查附录Ⅰ得各物质的 $\Delta_f H_m^\ominus$(298.15 K)、$S_m^\ominus$(298.15 K)如下：

$$CH_4(g) + 2H_2O(g) == CO_2(g) + 4H_2(g)$$

$\Delta_f H_m^\ominus$(298.15 K)/(kJ · mol^{-1})　–74.81　–241.82　　　–393.51　　　0

$S_m^\ominus$(298.15 K)/(J · K^{-1} · mol^{-1}) 186.26　188.83　　　213.74　　130.68

$$\Delta_r H_m^\ominus(298.15\ \text{K}) = \sum_B \nu_B \Delta_f H_m^\ominus(B, 298.15\ \text{K})$$

$$= \Delta_f H_m^\ominus(CO_2,g) + 4 \times \Delta_f H_m^\ominus(H_2,g) - \Delta_f H_m^\ominus(CH_4,g) - 2 \times \Delta_f H_m^\ominus(H_2O,g)$$

$$= -393.51 + 4 \times 0 - (-74.81) - 2 \times (-241.82)$$

$$= 164.94\ (\text{kJ} \cdot \text{mol}^{-1})$$

$$\Delta_r S_m^\ominus = \sum_B \nu_B S_m^\ominus = S_m^\ominus(CO_2,g) + 4 \times S_m^\ominus(H_2,g) - S_m^\ominus(CH_4,g) - 2 \times S_m^\ominus(H_2O,g)$$

$$= 213.74 + 4 \times 130.68 - 186.26 - 2 \times 188.83$$

$$= 172.54\ (\text{J} \cdot \text{K}^{-1} \cdot \text{mol}^{-1})$$

$$\Delta_r G_m^\ominus(298.15\ \text{K}) = \Delta_r H_m^\ominus(298.15\ \text{K}) - 298.15\ \text{K} \times \Delta_r S_m^\ominus(298.15\ \text{K})$$

$$= 164.94\ \text{kJ} \cdot \text{mol}^{-1} - 298.15\ \text{K} \times 172.54\ \text{J} \cdot \text{K}^{-1} \cdot \text{mol}^{-1}$$

$$= (164.94 - 51442.80 \times 10^{-3})\text{kJ} \cdot \text{mol}^{-1}$$

$$= 113.50\ \text{kJ} \cdot \text{mol}^{-1} > 0$$

所以 298.15 K、标准状态下此反应不能自发进行。

由于只有物质在 298.15 K、标准状态下的 $\Delta_f G_m^\ominus$(B,298.15 K)，因此通过式(3-29)只能计算 $\Delta_r G_m^\ominus$(298.15 K)。其他温度标准状态下的 $\Delta_r G_m^\ominus(T)$ 可以通过式(3-30)计算。

$\Delta_r H_m^\ominus(T) \approx \Delta_r H_m^\ominus$(298.15 K)，$\Delta_r S_m^\ominus(T) \approx \Delta_r S_m^\ominus$(298.15 K)，可近似看作是常数，代入式(3-30)可得

$$\Delta_r G_m^\ominus(T) = \Delta_r H_m^\ominus(298.15\ \text{K}) - T\Delta_r S_m^\ominus(298.15\ \text{K}) \tag{3-31}$$

$\Delta_r H_m^\ominus$(298.15 K) 的单位为 kJ · mol^{-1}，而 $\Delta_r S_m^\ominus$(298.15 K) 的单位为 J · K^{-1} · mol^{-1}，因此利用式(3-31)计算 $\Delta_r G_m^\ominus(T)$ 时，一定要注意单位的统一。

【例 3-9】　计算反应 $CaCO_3(s) == CaO(s) + CO_2(g)$ 在 1000 K 时的标准摩尔反应吉布斯

函数变 $\Delta_r G_m^\ominus(T)$ ，并估算该反应在标准状态下自发进行的温度范围。

解 （1） $\Delta_r G_m^\ominus(1000\ \text{K})$ 的计算：

查附录 I 得各物质的 $\Delta_f H_m^\ominus(298.15\ \text{K})$ 、 $S_m^\ominus(298.15\ \text{K})$ 如下：

$$CaCO_3(s) \Longrightarrow CaO(s) + CO_2(g)$$

$\Delta_f H_m^\ominus(298.15\ \text{K})/(\text{kJ}\cdot\text{mol}^{-1})$ -1206.92 -635.09 -393.51

$S_m^\ominus(298.15\ \text{K})/(\text{J}\cdot\text{K}^{-1}\cdot\text{mol}^{-1})$ 92.90 39.75 213.74

$$\Delta_r H_m^\ominus(298.15\ \text{K}) = \sum_B \nu_B \Delta_f H_m^\ominus(B, 298.15\ \text{K})$$

$$= \Delta_f H_m^\ominus(CaO,s) + \Delta_f H_m^\ominus(CO_2,g) - \Delta_f H_m^\ominus(CaCO_3,s)$$

$$= -635.09 - 393.51 - (-1206.92)$$

$$= 178.32\ (\text{kJ}\cdot\text{mol}^{-1})$$

$$\Delta_r S_m^\ominus(298.15\ \text{K}) = \sum_B \nu_B S_m^\ominus$$

$$= S_m^\ominus(CaO,s) + S_m^\ominus(CO_2,g) - S_m^\ominus(CaCO_3,s)$$

$$= 39.75 + 213.74 - 92.90$$

$$= 160.59\ (\text{J}\cdot\text{K}^{-1}\cdot\text{mol}^{-1})$$

$$\Delta_r G_m^\ominus(1000\ \text{K}) = \Delta_r H_m^\ominus(298.15\ \text{K}) - 1000\ \text{K} \times \Delta_r S_m^\ominus(298.15\ \text{K})$$

$$= 178.32\ \text{kJ}\cdot\text{mol}^{-1} - 1000\ \text{K} \times 160.59\ \text{J}\cdot\text{K}^{-1}\cdot\text{mol}^{-1}$$

$$= (178.32 - 160590 \times 10^{-3})\text{kJ}\cdot\text{mol}^{-1}$$

$$= 17.73\ \text{kJ}\cdot\text{mol}^{-1}$$

（2）标准状态下自发进行温度范围的计算：

反应自发进行，必须满足 $\Delta_r G_m^\ominus < 0$ ，可利用 $\Delta_r H_m^\ominus$ 和 $\Delta_r S_m^\ominus(298.15\ \text{K})$ 计算出自发进行的最低温度。

$$\Delta_r G_m^\ominus(T) = \Delta_r H_m^\ominus(298.15\ \text{K}) - T\Delta_r S_m^\ominus(298.15\ \text{K}) < 0$$

$$178.32\ \text{kJ}\cdot\text{mol}^{-1} - T \times 160.59\ \text{J}\cdot\text{K}^{-1}\cdot\text{mol}^{-1} < 0$$

$$T > \frac{178.32\ \text{kJ}\cdot\text{mol}^{-1}}{160.59\ \text{J}\cdot\text{K}^{-1}\cdot\text{mol}^{-1}} = \frac{178.32 \times 10^3}{160.59}\text{K} = 1110.4\ \text{K}$$

必须指出，对于恒温、恒压、不做非体积功的化学反应， $\Delta_r G_m^\ominus$ 只能判断处于标准状态时的反应方向。若反应处于任意状态时，不能用 $\Delta_r G_m^\ominus$ 判断，必须计算出 $\Delta_r G_m$ 才能判断反应的方向，这将在化学平衡中讨论。

3.3 化学反应进行的限度——化学平衡

化学热力学要解决的另一个重要问题是化学反应的限度问题，即若反应能自发进行，则进行到什么程度？反应物的转化率如何？怎样才能提高转化率以便获得更多的产物？这是化学平衡要解决的问题，也是本节要讨论的问题。

3.3.1　可逆反应与化学平衡

1. 可逆反应

一个化学反应在一定的条件下既可以正向进行，也可以逆向进行，这样的反应称为可逆反应。在反应式中一般用双向半箭头号强调反应的可逆性。

几乎所有的反应都有可逆性，反应进行到一定程度都将达到平衡状态，但化学反应的可逆程度差别很大。比如，反应 $CO(g) + H_2O(g) \rightleftharpoons CO_2(g) + H_2(g)$ 的可逆程度较大，而反应 $Ag^+(aq) + Cl^-(aq) \rightleftharpoons AgCl(s)$ 的可逆程度很低。即使同一个反应，在不同条件下，表现出的可逆性也不同。化学反应的可逆程度可以用平衡常数描述，平衡常数能表示一个可逆化学反应可以进行的最大程度。

2. 化学平衡

在恒温、恒压、不做非体积功条件下，化学反应进行的方向可用反应的吉布斯函数变 $\Delta_r G_m$ 判断，自发进行的化学反应的 $\Delta_r G_m < 0$。随着反应的进行，$\Delta_r G_m$ 不断增大，直到反应体系达到平衡状态，$\Delta_r G_m$ 不再改变，此时反应的 $\Delta_r G_m = 0$，化学反应达到最大限度，体系内各物质的组成不再改变，则称该体系达到了热力学平衡态，简称化学平衡。只要体系的温度和压力保持不变，同时没有物质加入到体系或从体系中移走，这种平衡就一直持续下去。

例如，高温下的可逆反应 $CO(g) + H_2O(g) \rightleftharpoons CO_2(g) + H_2(g)$，按反应式正向进行，在进行过程中随着反应物浓度的降低，正反应速率逐渐减慢；与此同时，生成物不断增多，其逆反应开始进行且逆反应速率逐渐增大。随着时间的推移，直到体系内正反应速率等于逆反应速率时，体系中各种物质的浓度不再发生变化，建立了一种动态平衡。

化学平衡具有以下特征：

(1) 化学平衡是一个动态平衡，表面上反应似乎已停止，实际上正、逆反应仍在进行，只是单位时间内正反应消耗的量恰好等于逆反应生成的量。

(2) 化学平衡是相对的、有条件的。一旦维持平衡的条件发生了变化(如温度、压力)，体系的宏观性质和物质的组成都将发生变化。原有的平衡将被破坏，代之以新的平衡。

(3) 在一定温度下每个化学平衡都有特定的平衡常数。化学平衡一旦建立，以化学反应计量方程式中化学计量数为幂指数的各物种的浓度(或分压)的乘积为一常数，称为平衡常数。在同一温度下，同一反应的化学平衡常数相同。

3.3.2　化学平衡常数

1. 实验平衡常数

实验发现，任何可逆反应，无论反应的始态如何，在一定温度下达到平衡状态时，反应体系中以化学计量方程式中的化学计量数(ν_B)为幂指数的各组分的平衡浓度(或平衡分压)

的乘积为一常数。这个常数称为实验平衡常数(或经验平衡常数),用 K_c 或 K_p 表示。

对于任一可逆反应

$$0 = \sum_B \nu_B B$$

以各组分平衡浓度表示的实验平衡常数称为浓度平衡常数,用 K_c 表示:

$$K_c = \prod_B (c_B)^{\nu_B} \tag{3-32}$$

对于气相反应,可用各组分的平衡分压表示实验平衡常数,称为压力平衡常数,用 K_p 表示:

$$K_p = \prod_B (p_B)^{\nu_B} \tag{3-33}$$

K_c、K_p 表达式中符号 "$\prod$" 为连乘积,$\prod_B (c_B)^{\nu_B}$、$\prod_B (p_B)^{\nu_B}$ 为平衡时化学计量方程式中各组分的 $(c_B)^{\nu_B}$ 或 $(p_B)^{\nu_B}$ 的连乘积(注意反应物的化学计量数 ν_B 为负值)。

例如,

$$N_2(g) + 3H_2(g) \rightleftharpoons 2NH_3(g)$$

$$K_p = [p(NH_3)]^2 \cdot [p(N_2)]^{-1} \cdot [p(H_2)]^{-3}$$

即

$$K_p = \frac{[p(NH_3)]^2}{[p(N_2)] \cdot [p(H_2)]^3}$$

实验平衡常数的量纲随浓度或分压的单位不同而不同,也随 $\sum \nu_B$ 的数值不同而不同,其量纲一般不为 1(除非 $\sum \nu_B = 0$)。

2. 标准平衡常数

如果平衡时各组分的浓度(或分压)均以相对浓度(或相对分压)表示,即反应方程式中各物种的平衡浓度(或平衡分压)均除以其标准状态的量,即除以 $c^\ominus$ 或 $p^\ominus$,得到的常数记为 $K^\ominus$,称为标准平衡常数(或热力学平衡常数)。由于相对浓度或相对分压的量纲为 1,所以标准平衡常数的量纲也为 1。

不管是单相还是多相反应,在标准平衡常数 $K^\ominus$ 的表达式中,参与反应的各组分中气体用相对平衡分压($p/p^\ominus$)表示,溶液的溶质用相对平衡浓度($c/c^\ominus$)表示,固体和溶剂用 "1" 表示,一般省略不写。例如,

$$Cr_2O_7^{2-}(aq) + H_2O(l) \rightleftharpoons 2CrO_4^{2-}(aq) + 2H^+(aq)$$

$$K^\ominus = \frac{(c_{CrO_4^{2-}}/c^\ominus)^2 \cdot (c_{H^+}/c^\ominus)^2}{c_{Cr_2O_7^{2-}}/c^\ominus}$$

$$H_2(g) + I_2(g) \rightleftharpoons 2HI(g)$$

$$K^\ominus = \frac{[p(HI)/p^\ominus]^2}{[p(I_2)/p^\ominus] \cdot [p(H_2)/p^\ominus]}$$

$$CaCO_3(s) + 2H^+(aq) \rightleftharpoons Ca^{2+}(aq) + CO_2(g) + H_2O(l)$$

$$K^{\ominus} = \frac{[c(\mathrm{Ca}^{2+})/c^{\ominus}] \cdot [p(\mathrm{CO}_2)/p^{\ominus}]}{[c(\mathrm{H}^+)/c^{\ominus}]^2}$$

通常若无特殊说明，平衡常数一般都指标准平衡常数。在书写标准平衡常数时应注意：

(1) 平衡常数表达式中各组分的浓度(或分压)为平衡状态时的浓度(或分压)。

(2) 对于复相反应的标准平衡常数，气态物质用相对分压表示，溶液中的物质(溶质)用相对浓度表示，溶剂、纯液体和纯固体用"1"表示，可省略不写。

(3) 平衡常数表达式必须与化学方程式对应，同一化学反应，方程式的写法不同，ν_{B} 不同，平衡常数也不同。

例如，上面提到的 $\mathrm{H}_2(\mathrm{g})$ 和 $\mathrm{I}_2(\mathrm{g})$ 的反应，若将反应式写成如下形式：

$$\frac{1}{2}\mathrm{H}_2(\mathrm{g}) + \frac{1}{2}\mathrm{I}_2(\mathrm{g}) \rightleftharpoons \mathrm{HI}(\mathrm{g})$$

则

$$K^{\ominus} = \frac{[p(\mathrm{HI})/p^{\ominus}]}{[p(\mathrm{I}_2)/p^{\ominus}]^{\frac{1}{2}} \cdot [p(\mathrm{H}_2)/p^{\ominus}]^{\frac{1}{2}}}$$

3.3.3　化学反应等温方程式

前面讨论了 $\Delta_{\mathrm{r}}G_{\mathrm{m}}^{\ominus}$ 的计算方法，$\Delta_{\mathrm{r}}G_{\mathrm{m}}^{\ominus}$ 只能用于判断标准状态下反应的自发方向。而反应一般在非标准状态下进行，因此具有普遍实用意义的判据是 $\Delta_{\mathrm{r}}G_{\mathrm{m}}$。从前面的讨论可知，在恒温、恒压、不做非体积功条件下，化学反应自发方向的判据为：

$\Delta_{\mathrm{r}}G_{\mathrm{m}} < 0$，正反应自发进行；

$\Delta_{\mathrm{r}}G_{\mathrm{m}} = 0$，体系处于平衡状态；

$\Delta_{\mathrm{r}}G_{\mathrm{m}} > 0$，正反应非自发进行，逆反应自发进行。

热力学证明，在恒温、恒压、任意状态下，化学反应的摩尔反应吉布斯函数变 $\Delta_{\mathrm{r}}G_{\mathrm{m}}$ 与其标准摩尔反应吉布斯函数变 $\Delta_{\mathrm{r}}G_{\mathrm{m}}^{\ominus}$ 之间有如下关系：

$$\Delta_{\mathrm{r}}G_{\mathrm{m}} = \Delta_{\mathrm{r}}G_{\mathrm{m}}^{\ominus} + RT \ln Q \tag{3-34}$$

式(3-34)称为化学反应等温方程式，也可简称为反应等温式，式中 Q 为化学反应的反应商。Q 的表达式与 $K^{\ominus}$ 的表达式完全一致，不同之处在于 Q 表达式中的浓度或分压为任意状态下的，包括平衡状态，而 $K^{\ominus}$ 表达式中的浓度和分压是平衡状态下的。

一个标准状态下的反应，反应式中所有物质都处于标准状态，即气体的分压为 100 kPa，溶液中溶质的浓度为 1 $\mathrm{mol \cdot L}^{-1}$，始态和终态除了温度没有确定，其他都确定。由于状态函数的改变量只与始态和终态有关，那么对于一个给定的反应，其 $\Delta_{\mathrm{r}}G_{\mathrm{m}}^{\ominus}(T)$ 为温度的函数，与物质的浓度、分压无关。

根据化学反应自发性的判据，自发进行的化学反应其 $\Delta_{\mathrm{r}}G_{\mathrm{m}} < 0$，随着反应不断进行，其反应商不断增大；$T$ 一定时，给定反应的 $\Delta_{\mathrm{r}}G_{\mathrm{m}}^{\ominus}(T)$ 为常数。根据式(3-34)可知，随着反应不断进行，$\Delta_{\mathrm{r}}G_{\mathrm{m}}$ 不断增大，直到 $\Delta_{\mathrm{r}}G_{\mathrm{m}} = 0$，即达到平衡状态，此时 $Q = K^{\ominus}$，代入式(3-34)则有

$$0 = \Delta_{\mathrm{r}}G_{\mathrm{m}}^{\ominus} + RT \ln K^{\ominus}$$

即

$$\Delta_{\mathrm{r}}G_{\mathrm{m}}^{\ominus} = -RT \ln K^{\ominus} \tag{3-35}$$

式(3-35)即为化学反应的标准平衡常数与其标准摩尔反应吉布斯函数变的关系。因此，只要知道温度 T 时的 $\Delta_r G_m^{\ominus}(T)$，就可以计算该反应在温度 T 时的标准平衡常数 $K^{\ominus}$。$\Delta_r G_m^{\ominus}(T)$ 可根据式(3-31) $\Delta_r G_m^{\ominus}(T) = \Delta_r H_m^{\ominus}(298.15\,\mathrm{K}) - T\Delta_r S_m^{\ominus}(298.15\,\mathrm{K})$ 计算，所以恒温恒压下任一化学反应的标准平衡常数 $K^{\ominus}$ 均可以通过式(3-35)计算。

从式(3-35)可以看出，$\Delta_r G_m^{\ominus}$ 与 $K^{\ominus}$ 成反比，化学反应的 $\Delta_r G_m^{\ominus}$ 值越小，$K^{\ominus}$ 值越大，反应达到平衡状态时，反应进行得越完全；反之，若 $\Delta_r G_m^{\ominus}$ 值越大，则 $K^{\ominus}$ 值越小，反应达到平衡状态时，反应进行的程度越低。

将式(3-35)代入式(3-34)可得

$$\Delta_r G_m = -RT\ln K^{\ominus} + RT\ln Q$$

即

$$\Delta_r G_m = RT\ln\frac{Q}{K^{\ominus}} \tag{3-36}$$

式(3-36)是反应等温式的另一种表达形式，它表明恒温恒压下，化学反应的 $\Delta_r G_m$ 与其 $K^{\ominus}$ 及 Q 之间的关系，将 Q 与 $K^{\ominus}$ 进行比较，可以得到判断任意状态下化学反应自发性的判据。

$Q < K^{\ominus}$，$\Delta_r G_m < 0$，反应正向自发进行；

$Q = K^{\ominus}$，$\Delta_r G_m = 0$，平衡状态；

$Q > K^{\ominus}$，$\Delta_r G_m > 0$，反应逆向自发进行。

上述判据称为化学反应自发性的反应商判据。

【例 3-10】 计算反应 $2N_2O(g) + 3O_2(g) \rightleftharpoons 4NO_2(g)$ 在 305 K 时的平衡常数 $K^{\ominus}$。若 305 K 时，1.00 L 的密闭容器中，充入 0.10 mol N_2O、0.10 mol O_2、1.0 mol NO_2，判断此时该反应自发进行的方向。

解 (1) 305 K 时 $K^{\ominus}$ 的计算：

查附录 I 得各物质的 $\Delta_f H_m^{\ominus}(298.15\,\mathrm{K})$、$S_m^{\ominus}(298.15\,\mathrm{K})$ 如下：

$$2N_2O(g) + 3O_2(g) \rightleftharpoons 4NO_2(g)$$

	$2N_2O(g)$	$3O_2(g)$	$4NO_2(g)$
$\Delta_f H_m^{\ominus}(298.15\,\mathrm{K})/(\mathrm{kJ\cdot mol^{-1}})$	82.05	0	33.18
$S_m^{\ominus}/(\mathrm{J\cdot K^{-1}\cdot mol^{-1}})$	219.74	205.14	240.06

$$\Delta_r H_m^{\ominus}(298.15\,\mathrm{K}) = \sum_B \nu_B \Delta_f H_m^{\ominus}(B, 298.15\,\mathrm{K})$$

$$= 4 \times \Delta_f H_m^{\ominus}(NO_2,g) - 2 \times \Delta_f H_m^{\ominus}(N_2O,g) - 3 \times \Delta_f H_m^{\ominus}(O_2,g)$$

$$= 4 \times 33.18 - 2 \times 82.05$$

$$= -31.38\,(\mathrm{kJ\cdot mol^{-1}})$$

$$\Delta_r S_m^{\ominus}(298.15\,\mathrm{K}) = \sum_B \nu_B S_m^{\ominus}$$

$$= 4 \times S_m^{\ominus}(NO_2,g) - 2 \times S_m^{\ominus}(N_2O,g) - 3 \times S_m^{\ominus}(O_2,g)$$

$$= 4 \times 240.06 - 2 \times 219.74 - 3 \times 205.14$$

$$= -94.66 \ (\text{J} \cdot \text{K}^{-1} \cdot \text{mol}^{-1})$$

$$\Delta_{\text{r}}G_{\text{m}}^{\ominus}(305 \ \text{K}) = \Delta_{\text{r}}H_{\text{m}}^{\ominus}(298.15 \ \text{K}) - 305 \ \text{K} \times \Delta_{\text{r}}S_{\text{m}}^{\ominus}(298.15 \ \text{K})$$

$$= -31.38 \ \text{kJ} \cdot \text{mol}^{-1} - 305 \ \text{K} \times (-94.66 \text{J} \cdot \text{K}^{-1} \cdot \text{mol}^{-1})$$

$$= (-31.38 + 28871.3 \times 10^{-3})\text{kJ} \cdot \text{mol}^{-1}$$

$$= -2.51 \ \text{kJ} \cdot \text{mol}^{-1}$$

由 $\Delta_{\text{r}}G_{\text{m}}^{\ominus} = -RT\ln K^{\ominus}$ 得 $\ln K^{\ominus} = -\Delta_{\text{r}}G_{\text{m}}^{\ominus} / RT$，

$$\lg K^{\ominus} = -\Delta_{\text{r}}G_{\text{m}}^{\ominus} / 2.303RT$$

$$= -(-2.51 \times 10^3 \text{J} \cdot \text{mol}^{-1})/(2.303 \times 8.314 \text{J} \cdot \text{mol}^{-1} \cdot \text{K}^{-1} \times 305 \ \text{K})$$

$$= 0.43$$

$$K^{\ominus} = 10^{0.43} = 2.69$$

(2) 自发方向的判断：

此时为任意状态，需用反应商判据。对于气态物质，在反应商中用相对分压表示，因此需要计算出各物质的分压。

根据理想气体状态方程 $pV = nRT$，

$$p_{总} = n_{总}RT / V$$

$$= (0.10 + 0.10 + 1.0)\text{mol} \times 8.314 \ \text{J} \cdot \text{mol}^{-1} \cdot \text{K}^{-1} \times 305 \ \text{K}/(1.00 \times 10^{-3} \, \text{m}^3)$$

$$= 3043 \ \text{kPa}$$

$$p(\text{NO}_2) = p_{总} \times n(\text{NO}_2)/n_{总}$$

$$= 3043 \ \text{kPa} \times 1.0 \ \text{mol}/1.20 \ \text{mol}$$

$$= 2536 \ \text{kPa}$$

$$n(\text{N}_2\text{O}) = n(\text{O}_2)$$

$$p(\text{N}_2\text{O}) = p(\text{O}_2) = p_{总} \times n(\text{N}_2\text{O})/n_{总}$$

$$= 3043 \ \text{kPa} \times 0.10 \ \text{mol}/1.20 \ \text{mol}$$

$$= 253.6 \ \text{kPa}$$

$$Q = \frac{[p(\text{NO}_2)/p^{\ominus}]^4}{[p(\text{N}_2\text{O})/p^{\ominus}]^2 \cdot [p(\text{O}_2)/p^{\ominus}]^3}$$

$$= \frac{(2536/100)^4}{(253.6/100)^2 \times (253.6/100)^3} = 3945 > K^{\ominus}$$

根据反应商判据，可知 305 K 时该条件下，反应逆向自发进行。

3.3.4　多重平衡规则

化学反应的标准平衡常数也可以利用多重平衡规则获得。如果某反应可以由几个反应相加(或相减)得到，则该反应的标准平衡常数等于这几个反应的标准平衡常数之积(或商)，这种关系称为多重平衡规则。多重平衡规则证明如下：

设反应(1)、反应(2)和反应(3)在温度 T 时的标准平衡常数分别为 $K_1^{\ominus}$、$K_2^{\ominus}$ 和 $K_3^{\ominus}$，它们的标准摩尔反应吉布斯函数变分别为 $\Delta_r G_{m,1}^{\ominus}$、$\Delta_r G_{m,2}^{\ominus}$ 和 $\Delta_r G_{m,3}^{\ominus}$。

若　　　　　　　　　　　反应(3)=反应(1)+反应(2)

则　　　　　　　　　　$\Delta_r G_{m,3}^{\ominus}=\Delta_r G_{m,1}^{\ominus}+\Delta_r G_{m,2}^{\ominus}$

根据　　　　　　　　　　$\Delta_r G_m^{\ominus}=-RT\ln K^{\ominus}$

则　　　　　　　$-RT\ln K_3^{\ominus}=-RT\ln K_1^{\ominus}+(-RT\ln K_2^{\ominus})$

$$\ln K_3^{\ominus}=\ln K_1^{\ominus}+\ln K_2^{\ominus}$$

$$\ln K_3^{\ominus}=\ln(K_1^{\ominus}\cdot K_2^{\ominus})$$

$$K_3^{\ominus}=K_1^{\ominus}\cdot K_2^{\ominus}$$

同理，若　　　　　　　反应(3)= 反应(1)－反应(2)

则　　　　　　　　　　$\Delta_r G_{m,3}^{\ominus}=\Delta_r G_{m,1}^{\ominus}-\Delta_r G_{m,2}^{\ominus}$

$$-RT\ln K_3^{\ominus}=-RT\ln K_1^{\ominus}-(-RT\ln K_2^{\ominus})$$

$$\ln K_3^{\ominus}=\ln(K_1^{\ominus}/K_2^{\ominus})$$

$$K_3^{\ominus}=K_1^{\ominus}/K_2^{\ominus}$$

若　　　　　　　　　　反应(2)= m 反应(1)

则　　　　　　　　　　$\Delta_r G_{m,2}^{\ominus}=m\,\Delta_r G_{m,1}^{\ominus}$

$$\ln K_2^{\ominus}=m\ln K_1^{\ominus}$$

$$K_2^{\ominus}=(K_1^{\ominus})^m$$

【例 3-11】　某温度下，反应(1) $NO(g)+\dfrac{1}{2}O_2(g)\rightleftharpoons NO_2(g)$ 和反应(2) $2NO_2(g)\rightleftharpoons$ $N_2O_4(g)$ 的标准平衡常数分别为 $K_1^{\ominus}$ 和 $K_2^{\ominus}$，利用多重平衡规则计算反应(3) $2NO(g)+$ $O_2(g)\rightleftharpoons N_2O_4(g)$ 的标准平衡常数 $K_3^{\ominus}$。

解　反应(3)= 反应(1)×2 + 反应(2)，根据多重平衡规则有：

$$K_3^{\ominus}=(K_1^{\ominus})^2\times K_2^{\ominus}$$

3.3.5　化学平衡的移动

　　化学平衡是相对的和有条件的，只能在一定的条件下保持。当外界条件变化时，化学反应从原来的平衡状态转变到新的平衡状态的过程称为化学平衡的移动。这里主要讨论浓度、压力、温度对化学平衡移动的影响。生产过程中，人们希望化学反应朝着期望的方向进行，从而获得更多的化工产品，减少副反应和对环境的污染。因此，探讨化学平衡的移动规律是非常必要的。

1. 浓度(气体分压)对化学平衡的影响

浓度(气体分压)对化学平衡的影响,可以利用反应商 Q 与标准平衡常数 $K^{\ominus}$ 的相对大小进行判断。

在一定温度下达到化学平衡的反应体系,$Q = K^{\ominus}$,若向体系中加入反应物,导致 Q 减小,$Q < K^{\ominus}$,平衡被破坏,平衡向正反应方向移动,直至反应达到新的平衡状态,Q 重新等于 $K^{\ominus}$。反之,若向体系中加入生成物,导致 Q 增大,$Q > K^{\ominus}$,平衡被破坏,平衡向逆反应方向移动,生成物浓度(分压)减小,直到建立新的平衡。

浓度对化学平衡的影响可以概括为:在其他条件不变时,增大反应物的浓度或减小生成物的浓度,平衡向正反应方向移动;增大生成物的浓度或减小反应物的浓度,平衡向逆反应方向移动。

2. 压力对化学平衡的影响

压力的变化对没有气体参加的化学反应的平衡状态影响不大,可以不予考虑。对于有气体参加且反应前后气体的物质的量有变化的反应,压力变化将对化学平衡产生影响。平衡是否发生移动及移动方向与反应式中气体物质的化学计量数之和有关。

(1)反应式中气体物质的化学计量数之和 $\sum_{B}\Delta\nu_{B(g)} = 0$,压力的变化对化学平衡不产生影响,平衡不发生移动。

(2)反应式中气体物质的化学计量数之和 $\sum_{B}\Delta\nu_{B(g)} > 0$,即为气体分子数增加的反应,若反应体系体积减小,总压力增大,相应的气体物质的分压也增大,导致 Q 增大,$Q > K^{\ominus}$,平衡向逆反应方向移动,或者说平衡向气体分子数减少的方向移动。

(3)反应式中气体物质的化学计量数之和 $\sum_{B}\Delta\nu_{B(g)} < 0$,即为气体分子数减少的反应,若反应体系体积减小,总压力增大,相应的气体物质的分压也增大,导致 Q 减小,$Q < K^{\ominus}$,平衡向正反应方向移动,或者说平衡向气体分子数减少的方向移动。

压力的变化只对反应前后气体分子数目有变化的反应有影响:在恒温下,增大压力,平衡向气体分子数减少的方向移动;反之减小压力,平衡向气体分子数增加的方向移动。

3. 温度对化学平衡的影响

温度对化学平衡的影响与浓度及压力的影响有本质的区别。浓度(分压)、总压对化学平衡的影响都是通过改变反应商 Q 实现的,不改变平衡常数 $K^{\ominus}$。由于平衡常数 $K^{\ominus}$ 是温度的函数,故温度变化时,$K^{\ominus}$ 就随之发生变化。温度是通过改变 $K^{\ominus}$ 影响化学平衡的。

由
$$\Delta_r G_m^{\ominus} = -RT \ln K^{\ominus}$$

$$\Delta_r G_m^{\ominus}(T) = \Delta_r H_m^{\ominus}(T) - T\Delta_r S_m^{\ominus}(T)$$

整理可得

$$\ln K^{\ominus} = \frac{-\Delta_r H_m^{\ominus}(T)}{RT} + \frac{\Delta_r S_m^{\ominus}(T)}{R} \tag{3-37}$$

在温度变化不大时，$\Delta_r H_m^{\ominus}(T) \approx \Delta_r H_m^{\ominus}(298.15\ \text{K})$，$\Delta_r S_m^{\ominus}(T) \approx \Delta_r S_m^{\ominus}(298.15\ \text{K})$，$\Delta_r H_m^{\ominus}$ 和 $\Delta_r S_m^{\ominus}$ 可看作不随温度变化的常数。

在温度 T_1 时，有

$$\ln K_1^{\ominus} = \frac{-\Delta_r H_m^{\ominus}}{RT_1} + \frac{\Delta_r S_m^{\ominus}}{R} \tag{3-38}$$

在温度 T_2 时，有

$$\ln K_2^{\ominus} = \frac{-\Delta_r H_m^{\ominus}}{RT_2} + \frac{\Delta_r S_m^{\ominus}}{R} \tag{3-39}$$

式 (3-39) 减式 (3-38) 得

$$\ln \frac{K_2^{\ominus}}{K_1^{\ominus}} = \frac{\Delta_r H_m^{\ominus}}{R}\left(\frac{1}{T_1} - \frac{1}{T_2}\right) = \frac{\Delta_r H_m^{\ominus}}{R}\left(\frac{T_2 - T_1}{T_1 T_2}\right) \tag{3-40}$$

对于吸热反应，$\Delta_r H_m^{\ominus} > 0$，当升高温度即 $T_2 > T_1$ 时，$K_2^{\ominus} > K_1^{\ominus}$，即平衡常数增大使 $Q < K^{\ominus}$，平衡向正反应方向（吸热方向）移动。反之，当降低温度即 $T_2 < T_1$ 时，$K_2^{\ominus} < K_1^{\ominus}$，平衡常数减小使 $Q > K^{\ominus}$，即平衡向逆反应方向（放热方向）移动。

对于放热反应，$\Delta_r H_m^{\ominus} < 0$，当 $T_2 > T_1$ 时，$K_2^{\ominus} < K_1^{\ominus}$，即温度升高，平衡常数减小，平衡向逆反应方向（吸热方向）移动。当 $T_2 < T_1$ 时，$K_2^{\ominus} > K_1^{\ominus}$，即降低温度，平衡向正反应方向（放热方向）移动。

总之，在不改变浓度（分压）、压力的条件下，升高平衡体系的温度时，平衡向吸热方向移动；降低平衡体系的温度时，平衡向放热方向移动。

式 (3-40) 主要有两个应用：已知 $\Delta_r H_m^{\ominus}$，可从 T_1 时的 $K_1^{\ominus}$ 求 T_2 时的 $K_2^{\ominus}$；还可根据 T_1、T_2、$K_1^{\ominus}$、$K_2^{\ominus}$，求化学反应的 $\Delta_r H_m^{\ominus}$ 和 $\Delta_r S_m^{\ominus}$。

【例 3-12】 已知反应 $2SO_2(g) + O_2(g) \rightleftharpoons 2SO_3(g)$ 在 298.15 K 时的 $K^{\ominus} = 6.8\times10^{24}$，$\Delta_r H_m^{\ominus} = -197.78\ \text{kJ}\cdot\text{mol}^{-1}$，求 723 K 时的 $K^{\ominus}$。

解 根据式 (3-40) 得
$$\ln \frac{K_2^{\ominus}}{K_1^{\ominus}} = \frac{\Delta_r H_m^{\ominus}(298.15\ \text{K})}{R}\left(\frac{T_2 - T_1}{T_1 T_2}\right)$$

已知 $\Delta_r H_m^{\ominus} = -197.78\ \text{kJ}\cdot\text{mol}^{-1}$，$T_1 = 298.15\ \text{K}$，$K_1^{\ominus} = 6.8\times10^{24}$，$T_2 = 723\ \text{K}$，则

$$\ln \frac{K_2^{\ominus}}{6.8\times10^{24}} = \frac{-197.78\times10^3\ \text{J}\cdot\text{mol}^{-1}}{8.314\ \text{J}\cdot\text{mol}^{-1}\cdot\text{K}^{-1}}\left(\frac{723\ \text{K} - 298.15\ \text{K}}{298.15\ \text{K}\times723\ \text{K}}\right) = -46.89$$

$$\ln K_2^{\ominus} = -46.89 + \ln(6.8\times10^{24}) = 10.29$$

$K_2^{\ominus} = 2.94\times10^4 < 6.8\times10^{24}$，放热反应温度升高，平衡常数减小。

各种外界条件变化对化学平衡的影响均符合一条普遍规律：如果对平衡体系施加外力，平衡将沿着减少此外力影响的方向移动，这就是勒夏特列 (Le Chatelier) 原理。必须注意勒夏特列原理只适用于处于平衡状态的体系，而对于未达平衡状态的体系则不适用。

3.3.6　有关化学平衡的计算

平衡转化率(α)是达到化学平衡时，已经转化为生成物的反应物占该反应物初始总量的百分数。化学反应达到平衡状态时，体系中各物质的浓度不再随时间而改变，也就是说反应物已最大限度地变为生成物。体现各平衡浓度之间关系的平衡常数能够表示出反应物的最大转化限度，因此平衡常数与平衡转化率之间有必然的数量关系。转化率越大，表示正反应进行的程度越大。转化率与平衡常数有所不同，转化率与反应体系的初始状态有关，而且必须明确指出是反应物中的哪种物质的转化率。

转化率是对反应物而言的，产率(或收率)是对产物而言的。产率是某产物的实际产量在反应物全部转化为该产物的理论产量中所占的百分数。

【例 3-13】　将 1.00 mol N_2O_4 置于密闭容器中，反应 $N_2O_4(g) \rightleftharpoons 2NO_2(g)$ 在 298.15 K、100 kPa 下达到平衡，测得 N_2O_4 的转化率为 48%，计算：(1) 298.15 K 下该反应的 $K^\ominus$；(2) 298.15 K、500 kPa 下达平衡时 N_2O_4 的转化率；(3)说明压力对该反应平衡移动的影响。

解　(1)用 α 表示平衡时 N_2O_4 的转化率：

$$N_2O_4(g) \rightleftharpoons 2NO_2(g)$$

	N_2O_4	NO_2
始态时物质的量/mol	1.00	0
变化量/mol	-1.00α	$2\times1.00\alpha$
平衡时物质的量/mol	$1.00-\alpha$	2.00α

平衡时 N_2O_4、NO_2 的分压为

$$p(N_2O_4) = \frac{n(N_2O_4)}{n_总}p_总 = \frac{1.00-\alpha}{1.00+\alpha}p_总$$

$$p(NO_2) = \frac{n(NO_2)}{n_总}p_总 = \frac{2.00\alpha}{1.00+\alpha}p_总$$

$$K^\ominus = \frac{[p(NO_2)/p^\ominus]^2}{p(N_2O_4)/p^\ominus} = \frac{\left[\left(\frac{2.00\alpha}{1.00+\alpha}\right)\left(\frac{p_总}{p^\ominus}\right)\right]^2}{\left(\frac{1.00-\alpha}{1.00+\alpha}\right)\left(\frac{p_总}{p^\ominus}\right)}$$

$$= \left(\frac{4.00\alpha^2}{1.00-\alpha^2}\right)\left(\frac{p_总}{p^\ominus}\right) = \frac{4.00\times0.48^2}{1.00-0.48^2}\times\frac{100\,kPa}{100\,kPa} = 1.20$$

(2)温度不变，$K^\ominus$ 不变，设 298.15 K、500 kPa 时，N_2O_4 的转化率为 α'，则

$$K^\ominus = \left(\frac{4.00\alpha'^2}{1.00-\alpha'^2}\right)\left(\frac{p_总}{p^\ominus}\right) = \frac{4.00\alpha'^2}{1.00-\alpha'^2}\times\frac{500\,kPa}{100\,kPa}$$

$$1.20 = \left(\frac{4.00\alpha'^2}{1.00-\alpha'^2}\right)\times5$$

$$\alpha' = 23.8\%$$

(3)总压由 100 kPa 增加到 500 kPa，N_2O_4 的转化率由 48%降低到 23.8%，说明平衡向逆

反应方向移动，即向气体分子数减少的方向移动。

对于有关化学平衡的计算题，从上题的求解方法中可以总结出一般的解题思路：①写出化学反应方程式；②找出各物质起始时的量，如初始浓度(分压)；③设定未知数，表示出各物质平衡时的量，如平衡浓度(分压)；④用各物质的平衡浓度(分压)表示出平衡常数，从而得到方程；⑤求解方程，解出未知数。

【例 3-14】　在体积为 3.00 L 的容器中装有等物质的量的 $PCl_3(g)$ 和 $Cl_2(g)$，发生如下反应：$PCl_3(g) + Cl_2(g) \rightleftharpoons PCl_5(g)$。在 523 K 下达到平衡时，$p(PCl_5) = p^{\ominus}$，$K^{\ominus} = 0.767$，计算：(1) PCl_3 和 Cl_2 的初始物质的量；(2) PCl_3 的平衡转化率。

解　(1) PCl_3 和 Cl_2 的初始物质的量相等，设 PCl_3 和 Cl_2 的初始分压为 x (Pa)，则

$$PCl_3(g) + Cl_2(g) \rightleftharpoons PCl_5(g)$$

始态分压/Pa	x	x	0
平衡分压/Pa	$x - p^{\ominus}$	$x - p^{\ominus}$	$p^{\ominus}$

$$K^{\ominus} = \frac{[p(PCl_5)/p^{\ominus}]}{[p(PCl_3)/p^{\ominus}] \cdot [p(Cl_2)/p^{\ominus}]}$$

$$0.767 = \frac{[p^{\ominus}/p^{\ominus}]}{[(x - p^{\ominus})/p^{\ominus}] \cdot [(x - p^{\ominus})/p^{\ominus}]}$$

$$0.767 = \frac{1}{[(x - 10^5)/10^5]^2}$$

$$x = 214155 \text{ Pa}$$

根据理想气体状态方程 $pV = nRT$，

$$n(PCl_3) = n(Cl_2) = \frac{pV}{RT} = \frac{214155 \text{ Pa} \times 3.00 \times 10^{-3} \text{m}^3}{8.314 \text{ J} \cdot \text{mol}^{-1} \cdot \text{K}^{-1} \times 523 \text{ K}} = 0.148 \text{ mol}$$

(2) $\alpha(PCl_3) = \frac{p^{\ominus}}{x} \times 100\% = \frac{10^5 \text{ Pa}}{214155 \text{ Pa}} \times 100\% = 46.7\%$

3.4　化学反应速率和机理

研究化学反应，若要使某反应实现工业生产，必须研究以下三个问题：①该反应能否自发进行？也就是反应的自发性问题；②在给定条件下，有多少反应物可以最大限度地转化为产物？也就是化学平衡问题；③实现这种转化需要多长时间？也就是反应速率问题。问题①②属于化学反应可能性的问题，前面已经讨论过，问题③属于化学反应现实性的问题，本节将进行问题③的讨论。

解决化学反应的现实性问题属于化学动力学的研究内容，它以化学反应速率和反应机理为研究对象，主要阐明化学反应进行的条件对反应速率的影响，探讨反应机理、物质结构与反应能力之间的关系。化学动力学与化学热力学之间存在十分密切的关系。化学动力学的研究以化学热力学为前提，对于一个热力学上不可能发生的反应，是没有研究其反应速率的必

要的。化学动力学的研究可以加快所希望的反应的速率，抑制不希望的副反应发生。此外，对反应机理的研究可以揭示反应物结构与反应能力的关系，了解物质变化的内部原因，以便更好地控制和调节化学反应的速率。由于反应机理能反映出物质结构的某些特性，因此可以加深人们对物质结构的认识。反过来，从已知的有关物质的结构也可以推测出一些反应的机理。

3.4.1　化学反应速率的定义

化学反应速率千差万别，有些进行得很快，甚至瞬间完成，如酸碱反应、火药爆炸等；有些反应却进行得很慢，如水泥的水化需要几年甚至几十年。为了表示化学反应的快慢程度，引入了化学反应速率的概念。化学反应开始后，反应物和生成物的物质的量随时间不断变化，因此可以用反应物或生成物的物质的量随时间的变化率表示反应速率。但是由于反应式中各物质的化学计量数一般各不相同，用不同物质表示的反应速率也不同。目前，普遍按照国际纯粹与应用化学联合会(IUPAC)推荐的反应速率定义：单位体积内反应进度随时间的变化率。

对于任一化学反应

$$0 = \sum_{\mathrm{B}} \nu_{\mathrm{B}} \mathrm{B}$$

$$r = \frac{1}{V} \frac{\mathrm{d}\xi}{\mathrm{d}t} \tag{3-41}$$

式中，V 为反应体系的体积，将 $\mathrm{d}\xi = \nu_{\mathrm{B}}^{-1} \mathrm{d}n_{\mathrm{B}}$ 代入式(3-41)得

$$r = \frac{1}{V} \left(\frac{\nu_{\mathrm{B}}^{-1} \mathrm{d}n_{\mathrm{B}}}{\mathrm{d}t} \right) = \frac{1}{\nu_{\mathrm{B}}} \frac{\mathrm{d}n_{\mathrm{B}}}{V \mathrm{d}t} \tag{3-42}$$

反应速率 r 的 SI 单位为 $\mathrm{mol \cdot L^{-1} \cdot s^{-1}}$，如果反应速率比较慢，时间单位也可以采用 $\min$(分)、h(小时)、d(天)、a(年)等。

对于恒容反应，V 保持不变，令 $\mathrm{d}n_{\mathrm{B}} / V = \mathrm{d}c_{\mathrm{B}}$，则得

$$r = \frac{1}{\nu_{\mathrm{B}}} \cdot \frac{\mathrm{d}c_{\mathrm{B}}}{\mathrm{d}t} \tag{3-43}$$

例如，对于反应 $\mathrm{N_2 + 3H_2 \rightleftharpoons 2NH_3}$ 的反应速率可以表示为

$$r = \frac{1}{-1} \cdot \frac{\mathrm{d}c(\mathrm{N_2})}{\mathrm{d}t} = \frac{1}{-3} \cdot \frac{\mathrm{d}c(\mathrm{H_2})}{\mathrm{d}t} = \frac{1}{2} \cdot \frac{\mathrm{d}c(\mathrm{NH_3})}{\mathrm{d}t}$$

显然，用反应进度定义的反应速率的数值与表示速率的物质选择无关，无论用反应式中哪一种物质表示，反应速率都是一样的。但是反应速率与化学计量数有关，所以在表示反应速率时，必须写明对应的化学计量方程式。

式(3-42)、式(3-43)表示的是瞬时速率，若无特别说明，后面的讨论均为瞬时速率，一般指式(3-43)中的恒容反应速率。

实验测定的反应速率一般是用化学或物理方法测定一定时间范围内反应物或生成物的浓度(分压)变化，由此求得的反应速率是某个时间段的平均速率，用 $\bar{r}$ 表示，由式(3-43)得

$$\bar{r} = \frac{1}{\nu_{\mathrm{B}}} \cdot \frac{\Delta c_{\mathrm{B}}}{\Delta t} \tag{3-44}$$

实验测定了平均速率后，可以通过作图法在 c-t 曲线上找到曲线在某时间点的斜率，即

为该时刻的物质浓度随时间的变化率 $\dfrac{dc_B}{dt}$，从而可求得瞬时速率。

【例 3-15】 N_2O_5 在 CCl_4 中的分解反应 $2N_2O_5(CCl_4) \rightleftharpoons 4NO_2(CCl_4) + O_2$，生成物 O_2 不溶于 CCl_4，可以收集后测定其体积，在 340 K 时测得的实验数据如下：

t/min	0	1	2	3	4	5
$c(N_2O_5)/(\mathrm{mol \cdot L^{-1}})$	1.00	0.70	0.50	0.35	0.25	0.17

(1)计算该反应从 1 min 到 3 min 的平均速率以及从 3 min 到 5 min 的平均速率；

(2)计算 3 min 时的瞬时速率。

解 (1)由式(3-44)得　　　　$\bar{r} = \dfrac{1}{\nu(N_2O_5)} \cdot \dfrac{\Delta c(N_2O_5)}{\Delta t}$

1 min 到 3 min 的平均速率：

$$\bar{r}_{1\sim3} = \frac{1}{-2} \times \frac{0.35 - 0.70}{3-1} (\mathrm{mol \cdot L^{-1} \cdot min^{-1}}) = 0.0875 (\mathrm{mol \cdot L^{-1} \cdot min^{-1}})$$

3 min 到 5 min 的平均速率：

$$\bar{r}_{3\sim5} = \frac{1}{-2} \times \frac{0.17 - 0.35}{3-1} (\mathrm{mol \cdot L^{-1} \cdot min^{-1}}) = 0.0450 (\mathrm{mol \cdot L^{-1} \cdot min^{-1}})$$

根据计算结果可知，随着反应不断地进行，反应速率不断减小，直到达到平衡状态。

(2)以 c 为纵坐标，t 为横坐标，作出 c-t 曲线(图 3-6)。曲线上任意一点切线的斜率为该点对应于横坐标上 t 时刻的 $\dfrac{dc(N_2O_5)}{dt}$。

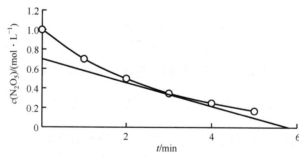

图 3-6　N_2O_5 分解的 c-t 曲线

可得 3 min 时切线的斜率：

$$\frac{dc(N_2O_5)}{dt} = \frac{(0.70 - 0) \, \mathrm{mol \cdot L^{-1}}}{(0 - 5.8) \, \mathrm{min}} = -0.121 \, \mathrm{mol \cdot L^{-1} \cdot min^{-1}}$$

3 min 时的瞬时速率：

$$r = \frac{1}{\nu(N_2O_5)} \times \frac{dc(N_2O_5)}{dt} = \frac{1}{-2} \times (-0.121) \, \mathrm{mol \cdot L^{-1} \cdot min^{-1}} = 0.0605 \, \mathrm{mol \cdot L^{-1} \cdot min^{-1}}$$

3.4.2　反应速率理论

化学反应速率理论主要包括碰撞理论和过渡态理论。

1. 碰撞理论

碰撞理论认为反应物分子、原子或离子之间要发生反应，必须相互碰撞。那么是否每次碰撞都能发生反应？例如，反应 $2HI(g) \rightleftharpoons H_2(g) + I_2(g)$，973 K 时，若 HI 浓度为 10^{-3} mol·L^{-1}，分子间的总碰撞次数约为 3.5×10^{28} 次·L^{-1}·s^{-1}，如果每次碰撞都发生反应，计算反应速率为 5.8×10^4 mol·L^{-1}·s^{-1}，而实际反应速率为 1.2×10^{-8} mol·L^{-1}·s^{-1}。从上述例子中的数据可知，只有极少数碰撞发生了反应，大多数碰撞都没有发生反应。碰撞理论认为这归结于两个原因。

首先是能量因素。碰撞理论把能发生反应的碰撞称为有效碰撞，能发生有效碰撞的分子称为活化分子。活化分子比普通分子具有更高的能量。因为活化分子必须有足够大的能量，才能在相互碰撞时克服电子云之间的斥力而无限接近，从而打破原有的化学键，形成新的分子，也就是发生反应。活化分子的平均能量（$\bar{E}^*$）与反应物分子的平均能量（$\bar{E}$）之差称为反应的活化能（E_a）：

$$E_a = \bar{E}^* - \bar{E}$$

反应的活化能的大小反映了反应过程中需要克服的阻力，是决定化学反应速率的重要因素。在一定温度下，活化能越小，发生有效碰撞需要克服的斥力就越小，体系内的活化分子就越多，反应速率就越大；反之，反应速率就越小。大多数化学反应的活化能为 60～250 kJ·mol^{-1}，活化能小于 42 kJ·mol^{-1} 的反应，反应速率很大，可瞬间完成，如酸碱中和反应等。活化能大于 420 kJ·mol^{-1} 的反应，反应速率很小。例如，

$$NaOH + HCl \Longrightarrow NaCl + H_2O \quad E_a = 20 \text{ kJ·mol}^{-1}$$

$$2SO_2 + O_2 \rightleftharpoons 2SO_3 \quad E_a = 250 \text{ kJ·mol}^{-1}$$

$$N_2 + 3H_2 \rightleftharpoons 2NH_3 \quad E_a = 175.50 \text{ kJ·mol}^{-1}$$

分子不断碰撞，能量不断转移，因此活化分子也是变化的。但对于同一个化学反应，只要温度一定，活化分子的百分数是固定的。

另一个因素是方位因素。由于物质的分子有一定的几何构型，分子内原子的排列有一定的方位。碰撞理论认为分子通过碰撞发生化学反应，不仅要求分子有足够的能量，而且要求这些分子碰撞时有适当的取向。例如，反应 $NO_2(g) + CO(g) \rightleftharpoons NO(g) + CO_2(g)$，若分子碰撞方位不合适，如 CO 中的 C 原子与 NO_2 中的 N 原子迎头相碰，尽管碰撞的分子具有足够高的能量，也不能发生反应。只有方位适宜和能量足够的条件下，即 CO 中的 C 原子与 NO_2 中的 O 原子迎头相碰，才能发生有效碰撞（图 3-7）。反应物分子的构型越复杂，方位因素的影响越大。

总之，根据碰撞理论，反应物分子必须有足够的能量，并且以适宜的方位碰撞，才能发生反应。碰撞理论较好地解释了有效碰撞，但不能说明反应过程及其能量的变化。

2. 过渡态理论

过渡态理论又称为活化配合物理论。过渡态理论认为化学反应不是只通过简单碰撞就生成产物，而是要经过一个中间过渡状态，即反应物分子先形成活化配合物，然后再分解为产物。具有足够能量的分子以适当的取向发生碰撞时，动能转变为分子间相互作用的势能，引起分子内部结构的变化，使原来以化学键结合的原子间距离变大，而要形成新的化学键的原子间距离变小，形成了活化配合物。活化配合物的特点是能量高、不稳定、寿命短，一旦形成很快就分解。活化配合物只在反应过程中形成，很难分离出来，它既可以分解为生成物，也可以分解为反应物。

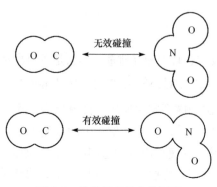

图 3-7 化学反应的方位因素

以反应 $NO_2(g) + CO(g) \rightleftharpoons NO(g) + CO_2(g)$ 为例：

$$NO_2 + CO \rightleftharpoons N\cdots O\cdots C - O \rightleftharpoons NO + CO_2$$

反应物　　　　活化配合物　　　　生成物

活化配合物具有较高的势能，是介于反应物和产物之间的一种复杂分子，如上述反应的活化配合物中 $N\cdots O$ 键将要断裂而未完全断裂，$C\cdots O$ 键将要形成而未完全形成。当活化配合物中靠近 C 原子的 $N\cdots O$ 键完全断开，新形成的 $C\cdots O$ 键进一步强化，即形成了生成物，此时整个体系的势能降低。

图 3-8 为反应过程中体系的势能变化，A 点为反应物分子的平均能量，C 点为生成物分子的平均能量，B 点是中间过渡态分子的平均能量。由图 3-8 可见，在反应物分子和生成物分子之间构成了一个能垒，活化配合物的能量越高，能翻越该能垒的反应物分子占总反应物分子的百分数越小，反应越困难，反应速率越慢。活化配合物的平均能量 E_B 与反应物平均能量 E_A 之差称为正反应的活化能 $E_a(正)$，而活化配合物的平均能量 E_B 与生成物平均能量 E_C 之差称为逆反应的活化能 $E_a(逆)$。过渡态理论中活化能是指反应进行必须克服的能垒。过渡

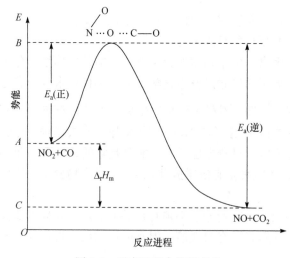

图 3-8 反应过程中势能变化

态理论中活化能的定义与碰撞理论中的定义有所不同，但其含义实质上是一致的。E_a(正)与 E_a(逆)之差为反应的热效应 $\Delta_r H_m$，即

$$\Delta_r H_m = E_a(正) - E_a(逆)$$

3.4.3　反应机理和基元反应

1. 反应机理

通常的化学反应方程式表明了热力学中的始态和终态及其计量关系，即宏观结果，并没有说明反应物经过怎样的途径转变为生成物，即没有表示出反应的微观过程。许多化学反应从反应物到生成物的转化所经历的过程往往很复杂，并不是活化分子以适宜的方位碰撞就直接得到生成物。化学家们用实验方法检测到一些反应的中间产物，说明这些反应是通过多步进行的。人们把反应物转变为生成物的具体途径、步骤称为反应机理，也称为反应历程。

2. 基元反应与非基元反应

反应物分子(或离子、原子、自由基等)通过碰撞直接转化为生成物的反应称为基元反应，即由反应物分子直接作用，一步转化为生成物分子。基元反应又称为元反应或简单反应。前面提到反应 $NO_2(g) + CO(g) \rightleftharpoons NO(g) + CO_2(g)$，在高温下反应物经过一次有效碰撞即可完成反应，故为基元反应。从图 3-8 可以得出结论，如果正反应是基元反应，则其逆反应也是基元反应。

研究表明，只有少数化学反应是由反应物一步直接转化为生成物的基元反应。例如，

$$SO_2Cl_2 = SO_2 + Cl_2$$
$$2NO_2 = 2NO + O_2$$
$$CO + NO_2 = CO_2 + NO$$
$$2NO + O_2 = 2NO_2$$

大多数化学反应需要经过若干个基元反应步骤才能使反应物转化为生成物。由两个或两个以上基元反应组成的总反应称为非基元反应或复杂反应。反应机理是指反应由哪些基元反应组成。不同的反应有不同的反应机理，有的很简单，有的非常复杂。例如，合成 HCl 的反应：

$$H_2(g) + Cl_2(g) = 2HCl(g)$$

已知该反应在光照条件下的反应机理由下面 4 个基元反应步骤构成：

① $Cl_2(g) + M = 2Cl \cdot (g) + M$

② $Cl \cdot (g) + H_2(g) = HCl(g) + H \cdot (g)$

③ $H \cdot (g) + Cl_2(g) = HCl(g) + Cl \cdot (g)$

④ $Cl \cdot (g) + Cl \cdot (g) + M = Cl_2(g) + M$

反应式中 M 代表惰性物质(反应器壁或其他不参与反应的物质)，它在反应中的作用是传递能量。①式中 M 将能量传给 Cl_2 使其分裂为两个氯自由基 $Cl \cdot$，④式中 M 带走能量，使两个 $Cl \cdot$ 化合成 Cl_2。反应 $H_2(g) + Cl_2(g) = 2HCl(g)$ 实际上是包含多个步骤的总反应。

3. 反应分子数

参加基元反应的反应物微粒(分子、原子、离子、自由基)数目为反应分子数。只存在反

应分子数分别为一、二、三这三种可能，分别称为单分子反应、双分子反应及三分子反应。前面提到的基元反应中①是单分子反应，反应②、③是双分子反应，反应④是三分子反应。三个以上的微粒要按照特定的方位同时碰撞在一起的概率几乎为零，因此三分子反应较少，四分子及以上的反应尚未发现。同样，反应分子数不可能是零和分数。需要特别注意的是：只有基元反应才能说反应分子数。

3.4.4　影响化学反应速率的因素

化学反应速率首先取决于反应物的组成、结构和性质等内在因素，但外界条件，如浓度（压力）、温度、催化剂等也会对化学反应速率产生影响。另外，溶剂、紫外线、超声波、电磁波、激光、反应物颗粒的大小、扩散速率等因素在一定条件下也能影响化学反应速率。本节重点讨论浓度（压力）、温度、催化剂对化学反应速率的影响。

1. 浓度（压力）对化学反应速率的影响

1）基元反应的速率方程

当其他条件不变时，化学反应速率随反应物的浓度变化而改变。这是由于浓度增大时，单位体积内的活化分子数目增多，增加了有效碰撞的次数，从而增大了反应速率。对于气体参与的反应，压力会影响反应速率。一定温度下，压力增大，反应物浓度增大，反应速率增加；反之，反应速率减小。如单质硫在纯氧中的燃烧比在空气中的燃烧要快得多，就是因为纯氧中氧气的浓度较空气中氧气浓度高得多。

实验表明，在一定温度下，基元反应的反应速率与各反应物浓度幂的乘积成正比，浓度的幂次为基元反应方程式中反应物的化学计量数的负值（$-v_B$），这一规律称为质量作用定律。对于某一基元反应

$$aA + bB + \cdots \Longrightarrow gG + dD + \cdots$$

该基元反应的速率方程为

$$r = k[c(A)]^a[c(B)]^b \cdots \tag{3-45}$$

式（3-45）为质量作用定律的数学表达式，也称为基元反应的速率方程。r 表示瞬时速率，$c(A)$、$c(B)$ 分别表示此时反应物 A 和 B 的浓度。反应速率方程中的比例系数 k 称为反应速率常数，数值上等于反应物的浓度均为 $1\,mol \cdot L^{-1}$ 时的反应速率。k 与反应物的性质有关，不同的反应有不同的 k 值。k 值与反应物的浓度无关，改变温度或使用催化剂，会使 k 的数值发生变化。速率常数 k 一般由实验测定。

2）非基元反应的速率方程

质量作用定律只适用于基元反应，对于非基元反应不能根据反应方程式确定反应速率与反应物浓度的关系，即不能直接确定其速率方程。非基元反应的速率方程可以通过反应机理获得或实验测定。对于任一反应

$$aA + bB + \cdots \Longrightarrow gG + dD + \cdots$$

反应的速率方程可写成与式（3-45）相似的浓度幂乘积形式

$$r = k[c(A)]^x[c(B)]^y \cdots \tag{3-46}$$

若是基元反应，则 $x = a$，$y = b$；若是非基元反应，x 和 y 的数值不能通过反应方程式确定，

x 和 y 的值可以是整数、分数，也可以是零。

例如，非基元反应 $2NO + 2H_2 = N_2 + 2H_2O$，其反应机理为

第一步(慢)：$2NO + H_2 = N_2 + H_2O_2$

第二步(快)：$H_2O_2 + H_2 = 2H_2O$

由于第一步反应为慢反应，第二步反应是快反应，因此第一步反应是影响整个非基元反应快慢的决定性步骤，所以总反应速率就取决于第一步基元反应的速率，根据基元反应的质量作用定律可得

$$r = k[c(NO)]^2 c(H_2) \tag{3-47}$$

由式(3-47)可知，非基元反应速率方程中各反应物浓度项的幂次与反应方程式中反应物的化学计量数没有直接关系。

3) 反应级数

速率方程(3-46)各浓度项的幂次 x、y⋯分别称为反应物 A、B⋯的反应级数。反应的反应级数 n 为各反应物的反应级数之和，即

$$n = x + y + \cdots$$

对于基元反应，可以通过质量作用定律直接写出速率方程，如

$CO(g) + NO_2(g) = CO_2(g) + NO(g)$ 　　　$r = kc(CO)c(NO_2)$ 　　反应级数为 2

$2NO(g) + O_2(g) = 2NO_2(g)$ 　　　$r = k[c(NO)]^2 c(O_2)$ 　　反应级数为 3

对于基元反应：

反应分子数 = 反应级数 = 基元反应式中各反应物化学计量数之和的负值

非基元反应的反应级数与反应方程式中反应物的化学计量数没有直接关系，如

$$2NO + 2H_2 = N_2 + 2H_2O$$

通过反应机理获得其速率方程为 $r = k[c(NO)]^2 c(H_2)$，则该反应的反应级数为 3，反应物 NO 的反应级数为 2，H_2 的反应级数为 1。

化学反应速率 r 的单位为 $mol \cdot L^{-1} \cdot s^{-1}$、$mol \cdot L^{-1} \cdot min^{-1}$ 等，而浓度单位一般为 $mol \cdot L^{-1}$，由式(3-45)、式(3-46)可知，速率常数 k 的单位随反应级数不同而不同，n 级反应的速率常数单位为 $mol^{-(n-1)} \cdot L^{n-1} \cdot s^{-1}$(或 $mol^{-(n-1)} \cdot L^{n-1} \cdot min^{-1}$ 等)。

关于速率方程的几点说明：

(1) 如果有固体或纯液体以及稀溶液的溶剂参加反应，固体和纯液体及溶剂的浓度为密度，即单位浓度，因此不影响反应速率，不用列入反应的速率方程。例如，

$$C(s) + O_2(g) = CO_2(g) \qquad r = kc(O_2)$$

(2) 如果反应物中有气体，在速率方程中可用气体分压代替浓度。上述反应的速率方程也可写成 $r = k'p(O_2)$。

(3) 质量作用定律只适用于基元反应。对于基元反应，或复杂反应的基元步骤，可以根据质量作用定律写出速率方程，并确定反应级数。对于非基元反应，不能根据反应方程式获得速率方程。

(4) 反应速率常数 k 与反应的性质、温度、催化剂有关，与反应物浓度无关，其单位随反

应级数不同而不同。

【例 3-16】 在 1073 K 时，反应 $2H_2(g) + 2NO(g) \Longrightarrow 2H_2O(g) + N_2(g)$ 的实验数据及反应速率如下：

实验编号	$c(H_2)/(mol \cdot L^{-1})$	$c(NO)/(mol \cdot L^{-1})$	$r/(mol \cdot L^{-1} \cdot s^{-1})$
1	0.0060	0.0010	7.9×10^{-7}
2	0.0060	0.0020	3.2×10^{-6}
3	0.0060	0.0040	1.3×10^{-5}
4	0.0030	0.0040	6.4×10^{-6}
5	0.0015	0.0040	3.2×10^{-6}

求该反应的速率方程和反应级数，以及反应的速率常数。

解　根据式 (3-46)，该反应的速率方程可以表示为 $r = k\left[c(H_2)\right]^x\left[c(NO)\right]^y$。

实验中，配制了一系列不同组成的 NO 与 H_2 的混合物。先保持 $c(H_2)$ 不变，改变 $c(NO)$，再保持 $c(NO)$ 不变，改变 $c(H_2)$，因此通过实验 1、2、3 的数据可以求出 y，通过实验 3、4、5 的数据可以求出 x。

从实验 1、2、3 可知，当 $c(H_2)$ 不变时，$r \propto c^2(NO)$，所以 $y = 2$；

从实验 3、4、5 可知，当 $c(NO)$ 不变时，$r \propto c(H_2)$，所以 $x = 1$。

因此，该反应的速率方程为 $r = kc(H_2)\left[c(NO)\right]^2$。

该反应的级数为 $n = x + y = 1 + 2 = 3$。

在恒温下，速率常数 k 与反应物浓度 c 无关，将表中任意一组实验数据代入速率方程，即可求得该温度下的速率常数：

$$k = \frac{r}{c(H_2)\left[c(NO)\right]^2} = \frac{6.4 \times 10^{-6}\ mol \cdot L^{-1} \cdot s^{-1}}{0.0030\ mol \cdot L^{-1} \times (0.0040\ mol \cdot L^{-1})^2} = 1.3 \times 10^2\ L^2 \cdot mol^{-2} \cdot s^{-1}$$

反应速率与反应物浓度（分压）的关系通过反应的速率方程定量反映出来。

2. 温度对反应速率的影响

一般来说，温度升高，反应速率加快。当温度升高，体系的平均能量增加，从而有较多的分子获得能量成为活化分子，活化分子百分数增大，单位时间内有效碰撞次数显著增加，反应速率加快。

由式 (3-45)、式 (3-46) 的反应速率方程可知，反应速率不仅与浓度有关，还与速率常数 k 有关，k 值越大，反应速率越快。而 k 与反应的性质及温度有关。因此，温度对反应速率的影响主要体现在温度对反应速率常数 k 的影响上。

1884 年，荷兰物理化学家范特霍夫 (J. H. van't Hoff) 根据实验事实总结出一条近似规则：反应温度每升高 10 K，反应速率或反应速率常数一般增加到原来的 2～4 倍，即

$$\frac{r(T+10\ K)}{r(T)} = \frac{k(T+10\ K)}{k(T)} = 2 \sim 4 \tag{3-48}$$

这一规则称为范特霍夫规则。在温度变化不大或不需要精确数值时，可用范特霍夫规则粗略估算。

1889 年，在大量实验事实的基础上，瑞典物理化学家阿伦尼乌斯(S. A. Arrhenius)总结了速率常数 k 与温度的定量经验公式，称为阿伦尼乌斯方程，即

$$k = Ae^{-E_a/RT} \tag{3-49}$$

式中，A 为常数，称指前因子，与温度、浓度无关，不同反应的 A 值不同，A 与 k 有相同的量纲；R 为摩尔气体常量，$R = 8.314 \times 10^{-3} \text{ kJ} \cdot \text{mol}^{-1} \cdot \text{K}^{-1}$；$T$ 为热力学温度；E_a 为活化能，单位为 $\text{kJ} \cdot \text{mol}^{-1}$，对于给定反应，$E_a$ 为定值，在一般的温度范围内，E_a 不随温度变化而变化。

对式(3-49)取自然对数，阿伦尼乌斯方程也可以表示为

$$\ln k = -\frac{E_a}{RT} + \ln A$$

在温度 T_1 时，有

$$\ln k_1 = -\frac{E_a}{RT_1} + \ln A \tag{3-50}$$

在温度 T_2 时，有

$$\ln k_2 = -\frac{E_a}{RT_2} + \ln A \tag{3-51}$$

式(3-51)减式(3-50)得

$$\ln \frac{k_2}{k_1} = \frac{E_a}{R}\left(\frac{1}{T_1} - \frac{1}{T_2}\right) = \frac{E_a}{R}\left(\frac{T_2 - T_1}{T_1 T_2}\right) \tag{3-52}$$

式(3-52)与式(3-40)形式非常相似，不同的是 E_a 始终为正值，而 $\Delta_r H_m^\ominus$ 既可能为正值也可能为负值。同样，式(3-52)也主要有两个应用：已知 E_a，可由 T_1 时的 k_1，求 T_2 时的 k_2；还可根据 T_1、T_2、k_1、k_2，求化学反应的 E_a。

【例 3-17】 反应 $2N_2O_5(g) \Longrightarrow 2N_2O_4(g) + O_2(g)$ 在 25℃时速率常数 $k_1 = 3.74 \times 10^{-5} \text{ s}^{-1}$，在 45℃时的速率常数 $k_2 = 4.98 \times 10^{-4} \text{ s}^{-1}$，求该反应的活化能及 65℃时的速率常数 k_3。

解 已知 $T_1 = (25 + 273.15) \text{ K} = 298.15 \text{ K}$，$k_1 = 3.74 \times 10^{-5} \text{ s}^{-1}$，$T_2 = (45 + 273.15) \text{ K} = 318.15 \text{ K}$，$k_2 = 4.98 \times 10^{-4} \text{ s}^{-1}$。根据式(3-52)得

$$E_a = R\left(\frac{T_1 T_2}{T_2 - T_1}\right)\ln\frac{k_2}{k_1}$$

$$= 8.314 \times 10^{-3} \text{ kJ} \cdot \text{mol}^{-1} \cdot \text{K}^{-1} \times \frac{298.15 \text{ K} \times 318.15 \text{ K}}{318.15 \text{ K} - 298.15 \text{ K}} \times \ln\frac{4.98 \times 10^{-4} \text{ s}^{-1}}{3.74 \times 10^{-5} \text{ s}^{-1}}$$

$$= 102 \text{ kJ} \cdot \text{mol}^{-1}$$

由式(3-52)，得 $\ln\frac{k_3}{k_1} = \frac{E_a}{R}\left(\frac{T_3 - T_1}{T_1 T_3}\right)$

$$\ln\frac{k_3}{3.74 \times 10^{-5} \text{ s}^{-1}} = \frac{102 \text{ kJ} \cdot \text{mol}^{-1}}{8.314 \times 10^{-3} \text{ kJ} \cdot \text{mol}^{-1} \cdot \text{K}^{-1}} \times \left(\frac{338.15 \text{ K} - 298.15 \text{ K}}{298.15 \text{ K} \times 338.15 \text{ K}}\right)$$

$$= 4.87$$

$$k_3 = e^{4.87} \times 3.74 \times 10^{-5} \text{ s}^{-1} = 4.87 \times 10^{-3} \text{ s}^{-1}$$

3. 催化剂对反应速率的影响

催化剂是一种能显著改变化学反应速率，而自身的组成和质量在反应前后保持不变的物质。通常将能加快反应速率的催化剂称为正催化剂，简称催化剂；而将能减慢反应速率的催化剂称为负催化剂，或抑制剂、阻化剂。将催化剂能改变反应速率的作用称为催化作用。

例如，$N_2 + 3H_2 \rightleftharpoons 2NH_3$　催化剂 Fe

$2SO_2 + O_2 \rightleftharpoons 2SO_3$　催化剂 V_2O_5、NO_2、Pt

$CO + 2H_2 \rightleftharpoons CH_3OH$　催化剂 $CuO-ZnO-Cr_2O_3$

又如，促进生物体化学反应的各种酶(如淀粉酶、蛋白酶、脂肪酶等)都是正催化剂。防止橡胶、塑料老化的防老剂为负催化剂。通常所说的催化剂一般是指正催化剂。

催化剂能显著增大反应速率的原因是改变了反应途径，催化剂与反应物形成能量较低的活化配合物，与无催化剂的反应机理相比，活化能显著降低，从而使活化分子百分数增大，反应速率增大。催化剂对反应速率影响的定量关系也可以通过阿伦尼乌斯方程 $k = Ae^{-E_a/RT}$ 表示，活化能降低，速率常数增大。

例如，过氧化氢的分解反应在没有催化剂存在时，其分解反应为

$$2H_2O_2 \rightleftharpoons 2H_2O + O_2 \quad E_a = 76 \text{ kJ} \cdot \text{mol}^{-1}$$

当在 H_2O_2 水溶液中加入 KI 溶液，其分解反应分两步进行：

(1) $H_2O_2 + I^- \rightleftharpoons H_2O + IO^- \quad E_{a1} = 57 \text{ kJ} \cdot \text{mol}^{-1}$

(2) $H_2O_2 + IO^- \rightleftharpoons H_2O + I^- + O_2 \quad E_{a2} < 57 \text{ kJ} \cdot \text{mol}^{-1}$

总反应：$2H_2O_2 \rightleftharpoons 2H_2O + O_2$

实验结果表明，催化剂 I^- 参与了 H_2O_2 分解反应，改变了反应机理，降低了反应的活化能，活化能 E_{a1} 和 E_{a2} 均小于 E_a，增大了活化分子百分数，加快了反应速率，如图 3-9 所示。

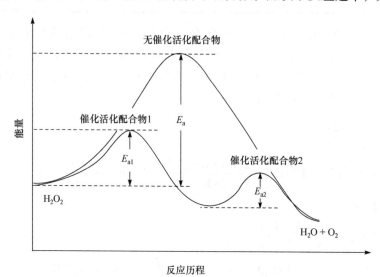

图 3-9　催化剂改变反应途径示意图

对于催化剂，需要注意以下几点：

(1) 催化剂只能通过改变反应途径改变反应速率, 不改变反应体系的始态和终态, 也就是不会改变状态函数的改变量, 即不改变反应的焓变、方向和限度。

(2) 在反应速率方程中, 催化剂对反应速率的影响体现在速率常数 k。同一个反应, 使用不同的催化剂, 一般有不同的 k 值。

(3) 对同一个反应, 催化剂同等程度地降低正逆反应的活化能。这一特征表明, 催化剂能同时加快正、逆反应速率, 缩短达到平衡的时间, 但不能改变平衡状态。

(4) 催化剂有选择性。某一反应或某一类反应使用的催化剂往往对其他反应无催化作用, 选择不同的催化剂会有利于不同产物的生成。例如,

$$CH_3CH_2OH \xrightarrow{473\sim523\,K,\ Cu} CH_3CHO + H_2$$

$$CH_3CH_2OH \xrightarrow{623\sim633\,K,\ Al_2O_3} C_2H_4 + H_2O$$

$$2CH_3CH_2OH \xrightarrow{413\,K,\ H_2SO_4} CH_3CH_2OCH_2CH_3 + H_2O$$

$$2CH_3CH_2OH \xrightarrow{673\sim773\,K,\ ZnO\cdot Cr_2O_3} CH_2{=}CHCH{=}CH_2 + 2H_2O + H_2$$

【例 3-18】　已知合成氨反应 $N_2 + 3H_2 \rightleftharpoons 2NH_3$ 的活化能为 $326.4\,kJ\cdot mol^{-1}$, 采用铁触媒催化剂后, 活化能变为 $176\,kJ\cdot mol^{-1}$, 计算当温度为 500℃时, 加入催化剂后的反应速率增大多少倍?

解　已知 $T=(500+273.15)\,K=773.15\,K$, $E_{a1}=326.4\,kJ\cdot mol^{-1}$, $E_{a2}=176\,kJ\cdot mol^{-1}$, 根据 $\ln k = -\dfrac{E_a}{RT} + \ln A$ 得

$$\ln k_1 = -\frac{E_{a1}}{RT} + \ln A$$

$$\ln k_2 = -\frac{E_{a2}}{RT} + \ln A$$

两式相减得

$$\ln \frac{k_2}{k_1} = \frac{E_{a1}-E_{a2}}{RT} = \frac{(326.4-176)\,kJ\cdot mol^{-1}}{8.314\times10^{-3}\,kJ\cdot mol^{-1}\cdot K^{-1}\times773.15\,K} = 23.40$$

$$\frac{k_2}{k_1} = 1.45\times10^{10}$$

加催化剂后反应速率增大了 1.45×10^{10} 倍。

4. 其他因素对反应速率的影响

体系中物理状态和化学组成完全相同的均匀部分称为一个"相"。化学反应通常分为单相反应和多相反应。反应体系中只存在一个相的反应为单相反应, 又称均相反应, 如气相反应和某些液相反应。反应体系中同时存在两个或两个以上相的反应为多相反应, 又称非均相反应, 如煤的燃烧、金属与酸的反应、沉淀反应等。

在多相反应中, 由于反应在相与相间的界面上进行, 因此多相反应的反应速率除了与内

因，以及浓度、温度、催化剂等因素的关，还与反应物接触面大小和接触机会多少有关。因此，化工生产上一般把固态反应物粉碎、混匀，再进行反应；将液态反应物进行喷淋、雾化，再与气态反应物充分混合、接触；对于溶液中进行的多相反应则采用搅拌、振荡的方法，强化扩散作用，增加反应物的碰撞，并使生成物及时脱离反应界面。

此外，超声波、激光及高能射线的作用，也可能影响某些化学反应的反应速率。

本 章 小 结

1. 基本概念

了解体系、环境、状态、状态函数、热力学能、焓、标准摩尔生成焓、标准摩尔反应焓、熵、标准摩尔熵、吉布斯函数、标准摩尔生成吉布斯函数、化学反应进度、化学反应速率、化学反应速率方程、反应级数、活化能、标准平衡常数等概念。

2. 重要的关系式

掌握以下重要关系式：$W_体 = -p \cdot \Delta V$；$\Delta U = Q + W$；$p_i = p_总 x_i$；$Q_V = \Delta U$；$Q_p = \Delta H$；$H = U + pV$；

$\Delta_r H_m^{\ominus} = \sum\limits_B \nu_B \Delta_f H_m^{\ominus}(B)$；$\Delta_r S_m^{\ominus} = \sum\limits_B \nu_B S_m^{\ominus}(B)$；$G = H - TS$；$\Delta_r G_m^{\ominus}(298.15\ K) = \sum\limits_B \nu_B \Delta_f G_m^{\ominus}(B, 298.15\ K)$；

$\Delta_r G_m^{\ominus}(T) = \Delta_r H_m^{\ominus}(298.15\ K) - T\Delta_r S_m^{\ominus}(298.15\ K)$；$\ln k = -\dfrac{E_a}{RT} + \ln A$、$\ln \dfrac{k_2}{k_1} = \dfrac{E_a}{R}\left(\dfrac{1}{T_1} - \dfrac{1}{T_2}\right) = \dfrac{E_a}{R}\left(\dfrac{T_2 - T_1}{T_1 T_2}\right)$。

3. 重要理论

掌握热力学第一定律及其应用；掌握赫斯定律及其应用；掌握孤立体系用熵判据判断变化过程的方向和限度；掌握恒温、恒压、不做非体积功条件下反应自发性的判据：$\Delta G < 0$ 正向自发进行，$\Delta G > 0$ 正向非自发进行，$\Delta G = 0$ 过程或反应达到平衡；掌握勒夏特列原理及其应用：如果对平衡体系施加外力，平衡将沿着减少此外力影响的方向移动；了解碰撞理论和过渡态理论等化学反应速率理论；掌握阿伦尼乌斯公式及其应用。

化 学 视 野

合成氨指由 N_2 和 H_2 在高温高压和催化剂存在下直接合成的氨。现代化学工业中，氨是化肥工业和基本有机化工的主要原料，其产量居各种化工产品的首位。氨主要用于农业，合成氨是氮肥工业的基础，氨本身是重要的氮素肥料，其他氮素肥料也大多是先合成氨，再加工成尿素或各种铵盐肥料，这部分约占70%的比例，称为"化肥氨"。氨也是重要的化工基础原料，广泛用于制药、炼油、纯碱、合成纤维、合成树脂、含氮无机盐等工业，这部分约占30%的比例，称为"工业氨"。

1898 年，弗兰克（A. Frank）和卡罗（N. Caro）发现碳化钙加热时与空气中的氮气反应生成氰氨化钙。氰氨化钙在 200℃ 下碱性介质中水解成氨。人们称氰氨化钙制氨的方法为氰化法。该法能量消耗高，每吨氨需要 1.9×10^8 kJ 能量，能量利用率非常低，很不经济。

$$CaC_2 + N_2 \xrightarrow{1000℃} CaCN_2 + C$$

$$CaCN_2 + 3H_2O \xrightarrow{200℃} CaCO_3 + 2NH_3$$

1900 年，德国化学家奥斯特瓦尔德（F. W. Ostwald）启动了用 N_2 和 H_2 合成氨的研究。此前，已有很多人从事过合成氨研究，因物理化学尚处于发展初期，人们对化学反应中的平衡与速率之类的问题理解不深，故早期的合成氨研究大多没有取得实质性的进展。奥斯特瓦尔德认为合成氨的关键在于实现温度、压力和触媒之间的平衡。他在实验中发现，使用铁丝作触媒，对氮气和氢气进行加热后可获得一定量的氨。

德国巴斯夫（BASF）公司负责人让博施（C. Bosch）对奥斯特瓦尔德的合成氨实验进行了追试。博施最开始未获得氨。后来，使用奥斯特瓦尔德给的铁丝作触媒才合成出了一部分氨，但是之后又合成不出。通过研读文献和反复实验，博施确信获得的氨实际上是因奥斯特瓦尔德给的铁丝曾发生过氮化反应而引起的。

1901 年前后，法国化学家勒夏特列也对合成氨进行了研究。实验时 N_2 和 H_2 混合气中混入了少量空气，反应过程发生了爆炸。由于实验风险比较大，他放弃了这项研究。德国物理化学家能斯特（W. H. Nernst）通过计算发现 N_2 和 H_2 合成氨的反应不大可能，后来才发现是用错了热力学数据，从而得到错误的结果。

虽然化学家们在研究合成氨时遇到了挫折，但德国化学家哈伯（F. Haber）并不气馁，仍积极投入研究，最开始在常温常压条件下进行反应，但没有生成可以觉察到的氨，后来在电火花下实验，也只有少量的氨生成。经过大量研究，哈伯认为高压条件下最有可能实现氨合成反应，便倾全力于反应速率的研究。哈伯得出结论，即使 N_2 和 H_2 的转化率很低，如果将生成的氨在高压下除去，再将高压气体循环使用，那么高压下合成氨是可行的。最终哈伯发现在锇催化剂的存在下，N_2 和 H_2 在压力 17.5~20 MPa 和温度 500~600℃下可直接合成氨，20 MPa 反应器出口氨含量达到 6%。

BASF 公司决定资助哈伯从事人工固氮研究，同时任命博施全权负责该项目的协调工作。1909 年夏，博施开始主持合成氨项目中间试验研究，面临的难题数不胜数，其中最大的三个难题是：廉价高效触媒的开发、高纯度原料气体的大量生产和大型耐高温高压合成反应装置的研制。

锇是稀有金属，储量极低，价格高昂。哈伯推荐的另一种催化剂是铀，也很昂贵，且铀对氧气和水非常敏感，其催化效果很容易丧失。BASF 公司在德国化学家米塔斯（A. Mittasch）的倡议下开展了一系列的研究，采用了 2500 种配方，到 1911 年经过 6500 次的实验，终于筛选出以铁为活性组分的氨合成催化剂，这种铁系催化剂比锇价廉易得，活性高而耐用，至今仍在工业生产中广泛应用。

由于新研制的触媒很容易被原料气体中的有害杂质毒化而失效，因此合成反应对原料气体的纯度要求很高。当时，大量制取高纯度 N_2（分离液态空气）的技术条件已经具备。但是，电解盐水法制取 H_2，反应速率太慢，耗电量太大。博施决定用水蒸气与灼热的焦炭反应制取 H_2，但是生成气体中含有不少 CO。为了清除氢气中的 CO 等有害气体，博施专门组建了一个攻关小组。经过多方努力提出了解决方案，先用氧化铁将 H_2 中的 CO 转化成 CO_2，然后再将混合气体压入水塔底部以去除 CO_2 等有害气体，接着再用带有活性炭的精制系统进一步提高 H_2 的纯度。如此处理后，H_2 中仍含有少量 CO。有人提出使用 Cu^{2+} 溶液清除残留的 CO，但是 Cu^{2+} 溶液对铁有腐蚀作用。对于这个问题，博施等一直未取得进展。无奈之下，博施把这项工作交给了卡尔·克劳赫（C. Krauch）。克劳赫把可能有效的物质都找来，制作了一批 Cu^{2+} 溶液试样，然后就去度假了。他回来后发现，只有一种含有氨水的 Cu^{2+} 溶液中的铁没有被腐蚀。这意味着，只要在用于去除 CO 的 Cu^{2+} 溶液中加入一定量的氨即可解决铁的腐蚀问题。至此，大量制造高纯度 H_2 的工艺终于开发完成。

研制中试反应装置时，博施等遇到了诸多问题：如何解决大型空气压缩机的问题？用什么材料制作反应容器？如何加热？如何维持压力？在博施的带领下，研究团队人员不懈努力，这些问题都一一解决了。1912 年，BASF 公司在奥堡（Oppau）建成世界上第一座日产 30 t 氨的全套装置。

人们称这种合成氨法为哈伯-博施法，它是化学工业实现高压催化反应的第一个里程碑。哈伯和博施因发明和改进了用 N_2 和 H_2 合成氨的方法而分别获得 1918 年和 1931 年的诺贝尔化学奖。哈伯-博施法生产的氨的能耗为氰化法的一半，在 20 世纪 30 年代以后成为合成氨的主要方法。2007 年诺贝尔化学奖授予了德国化学家格哈德·埃特尔（G. Ertl），理由是他发现了哈伯-博施法合成氨的作用机理，并以此为开端推动了表面化学动力学的发展。这也是合成氨研究领域诞生的第三位诺贝尔奖得主。

随着科学技术的发展，人类对氨的需求量日益增长。多年来合成氨在强调总量增长的同时，逐渐暴露出污染物排放总量较大、能耗较高等一系列问题，资源环境问题严重制约行业的发展。解决这一问题的关键是将工业生产传统的"高投入、高消耗、高污染"发展模式转向注重源头削减污染、对生产全过程采用预防性和综合性措施的清洁生产模式。近年来，众多学者对合成氨行业清洁生产进行了大量研究，分析生产过程中主要能耗和污染物排放环节，探讨典型的清洁生产工艺，并提出一系列以节能和水污染物控制为主的清洁生产的政策建议。

习　题

一、思考并回答下列问题

1. 热和功是状态函数吗？为什么？热和功的正负号是如何规定的？

2. $Q_V = \Delta U$ 成立的条件是什么？这两个物理量有什么不同？

3. 体积功计算公式 $W_{体} = -p \cdot \Delta V$ 的适用条件是什么？

4. 赫斯定律实际揭示了状态函数的什么特征？

5. H、ΔH、$\Delta_r H$、$\Delta_r H_m$、$\Delta_r H_m^{\ominus}$、$\Delta_f H_m^{\ominus}$、$\Delta_c H_m^{\ominus}$ 分别是什么含义？

6. 利用公式 $\Delta_r H_m^{\ominus} = \sum_B \nu_B \Delta_f H_m^{\ominus}(B)$ 计算标准摩尔反应焓变 $\Delta_r H_m^{\ominus}$ 时，需要注意哪些问题？

7. $\Delta_r H_m^{\ominus}$、$\Delta_r S_m^{\ominus}$、$\Delta_r G_m^{\ominus}$ 的计算方法有什么异同？

8. 温度不变时，用阿伦尼乌斯公式说明为什么加入正催化剂时反应速率加快。

二、选择题

1. 理想气体模型的基本特征是（　　）。

A. 分子不断地做无规则运动，它们均匀分布在整个容器中

B. 分子间作用力可以忽略，分子本身的体积可以忽略

C. 所有分子都可看作一个质点，并且它们具有相等的能量

D. 各种分子间的作用力相等，各种分子的体积大小相等

2. 下列反应中，反应的标准摩尔反应焓变等于生成物的标准摩尔生成焓的是（　　）。

A. $CO_2(g) + CaO(s) \rightleftharpoons CaCO_3(s)$

B. $\frac{1}{2}H_2(g) + \frac{1}{2}I_2(g) \rightleftharpoons HI(g)$

C. $H_2(g) + Cl_2(g) \rightleftharpoons 2HCl(g)$

D. $H_2(g) + \frac{1}{2}O_2(g) \rightleftharpoons H_2O(g)$

3. 化学反应焓变 ΔH 与反应热效应 Q 相等的条件是（　　）。

A. 任何条件下均相等　　　　　　　　B. 恒温恒压

C. 恒温恒压只做体积功　　　　　　　D. 恒温恒容只做体积功

4. 封闭体系是指体系与环境之间（　　）。

A. 既有物质交换，又有能量交换　　　B. 只有物质交换

C. 既没有物质交换，也没有能量交换　D. 只有能量交换，没有物质交换

5. 影响化学反应平衡常数的因素是（　　）。

A. 生成物的浓度　　　B. 温度　　　C. 催化剂　　　D. 压力

6. 设可逆反应 $A(g) + 2B(g) \rightleftharpoons C(g) + D(g)$，$\Delta_r H_m^{\ominus} > 0$，A 和 B 获得最高转化率的条件是（　　）。

A. 高温低压　　　B. 高温高压　　　C. 低温低压　　　D. 低温高压

7. 对于可逆反应，加入催化剂能达到的目的是（　　）。

A. 提高平衡时产物的浓度　　　　　　B. 加快正反应速率而减慢逆反应速率

C. 缩短达到平衡的时间　　　　　　　D. 使平衡向右进行

8. 对化学反应来说，受温度影响较小的是（　　）。

A. 标准平衡常数　　　　　　　　　　B. 反应速率常数

C. 标准摩尔反应焓变　　　　　　　　D. 标准摩尔反应吉布斯函数变

9. 某一反应方程式，若速率方程中各物质浓度的指数刚好是反应物的系数，则该反应（　　）基元反应。

A. 一定是　　　B. 一定不是　　　C. 不一定是　　　D. 上述都不对

10. 在标准状态下，下列两个反应的速率（　　）。

① $2NO_2(g) \rightleftharpoons N_2O_4(g)$，$\Delta_r G_m^{\ominus} = -5.8 \text{ kJ} \cdot \text{mol}^{-1}$；

② $N_2(g) + 3H_2(g) \rightleftharpoons 2NH_3(g)$，$\Delta_r G_m^{\ominus} = -16.7 \text{ kJ} \cdot \text{mol}^{-1}$。

A. 反应①比反应②快　　　　B. 反应②比反应①快　　　C. 两反应速率相等　　　　D. 无法判断

11. 某反应正反应的活化能为 $E_{a正}$，逆反应的活化能为 $E_{a逆}$，则该反应的 ΔH 等于（　　　）。

A. $E_{a正} - E_{a逆}$　　　　B. $E_{a逆} - E_{a正}$　　　　C. $E_{a正} + E_{a逆}$　　　　D. 无法确定

12. 温度一定时，有 A 和 B 两种气体反应，设 $c(A)$ 增加一倍，反应速率增加了 100%，$c(B)$ 增加一倍，反应速率增加了 300%，该反应速率方程为（　　　）。

A. $r = kc(A)c(B)$　　　　B. $r = k[c(A)]^2 c(B)$　　　　C. $r = kc(A)[c(B)]^2$　　　　D. 以上都不是

三、判断正误并说明原因

1. 摩尔气体常量 R 的数值与气体的种类无关，但与 p、V、T 所取值的单位有关。（　　　）

2. 自发过程的熵值都会增加。（　　　）

3. 放热的化学反应都能自发进行。（　　　）

4. 同种物质，相同温度，聚集状态不同时，气态物质的熵大于液态物质的熵，液态物质的熵大于固态物质的熵。（　　　）

5. 化学反应平衡常数 $K^{\ominus}$ 值越大，其反应速率越快。（　　　）

6. 已知某反应的 $\Delta_r H_m^{\ominus} < 0$，随着反应温度的升高，$K^{\ominus}$ 减小。（　　　）

7. 催化剂能改变反应速率，也能改变 $\Delta_r G_m^{\ominus}$。（　　　）

四、计算题

1. 2.00 mol 理想气体在 300 K 和 200 kPa 条件下，经恒压膨胀至体积为 30 L，此过程吸收热量 1200 J，计算：(1) 起始体积；(2) 体系的体积功；(3) 终态温度；(4) 热力学能变化。

2. $CaCO_3$ 的分解反应方程式为：$CaCO_3(s) \Longrightarrow CaO(s) + CO_2(g)$。在 1150 K 和标准压力条件下，分解 2.00 mol $CaCO_3$ 需要消耗热量 330 kJ，计算此过程的 W、ΔU、ΔH。

3. 恒温条件下，在容积为 2 L 的真空容器中，依次充入温度相同，始态为 100 kPa、2 L 的 $N_2(g)$ 和 200 kPa、1 L 的 $Ar(g)$，两者形成理想气体混合物，计算混合后气体的总压力。

4. 已知下列反应：

(1) $2Cu_2O(s) + O_2(g) \Longrightarrow 4CuO(s)$　　　$\Delta_r H_{m1}^{\ominus} = -292 \text{ kJ·mol}^{-1}$

(2) $CuO(s) + Cu(s) \Longrightarrow Cu_2O(s)$　　　$\Delta_r H_{m2}^{\ominus} = -11.3 \text{ kJ·mol}^{-1}$

利用赫斯定律计算 $CuO(s)$ 的标准摩尔生成焓 $\Delta_f H_m^{\ominus}$。

5. 已知 298 K、标准状态下，

反应 (1) $Fe_2O_3(s) + 3CO(g) \Longrightarrow 2Fe(s) + 3CO_2(g)$　　$\Delta_r H_{m1}^{\ominus} = -24.77 \text{ kJ·mol}^{-1}$

反应 (2) $3Fe_2O_3(s) + CO(g) \Longrightarrow 2Fe_3O_4(s) + CO_2(g)$　　$\Delta_r H_{m2}^{\ominus} = -52.19 \text{ kJ·mol}^{-1}$

反应 (3) $Fe_3O_4(s) + CO(g) \Longrightarrow 3FeO(s) + CO_2(g)$　　$\Delta_r H_{m3}^{\ominus} = -30.91 \text{ kJ·mol}^{-1}$

求反应 (4) $Fe(s) + CO_2(g) \Longrightarrow FeO(s) + CO(g)$ 的 $\Delta_r H_{m4}^{\ominus}$。

6. "暖宝宝"是铁、蛭石（保温材料）、活性炭、无机盐、水等的混合物。它是利用铁氧化反应放热来发热的。同时利用活性炭的强吸附性，在活性炭的疏松结构中储有水蒸气，水蒸气液化成水滴，流出与空气和铁粉接触，在氯化钠的催化作用下较为迅速地发生反应生成氢氧化铁，放出热量。过程发生了如下反应：

(1) $2Fe(s) + O_2(g) + 2H_2O(l) \Longrightarrow 2Fe(OH)_2(s)$

(2) $4Fe(OH)_2(s) + 2H_2O(l) + O_2(g) \Longrightarrow 4Fe(OH)_3(s)$

(3) $2Fe(OH)_3(s) \Longrightarrow Fe_2O_3(s) + 3H_2O(l)$

请利用附录 I 中 $\Delta_f H_m^{\ominus}$ 的数据计算三个反应的 $\Delta_r H_m^{\ominus}$。

7. 氯化钙溶于水的反应经常被用于急救热敷袋。在热敷袋中，一个包有 $CaCl_2$ 的小包被捏破后，$CaCl_2$ 溶于周围的水，$CaCl_2(s) \Longrightarrow Ca^{2+}(aq) + 2Cl^-(aq)$。请利用附录 I 中 $\Delta_f H_m^{\ominus}$ 的数据计算该反应的标准摩尔反应焓变 $\Delta_r H_m^{\ominus}$。

8. 不通过热力学数据计算，定性判断下列反应的 $\Delta_r S_m^{\ominus}$ 是大于零还是小于零。

(1) $Ag^+(aq) + Cl^-(aq) \Longrightarrow AgCl(s)$

(2) $CaCO_3(s) \Longrightarrow CO_2(g) + CaO(s)$

(3) $2O_3(g) \rightleftharpoons 3O_2(g)$

(4) $N_2(g) + 3H_2(g) \rightleftharpoons 2NH_3(g)$

9. 利用附录 I 中的数据计算下列反应 298.15 K 时的 $\Delta_r H_m^\ominus$、$\Delta_r S_m^\ominus$、$\Delta_r G_m^\ominus$，并判断 298.15 K、标准状态下反应自发进行的方向。

(1) $2NO(g) + 2H_2(g) \rightleftharpoons N_2(g) + 2H_2O(g)$

(2) $2NaHCO_3(s) \rightleftharpoons Na_2CO_3(s) + CO_2(g) + H_2O(g)$

(3) $CaO(s) + SO_2(g) + \dfrac{1}{2}O_2(g) \rightleftharpoons CaSO_4(s)$

(4) $MnO_2(s) + 4H^+(aq) + 2Cl^-(aq) \rightleftharpoons Mn^{2+}(aq) + Cl_2(g) + 2H_2O(l)$

10. 反应：$2CuO(s) \rightleftharpoons Cu_2O(s) + \dfrac{1}{2}O_2(g)$

(1) 通过计算判断 298.15 K、标准状态下，该反应能否自发进行；

(2) 计算标准状态下该反应自发进行的温度范围。

11. 写出下列各化学反应的平衡常数 $K^\ominus$ 的表达式：

(1) $CH_4(g) + \dfrac{1}{2}O_2(g) \rightleftharpoons CH_3OH(g)$

(2) $CaF_2(s) \rightleftharpoons Ca^{2+}(aq) + 2F^-(aq)$

(3) $H_2S(aq) \rightleftharpoons 2H^+(aq) + S^{2-}(aq)$

(4) $MnO_2(s) + 4H^+(aq) + 2Cl^-(aq) \rightleftharpoons Mn^{2+}(aq) + Cl_2(g) + 2H_2O(l)$

(5) $4NH_3(g) + 5O_2(g) \rightleftharpoons 4NO(g) + 6H_2O(g)$

12. 已知下列化学反应的标准平衡常数：

(1) $C_2H_2(g) + \dfrac{5}{2}O_2(g) \rightleftharpoons 2CO_2(g) + H_2O(g)$ $K_1^\ominus$

(2) $C(s) + 2H_2O(g) \rightleftharpoons CO_2(g) + 2H_2(g)$ $K_2^\ominus$

(3) $2H_2O(g) \rightleftharpoons 2H_2(g) + O_2(g)$ $K_3^\ominus$

利用多重平衡规则计算反应 $2C(s) + H_2(g) \rightleftharpoons C_2H_2(g)$ 的 $K^\ominus$。

13. 已知下列反应在 1362 K 时的标准平衡常数：

(1) $H_2(g) + \dfrac{1}{2}S_2(g) \rightleftharpoons H_2S(g)$ $K_1^\ominus = 80$

(2) $3H_2(g) + SO_2(g) \rightleftharpoons H_2S(g) + 2H_2O(g)$ $K_2^\ominus = 1.8 \times 10^4$

利用多重平衡规则计算反应 $4H_2(g) + 2SO_2(g) \rightleftharpoons S_2(g) + 4H_2O(g)$ 在 1362 K 时的 $K^\ominus$。

14. 已知反应 $2SO_2(g) + O_2(g) \rightleftharpoons 2SO_3(g)$ 在 427℃ 和 527℃ 时的 $K^\ominus$ 分别为 1.0×10^5 和 1.1×10^2，求该反应的 $\Delta_r H_m^\ominus$ 和 $\Delta_r S_m^\ominus$。

15. 制造煤气的主要反应为 $C(石墨) + H_2O(g) \rightleftharpoons CO(g) + H_2(g)$。

(1) 求该反应 1073 K 时的标准摩尔反应吉布斯函数变 $\Delta_r G_m^\ominus$ 和标准平衡常数 $K^\ominus$。

(2) 1073 K 时，若 $p(H_2O) = 500$ kPa，$p(CO) = p(H_2) = 50$ kPa，判断此时反应自发进行的方向。

(3) 求出标准条件下，该反应自发进行的温度范围。

16. 250℃ 时五氯化磷 PCl_5 按下式分解：$PCl_5(g) \rightleftharpoons PCl_3(g) + Cl_2(g)$，在 5.0 L 密闭容器中，放入 1.8 mol PCl_5，平衡时有 1.3 mol PCl_5 分解。

(1) 计算 $PCl_5(g)$ 的分解率；

(2) 计算该温度下的标准平衡常数。

17. 在 1000℃ 时，反应 $FeO(s) + CO(g) \rightleftharpoons Fe(s) + CO_2(g)$ 的 $K^\ominus$ 为 0.403，计算在密闭容器中利用该反

应制备 1 mol Fe(s)，需通入多少摩尔的 CO？并加入多少摩尔的 FeO？

18. 碳酸钙的分解反应方程式为 $CaCO_3(s) \rightleftharpoons CO_2(g) + CaO(s)$。

(1)通过热力学数据计算该反应在 1150 K 时的 $K^\ominus$；

(2)$CaCO_3$ 在一密闭容器中反应，计算该温度下反应达平衡时 CO_2 的分压。

19. 反应 $N_2O_5(g) \rightleftharpoons N_2O_4(g) + \frac{1}{2}O_2(g)$，在 298 K 时速率常数 $k_1 = 3.4 \times 10^{-5} \, s^{-1}$，在 398 K 时速率常数 $k_2 = 1.5 \times 10^{-3} \, s^{-1}$，求该反应的活化能。

20. 在 1073 K 时，由实验测得反应 $2NO(g) + 2O_2(g) \rightleftharpoons 2NO_2(g)$ 在不同浓度下的反应速率数据如下：

实验序号	初始浓度/(mol · L^{-1})		初始速率/(mol · L^{-1} · s^{-1})
	$c(NO)$	$c(O_2)$	
1	0.010	0.010	1.6×10^{-2}
2	0.010	0.020	3.2×10^{-2}
3	0.010	0.030	4.8×10^{-2}
4	0.020	0.010	6.4×10^{-2}
5	0.030	0.010	1.44×10^{-1}

计算：(1)该反应的速率方程和反应级数；

　　　(2)该反应的速率常数。

21. 人体中某种酶的催化反应活化能为 48.0 kJ · mol^{-1}，正常人的体温为 37℃，计算发烧至 39℃的患者身体中该反应速率增加的倍数。

22. 实验测定了反应 $S_2O_8^{2-} + 3I^- \rightleftharpoons 2SO_4^{2-} + I_3^-$ 在不同温度下的速率常数如下：

T/K	273.15	283	293	303
$k/(mol^{-1} \cdot L \cdot s^{-1})$	8.2×10^{-4}	2.0×10^{-3}	4.1×10^{-3}	8.3×10^{-3}

计算：(1)反应的活化能和指前因子；

　　　(2)298.15 K 时的速率常数 k。

(提示：以 $\ln k$ 对 $1/T$ 作图，由直线斜率计算活化能 E_a，由直线的截距计算指前因子 A。)

第 4 章　定量分析基础

分析化学是研究确定物质的化学组成、测量各组分含量、表征物质的化学结构和形态的各种分析方法及相关理论的一门学科。

分析化学在工农业生产及国防建设中有重要的作用。工业生产中，从原料的选择、中间产品和成品质量检验、新产品的开发、生产过程中废水、废气、废渣的处理和综合利用都离不开分析化学，所以分析化学被称为工业生产的"眼睛"；农业生产中，水土成分调查，农药、化肥的分析，农产品的品质检验等方面都需要分析化学；国防建设中，分析化学对核武器、航天材料及化学试剂等的研究和生产起着重要的作用；刑事案件的侦破中，分析化学是执法取证的重要手段。

在科学技术方面，分析化学的作用已经远远超出化学的领域。分析化学不仅对化学各学科的发展起着重要的促进作用，而且对其他许多学科，如环境科学、材料科学、能源科学、医学、生物学等的发展都起着重要的作用。几乎所有科学研究，只要涉及化学现象，都需要分析化学为其提供各种信息，以解决科学研究中的问题。

4.1　定量分析方法的分类和一般过程

4.1.1　定量分析方法的分类

分析化学的方法可根据任务、分析对象、试样用量和测定原理等的不同进行分类。根据分析化学的任务可分为定性分析、定量分析和结构分析。定性分析是鉴定试样中各种组分的构成，包括对元素、离子、基团或化合物等的分析；定量分析的任务是测定试样中某组分(如元素、离子或基团等)的含量；结构分析是确定试样中组分的结构(如化学结构、晶体结构、空间分布)。本课程以学习定量分析为主。根据分析对象可分为无机分析和有机分析。无机分析是以无机物为分析对象，有机分析是以有机物为分析对象。下面主要介绍根据分析所需试样的量、所测组分在试样中的相对含量、测定原理分类的定量分析方法。

1. 按分析所需试样的量分类

根据分析所需试样的量可分为常量分析、半微量分析、微量分析和超微量分析(表 4-1)。

表 4-1　按试样用量分类的分析方法

分类名称	所需试样质量 m/mg	所需试样体积 V/mL
常量分析	≥100	≥10
半微量分析	10~100	1~10
微量分析	0.1~10	0.01~1
超微量分析	≤0.1	≤0.01

2. 按被测组分含量分类

根据被测组分在试样中的相对含量的多少分为常量组分分析、微量组分分析及痕量组分分析(表 4-2)。

表 4-2 按被测组分含量分类的分析方法

分类名称	质量分数/%
常量组分分析	≥1
微量组分分析	0.01～1
痕量组分分析	≤0.01

3. 按测定原理分类

根据分析时所依据的测定原理分为化学分析法和仪器分析法。

1)化学分析法

化学分析法是以化学反应及其计量关系为基础的方法。化学分析法准确度高,常用于常量组分的分析。化学分析法主要有重量分析法和滴定分析法。

重量分析法是通过适当的方法如沉淀、挥发、电解等使待测组分转化为另一种纯的、化学组成确定的化合物而与试样中其他组分分离,再通过称量获得其质量,从而计算出待测组分含量的分析方法。重量分析法适用于待测组分含量大于 1%的常量组分分析,其特点是准确度高,因此常被用于仲裁分析,但是操作麻烦、费时。

滴定分析法又称为容量分析法,将已知准确浓度的标准溶液滴加到被测溶液中(或者将被测溶液滴加到标准溶液中),直到标准溶液与被测物质按化学计量关系反应完全,根据标准溶液的浓度和所消耗的体积算出待测物质的含量。滴定分析法适用于常量组分分析,具有准确度高、简便、快速的特点,因此应用广泛。根据应用的化学反应的种类不同,滴定分析法分为酸碱滴定法、沉淀滴定法、配位滴定法和氧化还原滴定法。

重量分析法和滴定分析法是最早应用于定量分析的分析方法,其特点是所用仪器简单、结果准确、应用范围广,但对样品中微量组分的分析往往无能为力,也不能满足快速分析的需要。

2)仪器分析法

依据物质的物理性质及物理化学性质建立起来的分析方法称为物理化学分析法。这类方法是通过测量待测组分的光、电、磁、声、热等物理量从而得到分析结果,而测量这些物理量需要使用比较复杂或特殊的仪器设备,故又称为仪器分析法。仪器分析法除可用于定性和定量分析外,还可用于结构、价态、状态分析,微区和薄层分析,是分析化学发展的方向。与化学分析法比较,仪器分析法具有如下特点:

(1)灵敏度高,试样用量少,适合于微量、痕量和超痕量组分的测定。样品用量由化学分析的 mL、mg 级别降低到仪器分析的 μg、μL 级别,甚至更低。

(2)选择性好。很多仪器分析方法可以通过选择或调整测定的条件,使测定时共存的组分相互间不产生干扰。

(3)操作简便,分析速度快,容易实现自动化。

常用的仪器分析方法有光学分析法、电化学分析法、色谱分析法等。光学分析法是根据物质的光学性质建立起来的一种分析方法，主要有分子光谱法(如比色法、紫外-可见分光光度法、红外光谱法、分子荧光及磷光分析法等)、原子光谱法(如原子发射光谱法、原子吸收光谱法等)。电化学分析法是根据被分析物质溶液的电化学性质建立起来的一种分析方法，主要有电位分析法、电导分析法、电解分析法、极谱法和库仑分析法等。色谱分析法是一种分离与分析相结合的方法，主要有气相色谱法、液相色谱法、离子色谱法。近年来，随着科学技术的发展，质谱法、核磁共振波谱法、X 射线衍射法、电子显微镜分析法及毛细管电泳法等仪器分析方法已成为强大的分析手段。

4.1.2　定量分析的一般过程

定量分析的一般过程大致包括试样的采集、制备、预处理、测定和数据处理及结果评价。

1. 试样的采集与制备

试样也称样品，是指在分析工作中被采用以进行分析的物质体系，它可以是固体、液体或气体。采集的样品必须能代表全部分析对象的组成，即必须具有代表性与均匀性，否则分析工作毫无意义，甚至可能导致错误结论。试样的采集需要根据样品的聚集状态及具体情况采用合适的方法采集。采样的常用方法是：从大批物料中的不同部分、不同深度选取多个取样点采样，然后将各点取得的样品混合均匀后，再从混合均匀的样品中取少量物质作为分析试样进行分析。

对于气体和液体试样，组成一般比较均匀，按要求采样后混匀即可。而对于组成不均匀的固体试样，要进一步加工，制备成分析试样，其制备过程大致可分为破碎、过筛、混匀、缩分等。

2. 试样的预处理

将试样中的待测组分转变为可测状态，这种操作称为预处理，包括试样的分解和分离富集等。定量分析一般采用湿法分析。湿法分析是将试样分解后转入溶液中，然后进行测定。分解试样的方法很多，对于无机试样主要有溶解法、熔融法、烧结法，对于有机试样主要有干式灰化法、湿式灰化法。随着科学技术的发展，试样的分解手段也越来越丰富多样，如微波消解法、超声波分解法等。实际分析工作中，应根据试样性质和分析要求选用适当的处理方法。

若试样组成简单，测定时各组分之间互不干扰，则将试样制成溶液后，即可选择合适的分析方法进行直接测定。但实际工作过程中，试样的组成往往较为复杂，在测定某一组分时，若共存的其他组分对待测组分的测定有干扰，则应设法消除干扰，常采用加入掩蔽剂、沉淀剂或通过氧化还原等方法消除干扰。对于微量或痕量组分，若含量太低，除了消除干扰，还需将待测组分富集，以提高分析方法的灵敏度。常用的分离富集方法有沉淀分离法、挥发法、萃取法、离子交换树脂法和色谱分离法等。

3. 试样的测定

随着科学技术的快速发展，新的分析方法不断问世，对同一样品、同一物质的测定，有多种不同的分析方法。为使分析结果满足准确度、灵敏度等方面的要求，应根据具体的实际情况，从测定的具体要求、待测组分含量、待测组分的性质、干扰物质的影响、实验室设备和技术条件等几个方面考虑，选择合适的分析方法。

4. 数据处理及结果评价

整个分析过程的最后一个环节是计算待测组分的含量，并同时应用统计学方法对分析结果及其误差分布情况进行评价，判断分析结果的准确度、灵敏度、选择性等是否达到要求。

4.2　定量分析中的误差和数据处理及结果表达

定量分析的任务是准确测定试样中待测组分的含量，因此要求分析结果必须具有一定的准确度，但在定量分析中，由于分析方法、仪器、试剂、操作者等主、客观条件的限制，分析结果和真实值不可能完全一致。即使是技术熟练的分析工作者采用最可靠的分析方法和最精密的仪器，对同一试样进行多次分析，也不可能得到完全一致的分析结果，说明误差是客观存在的。因此，在定量分析中，需要根据误差的性质、特点，找出误差产生的原因和出现的规律，从而采取相应的措施减小误差，提高分析结果的准确度。

4.2.1　定量分析中的误差

1. 准确度与精密度

1) 准确度与误差

分析结果的准确度是指分析结果与真实值的接近程度。准确度的高低可用误差衡量。误差是指分析结果与真实值之间的差值。误差越小，表示分析结果与真实值越接近，准确度越高；反之，误差越大，准确度越低。若分析结果大于真实值时，误差为正值，表示分析结果偏高；反之，误差为负值，表示分析结果偏低。误差可分为绝对误差和相对误差。

绝对误差(E)为测量值(x)与真实值(x_T)之差，即

$$E = x - x_T \qquad (4\text{-}1)$$

例如，两试样的真实质量分别为 2.5724 g 和 0.2572 g，用分析天平称量两者的质量各为 2.5725 g 和 0.2573 g，前者的分析结果的绝对误差 E_1 = 2.5725 g – 2.5724 g = 0.0001 g，后者的绝对误差 E_2 = 0.2573 g – 0.2572 g = 0.0001 g。上述两试样的质量相差 10 倍，它们分析结果的绝对误差虽然相同，但显然质量大的试样分析结果更准确，原因是绝对误差在分析结果中所占的比例未反映出来。

相对误差是绝对误差在真实值中所占的百分数，即

$$E_r = \frac{E}{x_T} \times 100\% \qquad (4\text{-}2)$$

在上例中，它们的相对误差分别为

$$E_{r1} = \frac{E_1}{x_T} \times 100\% = \frac{0.0001}{2.5724} \times 100\% = 0.004\%$$

$$E_{r2} = \frac{E_2}{x_T} \times 100\% = \frac{0.0001}{0.2572} \times 100\% = 0.04\%$$

由此可知，当测量值的绝对误差相同时，测定的试样量(或组分含量)越高，相对误差越小，准确度越高；反之，准确度越低。因此，用相对误差表示测量结果的准确度更为准确。

实际分析工作中，对常量组分分析的相对误差要求更为严格，而对微量组分分析的相对误差要求要低一些。例如，用重量法或滴定法进行常量分析时，允许的相对误差仅为千分之几；而用光谱法、色谱法等仪器分析法进行微量组分分析时，允许的相对误差可为百分之几甚至更高。

2)精密度与偏差

实际工作中，往往是在同一条件下对试样进行多次平行测定，得到多个测量结果取其平均值，以此作为最终的分析结果。

对某试样进行 n 次平行测定，测定数据为 x_1、x_2、x_3、$\cdots$、x_n，则测定结果的算术平均值 $\bar{x}$ 为

$$\bar{x} = \frac{x_1 + x_2 + x_3 + \cdots + x_n}{n} = \frac{1}{n}\sum_{i=1}^{n} x_i \tag{4-3}$$

精密度是多次平行测定结果之间的接近程度。精密度的高低用偏差表示。偏差是指单次测定值与多次分析结果的算术平均值之间的差值。偏差越大，分析结果越离散，则精密度越低；反之，偏差越小，各测量值间越接近，则精密度越高。偏差有以下几种表示方法。

绝对偏差，也称为偏差：

$$d_i = x_i - \bar{x} \tag{4-4}$$

一组数据中的各次测定值的偏差必然有正有负，还有一些偏差可能为零。若将各单次测定值的偏差相加，其和等于零。为了表明分析结果的精密度，将偏差的绝对值加和后再求平均值，称为平均偏差，用 $\bar{d}$ 表示：

$$\bar{d} = \frac{1}{n}\sum_{i=1}^{n}|x_i - \bar{x}| = \frac{1}{n}\sum_{i=1}^{n}|d_i| \tag{4-5}$$

将平均偏差除以测量值的算术平均值得到相对平均偏差 $\bar{d}_r$：

$$\bar{d}_r = \frac{\bar{d}}{\bar{x}} \times 100\% \tag{4-6}$$

用平均偏差和相对平均偏差表示精密度比较简单，但是由于在一系列的测定结果中，小偏差出现的机会多，大偏差出现的机会少，用平均偏差表示精密度，少量的大偏差得不到突显。例如，甲乙两组分析数据，通过计算，各次测定值的绝对偏差分别为：

甲组：+0.4，+0.2，+0.1，0.0，−0.2，−0.2，−0.3，−0.3，−0.3，−0.4。$n=10$，$\bar{d}_甲 = 0.24$。

乙组：+0.9，+0.1，+0.1，0.1，0.0，0.0，−0.1，−0.2，−0.2，−0.7。$n=10$，$\bar{d}_乙 = 0.24$。

虽然甲乙两组数据具有相同的平均偏差，但乙组含有两个较大的偏差(+0.9，−0.7)，显然两组数据的离散程度有所差别。为克服平均偏差不能突显大偏差的不足，常用标准偏差衡量测定结果的精密度。

标准偏差又称为均方根偏差，当测量次数有限时($n<20$)，标准偏差用 s 表示：

$$s = \sqrt{\frac{\sum_{i=1}^{n}(x_i - \bar{x})^2}{n-1}} = \sqrt{\frac{\sum_{i=1}^{n}d_i^2}{n-1}} \tag{4-7}$$

前述甲、乙两组数据的标准偏差分别是：$s_甲 = 0.28$，$s_乙 = 0.40$。可见采用标准偏差表示精密度比用平均偏差更合理。这是因为将单次测定的偏差平方后，较大的偏差就能显著地反映出来，因此能更好地反映数据的离散程度。

相对标准偏差也称为变异系数：

$$s_r = \frac{s}{\bar{x}} \times 100\% \tag{4-8}$$

【例 4-1】　测得某河水中某农药残留量为 12.30、12.12、12.23、12.35、12.28、12.31、12.32($\mu g \cdot L^{-1}$)，计算测定结果的平均值、平均偏差、相对平均偏差、标准偏差、相对标准偏差。

解　　　　$\bar{x} = \dfrac{12.30 + 12.12 + 12.23 + 12.35 + 12.28 + 12.31 + 12.32}{7} = 12.27 \ (\mu g \cdot L^{-1})$

单次测量的绝对偏差分别为

$d_1 = 0.03 \ \mu g \cdot L^{-1}$；$d_2 = -0.15 \ \mu g \cdot L^{-1}$；$d_3 = -0.04 \ \mu g \cdot L^{-1}$；$d_4 = 0.08 \ \mu g \cdot L^{-1}$；$d_5 = 0.01 \ \mu g \cdot L^{-1}$；$d_6 = 0.04 \ \mu g \cdot L^{-1}$；$d_7 = 0.05 \ \mu g \cdot L^{-1}$。

$$\bar{d} = \frac{1}{7}\sum_{i=1}^{7}|d_i| = \frac{|0.03| + |-0.15| + |-0.04| + |0.08| + |0.01| + |0.04| + |0.05|}{7} = 0.057 \ (\mu g \cdot L^{-1})$$

$$\bar{d}_r = \frac{\bar{d}}{\bar{x}} \times 100\% = \frac{0.057 \ \mu g \cdot L^{-1}}{12.27 \ \mu g \cdot L^{-1}} \times 100\% = 0.46\%$$

$$s = \sqrt{\frac{\sum_{i=1}^{n}d_i^2}{n-1}} = \sqrt{\frac{0.03^2 + (-0.15)^2 + (-0.04)^2 + 0.08^2 + 0.01^2 + 0.04^2 + 0.05^2}{7-1}} = 0.077 \ (\mu g \cdot L^{-1})$$

$$s_r = \frac{s}{\bar{x}} \times 100\% = \frac{0.077 \ \mu g \cdot L^{-1}}{12.27 \ \mu g \cdot L^{-1}} \times 100\% = 0.63\%$$

3）准确度与精密度的关系

准确度与精密度的关系可通过下面的例子形象地加以说明。图 4-1 显示了甲、乙、丙、丁四人同时测定同一铁标样（真实值为 37.40%）中铁含量时所得的结果。由图 4-1 可见，甲的平均值虽然接近真实值，但 4 次平行测定的精密度很差，只是由于大的正负误差互相抵消才使结果接近真实值，因此这个结果是巧合得到的，是不可靠的；乙的准确度与精密度都高，结果可靠；丙的精密度虽然很高，但准确度低；丁的精密度与准确度都很差。

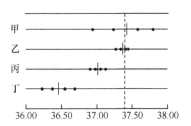

图 4-1　准确度和精密度关系示意图
•表示个别测量值，|表示平均值

精密度高，测定结果的准确度不一定高，可能有系统误差存在，如图 4-1 中乙的情况。精密度低，说明测定结果不可靠，此时再考虑准确度就没有意义了。因此，精密度是保证准确度的前提，但是精密度高并不一定准确度也高。精密度高只能说明分析结果的随机误差较小，只有在消除了系统误差后，精密度高，准确度才高。

2. 误差产生的原因

在定量分析中，根据误差的性质和产生的原因，误差分为系统误差和随机误差。

1) 系统误差

系统误差是由分析过程中某些固定的原因造成的，使分析结果全部偏低或偏高。在相同条件下重复测定时会重复出现，即系统误差具有重复性、单向性。理论上，系统误差的大小、正负是可以测定的，所以系统误差又称为可测误差。根据系统误差的性质和产生的原因，可将其分为四种：①方法误差。方法误差是由分析方法本身造成的误差。例如，在重量分析中，沉淀不完全、共沉淀现象、灼烧过程中沉淀分解或挥发；在滴定分析中，反应进行不完全、滴定终点与化学计量点不符合等。②仪器误差。这种误差是由于仪器本身不够精确引起的。例如，天平砝码不够准确，滴定管、容量瓶和移液管的刻度有一定误差。③试剂误差。这种误差是由于试剂或溶剂等不够纯净而造成的误差，如试剂、溶剂含有微量的杂质或待测物质，所用器皿或所处环境不洁净等。④操作误差。由操作者的主观因素（如个人习惯）造成的误差，如滴定终点颜色的辨别偏深或过浅。

2) 随机误差

随机误差又称为偶然误差，或不可测误差，是由随机的或偶然的原因引起的误差。例如，测定过程中环境的温度、湿度或气压的微小变化，仪器性能的微小变化，操作人员操作的微小差别等，这些不可避免的偶然因素使分析结果在一定范围内波动从而引起随机误差。随机误差对分析结果的影响不固定，时正时负，难以预测，难以控制，因此随机误差无法避免，并且不可校正。随机误差的产生不易找出确定的原因，似乎没有规律性，但如果进行多次测定，就会发现测定数据及其随机误差的分布符合一般的统计规律（即高斯正态分布规律）。

随机误差的正态分布曲线如图 4-2 所示，横坐标 $x-\mu$ 代表随机误差，纵坐标 y 代表随机误差出现的概率密度。从图 4-2 可知随机误差的分布规律为：①绝对值相等的正误差和负误差出现的概率相等；②小误差出现的概率大，大误差出现的概率小，特别大的误差出现的概率极小。

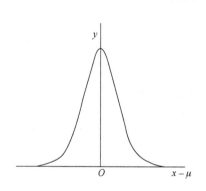

图 4-2　随机误差的正态分布曲线

随机误差和系统误差通常同时出现，不能绝对分开。例如，观察滴定终点颜色，有人总是偏深，引起属于系统误差中的操作误差，但此人在多次测定中每次偏深的程度又不可能完全一致，因此同时也有偶然误差。

3. 提高分析结果准确度的方法

在分析测定过程中，不可避免地存在误差，可以通过以下措施减小误差，从而提高测定结果的准确度。

1) 选择合适的分析方法

不同的分析方法有不同的准确度和灵敏度。对常量组分（≥1%）的测定，可以选用灵敏度不高，但准确度高（相对误差＜0.2%）的滴定分析法或重量分析法；对微量组分（0.01%～1%）或痕量组分（≤0.01%）的测定，应选用灵敏度较高的仪器分析法。

　　另外，选择分析方法时还应考虑共存物质的干扰。在满足其他要求的前提下，应尽量选择步骤少、操作简单、价格便宜的分析方法。总之，应根据分析对象、样品情况及对分析结果的要求，选择恰当的分析方法。

　　2）减小测量误差

　　测量时误差是无法完全避免的，若合理地选取分析试样的用量，可以减小测量误差，提高分析结果的准确度。例如，万分之一分析天平的一次称量的绝对误差为 ±0.0001 g，无论直接称量还是间接称量，都需要两次称量，可能引起的最大绝对误差为 ±0.0002 g。为了使称量结果的相对误差小于 ±0.1%，通过相对误差的计算公式可计算出需要的最小试样质量：

$$E_r = \frac{\pm 0.0002\ g}{m} \times 100\%$$

$$\left| \frac{\pm 0.0002\ g}{m} \right| \leqslant 0.1\%$$

则

$$m \geqslant 0.2\ g$$

　　可见为了使称量结果的相对误差小于 ±0.1%，试样的质量应称取 0.2 g 以上。

　　滴定分析中，最小刻度为 0.1 mL 的滴定管一次读数的绝对误差为 ±0.1 mL，一次滴定需要两次读数，因此可能引起的最大的绝对误差是 ±0.2 mL，为了使滴定的相对误差小于 ±0.1%，同理可计算出消耗的滴定剂体积应大于 20 mL。因此，为了减小相对误差，同时节约试剂、滴定时间，以及读数方便，一次滴定消耗的滴定剂应该控制在 20~30（或 40）mL。

　　3）减小系统误差

　　由于系统误差是由某种固定的原因造成的，检验和消除测定过程中的系统误差，通常采用如下方法：

　　(1)对照实验。对照实验是检查分析过程中有无系统误差的有效方法。对照实验一般可采用以下三种方法。第一种是选用其组成及含量与试样相近的标准试样做测定，将测定结果与标准值比较，用统计检验方法确定有无系统误差。第二种是采用标准方法和所选方法同时测定某一试样，对测定结果做统计检验。第三种是采用标准加入法做对照实验，即称取等量试样两份，在一份试样中加入已知量的待测组分，对两份试样进行平行测定，由加入待测组分量是否定量回收判断有无系统误差。对照实验的结果同时也能说明系统误差的大小。若对照实验说明有系统误差存在，则应设法找出产生系统误差的原因，并加以消除。

　　(2)空白实验。在不加入试样的情况下，按照与测定试样相同的条件和步骤进行的分析实验称为空白实验，所得结果称为空白值。从试样的分析结果中扣除此空白值，即可消除由试剂、实验用水及实验器皿等引入的杂质所造成的误差。空白值不宜很大，如果空白值太大，应找出原因，加以消除，如可以通过提纯试剂或改用其他器皿等途径减小空白值。

　　(3)校准仪器。仪器不准确引起的系统误差可通过校准仪器减小，如对天平、移液管、滴定管等计量、容量器皿及测量仪器进行校准。

　　(4)校正方法。某些由于分析方法引起的系统误差可引用其他分析方法进行校正。例如，用重量分析法测定 SiO_2，滤液中的硅可用光度法测定，然后加到重量分析法的结果中，这样可消除由于沉淀的溶解损失而引起的系统误差。

　　4）减小随机误差

　　随机误差符合正态分布规律，平行测定次数越多，其平均值越接近真值。因此，在消除系统误差后，适当增加平行测定的次数以减小随机误差。一般做 3～5 次平行测定，以获得较准确的分析结果。

4.2.2　定量分析中的数据处理和结果表达

1. 有效数字及运算规则

定量分析中，要得到准确可靠的分析结果，不仅要准确地测定每个数据，而且要进行正确的记录和计算。测定值不仅表示试样中被测组分的含量，还反映测定的准确程度。因此，应该根据测量仪器准确度记录实验数据，并且按照有效数字的运算规则进行测定结果的计算，报出合理的分析结果。

1）有效数字

有效数字是指在分析工作中实际测量到的数字。例如，常用滴定管的最小刻度为 0.1 mL，若滴定管体积读数为 24.25 mL，显然前三位是从滴定管的刻度上直接读取的准确数据，最后一位是估读的数字，不同的人读取时稍有差别，此位数字称为不确定数字或可疑数字。又如，用万分之一分析天平称取某试样的质量为 0.2370 g，它表示 0.237 是准确的，最后一位 0 是不确定的数字。有效数字是由能准确读取的数字和最后一位可疑数字组成，它们共同决定有效数字的位数。对于可疑数字，除非特别说明，通常认为有 ±1 单位的绝对误差。

数据中的"0"是否为有效数字，要看其在数据中的作用，若是测定所得则为有效数字，若是用作定位则不是有效数字。例如，分析天平的读数为 0.2500 g，其中数字前面的"0"仅起定位作用，数字后面的两个"0"是测定所得数字，故该数据的有效数字为四位。该数据若改用 mg 作单位，应写为 2.500×10^2 mg，不能写作 250 mg。单位改变时有效数字的位数不变，当需要在数据的末尾加"0"作定位用时，应采用科学计数法表示，否则容易引起误解。有效数字位数的多少反映了测定的准确度，不能任意增减。

在使用容量瓶和单标线吸管时，一般使用其标称值，记录数据时，标称值的小数位数与其允许差的第一位有效数字对齐。这些玻璃量器通常按照其准确度不同分为 A 级和 B 级。例如，A 级的 25 mL 移液管，移液管上标有标称值 25 mL 和容量允差 ±0.03，因此使用该移液管量取的体积应记作 25.00 mL，四位有效数字。B 级的 50 mL 容量瓶，瓶身上标有标称值 50 mL 和容量允差 ±0.10，因此使用该容量瓶，体积应记作 50.0 mL，三位有效数字。

确定有效数字位数时应遵循以下几条原则：

（1）在分析化学计算中，常遇到倍数、分数等，这些数据不是测量所得到的，因此其有效数字位数可以认为没有限制。

（2）在分析化学中还经常遇到 pH、pM、lg$K$ 等对数值，其有效数字的位数取决于小数部分数字的位数，因整数部分只代表该数的方次。例如，pH = 7.05，有效数字的位数是两位，不是四位，换算为 H^+ 浓度时应为 $c(H^+) = 8.9 \times 10^{-8}$ mol · L^{-1}。

（3）若某数据有效的首位数字等于或大于 8，则在计算时该数据的有效数字位数可多计一位，如 8.58，它的相对误差绝对值约为 0.1%，与 10.00 相对误差的绝对值相近，所以 8.58 在计算时可看作四位有效数字。

2）数字修约规则

在分析过程中，可能使用不同准确度的仪器，所得测定数据的有效数字位数可能不同。因此，在进行运算时，需要按照统一的规则，合理地确定一致的位数，舍去某些数据后面多余的数字(称为尾数)，这个过程称为数字的修约。数字修约按照国家标准采取"四舍六入五留双"规则。"四舍六入五留双"规则规定，当尾数≤4时舍去；尾数≥6时则进一位；如果尾数=5时，若5后面的数为零时，则看前一位，前一位为奇数就进位，前一位为偶数则舍去；若5后面的数不完全为零时，无论前方是奇数还是偶数，都向前进一位。

例如，将下列数字全部修约为四位有效数字：

$$3.7464 \rightarrow 3.746$$

$$3.5236 \rightarrow 3.524$$

$$7.2155 \rightarrow 7.216$$

$$6.5345 \rightarrow 6.534$$

$$6.53451 \rightarrow 6.535$$

修约数字时，只允许对原测定值一次修约而成，不能分次修约，否则会出错。例如，将0.2348修约成两位有效数字时，应为0.2348→0.23；如果按0.2348→0.235→0.24修约，则是错误的。

3) 有效数字的运算规则

(1) 加减法。当几个数据相加减时，计算结果的有效数字位数取决于绝对误差最大的那个数据，即计算结果的小数点位数与小数点后位数最少的那个数据的相同。

例如，$3.67 + 25.2 + 0.7924 = ?$

一般认为每个数据的最后一位都有 ±1 单位的绝对误差，上述三个数据的绝对误差分别为 ±0.01、±0.1、±0.0001，其中25.2的小数点后位数最少，绝对误差最大，它决定了计算结果的绝对误差。因此，在进行加减运算时，计算结果小数点后的位数与小数点后位数最少的数据一样。

按照加减法的有效数字运算规则：$3.67 + 25.2 + 0.7924 = 29.7$。

(2) 乘除法。当几个数据相乘或相除时，计算结果的有效数字位数取决于各数据中相对误差最大(即有效数字位数最少)的那个数据。

例如，$0.0325 \times 54.36 \times 1.2078 = ?$

三个数据的相对误差分别为：

$$\frac{\pm 0.0001}{0.0325} \times 100\% = 0.3\%, \quad \frac{\pm 0.01}{54.36} \times 100\% = 0.02\%, \quad \frac{\pm 0.0001}{1.2078} \times 100\% = 0.008\%$$

第一个数据为三位有效数字，其相对误差最大。因此，应以它为依据保留计算结果的有效数字，即计算结果的有效数字应保留三位：

$$0.0325 \times 54.36 \times 1.2078 = 2.13$$

在运算过程中，有效数字的位数可暂时多保留一位，得到最后结果时，再根据修约规则进行修约。使用计算器做连续运算时，运算过程中不必对每一步的计算结果进行修约，只需对最后结果的有效数字位数进行正确的保留。

2. 可疑数据的取舍

在分析工作中，得到一组平行测量数据后，往往有个别数据与其他数据相差较远，这个数据称为可疑值，又称离群值或极端值。可疑值的取舍会影响测定结果的准确度和精密度，尤其当测定数据少时影响更大。出现可疑值时，首先检查该数据是否是由实验工作中的某些过失引起的。如果确定有过失，则必须舍去该可疑值。如果并无过失，可疑值不能随意舍弃，而必须用统计方法判断是否取舍。统计学处理可疑值的方法很多，常用的有 $4\bar{d}$ 法、格鲁布斯法和 Q 检验法等，其中 Q 检验法具有直观和简便的优点，下面介绍 Q 检验法。

测量次数不多 $(n=3\sim10)$ 时，Q 检验法按下述检验步骤确定可疑值的取舍：

(1) 将各数据按从小到大的顺序排列：x_1, x_2, $\cdots$, x_{n-1}, x_n，可疑数据一般为最小值 x_1 或最大值 x_n。

(2) 计算出统计量 Q：

$$Q = \frac{|可疑值-邻近值|}{最大值-最小值} \tag{4-9}$$

若 x_1 为可疑值，则统计量 Q 为

$$Q = \frac{x_2 - x_1}{x_n - x_1} \tag{4-10}$$

若 x_n 为可疑值，则统计量 Q 为

$$Q = \frac{x_n - x_{n-1}}{x_n - x_1} \tag{4-11}$$

Q 值越大，说明 x_1 或 x_n 离群越远。

(3) 根据测定次数 n 和要求的置信度 P (一般为 90% 或 95%) 由表 4-3 查得 $Q_表$。

(4) 将 Q 与 $Q_表$ 进行比较，判断可疑数据的取舍。若 $Q > Q_表$，则舍去可疑值，否则应予以保留。

表 4-3 不同置信度下的 Q 值表

置信度 P	测定次数 n							
	3	4	5	6	7	8	9	10
90%	0.94	0.76	0.64	0.56	0.51	0.47	0.44	0.41
95%	0.98	0.85	0.73	0.64	0.59	0.54	0.51	0.48
99%	0.99	0.93	0.82	0.74	0.68	0.63	0.60	0.57

【例 4-2】 测定某钙片中 Ca^{2+} 含量，4 次测定结果如下：48.31%，48.25%，48.44%，48.27%。用 Q 检验法判断 48.44% 是否应该舍弃？（置信度为 95%）

解 将测定值由小到大排列：48.25%，48.27%，48.31%，48.44%。

$$Q = \frac{48.44\% - 48.31\%}{48.44\% - 48.25\%} = 0.68$$

查表 4-3，置信度为 95%，$n=4$，$Q_表 = 0.85$，$Q_表 > Q$，故 48.44% 不能舍弃，应该保留。

3. 平均值的置信区间

实际工作中，通常用测定数据的平均值作为分析结果，但通过少量测定数据获得的平均

值与真实值有一定的差别，即有一定的不确定性，不能说明测定的可靠性。在准确度要求较高的分析工作中，作出分析报告时，需要对分析结果进行科学的表达，使人们能够认识到它的精密度、准确度、可信度。最好的方法是计算出平均值的置信区间，即在一定置信度下以平均值为中心包括真实值的范围。置信度 P 为置信区间包括真实值的概率，也称为置信水平。

对于有限次测量，真实值 μ 与平均值 $\bar{x}$ 间有如下关系：

$$\mu = \bar{x} \pm \frac{ts}{\sqrt{n}} \tag{4-12}$$

式中，μ 为总体平均值，即测量次数 $n \to \infty$ 时测量值的算术平均值，校正了系统误差，μ 就为真实值；s 为标准偏差；n 为测定次数；t 为在选定置信度下的概率系数，可以根据置信度和测定次数在表 4-4 中查得。

表 4-4 不同测定次数及不同置信度下的 t 值

测定次数 n	置信度 P			
	50%	90%	95%	99%
2	1.00	6.31	12.71	63.66
3	0.82	2.92	4.30	9.93
4	0.76	2.35	3.18	5.84
5	0.74	2.13	2.78	4.60
6	0.73	2.02	2.57	4.03
7	0.72	1.94	2.45	3.71
8	0.71	1.90	2.37	3.50
9	0.718	1.86	2.31	3.36
10	0.706	1.83	2.26	3.25
11	0.70	1.81	2.23	3.17
21	0.69	1.73	2.09	2.85
∞	0.67	1.65	1.96	2.58

式(4-12)表示在一定置信度 P 下，以测定结果的平均值 $\bar{x}$ 为中心，包括真实值 μ 的范围，这个范围称为平均值的置信区间。

【例 4-3】 标定 NaOH 溶液的浓度时，得到下列数据：$0.1014\,\text{mol} \cdot \text{L}^{-1}$，$0.1012\,\text{mol} \cdot \text{L}^{-1}$，$0.1011\,\text{mol} \cdot \text{L}^{-1}$，$0.1019\,\text{mol} \cdot \text{L}^{-1}$。分别计算置信度为 95% 和 99% 时平均值的置信区间。

解 $\bar{x} = \dfrac{1}{n}\sum\limits_{i=1}^{n} x_i = \dfrac{0.1014 + 0.1012 + 0.1011 + 0.1019}{4} = 0.1014 \ (\text{mol} \cdot \text{L}^{-1})$

$$s = \sqrt{\frac{\sum\limits_{i=1}^{n}(x_i - \bar{x})^2}{n-1}} = \sqrt{\frac{(-0.0002)^2 + (-0.0003)^2 + 0.0005^2}{4-1}} = 0.0004(\text{mol} \cdot \text{L}^{-1})$$

查表 4-4，$n = 4$，$P = 95\%$，$t = 3.18$，

$$\mu = \bar{x} \pm \frac{ts}{\sqrt{n}} = 0.1014\,\text{mol} \cdot \text{L}^{-1} \pm \frac{3.18 \times 0.0004}{\sqrt{4}}\,\text{mol} \cdot \text{L}^{-1} = (0.1014 \pm 0.0006)\text{mol} \cdot \text{L}^{-1}$$

查表 4-4，$n=4$，$P=99\%$，$t=5.84$，

$$\mu=\overline{x}\pm\frac{ts}{\sqrt{n}}=0.1014\,\text{mol}\cdot\text{L}^{-1}\pm\frac{5.84\times0.0004}{\sqrt{4}}\,\text{mol}\cdot\text{L}^{-1}=(0.1014\pm0.0012)\text{mol}\cdot\text{L}^{-1}$$

由上面的计算可知，在相同测定次数下，随着置信度由 95% 提高到 99%，平均值的置信区间从 $(0.1014\pm0.0006)\,\text{mol}\cdot\text{L}^{-1}$ 扩大至 $(0.1014\pm0.0012)\,\text{mol}\cdot\text{L}^{-1}$，显然置信度越高，置信区间越大。置信区间的大小反映了估计的准确度，置信度的高低说明估计的把握程度，因此置信度一般取 90% 或 95%，这样既保证有足够的把握程度，又使置信区间范围大小合适，有足够的准确度。另外，由表 4-4 可知，在一定置信度下，测定次数增大时，t 值减小，置信区间缩小，说明测量的平均值越接近总体平均值。当测定次数为 20 次以上到测定次数为∞时，t 值相近，这表明 $n>20$ 时，再增加测定次数对提高测定结果的准确度已经没有太大意义。因此，只有在一定的测定次数范围内，分析数据的准确度才随测量次数的增加而增加。

4. 分析结果的数据处理与报告

在实际工作中，分析结果的数据处理是非常重要的。为了提高分析结果的准确度，必须进行多次平行测定 $(n\geqslant3)$，然后进行统计处理并写出分析报告。

例如，分析铁矿中的铁含量得到如下数据：37.30%，37.27%，37.58%，37.32%，37.24%。根据数据统计处理过程做如下处理：

(1) 检验有无可疑数据，利用统计方法判断可疑数据是否需要舍弃。

从上述数据看，37.58% 与邻近值差别最大，为可疑数据，用 Q 检验法进行检验。

首先将所有数据由小到大依次排列：37.24%，37.27%，37.30%，37.32%，37.58%。

$$Q=\frac{37.58\%-37.32\%}{37.58\%-37.24\%}=0.76$$

由表 4-3 查得，$n=5$，若置信度 $P=95\%$，$Q_\text{表}=0.73$，$Q>Q_\text{表}$，因此 37.58% 应该舍去。

(2) 根据所有保留下的数据，计算出平均值。

$$\overline{x}=\frac{1}{n}\sum_{i=1}^{n}x_i=\frac{37.24\%+37.27\%+37.30\%+37.32\%}{4}=37.28\%$$

(3) 计算出平均偏差与标准偏差。

$$\overline{d}=\frac{1}{n}\sum|x_i-\overline{x}|=\frac{1}{4}\times(|-0.04\%|+|-0.01\%|+|0.02\%|+|0.04\%|)=0.028\%$$

$$s=\sqrt{\frac{\sum_{i=1}^{n}(x_i-\overline{x})^2}{n-1}}=\sqrt{\frac{(-0.04\%)^2+(-0.01\%)^2+(0.02\%)^2+(0.04\%)^2}{4-1}}=0.035\%$$

(4) 求出平均值的置信区间（置信度取 90% 或 95%）。

$P=95\%$，$n=4$，查表 4-4，$t=3.18$，

$$\mu=\overline{x}\pm\frac{ts}{\sqrt{n}}=37.28\%\pm\frac{3.18\times0.035\%}{\sqrt{4}}=37.28\%\pm0.06\%$$

4.3　滴定分析法概述

滴定分析是化学分析中重要的分析方法之一。将已知准确浓度的标准溶液滴加到一定体积的被测物质的溶液中(也可以反过来进行),直到滴定反应按化学计量方程式所示的计量关系完全反应,然后根据标准溶液的浓度和所消耗的体积计算被测物质含量,这样的分析方法称为滴定分析。标准溶液也称为滴定剂。用滴定管把滴定剂滴加到被测物质溶液中的操作过程称为滴定。当滴入的标准溶液的物质的量与被测组分的物质的量正好符合化学反应方程式所表示的化学计量关系的这一点,称为化学计量点(sp)。在滴定分析时,化学计量点到达时一般没有明显的外部特征,无法察觉。为此常需要加入指示剂,借助其颜色变化指示化学计量点的到达。指示剂颜色突变时停止滴定,这一点称为滴定终点(ep)。指示剂不一定恰好在化学计量点时变色,因此滴定终点与化学计量点不一定完全符合,由此造成的误差称为终点误差。终点误差的大小取决于指示剂的性质和用量。因此,为了减小终点误差,需要选择合适的指示剂,使滴定终点尽可能接近化学计量点。

根据滴定时所发生的化学反应的类型不同,滴定分析可分为酸碱滴定法、配位滴定法、氧化还原滴定法和沉淀滴定法。滴定分析适用于常量组分(≥1%)的测定,有时也可用于微量组分的测定。这种方法适用于多种化学反应,所需仪器设备简单、易于操作、测定快速,准确度较高,因此应用广泛,但与仪器分析法相比,滴定分析法的灵敏度较低。

4.3.1　滴定分析法对化学反应的要求和滴定方式

1. 滴定分析法对化学反应的要求

各种类型的化学反应很多,但不是都能用于滴定分析。用于滴定分析的化学反应必须具备下述条件:

(1)反应必须定量完成,即按照化学反应方程式的化学计量关系定量进行,而且反应的完全程度达到 99.9% 以上,这是定量计算的基础。

(2)反应速率要快。对于反应速率较慢的反应,可通过加热或加催化剂等方法加快反应速率。这是准确判断终点的基础。

(3)要有简便可靠的方法确定滴定终点,如指示剂或仪器分析方法等。

2. 滴定方式

常用的滴定方式有以下四种。

1)直接滴定

满足上述三个要求的反应,都可采用直接滴定方式,即用标准溶液直接滴定被测物质的溶液。例如,用 NaOH 标准溶液测定 HCl 溶液的浓度,用 $KMnO_4$ 标准溶液滴定 Fe^{2+} 的含量等。

2)返滴定

当滴定反应速率较慢(如 Al^{3+} 与 EDTA 的反应),或反应物是固体(如用 HCl 标准溶液滴定固体 $CaCO_3$)时,被测物质中加入符合计量关系的滴定剂后,反应不能立即完成,因此不能准确判断终点。这种情况可采用返滴定方式,即在被测物质中先加入一定量过量的标准溶液,待反应完成后,再用另一种标准溶液滴定剩余的第一种标准溶液,从而求出被测物质的含量。

例如，用 EDTA 标准溶液测定 Al^{3+}，在一定量的待测 Al^{3+}溶液中加入一定量过量的 EDTA 标准溶液，反应完全后剩余的 EDTA 标准溶液用 Zn^{2+}标准溶液返滴定。用 HCl 标准溶液滴定 $CaCO_3$ 固体时，在一定量试样中先加入一定量过量的 HCl 标准溶液，待 $CaCO_3$ 反应完全后，再用 NaOH 标准溶液返滴定剩余的 HCl 标准溶液。

3）置换滴定

若被测物质与滴定剂的反应不按确定的反应方程式进行或伴有副反应，不能用直接滴定方式。这种情况下，可先用适当的试剂与被测物质反应，置换出一定量的另一种物质，再用标准溶液滴定这一物质，从而计算出被测物质的含量，这种滴定方式称为置换滴定。例如，$Na_2S_2O_3$ 不能直接滴定 $K_2Cr_2O_7$ 及其他氧化剂，因为在酸性溶液中这些强氧化剂将 $S_2O_3^{2-}$ 氧化为 $S_4O_6^{2-}$ 及 SO_4^{2-} 等混合物，反应没有定量关系。但是，$Na_2S_2O_3$ 是一种很好的滴定 I_2 的滴定剂，因此可在 $K_2Cr_2O_7$ 的酸性溶液中加入过量的 KI 溶液，使 $K_2Cr_2O_7$ 还原并产生定量的 I_2，然后用 $Na_2S_2O_3$ 滴定 I_2。通过它们反应的计量关系，即可获得待测物的含量。

4）间接滴定

当被测物质不能直接与标准溶液反应，却能与另一种能与标准溶液直接作用的物质反应时，可采用间接滴定方式。例如，Ca^{2+}不能与 $KMnO_4$ 标准溶液反应。可在被测的 Ca^{2+}溶液中加入 $C_2O_4^{2-}$ 使其生成 CaC_2O_4 沉淀，然后把沉淀过滤出来洗涤干净后溶于稀 H_2SO_4 中，然后再用 $KMnO_4$ 标准溶液滴定生成的 $H_2C_2O_4$，即可间接测定 Ca^{2+}的含量。

正是由于滴定分析既可采用直接滴定，又可以采用返滴定、置换滴定和间接滴定，因此扩大了滴定分析法的应用范围。

4.3.2 标准溶液的配制和浓度的标定

1. 标准溶液浓度的表示方法

在滴定分析中，标准溶液浓度的表示方法主要有两种。

1）物质的量浓度

物质的量浓度是标准溶液浓度最常用的表示方法。物质 B 的物质的量浓度是指单位体积溶液中所含溶质 B 的物质的量，用符号 c_B 或 $c(B)$ 表示：

$$c_B = \frac{n_B}{V} \tag{4-13}$$

式中，n_B 为溶液中溶质 B 的物质的量，单位为 mol 或 mmol；V 为溶液的体积，在分析化学中最常用的体积单位为 L；c_B 的常用单位为 $mol \cdot L^{-1}$。

2）滴定度

在生产单位的例行分析中，为简化计算，常用滴定度表示标准溶液浓度。滴定度是指每毫升滴定剂相当于被测物质的质量（g 或 mg），常用 T（待测物/滴定剂）表示。

例如，$T(Fe/K_2Cr_2O_7) = 0.001890\ g \cdot mL^{-1}$，表示每毫升 $K_2Cr_2O_7$ 标准溶液恰好与 0.001890 g Fe^{2+}反应。如果在滴定中消耗该 $K_2Cr_2O_7$ 标准溶液 23.45 mL，则被滴定溶液中的铁的质量为

$$m_{Fe} = 0.001890\ g \cdot mL^{-1} \times 23.45\ mL = 0.04432\ g$$

滴定度的优点是根据所消耗的标准溶液的体积可以直接计算出被测物质的质量，这在生产单位的批量分析中很方便。

2. 基准物质

在滴定分析中，无论采用哪种滴定方式，都离不开标准溶液。能用直接法配制标准溶液或标定标准溶液准确浓度的物质称为基准物质。作为基准物质必须具备下列条件：

(1)物质组成应与化学式完全符合。若含结晶水，如硼砂 $Na_2B_4O_7 \cdot 10H_2O$，其结晶水的含量也应与化学式符合。

(2)物质的纯度足够高，一般要求纯度在 99.9%以上，杂质含量少到可以忽略。

(3)性质稳定，在保存或称量过程中其组成不变，如不易吸湿、不吸收空气中的 CO_2、不易被空气氧化等。

(4)具有较大的摩尔质量。摩尔质量越大，称取的质量越多，称量的相对误差就可相应地减小。

常用的基准物质有 $KHC_8H_4O_4$、$H_2C_2O_4 \cdot 2H_2O$、Na_2CO_3、$Na_2B_4O_7 \cdot 10H_2O$、$CaCO_3$、As_2O_3、$Na_2C_2O_4$、$K_2Cr_2O_7$、KIO_3、$NaCl$、纯金属(如 Ag、Cu)等。

3. 标准溶液的配制

配制标准溶液的方法有直接配制法和间接配制法。

1)直接配制法

基准物质的标准溶液可采用直接法配制。准确称取一定量的基准物质，溶解后定量转移到容量瓶中，稀释至一定体积，根据称取的质量和容量瓶的体积，即可算出该标准溶液的准确浓度。例如，在万分之一分析天平上准确称取基准物质 $K_2Cr_2O_7$ 2.504 g 于烧杯中，加入适量水使其溶解后，定量转移到 500.0 mL 容量瓶中，再用水稀释至刻度，则

$$c(K_2Cr_2O_7) = \frac{2.504\ g}{294.18\ g \cdot mol^{-1} \times 500.0 \times 10^{-3}\ L} = 0.01702\ mol \cdot L^{-1}$$

2)间接配制法(标定法)

很多物质不符合基准物质的条件，如 NaOH 很容易吸收空气中的水分和 CO_2，因此称得的质量不能代表纯净 NaOH 的质量；浓盐酸具有挥发性，其中 HCl 的准确含量无法知道。对于这类物质，不能采用直接法配制，只能先按需要配成近似浓度的溶液，再用基准物质或另一种物质的标准溶液测定其准确浓度。这种用基准物质或另一种已知准确浓度的标准溶液测定标准溶液浓度的过程称为标定。

4.3.3　滴定分析中的计算

滴定分析中的计算包括标准溶液的配制与标定的计算、测定结果的计算等。若被测组分 B 与滴定剂 T 发生定量反应：

$$t\,T + b\,B \Longrightarrow c\,C + d\,D$$

当滴定到达化学计量点时，各物质的量之比等于化学计量方程式中各物质的系数之比，即

$$n_T : n_B = t : b$$

$$\frac{c_T V_T}{c_B V_B} = \frac{t}{b}$$

【例 4-4】 用基准物质硼砂 $Na_2B_4O_7 \cdot 10H_2O$ 标定 HCl 溶液。准确称取 0.5624 g 硼砂，适量纯水溶解后，用 HCl 标准溶液滴定至终点时消耗 26.47 mL，计算 HCl 标准溶液的浓度。$M(Na_2B_4O_7 \cdot 10H_2O) = 381.4 \ g \cdot mol^{-1}$。

解 滴定反应为：$Na_2B_4O_7 + 2HCl + 5H_2O \Longrightarrow 4H_3BO_3 + 2NaCl$

$$n_{Na_2B_4O_7 \cdot 10H_2O} : n_{HCl} = 1 : 2$$

$$n_{Na_2B_4O_7 \cdot 10H_2O} = \frac{n_{HCl}}{2}$$

$$\frac{0.5624 \ g}{381.4 \ g \cdot mol^{-1}} = \frac{c_{HCl} \times 26.47 \times 10^{-3} \ L}{2}$$

$$c_{HCl} = 0.1114 \ mol \cdot L^{-1}$$

【例 4-5】 0.1035 g Pb_3O_4 试样与 HCl 完全反应，并放出氯气，此氯气与 KI 溶液反应后析出的 I_2 用 0.01178 $mol \cdot L^{-1}$ $Na_2S_2O_3$ 滴定，消耗 21.96 mL。计算试样中 Pb_3O_4 的质量分数。

解 分析过程发生的反应如下：

$$Pb_3O_4 + 8HCl \Longrightarrow Cl_2 + 3PbCl_2 + 4H_2O$$
$$Cl_2 + 2KI \Longrightarrow I_2 + 2KCl$$
$$I_2 + 2S_2O_3^{2-} \Longrightarrow 2I^- + S_4O_6^{2-}$$

根据反应计量比，可得

$$1 \ Pb_3O_4 \sim 1 \ Cl_2 \sim 1 \ I_2 \sim 2 \ S_2O_3^{2-}$$

$$n_{Pb_3O_4} = \frac{1}{2} n_{S_2O_3^{2-}}$$

$$w_{Pb_3O_4} = \frac{c(S_2O_3^{2-})V(S_2O_3^{2-})M(Pb_3O_4)}{2m_{试样}} \times 100\%$$

$$= \frac{0.01178 \ mol \cdot L^{-1} \times 21.96 \times 10^{-3} \ L \times 685.6 \ g \cdot mol^{-1}}{2 \times 0.1035 \ g} \times 100\% = 85.68\%$$

本 章 小 结

1. 基本概念

掌握误差、精密度、准确度、有效数字、滴定分析法、滴定、标准溶液、化学计量点(sp)、滴定终点(ep)、终点误差等基本概念。

2. 了解分析方法的分类、定量分析中的误差和数据处理

化学分析法(重量分析法和滴定分析法)、仪器分析法；按组分在试样中的相对含量分类：常量组分分析(≥1%)，微量组分分析(0.01%~1%)，痕量组分分析(≤0.01%)；测定结果的数据处理：可疑数据的检验、平均值、平均偏差、标准偏差及平均值的置信区间等的计算；滴定分析法的分类：酸碱滴定法、沉淀滴定法、

氧化还原滴定法、配位滴定法；滴定分析结果的计算。

化 学 视 野

1. 分析化学的启蒙时期

1700 年以前是分析化学的启蒙时期，开始有了一些灵敏的检验方法和定量的分析思想。远在化学还没有成为一门独立的学科之前，为了生活和生产的需要，人们已经开始从事分析检验的实践活动。为了冶炼金属，需要鉴别矿石；利用天然矿物作药物，也需要识别它们。这些鉴别是一个由表及里的过程，古人首先注意和掌握的是它们的外部特征，如水银又名"流珠"，"其状如水似银"，硫化汞名为"朱砂""丹砂"等都是抓住了它们的外部特征。人们初步用感官对物质的现象和本质加以鉴别，是原始的分析化学。

在制陶、冶炼、制药、炼丹的实践活动中，人们对矿物的认识逐步深化，于是能进一步以物质的物理特性和化学变化作为鉴别的依据。例如，中国曾利用"丹砂烧之成水银"鉴定硫化汞。随着商品生产和交换的发展，自然地产生了控制、检验产品质量和纯度的需求，于是产生了早期的商品检验工作。到了 6 世纪已经有了和现在基本相同的比重计了。商品交换的发展又促进了货币的流通，高值的货币是贵金属制品，于是出现了金属的检验。古代的金属检验最重要的是试金技术。在我国古代，关于金的成色就有"七青八黄九紫十赤"的谚语。

16 世纪，化学的发展进入"医药化学时期"。关于各地矿泉水药理性能的研究非常盛行，这种研究促进了水溶液分析的兴起和发展。1685 年，英国化学家波义耳编写的《矿泉的博物学考察》，全面地概括总结了当时关于水溶液的各种检验方法和鉴定反应。波义耳在定性分析中的重要贡献是用多种动、植物浸取液检验溶液的酸碱性。波义耳还提出了"定性检出极限"的概念。这一时期的湿法分析从过去利用物质的物理性质为主，发展到广泛应用化学反应为主，提高了分析方法的多样性、可靠性和灵敏性，并为近代分析化学的产生做了准备。

2. 近代分析化学的草创时期

18 世纪以后，由于冶金、机械工业的高速发展，要求提供数量更大、品种更多的矿石，进一步促进了分析化学的发展。这一时期，分析化学的研究对象主要以矿物、岩石和金属为主，而且这种研究从定性分析逐步发展到定量分析。

到 18 世纪中叶，重量分析法使分析化学迈入了定量分析的时代。当时著名的瑞典化学家和矿物学家贝格曼(T. Bergman)指出可以把金属离子以沉淀化合物的形式分离出来从而测定其含量，而不需要还原为单质金属。这项工作被视为重量分析的起源。因而贝格曼被公认为无机定性分析、定量分析的奠基人。

3. 近代分析化学的建立和发展

到了 19 世纪，大量新元素被发现，并且矿物组成复杂，湿法检验若没有丰富的经验和周密的检验方案，想得到准确的检验结果显然是非常困难的。德国化学家汉立希(P. C. Heinrich)在 1821 年指出：为了使湿法定性检验的问题简单化和减少盲目性，应进行初步试验。1829 年，德国化学家罗塞(H. Rose)首次明确地提出并制定了系统定性分析法。1841 年，德国化学家伏累森纽斯(C. R. Fresenius)改进了系统定性分析法，较之罗塞的方案使用的试剂较少。后来又得到美国化学家诺伊斯(A. Noyes)的进一步研究和改进，使定性分析趋于完善。同一期间，定量分析也迅猛发展。伏累森纽斯对沉淀组成的测定结果与今天的数据对比，已经非常准确了。他当年研究的某些测定方法至今仍在沿用。随着过滤技术的改进，有机沉淀剂的应用，加热、重结晶等操作，以及高精度分析天平等研究工作的进展，重量分析的准确度得到更进一步的提高，但这种方法操作手续烦琐，耗时长。

法国物理学家和化学家盖·吕萨克(Gay-Lussac)继承前人的分析成果对滴定分析进行深入研究，促进了滴定法的进一步发展，特别是在提高准确度方面做出了贡献。1824 年，盖·吕萨克提出了用磺化靛青作指示剂测定漂白粉中有效氯的方法，之后他用硫酸滴定了草木灰，又用氯化钠滴定了硝酸银。这三项工作分别代表氧化还原滴定法、酸碱滴定法和沉淀滴定法，因此盖·吕萨克被称为"滴定分析之父"。配位滴定法创自德国化学家李比希，他采用硝酸银滴定氰根离子。1853 年，赫培尔(Hempel)应用高锰酸钾标准溶液滴定草酸，这一方法的建立为间接滴定法和返滴定法奠定了基础。

　　酸碱滴定法由于找不到合适的指示剂进展缓慢。直至 19 世纪 50 年代后，有机合成化学及其工业的迅速发展，制造出了人工合成染料类指示剂，这就突破了滴定分析法发展中的一大障碍。配位滴定法也借助于有机试剂而得以形成且有较大发展。滴定分析发展中的另一个方面是仪器的设计和改进，使分析仪器基本上具备了现有的各种形式。这一时期堪称滴定分析的极盛时期。

　　直到 19 世纪末，分析化学基本上仍然是许多定性和定量的检测物质组成的技术汇集。分析化学作为一门科学，很多分析化学家认为是以著名的德国物理化学家奥斯特瓦尔德出版《分析化学的基础》的 1894 年为新纪元。

4. 现代分析化学

　　现代分析化学的发展经历了三次巨大的变革。第一次变革发生在 20 世纪初，物理化学的发展为分析技术提供了理论基础，建立了溶液中四大平衡的理论，使分析化学从一门技术发展成一门科学。

　　第二次变革发生在第二次世界大战前后直到 20 世纪 60 年代，由于生产和科研的发展，分析的样品越来越复杂，要求对试样中的微量及痕量组分进行测定，对分析的灵敏度、准确度、速度的要求不断提高，而物理学、电子学、半导体及原子能工业的发展促进了分析中物理方法的发展，一些以化学反应和物理特性为基础的仪器分析方法逐步创立和发展起来，如光度分析法、电化学分析法、色谱分析法相继产生并迅速发展。

　　20 世纪 70 年代以后，以计算机应用为主要标志的信息时代来临，给科学技术的发展带来了巨大的活力。分析化学正处于第三次变革时期，分析化学已发展到分析科学阶段，已不仅仅局限于测定样品的组成及含量，而是着眼于降低测定下限、提高分析准确度，并且打破化学与其他学科的界限，利用化学、物理、生物、数学等学科一切可以利用的理论、方法、技术对待测物的组成、状态、结构、形态、分布等性质进行全面的分析。由于这些方法的建立和发展，分析化学已不只是化学的一部分，而是逐步发展为一门边缘学科——分析科学，这就是分析化学发展史上的第三次革命。

　　目前，分析化学处于日新月异的变化中，它的发展与现代科学技术的发展是密不可分的。现代科学技术一方面对分析化学的要求越来越高；另一方面又不断地向分析化学输送新的理论、方法和手段，使分析化学迅速发展。

习　题

一、简答题

1. 表示测量结果的精密度，为什么用标准偏差比平均偏差更准确？

2. 如何校正系统误差？如何减小随机误差？

3. 什么是滴定分析法？

4. 滴定分析法对化学反应的要求是什么？为什么有这些要求？

5. 基准物质有哪些要求？为什么有这些要求？

6. 标定 NaOH 标准溶液时，邻苯二甲酸氢钾($KHC_8H_4O_4$, 204.23 $g \cdot mol^{-1}$)和二水合草酸($H_2C_2O_4 \cdot 2H_2O$, 126.07 $g \cdot mol^{-1}$)都可以作为基准物质，选择哪种更好？为什么？

7. 指出在下列情况下，会引起哪种误差？如果是系统误差，应该采用什么方法减小？

(1)砝码被腐蚀；

(2)试剂中含有微量的被测组分；

(3)天平的零点有微小变动；

(4)读取滴定管体积时最后一位数字估计不准；

(5)滴定时不慎从锥形瓶中溅出一滴溶液；

(6)标定 HCl 标准溶液用的 NaOH 标准溶液吸收了 CO_2。

8. 简述配制标准溶液的两种方法。下列物质中哪些可用直接法配制标准溶液?哪些只能用间接法配制? NaOH, H_2SO_4, HCl, $KMnO_4$, $K_2Cr_2O_7$, $AgNO_3$, NaCl, $Na_2S_2O_3$。

二、选择题

1. 分析方法中的常量组分指被测组分含量(　　)。

A. < 0.1%　　　　　　　　B. > 0.1%　　　　　　　　C. < 1%　　　　　　　　D. > 1%

2. 滴定分析法对化学反应的主要要求是(　　)。

A. 反应必须定量且反应完全　　　　　　　　B. 反应必须有颜色变化

C. 滴定剂与被测物必须是 1∶1 反应　　　　　D. 滴定剂必须是基准物质

3. 在定量分析中,精密度和准确度之间的关系是(　　)。

A. 精密度高,准确度必然高　　　　　　　　B. 准确度高,精密度未必高

C. 精密度是保证准确度的前提　　　　　　　D. 准确度是保证精密度的前提

4. 滴定分析要求相对误差在 ± 0.1% 之间。若称取试样的绝对误差为 ± 0.0002 g,则一般至少称取试样(　　)。

A. 0.1 g　　　　　　　　B. 0.2 g　　　　　　　　C. 0.3 g　　　　　　　　D. 0.4 g

5. 分析测定中,下列描述属于偶然误差特点的是(　　)。

A. 大小误差出现的概率相等　　　　　　　　B. 绝对值相等的正、负误差出现的概率相等

C. 正误差出现的概率大于负误差出现的概率　D. 负误差出现的概率大于正误差出现的概率

6. 下列不属于系统误差特点的是(　　)。

A. 单向性　　　　　　　B. 重现性　　　　　　　C. 可校正　　　　　　　D. 随机性

7. 用 HCl 标准溶液测定某碱性溶液的浓度时,没有用 HCl 溶液润洗滴定管,对分析结果产生的影响是(　　)。

A. 正误差　　　　　　　B. 负误差　　　　　　　C. 无影响　　　　　　　D. 结果混乱

8. 用硼砂($Na_2B_4O_7 \cdot 10H_2O$)作基准物质标定 HCl 标准溶液时,如硼砂失去部分结晶水,则测定出的 HCl 标准溶液浓度(　　)。

A. 偏高　　　　　　　B. 偏低　　　　　　　C. 误差与指示剂有关　　　D. 无影响

9. 某测量结果的计算公式 $\dfrac{0.5320 \times 5.75}{0.2742 \times 1000}$ 中,假设每个测量数据的最后一位都有 ±1 单位的绝对误差,哪个数据在计算结果中引入的相对误差最大?(　　)

A. 0.5320　　　　　　　B. 5.75　　　　　　　C. 0.2742　　　　　　　D. 1000

10. 终点误差的产生是由于(　　)。

A. 滴定终点和化学计量点不重合　　　　　　B. 滴定反应不完全

C. 试样不够纯净　　　　　　　　　　　　　D. 滴定管读数不准确

11. 测定 $CaCO_3$ 的含量时,加入一定量过量的 HCl 标准溶液与其完全反应,过量的 HCl 标准溶液再用 NaOH 标准溶液滴定,此滴定方式为(　　)。

A. 直接滴定方式　　　B. 返滴定方式　　　C. 置换滴定方式　　　D. 间接滴定方式

三、判断正误并说明原因

1. 相对误差小,即表示分析结果的准确度高。(　　)

2. 精密度是指在相同条件下,多次测定值间相互接近的程度。(　　)

3. 如果测量过程中出现可疑的数据,可以直接舍去。(　　)

4. 标准溶液都可以长期保存。(　　)

四、计算题

1. 万分之一分析天平一次称量的绝对误差为 ± 0.0001 mg,分别称量 0.05 g、0.2 g、1.0 g 试样时的相对误差各为多少? 这些结果说明了什么问题?

2. 滴定管每次读数的绝对误差为 ± 0.01 mL。如果滴定中用去标准溶液分别为 5 mL、20 mL 和 30 mL,体积的相对误差各是多少? 相对误差的大小说明了什么问题?

3. 某铁试样中铁的质量分数为 55.19%,若甲的测定结果(%)是: 55.12, 55.15, 55.18;乙的测定结果(%)是: 55.20, 55.24, 55.29。试比较甲乙两人测定结果的准确度和精密度(精密度以标准偏差表示,准确度用相

对误差表示)。

4. 测定某镍合金中镍含量，6 次平行测定结果分别是：27.40%、27.25%、27.29%、27.35%、27.22%、27.18%。(1)镍的准确含量为 27.33%，计算以上结果的绝对误差和相对误差；(2)计算测定结果的平均值、平均偏差、相对平均偏差、标准偏差、相对标准偏差。

5. 用某法分析汽车尾气中 SO_2 含量(%)，得到下列结果：4.88、4.92、4.90、4.87、4.86、4.84、4.71、4.86、4.89、4.99。(1)用 Q 检验法判断置信度为 95%时有无异常值需舍弃；(2)计算平均值、平均偏差、标准偏差、相对标准偏差。

6. 分析血清中钾的含量，5 次测定结果($mg \cdot mL^{-1}$)分别为：0.160、0.152、0.154、0.156、0.153。(1)用 Q 检验法检验有无可疑数据；(2)计算平均偏差、标准偏差、相对标准偏差，以及置信度为 95%时的平均值置信区间。

7. 标定 NaOH 标准溶液的浓度，测定结果($mol \cdot L^{-1}$)分别为：0.1014、0.1012、0.1011、0.1019。分别计算置信度为 90%、95%、99%时平均值的置信区间，并根据计算结果分析置信区间与置信度的关系。

8. 分析钙片中的碳酸钙含量，重复测定 6 次，其结果为 49.69%、50.90%、48.49%、51.75%、51.47%、48.80%，分别求置信度为 90%、95%和 99%的平均值置信区间。

9. 常量组分分析中一般要求一次测量的|相对误差|≤0.1%，因此用万分之一分析天平称量时要求质量 $m \geqslant 0.2$ g，滴定时要求用去的滴定剂体积为 20~30 mL，若某基准物质 A 的摩尔质量为 100 $g \cdot mol^{-1}$，用它测定 0.2 $mol \cdot L^{-1}$ B 溶液的准确浓度，假定反应为 2A + B === P，计算该基准物质的称量范围。

10. 将下列数据修约为两位有效数字：4.367、5.651、3.850、2.550、7.649、$pK_a^{\ominus}$=6.264。

11. 按有效数字运算规则，计算下列各式。

(1) $(20.36 + 20.40 + 20.45)/3$

(2) $\dfrac{0.2205 \times (32.56 - 27.34) \times 321.12}{3.328 \times 1000}$

(3) $3.824 \times 0.456 + 7.8 \times 10^{-2} + 0.0625 \times 0.075$

(4) pH = 6.86，计算 H^+ 浓度。

12. 准确称取 0.6578 g Na_2CO_3 基准物质，在 100 mL 容量瓶中配制成溶液，其浓度为多少？吸取该标准溶液 20.00 mL 标定某 HCl 标准溶液，滴定中用去 HCl 标准溶液 21.96 mL，计算该 HCl 标准溶液的浓度。(标定反应：$Na_2CO_3 + 2HCl === 2NaCl + CO_2 + H_2O$，$Na_2CO_3$ 的相对分子质量为 105.99)

13. 准确称取基准物质 $K_2Cr_2O_7$ 1.470 g，溶解后定容为 500.0 mL 溶液，计算：(1)$K_2Cr_2O_7$ 溶液的物质的量浓度；(2)$K_2Cr_2O_7$ 溶液对 Fe 和 Fe_2O_3 的滴定度。

14. 在酸性介质中，20.00 mL $H_2C_2O_4$ 溶液与 20.00 mL 0.02000 $mol \cdot L^{-1}$ $KMnO_4$ 溶液完全反应被氧化成 CO_2，而相同体积的 $H_2C_2O_4$ 溶液可以用 20.00 mL NaOH 溶液完全中和，计算 NaOH 溶液的浓度。

15. 称取含铝试样 0.2045 g，溶解后加入浓度为 0.02082 $mol \cdot L^{-1}$ 的 EDTA 标准溶液 20.00 mL，控制条件使 Al^{3+} 与 EDTA 完全配位，然后加入浓度为 0.01025 $mol \cdot L^{-1}$ 的 Zn^{2+} 标准溶液返滴定，消耗 Zn^{2+} 标准溶液 7.20 mL，计算试样中 Al_2O_3 的质量分数。

16. 含 S 的有机样品 0.4730 g 在氧气中完全燃烧为 SO_2，用预中和过的 H_2O_2 吸收 SO_2，使其全部转化为 H_2SO_4。再用 0.1028 $mol \cdot L^{-1}$ KOH 标准溶液滴定，消耗 28.25 mL，计算样品中 S 的含量。

第 5 章　酸碱平衡与酸碱滴定分析

5.1　酸碱质子理论

酸与碱的概念在化学中处于十分重要的地位，是讨论酸碱平衡的基础。人类对酸碱的认识最初是根据它们的表观现象得来的，认为具有酸味，能使蓝色石蕊变红的是酸；具有涩味、滑腻感，能使红色石蕊变蓝的是碱。这样的认识是很粗浅的，无法对酸碱平衡进行深入的研究。在化学科学的发展过程中，出现过多种酸碱理论，其中影响较大的有 1887 年阿伦尼乌斯 (S. A. Arrhenius) 的酸碱电离理论、1905 年富兰克林 (E. C. Franklin) 的酸碱溶剂理论、1923 年布朗斯特 (J. N. Brønsted) 和劳里 (T. M. Lowry) 的质子理论、1923 年路易斯 (G. N. Lewis) 的电子理论等，对酸碱概念的发展、酸碱反应及相关问题的讨论和实际应用产生了重大影响。不同的酸碱理论有其各自的特点、适用范围及局限。本书主要以酸碱质子理论讨论问题。

酸碱质子理论对酸和碱给出如下定义：凡是能给出质子 (H^+，即氢离子) 的物质是酸，凡是能接受质子的物质是碱。

例如，$HClO_4$、H_2S、H_2O、NH_4^+、HPO_4^{2-} 都是酸，因为它们能给出质子；OH^-、HS^-、H_2O、NH_3、PO_4^{3-} 都是碱，因为它们能接受质子。

质子理论中，酸可以是分子、负离子或正离子；碱也可以是分子、负离子或正离子。这样，酸碱的概念得到了扩展。

根据质子理论，酸碱之间的关系可用下式表示：

$$酸 \rightleftharpoons 质子 + 碱$$

$$HA \rightleftharpoons H^+ + A^-$$

例如，$HAc \rightleftharpoons H^+ + Ac^-$ 中，HAc (乙酸，CH_3COOH 的简写) 能给出质子，因此它是酸；它给出质子后，转化成的 Ac^- 能接受质子，因此 Ac^- 是碱。

酸 HA 与碱 A$^-$这种因一个质子的得失而互相转变的每一对酸碱 (HA-A^-)，称为共轭酸碱对。HA 是 A$^-$的共轭酸，A$^-$是 HA 的共轭碱。

酸及其共轭碱 (或碱及其共轭酸) 相互转变的反应称为酸碱半反应。例如，

$$HAc \rightleftharpoons H^+ + Ac^-$$

$$NH_4^+ \rightleftharpoons H^+ + NH_3$$

$$H_2CO_3 \rightleftharpoons H^+ + HCO_3^-$$

$$HCO_3^- \rightleftharpoons H^+ + CO_3^{2-}$$

根据酸碱的定义和上述实例可以看出，酸比它的共轭碱多一个质子，碱比它的共轭酸少

一个质子。共轭酸碱之间可以相互转化。

应用酸碱质子理论时应注意以下几点：

(1) 酸、碱是相对的。有些物质在不同的共轭酸碱对中分别呈现酸或碱的性质。例如，HCO_3^- 在半反应 $HCO_3^- \rightleftharpoons H^+ + CO_3^{2-}$ 中表现为酸，而在半反应 $H_2CO_3 \rightleftharpoons H^+ + HCO_3^-$ 中表现为碱。

(2) 共轭酸碱体系是不能独立存在的。由于质子半径特别小，电荷密度很大，它只能在水溶液中瞬间出现。因而当溶液中某一种酸给出质子后，必定要有一种碱接受。例如，HAc 在水溶液中的解离，溶剂 H_2O 就是接受质子的碱：

$$HAc(aq) \rightleftharpoons H^+(aq) + Ac^-(aq)$$

$$H_2O(l) + H^+(aq) \rightleftharpoons H_3O^+(aq)$$

总反应为　　　　　　　　$HAc(aq) + H_2O(l) \rightleftharpoons H_3O^+(aq) + Ac^-(aq)$

简写为　　　　　　　　　　　　$HAc \rightleftharpoons H^+ + Ac^-$

需要注意的是，质子理论中没有盐的概念。在日常生活和生产中被看作盐类的物质，按照质子理论可分别当作酸或碱看待。例如，NH_4Cl、$NaAc$ 中，NH_4^+ 是酸，Ac^- 是碱，Na^+ 和 Cl^- 并不参与酸碱平衡。

5.2　酸　碱　反　应

5.2.1　酸碱反应的实质

根据酸碱质子理论，酸碱反应是质子在两个共轭酸碱对之间转移的结果。例如，HAc 与 NH_3 的反应：

$$\underset{酸1}{HAc} + \underset{碱2}{NH_3} \rightleftharpoons \underset{酸2}{NH_4^+} + \underset{碱1}{Ac^-}$$

上述反应中，酸 HAc 给出质子转变为其共轭碱 Ac^-，而碱 NH_3 接受质子转变为其共轭酸 NH_4^+，可见反应是 $HAc\text{-}Ac^-$ 与 $NH_3\text{-}NH_4^+$ 两个共轭酸碱对进行了质子交换。

酸和碱在水中的解离过程也是它们与水分子之间的质子转移过程。例如，

$$HCl + H_2O \rightleftharpoons H_3O^+ + Cl^-$$

$$NH_3 + H_2O \rightleftharpoons NH_4^+ + OH^-$$

水作为溶剂，在酸解离时接受质子起碱的作用，在碱解离时则失去质子起酸的作用。

5.2.2　溶剂的质子自递反应与水的离子积

水溶液中，作为溶剂的水既是质子酸又是质子碱，水分子间能发生质子的传递作用，称为水的质子自递作用。可用如下反应式表示：

$$H_2O + H_2O \rightleftharpoons H_3O^+ + OH^-$$

简写为

$$H_2O \rightleftharpoons H^+ + OH^-$$

根据化学平衡原理

$$K_w^\ominus = \frac{c(H^+)}{c^\ominus} \cdot \frac{c(OH^-)}{c^\ominus} \tag{5-1}$$

式中，$K_w^\ominus$ 为水的离子积常数，简称水的离子积。

式 (5-1) 通常简写为

$$K_w^\ominus = [H^+] \times [OH^-] \tag{5-2}$$

水的离子积与温度有关，温度越高，其值越大。在 298.15 K 时，$K_w^\ominus = 1.0 \times 10^{-14}$。

5.2.3　溶液的酸碱性

溶液是酸性还是碱性，由该溶液中氢离子 (H^+) 与氢氧根离子 (OH^-) 浓度的相对大小来衡量。

$[H^+] > [OH^-]$ 时，溶液显酸性；

$[H^+] < [OH^-]$ 时，溶液显碱性；

$[H^+] = [OH^-]$ 时，溶液显中性。

溶液的酸碱性强弱用溶液的酸度衡量。严格来说，酸度是指溶液中 H_3O^+ 的活度，常用 pH 表示

$$pH = -\lg \frac{a^{eq}(H^+)}{c^\ominus} \tag{5-3}$$

在稀溶液中可以用浓度代替活度，

$$pH = -\lg \frac{a(H^+)}{c^\ominus} \tag{5-4}$$

在 298.15 K 的水溶液中，$[H^+] \times [OH^-] = 1.0 \times 10^{-14}$，则有

pH < 7 时，溶液显酸性；

pH > 7 时，溶液显碱性；

pH = 7 时，溶液显中性。

5.3　酸　碱　平　衡

5.3.1　酸碱的相对强弱

酸碱的强弱由酸碱物质在水溶液中给出或接受质子的能力来确定。相同温度下，给出质子的能力越强，物质的酸性越强；接受质子的能力越强，物质的碱性越强。水溶液中 HCl、HNO$_3$、NaOH 等能够完全释放或完全接受质子，因而它们是强酸或强碱；而 HAc、H$_2$S、NH$_3$、

CO_3^{2-} 等，它们在水中不能完全释放或完全接受质子，是弱酸或弱碱。弱酸弱碱在水溶液中存在着一种平衡，称为弱电解质的解离平衡，其酸碱的强弱可用解离平衡常数衡量。

1. 一元弱酸和一元弱碱的解离平衡

1）一元弱酸和一元弱碱的标准平衡常数

对于一元弱酸 HAc，在水溶液中存在如下解离平衡：

$$HAc \rightleftharpoons H^+ + Ac^-$$

解离反应的平衡常数为

$$K_a^{\ominus}(\text{HAc}) = \frac{([H^+]/c^{\ominus})([Ac^-]/c^{\ominus})}{[\text{HAc}]/c^{\ominus}} \tag{5-5}$$

$K_a^{\ominus}$ 越大，表明弱酸 HA 的解离程度越大，给出质子的能力越强，酸越强。例如，298.15 K 时，HAc 的 $K_a^{\ominus} = 1.74 \times 10^{-5}$，HCN 的 $K_a^{\ominus} = 6.17 \times 10^{-10}$，则说明 HAc 是比 HCN 更强的酸。

对于一元弱碱 MOH，在水溶液中存在如下解离平衡：

$$MOH + H_2O \rightleftharpoons MH_2O^+ + OH^-$$

简写为

$$MOH \rightleftharpoons M^+ + OH^-$$

解离反应的平衡常数为

$$K_b^{\ominus}(\text{MOH}) = \frac{([M^+]/c^{\ominus})([OH^-]/c^{\ominus})}{[\text{MOH}]/c^{\ominus}} \tag{5-6}$$

$K_b^{\ominus}$ 越大，表明弱碱 MOH 接受质子的能力越强，即碱性越强。

弱酸、弱碱的解离常数属于化学平衡常数的一类，其大小与浓度无关，只与温度、溶剂有关。由于解离反应的平衡常数受温度的影响较小，故一般应用时就使用 298.15 K 时的数据。

常见弱酸、弱碱的解离常数在 298.15 K 时的数据参见本书附录Ⅱ。

2）解离常数与解离度的关系

对于弱酸、弱碱等弱电解质，在水中的解离程度还可以用解离度的大小表示。解离度一般用 α 表示，指某电解质在水中达到解离平衡时，已解离的电解质的浓度与该电解质的初始浓度之比，即

$$解离度(\alpha) = \frac{已解离的弱电解质的浓度}{弱电解质的初始浓度} \tag{5-7}$$

$$\alpha = \frac{\Delta c}{c_0} = \frac{c_0 - c^{eq}}{c_0} \tag{5-8}$$

在水中，温度、浓度相同的条件下，解离度越大的酸（或碱）的酸性（或碱性）就越强。

设 HA 的初始浓度为 c_0，则平衡时 HA 的浓度 $[HA] = c_0 - c_0\alpha$：

$$HA \rightleftharpoons H^+ + A^-$$

初始浓度/(mol·L^{-1})	c_0	0	0
平衡浓度/(mol·L^{-1})	$c_0 - c_0\alpha$	$c_0\alpha$	$c_0\alpha$

$$K_a^\ominus(\text{HA}) = \frac{([\text{H}^+]/c^\ominus)([\text{A}^-]/c^\ominus)}{[\text{HA}]/c^\ominus} = \frac{c_0\alpha \cdot c_0\alpha}{c_0 - c_0\alpha} = \frac{c_0\alpha^2}{1-\alpha}$$

对于弱酸，α一般很小，$1-\alpha \approx 1$，则有

$$K_a^\ominus(\text{HA}) = c_0\alpha^2 \quad \alpha = \sqrt{\frac{K_a^\ominus(\text{HA})}{c_0}} \tag{5-9}$$

上述公式称为稀释定律。

稀释定律表明，对于弱电解质，浓度越大，解离度越小。

【例 5-1 】　求 0.10 mol·L⁻¹ HAc 溶液中 HAc 的解离度，并计算此溶液的[H⁺]和 pH。

解　查表得 $K_a^\ominus(\text{HAc}) = 1.74 \times 10^{-5}$，

$$\alpha = \sqrt{\frac{K_a^\ominus(\text{HAc})}{c}} = \sqrt{\frac{1.74 \times 10^{-5}}{0.10}} = 1.3\%$$

$$[\text{H}^+] = c\alpha = 0.10 \times 1.3\% = 0.0013(\text{mol·L}^{-1})$$

$$\text{pH} = -\lg[\text{H}^+] = -\lg 0.0013 = 2.89$$

【例 5-2 】　求 0.010 mol·L⁻¹ HAc 溶液中 HAc 的解离度、[H⁺]和 pH，并将结果与例 5-1 进行比较。

解

$$\alpha = \sqrt{\frac{K_a^\ominus(\text{HAc})}{c}} = \sqrt{\frac{1.74 \times 10^{-5}}{0.010}} = 4.2\%$$

$$[\text{H}^+] = c\alpha = 0.010 \times 4.2\% = 0.00042(\text{mol·L}^{-1})$$

$$\text{pH} = -\lg[\text{H}^+] = -\lg 0.00042 = 3.38$$

要注意弱电解质在稀释过程中的解离度、H⁺ 和 pH 的变化规律，特别要注意弱酸和弱碱在此问题上的相同之处和不同之处。

2. 同离子效应和盐效应

1)同离子效应与解离平衡的移动

在弱酸 HAc 水溶液中加入少量 NaAc 固体，因为 NaAc 在水中完全解离，使溶液中 Ac⁻ 的浓度增大，HAc 的解离平衡 HAc $\rightleftharpoons$ H⁺ + Ac⁻ 向左移动，导致达到平衡时解离的 HAc 的量比不加 NaAc 固体时要少，从而降低了 HAc 的解离度。

同理，在氨水中加入少量固体 NH₄Cl，也会使如下平衡向左移动，结果导致 NH₃·H₂O 的解离度降低。

$$\text{NH}_3 \cdot \text{H}_2\text{O} \rightleftharpoons \text{NH}_4^+ + \text{OH}^-$$

弱电解质溶液中，加入含有相同离子的易溶强电解质，导致弱电解质的解离度降低的现象称为同离子效应。

按照质子理论，同离子效应也可表述为：在弱酸(或弱碱)溶液中加入其共轭碱(或共轭酸)，该弱酸(或弱碱)的解离度降低。

同离子效应的实质是浓度对化学平衡移动的影响：增加生成物浓度，化学平衡向逆反应方向移动。

【例 5-3】 在 $0.10\ mol \cdot L^{-1}\ NH_3 \cdot H_2O$ 溶液中，加入少量 $NH_4Cl\ (s)$，使其浓度为 $0.10\ mol \cdot L^{-1}$(忽略体积变化)，比较加入 NH_4Cl 晶体前后 $NH_3 \cdot H_2O$ 解离度的变化。

解　加入 NH_4Cl 晶体前，$NH_3 \cdot H_2O$ 的解离度为 α_1，查表得 $K_b^{\ominus}(NH_3 \cdot H_2O) = 1.77 \times 10^{-5}$，

$$\alpha = \sqrt{\frac{K_b^{\ominus}(NH_3 \cdot H_2O)}{c}} = \sqrt{\frac{1.77 \times 10^{-5}}{0.10}} = 1.3\%$$

加入 NH_4Cl 晶体后，设溶液中 $NH_3 \cdot H_2O$ 的解离度为 α_2，

$$NH_3 \cdot H_2O \rightleftharpoons NH_4^+ + OH^-$$

初始浓度/$(mol \cdot L^{-1})$	0.10	0.10	0
平衡浓度/$(mol \cdot L^{-1})$	$0.10(1-\alpha_2)$	$0.10(1+\alpha_2)$	$0.10\alpha_2$

$$K_b^{\ominus}(NH_3 \cdot H_2O) = \frac{[NH_4^+][OH^-]}{[NH_3 \cdot H_2O]} = \frac{0.10(1+\alpha_2) \cdot 0.10\alpha_2}{0.10(1-\alpha_2)} = 1.77 \times 10^{-5}$$

由于 $NH_3 \cdot H_2O$ 的 α 很小，加入 NH_4Cl 后由于同离子效应 α 变得更小，则

$$1 - \alpha_2 \approx 1 \qquad 1 + \alpha_2 \approx 1$$

上式变为　　　$0.10\alpha_2 \approx 1.77 \times 10^{-5}$　　　$\alpha_2 \approx 1.8 \times 10^{-4} = 0.018\%$

从计算结果可以看出，加入 NH_4Cl 晶体后，$NH_3 \cdot H_2O$ 的解离度变小。

---

2)盐效应

如果在 HAc 溶液中加入不含相同离子的易溶强电解质，如 NaCl、KNO_3 等，由于溶液中离子强度增大，使离子间相互作用增强，H^+ 和 Ac^- 结合成 HAc 分子的机会减少，平衡向解离的方向移动，HAc 的解离度增大。这种作用称为盐效应。

发生同离子效应时，同时也存在盐效应，只是同离子效应比盐效应强得多，故有同离子效应发生的情况下，不再考虑盐效应。

3. 多元弱酸、多元弱碱的分步解离

多元弱酸、弱碱在水溶液中是分步解离的，每一步都有相应的质子转移平衡。下面以 H_2S 水溶液为例说明多元弱电解质溶液的分步解离。

H_2S 在水溶液中分两步解离：

$$H_2S \rightleftharpoons H^+ + HS^- \qquad\qquad K_{a1}^{\ominus} = 1.07 \times 10^{-7}$$

$$HS^- \rightleftharpoons H^+ + S^{2-} \qquad\qquad K_{a2}^{\ominus} = 1.26 \times 10^{-13}$$

第一步解离生成的 H^+ 对第二步的解离产生同离子效应，使第二步解离比第一步解离要弱很多。因此，第二步解离对溶液 H^+ 浓度的贡献很小，可以忽略不计。

【例 5-4】　计算 298.15 K 时 0.10 mol · L^{-1} H$_2$S 水溶液的 H$^+$ 及 S^{2-} 的浓度。

解　查表知，298.15 K 时，$K_{a1}^{\ominus}$(H$_2$S) = 1.07×10^{-7}，$K_{a2}^{\ominus}$(H$_2$S) = 1.26×10^{-13}。设一级解离所产生的 HS$^-$ 浓度为 x mol · L^{-1}，二级解离所产生的 S^{2-} 浓度为 y mol · L^{-1}。

$$H_2S \Longrightarrow H^+ + HS^-$$

初始浓度/(mol · L^{-1})	0.10	0	0
平衡浓度/(mol · L^{-1})	0.10 − x	$x+y$	$x-y$

$$HS^- \Longrightarrow H^+ + S^{2-}$$

平衡浓度/(mol · L^{-1})	$x-y$	$x+y$	y

由于 $K_{a1}^{\ominus} \gg K_{a2}^{\ominus}$，再加上第一级解离对第二级解离的抑制作用，$y \ll x$，$x \pm y \approx x$，即 [H$^+$] ≈ x，[HS$^-$] ≈ x，所以 HS$^-$ 的平衡浓度可以直接根据 H$_2$S 的一级解离求得：

$$K_{a1}^{\ominus} = \frac{[\text{H}^+][\text{HS}^-]}{[\text{H}_2\text{S}]} \approx \frac{x^2}{0.10-x} = 1.07 \times 10^{-7}$$

得
$$x = 1.03 \times 10^{-4}$$

溶液中 S^{2-} 浓度可以通过二级解离求出：

$$K_{a2}^{\ominus} = \frac{[\text{H}^+][\text{S}^{2-}]}{[\text{HS}^-]} = \frac{(x+y)y}{x-y} \approx y$$

即
$$[\text{S}^{2-}] \approx K_{a2}^{\ominus} = 1.26 \times 10^{-13} \ (\text{mol} \cdot \text{L}^{-1})$$

通过此例题还可得到两个重要结论：①二元弱酸的酸根离子浓度在数值上等于第二级解离常数（以 mol · L^{-1} 为单位）；②多元弱酸的酸度（氢离子浓度）主要取决于第一级解离的结果。

5.3.2　弱酸（弱碱）溶液中各型体的分布

在酸碱平衡体系中，一种弱电解质往往是多种型体同时存在。例如，在 HAc 平衡体系中 HAc、Ac$^-$ 同时存在，只是在一定酸度条件下各型体的浓度大小不同而已。

对于弱酸或弱碱来说，当酸度改变时，溶液中各型体的浓度会随之发生变化，这种变化会对某些化学反应的进行有一定的影响。

1. 分布分数和分布曲线

弱酸（或弱碱）平衡体系中，当共轭酸碱对处于平衡状态时，溶液中存在着 H$^+$ 和溶质的不同型体，这时它们的浓度称为平衡浓度。各种型体的平衡浓度之和称为总浓度或分析浓度[①]。

溶液中某一型体的平衡浓度占其总浓度的分数，称为该型体的分布分数（或称为分布系数），一般用 δ 表示。当溶液酸度发生变化时，组分的分布分数就会发生相应的变化。组分的分布分数 δ 与溶液 pH 之间的关系曲线称为分布曲线。讨论分布曲线及分布分数有利于理解酸

---

① 为表达方便，在本章中物质 B 的总浓度用 c(B) 表示，平衡浓度用 [B] 表示。

碱滴定过程、终点误差及分步滴定的可能性，且对了解沉淀滴定、氧化还原滴定和配位滴定等的条件也有用。

1）一元弱酸的分布分数和分布曲线

对于一元弱酸，如 HAc 溶液，HAc、Ac⁻ 的分布分数分别为

$$\delta(\text{HAc}) = \frac{[\text{HAc}]}{c(\text{HAc})} \qquad \delta(\text{Ac}^-) = \frac{[\text{Ac}^-]}{c(\text{HAc})} \tag{5-10}$$

根据物料平衡，某物质在水中解离达到平衡时，该物质各种型体的平衡浓度之和等于该物质的总浓度。因此，

$$c(\text{HAc}) = [\text{HAc}] + [\text{Ac}^-]$$

$$\delta(\text{HAc}) = \frac{[\text{HAc}]}{c(\text{HAc})} = \frac{[\text{HAc}]}{[\text{HAc}] + [\text{Ac}^-]} = \frac{1}{1 + \dfrac{[\text{Ac}^-]}{[\text{HAc}]}} = \frac{1}{1 + \dfrac{K_a^\ominus(\text{HAc})}{[\text{H}^+]}}$$

$$\delta(\text{HAc}) = \frac{[\text{H}^+]}{[\text{H}^+] + K_a^\ominus(\text{HAc})} \tag{5-11}$$

同样可得

$$\delta(\text{Ac}^-) = \frac{[\text{Ac}^-]}{c(\text{HAc})} = \frac{K_a^\ominus(\text{HAc})}{[\text{H}^+] + K_a^\ominus(\text{HAc})} \tag{5-12}$$

显然，某物质溶液中，各种存在形式分布分数之和为 1，即

$$\delta(\text{HAc}) + \delta(\text{Ac}^-) = 1 \tag{5-13}$$

以 pH 为横坐标、HAc 各种型体的分布分数为纵坐标作图，可得分布曲线，见图 5-1。

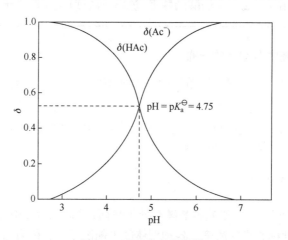

图 5-1　乙酸分布曲线图

从图 5-1 中可以看到不同酸度下乙酸各型体的分布分数。例如，当 $\text{pH} = \text{p}K_a^\ominus$ 时，$\delta(\text{HAc}) = \delta(\text{Ac}^-) = 0.5$，溶液中 HAc、Ac⁻ 两种型体各占 50%；当 $\text{pH} \ll \text{p}K_a^\ominus$ 时，$\delta(\text{HAc}) \gg \delta(\text{Ac}^-)$，即溶液中 HAc 为主要存在形式；当 $\text{pH} \gg \text{p}K_a^\ominus$ 时，$\delta(\text{HAc}) \ll \delta(\text{Ac}^-)$，则溶液中主要以 Ac⁻ 的形式存在。

2) 多元弱酸的分布分数和分布曲线

多元弱酸的分布分数表达式的推导思路与一元弱酸相同，但比较烦琐。

例如，二元弱酸草酸 $H_2C_2O_4$，溶液中的型体有 $H_2C_2O_4$、$HC_2O_4^-$ 和 $C_2O_4^{2-}$ 三种，它们的分布分数分别为

$$\delta(H_2C_2O_4)=\frac{[H_2C_2O_4]}{c(H_2C_2O_4)} \qquad \delta(HC_2O_4^-)=\frac{[HC_2O_4^-]}{c(H_2C_2O_4)} \qquad \delta(C_2O_4^{2-})=\frac{[C_2O_4^{2-}]}{c(H_2C_2O_4)}$$

按照前面的方法，可以推导出：

$$\delta(H_2C_2O_4)=\frac{[H^+]^2}{[H^+]^2+[H^+]K_{a1}^{\ominus}+K_{a1}^{\ominus}K_{a2}^{\ominus}} \qquad (5\text{-}14a)$$

$$\delta(HC_2O_4^-)=\frac{[H^+]K_{a1}^{\ominus}}{[H^+]^2+[H^+]K_{a1}^{\ominus}+K_{a1}^{\ominus}K_{a2}^{\ominus}} \qquad (5\text{-}14b)$$

$$\delta(C_2O_4^{2-})=\frac{K_{a1}^{\ominus}K_{a2}^{\ominus}}{[H^+]^2+[H^+]K_{a1}^{\ominus}+K_{a1}^{\ominus}K_{a2}^{\ominus}} \qquad (5\text{-}14c)$$

$$\delta(H_2C_2O_4)+\delta(HC_2O_4^-)+\delta(C_2O_4^{2-})=1 \qquad (5\text{-}15)$$

同理，根据分布分数可以绘出 $H_2C_2O_4$ 的分布曲线，如图 5-2 所示。

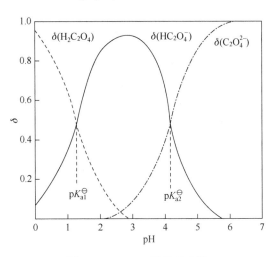

图 5-2　$H_2C_2O_4$ 的分布曲线

从图 5-2 中可以看出不同 pH 条件下 $H_2C_2O_4$ 各组分的分布分数。

2. 弱电解质溶液中有关型体浓度的计算

弱电解质溶液中有关组分平衡浓度的计算主要有两种方法：

(1) 根据某种物质的总浓度，以及组分在一定 pH 条件下的分布分数可求得相应组分的平衡浓度。

(2) 根据平衡关系，利用解离常数和总浓度等其他已知条件，求得相应组分的平衡浓度。

【例 5-5】　计算 pH = 2.00 时，$c(HNO_2) = 0.010\ mol \cdot L^{-1}$ 的 HNO_2 溶液中各种型体的平衡

浓度；当 pH = 6.00 时，溶液中的主要型体为何种组分？已知 $pK_a^{\ominus}(HNO_2) = 3.29$。

解　pH = 2.00 时，$[HNO_2] = \delta(HNO_2) \cdot c(HNO_2)$　　$[NO_2^-] = \delta(NO_2^-) \cdot c(HNO_2)$

$$\delta(HNO_2) = \frac{[H^+]}{[H^+] + K_a^{\ominus}} = \frac{10^{-2.00}}{10^{-2.00} + 10^{-3.29}} = 0.95$$

同样可求得

$$\delta(NO_2^-) = \frac{K_a^{\ominus}}{[H^+] + K_a^{\ominus}} = \frac{10^{-3.29}}{10^{-2.00} + 10^{-3.29}} = 0.05$$

故当 pH = 2.00 时，

$$[HNO_2] = c(HNO_2) \cdot \delta(HNO_2) = 0.010 \times 0.95 = 0.0095 \, (mol \cdot L^{-1})$$

$$[NO_2^-] = c(HNO_2) \cdot \delta(NO_2^-) = 0.010 \times 0.05 = 0.0005 \, (mol \cdot L^{-1})$$

当 pH = 6.00 时，同理可求得

$$\delta(HNO_2) \approx 0.0019 \quad \delta(NO_2^-) \approx 0.998$$

可见，pH = 6.00 时溶液中的主要型体是 NO_2^-。

【例 5-6】　计算在 $0.10 \, mol \cdot L^{-1}$ HAc 溶液中各组分的平衡浓度。已知 $K_a^{\ominus}(HAc) = 1.74 \times 10^{-5}$。

解　设 $[H^+] = x \, mol \cdot L^{-1}$，在水溶液中，HAc 存在如下解离平衡：

$$HAc \rightleftharpoons H^+ + Ac^-$$

初始浓度/$(mol \cdot L^{-1})$	0.10	0	0
平衡浓度/$(mol \cdot L^{-1})$	$0.10 - x$	x	x

$$K_a^{\ominus}(HAc) = \frac{[H^+][Ac^-]}{[HAc]} = \frac{x \cdot x}{0.10 - x} = \frac{x^2}{0.10 - x}$$

对于弱酸，x 一般很小，当 $\dfrac{c}{K_a^{\ominus}} > 10^5$ 时，$0.10 - x \approx 0.10$，有

$$x \approx \sqrt{c \cdot K_a^{\ominus}(HAc)} = \sqrt{0.10 \times 1.74 \times 10^{-5}} = 1.3 \times 10^{-3} \, (mol \cdot L^{-1})$$

即 $[H^+] = [Ac^-] = 1.3 \times 10^{-3} \, mol \cdot L^{-1}$，　$[HAc] \gg 0.099 \, mol \cdot L^{-1}$。

5.3.3　弱酸(碱)溶液 pH 的计算

溶液的 pH (或 $[H^+]$)，可以通过测定或计算得到。计算的方法中，最常见的是在质子条件式的基础上，根据平衡关系和已知条件得到计算式。

1. 质子条件式

质子条件式(以 PBE 表示)是指酸碱反应中的质子转移的等衡关系的数学表达式，又称为质子等衡式。

质子条件式的确定方法主要有两种：①零水准法；②由物料等衡式及电荷等衡式求得。本书只介绍零水准法。

　　零水准法首先要选取零水准，其次再将体系中其他存在形式与零水准比较，看哪些组分得质子，哪些组分失质子，得失质子数是多少，最后根据得失质子数相等的原则写出等式。

　　下面以 Na_2CO_3 水溶液为例，介绍质子条件式的确定过程。

　　作为零水准的物质一般是存在于该溶液中并参与质子转移的大量物质。在 Na_2CO_3 水溶液中，符合要求的是 CO_3^{2-} 和 H_2O，选择两者作为零水准，它们参与以下平衡：

$$H_2O + H_2O \rightleftharpoons H_3O^+ + OH^-$$

$$CO_3^{2-} + H_2O \rightleftharpoons HCO_3^- + OH^-$$

$$HCO_3^- + H_2O \rightleftharpoons H_2CO_3 + OH^-$$

　　可以看出，除 CO_3^{2-} 及 H_2O 外，其他存在形式有 H_3O^+、OH^-、HCO_3^-、H_2CO_3。将 H_3O^+、OH^- 与 H_2O 比较，H_3O^+（即 H^+）是得一个质子的产物，OH^- 是失一个质子的产物；将 HCO_3^-、H_2CO_3 与 CO_3^{2-} 比较，HCO_3^- 是得一个质子的产物，H_2CO_3 是得两个质子的产物。根据得失质子数相等的原则，可得

$$n(H^+) + n(HCO_3^-) + 2n(H_2CO_3) = n(OH^-)$$

即　　　　　　　　　　$$[H^+] + [HCO_3^-] + 2[H_2CO_3] = [OH^-]$$

或　　　　　　　　　　$$[H^+] = [OH^-] - [HCO_3^-] - 2[H_2CO_3]$$

　　上式就是 Na_2CO_3 溶液的质子条件式，它表明这种水溶液中 H^+ 是由三方面贡献的，分别是水的解离、H_2CO_3 的一级解离和二级解离。

【例 5-7】　分别写出 NH_4Cl、H_2CO_3 的质子条件式。

　　解　对于 NH_4Cl 水溶液，可以选择 H_2O 和 NH_4^+ 作为零水准，存在以下平衡：

$$H_2O + H_2O \rightleftharpoons H_3O^+ + OH^-$$

$$NH_4^+ \rightleftharpoons H^+ + NH_3$$

　　与 H_2O 比较，H_3O^+ 是得一个质子的产物，OH^- 是失一个质子的产物；与 NH_4^+ 相比，NH_3 是失一个质子的产物，因此：

$$[H^+] = [OH^-] + [NH_3]$$

　　对于 H_2CO_3 水溶液，可以选择 H_2O 和 H_2CO_3 作为零水准，存在以下平衡：

$$H_2O + H_2O \rightleftharpoons H_3O^+ + OH^-$$

$$H_2CO_3 \rightleftharpoons H^+ + HCO_3^-$$

$$HCO_3^- \rightleftharpoons H^+ + CO_3^{2-}$$

　　与 H_2O 比较，H_3O^+ 是得一个质子的产物，OH^- 是失一个质子的产物；与 H_2CO_3 相比，HCO_3^- 是失一个质子的产物，CO_3^{2-} 是失两个质子的产物，因此：

$$[H^+] = [OH^-] + [HCO_3^-] + 2[CO_3^{2-}]$$

2. 溶液酸度的计算

在计算溶液酸度时，应全面考虑溶液情况，得到质子条件式。然后分清影响氢离子浓度的主次因素，进行合理取舍，根据误差要求，采用近似计算得到结果。

1）一元弱酸（弱碱）溶液酸度的计算

对于一元弱酸 HA，水溶液中存在以下平衡：

$$HA \rightleftharpoons H^+ + A^-$$

$$H_2O \rightleftharpoons H^+ + OH^-$$

溶液的 PBE 为

$$[H^+] = [OH^-] + [A^-] \tag{5-16}$$

上式说明，一元弱酸 HA 水溶液中 $[H^+]$ 来自两个方面，一方面是弱酸本身的解离，即

$$[A^-] = \frac{K_a^{\ominus}(HA) \cdot [HA]}{[H^+]}$$

另一方面是水的解离，即

$$[OH^-] = \frac{K_w^{\ominus}}{[H^+]}$$

将以上两个平衡关系式代入式（5-16），整理可得

$$[H^+] = \sqrt{K_a^{\ominus} \cdot [HA] + K_w^{\ominus}} \tag{5-17}$$

式中，$[HA] = \delta_{HA} \cdot c(HA)$，而 $\delta_{HA} = \dfrac{[H^+]}{[H^+] + K_a^{\ominus}(HA)}$。

将式（5-17）展开后，得到一个关于 $[H^+]$ 的一元三次方程。这是计算一元弱酸溶液酸度的精确式，见式（5-18）。

$$[H^+]^3 + K_a^{\ominus} \cdot [H^+]^2 - (K_a^{\ominus} \cdot c + K_w^{\ominus}) \cdot [H^+] - K_a^{\ominus} \cdot K_w^{\ominus} = 0 \tag{5-18}$$

显然精确式的求解比较烦琐，而且在实际工作中也常常没有必要，完全可以根据不同情况下的允许误差，按具体情况作近似处理。具体有以下三种情况：

（1）如果 $c \cdot K_a^{\ominus} \geqslant 10 K_w^{\ominus}$，就可以忽略 $K_w^{\ominus}$，且 $[HA] = c - [H^+]$，代入式（5-18），则式（5-18）可简化为式（5-19）：

$$[H^+] = \sqrt{K_a^{\ominus} \cdot (c - [H^+])} \tag{5-19}$$

这是计算一元弱酸水溶液 $[H^+]$ 的近似式。

（2）如果 $c \cdot K_a^{\ominus} \geqslant 10 K_w^{\ominus}$，且 $\dfrac{c}{K_a^{\ominus}} \geqslant 100$，则 $[HA] \approx c$：

$$[H^+] = \sqrt{K_a^{\ominus} c} \tag{5-20}$$

这是计算一元弱酸水溶液$[H^+]$的最简式。大多数情况下都可采用最简式进行计算。

(3) 如果只满足$\dfrac{c}{K_a^\ominus} \geqslant 100$，但不满足$c \cdot K_a^\ominus \geqslant 10K_w^\ominus$，则

$$[H^+] = \sqrt{K_a^\ominus c + K_w^\ominus} \tag{5-21}$$

这也是计算一元弱酸水溶液$[H^+]$的近似式。

【例 5-8】　计算 $0.020\ \text{mol} \cdot L^{-1}$ HAc 的 pH(已知 HAc 的 $K_a^\ominus = 1.74 \times 10^{-5}$)。

解　因为$c \cdot K_a^\ominus \geqslant 10K_w^\ominus$，$\dfrac{c}{K_a^\ominus} \geqslant 100$，所以

$$[H^+] = \sqrt{K_a^\ominus \cdot c} = \sqrt{1.74 \times 10^{-5} \times 0.020} = 5.9 \times 10^{-4} (\text{mol} \cdot L^{-1})$$

$$pH = -\lg[H^+] = -\lg(5.9 \times 10^{-4}) = 3.23$$

【例 5-9】　计算浓度为 $0.10\ \text{mol} \cdot L^{-1}$ 一氯乙酸溶液的 pH(已知一氯乙酸的 $K_a^\ominus = 1.40 \times 10^{-3}$)。

解　因为$c \cdot K_a^\ominus \geqslant 10K_w^\ominus$，$\dfrac{c}{K_a^\ominus} < 100$，所以

$$[H^+] = \sqrt{K_a^\ominus \cdot (c - [H^+])}$$

$$[H^+] = \sqrt{1.40 \times 10^{-3} \times (0.10 - [H^+])}$$

解得　　　　　　　　　$[H^+] = 0.0126\ \text{mol} \cdot L^{-1} \qquad pH = 1.90$

【例 5-10】　计算浓度为 $1.0 \times 10^{-4}\ \text{mol} \cdot L^{-1}$ HCN 溶液的 pH[已知 $K_a^\ominus (\text{HCN}) = 6.17 \times 10^{-10}$]。

解　因为$c \cdot K_a^\ominus < 10K_w^\ominus$，$\dfrac{c}{K_a^\ominus} \geqslant 100$，所以

$$[H^+] = \sqrt{K_a^\ominus c + K_w^\ominus} = \sqrt{6.17 \times 10^{-10} \times 1.0 \times 10^{-4} + 1.0 \times 10^{-14}} = 2.7 \times 10^{-7} (\text{mol} \cdot L^{-1})$$

$$pH = 6.57$$

对于一元弱碱，处理方法及计算公式、使用条件与一元弱酸相似，只需把相应公式及其判断条件中的$K_a^\ominus$换成$K_b^\ominus$，将$[H^+]$换成$[OH^-]$即可，

$$[OH^-] = \sqrt{K_b^\ominus \cdot (c - [OH^-])} \tag{5-22}$$

$$[OH^-] = \sqrt{K_b^\ominus \cdot c} \tag{5-23}$$

$$[OH^-] = \sqrt{K_b^\ominus c + K_w^\ominus} \tag{5-24}$$

【例 5-11】　计算 $c(\text{NH}_3 \cdot \text{H}_2\text{O}) = 0.10\ \text{mol} \cdot L^{-1}$ 氨水溶液的 pH(已知 NH_3 的 $K_b^\ominus = 1.79 \times 10^{-5}$)。

解　NH_3 为一元弱碱，因为$c \cdot K_b^\ominus \geqslant 10K_w^\ominus$，$\dfrac{c}{K_b^\ominus} \geqslant 100$，所以

$$[OH^-] = \sqrt{K_b^\ominus \cdot c} = \sqrt{1.79 \times 10^{-5} \times 0.10} = 1.34 \times 10^{-3} (\text{mol} \cdot L^{-1})$$

$$pOH = -\lg[OH^-] = -\lg(1.34 \times 10^{-3}) = 2.87$$

$$pH = 14 - pOH = 14 - 2.87 = 11.13$$

在质子理论中，没有盐的概念，但弱酸、弱碱形成的盐会因水解而导致溶液出现不同的酸碱性。对于此类溶液，可将盐视为弱酸或弱碱进行计算。

【例 5-12】 计算 $c(NH_4Cl) = 0.10\,mol \cdot L^{-1}$ NH_4Cl 溶液的 pH（已知 NH_3 的 $K_b^{\ominus} = 1.79 \times 10^{-5}$）。

解 NH_4Cl 为 NH_3 的共轭酸，

$$K_a^{\ominus}(NH_4^+) = \frac{K_w^{\ominus}}{K_b^{\ominus}(NH_3)} = \frac{1.0 \times 10^{-14}}{1.79 \times 10^{-5}} = 5.59 \times 10^{-10}$$

因为 $c \cdot K_a^{\ominus} \geqslant 10 K_w^{\ominus}$，$\dfrac{c}{K_a^{\ominus}} \geqslant 100$，所以

$$[H^+] = \sqrt{K_a^{\ominus} \cdot c} = \sqrt{5.59 \times 10^{-10} \times 0.10} = 7.5 \times 10^{-6}(mol \cdot L^{-1})$$

$$pH = 5.12$$

2）两性物质溶液酸度的计算

两性物质一般可分为两类：弱酸的酸式盐、弱酸弱碱盐。

（1）弱酸的酸式盐溶液酸度的计算：以 $NaHA$ 为例。

HA^- 为多元酸一级解离的产物，其水溶液中存在以下解离平衡：

$$HA^- \rightleftharpoons A^{2-} + H^+$$

$$HA^- + H_2O \rightleftharpoons H_2A + OH^-$$

$$H_2O \rightleftharpoons H^+ + OH^-$$

选择 HA^- 和 H_2O 为零水准，则此溶液的 PBE 为

$$[H^+] + [H_2A] = [OH^-] + [A^{2-}] \tag{5-25}$$

式中，$[OH^-] = \dfrac{K_w^{\ominus}}{[H^+]}$，$[A^{2-}] = K_{a2}^{\ominus} \dfrac{[HA^-]}{[H^+]}$，$[H_2A] = \dfrac{[HA^-][H^+]}{K_{a1}^{\ominus}}$。

将这些平衡关系式代入式（5-25），整理后得

$$[H^+] = \sqrt{\frac{K_{a1}^{\ominus}(K_{a2}^{\ominus}[HA^-] + K_w^{\ominus})}{K_{a1}^{\ominus} + [HA^-]}} \tag{5-26}$$

此式为计算 $NaHA$ 水溶液 $[H^+]$ 的精确式，计算时可根据具体条件进行近似处理。

（i）由于一般多元酸的 $K_{a1}^{\ominus}$ 与 $K_{a2}^{\ominus}$ 相差较大，因而 HA^- 的解离及 HA^- 接受质子的能力都很弱，可以认为 $[HA^-] \approx c$，则

$$[H^+] = \sqrt{\frac{K_{a1}^{\ominus}(K_{a2}^{\ominus} c + K_w^{\ominus})}{K_{a1} + c}} \tag{5-27}$$

（ii）若 $c K_{a2}^{\ominus} > 10 K_w^{\ominus}$，则可以忽略水解离的影响，因此：

$$[H^+] = \sqrt{\frac{K_{a1}^{\ominus} K_{a2}^{\ominus} c}{K_{a1}^{\ominus} + c}} \qquad (5\text{-}28)$$

(iii)若体系还满足 $c > 10 K_{a1}^{\ominus}$ ，这时可忽略分母中的 $K_{a1}^{\ominus}$ 项：

$$[H^+] = \sqrt{K_{a1}^{\ominus} \cdot K_{a2}^{\ominus}} \qquad (5\text{-}29)$$

式(5-29)为最简式。

【**例 5-13**】　计算 $0.10 \; \text{mol} \cdot \text{L}^{-1} \text{NaHCO}_3$ 溶液的 pH。

解　查表得：H_2CO_3 的 $pK_{a1}^{\ominus} = 6.35$，$pK_{a2}^{\ominus} = 10.33$，因为 $c \cdot K_{a2}^{\ominus} \geqslant 10 K_w^{\ominus}$，$c > 10 K_{a1}^{\ominus}$，所以

$$pH = \frac{1}{2}(pK_{a1}^{\ominus} + pK_{a2}^{\ominus}) = \frac{1}{2} \times (6.35 + 10.33) = 8.34$$

---

(2)弱酸弱碱盐溶液酸度的计算：以 NH_4Ac 为例。

NH_4Ac 在水溶液中存在如下解离平衡：

$$Ac^- + H_2O \rightleftharpoons HAc + OH^-$$

$$NH_4^+ + H_2O \rightleftharpoons NH_3 + H_3O^+$$

$$H_2O \rightleftharpoons H^+ + OH^-$$

以 $K_a^{\ominus}$ 表示正离子酸（NH_4^+）的解离常数，$K_a^{\ominus\prime}$ 表示负离子碱（Ac^-）的共轭酸（HAc）的解离常数，则这类两性物质的水溶液中 $[H^+]$ 的最简式为

$$[H^+] = \sqrt{K_a^{\ominus} \cdot K_a^{\ominus\prime}} \qquad (5\text{-}30)$$

【**例 5-14**】　计算 $0.10 \; \text{mol} \cdot \text{L}^{-1} NH_4Ac$ 溶液的 pH。

解　已知 NH_4^+ 的 $K_a^{\ominus} = 5.64 \times 10^{-10}$，$pK_a^{\ominus} = 9.25$，$Ac^-$ 的 $K_a^{\ominus\prime} = 1.79 \times 10^{-5}$，$pK_a^{\ominus\prime} = 4.75$，因此

$$pH = \frac{1}{2}(pK_a^{\ominus} + pK_a^{\ominus\prime}) = \frac{1}{2} \times (9.25 + 4.75) = 7.00$$

---

3)弱酸(或弱碱)及其共轭碱(或共轭酸)水溶液

由于同离子效应的存在，这种体系无论是弱酸(或弱碱)，还是其共轭碱(或共轭酸)，它们的解离度都较小，因此计算酸度一般采用最简式：

$$[H^+] = K_a^{\ominus} \frac{c_a}{c_b} \qquad (5\text{-}31a)$$

或

$$pH = pK_a^{\ominus} - \lg \frac{c_a}{c_b} \qquad (5\text{-}31b)$$

这类溶液构成了缓冲溶液。

【**例 5-15**】　已知 $c(NH_4^+) = 0.10 \; \text{mol} \cdot \text{L}^{-1}$，$c(NH_3) = 0.20 \; \text{mol} \cdot \text{L}^{-1}$，计算 NH_4^+-NH_3 缓冲溶液的 pH(已知：NH_4^+ 的 $K_a^{\ominus} = 5.64 \times 10^{-10}$，$pK_a^{\ominus} = 9.25$)。

解
$$pH = pK_a^\ominus - \lg \frac{c_a}{c_b} = 9.25 - \lg \frac{0.10}{0.20} = 9.55$$

4)多元弱酸(或多元弱碱)水溶液

对于多元酸(或多元碱)，考虑到第一级解离对后面解离的抑制，一般情况下可作为一元弱酸(或一元弱碱)处理，其最简式为

对于多元酸：
$$[H^+] = \sqrt{K_{a1}^\ominus \cdot c} \tag{5-32}$$

对于多元碱：
$$[OH^-] = \sqrt{K_{b1}^\ominus \cdot c} \tag{5-33}$$

【**例 5-16**】 计算浓度为 $0.10\ mol \cdot L^{-1}\ Na_2SO_3$ 溶液的 pH。

解 查表得：H_2SO_3 的 $K_{a2}^\ominus = 6.16 \times 10^{-8}$，则 Na_2SO_3 的 $K_{b1}^\ominus = 1.62 \times 10^{-7}$，

$$[OH^-] = \sqrt{cK_{b1}^\ominus} = \sqrt{0.10 \times 1.62 \times 10^{-7}} = 1.27 \times 10^{-4} (mol \cdot L^{-1})$$

$$pH = 10.10$$

5)极稀强酸(或强碱)水溶液

对于极稀的一元强酸(或强碱)水溶液(浓度接近或小于 $10^{-7}\ mol \cdot L^{-1}$)，计算酸度时应考虑水解离的贡献。可由质子条件式推出计算公式。

$$[H^+] = \frac{1}{2}(c + \sqrt{c^2 + 4K_w^\ominus}) \tag{5-34}$$

【**例 5-17**】 计算 $c(HCl) = 2.0 \times 10^{-7}\ mol \cdot L^{-1}$ 的 HCl 溶液的 pH。

解 在题目给定条件下，计算溶液的酸度时不能忽略水的解离的影响，则

$$[H^+] = \frac{1}{2}(c + \sqrt{c^2 + 4K_w^\ominus})$$

$$= \frac{1}{2} \times \left[2.0 \times 10^{-7} + \sqrt{(2.0 \times 10^{-7})^2 + 4 \times 1.0 \times 10^{-14}} \right] = 2.4 \times 10^{-7} (mol \cdot L^{-1})$$

$$pH = 6.62$$

5.3.4 缓冲溶液及 pH 的计算

1. 酸碱缓冲溶液

1)酸碱缓冲溶液的缓冲原理

能够抵抗外加少量酸、碱或适当稀释，而本身 pH 基本保持不变的溶液，称为缓冲溶液。

最常见的缓冲溶液由弱酸及其共轭碱组成。例如，在 HAc-NaAc 缓冲溶液中存在下列平衡：

$$HAc \rightleftharpoons H^+ + Ac^-$$

HAc 只能部分解离，而 NaAc 能完全解离，使溶液中 Ac^- 浓度增大。由于同离子效应，抑制了 HAc 的解离，溶液中 HAc 浓度也较大，而 H^+ 浓度相对较低。

当向 HAc-NaAc 缓冲溶液中加少量强酸(如 HCl)时，H^+ 和溶液中的 Ac^- 结合成 HAc 分子，

上述质子转移平衡向左移动，结果溶液中 H^+ 的浓度几乎没有升高，即溶液的 pH 几乎保持不变。

当加入少量强碱(如 NaOH)时，OH^- 就与溶液中的 H^+ 结合成 H_2O 分子，上述平衡向右移动，以补充 H^+ 的消耗，结果溶液中 H^+ 的浓度几乎没有降低，pH 几乎不变。

当加少量水稀释时，溶液中 H^+ 浓度和其他离子浓度相应地降低，促使 HAc 的解离平衡向右移动，给出 H^+ 来补充，达到新的平衡时，溶液中 H^+ 的浓度几乎保持不变。

2)缓冲容量与缓冲范围

任何缓冲溶液的缓冲能力都是有限的。若向体系中加入过多的酸或碱，或者过分稀释，都有可能使缓冲溶液失去缓冲作用。缓冲能力的大小用缓冲容量衡量。缓冲容量是指单位体积的缓冲溶液的 pH 改变极小值所需的酸或碱的物质的量，用 β 表示。

$$\beta = \frac{\mathrm{d}c(碱)}{\mathrm{d}pH} = -\frac{\mathrm{d}c(酸)}{\mathrm{d}pH}$$

缓冲容量的大小与缓冲溶液的总浓度及其组分有关。当缓冲溶液的总浓度一定时，缓冲组分的浓度比越接近 1，缓冲容量越大；等于 1 时，缓冲容量最大，缓冲能力最强。通常缓冲溶液两组分的浓度比控制在 0.1～10 较合适，超出此范围则认为失去缓冲作用。

缓冲溶液的缓冲能力一般为 $pH = pK_a^\ominus \pm 1$，这就是缓冲范围。不同缓冲体系，由于 $pK_a^\ominus$ 不同，它们的缓冲范围也不同。

3)酸碱缓冲对的分类与选择

酸碱缓冲对根据用途的不同可以分成两大类：标准酸碱缓冲溶液和普通酸碱缓冲溶液。

标准酸碱缓冲溶液(标准缓冲溶液)主要用于校正酸度计，它们的 pH 一般都是通过严格的实验测定，数值十分准确。普通酸碱缓冲溶液主要用于化学反应或生产过程中酸度的控制，在实际工作中应用很广。

选择酸碱缓冲对时主要考虑以下三点：①对正常的化学反应不构成干扰，即除维持酸度外，不能发生副反应；②应有较强的缓冲能力，为了达到这一要求，所选择体系中两组分的浓度比应尽量接近 1，浓度要大一些；③所需控制的 pH 应在缓冲溶液的缓冲范围之内，若缓冲溶液是由弱酸及其共轭碱组成，则 $pK_a^\ominus$ 应尽量与所需控制的 pH 一致。

实际应用时，可查相关手册选择合适的缓冲对。

2. 缓冲溶液 pH 的计算与配制

对于弱酸及其共轭碱 HA-A^- 组成的缓冲溶液，溶液中的质子转移反应为

$$HA \rightleftharpoons H^+ + A^-$$

$$K_a^\ominus(HA) = \frac{[H^+][A^-]}{[HA]}$$

$$[H^+] = K_a^\ominus(HA)\frac{[HA]}{[A^-]} \tag{5-35}$$

由于 HA 的解离度很小，体系中又有 A^- 存在，由于同离子效应，解离度变得更小。因此，达到平衡状态时，体系中 HA 可近似看作未发生解离，其平衡浓度可用初始浓度(总浓度)代替，则式(5-35)变为

$$[H^+] = K_a^{\ominus}(HA)\frac{c(HA)}{c(A^-)} \tag{5-36a}$$

或
$$[H^+] = K_a^{\ominus}\frac{c(酸)}{c(碱)} \tag{5-36b}$$

$$pH = pK_a^{\ominus} - \lg\frac{c(酸)}{c(碱)} \tag{5-36c}$$

实际应用中，一般把缓冲溶液再细化为几类，最典型的是：弱酸及弱酸盐混合溶液、弱碱及弱碱盐混合溶液。相应的计算公式也可细化为：

（1）弱酸及弱酸盐混合溶液：

$$pH = pK_a^{\ominus} - \lg\frac{c(弱酸)}{c(弱酸盐)} \tag{5-37}$$

（2）弱碱及弱碱盐混合溶液：

$$pOH = pK_b^{\ominus} - \lg\frac{c(弱碱)}{c(弱碱盐)} \tag{5-38a}$$

或
$$pH = 14 - pK_b^{\ominus} + \lg\frac{c(弱碱)}{c(弱碱盐)} \tag{5-38b}$$

【例 5-18】 将 100 mL 0.20 mol · L⁻¹ HAc 溶液与 100 mL 0.10 mol · L⁻¹ NaOH 溶液混合，求混合后溶液的 pH。

解 两种溶液混合后，发生反应，产物为 HAc-NaAc 混合溶液，形成缓冲体系，此时

$$c(HAc) = \frac{100\times0.20 - 100\times0.10}{100+100} = 0.050(mol\cdot L^{-1})$$

$$c(HAc) = \frac{100\times0.10}{100+100} = 0.050(mol\cdot L^{-1})$$

根据缓冲溶液 pH 的计算公式，有

$$pH = pK_a^{\ominus}(HAc) - \lg\frac{c(HAc)}{c(NaAc)} = 4.75 - \lg\frac{0.050}{0.050} = 4.75$$

【例 5-19】 计算如何配制 1 L pH= 5.0、弱酸浓度为 0.10 mol · L⁻¹ 的缓冲溶液。

解 因为 HAc 的 $pK_a^{\ominus} = 4.75$，接近 5.0，故选用 HAc-NaAc 缓冲体系。根据缓冲溶液 pH 的计算公式，有

$$pH = pK_a^{\ominus}(HAc) - \lg\frac{c(HAc)}{c(NaAc)} \qquad 5.0 = 4.75 - \lg\frac{c(HAc)}{c(NaAc)}$$

解得
$$\frac{c(HAc)}{c(NaAc)} = 0.56$$

$$c(NaAc) = \frac{c(HAc)}{0.56} = \frac{0.10}{0.56} = 0.18(mol\cdot L^{-1})$$

故配制缓冲溶液时，取 0.10 mol · L⁻¹ HAc 溶液 1 L，并向其中加入以下质量的 NaAc 固体：

$$m(NaAc) = c(NaAc)\cdot V(NaAc)\cdot M(NaAc) = 0.18\times1\times82 = 14.8(g)$$

5.4　酸碱滴定分析

5.4.1　酸碱指示剂

1. 指示剂的变色原理

在一定 pH 范围内能够利用本身的颜色改变指示溶液 pH 变化的物质称为酸碱指示剂。在酸碱滴定中，一般用酸碱指示剂指示滴定终点。

酸碱指示剂一般是有机弱酸或有机弱碱，它的酸式及其共轭碱式具有不同的结构和颜色。当溶液的 pH 改变时，指示剂失去质子由酸式变为碱式，或得到质子由碱式变为酸式，由于结构发生变化，颜色发生变化。

例如，甲基橙在水溶液中存在如下平衡：

$$NaO_3S-\!\!\!\!\bigcirc\!\!\!\!-N\!\!=\!\!N-\!\!\!\!\bigcirc\!\!\!\!-N(CH_3)_2 \underset{+OH^-}{\overset{+H^+}{\rightleftharpoons}} NaO_3S-\!\!\!\!\bigcirc\!\!\!\!-\overset{H}{N}-N\!\!=\!\!\bigcirc\!\!=\!\!\overset{+}{N}(CH_3)_2$$

黄色分子(偶氮式)　　　　　　　　　　　　　红色离子(醌式)

由平衡关系可以看出，增大溶液的酸度，平衡正向移动，甲基橙主要以醌式结构的离子形式存在，溶液显红色；降低溶液的酸度，平衡逆向移动，甲基橙主要以偶氮式结构存在，溶液显黄色。

又如，酚酞在水溶液中存在如下平衡：

无色分子(内酯式)　　　　　　　　无色分子　　　　　　　　无色离子

红色离子(醌式)
碱性溶液中　　　　　　　　　　　无色离子(羧酸盐式)

由平衡关系可以看出：酸性溶液中，酚酞以各种无色分子形式存在；碱性溶液中，转化为醌式后显红色；但在很强的碱性溶液中，酚酞有可能转化为无色的羧酸盐式。

2. 指示剂的变色范围

以 HIn 表示一种弱酸型指示剂，In⁻ 为其共轭碱，在水溶液中存在以下平衡：

$$HIn \rightleftharpoons H^+ + In^-$$

相应的平衡常数为
$$K_a^\ominus = \frac{[H^+][In^-]}{[HIn]} \tag{5-39a}$$

或
$$\frac{[In^-]}{[HIn]} = \frac{K_a^\ominus}{[H^+]} \tag{5-39b}$$

式中，[In⁻]代表碱式色的浓度；[HIn]代表酸式色的浓度。

由式(5-39b)可见，酸碱指示剂一定，$K_a^\ominus$(HIn)在一定条件下为一常数，$\frac{[In^-]}{[HIn]}$取决于溶液中[H⁺]的大小，因此酸碱指示剂能指示溶液酸度。

一般来说，如果 $\frac{[In^-]}{[HIn]} \geqslant 10$，看到的是 In⁻ 的颜色；如果 $\frac{[In^-]}{[HIn]} \leqslant 0.1$，看到的是 HIn 的颜色；$10 > \frac{[In^-]}{[HIn]} > 0.1$，看到的是它们的混合色。$\frac{[In^-]}{[HIn]} = 1$，两者浓度相等，此时 pH = p$K_a^\ominus$，称为指示剂的理论变色点，即

$$\frac{[In^-]}{[HIn]} < 0.1 \quad\quad = 0.1 \quad\quad = 1 \quad\quad = 10 \quad\quad > 10$$

酸式色　略带碱式色　中间色　略带酸式色　碱式色

因此，当溶液的pH由p$K_a^\ominus$−1变化到p$K_a^\ominus$+1时，能明显地看到指示剂由酸式色变为碱式色。因此，pH = p$K_a^\ominus$±1就是指示剂变色的pH范围，称为指示剂变色范围。

不同的酸碱指示剂，p$K_a^\ominus$值不同，它们的变色范围就不同。不同的酸碱指示剂能指示不同的酸度变化。表5-1列出了常用酸碱指示剂的变色范围。

表5-1　一些常用的酸碱指示剂

指示剂	变色范围	颜色变化	p$K_{HIn}^\ominus$	指示剂的配制
甲基黄	2.9~4.0	红色~黄色	3.3	0.1%的90%乙醇溶液
甲基橙	3.1~4.4	红色~黄色	3.4	0.05%的水溶液
溴酚蓝	3.0~4.6	黄色~紫色	4.1	0.1%的20%乙醇溶液或其钠盐水溶液
溴甲酚绿	4.0~5.6	黄色~蓝色	4.9	0.1%的20%乙醇溶液或其钠盐水溶液
甲基红	4.4~6.2	红色~黄色	5.2	0.1%的60%乙醇溶液或其钠盐水溶液
溴百里酚蓝	6.2~7.6	黄色~蓝色	7.3	0.1%的20%乙醇溶液或其钠盐水溶液
中性红	6.8~8.0	红色~黄橙色	7.4	0.1%的60%乙醇溶液
苯酚红	6.8~8.4	黄色~红色	8.0	0.1%的60%乙醇溶液或其钠盐水溶液
酚酞	8.0~10.0	无色~红色	9.1	0.5%的90%乙醇溶液
百里酚蓝	8.0~9.6	黄色~蓝色	8.9	0.1%的20%乙醇溶液
百里酚酞	9.4~10.6	无色~蓝色	10.0	0.1%的90%乙醇溶液

影响酸碱指示剂变色范围的因素主要有以下几个方面：

(1)酸碱指示剂的变色范围是靠人的眼睛观察出来的，人眼对不同颜色的敏感程度不同，不同的人对同一种颜色的敏感程度也不同，以及酸碱指示剂两种颜色之间的相互掩盖作用，会导致变色范围的不同。例如，甲基橙的变色范围不是 pH = 2.4～4.4，而是 pH = 3.1～4.4，这就是由于人眼对红色比黄色敏感使得酸式一边的变色范围相对较窄。

(2)温度、溶剂及一些强电解质的存在也会改变酸碱指示剂的变色范围，主要在于这些因素会影响指示剂的解离常数 $K_a^{\ominus}$ (HIn)的大小。例如，甲基橙指示剂在 18℃时的变色范围为 pH = 3.1～4.4，而 100℃时为 pH = 2.5～3.7。

(3)对于单色指示剂，如酚酞，指示剂用量的不同也会影响变色范围，用量过多将会使指示剂的变色范围向 pH 低的一方移动。另外，用量过多会影响酸碱指示剂变色的敏锐程度，还会消耗一定量的滴定剂。

3. 混合指示剂

在酸碱滴定中，有时需要将滴定终点限制在较窄的 pH 范围，这时可采用混合指示剂。

混合指示剂是利用颜色互补作用使终点变色敏锐。混合指示剂有两类：一类是由两种或两种以上的指示剂混合而成。例如，溴甲酚绿和甲基红按一定比例混合后，酸色为酒红色，碱色为绿色，之间色为浅灰色，变化十分明显；另一类混合指示剂是由某种指示剂和一种惰性染料(如次甲基蓝、靛蓝二磺酸钠等)组成，也是利用颜色互补来提高颜色变化的敏锐性。常见的酸碱混合指示剂见表 5-2。

表 5-2　常见的酸碱混合指示剂

混合指示剂溶液的组成	变色时的 pH	颜色变化	酸色	碱色
一份 0.1%甲基黄乙醇溶液 一份 0.1%次甲基蓝乙醇溶液	3.28	蓝紫色～绿色	蓝紫色	绿色
一份 0.1%甲基橙水溶液 一份 0.25%靛蓝二磺酸钠水溶液	4.1	紫色～黄绿色	紫色	绿色
一份 0.1%溴甲酚绿钠盐水溶液 一份 0.02%甲基橙水溶液	4.3	橙色～蓝绿色	橙色	蓝色
三份 0.1%溴甲酚绿乙醇溶液 一份 0～2%甲基红乙醇溶液	5.1	酒红色～绿色	酒红色	绿色
一份 0.1%溴甲酚绿钠盐水溶液 一份 0.1%氯酚红钠盐水溶液	6.1	黄绿色～蓝紫色	黄绿色	蓝紫色
一份 0.1%中性红乙醇溶液 一份 0.1%次甲基蓝乙醇溶液	7.0	蓝紫色～绿色	蓝紫色	绿色
一份 0.1%甲酚红钠盐水溶液 三份 0.1%百里酚蓝钠盐水溶液	8.3	黄色～紫色	玫瑰色	绿色
一份 0.1%百里酚蓝 50%乙醇溶液 三份 0.1%酚酞 50%乙醇溶液	9.0	黄色～紫色	绿色	紫色
一份 0.1%酚酞乙醇溶液 一份 0.1%百里酚酞乙醇溶液	9.9	无色～紫色	无色	紫色

常用的 pH 试纸是将多种酸碱指示剂按一定比例混合浸制而成，能在不同的 pH 时显示不同的颜色，从而可以较为准确地确定溶液的酸度。

pH 试纸分为广泛 pH 试纸和精密 pH 试纸两类，其中的精密 pH 试纸就是利用混合指示剂的原理使酸度的确定能控制在较窄的范围内；而广泛 pH 试纸是由甲基红、溴百里酚蓝、百里酚蓝及酚酞等酸碱指示剂按一定比例混合，溶于乙醇，浸泡滤纸而制成。

5.4.2　酸碱滴定曲线

酸碱滴定曲线是指滴定过程中溶液的 pH 随滴定剂体积或滴定分数变化的关系曲线。通过对酸碱滴定曲线的探讨学习，可以更好地了解滴定过程中溶液 pH 的变化情况，直观感受滴定突跃，理解指示剂选择与滴定突跃的关系。

不同酸碱反应的滴定曲线是不一样的，反应的物质、浓度的不同会导致滴定曲线不同。绘制滴定曲线，需要知道滴定剂加入的量与溶液 pH 的关系。滴定曲线可以借助酸度计或其他分析仪器测得，也可以通过计算的方式得到。

1. 强碱滴定强酸或强酸滴定强碱

1）滴定曲线的绘制

现以 $c(NaOH) = 0.1000 \text{ mol} \cdot \text{L}^{-1}$ NaOH 溶液滴定 20.00 mL 同浓度的 HCl 溶液为例，通过计算法讨论强碱滴定强酸的滴定曲线。

本例的滴定反应：

$$H^+ + OH^- \Longrightarrow H_2O$$

下面分四个阶段对滴定过程进行讨论。

（1）滴定前。被滴定体系为一元强酸，溶液的酸度取决于酸的原始浓度。在此，$[H^+] = 0.1000 \text{ mol} \cdot \text{L}^{-1}$，故 pH = 1.00。

（2）滴定开始至化学计量点前。滴入的 NaOH 与 HCl 反应，但 NaOH 不足量，该阶段溶液的酸度主要取决于剩余酸的浓度。

例如，当 NaOH 加入 19.98 mL 时，HCl 剩余 0.02 mL，因此

$$[H^+] = \frac{0.1000 \times 0.02}{19.98 + 20.00} = 5.0 \times 10^{-5} \ (\text{mol} \cdot \text{L}^{-1})$$

$$pH = 4.30$$

（3）化学计量点。此时酸碱完全中和，体系为 NaCl 水溶液，

$$[H^+]_{sp} = 1.0 \times 10^{-7} (\text{mol} \cdot \text{L}^{-1})$$

$$pH = 7.00$$

（4）化学计量点后。滴入的 NaOH 过量，溶液的酸度取决于过量的碱浓度。例如，当 NaOH 加入 20.02 mL 时，

$$[OH^-] = \frac{0.1000 \times 0.02}{20.02 + 20.00} = 5.0 \times 10^{-5} \ (\text{mol} \cdot \text{L}^{-1})$$

$$pH = 9.70$$

按以上方式进行详细计算，可以得到加入不同量 NaOH 时溶液相应的pH ，部分数据见表 5-3。

表 5-3　0.1000 mol · L⁻¹ NaOH 溶液滴定 20.00 mL 同浓度的 HCl 溶液

NaOH 溶液加入体积/mL	滴定分数	剩余 HCl(或过量 NaOH)体积/mL	pH
0.00	0.000	20.00	1.00
18.00	0.900	2.00	2.28
19.80	0.990	0.20	3.30
19.96	0.998	0.04	4.00
19.98	0.999	0.02	4.30
20.00	1.000	0.00	计量点 7.00
20.02	1.001	（0.02）	9.70
20.04	1.002	（0.04）	10.00
20.20	1.010	（0.20）	10.70
22.00	1.100	（2.00）	11.70
40.00	2.000	（20.00）	12.52

（4.30～9.70 之间标注"突跃范围"）

以 NaOH 加入量为横坐标、对应溶液的 pH 为纵坐标作图，可得如图 5-3 所示的滴定曲线。

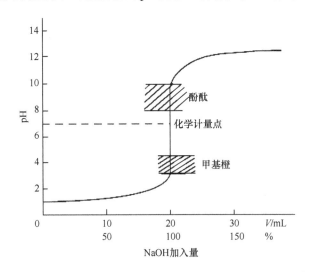

图 5-3　0.1000 mol · L⁻¹ 的 NaOH 滴定 20.00 mL 同浓度的 HCl 的滴定曲线

2）滴定突跃与指示剂的选择

由表 5-3 和图 5-3 可看出，滴定开始时，pH 升高较慢。从第一滴 NaOH 加入到加入 19.80 mL NaOH 时，溶液酸度只改变了 2.3 个 pH 单位；再加入 0.18 mL NaOH 溶液，酸度就改变了 1 个 pH 单位，达到 4.30，变化速度加快了；继续滴加 0.02 mL(约半滴，至此共滴入 20.00 mL)，达到化学计量点，此时 pH 迅速增至 7.00；再过量 0.02 mL NaOH，pH 增至 9.70，变化仍然是迅速的。此后过量的 NaOH 引起的溶液 pH 变化又越来越慢。

通过前面的计算可以看出，化学计量点前后滴入 NaOH 19.98 mL 至 20.02 mL，即加入 NaOH 的量由 99.9%到 100.1%(也就是由不足 0.1%至过量 0.1%)，虽然只增加了 0.04 mL (约 1 滴)NaOH 溶液，但是溶液的 pH 由 4.30 突然上升到 9.70，增加了 5.4 个 pH 单位，溶液由酸性变为碱性。在滴定曲线上表现为几乎是垂直上升的一段，出现了一次突跃。

化学计量点前后 ±0.1%范围内 pH 的急剧变化称为滴定突跃。

根据以上讨论，用 $c(\text{NaOH}) = 0.1000\,\text{mol} \cdot \text{L}^{-1}$ NaOH 溶液滴定 20.00 mL 同浓度的 HCl 溶液，化学计量点 $\text{pH}_{\text{sp}} = 7.00$，滴定突跃范围 pH = 4.30～9.70。

由滴定曲线和前面的计算可知，用甲基橙(3.1～4.4)作指示剂，当滴至溶液变黄色时，溶液 pH ≈ 4.4，这时未反应的量小于 0.1%；如用酚酞(8.0～10.0)作指示剂，酚酞变微红时，pH 略大于 8，此时超过化学计量点也不到半滴，即 NaOH 过量不到 0.1%。显然，只要变色范围处于滴定突跃范围内的指示剂，如甲基橙、酚酞、溴百里酚蓝、甲基红等，滴定的终点误差均小于 ± 0.1%，均能正确指示终点。

酸碱滴定中选择指示剂的基本原则是：一般应使其变色范围处于或部分处于滴定突跃范围内(或使指示剂的变色点落在滴定突跃范围内)。另外，还应考虑所选择的指示剂在滴定体系中的变色是否容易判断。

3)浓度对滴定的影响

滴定突跃的大小与溶液的浓度有关。溶液越浓，滴定突跃范围越大，指示剂的选择也就越方便；溶液越稀，滴定突跃范围越小，可供选择的指示剂也就越少。图 5-4 是不同浓度 NaOH 溶液滴定不同浓度 HCl 溶液的滴定曲线。

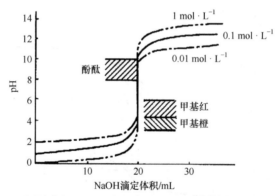

图 5-4　不同浓度的 NaOH 溶液滴定不同浓度 HCl 溶液的滴定曲线

强酸滴定强碱的滴定曲线的情况与强碱滴定强酸类似，此处不再讨论。

2. 一元强碱滴定一元弱酸或一元强酸滴定一元弱碱

一元强碱滴定一元弱酸的滴定曲线各点的计算基本过程如下：

(1)滴定前。溶液的酸度取决于酸的原始浓度与强度，对于一元弱酸，

$$[\text{H}^+] = \sqrt{K_a^{\ominus} c} \qquad \text{pH} = \frac{1}{2}(pK_a^{\ominus} + pc)$$

(2)滴定开始至化学计量点前。滴入的强碱与体系中的弱酸反应生成弱酸盐，与剩余的弱酸形成 HA-A⁻ 缓冲溶液，故

$$\text{pH} = pK_a^{\ominus} - \frac{c_a}{c_b}$$

(3)化学计量点。反应结束，溶液为一元弱碱(或强碱弱酸盐)体系，溶液的酸度取决于一元弱酸共轭碱在水溶液中的解离。

$$[OH^-] = \sqrt{K_b^{\ominus}c} \qquad pOH = \frac{1}{2}(pK_b^{\ominus} + pc) \text{ 或 } pH = 14 - \frac{1}{2}(pK_b^{\ominus} + pc)$$

（4）化学计量点后。强碱过量，体系为强碱和弱碱的混合溶液，其酸度同样取决于过量碱的浓度（不考虑弱碱解离的影响）。

按上述方式对 $0.1000\ mol\cdot L^{-1}$ NaOH 溶液滴定 20.00 mL 同浓度 HAc 溶液的滴定过程进行详细的计算，可得到如表 5-4 所示的数据。

表 5-4　$0.1000\ mol\cdot L^{-1}$ NaOH 溶液滴定 20.00 mL 同浓度 HAc 溶液

NaOH 溶液加入体积/mL	滴定分数	剩余 HAc（或过量 NaOH）体积/mL	pH
0.00	0.000	20.00	2.88
10.00	0.500	10.00	4.75
18.00	0.900	2.00	5.70
19.80	0.990	0.20	6.75
19.98	0.999	0.02	7.75
20.00	1.000	0.00	计量点 8.72 }突跃范围
20.02	1.001	(0.02)	9.70
20.20	1.010	(0.20)	10.70
22.00	1.100	(2.00)	11.70
40.00	2.000	(20.00)	12.52

根据上述数据，可绘出相应的滴定曲线，如图 5-5 所示。

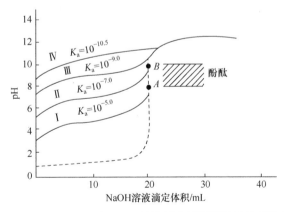

图 5-5　$0.1000\ mol\cdot L^{-1}$ NaOH 溶液滴定不同酸溶液的滴定曲线

由表 5-4 及图 5-5 可以看出，强碱滴定弱酸时，滴定开始时的 pH 比强碱滴定强酸要高，则滴定曲线的起点也要高。滴定刚开始时，由于原来的 HAc 的解离度很小，一旦滴入 NaOH，部分 HAc 被中和而生成 NaAc，Ac^- 的同离子效应使 HAc 的解离变得更弱，因而 H^+ 浓度迅速降低，pH 增大较快。但继续滴加 NaOH 时，由于 NaAc 的不断生成，在体系中形成缓冲溶液，滴定曲线变化缓慢；接近化学计量点时，溶液中 HAc 已很少，缓冲作用减弱，pH 的变化速度又逐渐加快。在化学计量点前后 0.1% 范围，仍然会出现一个突跃，但与强碱滴定强酸相比，此处的突跃范围明显变窄。另外，滴定的化学计量点、滴定突跃均出现在弱碱性区域，而且被滴定的酸越弱，滴定突跃就越小，有的甚至没有明显的突跃，因此滴定突跃的大小还与被滴定酸或碱本身的强弱有关。

根据这种滴定类型的特点，应选择在弱碱范围内变色的指示剂，如酚酞、百里酚蓝等，在酸性范围变色的指示剂如甲基橙、甲基红则不适用。

强酸滴定一元弱碱同样可以参照以上方法处理，滴定曲线的特点与强碱滴定一元弱酸相似，但化学计量点、滴定突跃范围均出现在弱酸性区域，故应选择在弱酸性范围内变色的指示剂，如甲基橙、甲基红等，而不能选择在弱碱范围内变色的指示剂，如酚酞、百里酚蓝等。

3. 指示剂目测法中弱酸（或弱碱）被准确滴定的判据

从前面的分析可以看出，在酸碱滴定中，被滴定酸（或碱）的浓度及强度这两个因素都会对滴定突跃的大小产生影响。用指示剂目测法进行酸碱滴定时，只有当被滴定酸（或碱）的 $cK_b^{\ominus}$（或 $cK_b^{\ominus}$）$\geqslant 10^{-8}$ 时，才能产生大于或等于 0.3 pH 单位的滴定突跃，这样人眼才能识别指示剂颜色的改变，滴定便可直接进行，终点误差可以控制在小于或等于 $\pm 0.1\%$。

采用指示剂，用人眼判断终点，能够直接滴定某种弱酸（或弱碱）的判据为

$$cK_a^{\ominus} \geqslant 10^{-8} \text{ 或 } cK_b^{\ominus} \geqslant 10^{-8} \tag{5-40}$$

对于 $cK_a^{\ominus} < 10^{-8}$ 的弱酸，可采用其他方法进行测定，如间接滴定、返滴定、非水滴定（如电位滴定）等，或者采用仪器检测终点等方法进行滴定。

当然，如果允许放宽误差，相应判据条件也可降低。

4. 多元酸（或碱）、混合酸（或碱）的滴定

1）多元酸的滴定

多元酸多数是弱酸，它们在水中分级解离，对它们的滴定，应考虑两方面的问题：①每一级解离的质子能否被准确滴定，即每一级被滴定时有没有足够大的滴定突跃；②两级解离的质子能否被分别滴定，即两个滴定突跃能不能分开。

经研究证明，多元酸能进行直接滴定的判据是：① $cK_{a,n}^{\ominus} \geqslant 10^{-8}$，第 n 个质子可被直接滴定；② $K_{a,n}^{\ominus}/K_{a,n+1}^{\ominus} > 10^4$，相邻两个质子可被分别滴定。

例如，用 0.1000 mol·L^{-1} NaOH 溶液滴定同浓度 H_3PO_4 溶液时，H_3PO_4 在水中分三级解离：

$$H_3PO_4 \rightleftharpoons H^+ + H_2PO_4^- \qquad K_{a1}^{\ominus} = 7.52\times10^{-3}, \quad pK_{a1}^{\ominus} = 2.16$$

$$H_2PO_4^- \rightleftharpoons H^+ + HPO_4^{2-} \qquad K_{a2}^{\ominus} = 6.23\times10^{-8}, \quad pK_{a2}^{\ominus} = 7.21$$

$$HPO_4^{2-} \rightleftharpoons H^+ + PO_4^{3-} \qquad K_{a3}^{\ominus} = 4.4\times10^{-13}, \quad pK_{a3}^{\ominus} = 12.32$$

按照多元酸滴定判据，$cK_{a1}^{\ominus} = 7.52\times10^{-4} > 10^{-8}$，即第一级解离的质子可以被直接滴定；$cK_{a2}^{\ominus} = 6.23\times10^{-9} \approx 10^{-8}$，则第二级解离的质子基本可以被直接滴定，如果增大浓度，则可进行滴定；$cK_{a3}^{\ominus} = 4.4\times10^{-13} < 10^{-8}$，则第三级解离的质子不能被直接滴定。$K_{a1}^{\ominus}/K_{a2}^{\ominus} > 10^4$，说明两个滴定突跃可以分开。因此，可考虑在使用合适的指示剂的情况下，对 H_3PO_4 进行滴定。

H_3PO_4 被 NaOH 滴定的滴定曲线（用电位滴定法绘制得到）如图 5-6 所示。

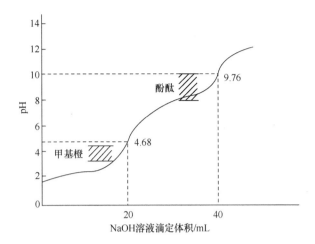

图 5-6 H₃PO₄ 被 NaOH 滴定的滴定曲线

由滴定曲线可以看出，在第一化学计量点和第二化学计量点附近各有一个 pH 突跃。

第一计量点时，产物 NaH₂PO₄ 为两性物质，溶液的 pH 为

$$pH_{sp1} = \frac{1}{2}(pK_{a1}^{\ominus} + pK_{a2}^{\ominus}) = \frac{1}{2}(2.16 + 7.21) = 4.68$$

对这一终点，一般可选择甲基橙为指示剂。

第二计量点时，产物 Na₂HPO₄ 也为两性物质，溶液的 pH 为

$$pH_{sp2} = \frac{1}{2}(pK_{a2}^{\ominus} + pK_{a3}^{\ominus}) = \frac{1}{2}(7.21 + 12.32) = 9.76$$

对这一终点，一般可选择酚酞为指示剂，但效果不是很理想，最好用百里酚蓝作指示剂。

2) 多元碱的滴定

多元碱的滴定与多元酸的滴定相似，有关滴定判据只需将多元酸滴定判据中的 $K_a^{\ominus}$ 换成 $K_b^{\ominus}$ 即可。

质子理论中，CO_3^{2-} 是多元碱，Na_2CO_3 在工业上也是作为碱在使用。HCl 滴定 Na_2CO_3 就是典型的多元碱的滴定。图 5-7 是 HCl 滴定 Na_2CO_3 的滴定曲线，也是双指示剂法进行混合碱测定的理论基础。

3) 混合酸(或碱)的滴定

在进行混合酸(或碱)的滴定时，可考虑将较强的酸(或碱)看作前一元，较弱的酸(或碱)看作后一元，这样混合酸(或碱)就相当于多元混合酸(或碱)，可以用多元酸(或碱)滴定的条件，首先应考虑能否被准确滴定，再判断能否被分别滴定。

5.4.3 酸碱滴定应用示例

1. 酸、碱标准溶液

酸碱滴定法中常用的标准溶液是 HCl 和 NaOH 溶液，有时也用 H₂SO₄ 和 KOH，HNO₃ 因具有氧化性，一般不用。标准溶液的浓度一般为 0.1 mol·L⁻¹，根据需要也可高至 1 mol·L⁻¹，或低至 0.01 mol·L⁻¹。

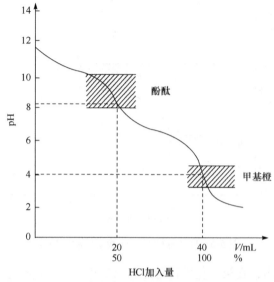

图 5-7　HCl 溶液滴定 Na_2CO_3 溶液的滴定曲线

1）HCl 标准溶液

HCl 易挥发，市售盐酸浓度不够准确。HCl 标准溶液采用间接配制法配制，即先配成大致所需的浓度，然后用基准物质进行标定。常见的基准物质有无水碳酸钠及硼砂。

（1）无水碳酸钠，化学式为 Na_2CO_3，其优点是容易制得纯品。但由于 Na_2CO_3 易吸收空气中的水分，因而使用前应在 $180 \sim 200 ℃$ 下干燥，然后密封于试剂瓶内，保存在干燥器中备用。用时称量要迅速，以免吸收水分而引入误差。

标定反应：　　　$Na_2CO_3 + 2HCl \rightleftharpoons 2NaCl + H_2CO_3$

$$\longrightarrow CO_2\uparrow + H_2O$$

使用甲基橙作指示剂，溶液由黄色变为橙色时到达终点。

（2）硼砂，化学式为 $Na_2B_4O_7 \cdot 10H_2O$，其优点是易制得纯品，不易吸水，摩尔质量大，称量误差小。但在空气中易风化失去部分结晶水，因此应保存在相对湿度为 60% 的恒湿器中[1]。

标定反应：　　　$Na_2B_4O_7 + 2HCl + 5H_2O \longrightarrow 4H_3BO_3 + 2NaCl$

使用甲基橙或甲基红作指示剂。

2）NaOH 标准溶液

NaOH 具有很强的吸湿性，且易吸收空气中的 CO_2，因此 NaOH 标准溶液应用间接法配制。

标定 NaOH 标准溶液的基准物质有 $H_2C_2O_4 \cdot 2H_2O$(草酸)、KHC_2O_4、$KHC_8H_4O_4$ (邻苯二甲酸氢钾) 等，最常见的是 $KHC_8H_4O_4$。

$KHC_8H_4O_4$ 易制得纯品，不含结晶水，不吸潮，容易保存，摩尔质量大，是标定碱标准溶液较理想的基准物质。

标定反应：　　　$KHC_8H_4O_4 + NaOH \longrightarrow KNaC_8H_4O_4 + H_2O$

$KHC_8H_4O_4$ 的 $pK_{a2}^{\ominus} = 5.41$，化学计量点的产物为二元弱碱，pH 约为 9.1，可选择酚酞作指示剂。

_____

[1] 装有食盐和蔗糖饱和溶液的干燥器，其上部空气湿度为 60%。

草酸基准物质的化学式为 $H_2C_2O_4 \cdot 2H_2O$ ，是二元弱酸，其 $K_{a1}^{\ominus} = 5.9 \times 10^{-2}$ ， $K_{a2}^{\ominus} = 6.4 \times 10^{-5}$ ， $K_{a1}^{\ominus} / K_{a2}^{\ominus} < 10^4$ ，只能一次性滴定至 $C_2O_4^{2-}$ ，选用酚酞作指示剂，其反应为

$$H_2C_2O_4 \cdot 2H_2O + 2NaOH \Longrightarrow Na_2C_2O_4 + 4H_2O$$

2. 酸碱滴定法的应用

酸碱滴定法广泛应用于工业、农业、医药、食品、环境监测等方面，如食品的总酸度，天然水的总碱度，土壤、废料中氮、磷含量的测定及混合碱的分析等都可以用酸碱滴定法测定。

强酸、强碱及 $c K_a^{\ominus} \geqslant 10^{-8}$ 的弱酸或 $c K_b^{\ominus} \geqslant 10^{-8}$ 的弱碱，均可以用碱标准溶液或酸标准溶液进行直接滴定。如果不满足直接滴定法的条件，可采用返滴定法、间接滴定法等方式进行滴定。

1) 食醋总酸度的测定

食醋的主要成分是乙酸，此外还含有少量的其他弱酸，如乳酸等。乙酸的 $K_a^{\ominus} = 1.74 \times 10^{-5}$ ，乳酸的 $K_a^{\ominus} = 1.4 \times 10^{-4}$ ，可用 NaOH 标准溶液直接滴定，所得结果为乙酸的总酸度，通常用含量较多的 HAc 表示。滴定反应表达式为

$$HAc + NaOH \Longrightarrow NaAc + H_2O$$

滴定到化学计量点时的 pH 约为 8.7，可用酚酞作指示剂，终点由无色变为微红色。对于市售乙酸，滴定前一般要先进行定量稀释；对于有色样品，如陈醋等，滴定时颜色由棕色变为橙色为终点。

2) 混合碱的测定

工业纯碱、烧碱及 Na_3PO_4 等产品大多是混合碱，它们的测定方法有多种。例如，纯碱的组成形式可能是纯 Na_2CO_3 ，或是 $Na_2CO_3 + NaOH$ ，或是 $Na_2CO_3 + NaHCO_3$ ，其组成及其含量都可用酸碱滴定法确定。最常用的方法为双指示剂法，具体做法如下：

准确称取一定质量 m 的试样，溶于水后，先以酚酞为指示剂，用 HCl 标准溶液滴定到终点(溶液由浅红色变为无色)，用去 HCl 溶液的体积为 V_1 ，然后加入甲基橙为指示剂，用 HCl 继续滴定到终点(溶液由黄色变为橙色)，又消耗 HCl 溶液的体积为 V_2 。根据 V_1 和 V_2 的大小关系，就可以确定混合碱的组成，见表 5-5。

表 5-5　V_1 和 V_2 的大小与混合碱样的组成

V_1 和 V_2 的关系	$V_1 > V_2$, $V_2 \neq 0$	$V_1 < V_2$, $V_1 \neq 0$	$V_1 = V_2$	$V_1 \neq 0$, $V_2 = 0$	$V_1 = 0$, $V_2 \neq 0$
碱的组成	$NaOH + Na_2CO_3$	$Na_2CO_3 + NaHCO_3$	Na_2CO_3	$NaOH$	$NaHCO_3$

【例 5-20】 称混合碱试样 0.8900 g，以酚酞为指示剂用浓度为 0.2120 mol·L^{-1} 的 HCl 标准溶液滴定至终点，用去 HCl 溶液 28.20 mL；再加入甲基橙指示剂，滴定至终点，又用去 HCl 溶液 36.30 mL。(1)混合碱试样的组成是什么？ (2)试样中各组分的质量分数为多少？

解 (1) $V_1 = 28.20$ mL， $V_2 = 36.30$ mL， $V_1 < V_2$ ，混合碱组成为 $Na_2CO_3 + NaHCO_3$ 。

(2) 各组分的相对含量为

$$w(NaHCO_3) = \frac{c \cdot (V_2 - V_1) \cdot M(NaHCO_3)}{m} = \frac{0.2120 \times (36.30 - 28.20) \times 10^{-3} \times 84.01}{0.8900}$$

$$= 16.21\%$$

$$w(\text{Na}_2\text{CO}_3) = \frac{c \cdot V_1 \cdot M(\text{Na}_2\text{CO}_3)}{m} = \frac{0.2120 \times 28.20 \times 10^{-3} \times 106.0}{0.8900}$$
$$= 71.20\%$$

混合碱组成测定的另一种方法为 BaCl_2 法。例如，含 $\text{NaOH} + \text{Na}_2\text{CO}_3$ 的试样，可以分取两等份试液分别做如下测定：第一份试液以甲基橙为指示剂，用 HCl 标准溶液滴定混合碱的总量；第二份试液，加入过量 BaCl_2 溶液，使形成难溶解的 BaCO_3 沉淀，然后以酚酞为指示剂，用 HCl 标准溶液滴定 NaOH，这样就能求得 NaOH 和 Na_2CO_3 的相对含量。

3) 铵盐的测定

NH_4^+ 是一种很弱的酸，其 $\text{p}K_a^{\ominus} = 9.25$，在水溶液体系中是不能直接滴定的，但可以采用间接法测定。测定的主要方法有蒸馏法和甲醛法。

蒸馏法的原理是：在铵盐试样中加入过量的 NaOH 溶液，加热煮沸，将蒸馏出的 NH_3 用过量且定量的 HCl（或 H_2SO_4）标准溶液吸收，作用后剩余的酸再以甲基红或甲基橙为指示剂，用 NaOH 标准溶液滴定，这样就可间接求得 NH_4^+ 的含量。

反应的方程式为
$$\text{NH}_4^+ + \text{OH}^- \Longrightarrow \text{NH}_3 \uparrow + \text{H}_2\text{O}$$
$$\text{NH}_3 + \text{HCl} \Longrightarrow \text{NH}_4^+ + \text{Cl}^-$$
$$\text{NaOH} + \text{HCl}(\text{剩余}) \Longrightarrow \text{NaCl} + \text{H}_2\text{O}$$

计算 NH_4^+ 含量的公式为
$$w(\text{NH}_4^+) = \frac{[c(\text{HCl}) \cdot V(\text{HCl}) - c(\text{NaOH}) \cdot V(\text{NaOH})] \cdot M(\text{NH}_4^+)}{m} \times 100\%$$

蒸馏法结果比较准确，但较费时。甲醛法相对而言操作简单。

甲醛法原理：在试样中加入过量的甲醛，与 NH_4^+ 作用生成一定量的酸和六次甲基四胺，生成的酸用碱标准溶液滴定。化学计量点时由于六次甲基四胺这种极弱的有机碱存在而显碱性，可选酚酞作指示剂。反应的方程式为
$$4\text{NH}_4^+ + 6\text{HCHO} \Longrightarrow (\text{CH}_2)_6\text{N}_4 + 4\text{H}^+ + 6\text{H}_2\text{O}$$
$$\text{H}^+ + \text{OH}^- \Longrightarrow \text{H}_2\text{O}$$

计算 NH_4^+ 含量的公式为
$$w(\text{NH}_4^+) = \frac{c(\text{NaOH}) \cdot V(\text{NaOH}) \cdot M(\text{NH}_4^+)}{m} \times 100\%$$

4) 有机物中氮含量的测定

一些含氮的有机物（如含蛋白质的食品、饲料及生物碱等）表面上看不能用酸碱滴定法进行测定，但可以用化学方法将有机氮转化为 NH_4^+，再按照蒸馏法进行测定，这种方法称为凯氏(Kjeldahl)定氮法[①]。

测定时将试样与浓 H_2SO_4 共煮，进行消化分解，并加入 K_2SO_4 以提高沸点，促进分解，使所含的氮在 CuSO_4 或汞盐催化下分解为 NH_4^+：

---

① 凯氏定氮法是由丹麦化学家 Kjeldahl 于 1833 年建立的，现已发展为常量、微量、半微量凯氏定氮法及自动定氮仪法等，是分析有机化合物含氮量的常用方法。

$$C_mH_nN \xrightarrow{H_2SO_4, K_2SO_4} CO_2\uparrow + H_2O + NH_4^+$$

溶液以过量 NaOH 碱化后，再以蒸馏法测定。

【例 5-21】   称取 1.500 g 大豆，用凯氏定氮法分解试样后，加入过量 NaOH 溶液，加热煮沸，蒸馏出的 NH_3 用 25.00 mL 0.2550 mol·L^{-1} HCl 溶液吸收，剩余的 HCl 用 0.1120 mol·L^{-1} NaOH 溶液滴定，消耗了 12.80 mL。计算此大豆样品中氮的质量分数。

解
$$w(N) = \frac{[c(HCl) \cdot V(HCl) - c(NaOH) \cdot V(NaOH)] \cdot M(N)}{m} \times 100\%$$

$$= \frac{(0.2550 \times 25.00 - 0.1120 \times 12.80) \times 10^{-3} \times 14.01}{1.500} \times 100\% = 4.62\%$$

在凯氏定氮法的操作中，也可采用饱和硼酸溶液吸收蒸馏出来的氨，然后用标准盐酸滴定。

不同蛋白质中氮的含量基本相同，因此根据氮的含量可计算蛋白质的含量。一般情况下，将氮的含量换算为蛋白质含量的换算因数约为 6.25（即通常情况下，蛋白质中含 16%的氮）。

5）硅酸盐试样中 SiO_2 的测定

硅酸盐试样中 SiO_2 含量的测定，过去都是采用重量法，虽然测定结果比较准确，但过程烦琐，比较耗时。因此，目前生产上的例行分析多采用氟硅酸钾容量法。

试样用 KOH 熔融，使其转化为可溶性硅酸盐，如 K_2SiO_3，硅酸钾在钾盐存在下与 HF 作用，转化成微溶的氟硅酸钾（K_2SiF_6），其反应如下：

$$K_2SiO_3 + 6HF \Longrightarrow K_2SiF_6\downarrow + 3H_2O$$

由于沉淀的溶解度较大，通常需加入固体 KCl 以降低其溶解度。沉淀经过滤和氯化钾-乙醇溶液洗涤后，放入原烧杯中，然后再加入氯化钾-乙醇溶液，以 NaOH 中和游离酸至酚酞变红，再加入沸水，使氟硅酸钾水解释放出 HF，其反应式为

$$K_2SiF_6 + 3H_2O \Longrightarrow 2KF + H_2SiO_3 + 4HF$$

用 NaOH 标准溶液滴定氟硅酸钾水解释放出的 HF，根据所消耗的 NaOH 标准溶液的量计算试样中 SiO_2 的含量。由反应式可知，1 mol K_2SiF_6 释放出 4 mol HF，即消耗 4 mol NaOH，所以 SiO_2 与 NaOH 的计量比为 1∶4。试样中 SiO_2 的质量分数为

$$w(SiO_2) = \frac{1}{4} \cdot \frac{c(NaOH) \cdot V(NaOH) \cdot M(SiO_2)}{m} \times 100\%$$

本 章 小 结

1. 基本概念和基本理论

掌握酸碱质子理论的基本要点和解离平衡，凡是能给出质子的物质是酸，能接受质子的物质是碱；酸给出一个质子后形成的碱与酸形成共轭酸碱对；酸碱反应的实质是酸和碱之间的质子传递；弱电解质在水溶液中存在各种型体，各种型体的分布分数与溶液的酸度有直接联系，利用平衡关系或分布分数计算酸碱体系中各组分浓度；掌握质子条件式及其应用。

2. 溶液酸度的计算

掌握弱酸(弱碱)溶液、多元酸(碱)溶液、两性溶液、缓冲溶液、强酸强碱溶液等 pH 计算方法，利用近似式及最简式计算溶液中的氢离子浓度及 pH。

3. 酸碱指示剂

酸碱指示剂的原理、重要的酸碱指示剂的变色范围、指示剂的选择原则是有关酸碱指示剂问题的核心内容。

4. 酸碱滴定法的应用

理解酸碱滴定曲线的意义，掌握滴定突跃概念，掌握主要酸碱体系直接滴定的判据；了解直接滴定、混合碱测定、铵根含量测定等典型酸碱滴定的计算。

化 学 视 野

酸碱理论是阐明酸、碱本身及酸碱反应本质的理论。目前重要的酸碱理论主要有：阿伦尼乌斯酸碱理论(电离理论)、酸碱质子理论、路易斯酸碱理论(电子理论)及软硬酸碱理论。

最早提出酸、碱概念的是英国波义耳(R. Boyle)。法国拉瓦锡又提出氧是所有酸中普遍存在的和必不可少的元素，英国戴维(H. Davy)以盐酸中不含氧的实验事实证明拉瓦锡的看法是错误的，戴维认为：判断一种物质是不是酸，要看它是否含有氢。这个概念带有片面性，因为很多有机化合物和氨都含有氢，但并不是酸。德国李比希弥补了戴维的不足，为酸和碱下了更科学的定义：所有的酸都是氢的化合物，但其中的氢必须很容易被金属置换；碱是能够中和酸并产生盐的物质。但他不能解释为什么有的酸强，有的酸弱。这一问题后来被瑞典的阿伦尼乌斯解决。

1. 阿伦尼乌斯酸碱理论

在阿伦尼乌斯电离理论的基础上提出的酸碱理论是：酸、碱均是电解质，它们在水溶液中会解离，能解离出氢离子的物质是酸，能解离出氢氧根离子的物质是碱。由于水溶液中的氢离子和氢氧根离子的浓度是可以测量的，因此这一理论第一次从定量的角度描述酸碱的性质和它们在化学反应中的行为，指出各种酸碱的电离度可以大不相同，于是就有强酸和弱酸、强碱和弱碱之分。阿伦尼乌斯还指出：多元酸和多元碱在水溶液中分步解离，能电离出多个氢离子的酸是多元酸，能电离出多个氢氧根离子的碱是多元碱，它们在解离时都是分步进行的。这一理论还认为酸碱中和反应是酸电离出的氢离子和碱电离出的氢氧根离子之间的反应：

$$H^+ + OH^- \rightleftharpoons H_2O$$

但是，阿伦尼乌斯酸碱理论也遇到一些难题，如：①没有水存在时，也能发生酸碱反应，如氯化氢气体和氨气发生反应生成氯化铵，但这些物质都未电离；②将氯化铵溶于液氨中，溶液即具有酸的特性，能与金属发生反应产生氢气，能使指示剂变色，但氯化铵在液氨这种非水溶剂中并未电离出氢离子；③碳酸钠在水溶液中并不电离出氢氧根离子，但它却是一种碱。要解决这些问题，首先必须使酸碱概念脱离溶剂(包括水和其他非水溶剂)而独立存在；其次酸碱概念不能脱离化学反应而孤立存在，酸和碱是相互依存的，而且都具有相对性。解决这些难题的是丹麦的布朗斯特和英国的劳里，他们于 1923 年提出酸碱质子理论。

2. 酸碱质子理论

布朗斯特和劳里提出的酸碱定义是：凡是能释放出质子(H⁺)的物质都是酸，凡是能接受质子的物质都是碱。酸碱质子理论在本章正文中有详细介绍，在此不再细述。

酸碱质子理论的优点是：①扩大了酸和碱的范围；②明确指出酸和碱的概念具有相对性；③可以解释非水溶液体系和气态中的酸碱反应。

当然，酸碱质子理论也有解释不了的问题，如其无法说明下列反应是酸碱反应：

$$CaO + SO_3 \Longrightarrow CaSO_4$$

在这个反应中，SO_3 显然是酸，但它并未释放质子；CaO 显然是碱，但它并未接受质子。又如，实验证明了许多不含氢的化合物（它们不能释放质子）如 $AlCl_3$、BCl_3、$SnCl_4$ 都可以与碱发生反应，但酸碱质子理论无法解释它们是酸。

3. 路易斯酸碱理论

1923 年，美国路易斯指出没有任何理由认为酸必须限定在含氢的化合物上，他的这种认识来源于氧化反应不一定非有氧参加。路易斯是共价键理论的创建者，因此他更倾向于用结构的观点为酸碱下定义：碱是具有孤对电子的物质，这对电子可以用来使别的原子形成稳定的电子层结构；酸则是能接受电子对的物质，它利用碱所具有的孤对电子使其本身的原子达到稳定的电子层结构。这一理论很好地解释了一些不能释放出质子的物质也是酸，一些没有接受质子的物质也是碱。例如，CaO 与 SO_3 的反应中，CaO 并未接受质子，但它具有孤对电子，这对电子可以用来使 SO_3 中的硫原子达到稳定的 8 电子结构，因此 CaO 是碱；SO_3 在反应中虽然没有释放质子，但其中的硫原子能接受 CaO 中氧原子的孤对电子而达到稳定的 8 电子结构，因此 SO_3 是一种酸。

路易斯酸碱理论解释了许多有机反应也是酸碱反应，如 CH_3^+、$C_2H_5^+$、CH_3CO^+ 都是酸，分别与碱 H^+、OH^-、$C_2H_5O^-$ 结合成加合物 CH_4、C_2H_5OH、$CH_3COOC_2H_5$。对许多有机化学反应有很好的指导作用。

4. 软硬酸碱理论

软硬酸碱理论是在路易斯酸碱理论基础上提出的。该理论是根据金属离子对多种配体的亲和性不同，把金属离子分为两类：一类是"硬"的金属离子，称为硬酸；另一类是软的金属离子，称为软酸。硬的金属离子一般半径小、电荷高。在与半径小、变形性小的阴离子（硬碱）相互作用时，有较大的亲和力，这是以库仑力为主的作用力。软的金属离子由于半径大，本身有较大的变形性，在与半径大、变形性大的阴离子（软碱）相互作用时，发生相互间的极化作用（软酸软碱作用），这是一种以共价键为主的相互作用力。

软硬酸碱理论将酸碱做如下划分：

硬酸，如 H^+、Li^+、Na^+、K^+、Be^{2+}、Fe^{3+}、Ti^{4+}、Cr^{3+} 等；软酸，如 Cu^+、Ag^+、Cd^{2+}、Hg^{2+}、Pd^{2+} 等；交界酸（处于硬酸和软酸之间称为交界酸），如 Fe^{2+}、Co^{2+}、Ni^{2+}、Cu^{2+}、Zn^{2+}、Pb^{2+}、Sn^{2+}、Sb^{3+} 等。

硬碱，如 NH_3、F^-、H_2O、OH^-、O^{2-}、CH_3COO^-、PO_4^{3-}、SO_4^{2-}、CO_3^{2-}、ClO_4^-、NO_3^-、ROH 等；软碱，如 I^-、S^{2-}、CN^-、SCN^-、CO、H^-、$S_2O_3^{2-}$、RS^- 等；交界碱（处于硬碱和软碱之间称为交界碱），如 N^{3-}、Br^-、SO_3^{2-}、N_2 等。

软硬酸碱理论对酸碱反应有规则：硬亲硬，软亲软，软硬交界就不管（处中间）。

软硬酸碱理论的应用：①判断化合物的稳定性；②判断反应方向；③解释自然界元素存在形式：矿物中 Mg、Ca、Sr、Ba、Al 等金属离子为硬酸，大多以氯化物、氟化物、碳酸盐、硫酸盐等形式存在；而 Cu、Ag、Au、Zn、Pb、Hg、Ni、Co 等低价金属为软酸，以硫化物的形式存在；④解释溶解性：在水溶液中，含有电负性高的氧原子，是一种硬碱，但介于 F^- 与其他卤素离子之间，Li^+ 是典型的硬酸，与 F^- 的键合力强，LiF 在水中溶解度小，而 LiCl、LiBr、LiI 易溶于水，易被取代。在卤化银中，Ag^+ 是硬酸，与 Cl^-、Br^-、I^- 键合力较水强，这些盐溶解度小，但 Ag^+ 与 F^- 键合力较水弱，AgF 溶解度大。

习　题

一、解答题

1. 按照酸碱质子理论，什么是酸？什么是碱？什么是两性物质？
2. 溶液的酸碱性是如何规定的？物质的酸碱性与溶液的酸碱性的概念有什么区别？
3. 什么是缓冲溶液？配制缓冲溶液时应该注意哪些问题？
4. 什么是酸碱指示剂的变色原理？甲基橙、酚酞的实际变色范围是什么？

5. 什么是酸碱滴定突跃？影响酸碱滴定突跃的因素有哪些？

6. 在进行食醋总酸度的测定时，为什么不能把乙酸和乳酸分别进行准确测定？

7. 双指示剂法测定混合碱含量时，如何根据盐酸的消耗确定混合碱的组成？

8. 写出下列物质的质子条件式：

H_2CO_3，$(NH_4)_2C_2O_4$，$NH_4H_2PO_4$，$NH_3 \cdot H_2O$。

9. 为什么要用间接法配制 NaOH 标准溶液？写出标定 NaOH 溶液的基准物质、指示剂及标定反应方程式。

10. 根据弱电解质的解离常数，确定下列各溶液在相同浓度下，pH 由大到小的顺序：

NaAc、NaCN、Na_3PO_4、H_3PO_4、$(NH_4)_2SO_4$、$HCOONH_4$、NH_4Ac、HCl、H_2SO_4、NaOH。

11. 用邻苯二甲酸氢钾标定 NaOH 溶液时，下列情况将使标定得到的 NaOH 浓度偏高还是偏低？还是没有影响？

(1) 滴定速度较快，而滴定管读数过早；

(2) NaOH 起始读数实际为 0.10，而误读为 0.00；

(3) 邻苯二甲酸氢钾质量实际为 0.6324 g，而误读为 0.6234 g；

(4) 操作中写明要用 50 mL 水溶解，但实际用 100 mL 水溶解。

二、判断题

1. 在纯水中加入一些酸，则溶液中 $[H^+] \cdot [OH^-]$ 的乘积增大。（　　）

2. 缓冲溶液可以进行任意比例的稀释。（　　）

3. 酸碱指示剂一般都是弱的有机酸或有机碱。（　　）

4. 等物质的量的酸与等物质的量的碱反应后，其溶液呈中性。（　　）

5. 混合指示剂利用颜色的互补来提高变色的敏锐性。（　　）

6. 酸碱滴定时，若滴定终点与化学计量点不一致，则不能进行滴定。（　　）

7. 相同温度下，纯水、酸性或碱性溶液中，水的标准离子积常数都相等。（　　）

8. 向氨水溶液中加入水，氨水的解离度增大，该溶液的碱性增强。（　　）

9. 当 $[H^+] > [OH^-]$ 时，溶液呈酸性。（　　）

10. 在 H_3PO_4 溶液中，$c(H^+) \neq 3c(PO_4^{3-})$。（　　）

三、选择题

1. $H_2PO_4^-$ 的共轭碱是（　　）。

A. H_3PO_4　　　　　　　B. HPO_4^{2-}　　　　　　　C. PO_4^{3-}　　　　　　　D. OH^-

2. 根据酸碱质子理论，下列物质中（　　）具有两性。

A. HCO_3^-　　　　　　　B. CO_3^{2-}　　　　　　　C. PO_4^{3-}　　　　　　　D. NO_3^-

3. 下列物质属于共轭酸碱对的是（　　）。

A. HCO_3^- 和 CO_3^{2-}　　　　B. H_2S 和 HS^-　　　　C. NH_4^+ 和 NH_2^-　　　　D. H_3O^+ 和 OH^-

4. 在酸碱滴定中选择指示剂时可不考虑哪个因素？（　　）

A. 滴定突跃的范围　　　　　　　　　　　B. 指示剂的变色范围

C. 指示剂的颜色变化　　　　　　　　　　D. 指示剂分子量的大小

5. 标定 NaOH 溶液常用的基准物质有（　　）。

A. 无水 Na_2CO_3　　　　　B. 邻苯二甲酸氢钾　　　　C. 草酸　　　　　　D. 硼砂

6. 在酸碱滴定中，选择强酸强碱作为滴定剂的理由是（　　）。

A. 可以直接配制标准溶液　　　　　　　　B. 使滴定突跃尽量大

C. 加快滴定反应速率　　　　　　　　　　D. 使滴定曲线较美观

7. 下列混合溶液，哪些具有缓冲能力？（　　）

A. 100 mL 1 mol·L^{-1} HAc + 100 mL 1 mol·L^{-1} NaOH

B. 100 mL 1 mol·L^{-1} HAc + 200 mL 2 mol·L^{-1} $NH_3 \cdot H_2O$

C. 200 mL 1 mol·L^{-1} HAc + 100 mL 1 mol·L^{-1} NaOH

D. 100 mL 1 mol·L^{-1} NH_4Cl + 200 mL 2 mol·L^{-1} $NH_3 \cdot H_2O$

8. 水溶液中，水与共轭酸碱对构成一平衡体系，决定此溶液酸度的是（　　）。

A. $K_a^\ominus$ 或 $K_b^\ominus$　　　　B. 初始浓度　　　　C. 两者都有关　　　　D. 两者都无关

9. 下列这些盐中，哪几种不能用标准强酸溶液直接滴定？（　　）

A. Na_2CO_3（H_2CO_3 的 $K_{a1}^\ominus = 4.2\times10^{-7}$，$K_{a2}^\ominus = 5.6\times10^{-11}$）

B. NaAc（HAc 的 $K_a^\ominus = 1.8\times10^{-5}$）

C. $Na_2B_4O_7\cdot10H_2O$（H_3BO_3 的 $K_a^\ominus = 4.6\times10^{-10}$）

D. HCOONa（HCOOH 的 $K_a^\ominus = 1.77\times10^{-4}$）

10. 下列这些物质中，哪几种不能用标准强碱溶液直接滴定？（　　）

A. $C_6H_5NH_2\cdot HCl$（$C_6H_5NH_2$ 的 $K_b^\ominus = 4.6\times10^{-10}$）

B. NH_4Cl（$NH_3\cdot H_2O$ 的 $K_b^\ominus = 1.8\times10^{-5}$）

C. 邻苯二甲酸氢钾（邻苯二甲酸 $K_{a1}^\ominus = 7.4\times10^{-4}$，$K_{a2}^\ominus = 3.9\times10^{-6}$）

D. 苯酚（$K_a^\ominus = 1.1\times10^{-10}$）

四、填空题

1. 缓冲溶液的特点是_____。

2. 用强碱滴定弱酸时，能够直接滴定的条件是_____。

3. 以硼砂为基准物质标定 HCl 溶液，反应为：$Na_2B_4O_7 + 5H_2O = 2NaH_2BO_3 + 2H_3BO_3$；$NaH_2BO_3 + HCl = NaCl + H_3BO_3$。$Na_2B_4O_7$ 与 HCl 反应的物质的量之比是_____。

4. 某三元酸的解离常数分别为：$K_{a1}^\ominus = 10^{-3}$、$K_{a2}^\ominus = 10^{-7}$、$K_{a3}^\ominus = 10^{-13}$。用 NaOH 标准溶液滴定该酸至第一化学计量点时，溶液的 pH 为_____，选用_____作指示剂；滴定至第二化学计量点时，溶液的 pH 为_____，可选用_____作指示剂。

5. 酸碱滴定曲线是以_____变化为特征的。滴定时酸碱浓度越_____，则滴定突跃范围越_____；酸碱强度越_____，则滴定突跃范围越_____。

6. 以甲基橙为指示剂标定 0.1 mol·L^{-1} HCl 溶液时，欲将滴定的体积控制在 25 mL 左右。若以无水碳酸钠为基准物质，应称取_____g 左右；若改用硼砂，应称取_____g 左右。

7. 有一碱液，可能是 NaOH、Na_2CO_3、$NaHCO_3$ 或它们的混合物。若用标准盐酸溶液滴定至酚酞指示剂终点时，耗去盐酸 V_1 mL，继续以甲基橙为指示剂滴定，又耗去 V_2 mL 盐酸。依据 V_1 与 V_2 的关系判断该混合碱液的组成：

(1) 当 $V_1 > V_2$ 时为_____；　　(2) 当 $V_1 < V_2$ 时为_____；

(3) 当 $V_1 = V_2$ 时为_____；　　(4) 当 $V_1 = 0$、$V_2 > 0$ 时为_____；

(5) 当 $V_1 > 0$、$V_2 = 0$ 时为_____。

五、计算题

1. 计算 0.10 mol·L^{-1} 苯甲酸溶液的 pH 及其解离度。

2. 计算室温下饱和 CO_2 水溶液（0.10 mol·L^{-1}）中的各组分平衡浓度。

3. 某弱酸 HA 的 $pK_a^\ominus = 9.21$，现有其浓度为 0.1000 mol·L^{-1} 的共轭碱 NaA 溶液 20.00 mL，当用 0.1000 mol·L^{-1} HCl 溶液滴定时，化学计量点的 pH 为多少？化学计量点附近的滴定突跃在什么范围？应选择哪种指示剂？

4. 计算下列溶液的 pH：

(1) 0.10 mol·L^{-1} HCOOH；

(2) 0.10 mol·L^{-1} NaAc；

(3) 0.10 mol·L^{-1} NH_4Cl；

(4) 0.10 mol·L^{-1} Na_2CO_3；

(5) 0.10 mol·L^{-1} $NaHCO_3$；

(6) 0.10 mol·L^{-1} NH_4COOH；

(7) 0.20 mol·L^{-1} $NH_3\cdot H_2O$ 与 0.10 mol·L^{-1} NH_4Cl 的等体积混合液；

(8) 200 mL 1 mol · L^{-1} HAc 和 100 mL 1 mol · L^{-1} NaOH 的混合溶液。

5. 用 0.01000 mol · L^{-1} HNO$_3$ 溶液滴定 20.00 mL 0.01000 mol · L^{-1} NaOH 溶液时，化学计量点的 pH 为多少？计算滴定突跃范围？应选择哪种指示剂？

6. 称取 0.8650 g 硼砂，以甲基红为指示剂标定 HCl 溶液，滴定用去 HCl 溶液 22.50 mL，求该 HCl 溶液的浓度。

7. 称取粗铵盐 1.450 g，加过量 NaOH 溶液，加热，蒸馏出来的氨气用 50.00 mL 0.5100 mol · L^{-1} HCl 标准溶液吸收，过量的 HCl 用 0.4500 mol · L^{-1} NaOH 标准溶液返滴定，用去 10.50 mL。计算试样中 NH$_3$ 的质量分数。

8. 称取 1.520 g 奶粉样品，采用凯氏定氮法测定蛋白质的含量。以 0.1200 mol · L^{-1} HCl 标准溶液滴定吸收氨的硼酸溶液至终点，用去 20.50 mL。计算试样中蛋白质的含量。

9. 称取混合碱试样 0.9500 g，以酚酞作指示剂用浓度为 0.2800 mol · L^{-1} HCl 标准溶液滴定至终点，用去 HCl 溶液 21.15 mL；再加入甲基橙指示剂，滴定至终点，又用去 HCl 溶液 32.66 mL。计算试样中各组分的质量分数。

10. 有一 Na$_3$PO$_4$ 试样，其中含有 Na$_2$HPO$_4$。称取试样 1.050 g，以酚酞为指示剂，用浓度为 0.1650 mol · L^{-1} HCl 标准溶液滴定至终点，用去 HCl 溶液 8.65 mL；再加入甲基橙指示剂，滴定至终点，又用去 HCl 溶液 36.12 mL。计算试样中 Na$_3$PO$_4$、Na$_2$HPO$_4$ 的质量分数。

11. 称取石英砂试样 1.000 g，用氟硅酸钾容量法测定试样中的 SiO$_2$ 含量。试样经处理后，用 0.5210 mol · L^{-1} NaOH 标准溶液滴定至终点，用去 NaOH 溶液 26.12 mL。计算试样中 SiO$_2$ 的质量分数。

第6章　配位平衡与配位滴定分析

配位化合物简称配合物(又称络合物)，是一类结构复杂、自然界中广泛存在的化合物，元素周期表中绝大多数金属元素都能形成配合物。人们的衣食住行、日常生活中用的各种材料，许多都与配合物有关。最早见于文献的配合物是 1704 年德国涂料工人迪士巴赫(Diesbach)在制备美术颜料时发现的普鲁士蓝(即亚铁氰化铁 $Fe_4[Fe(CN)_6]_3$)。自 20 世纪 60 年代以来，配合物的研究发展很快，有关配位化合物的研究已发展成为配位化学，并广泛应用于工业、农业、生物、医药、环境等领域。以配位反应为基础的滴定分析称为配位滴定分析。

6.1　配位化合物

6.1.1　配位化合物的概念及组成

1. 配位化合物的概念

中国化学会和国际纯粹与应用化学联合会对配位化合物的定义基本相同，即：配位化合物是由可以给出孤对电子的一定数目的离子或分子(称为配体)和具有接受孤对电子(或多个不定域电子)的空位的原子或离子(统称中心体)按一定组成和空间构型形成的化合物。换言之，以具有可以接受孤对电子的原子或离子为中心，以一定数目可以给出电子对的离子或分子为配位体，二者以配位键的形式结合而成的复杂离子(或分子)称为配位单元(配位离子或配位分子)，含有配位单元的化合物称为配位化合物，简称配合物。

2. 配位化合物的组成

1)内界和外界

配位化合物的组成大多分为内界和外界两部分，内界与外界之间以离子键结合形成中性分子，溶于水时配合物解离为内界和外界两部分。

$$配合物 \begin{cases} 内界 \begin{cases} 中心体(或形成体) \\ 配位体(配体) \end{cases} \\ 外界 \end{cases}$$

内界常用方括号括起来，大多数情况下内界以离子形式存在，称为配位离子或配离子；方括号之外的部分为外界。例如，$[Cu(NH_3)_4]SO_4$ 的内界为中心离子 Cu^{2+} 和配体 NH_3，外界是 SO_4^{2-}。也有些配合物没有外界，本身就是一个电中性化合物，如$[Ni(CO)_4]$、$[Fe(CO)_5]$、$[PtCl_2(NH_3)_2]$、$[CoCl_3(NH_3)_3]$等。

2)中心体和配位体

内界由中心体和配位体组成。中心体(也称形成体)是配合物的核心，位于配合物的中心位置，与配位体(简称配体)以配位键结合而成配合物的内界。成键时，由配位体提供孤对电子，中心体提供空轨道接受孤对电子，故中心体又称为电子对的接受体，配位体又称为电子对的给予体。

中心体绝大多数是正离子，且以过渡金属离子居多，如铁、钴、镍、铜、银、金等金属元素的离子；其次，高氧化数的主族金属元素如铝元素、高氧化数的非金属元素如硼、硅、磷等也可作为中心体，如$[AlF_6]^{3-}$中的Al^{3+}、BF_4^-、SiF_6^{2-}中的$B(III)$、$Si(IV)$等。对没有外界的配合物而言，中心体则为金属原子，如$[Ni(CO)_4]$、$[Fe(CO)_5]$的中心体分别是$Ni(0)$、$Fe(0)$。可见，中心体可以是离子或原子，故中心体也称为中心离子或中心原子。

内界中，与中心体以配位键相结合、含有孤对电子的中性分子或阴离子称为配位体。常见于非金属元素的负离子或分子，如NH_3、H_2O、CN^-、卤素负离子X^-等。

不同配位体含有配位原子的种类和数目不一定相同，根据单个配体所提供的配位原子数目，可将配位体分为单齿配位体和多齿配位体。只含有一个配位原子的配位体称单齿配位体，如NH_3、H_2O、CN^-、卤素负离子等；含有两个及两个以上配位原子的配位体称多齿配位体，如乙二胺(en)、草酸根($C_2O_4^{2-}$)、乙二胺四乙酸根(EDTA)等，结构如图6-1所示。

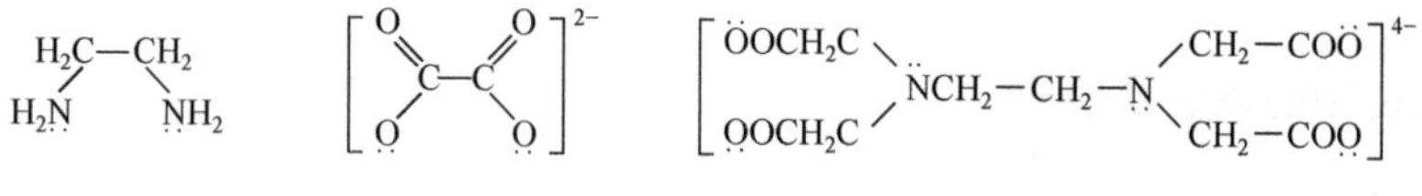

图6-1　乙二胺、草酸根、乙二胺四乙酸根的结构示意图

3)配位原子和配位数

配位体中，能提供孤对电子的原子称为配位原子。一般常见的配位原子是电负性较大的非金属原子(如N、O、C、S、Cl)。

与中心体直接以配位键结合的配位原子数称为中心体的配位数。配位数是配位原子的个数，而不是配位体的个数。中心体的配位数一般为2、4、6、8等，最常见的是4和6。例如，配离子$[Cu(NH_3)_4]^{2+}$中配位数为4；Cu^{2+}与2个乙二胺(en，1个分子里含有2个配位原子)配位体形成的配合物$[Cu(en)_2]^{2+}$中配位数也为4。

常见的配位体及配位原子有：

含氮配体：NH_3、NCS^-(异硫氰酸根)；

含氧配体：H_2O、OH^-；

含硫配体：SCN^-(硫氰酸根)；

含碳配体：CN^-、CO；

含卤素原子配体：F^-、Cl^-、Br^-、I^-。

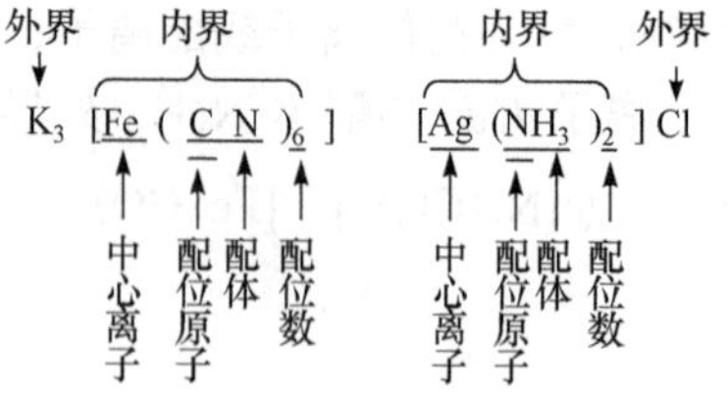

4)配离子的电荷

配离子的电荷可通过中心离子电荷与配位体总电荷计算得到，也可根据外界离子的电荷确定。例如，配合物$[Cu(NH_3)_4]SO_4$，配离子$[Cu(NH_3)_4]^{2+}$的电荷数即是铜离子的电荷数+2，因为NH_3是电中性的；配合物$[Co(en)_3]Cl_3$中，外界有3个Cl^-，故配离子的电荷一定是+3。

配位化合物的组成可概括为图6-2，部分实例可见表6-1。

图6-2　配位化合物的组成

表 6-1　配位化合物的组成实例

配位化合物	中心原子(离子)	配位体	配位原子	配位数	配离子电荷
$[Ag(NH_3)_2]Cl$	Ag^+	NH_3	N	2	+1
$K_4[Fe(CN)_6]$	Fe^{2+}	CN^-	C	6	-4
$[Co(NH_3)_3Cl_3]$	Co^{3+}	NH_3 和 Cl^-	N、Cl	6	0
$[Fe(CO)_5]$	Fe	CO	C	5	0

6.1.2　配位化合物的命名

　　配合物的命名遵循一般无机化合物的命名原则，通常按构成该配合物的化学式、由后向前读出化学式的名称，即阴离子在前、阳离子在后。大致归纳为以下几点：

　　(1)内界与外界之间称为"某化某"或"某酸某"。

　　[配离子]$^+$ 简单负离子，某化某，如$[Ag(NH_3)_2]Cl$ 称氯化二氨合银(Ⅰ)；

　　[配离子]$^+$ 复杂负离子，某酸某，如$[Cu(NH_3)_4]SO_4$ 称硫酸四氨合铜(Ⅱ)；

　　正离子[配离子]$^-$，某酸某，如$K_4[Fe(CN)_6]$称六氰合铁(Ⅱ)酸钾。

　　(2)内界按如下顺序命名：配位数—配体名称—"合"—中心体名称（氧化数）。配位数数目以汉字"一、二、三……"表示，氧化数用带括号的罗马数字Ⅰ、Ⅱ、Ⅲ…表示。例如，$[Ni(CO)_4]$为四羰合镍(0)；$[Cu(NH_3)_4]^{2+}$为四氨合铜(Ⅱ)离子，俗称铜氨离子；$K_3[Fe(CN)_6]$为六氰合铁(Ⅲ)酸钾，俗称赤血盐；$[Cu(NH_3)_4]SO_4$为硫酸四氨合铜(Ⅱ)；$[Cu(en)_2]Cl_2$为二氯化二乙二胺合铜(Ⅱ)。

　　(3)存在多种配体时，不同配体名称之间用圆点"·"隔开。命名顺序为：先离子配体，后中性分子配体；先无机配体，后有机配体；同类配体以配位原子元素英文字母排序，同配位原子则先少原子配体后多原子配体。例如，以配位原子元素英文字母排序(同类配位体)：$[Co(NH_3)_5H_2O]Cl_3$，命名为"三氯化五氨·一水合钴(Ⅲ)"；先少原子配体后多原子配体(同配位原子)：$[PtNO_2NH_3NH_2OH(py)]Cl$，命名为"一氯化硝基·氨·羟胺·吡啶合铂(Ⅱ)"；$[Co(NH_3)_2Cl_3]$ 命名为"三氯·二氨合钴(Ⅲ)"。

　　(4)配位原子相同，且配体中含原子数目也相同，此时按非配位原子的元素符号英文字母顺序排列，如$[PtNH_2(NO_2)(NH_3)_2]$ 命名为"一氨基·一硝基·二氨合铂(Ⅱ)"。

　　(5)某些易混淆的酸根依据配位原子的不同而分别命名：—ONO(亚硝酸根，配位原子是O)，—NO_2(硝基，配位原子是N)，— SCN(硫氰酸根，配位原子是S)，—NCS(异硫氰酸根，配位原子是N)。例如，$[Co(NO_2)_3(NH_3)_3]$命名为"三硝基·三氨合钴(Ⅲ)"，$NH_4[Cr(NCS)_4(NH_3)_2]$命名为"四异硫氰酸根·二氨合铬(Ⅲ)酸铵"。常见配合物命名见表6-2。

表 6-2　常见配合物的命名

配合物化学式	命名
$[Cu(NH_3)_4]SO_4$	硫酸四氨合铜(Ⅱ)
$[PtCl(NO_2)(NH_3)_4]CO_3$	碳酸一氯·一硝基·四氨合铂(Ⅳ)
$K_2[SiF_6]$	六氟合硅(Ⅳ)酸钾
$[Zn(NH_3)_4]Cl_2$	二氯化四氨合锌(Ⅱ)

续表

配合物化学式	命名
$Ca_2[Fe(CN)_6]$	六氰合铁（Ⅱ）酸钙
$Na[Co(CO)_4]$	四羰基合钴（-I）酸钠
$K_4[Ni(CN)_4]$	四氰合镍（0）酸钾
$[Co(ONO)(NH_3)_5]SO_4$	硫酸—亚硝酸根·五氨合钴（Ⅲ）
$[Co(NH_3)_3(H_2O)Cl_2]Cl$	一氯化二氯·三氨·一水合钴（Ⅲ）

6.1.3　配位化合物的价键理论

配合物的化学键理论有价键理论、晶体场理论、配位场理论和分子轨道理论等，主要用于研究中心体与配体之间的键合本质，用以阐明中心体的配位数、配合物的立体结构及配合物的热力学性质、动力学性质、光谱和磁性等。离子键和共价键理论可用于解释配合物的形成，但不能解决配合物中中心体和配体之间结合的本质。1931 年，鲍林将杂化轨道理论应用到配合物中，提出了配合物的价键理论，该理论能较好地解释配合物的形成、空间构型及配合物的磁性等。本节重点学习配合物的价键理论。

1. 价键理论的基本要点

（1）中心体 M 与配体 L 之间以配位键结合：L 提供孤对电子，M 提供空轨道，两者之间形成 M←L 配位键。

（2）中心体 M 的价层空轨道在配体的影响下使能量相近的轨道进行杂化，形成能量相同的、与配位数相等的杂化轨道，L 将孤对电子填入杂化轨道。

（3）中心体采用何种方式杂化，与中心体的价层电子结构和配体中配位原子的电负性有关；杂化轨道的类型决定了配离子的空间构型。

（4）由于杂化轨道的类型、数目不同，配离子的空间结构、配位数及稳定性也有所不同；根据参与杂化的轨道能级不同，配合物分为外轨型和内轨型两种。

配合物中常见的杂化轨道类型及空间构型如表 6-3 所示。

表 6-3　配合物中常见的杂化轨道类型及空间构型

配位数	杂化轨道	空间构型
2	sp	直线形
3	sp^2	三角形
4	sp^3	正四面体
4	dsp^2	平面正方形
5	dsp^3	三角双锥
5	d^2sp^2	四方锥
6	d^2sp^3，sp^3d^2	八面体

2. 具体实例

1）配位数为 2 的配合物杂化方式及空间构型

氧化数为+1 的离子常形成配位数为 2 的配离子，如 Ag^+，与 Ag^+ 相关的配离子有 $[Ag(NH_3)_2]^+$、$[AgCl_2]^-$ 和 $[AgI_2]^-$ 等，未成键时 Ag^+ 的价层电子排布为 $4d^{10}$，4d 轨道已全充满，5s 和 5p 为空轨道。

$$Ag^+ \quad \textcircled{\uparrow\downarrow}\textcircled{\uparrow\downarrow}\textcircled{\uparrow\downarrow}\textcircled{\uparrow\downarrow}\textcircled{\uparrow\downarrow} \quad \bigcirc \quad \bigcirc\bigcirc\bigcirc$$
$$\qquad\qquad\quad 4d \qquad\qquad\quad 5s \qquad 5p$$

Ag^+ 与配体形成配位数为 2 的配离子时需要两个空轨道接受配体提供的两对孤对电子，而 Ag^+ 的 1 个 5s 轨道和 1 个 5p 轨道进行 sp 杂化，便可形成两个等价的 sp 杂化轨道。配离子 $[Ag(NH_3)_2]^+$、$[AgCl_2]^-$ 和 $[AgI_2]^-$ 均由中心体与配体以 sp 杂化轨道成键形成，空间构型为直线形。$[Ag(NH_3)_2]^+$ 中 Ag^+ 与配体 NH_3 成键过程如下：

$$\qquad\qquad\qquad\qquad\qquad\qquad NH_3 \quad NH_3$$
$$[Ag(NH_3)_2]^+ \quad \textcircled{\uparrow\downarrow}\textcircled{\uparrow\downarrow}\textcircled{\uparrow\downarrow}\textcircled{\uparrow\downarrow}\textcircled{\uparrow\downarrow} \quad \textcircled{\uparrow\downarrow}\;\textcircled{\uparrow\downarrow}\bigcirc\bigcirc$$
$$\qquad\qquad\qquad\qquad 4d \qquad\qquad\quad 5s \qquad 5p$$
$$\qquad\qquad\qquad\qquad\qquad\qquad\quad sp杂化$$

2）配位数为 4 的配合物杂化方式及空间构型

配位数为 4 的配合物有两种构型：四面体和平面正方形。以 sp^3 杂化轨道成键的配合物几何构型为四面体，以 dsp^2 杂化轨道成键的配合物几何构型为平面正方形。具体以何种方式成键，由中心体的价层电子结构和配体的性质决定。表 6-4 列举了配位数为 4 的配合物杂化方式及空间构型实例。

表 6-4　配位数为 4 的配合物杂化方式及空间构型实例

配合物	中心体杂化方式	配合物空间构型
$[Be(H_2O)_4]^{2+}$	sp^3	正四面体
$[BeF_4]^{2-}$	sp^3	正四面体
$[NiCl_4]^{2-}$	sp^3	正四面体
$[Ni(NH_3)_4]^{2+}$	sp^3	正四面体
$[Ni(CN)_4]^{2-}$	dsp^2	平面正方形

从价层电子排布看，Be^{2+} 的 2s 和 2p 价电子轨道为空，且无 $(n-1)$ 轨道，形成配位数为 4 的配合物时，只能采取 sp^3 杂化轨道成键，几何构型为正四面体，与实验结果一致。此外，实验还证实了 Be^{2+} 的其他配位数为 4 的配合物，如 $[BeX_4]^{2-}$ 的几何构型也为正四面体构型。

至于 Ni^{2+}，价层电子排布为 $3d^8$，4s 和 4p 轨道为空。

$$Ni^{2+} \quad \textcircled{\uparrow\downarrow}\textcircled{\uparrow\downarrow}\textcircled{\uparrow\downarrow}\textcircled{\uparrow}\textcircled{\uparrow} \quad \bigcirc \quad \bigcirc\bigcirc\bigcirc$$
$$\qquad\qquad\quad 3d \qquad\qquad\quad 4s \qquad 4p$$

当与配体形成配位数为 4 的配合物时，有两种情况：一是 Ni^{2+} 的 1 个 4s 和 3 个 4p 轨道杂化，形成 4 个等价的 sp^3 杂化轨道，空间构型为正四面体；Ni^{2+} 与 Cl^- 形成配离子 $[NiCl_4]^{2-}$

就是此种情况；二是 3d 轨道中的 8 个电子重排，占据 4 个 3d 轨道，空出 1 个 3d 轨道，于是 1 个 3d 轨道、1 个 4s 轨道和 2 个 4p 轨道杂化，形成 4 个等价的 dsp^2 杂化轨道，空间构型为平面正方形。Ni^{2+} 与配位能力很强的配体(如 CN^-)配位时，由于配位原子 C 的电负性较小，易给出孤对电子，对中心离子 Ni^{2+} 的影响较大，导致其价层电子发生重排。故 $[Ni(CN)_4]^{2-}$ 的空间构型为平面正方形，中心体的杂化方式为 dsp^2 杂化。

$$[NiCl_4]^{2-}$$

3d　　　4s　　　4p

sp^3 杂化

$$[Ni(CN)_4]^{2-}$$

3d　　　4s　　　4p

dsp^2 杂化

3)配位数为 6 的配合物杂化方式及空间构型

配位数为 6 的配合物绝大多数是八面体构型，中心体可能采取的杂化方式为 d^2sp^3 或 sp^3d^2 杂化。

已知配离子 $[Fe(CN)_6]^{3-}$、$[FeF_6]^{3-}$ 的空间构型均为正八面体，但杂化方式却分别为 d^2sp^3、sp^3d^2。对上述结论，可以根据价键理论推测它们的成键情况。

Fe^{3+} 的价层电子排布为 $3d^5$，4s、4p 和 4d 轨道为空。

$$Fe^{3+}$$

3d　　　4s　　　4p　　　　　4d

当 Fe^{3+} 与 CN^-(配位能力很强的配体)配位时，由于配位原子 C 的电负性较小，易给出孤对电子，对中心离子 Fe^{3+} 的影响较大，导致其价层电子发生重排，3d 轨道中的 5 个电子重排，占据 3 个 3d 轨道，空出 2 个 3d 轨道，于是 2 个 3d 轨道、1 个 4s 轨道和 3 个 4p 轨道杂化，形成 6 个等价的 d^2sp^3 杂化轨道，故 $[Fe(CN)_6]^{3-}$ 的空间构型为正八面体。

$$[Fe(CN)_6]^{3-}$$

3d　　　4s　　　4p

d^2sp^3 杂化

当 Fe^{3+} 与 F^- 配位时，情况正好相反，配位原子 F 的电负性很大，不容易给出孤对电子，3d 轨道中的 5 个电子不重排，Fe^{3+} 提供 1 个 4s 轨道、3 个 4p 轨道和 2 个 4d 轨道经 sp^3d^2 杂化，形成 6 个等价的 sp^3d^2 杂化轨道，$[FeF_6]^{3-}$ 的空间构型仍为正八面体。

$$[FeF_6]^{3-}$$

3d　　　4s　　4p　　　4d

sp^3d^2 杂化

需要注意的有两点：

(1)形成配离子$[Fe(CN)_6]^{3-}$、$[FeF_6]^{3-}$时中心体所采用的 d 轨道不同：前者采用能量较低的 3d 轨道，使用次外层及最外层轨道(3d、4s、4p)杂化成键，所形成的配键称为内轨配键；后者采用能量较高的 4d 轨道，全部使用最外层轨道(4s、4p、4d)杂化成键，所形成的配键称为外轨配键，即形成内轨配键时，中心体采用$(n–1)$d、ns、np 轨道杂化形成 d^2sp^3 杂化轨道；形成外轨配键时，中心体采用 ns、np、nd 轨道杂化形成 sp^3d^2 杂化轨道。以内轨配键形成的配合物称为内轨型配合物，如$[Fe(CN)_6]^{3-}$、$[Ni(CN)_4]^{2-}$、$[Cr(H_2O)_6]^{3+}$、$[Fe(CO)_5]$等；以外轨配键形成的配合物称为外轨型配合物，如$[NiCl_4]^{2-}$、$[FeF_6]^{3-}$、$[Ag(NH_3)_2]^+$、$[Ni(NH_3)_4]^{2+}$等。由于$(n–1)$d 轨道的能量比 nd 轨道的能量低，对同一个中心体而言，一般内轨型配合物比外轨型配合物稳定，如$[Fe(CN)_6]^{3-}$的稳定性强于$[FeF_6]^{3-}$的稳定性。

配合物的类型主要由中心体的价层电子构型及所带电荷、配位原子的电负性等因素决定。一般情况下，具有$d^4\sim d^7$构型的离子(如 Fe^{2+}、Fe^{3+}、Co^{3+}等)，既可以形成内轨型配合物，也可以形成外轨型配合物，电负性较大的配位原子大多与上述中心离子形成外轨型配合物；具有 d^8 构型的离子(如 Pd^{2+}、Ni^{2+}、Pt^{2+}等)多形成内轨型配合物；具有 d^{10} 构型的离子(如 Zn^{2+}、Cd^{2+}、Ag^+等)，$(n-1)$d 轨道全充满，只能形成外轨型配合物；中心离子的电荷高有利于形成内轨型配合物，如$[Co(NH_3)_6]^{3+}$为内轨型配合物，而$[Co(NH_3)_6]^{2+}$为外轨型配合物；电负性较大的配位原子(如 F、O 等)易形成外轨型配合物，电负性较小的配位原子(如 C、P 等)则较易形成内轨型配合物，而 N、Cl 等配位原子与中心体有时形成外轨型配合物，有时形成内轨型配合物。

(2)$[Fe(CN)_6]^{3-}$中 Fe^{3+}仅有 1 个未成对电子(或称"单电子"，单电子数的多少与配合物的磁矩 μ 有关)，而$[FeF_6]^{3-}$中 Fe^{3+}有 5 个未成对电子。物质的磁性常用磁矩(单位为玻尔磁子，符号为 B.M.)表示，其值可由磁天平测定，也可通过如下关系式计算

$$\mu=\sqrt{n(n+2)} \ (B.M.) \qquad (6-1)$$

式中，n 为单电子数。若$\mu=0$，物质为反磁性；若$\mu\neq0$，物质为顺磁性。将单电子数代入式(6-1)，可计算得到$[Fe(CN)_6]^{3-}$、$[FeF_6]^{3-}$的磁矩分别为 1.73 B.M.、5.92 B.M.，而实验测得配离子$[Fe(CN)_6]^{3-}$、$[FeF_6]^{3-}$的磁矩分别为 2.40 B.M.、5.90 B.M.。采用价键理论分析的结论和实验结果基本一致。

综上，价键理论可应用于：推测中心离子的价电子排布和杂化方式；解释配合物的空间构型；判断配合物的类型及稳定性；由未成对电子数计算磁矩。

【例 6-1】　根据配合物的价键理论完成以下各题：

(1)测得$[FeF_6]^{3-}$ 的μ为 5.90 B.M.，指出中心离子的未成对电子数、杂化方式、配离子的空间构型和类型；

(2)$[Ni(NH_3)_4]^{2+}$有 2 个未成对电子，其磁矩为多少？

(3)指出$[Be(H_2O)_4]^{2+}$的杂化方式、空间构型、配合物类型。

解　(1)由 $\mu=\sqrt{n(n+2)}$ 可判断：Fe^{3+}有 5 个未成对电子，以 sp^3d^2 杂化轨道成键；空间构型为正八面体；外轨型配合物(或高自旋配合物)。

(2)$[Ni(NH_3)_4]^{2+}$有 2 个未成对电子，可计算磁矩：

$$\mu=\sqrt{n(n+2)}=2.83 \ (B.M.) \qquad (磁性较小)$$

(3)$[Be(H_2O)_4]^{2+}$的杂化方式、空间构型、配合物类型：

中心体：$Be^{2+}1s^2$；配体：H_2O（配位原子为 O）；

杂化方式：Be^{2+}的 1 个 2s + 3 个 2p → 4 个 sp^3 杂化轨道；

成键：形成 4 个配位键；

空间构型：正四面体；

配合物的类型：外轨型（稳定性较差）。

$[Cu(NH_3)_4]^{2+}$中中心体 Cu^{2+}的价层电子构型为 $3d^9$，配位原子 N 的电负性较大，按照价键理论，该配离子应为 sp^3 杂化成键、空间构型为正四面体；但经实验测得配离子$[Cu(NH_3)_4]^{2+}$的磁矩为 2.0 B.M.，推测出有一个单电子，且 X 射线实验证明其空间构型为平面正方形，由此推测中心离子 Cu^{2+}应采取 dsp^2 杂化，即 1 个 3d 电子激发到 4p 轨道上，此电子能量较高，容易失去而生成$[Cu(NH_3)_4]^{3+}$，但事实上$[Cu(NH_3)_4]^{2+}$相当稳定，对此现象，价键理论不能做出满意的解释。

综上所述，价键理论虽简单明了、使用方便，能说明配合物的空间构型、配合物的类型、磁性和稳定性等，但也有一定的局限性，如不能很好地解释说明过渡金属离子配合物的稳定性随中心离子的 d 电子数不同而变化的事实，不能解释配离子的吸收光谱和特征颜色等。正是由于这些局限性，才促进了后期的晶体场理论、分子轨道理论的发展。

6.1.4　配位化合物的应用

配位化合物是一类组成比较复杂、涉及面极为广泛的化合物，应用于工业、农业、国防和航天等领域。现代分离技术、化学模拟生物固氮、配位催化等都与配合物有密切的关系，特别是在医学、生物等方面有特殊的重要性。近年来，人们对配合物的合成、性质、结构和应用做了大量的工作，取得了一系列成果。

金属离子通过配位键与配体形成配合物的反应称为配位反应。配位反应的发展在理论和实践意义上都极为重要，促使化学键理论取得重大突破，并已渗透到自然科学的各个领域。配位化学和配合物在工农业生产的各个方面已有广泛应用，本节仅选择几个方面的应用简要介绍。

1. 分析化学中的应用

配体的应用几乎涉及分析化学的所有领域，它可作显色剂、沉淀剂、滴定剂、掩蔽剂及离子交换剂等。基于配合物的溶解度、颜色及稳定性等差异，可用于元素的分离和分析。稀土元素在性质上十分相似，在自然界中共生，很难将它们分离开，但可用螯合剂使其形成性质上有差异的螯合物。例如，利用草酸铵或草酸钾可溶解某些稀土元素的草酸盐，生成螯合物 $(NH_4)_3[RE(C_2O_4)_3]$（RE 表示稀土元素），而另一些稀土元素的草酸盐则不溶解，可以达到分离的目的。

配位反应在定量分析中的重要应用是利用配位滴定分析测定金属离子含量，该应用将在 6.3 节详细介绍。

2. 医学上的应用

目前已被采用的金属配合物主要用作抗癌药、配位解毒剂、抗菌剂和抗微生物剂。自1965 年罗森伯格（B. Rosenberg）等报道顺铂具有抗癌活性以来，大量的具有各种生物活性的金属配合物被筛选出来，有的已经在临床上用于疾病的诊断和治疗，有的则在开发或试验阶段。①顺铂是目前临床上广泛使用的一种抗癌药，尤其是对早期睾丸癌具有很高的治愈率。②金配合物不但具有抗肿瘤、抗类风湿活性，而且对支气管炎甚至艾滋病等疾病都有一定的作用；用于治疗类风湿关节炎的金配合物主要是一价金的硫醇盐(RS⁻)配合物。③钆的配合物被用作核磁共振成像造影技术中的造影剂。④治疗血吸虫病的酒石酸锑钾、治疗糖尿病的胰岛素(锌螯合物)和治疗恶性贫血的维生素 B₁₂ 等药物都是配合物。⑤二巯丙醇是一种很好的解毒剂，它可以与砷、汞及一些重金属离子形成稳定的螯合物而被排出体外；EDTA 也是排出体内 U、Th、Pu 等放射性元素的高效解毒剂；D 青霉胺毒性小，它有 O、N、S 三种配位原子，是 Hg、Pb 和重金属的有效解毒剂；枸橼酸钠可与 Pb²⁺ 形成稳定配合物，是防治职业性铅中毒的有效药物，有迅速减轻症状和促进体内铅排出的作用，并能改善贫血，有助于恢复健康；该物质还可与血液中的 Ca²⁺ 配位，避免血液凝结，是常用的一种血液抗凝剂。

3. 其他应用

照相技术中，硫代硫酸钠(俗称"海波")溶液用作定影剂以洗去胶片(溴胶板)上多余的溴化银的过程也发生了配位反应：

$$AgBr + 2S_2O_3^{2-} \rightleftharpoons [Ag(S_2O_3)_2]^{3-} + Br^-$$

近年来，配位催化反应的研究和应用发展很快。例如，将乙烯氧化为乙醛，使用氯化钯为催化剂，此反应中，首先生成配合物[PdCl₂(H₂O)(C₂H₄)]，再分解为 CH₃CHO；配位催化在合成橡胶、合成树脂等方面也有广泛的应用；在利用太阳能分解水制取氢(光解制氢)的应用中，也有关于配位催化的报道。

电镀工艺中常用配合物溶液作电镀液，这样既可保证溶液中被镀金属的离子浓度不会太大，又可保证此离子得到源源不断地供应，这是保证镀层质量的重要条件。例如，若用硫酸铜溶液镀铜，虽然操作简单，但是镀层粗糙、厚薄不均、镀层与基体金属附着力差；若采用焦磷酸钾(K₄P₂O₇)为配位剂组成含[Cu(P₂O₇)₂]⁶⁻的电镀液，金属晶体在镀件上析出的速率小，有利于新晶核的产生，从而可以得到比较光滑、均匀、附着力较好的镀层。上述电镀方法称为无氰电镀。

6.2 配 位 平 衡

大多数配合物是由内界和外界组成，其中内界多数情况下是配离子，在水溶液中仅部分解离，配离子的解离平衡称为配位平衡。配位平衡为四大平衡之一，前面所学化学平衡理论在本章同样适用。

6.2.1 配位平衡常数

配位平衡可用稳定常数(形成常数，用 $K_f^{\ominus}$ 表示)或不稳定常数(解离常数，用 $K_d^{\ominus}$ 表示)描述配离子或中性配合物的生成或解离。

1. ML 型配合物

金属离子 M^{n+}(书写时常省略所带电荷数)和配体 L 形成配合物 ML 时，溶液中存在如下反应：

$$M + L \rightleftharpoons ML$$

正反应的平衡常数是配合物 ML 的稳定常数 $K_f^\ominus$，可表示为

$$K_f^\ominus = \frac{\dfrac{[ML]}{c^\ominus}}{\dfrac{[M]}{c^\ominus} \cdot \dfrac{[L]}{c^\ominus}}$$

$K_f^\ominus$ 值表示配合物的稳定性，$K_f^\ominus$ 值越大，表示配合物越稳定；逆反应的平衡常数即解离常数（$K_d^\ominus$），反映配合物的解离能力，$K_d^\ominus$ 值越大，表示配合物越不稳定；$K_f^\ominus$ 与 $K_d^\ominus$ 两者互为倒数，即 $K_d^\ominus = \dfrac{[M][L]}{[ML]} = \dfrac{1}{K_f^\ominus}$。

2. ML_n 型配合物

ML_n 型配合物是由金属离子 M 与多个配体 L 逐级配位形成的，每一级配位反应的平衡常数称为逐级稳定常数 K_n。

$$M + L \rightleftharpoons ML, \quad K_1^\ominus = \frac{[ML]}{[M][L]}$$

$$ML + L \rightleftharpoons ML_2, \quad K_2^\ominus = \frac{[ML_2]}{[ML][L]}$$

$$\vdots$$

$$ML_{n-1} + L \rightleftharpoons ML_n, \quad K_n^\ominus = \frac{[ML_n]}{[ML_{n-1}][L]}$$

同理，配合物在水溶液中的解离过程也是分步进行，每一步对应相应的解离常数，逐级解离常数用 $K_{d1}^\ominus$、$K_{d2}^\ominus$、$\cdots$、$K_{dn}^\ominus$ 表示，具体表达式可自行列出，并找出与逐级稳定常数之间的关系。

对于 ML_n 型配合物，常用累积稳定常数表示各级配合物的稳定性：

第一级累积稳定常数

$$\beta_1^\ominus = K_1^\ominus = \frac{[ML]}{[M][L]} \qquad\qquad [ML] = \beta_1^\ominus [M][L]$$

第二级累积稳定常数

$$\beta_2^\ominus = K_1^\ominus \times K_2^\ominus = \frac{[ML_2]}{[M][L]^2} \qquad\qquad [ML_2] = \beta_2^\ominus [M][L]^2$$

$$\vdots$$

第 n 级累积稳定常数

$$\beta_n^\ominus = K_1^\ominus \times K_2^\ominus \times \cdots \times K_n^\ominus = \frac{[ML_n]}{[M][L]^n} \qquad [ML_n] = \beta_n^\ominus [M][L]^n$$

第 n 级累积稳定常数 $\beta_n^\ominus$ 称为该配合物的总稳定常数 $K_f^\ominus$，而第 n 级解离常数则称为总解

离常数 $K_d^{\ominus}$，二者互为倒数。

对 ML_4 型配合物的稳定常数，其一般规律是：$K_1^{\ominus}>K_2^{\ominus}>K_3^{\ominus}>K_4^{\ominus}$。原因是随着配体数目的增多，配体间的排斥作用增强，故配合物的稳定性下降。

利用配合物的稳定常数可计算配合物中有关型体的浓度，以及讨论配位平衡与其他平衡之间的关系等。常见配离子的总稳定常数见附录Ⅲ。

本章主要讨论金属离子与乙二胺四乙酸钠盐形成的配合物，后面将详细介绍。

6.2.2　配位平衡的移动

对配位平衡　　　　　　　　　　　　$\mathrm{M} + n\mathrm{L} \Longrightarrow \mathrm{ML}_n$

若向上述平衡的溶液中加入某种试剂使金属离子 M 生成难溶化合物(涉及沉淀溶解平衡)，或改变溶液的酸度使配体 L 生成难电离的弱酸(涉及酸碱平衡)，或加入某种能与 M 生成更稳定的配离子的试剂(涉及配位平衡)，使 ML_n 遭到破坏，这些措施均可以改变上述平衡，导致平衡发生移动。该部分涉及前面所学多重平衡的有关知识，下面以具体例子说明。

1. 酸度对配位平衡的影响

酸度增大时，弱酸根配体和碱性配体结合质子生成弱酸，使配体浓度降低，平衡向解离方向移动，这种现象称为配体的酸效应。例如，

$$\mathrm{Fe}^{3+} + 6\mathrm{F}^- \Longrightarrow [\mathrm{FeF}_6]^{3-} \qquad 配位平衡$$
$$+$$
$$6\mathrm{H}^+ \Longrightarrow 6\mathrm{HF} \qquad 酸碱平衡$$

总反应：　　　　　$[\mathrm{FeF}_6]^{3-} + 6\mathrm{H}^+ \Longrightarrow \mathrm{Fe}^{3+} + 6\mathrm{HF}$

若配合物中中心离子为某些易水解的高价金属离子，酸度过低，金属离子易与 OH^- 结合生成一系列羟基配合物或氢氧化物沉淀，使金属离子浓度降低，平衡向解离方向移动，这种现象称为金属离子的水解效应。

2. 难溶化合物的生成对配位平衡的影响

在配离子的溶液中加入适当的沉淀剂，可以使配位平衡发生移动且生成沉淀，即平衡向生成沉淀的方向移动。

【例 6-2】　25℃时，向 1 L 含有 0.1 $\mathrm{mol \cdot L^{-1}}$ $[\mathrm{FeF}_6]^{3-}$ 和 0.05 $\mathrm{mol \cdot L^{-1}}$ F^- 的溶液中加入 0.2 mol NaOH 固体时有无沉淀生成(忽略体积变化)？已知：$K_{sp}^{\ominus}[\mathrm{Fe(OH)}_3] = 2.79 \times 10^{-39}$，$K_f^{\ominus}([\mathrm{FeF}_6]^{3-}) = 1.0 \times 10^{16}$。

解　设 $[\mathrm{FeF}_6]^{3-}$ 解离出的 Fe^{3+} 为 x $\mathrm{mol \cdot L^{-1}}$，

$$[\mathrm{FeF}_6]^{3-} \Longrightarrow \mathrm{Fe}^{3+} + 6\mathrm{F}^-$$

起始浓度/(mol · L⁻¹)	0.1	0	0.05
平衡浓度/(mol · L⁻¹)	$0.1 - x$	x	$0.05 + 6x$

$$K_d^{\ominus} = \frac{1}{K_f^{\ominus}} = \frac{[c(Fe^{3+})/c^{\ominus}] \cdot [c(F^-)/c^{\ominus}]^6}{c([FeF_6]^{3-})/c^{\ominus}} = \frac{x \cdot (0.05+6x)^6}{0.1-x} = \frac{1}{1.0 \times 10^{16}}$$

由于 $K_f^{\ominus}$ 值较大，$0.05 + 6x \approx 0.05$，$0.1 - x \approx 0.1$，

$$x = c(Fe^{3+}) = 6.4 \times 10^{-10} \ mol \cdot L^{-1}$$

$$[c(Fe^{3+})/c^{\ominus}] \cdot [c(OH^-)/c^{\ominus}]^3 = 6.4 \times 10^{-10} \times 0.2^3 = 5.1 \times 10^{-12} > K_{sp}^{\ominus}[Fe(OH)_3]$$

可知在题目中条件下有 $Fe(OH)_3$ 沉淀生成。

若溶液中同时存在配位平衡和沉淀溶解平衡，二者相互影响，其影响可看成是沉淀剂和配位剂之间共同争夺金属离子的多重平衡过程。

【例 6-3】 25℃时将 0.05 mol AgCl 全部溶解需要 500 mL NH_3 溶液的浓度至少应为多少? 已知：$K_{sp}^{\ominus}(AgCl) = 1.77 \times 10^{-10}$，$K_f^{\ominus}([Ag(NH_3)_2]^+) = 1.12 \times 10^7$。

解 假设 AgCl 全部溶解在 500 mL 氨水溶液中，则生成 $[Ag(NH_3)_2]^+$ 的浓度为

$$c([Ag(NH_3)_2]^+) = \frac{0.05 \ mol}{500 \times 10^{-3} \ L} = 0.10 \ mol \cdot L^{-1}$$

$$AgCl \ + \ 2NH_3 \ \rightleftharpoons \ [Ag(NH_3)_2]^+ \ + \ Cl^-$$

平衡浓度/(mol·L⁻¹) $c(NH_3)$ 0.10   0.10

多重平衡常数 $K^{\ominus}$ 为

$$K^{\ominus} = \frac{\{c([Ag(NH_3)_2]^+)/c^{\ominus}\} \cdot [c(Cl^-)/c^{\ominus}]}{[c(NH_3)/c^{\ominus}]^2} = K_f^{\ominus}([Ag(NH_3)_2]^+) \cdot K_{sp}^{\ominus}(AgCl)$$

$$\frac{0.10 \times 0.10}{[c(NH_3)]^2} = 1.12 \times 10^7 \times 1.77 \times 10^{-10} = 1.98 \times 10^{-3}$$

$$c(NH_3) \approx 2.25 \ mol \cdot L^{-1}$$

将 0.05 mol AgCl 全部溶解在 500 mL NH_3 溶液的浓度至少应为

$$c'(NH_3) = 2.25 + 0.10 \times 2 = 2.45 \ (mol \cdot L^{-1})$$

例 6-3 实际上说明了难溶盐 AgCl 之所以能溶解于氨水，是因为生成了配离子。沉淀平衡与配位平衡混在一起的例子很多，如 AgCl 和 CuCl 都能溶解于盐酸溶液中，AgI、HgI_2、PbI_2 都能溶解于 KI 溶液中，AgBr 能溶解于硫代硫酸钠溶液中等，都是因为生成了配离子。

【例 6-4】 Ag^+ 与 $[Ag(CN)_2]^-$ 可生成 $Ag[Ag(CN)_2]$ 沉淀，计算在 0.1 mol·L⁻¹ KCN 溶液中 $Ag[Ag(CN)_2]$ 的溶解度。已知：$K_{sp}^{\ominus}(Ag[Ag(CN)_2]) = 2.0 \times 10^{-12}$，$K_f^{\ominus}([Ag(CN)_2]^-) = 1.26 \times 10^{21}$。

解 设 $Ag[Ag(CN)_2]$ 在 0.1 mol·L⁻¹ KCN 溶液中的溶解度为 S mol·L⁻¹，

$$Ag[Ag(CN)_2] \ + \ 2CN^- \ \rightleftharpoons \ 2[Ag(CN)_2]^-$$

平衡浓度/$(mol \cdot L^{-1})$　　　　　　$0.1 - S$　　　　　　　S

$$K^{\ominus} = \frac{[c([Ag(CN)_2]^-)/c^{\ominus}]^2}{[c(CN^-)/c^{\ominus}]^2} = K_f^{\ominus}([Ag(CN)_2]^-) \cdot K_{sp}^{\ominus}(Ag[Ag(CN)_2])$$

$$K^{\ominus} = \frac{S^2}{(0.1-S)^2} = 1.26 \times 10^{21} \times 2.0 \times 10^{-12} = 2.52 \times 10^9$$

$$S \approx 0.1 \ mol \cdot L^{-1}$$

即 $Ag[Ag(CN)_2]$ 在 $0.1 \ mol \cdot L^{-1}$ KCN 溶液中的溶解度为 $0.1 \ mol \cdot L^{-1}$。

3. 配位剂的加入对原有配位平衡的影响

配离子反应中，一种配离子可以转化为另一种更稳定的配离子，即平衡向生成更难解离的配离子方向移动，两种配离子的稳定常数相差越大，转化越容易进行。

【例 6-5】计算下列反应的平衡常数。已知：

$K_f^{\ominus}([Fe(C_2O_4)_3]^{3-}) = 1.59 \times 10^{20}$　　$K_f^{\ominus}([Fe(CN)_6]^{3-}) = 1.0 \times 10^{42}$　　$K_f^{\ominus}([Ag(NH_3)_2]^+) = 1.12 \times 10^7$

$K_f^{\ominus}([Ag(S_2O_3)_2]^{3-}) = 2.88 \times 10^{13}$　　$K_f^{\ominus}([Fe(SCN)_6]^{3-}) = 4.46 \times 10^5$　　$K_f^{\ominus}([FeF_6]^{3-}) = 1.0 \times 10^{16}$

(1) $[Fe(C_2O_4)_3]^{3-} + 6CN^- \rightleftharpoons [Fe(CN)_6]^{3-} + 3C_2O_4^{2-}$

(2) $[Ag(NH_3)_2]^+ + 2S_2O_3^{2-} \rightleftharpoons [Ag(S_2O_3)_2]^{3-} + 2NH_3$

(3) $[Fe(SCN)_6]^{3-} + 6F^- \rightleftharpoons [FeF_6]^{3-} + 6SCN^-$

解　(1) $[Fe(C_2O_4)_3]^{3-} + 6CN^- \rightleftharpoons [Fe(CN)_6]^{3-} + 3C_2O_4^{2-}$

$$K^{\ominus} = \frac{[c([Fe(CN)_6]^{3-})/c^{\ominus}] \times [c(C_2O_4^{2-})/c^{\ominus}]^3}{[c([Fe(C_2O_4)_3]^{3-})/c^{\ominus}] \times [c(CN^-)/c^{\ominus}]^6}$$

$$= \frac{K_f^{\ominus}([Fe(CN)_6]^{3-})}{K_f^{\ominus}([Fe(C_2O_4)_3]^{3-})} = \frac{1.0 \times 10^{42}}{1.59 \times 10^{20}} = 6.3 \times 10^{21}$$

(2) $[Ag(NH_3)_2]^+ + 2S_2O_3^{2-} \rightleftharpoons [Ag(S_2O_3)_2]^{3-} + 2NH_3$

$$K^{\ominus} = \frac{[c([Ag(S_2O_3)_2]^{3-})/c^{\ominus}] \times [c(NH_3)/c^{\ominus}]^2}{[c([Ag(NH_3)_2]^+)/c^{\ominus}] \times [c(S_2O_3^{2-})/c^{\ominus}]^2}$$

$$= \frac{K_f^{\ominus}([Ag(S_2O_3)_2]^{3-})}{K_f^{\ominus}([Ag(NH_3)_2]^+)} = \frac{2.88 \times 10^{13}}{1.12 \times 10^7} = 2.57 \times 10^6$$

(3) $[Fe(SCN)_6]^{3-} + 6F^- \rightleftharpoons [FeF_6]^{3-} + 6SCN^-$

$$K^{\ominus} = \frac{[c([FeF_6]^{3-})/c^{\ominus}] \times [c(SCN^-)/c^{\ominus}]^6}{[c([Fe(SCN)_6]^{3-})/c^{\ominus}] \times [c(F^-)/c^{\ominus}]^6}$$

$$= \frac{K_f^{\ominus}([FeF_6]^{3-})}{K_f^{\ominus}([Fe(SCN)_6]^{3-})} = \frac{1.0 \times 10^{16}}{4.46 \times 10^5} = 2.24 \times 10^{10}$$

人中了铅毒后，可注射 EDTA，使其与 Pb^{2+} 生成稳定的、可溶性的螯合物(PbY^{2-})排出体外而解毒，但由于 EDTA 也能和体内的 Ca^{2+} 螯合，将导致人体缺钙。为缓和这个矛盾，实际注射的是含 Ca^{2+} 的 EDTA 溶液(CaY^{2-} + EDTA)，进入人体后将发生以下取代反应：

$$CaY^{2-} + Pb^{2+} \Longleftrightarrow PbY^{2-} + Ca^{2+}$$

这个反应之所以能发生，是因为 PbY^{2-} 比 CaY^{2-} 更稳定。

4. 金属离子价态的改变对配位平衡的影响

在配位平衡中加入能与中心离子反应的氧化剂或还原剂，将会降低金属离子的浓度，导致配位平衡发生移动。例如，

$$2[Fe(SCN)_6]^{3-} + Sn^{2+} \Longleftrightarrow 2Fe^{2+} + 12SCN^- + Sn^{4+}$$

$$2Fe^{2+} + I_2 + 12F^- \Longleftrightarrow 2[FeF_6]^{3-} + 2I^-$$

6.2.3　金属离子与 EDTA 的配位平衡

1. EDTA 及其与金属离子配位的特点

1) EDTA 的特性

EDTA 是乙二胺四乙酸的简称(常用 H_4Y 表示)：白色晶体，无毒，不吸潮。在 22℃时，每 100 mL 水中能溶解 0.02 g，难溶于醚和一般有机溶剂，易溶于氨水和 NaOH 溶液，生成相应的盐溶液。由于 H_4Y 的溶解度很小，常用的是它的二钠盐($Na_2H_2Y \cdot 2H_2O$，也称 EDTA)，故也可用 H_2Y^{2-} 代表 EDTA。在高酸度溶液中，H_4Y 的两个羧酸根可以再接受质子，形成 H_6Y^{2+}，此时 EDTA 相当于六元酸(EDTA 本身是四元酸)，对应六级解离平衡(解离常数对应 $K_{a1}^{\ominus}$、$K_{a2}^{\ominus}$、$K_{a3}^{\ominus}$、$K_{a4}^{\ominus}$、$K_{a5}^{\ominus}$、$K_{a6}^{\ominus}$，依次为 $10^{-0.90}$、$10^{-1.60}$、$10^{-2.00}$、$10^{-2.67}$、$10^{-6.16}$、$10^{-10.26}$)，水溶液中存在七种型体：H_6Y^{2+}、H_5Y^+、H_4Y、H_3Y^-、H_2Y^{2-}、HY^{3-}、Y^{4-}(书写时常省略电荷数)，而与金属离子配位的是 Y^{4-} 型体。H_6Y 是 H^+ 与 Y 通过配位反应逐级形成，相当于 H_6Y 的六级解离过程的逆反应，即：

$$H + Y \Longleftrightarrow HY \quad K_1^{\ominus} = \frac{[HY]}{[H][Y]} = \frac{1}{K_{a6}^{\ominus}} \quad \text{第一级累积稳定常数} \quad \beta_1^{\ominus} = K_1^{\ominus}$$

$$HY + H \Longleftrightarrow H_2Y \quad K_2^{\ominus} = \frac{[H_2Y]}{[HY][H]} = \frac{1}{K_{a5}^{\ominus}} \quad \text{第二级累积稳定常数} \quad \beta_2^{\ominus} = K_1^{\ominus} \times K_2^{\ominus}$$

$$\vdots$$

$$H_5Y + H \Longleftrightarrow H_6Y \quad K_6^{\ominus} = \frac{[H_6Y]}{[H_5Y][H]} = \frac{1}{K_{a1}^{\ominus}} \quad \text{第六级累积稳定常数} \quad \beta_6^{\ominus} = K_1^{\ominus} \times K_2^{\ominus} \times \cdots \times K_6^{\ominus}$$

EDTA 各型体分布分数的计算可参考弱酸各型体分布分数的计算，不同 pH 溶液中其主要存在形式见表 6-5。

表 6-5　不同 pH 溶液中 EDTA 的主要存在形式

pH 范围	<1.00	1.00~1.60	1.60~2.00	2.00~2.67	2.67~6.16	6.16~10.26	≥10.26
主要存在形式	H_6Y^{2+}	H_5Y^+	H_4Y	H_3Y^-	H_2Y^{2-}	HY^{3-}	Y^{4-}

2）EDTA 与金属离子的配位特点

EDTA 分子中含有两个氨基和四个羧基，具有六个配位原子（两个氨氮原子和四个羧氧原子），是多基配体，有很强的配位能力，能与绝大多数金属离子配位，生成具有五个五元环的螯合物。由于多数金属离子配位数不超过 6，故一般情况下 EDTA 与中心离子都是以 1∶1 的配位比相结合，没有分级配位的现象，不会生成几种具有不同配位数的螯合物，反应定量地进行。配位反应为

$$M + Y \Longrightarrow MY \qquad K_{稳} = \frac{[MY]}{[M][Y]}$$

$$M + Y \Longrightarrow MY \qquad K_f^{\ominus} = \frac{[MY]}{[M][Y]}$$

对 MY 而言，$K_f^{\ominus}$ 也可以表示为 $K_{MY}^{\ominus}$，EDTA 与某些常见金属离子形成的配合物的稳定常数见表 6-6。

表 6-6　常见金属-EDTA 配位化合物的稳定常数

M	Ag^+	Al^{3+}	Ba^{2+}	Be^{2+}	Bi^{3+}	Ca^{2+}	Cd^{2+}	Co^{2+}	Co^{3+}	Cr^{3+}
$\lg K_{MY}^{\ominus}$	7.32	16.3	7.78	9.2	27.8	11.0	16.36	16.26	41.4	23.4
M	Cu^{2+}	Fe^{2+}	Fe^{3+}	Hg^{2+}	Mg^{2+}	Mn^{2+}	Ni^{2+}	Pb^{2+}	Sn^{2+}	Zn^{2+}
$\lg K_{MY}^{\ominus}$	18.7	14.27	24.23	21.5	9.12	13.81	18.5	17.88	18.3	16.50

2. 副反应系数和条件稳定常数

金属离子 M^{n+} 与 Y^{4-} 形成配合物的稳定性大小可用该配合物的稳定常数 $K_{MY}^{\ominus}$ 表示。当 M 与 Y 反应生成 MY 时，若溶液的酸度过高或过低、存在其他金属离子和配位体，都将影响 M 与 Y 的配位平衡，MY 的稳定性将受到影响，稳定常数值将会有所变化。M 与 Y 反应的同时还存在其他反应，把 M 与 Y 的反应称为主反应，其他的反应称为副反应，可能存在的副反应有酸效应、配位效应、共存离子效应等，如下所示。

1）Y 的副反应和副反应系数

（1）酸效应及酸效应系数。

H^+ 与 Y^{4-} 的副反应对主反应的影响，或 H^+ 的存在使配体 Y 参加主反应能力降低的现象称为酸效应，也称为质子化效应或 pH 效应。酸效应的大小可以用该酸度下酸效应系数 $\alpha_{Y(H)}$ 衡量：

$$\alpha_{Y(H)} = \frac{[Y']}{[Y]}$$

[Y']表示有酸效应存在时，未与 M 配位（未参加主反应）的 EDTA 各种型体浓度之和，即

$$[Y'] = [Y] + [HY] + [H_2Y] + [H_3Y] + \cdots + [H_6Y]$$

$$\alpha_{Y(H)} = \frac{[Y']}{[Y]} = \frac{[Y] + [HY] + [H_2Y] + [H_3Y] + \cdots + [H_6Y]}{[Y]} = \frac{1}{\delta_Y} \tag{6-2}$$

式中，δ_Y 为 EDTA 的 Y 型体的分布分数，由多元弱酸有关型体分布分数的计算式可得

$$\alpha_{Y(H)} = \frac{[Y']}{[Y]} = 1 + \frac{[HY]}{[Y]} + \frac{[H_2Y]}{[Y]} + \cdots + \frac{[H_6Y]}{[Y]}$$

$$\alpha_{Y(H)} = 1 + \frac{[H^+]}{K_{a6}^{\ominus}} + \frac{[H^+]^2}{K_{a5}^{\ominus}K_{a6}^{\ominus}} + \cdots + \frac{[H^+]^6}{K_{a1}^{\ominus}K_{a2}^{\ominus}\cdots K_{a5}^{\ominus}K_{a6}^{\ominus}} \tag{6-3}$$

式中，$\alpha_{Y(H)}$ 仅是溶液中[H$^+$]的函数，酸度越高，$\alpha_{Y(H)}$值越大，EDTA 的酸效应越严重；[Y]越小，其参与主反应的能力也越低。$\alpha_{Y(H)}$的最小值为 1，表明 EDTA 此时全部以 Y^{4-}型体存在，即未发生酸效应，这种情况下仅在 pH > 12 才有可能。由于绝大多数配位滴定分析是在 pH < 12 的某酸度下进行，故 EDTA 的酸效应是配位滴定分析中主要的副反应之一。但酸效应不是在所有情况下都是有害因素，当提高酸度使干扰离子与 Y 的配位能力降至很低，从而提高滴定的选择性，此时酸效应就成为有利因素。EDTA 在不同 pH 时的 lg$\alpha_{Y(H)}$值见附录Ⅳ。

(2)共存离子(N)效应及共存离子效应系数 $\alpha_{Y(N)}$。

若溶液中同时存在可与 EDTA 发生配位反应的其他金属离子 N，则 M、N 与 EDTA 之间将会产生竞争，N 将影响 M 与 EDTA 的配位反应，这种现象称为共存离子效应，其影响程度大小用共存离子效应系数 $\alpha_{Y(N)}$ 来衡量。

假设仅存在一种共存离子，那么未与 M 离子配位的 EDTA 总浓度为[Y]+[NY]（其中[NY]为配合物 NY 的浓度），$\alpha_{Y(N)}$ 表示为

$$\alpha_{Y(N)} = \frac{[Y']}{[Y]} = \frac{[Y] + [NY]}{[Y]} \tag{6-4}$$

又因 $K_{NY}^{\ominus} = \dfrac{[NY]}{[N][Y]}$，$[NY] = K_{NY}^{\ominus}[N][Y]$，故

$$\alpha_{Y(N)} = 1 + K_{NY}^{\ominus}[N] \tag{6-5}$$

同理，若溶液中存在多种金属离子 N_1、N_2、$\cdots$、N_n，则$\alpha_{Y(N)}$的大小由其中影响最大的一种或少数几种决定：

$$\alpha_{Y(N)} = \alpha_{Y(N_1)} + \alpha_{Y(N_2)} + \cdots + \alpha_{Y(N_n)} - (n-1)$$

(3)EDTA 的总副反应系数 α_Y。

若酸效应和共存离子效应两种因素同时存在，则

$$[Y'] = [Y] + [HY] + [H_2Y] + [H_3Y] + \cdots + [H_6Y] + [NY]$$

由 H^+ 和 N 引起的 Y 的总副反应系数 α_Y 表示为

$$\alpha_Y = \frac{[Y']}{[Y]}$$

$$\alpha_Y = \alpha_{Y(H)} + \alpha_{Y(N)} - 1 \tag{6-6}$$

【例 6-6】　溶液中含有浓度均为 $0.010\ \text{mol·L}^{-1}$ 的 EDTA、Ca^{2+}、Pb^{2+}。若 EDTA 与 Pb^{2+} 的反应为主反应，计算 pH=5.0 时的 $\lg\alpha_Y$ 值。已知：$\lg K_{PbY}^{\ominus} = 17.88$，$\lg K_{CaY}^{\ominus} = 11.0$。

解　对于 EDTA 与 Pb^{2+} 的反应，受到酸效应和共存离子的影响。

pH=5.0 时，查附录Ⅳ得 $\lg\alpha_{Y(H)} = 6.45$，$\alpha_{Y(H)} = 10^{6.45}$，

$$\alpha_{Y(Ca)} = 1 + K_{CaY}^{\ominus}[Ca^{2+}] = 1 + 10^{11.0} \times 10^{-2.00} \approx 10^{9.00}$$

$$\alpha_Y = \alpha_{Y(H)} + \alpha_{Y(Ca)} - 1 = 10^{6.45} + 10^{9.00} - 1 \approx 10^{9.00}$$

$$\lg\alpha_Y = 9.0$$

2）M 的副反应和副反应系数 α_M

对金属离子 M 而言，可能存在的副反应为配位效应，存在的另一种配位剂可用 L 表示，与 M 形成 ML_n 型配合物，此时副反应系数 $\alpha_{M(L)}$ 为

$$\alpha_{M(L)} = \frac{[M']}{[M]} \tag{6-7}$$

式中，[M'] 为未与 Y 配位（未参与主反应）的 M 型体浓度之和，即

$$[M'] = [M] + [ML] + [ML_2] + \cdots + [ML_n]$$

$$\alpha_{M(L)} = 1 + \beta_1[L] + \beta_2[L]^2 + \cdots + \beta_n[L]^n \tag{6-8}$$

水解效应是溶液酸度较低时，金属离子可因水解而形成各种氢氧基配合物，该副反应也可看作配位效应，此时配体是氢氧根离子，副反应系数可用 $\alpha_{M(OH)}$ 表示，计算式可表示为

$$\alpha_{M(OH)} = 1 + \beta_1[OH] + \beta_2[OH]^2 + \cdots + \beta_n[OH]^n \tag{6-9}$$

若 M 离子与配位剂 L 和 OH^- 均发生了副反应，则其总副反应系数 α_M 表示为

$$\alpha_M = \frac{[M']}{[M]} \quad \alpha_M = \alpha_{M(L)} + \alpha_{M(OH)} - 1 \tag{6-10}$$

对于配合物 MY，当溶液 pH 低于 3 时可形成酸式配合物（MHY），而在 pH 高于 11 时形成碱式配合物 [M(OH)Y]，由于这两种配合物不稳定，一般情况下可忽略不计。通常情况下不考虑配合物 MY 的副反应对主反应的影响。常见金属离子在不同 pH 时水解效应系数见附录Ⅴ。

3）条件稳定常数

M 与 Y 通过配位键形成配合物 MY 时，酸效应和配位效应是影响主反应的两个重要因素。将酸效应和配位效应两个主要影响因素考虑进去后得到 MY 的实际稳定常数，称为条件稳定常数（或条件形成常数，用 $K_{MY}^{\ominus'}$ 表示）。条件稳定常数也称为表观稳定常数或有效稳定常数。

在无副反应发生的情况下，M 与 Y 反应达到平衡时的稳定常数，称为绝对稳定常数 $K_{MY}^{\ominus}$。

$$K_{MY}^{\ominus} = \frac{[MY]}{[M][Y]}$$

有副反应参加时，因

$$\alpha_Y = \frac{[Y']}{[Y]} \qquad \alpha_M = \frac{[M']}{[M]}$$

故

$$K_{MY}^{\ominus'} = \frac{[(MY)']}{[M'][Y']} \approx \frac{[MY]}{[M'][Y']} = \frac{[MY]}{\alpha_M[M] \times \alpha_Y[Y]} = K_{MY}^{\ominus}\frac{1}{\alpha_M \times \alpha_Y}$$

两端取对数，可得

$$\lg K_{MY}^{\ominus'} = \lg K_{MY}^{\ominus} - \lg\alpha_M - \lg\alpha_Y \tag{6-11}$$

该式即为条件稳定常数的重要计算公式。

　　配合物的条件稳定常数是后续判断金属离子能否被准确滴定的一个非常重要的参数，其计算过程是必须掌握的内容。

【例 6-7】　计算 pH = 2.0 和 pH = 5.0 时，ZnY 的条件稳定常数。已知 $\lg K_{ZnY}^{\ominus} = 16.50$。

　　解　(1) pH = 2.0 时，查表得 $\lg\alpha_{Y(H)} = 13.51$，$\lg\alpha_{Zn(OH)} = 0$，

$$\lg K_{ZnY}^{\ominus'} = \lg K_{ZnY}^{\ominus} - \lg\alpha_{Zn(OH)} - \lg\alpha_{Y(H)} = 16.50 - 0 - 13.51 = 2.99$$

　　(2) pH = 5.0 时，查表得 $\lg\alpha_{Y(H)} = 6.45$，$\lg\alpha_{Zn(OH)} = 0$，

$$\lg K_{ZnY}^{\ominus'} = \lg K_{ZnY}^{\ominus} - \lg\alpha_{Zn(OH)} - \lg\alpha_{Y(H)} = 16.50 - 0 - 6.45 = 10.05$$

【例 6-8】　计算在 pH = 5.0，$c(F^-) = 0.010\ mol \cdot L^{-1}$ 的溶液中，AlY 的条件稳定常数 $K_{AlY}^{\ominus'}$。已知：$[AlF_6]^{3-}$ 的 $\lg\beta_1 \sim \lg\beta_6$ 分别为 6.1、11.5、15.0、17.7、19.4 和 19.7；$\lg K_{AlY}^{\ominus} = 16.3$。

　　解　$K_{AlY}^{\ominus'} = \dfrac{K_{AlY}^{\ominus}}{\alpha_{Al(F)}\alpha_{Y(H)}}$，pH = 5.0 时，$\lg\alpha_{Y(H)} = 6.45$，

$$\alpha_{Al(F)} = 1 + \beta_1 c(F^-) + \beta_2 c^2(F^-) + \beta_3 c^3(F^-) + \beta_4 c^4(F^-) + \beta_5 c^5(F^-) + \beta_6 c^6(F^-)$$

$$= 1 + 10^{6.1-2} + 10^{11.5-4} + 10^{15.0-6} + 10^{17.7-8} + 10^{19.4-10} + 10^{19.7-12} \approx 10^{9.95}$$

$$K_{AlY}^{\ominus'} = \frac{10^{16.3}}{10^{9.95} \times 10^{6.45}} \approx 10^{-0.10}$$

计算结果说明此时 AlY 已经被破坏。

6.3　配位滴定分析

　　利用生成配合物的反应进行滴定分析的方法称为配位滴定分析法。例如，用 $AgNO_3$ 标准溶液滴定氰化物时，Ag^+ 与 CN^- 形成难解离的 $[Ag(CN)_2]^-$ 配离子的反应可用于配位滴定。其反

应为

$$Ag^+ + 2CN^- \rightleftharpoons [Ag(CN)_2]^-$$

当滴定达到计量点时，稍过量的 Ag^+ 便与 $[Ag(CN)_2]^-$ 反应生成白色的 $Ag[Ag(CN)_2]$ 沉淀，使溶液变浑浊而指示终点。

$$Ag^+ + [Ag(CN)_2]^- \rightleftharpoons Ag[Ag(CN)_2]$$

在分析化学领域，无机配位剂主要用于干扰物质的掩蔽剂和防止金属离子水解的辅助配位剂等。自 20 世纪 40 年代以来，有机配位剂在分析化学中得到广泛应用，推动了配位滴定法的迅速发展。其中，应用较多的是一类含有氨基二乙酸基团的有机化合物，即氨羧配位剂，其分子中含有氨氮和羧氧两种配位能力很强的配位原子，可以和许多金属离子形成环状结构的配合物(简称"螯合物")。目前研究过的氨羧配位剂已有很多种，应用最为广泛的是乙二胺四乙酸及其二钠盐(简称 EDTA)。

能用于配位滴定的反应需具备下列条件：①形成的配合物要相当稳定($K_f^{\ominus} \geqslant 10^8$)，否则不易得到明显的滴定终点；②在一定反应条件下，配位数必须固定(即只形成一种配位数的配合物)；③反应速率要快；④要有适当的方法确定滴定的终点。

6.3.1　配位滴定指示剂

配位反应用于配位滴定分析时，需要有适当的方法确定滴定的终点，最常用的方法是使用金属指示剂指示滴定的终点。

1. 金属指示剂的作用原理

金属指示剂也是一种配位剂(常简写为"In")，它能与金属离子形成与其本身颜色显著不同的配合物而指示滴定终点。由于它能指示出溶液中金属离子浓度的变化情况，因此也称为金属离子指示剂，简称金属指示剂。以 EDTA 滴定 Mg^{2+}(在 pH=10 的条件下)，用铬黑 T(EBT)作指示剂为例，说明金属指示剂的变色原理。

(1)Mg^{2+} 与铬黑 T 反应，形成一种与铬黑 T 本身颜色不同的配合物。

$$Mg^{2+} + EBT \rightleftharpoons Mg\text{-}EBT$$

蓝色　　　　红色

(2)滴入 EDTA 时，溶液中游离的 Mg^{2+} 逐步被 EDTA 配合，当达到计量点时，已与铬黑 T 配合的 Mg^{2+} 也被 EDTA 夺出，释放出指示剂铬黑 T，因而引起溶液颜色的变化：

$$Mg\text{-}EBT + EDTA \rightleftharpoons Mg\text{-}EDTA + EBT$$

红色　　　　　　　　　　　蓝色

2. 金属指示剂应具备的条件

(1)在滴定的 pH 范围内，指示剂本身的颜色与其金属离子配合物的颜色应有显著的区别。这样，终点时的颜色变化才明显。

(2)金属离子与指示剂所形成的有色配合物应该足够稳定，在金属离子浓度很小时，仍能呈现明显的颜色，如果它们的稳定性差而解离程度大，则在到达计量点前，就会显示出指示剂本身的颜色，使终点提前出现，颜色变化也不敏锐。

（3）"M-指示剂"配合物（MIn）的稳定性，应小于"M-EDTA"配合物的稳定性，二者的稳定常数应相差 100 倍以上，即 $\lg K_{MY}^{\ominus\prime} - \lg K_{MIn}^{\ominus\prime} > 2$，这样才能使 EDTA 滴定到计量点时，将指示剂从"M-指示剂"配合物中取代出来。

（4）指示剂应具有一定的选择性，即在一定条件下，只对一种（或某几种）离子发生显色反应。

此外，金属指示剂应比较稳定，便于储存和使用。

3. 金属指示剂在使用中存在的问题

1）指示剂的封闭现象

某些指示剂能与某些金属离子生成极为稳定的配合物，这些配合物较对应的 MY 配合物更稳定，以致到达计量点时滴入过量 EDTA，也不能夺取指示剂配合物（MIn）中的金属离子，指示剂不能释放出来，看不到颜色的变化，这种现象称为指示剂的封闭现象。例如，在 pH 为 10 的条件下测定水中的钙镁总量，用铬黑 T 作指示剂，水中微量的 Al^{3+}、Fe^{3+}、Cu^{2+}、Co^{2+}、Ni^{2+} 等离子对铬黑 T 有封闭作用。Al^{3+}、Fe^{3+} 的干扰可用三乙醇胺消除，而 Cu^{2+}、Co^{2+}、Ni^{2+} 可用 KCN 掩蔽。

2）指示剂的僵化现象

指示剂的僵化现象有两种情况：①金属指示剂本身与金属离子形成的配合物的溶解度很小，使终点的颜色变化不明显；②金属指示剂与金属离子所形成的配合物的稳定性只稍差于对应 EDTA 配合物，因而使 EDTA 与 MIn 之间的反应缓慢，终点拖长，这种现象称为指示剂的僵化。要增大配合物的溶解度，可采取的措施是加入适当的有机溶剂或加热。用 PAN（吡啶偶氮萘酚）作指示剂时，可加入少量甲醇或乙醇，也可以将溶液适当加热，以加快反应速率，使指示剂的变色较明显；用磺基水杨酸作指示剂，以 EDTA 标准溶液滴定 Fe^{3+} 时，可先将溶液加热到 50～70℃后，再进行滴定。

3）指示剂的氧化变质现象

金属指示剂大多数是具有双键的有色化合物，易被日光、空气和氧化剂所分解。有些指示剂在水溶液中不稳定，长时间会变质。例如，铬黑 T、钙指示剂的水溶液均易氧化变质，因此常配成固体混合物或用具有还原性的溶液来配制溶液。

例如，铬黑 T 在 Mn(Ⅳ) 或 Ce^{4+} 存在下，仅数秒便分解褪色。为此，在配制铬黑 T 时，应加入盐酸羟胺等还原剂以阻止其分解褪色。

常用的金属指示剂有铬黑 T、钙指示剂、二甲酚橙、磺基水杨酸、PAN 等。

6.3.2 配位滴定

1. 单一金属离子能被准确滴定的条件

决定配位滴定准确度的重要依据是滴定突跃的大小，而突跃大小受被测金属离子浓度 c_M 和反应的条件稳定常数 $K_{MY}^{\ominus\prime}$ 影响。根据终点误差理论可知，要想用 EDTA 成功滴定 M（即误差≤0.1%），则必须满足一定的条件，即式（6-12）成立：

$$c_M K_{MY}^{\ominus\prime} \geqslant 10^6 \tag{6-12}$$

式中，c_M 为按化学计量点体积计算时的金属离子浓度。这便是 EDTA 准确滴定单一金属离子的条件。

2. 准确滴定单一金属离子的酸度范围

一般情况下，准确滴定某一金属离子需在一定的酸度条件下进行。不同金属离子与 EDTA 结合形成的配合物的 $K_{MY}^{\ominus}$ 值不同，而代表 MY 实际稳定性的 $K_{MY}^{\ominus\prime}$ 又与溶液的酸度有关。当 c_M 为 $0.010\ mol \cdot L^{-1}$ 时，由准确滴定单一金属离子的条件可知，此时有 $K_{MY}^{\ominus\prime} \geqslant 10^8$；若不考虑金属离子 M 的副反应，则对单一金属离子滴定系统而言，$K_{MY}^{\ominus\prime}$ 仅取决于酸效应，即

$$\lg K_{MY}^{\ominus\prime} = \lg K_{MY}^{\ominus} - \lg \alpha_{Y(H)} \geqslant 8$$

$$\lg \alpha_{Y(H)} \leqslant \lg K_{MY}^{\ominus} - 8 \tag{6-13}$$

由式(6-13)可计算出 $\lg \alpha_{Y(H)}$，由 pH-$\lg \alpha_{Y(H)}$ 表得到的 pH 即为滴定金属离子 M 的最低 pH(即滴定 M 所允许的最高酸度)。不同金属离子对应不同的 pH，以 pH 对 $\lg \alpha_{Y(H)}$ 作图所得曲线称为酸效应曲线(图 6-3，也称为"林邦曲线")。如果横坐标用 $\lg K_{MY}^{\ominus}$ 表示，pH 则是图中各金属离子对应的滴定最高酸度。

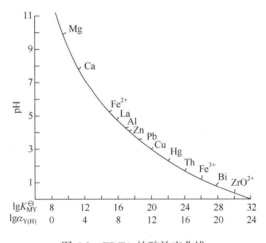

图 6-3　EDTA 的酸效应曲线

由酸效应曲线可以说明以下问题：①可以找出各离子滴定时的最低 pH；②可以得知一定 pH 范围内可被滴定的离子及可能产生干扰的离子；③利用控制溶液酸度的方法，有可能在同一溶液中连续滴定几种离子。例如，溶液中含有 Bi^{3+}、Zn^{2+} 及 Mg^{2+} 时，可先以甲基百里酚酞作指示剂，pH 1.0 时用 EDTA 滴定 Bi^{3+}，然后在 pH 5.0～6.0 滴定 Zn^{2+}，最后在 pH 10.0～11.0 滴定 Mg^{2+}。

滴定时实际上所采用的 pH 要比允许的最低 pH 高一些，这样可以使金属离子配合得更完全。但过高的 pH 会引起金属离子的水解，生成 $M(OH)_m^{n-m}$ 型的羟基配合物，从而降低金属离子与 EDTA 配合的能力，甚至会生成 $M(OH)_n$ 沉淀，妨碍 MY 配合物的形成。

为了不致因酸度过低而引起金属离子的水解效应，在没有辅助配位剂存在时，可以将金属离子开始生成氢氧化物沉淀时的酸度作为配位滴定最低的允许酸度(即最高 pH)，并通过相应氢氧化物的溶度积求出。

最高酸度和最低酸度之间的酸度范围称为配位滴定的"适宜酸度范围"。

【**例 6-9**】　计算用 $0.02000\ mol \cdot L^{-1}$ EDTA 滴定 $0.020\ mol \cdot L^{-1}$ Zn^{2+} 时的最高酸度和最低酸度。已知：$lg K_{ZnY}^{\ominus} = 16.50$，$K_{sp}^{\ominus}[Zn(OH)_2] = 10^{-16.92}$。

解　$c_{Zn} = 10^{-1.70}$，$c_{Zn,sp} = 10^{-2.00}\ mol \cdot L^{-1}$。

由 $lg\alpha_{Y(H)}(max) = lg(c_{Zn,sp} K_{ZnY}^{\ominus \prime}) - 6$，查附录Ⅳ，$pH = 4.0$，$lg\alpha_{Y(H)} = 8.44$，故滴定的最高酸度为 pH 4.0。

若 $[Zn^{2+}] = c_{Zn}$（此时采用 Zn^{2+} 的起始浓度计算），最低酸度为

$$[OH^-] = \sqrt{\frac{K_{sp}^{\ominus}}{[Zn^{2+}]}} = \sqrt{\frac{10^{-16.92}}{10^{-1.70}}} = 10^{-7.61}(mol \cdot L^{-1})$$

$$pOH = 7.61 \qquad pH = 6.39$$

因此滴定 Zn^{2+} 的适宜酸度范围为 pH 4.0～6.39。

---

3. 配位滴定曲线

在配位滴定分析中，随着滴定剂 EDTA 的不断加入，由于金属离子配合物的生成，溶液中金属离子 M 的浓度逐渐减小，在化学计量点附近，pM 发生急剧变化。如果以 pM 为纵坐标，以加入标准溶液的体积为横坐标作图，则可得到与酸碱滴定曲线类似的配位滴定曲线。

1）配位滴定曲线的绘制

以 EDTA 溶液滴定 Ca^{2+} 溶液为例，讨论滴定过程中金属离子浓度的变化情况。已知 $c(Ca^{2+}) = 0.01000\ mol \cdot L^{-1}$，$V(Ca^{2+}) = 20.00\ mL$，$c(Y) = 0.01000\ mol \cdot L^{-1}$，pH=10，体系中不存在其他配位剂。查表知 $lg K_{CaY}^{\ominus} = 11.0$，$lg\alpha_{Y(H)} = 0.45$，故

$$lg K_{CaY}^{\ominus \prime} = lg K_{CaY}^{\ominus} - lg\alpha_{Y(H)} = 11.0 - 0.45 = 10.55$$

即

$$K_{CaY}^{\ominus \prime} = 3.5 \times 10^{10}$$

符合单一金属离子被准确滴定的条件：$c_M K_{MY}^{\ominus \prime} \geqslant 10^6$，$Ca^{2+}$ 在给定条件下能被准确滴定。滴定过程可分为四个阶段，分别计算其 pM 值。

（1）滴定前：

$$[Ca^{2+}] = c(Ca^{2+}) = 0.01000\ mol \cdot L^{-1} \quad pCa = 2.00$$

（2）滴定开始至化学计量点前：

近似以剩余 Ca^{2+} 浓度计算 pCa。

加入 EDTA 标准溶液 18.00 mL（即被滴定 90.00%）时，

$$[Ca^{2+}] = c(Ca^{2+}) = 0.01000\ mol \cdot L^{-1} \times \frac{(20.00 - 18.00)\ mL}{(20.00 + 18.00)\ mL} = 5.3 \times 10^{-4}\ mol \cdot L^{-1}$$

$$pCa = 3.28$$

加入 EDTA 标准溶液 19.98 mL(即被滴定 99.90%)时,

$$[Ca^{2+}] = c(Ca^{2+}) = 0.01000 \text{ mol} \cdot L^{-1} \times \frac{(20.00-19.98) \text{ mL}}{(20.00+19.98) \text{ mL}} = 5.0 \times 10^{-6} \text{ mol} \cdot L^{-1}$$

$$pCa = 5.30$$

(3)化学计量点:

CaY 配合物比较稳定,化学计量点时 Ca^{2+} 与加入的 EDTA 标准溶液几乎全部配位生成 CaY 配合物,即

$$[CaY] = c(CaY) = 0.01000 \text{ mol} \cdot L^{-1} \times \frac{20.00 \text{ mL}}{(20.00 + 20.00) \text{ mL}} = 5.0 \times 10^{-3} \text{ mol} \cdot L^{-1}$$

化学计量点时 $c(Ca^{2+}) = c(Y')$,所以

$$K_{CaY}^{\ominus'} = \frac{[CaY]}{[Ca^{2+}][Y']} = \frac{[CaY]}{[Ca^{2+}]^2}$$

$$[Ca^{2+}] = \sqrt{\frac{[CaY]}{K_{CaY}^{\ominus'}}} = \sqrt{\frac{5.0 \times 10^{-3}}{3.5 \times 10^{10}}} = 1.5 \times 10^{-7} (\text{mol} \cdot L^{-1})$$

$$pCa = 6.85$$

(4)化学计量点后:

当加入的滴定剂为 20.02 mL 时,EDTA 过量 0.02 mL,其浓度为

$$[Y] = 0.01000 \text{ mol} \cdot L^{-1} \times \frac{(20.02-20.00) \text{ mL}}{(20.02+20.00) \text{ mL}} = 5.0 \times 10^{-6} \text{ mol} \cdot L^{-1}$$

此时可近似认为 $c(CaY) = 5.0 \times 10^{-3} \text{ mol} \cdot L^{-1}$,则

$$[Ca^{2+}] = \frac{[CaY]}{K_{CaY}^{\ominus'}[Y']} = \frac{5.0 \times 10^{-3}}{3.5 \times 10^{10} \times 5.0 \times 10^{-6}} = 2.9 \times 10^{-8} (\text{mol} \cdot L^{-1})$$

$$pCa = 7.54$$

如此逐一计算,以 pCa 为纵坐标、加入 EDTA 标准溶液的体积分数为横坐标作图,得到 EDTA 标准溶液滴定 Ca^{2+} 的滴定曲线(图 6-4)。

计量点前后相对误差为 ± 0.1%的范围内 pM 发生突跃,称为配位滴定的突跃范围(本例为 5.30~ 7.54)。

2)影响滴定突跃大小的因素

滴定突跃的大小是决定配位滴定准确度的重要依据。MY 的条件稳定常数和被测金属离子的浓度 c_M 是影响滴定突跃的主要因素。金属离子浓度

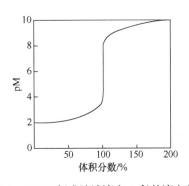

图 6-4　EDTA 标准溶液滴定 Ca^{2+} 的滴定曲线

c_M 一定时,$K_{MY}^{\ominus'}$ 值越大,滴定突跃范围越大,配合物的 $K_{MY}^{\ominus'}$ 影响滴定突跃范围的上限;条件稳定常数 $K_{MY}^{\ominus'}$ 一定的条件下,被测金属离子浓度 c_M 值越大,滴定突跃范围越大,影响滴定突

跃范围的下限，如图 6-5 和图 6-6 所示。

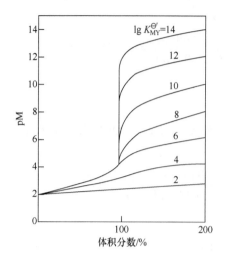

图 6-5　$K_{MY}^{\ominus}$ 对 pM 突跃的影响

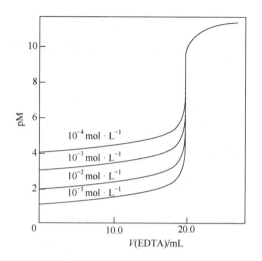

图 6-6　金属离子浓度对 pM 突跃的影响

当金属离子浓度 c_M 和条件稳定常数 $K_{MY}^{\ominus\prime}$ 都改变时，滴定突跃的大小取决于 $\lg(c_M K_{MY}^{\ominus})$ 值。显然，$\lg(c_M K_{MY}^{\ominus})$ 值越大，滴定突跃范围就越大，反应进行得越完全。

综上，影响滴定突跃范围的因素是 c_M 和 $K_{MY}^{\ominus\prime}$，常用 $\lg(c_M K_{MY}^{\ominus})$ 衡量突跃范围的大小。

配位滴定中所涉及的情况比酸碱滴定法复杂得多。为保证在某些副反应存在时主反应能顺利进行完全，合理地选择并控制适宜的滴定条件(主要是酸度和配位剂的浓度)十分重要，才可能有效地减少副反应，获得较大的条件稳定常数，在金属离子浓度一定时使滴定突跃增大。滴定突跃和化学计量点是配位滴定分析关注的重点。讨论配位滴定的滴定曲线可为选择适宜的指示剂提供大致范围。

3)滴定过程中干扰的消除

EDTA 配位剂具有相当强的配位能力，能与多种金属离子形成配合物，这正是其能广泛应用的主要原因。但实际分析对象常是多种元素同时存在，互相干扰各自测定。因此，如何消除滴定过程的干扰，以提高配位滴定的选择性，便成为配位滴定中要解决的重要问题。可通过控制溶液酸度、使用掩蔽剂等方法消除其他离子的干扰。配位滴定中，如利用控制酸度的办法仍不能消除干扰离子的干扰时，常利用掩蔽剂掩蔽干扰离子，使它们不与 EDTA 配合，或者使它们与 EDTA 配合的条件稳定常数减至很小，从而消除干扰。常用的掩蔽方法有配位掩蔽法、沉淀掩蔽法和氧化还原掩蔽法。此处不详细讨论。

6.3.3　配位滴定应用示例

1. EDTA 标准溶液的配制和标定

常用的 EDTA 标准溶液浓度为 $0.01\sim0.05$ $mol \cdot L^{-1}$。经精制的乙二胺四乙酸二钠盐可用直接法配制标准溶液。

由于精制手续较麻烦，而水和其他试剂中又常含有金属离子，降低滴定剂的浓度，故 EDTA 标准溶液常采用间接法配制。先配制近似所需浓度的 EDTA 溶液，再用基准物质金属锌、ZnO、$CaCO_3$ 或 $MgSO_4 \cdot 7H_2O$ 等标定其浓度。

2. 配位滴定方式

1)直接滴定

直接滴定是配位滴定中最基本的方法。将被测物质处理成溶液后，调节酸度，加入指示剂(有时还需要加入适当的辅助配位剂及掩蔽剂)，直接用 EDTA 标准溶液进行滴定，然后根据消耗的 EDTA 标准溶液的体积，计算试样中被测组分的含量。

采用直接滴定法，必须符合以下条件：

(1)被测组分与 EDTA 的配位速度快，且满足 $\lg(c_M K_{MY}^{\ominus\prime}) \geqslant 6$。

(2)在选用的滴定条件下，必须有变色敏锐的指示剂，且不受共存离子的影响而发生"封闭"作用。例如，Al^{3+} 对许多指示剂产生"封闭"作用，因此不宜用直接滴定法；有些金属离子的滴定(如 Sr^{2+}、Ba^{2+} 等)缺乏灵敏的指示剂，故不能用直接滴定法。

(3)在选用的滴定条件下，被测组分不发生水解和沉淀反应，必要时可加辅助配位剂防止这些反应发生。

直接滴定法可用于：

pH 1 时滴定 Bi^{3+}；

pH 2～3 时滴定 Fe^{3+}、Th^{4+}；

pH 5～6 时滴定 Zn^{2+}、Pb^{2+}、Cd^{2+}、稀土离子；

pH 10 时滴定 Mg^{2+}；

pH 12 时滴定 Ca^{2+} 等。

2)间接滴定

某些金属离子(如 Li^+、Na^+、K^+、Rb^+、Cs^+、W^{6+}、Ta^{5+} 等)和某些非金属离子(如 SO_4^{2-}、PO_4^{3-} 等)由于不能和 EDTA 配位或与 EDTA 生成的配合物不稳定，不便于配位滴定，这时可采用间接滴定的方法进行测定，如 PO_4^{3-} 的测定。在一定条件下，可将 PO_4^{3-} 沉淀为 $MgNH_4PO_4$，然后过滤，将沉淀溶解，调节溶液的 pH 为 10，用铬黑 T 作指示剂，以 EDTA 标准溶液滴定沉淀中的 Mg^{2+}，由 Mg^{2+} 的含量间接计算磷的含量。

3)返滴定

将被测物质制成溶液，调好酸度，加入过量的 EDTA 标准溶液(总量 $c_1 V_1$)，再用另一种标准金属离子溶液返滴定过量的 EDTA($c_2 V_2$)，计算两者的差值，即与被测离子结合的 EDTA 的量，由此可以计算出被测物质的含量。

4)置换滴定

该方法适用于无适当指示剂或与 EDTA 不能迅速配位的金属离子的测定。在一定酸度下，向被测试液中加入过量的 EDTA，用金属离子滴定过量的 EDTA，然后再加入另一种配位剂，使其与被测离子生成一种配合物，这种配合物比被测离子与 EDTA 生成的配合物更稳定，从而把 EDTA 释放(置换)出来，最后再用金属离子标准溶液滴定释放出来的 EDTA。根据金属离子标准溶液的用量和浓度计算出被测离子的含量。这种方法适用于多种金属离子存在下测定其中一种金属离子。

利用置换滴定法，不仅能扩大配位滴定的应用范围，同时还可以提高配位滴定的选择性。

(1)置换出金属离子。

若被测定的离子 M 与 EDTA 反应不完全或所形成的配合物不稳定，这时可用 M 置换出另一种配合物 NL 中等物质的量的 N，用 EDTA 溶液滴定 N，从而可求得 M 的含量。例如，

Ag^+ 与 EDTA 的配合物不够稳定 $(\lg K_{AgY}^{\ominus} = 7.32)$，不能用 EDTA 直接滴定。若在含 Ag^+ 的试液中加入过量的 $[Ni(CN)_4]^{2-}$，反应定量置换出 Ni^{2+}，在 pH = 10 的氨性缓冲溶液中，以紫脲酸铵为指示剂，用 EDTA 标准溶液滴定置换出来的 Ni^{2+}。反应为

$$2Ag^+ + [Ni(CN)_4]^{2-} \rightleftharpoons 2[Ag(CN)_2]^- + Ni^{2+}$$

(2) 置换出 EDTA。

将被测定的金属离子 M 与干扰离子全部用 EDTA 配位，加入选择性高的配位剂 L 以夺取 M，并释放出 EDTA：

$$MY + L \rightleftharpoons ML + Y$$

反应完全后，释放出与 M 等物质的量的 EDTA，然后再用金属盐类标准溶液滴定释放出的 EDTA，从而求得 M 的含量。例如，测定锡青铜中的锡，先在试液中加入一定量且过量的 EDTA，使四价锡与试样中共存的铅、钙、锌等离子与 EDTA 配合。再用锌离子溶液返滴定过量的 EDTA 后，加入氟化铵，此时发生如下反应并定量置换出 EDTA。用锌标准溶液滴定后即可得锡的含量。

$$SnY + 6F^- \rightleftharpoons [SnF_6]^{2-} + Y^{4-} \qquad Zn^{2+} + Y^{4-} \rightleftharpoons [ZnY]^{2-}$$

3. 具体实例

1) 水中钙、镁离子含量的测定

含有钙、镁盐类的水称为硬水。水的硬度通常分为总硬度和钙、镁硬度。总硬度指钙镁的总量，钙、镁硬度则是指钙、镁各自的含量。水的总硬度是将水中的钙、镁均折合为 CaO 或 $CaCO_3$ 计算的。每升水含 1 mg CaO 称为 1 度，总硬度可以通过消耗 EDTA 的总量而求得。

EDTA 测定水中钙、镁常用的方法是先测定钙、镁总量，再测定钙量，然后由钙、镁总量和钙的含量求出镁的含量。

(1) 钙、镁总量的测定。

取一定体积水样，调节 pH=10，加铬黑 T 指示剂，然后用 EDTA 滴定。铬黑 T 和 Y^{4-} 分别都能和 Ca^{2+}、Mg^{2+} 生成配合物。它们的稳定性顺序为：CaY > MgY > MgIn > CaIn。

被测试液中先加入少量铬黑 T，它首先与 Mg^{2+} 结合生成酒红色的 MgIn 配合物。滴入的 EDTA 先与游离 Ca^{2+} 配位，其次与游离 Mg^{2+} 配位，最后夺取 MgIn 中的 Mg^{2+} 而游离出铬黑 T。溶液由红色经紫色到蓝色，指示终点的到达。

(2) 钙的测定。

取同样体积的水样，用 NaOH 溶液调节到 pH=12，此时 Mg^{2+} 以 $Mg(OH)_2$ 沉淀析出，不干扰 Ca^{2+} 的测定。再加入钙指示剂，此时溶液呈红色。再滴入 EDTA，它先与游离 Ca^{2+} 配位，在化学计量点时夺取与指示剂配位的 Ca^{2+}，游离出指示剂，溶液转变为蓝色，指示终点的到达。根据消耗 EDTA 标准溶液的体积和浓度计算 Ca 的量。

2) 硫酸盐的测定

加入过量的已知浓度的 $BaCl_2$ 沉淀剂，使 SO_4^{2-} 全部转化为硫酸钡沉淀，再用 EDTA 标准溶液滴定剩余的 Ba^{2+}，间接测定 SO_4^{2-} 的含量。

$$w(SO_4^{2-}) = \frac{[c(BaCl_2)V(BaCl_2) - c(EDTA)V(EDTA)]M(SO_4^{2-})}{m(样品)} \times 100\%$$

本 章 小 结

1. 配合物的组成及命名

配合物由内界、外界组成，内界又由中心离子(或原子)和配位体组成；配合物的命名遵循一般无机化合物的命名原则。

2. 配合物的价键理论

配合物的价键理论：中心离子(原子)与配体之间以配位键结合，中心离子(原子)提供空轨道，配体中的配位原子提供孤对电子。价键理论可应用于推测中心离子的价电子分布和杂化方式、解释配合物的空间构型、判断配合物的类型及稳定性、由未成对电子数计算磁矩等。

3. 配位平衡及影响配位平衡的因素

理解配位平衡中稳定常数 $K_f^{\ominus}$ 的物理意义，掌握酸碱平衡、沉淀溶解平衡、氧化还原平衡都会对配位平衡有影响。

4. EDTA 的性质和配位特点

EDTA 在水溶液中有七种型体：H_6Y^{2+}、H_5Y^+、H_4Y、H_3Y^-、H_2Y^{2-}、HY^{3-} 和 Y^{4-}；EDTA 与金属离子配位时的特征：在一般情况下，配合比为 1∶1，EDTA 与无色金属离子形成无色的螯合物，与有色金属离子一般形成颜色更深的螯合物，生成的螯合物大多可溶于水。

5. 条件稳定常数的计算及其影响因素

有副反应存在时，配位反应进行的程度用条件稳定常数 $K_{MY}^{\ominus\prime}$ 衡量：

$$\lg K_{MY}^{\ominus\prime} = \lg K_{MY}^{\ominus} - \lg \alpha_M - \lg \alpha_Y$$

若滴定体系中仅有酸效应存在，上式可简化为 $\lg K_{MY}^{\ominus\prime} = \lg K_{MY}^{\ominus} - \lg \alpha_{Y(H)}$。

掌握酸碱度对金属离子配位滴定的影响；掌握单一金属离子被准确滴定的条件和滴定的适宜酸度范围；掌握金属指示剂的变色原理；了解配位滴定的应用。

化 学 视 野

配合物在生命体的正常代谢过程中起着十分重要的特殊作用。例如，人体和动物中氧气的运载体是肌红蛋白和血红蛋白，它们都含有血红素基团，而血红素是 Fe^{2+} 的卟啉配合物，它与氧气分子的结合为可逆结合。血红蛋白从肺部摄取氧，通过血液循环再将氧释放到各组织中，与肌红蛋白结合的氧则被储存起来，新陈代谢需要时即释放出来。

维生素是辅酶的组成部分，参与机体多种重要的代谢过程。维生素 B12 是含钴的螯合物，由 Co(Ⅲ) 与卟啉环构成，又称为钴胺素。它是唯一已知的含金属离子的维生素，参与蛋白质和核酸的生物合成，是造血过程的生物催化剂，缺乏时会引起恶性贫血症。

叶绿素是植物体中进行光合作用的色素，是镁的卟啉类螯合物。植物缺镁即缺少叶绿素，光合作用和植物细胞的电子传递不能正常进行。

此外，生物体内的大多数反应都在酶的催化下进行，其催化效能比一般非生物催化剂高千万倍至十万亿倍，而许多酶分子都含有以配位形态存在的金属，这些金属往往起着活性中心的作用，如铁酶、锌酶、钼酶等。据研究报道，生物体中具有固氮作用的固氮酶由铁蛋白和铁钼蛋白组成，是铁、钼的复杂螯合物。通过它的催化作用，能在常温常压下将氮气转变为氨，满足植物的生长所需。

习　题

一、选择题

1. 在氨水中最容易溶解的是（　　）。

A. Ag_2S　　　　　　　B. AgI　　　　　　　　C. AgBr　　　　　　　D. AgCl

2. 下列配体中能作螯合剂的是（　　）。

A. SCN^-　　　　　　B. H_2NNH_2　　　　C. SO_4^{2-}　　　　D. $H_2NCH_2CH_2NH_2$

3. 下列配合物能在强酸介质中稳定存在的是（　　）。

A. $[Ag(NH_3)_2]^+$　　B. $[FeCl_4]^-$　　C. $[Fe(C_2O_4)_3]^{3-}$　　D. $[Ag(S_2O_3)_2]^{3-}$

4. 电对 Zn^{2+}/Zn 加入氨水后，其电极电势将（　　）。

A. 减小　　　　　　B. 增大　　　　　　C. 不变　　　　　　D. 无法确定

5. 一般情况下，下列哪种离子可能形成内轨型配合物？（　　）

A. Cu^+　　　　　　B. Fe^{2+}　　　　　　C. Ag^+　　　　　　D. Zn^{2+}

6. 配位数是指（　　）。

A. 配体的数目　　　　　　　　　B. 中心离子的电荷数

C. 配体中配位原子的数目　　　　D. 中心离子的未成对电子数目

7. 配位滴定法测定单一金属离子的条件是（　　）。

A. $\lg(c_M K_{MY}^{\ominus}) \geqslant 6$　　B. $\lg(c_M K_{MY}^{\ominus}) = 6$　　C. $c_M K_{MY}^{\ominus} \geqslant 10^{-8}$　D. $\lg(c_M K_{MY}^{\ominus}) \geqslant 8$

8. 配位滴定中，下列有关酸效应的叙述，正确的是（　　）。

A. 酸效应系数越大，配合物越稳定

B. 酸效应系数越小，配合物越稳定

C. 溶液 pH 越大，酸效应系数越大

D. 酸效应系数越大，配位滴定曲线的突跃范围越大

9. 酸效应曲线（即林邦曲线）是指（　　）。

A. $\alpha_{Y(H)}$ - pH 曲线　　B. pM-pH 曲线　　C. $\lg K_{MY}^{\ominus}$ - pH 曲线　　D. $\lg \alpha_{Y(H)}$ - pH 曲线

10. 配位滴定所用金属指示剂同时也是一种（　　）。

A. 沉淀剂　　　　　B. 配位剂　　　　　C. 掩蔽剂　　　　　D. 显色剂

11. 配位滴定中 pH 减小，酸效应系数（　　）。

A. 减小　　　　　　B. 增大　　　　　　C. 不变　　　　　　D. 不一定

12. 配位滴定中需控制溶液的 pH，其中最高 pH 由（　　）确定。

A. 酸效应　　　　　　　　　　B. 金属离子的水解效应

C. 条件稳定常数　　　　　　　D. 稳定常数

13. 影响 EDTA 与金属离子配合物稳定性的外界因素有（　　）。

A. 羟基配位效应　　　　　　　B. 辅助配位效应

C. EDTA 的酸效应　　　　　　D. 同离子效应

14. 用 EDTA 配位滴定法测定 Ca^{2+}、Mg^{2+}、Fe^{3+}、Al^{3+}混合液中的 Fe^{3+}、Al^{3+}含量时，为了消除 Ca^{2+}、Mg^{2+}的干扰，最简便的方法是（　　）。

A. 沉淀分离法　　　　　　　　B. 控制酸度法

C. 配位掩蔽法　　　　　　　　D. 溶剂萃取法

15. 用 EDTA 滴定含有色金属离子的溶液，终点所呈现的颜色是（　　）。

A. 游离指示剂颜色　　　　　　　B. EDTA-金属配合物的颜色

C. 指示剂-金属离子配合物的颜色　　D. 上述 A、B 的混合颜色

16. 下列说法正确的是( )。

A. 配合物的内界和外界之间主要以共价键相结合

B. 中心原子与配体之间形成配位键

C. 配合物的中心原子都是阳离子

D. 螯合物中不含有离子键

二、填空题

1. EDTA 是一种氨羧配位剂，名称为_____，用符号_____表示。配制标准溶液时一般采用 EDTA 二钠盐，化学式为_____，其水溶液 pH 为_____，可通过公式_____进行计算，标准溶液常用浓度为_____。

2. 通常情况下水溶液中的 EDTA 总是以_____这七种型体存在，其中以_____与金属离子形成的配合物最稳定。除个别金属离子外，EDTA 与金属离子形成配合物时，配位比都是_____。

3. $K_{MY}^{\ominus}$ 称为_____，其计算式为_____。配位滴定曲线滴定突跃范围的大小取决于_____。在金属离子浓度一定时，_____越大，突跃_____；在 $K_{MY}^{\ominus}$ 一定时，_____越大，突跃_____。

4. 生物体内的血红素是_____的螯合物，维生素 B_{12} 是_____的螯合物，胰岛素是_____的螯合物，植物体内的叶绿素是_____的螯合物。

5. EDTA 配合物的稳定性与溶液的酸度有关：酸度越_____，稳定性越_____。

三、简答题

1. 试用价键理论说明下列配离子的空间构型、类型和磁性，并比较二者的稳定性。

(1) $[CoF_6]^{3-}$ 和 $[Co(CN)_6]^{3-}$；(2) $[Ni(NH_3)_4]^{2+}$ 和 $[Ni(CN)_4]^{2-}$。

2. 判断配位反应完成程度时为什么要用条件稳定常数？

3. 指出下列配合物的中心离子、配体、配位原子、中心离子的配位数、配离子和中心离子的电荷数，并命名。

(1) $[Cr(H_2O)_4Cl_2]Cl$；(2) $[Ni(en)_2]Cl_2$(en 为乙二胺)；(3) $K_2[Co(NCS)_4]$；(4) $Na_3[AlF_6]$；

(5) $[Pt(NH_3)_2Cl_2]$；(6) $[Co(NH_3)_6]Cl_3$；(7) $K_2[PtCl_6]$；(8) $K_2[Cu(CN)_4]$；(9) $Na_2[SiF_6]$；

(10) $[Zn(NH_3)_4]SO_4$；(11) $K_4[Fe(CN)_6]$；(12) $K_3[Fe(CN)_6]$；(13) $[Ni(CO)_4]$；(14) $Na_2[CuY]$；

(15) $[Co(en)_3]Cl_3$(en 为乙二胺)；(16) $[Cr(NH_3)_5Cl]Cl_2$；(17) $K_4[Ni(CN)_4]$。

4. 写出下列配合物的化学式：

(1) 溴化三氯·三氨合铂(Ⅳ)；(2) 硫酸二氨·四水合镍(Ⅱ)；(3) 三氯·三亚硝基合钴(Ⅳ)酸钾。

5. 根据价键理论，分别指出下列配合物的配位数、杂化轨道类型、配合物类型和空间构型。

(1) $[Cd(CN)_4]^{2-}$；(2) $[Ni(CN)_4]^{2-}$；(3) $[CoF_6]^{3-}$；(4) $[Co(CN)_6]^{3-}$；(5) $[Ag(CN)_2]^-$。

6. 区分下列概念：

(1) 配合物和复盐；

(2) 高自旋配合物和低自旋配合物；

(3) 外轨型配合物和内轨型配合物；

(4) 配体和配位原子。

四、计算题

1. 已知 $[AlF_6]^{3-}$ 的分步稳定常数的对数值分别为 6.13、5.02、3.85、2.74、1.63、0.47，其逐级累积稳定常数为多少？

2. 1.43 g 固体 AgCl 能否完全溶解于 100 mL 浓度为 1 mol·L^{-1} 的 NH_3 溶液中？

3. 室温下 1 L 氨水溶解了 $2.0×10^{-3}$ mol AgBr，氨水的原始浓度为多少？

4. 25℃时将 0.05 mol AgBr 全部溶解需要 500 mL NH_3 溶液和 $Na_2S_2O_3$ 溶液的浓度至少各为多少？已知：$K_{sp}^{\ominus}$(AgBr) = $5.35×10^{-13}$，$K_f^{\ominus}$($[Ag(NH_3)_2]^+$) = $1.12×10^7$，$K_f^{\ominus}$($[Ag(S_2O_3)_2]^{3-}$) = $2.88×10^{13}$。

5. 已知 0.010 mol·L^{-1}EDTA(Na_2H_2Y)溶液的 pH 为 4.46，假定在 100 mL 此溶液中加入 0.16 g 固体 $CuSO_4$，并假设固体加入后体积不变，由于 $CuSO_4$ 的加入(不考虑酸效应)，溶液的 pH 改变了多少？

6. 在 50.00 mL 浓度为 0.01000 mol · L⁻¹ 的 Pb^{2+}溶液中，加入 25.00 mL 浓度为 0.5000 mol · L⁻¹ 的 EDTA(Na_2H_2Y)溶液和25.00 mL 浓度为 0.001000 mol · L⁻¹的 Na_2S 溶液，若不考虑 EDTA 和 S^{2-}的酸效应，有无 PbS 沉淀产生?

7. 若用 0.02000 mol · L⁻¹ EDTA 滴定等浓度的 Mg^{2+}溶液，计算滴定时允许的最低和最高 pH。

8. 将 0.020 mol · L⁻¹$AgNO_3$溶液与 4 mol · L⁻¹氨水等体积混合，再将此混合液与 0.020 mol · L⁻¹ NaCl 溶液等体积混合，是否有 AgCl 沉淀生成? 已知：AgCl 的 $K_{sp}^{\ominus}$=1.77×10⁻¹⁰，$[Ag(NH_3)_2]^+$的 $\lg\beta_1$ = 3.40，$\lg\beta_2$ = 7.40。

9. 用 0.01080 mol · L⁻¹ EDTA 标准溶液测定水的硬度，在 pH=10.00、铬黑 T 作指示剂下，滴定 100.00 mL 水，用去 EDTA 溶液 18.40 mL，计算水的硬度(1 L 水中含有 1 mg CaO 称为 1 度)。

10. 计算反应：$CuS(s) + 4NH_3(aq) \Longleftrightarrow [Cu(NH_3)_4]^{2+}(aq) + S^{2-}(aq)$ 的 K 值，评述用氨水溶解 CuS 的效果。
已知：$K_{sp}^{\ominus}(CuS)$=6.3×10⁻³⁶，$K_f^{\ominus}([Cu(NH_3)_4]^{2+})$ = 2.09×10¹³。

11. 将少量的 $AgNO_3$加入到大量的 0.10 mol · L⁻¹NH_3溶液中，计算溶液中 Ag^+和$[Ag(NH_3)_2]^+$浓度的比值。

12. 今有 pH 为 5.50 的某溶液，其中 Cd^{2+}、Mg^{2+}和 EDTA 的浓度均为 1.0×10^{-2} mol · L⁻¹。对于 EDTA 与 Cd^{2+}的主反应，计算其 α_Y 值。

13. pH 为 2.00 时，用 20.00 mL 0.02000 mol · L⁻¹ EDTA 标准溶液滴定 20.00 mL 2.0×10^{-2} mol · L⁻¹ Fe^{3+}。当 EDTA 加入 19.98 mL、20.00 mL 和 40.00 mL 时，溶液中 pFe(Ⅲ)如何变化?

14. 25℃时，向下列溶液中加入 0.2 mol NaOH 固体时有无 $Fe(OH)_3$ 沉淀产生(忽略体积变化)?
(1)1 L 含有 0.1 mol · L⁻¹ $[Fe(CN)_6]^{3-}$和 0.05 mol · L⁻¹ CN⁻的溶液;
(2)1 L 含有 0.1 mol · L⁻¹ $[FeF_6]^{3-}$和 0.05 mol · L⁻¹ F⁻的溶液。

第7章　沉淀溶解平衡及滴定分析

7.1　溶解度和溶度积常数

电解质在介质中都有一定的溶解度，在水中没有绝对不溶的电解质。根据溶解度的大小分为易溶和难溶两大类，通常把溶解度小于 0.01% 的物质称为难溶电解质，但不能认为难溶电解质就是"不溶物"。例如，等物质的量的 Ba^{2+} 与 SO_4^{2-} 溶液混合后生成 $BaSO_4$ 沉淀，并不意味着溶液中没有 Ba^{2+} 和 SO_4^{2-}，只是表示此时溶液中 Ba^{2+} 和 SO_4^{2-} 的浓度很低。

为了定量讨论难溶电解质在水溶液中的溶解情况，提出了溶度积的概念。

7.1.1　标准溶度积常数

$BaSO_4$ 为强电解质，但难溶于水。将一定量的 Ba^{2+} 与 SO_4^{2-} 溶液混合后，Ba^{2+} 与 SO_4^{2-} 会结合生成 $BaSO_4$ 沉淀，同时在极性水分子的作用下部分 Ba^{2+} 和 SO_4^{2-} 离开 $BaSO_4$ 沉淀表面进入溶液中成为水合离子。在一定条件下，溶解与沉淀达到一个动态平衡状态，此时溶液达到饱和状态，也称饱和溶液：

$$BaSO_4(s) \rightleftharpoons Ba^{2+}(aq) + SO_4^{2-}(aq)$$

称此平衡为沉淀溶解平衡，其平衡常数为

$$K^{\ominus} = [c(Ba^{2+})/c^{\ominus}] \cdot [c(SO_4^{2-})/c^{\ominus}]$$

式中，$c(Ba^{2+})$、$c(SO_4^{2-})$ 分别为饱和溶液中 Ba^{2+}、SO_4^{2-} 的浓度。

为更好地讨论沉淀溶解平衡，将上述平衡常数用 $K_{sp}^{\ominus}$ 表示，称为难溶电解质的溶度积常数，简称溶度积。

溶度积常数为化学平衡常数。在一定条件下难溶电解质 M_mA_n 在水溶液中将建立沉淀溶解平衡，其溶度积常数表达式为

$$M_mA_n(s) \rightleftharpoons mM^{n+}(aq) + nA^{m-}(aq)$$

$$K_{sp}^{\ominus} = [c(M^{n+})/c^{\ominus}]^m \cdot [c(A^{m-})/c^{\ominus}]^n \tag{7-1}$$

式中，m 和 n 分别表示 M^{n+} 和 A^{m-} 离子在沉淀溶解平衡中的化学计量数。式 (7-1) 在应用时一般简写为式 (7-2)：

$$K_{sp}^{\ominus} = [M^{n+}]^m \cdot [A^{m-}]^n \tag{7-2}$$

本章后续使用式 (7-2) 的表达方式。

溶度积常数 $K_{sp}^{\ominus}$ 表示：在一定温度下，难溶电解质饱和溶液中，无论各种离子的浓度如何变化，其离子浓度以化学计量数为幂的乘积为一常数。它反映了难溶电解质在溶液中的溶

解程度，$K_{sp}^{\ominus}$ 越大，难溶电解质的溶解趋势越大，$K_{sp}^{\ominus}$ 越小，难溶电解质的溶解趋势越小。$K_{sp}^{\ominus}$ 与其他平衡常数一样，是一个热力学常数，只与难溶电解质的本性和温度有关，而与难溶电解质的量和溶液中的离子浓度无关。溶度积常数遵从化学平衡常数的一般特点。

常见难溶电解质的溶度积常数数据见附录Ⅵ。

7.1.2 溶度积常数与溶解度的关系

在衡量物质在水溶液中的溶解能力时，通常还用到溶解度的概念。溶解度有多种表达形式，如：

(1)在一定条件下，100 g 水中能溶解溶质的质量称为该溶质的溶解度。此定义可以直观地表达溶质溶解了的质量，便于生产和生活中的具体运用，但不便于在平衡问题中进行定量运算。

(2)在一定条件下，1 L 难溶电解质的饱和溶液中难溶电解质溶解的物质的量称为该难溶电解质的溶解度，单位为 mol·L^{-1}，用 S 表示。此定义中的溶解度 S 便于在平衡问题中进行定量运算。

溶度积常数 $K_{sp}^{\ominus}$ 和溶解度 S 都反映难溶电解质的溶解能力，二者之间可以相互换算，可以通过溶度积常数 $K_{sp}^{\ominus}$ 求溶解度 S，也可以通过溶解度 S 求溶度积常数 $K_{sp}^{\ominus}$。在换算时应注意区分难溶电解质的类型。

难溶电解质的类型在此是指构成难溶电解质的正离子和负离子的个数比，一般可表示为 AB 型、A_2B 型、AB_2 型、AB_3 型等。溶度积常数 $K_{sp}^{\ominus}$ 与溶解度 S 的定量关系与电解质的类型有关，可利用平衡关系导出。

1. AB 型难溶电解质

$$AB(s) \rightleftharpoons A^{n+}(aq) + B^{n-}(aq)$$

平衡浓度/(mol·L^{-1}) S S

$$K_{sp}^{\ominus} = [A^{n+}] \cdot [B^{n-}] = S \cdot S = S^2$$

$$S = \sqrt{K_{sp}^{\ominus}} \tag{7-3}$$

【例 7-1】 已知 25℃时，AgCl 的 $K_{sp}^{\ominus} = 1.8 \times 10^{-10}$，求 AgCl 的溶解度 S(分别用 g·L^{-1} 和物质的量浓度表示)。

解 AgCl 为 AB 型，则

$$S = \sqrt{K_{sp}^{\ominus}} = \sqrt{1.8 \times 10^{-10}} = 1.3 \times 10^{-5} \ (mol \cdot L^{-1})$$

以 g·L^{-1} 为单位时：

$$S = 1.3 \times 10^{-5} \ mol \cdot L^{-1} \times 143.4 \ g \cdot mol^{-1} = 1.9 \times 10^{-3} \ g \cdot L^{-1}$$

2. A_2B 型难溶电解质

$$A_2B(s) \rightleftharpoons 2A^{n+}(aq) + B^{2n-}(aq)$$

平衡浓度 $/(mol \cdot L^{-1})$　　　　　　　　　　$2S$　　　　　S

$$K_{sp}^{\ominus} = [A^{n+}]^2 \cdot [B^{2n-}] = (2S)^2 \cdot S = 4S^3$$

$$S = \sqrt[3]{\frac{K_{sp}^{\ominus}}{4}} \tag{7-4}$$

其他类型的难溶电解质也可进行类似推导，得到溶度积常数 $K_{sp}^{\ominus}$ 与溶解度 S 的定量关系式。其中 AB_2 型难溶电解质与 A_2B 型难溶电解质的结果是一样的。

【例 7-2】　已知 298.15 K 时，Ag_2S 的溶解度是 2.5×10^{-17} mol $\cdot$ L^{-1}，求 Ag_2S 的 $K_{sp}^{\ominus}$。

解　Ag_2S 为 A_2B 型难溶电解质，故

$$K_{sp}^{\ominus} = 4S^3 = 4 \times (2.5 \times 10^{-17})^3 = 6.3 \times 10^{-50}$$

【例 7-3】　已知 298.15 K 时，Ag_2CrO_4 的 $K_{sp}^{\ominus}$ 是 1.12×10^{-12}，求 Ag_2CrO_4 的溶解度。

解　$$S = \sqrt[3]{\frac{K_{sp}^{\ominus}}{4}} = \sqrt[3]{\frac{1.12 \times 10^{-12}}{4}} = 6.5 \times 10^{-5} (mol \cdot L^{-1})$$

值得说明的是：①虽然 $K_{sp}^{\ominus}$ 和 S 都能表示难溶电解质溶解的难易程度，但 $K_{sp}^{\ominus}$ 是一个热力学常数，反映难溶电解质溶解作用进行的倾向，与难溶电解质在溶液中的离子浓度无关，在温度一定时为一常数，溶解度 S 除与难溶电解质自身的性质和溶液的温度有关外，还与溶液中难溶电解质的离子浓度有关。例如，$AgCl$ 在水中的溶解度比在 $NaCl$ 溶液中的溶解度大。②上述 $K_{sp}^{\ominus}$ 与 S 之间的换算是在忽略了难溶电解质的离子在溶液中发生水解、聚合、配位等副反应条件下进行的，否则还应该考虑这些副反应对难溶电解质溶解度 S 的影响，因此计算出的溶解度 S 常与实验结果有一定的差距。③由于不同类型的难溶电解质的 $K_{sp}^{\ominus}$ 与 S 之间的换算关系式不一样，一般不能直接利用 $K_{sp}^{\ominus}$ 的大小比较 S 的大小。

7.2　沉淀溶解平衡

7.2.1　沉淀生成与溶解的判据

1. 溶度积规则

在难溶电解质的溶液中，若不知道系统是否处于饱和溶液状态(或称平衡状态)时，可采用与溶度积表达式类似的式子，将相关离子的浓度关系表达出来，此数据称为离子积(或浓度商)，用 Q 表示。对于难溶电解质 M_mA_n：

$$Q = [c(M^{n+})]^m \cdot [c(A^{m-})]^n \qquad (7\text{-}5)$$

在一定的溶液中，离子积 Q 与溶度积 $K_{sp}^{\ominus}$ 之间可能出现三种情况：

(1)当 $Q = K_{sp}^{\ominus}$ 时，为饱和状态，难溶电解质在溶液中溶解的速度等于离子形成沉淀的速度，如有沉淀存在，沉淀量不发生变化；

(2)当 $Q > K_{sp}^{\ominus}$ 时，为过饱和状态，难溶电解质在溶液中的离子沉淀速度大于沉淀的溶解速度，平衡向沉淀方向移动，生成沉淀，直到达到新的沉淀溶解平衡；

(3)当 $Q < K_{sp}^{\ominus}$ 时，为未饱和状态，难溶电解质的溶解速度大于离子形成沉淀的速度，若有沉淀存在，沉淀会溶解，直到达到新的饱和溶液平衡状态。

以上规则称为溶度积规则，利用这一规则可以判断化学反应过程中是否有沉淀的生成或溶解，或控制离子的浓度使其产生沉淀或沉淀溶解。

溶度积规则实质上是浓度对化学平衡移动的影响。实际应用中，可以通过各种方法改变溶液体系中相关离子的浓度，使沉淀的生成和溶解按需要的方向进行。

【例 7-4】 将等体积的 2.0×10^{-4} mol·L^{-1} CaCl$_2$ 溶液和 2.0×10^{-4} mol·L^{-1} Na$_2$CO$_3$ 溶液混合，有无 CaCO$_3$ 沉淀出现？（已知 CaCO$_3$ 的 $K_{sp}^{\ominus}$ 为 3.36×10^{-9}）

解 溶液等体积混合后，两种离子浓度分别稀释为 1/2，有

$$c(Ca^{2+}) = 1.0 \times 10^{-4} \text{ mol·L}^{-1} \qquad c(CO_3^{2-}) = 1.0 \times 10^{-4} \text{ mol·L}^{-1}$$

$$Q = c(Ca^{2+}) \cdot c(CO_3^{2-}) = 1.0 \times 10^{-4} \times 1.0 \times 10^{-4} = 1.0 \times 10^{-8}$$

因为 $Q > K_{sp}^{\ominus}$，所以有 CaCO$_3$ 沉淀出现。

---

2. 同离子效应和盐效应

1)同离子效应

构成难溶电解质的离子称为构晶离子。根据溶度积规则和沉淀溶解平衡移动规律，在难溶电解质溶液体系中，加入构晶离子，会使难溶电解质的溶解度降低，这个现象称为难溶电解质的同离子效应。

【例 7-5】 计算并比较 BaSO$_4$ 在水中及在 0.10 mol·L^{-1} Na$_2$SO$_4$ 溶液中的溶解度。

解 BaSO$_4$ 在水中的溶解度为 S_1，

$$S_1 = \sqrt{K_{sp}^{\ominus}} = \sqrt{1.08 \times 10^{-10}} = 1.04 \times 10^{-5} \text{ (mol·L}^{-1})$$

BaSO$_4$ 在 0.10 mol·L^{-1} Na$_2$SO$_4$ 溶液中的溶解度为 S_2，

$$BaSO_4 \rightleftharpoons Ba^{2+} + SO_4^{2-}$$

平衡浓度/(mol·L^{-1}) $\qquad\qquad\qquad\qquad S_2 \quad (0.10 + S_2)$

达到饱和时， $\qquad\qquad c(Ba^{2+}) \cdot c(SO_4^{2-}) = K_{sp}^{\ominus}$

$$S_2 \times (0.10 + S_2) = K_{sp}^{\ominus}$$

因为 S_2 远远小于 0.10，所以 $0.10 + S_2 \approx 0.10$，

$$S_2 \approx \frac{K_{sp}^{\ominus}}{0.10} = \frac{1.08 \times 10^{-10}}{0.10} = 1.08 \times 10^{-9} (\text{mol} \cdot \text{L}^{-1})$$

由此可见，加入 SO_4^{2-} 后由于同离子效应，$BaSO_4$ 的溶解度大大减小。

利用同离子效应，可以在溶液中加大某一构成难溶电解质的离子浓度(沉淀剂)，使沉淀溶解平衡向沉淀方向移动，从而降低沉淀的溶解度 S。

2)盐效应

在难溶电解质溶液体系中，加入易溶强电解质，会使难溶电解质的溶解度增大，这种现象称为盐效应。

同离子效应和盐效应在沉淀溶解平衡中的作用是相反的。有同离子效应时，也会存在盐效应。但只要加入的沉淀离子的浓度不太大，盐效应比较弱，可以忽略。但如果加入的沉淀剂太多，则盐效应太大，反而有可能使沉淀溶解度增大。

由此可见，加入沉淀剂能有效地降低沉淀的溶解度，这是重量法中保证沉淀完全的主要措施。但是，加入的沉淀剂也并非越多越好，沉淀剂加得过多有时会引起盐效应、配位效应等一系列的副反应发生。一般情况下，沉淀剂过量 20%～25%为宜。

7.2.2　沉淀的生成

根据溶度积规则，若要生成沉淀，需要体系中的 $Q \geqslant K_{sp}^{\ominus}$。生成沉淀的方法主要有以下几种。

1. 加入沉淀剂

含有组成沉淀物质的离子的溶液互称沉淀剂。

【例 7-6】　向 $0.002\ \text{mol} \cdot \text{L}^{-1}\text{NaCl}$ 溶液中加入等体积的 $0.02\ \text{mol} \cdot \text{L}^{-1}\text{AgNO}_3$ 溶液，是否有 AgCl 沉淀生成？在该条件下 Cl^- 是否沉淀完全？(已知 $K_{sp}^{\ominus}(\text{AgCl}) = 1.8 \times 10^{-10}$)

解　(1)溶液等体积混合后，溶液的浓度减小为 1/2，则

$$c(\text{Cl}^-) = 0.001\ \text{mol} \cdot \text{L}^{-1} \qquad c(\text{Ag}^+) = 0.01\ \text{mol} \cdot \text{L}^{-1}$$

$$Q = c(\text{Ag}^+) \cdot c(\text{Cl}^-) = 0.01 \times 0.001 = 1.0 \times 10^{-5}$$

因为 $Q > K_{sp}^{\ominus}$，所以有 AgCl 沉淀生成。

(2)析出 AgCl 沉淀后，达到新的沉淀溶解平衡，溶液中 Ag^+ 大大过量，可认为达到沉淀平衡时，剩余的 Ag^+ 为

$$c(\text{Ag}^+) = 0.01 - 0.001 = 0.009 (\text{mol} \cdot \text{L}^{-1})$$

根据溶度积规则，溶液中 Cl^- 的浓度为

$$c(\text{Cl}^-) = \frac{K_{\text{sp}}^{\ominus}}{c(\text{Ag}^+)} = \frac{1.8 \times 10^{-10}}{0.009} = 2 \times 10^{-8} \ (\text{mol} \cdot \text{L}^{-1})$$

定量分析中,如果溶液中离子浓度低于 1×10^{-6} mol $\cdot$ L^{-1} 可以认为该离子沉淀完全,故 Cl$^-$ 已经沉淀完全。

2. 控制溶液的 pH

难溶电解质的形成除了与它的溶度积大小有关外,还与溶液的酸度有关,特别是由弱酸根形成的难溶电解质和难溶金属氢氧化物,酸度对沉淀的形成影响比较大,如 S^{2-}、CO_3^{2-}、OH^-、PO_4^{3-} 等形成的难溶电解质。

以难溶金属氢氧化物为例,沉淀的生成服从溶度积规则,其离子积 Q 的表达式中有 $[OH^-]$,因此改变溶液的酸度必然会使 Q 值发生改变,从而影响沉淀的生成。如果对溶液的 pH 进行合理的调控,可利用难溶金属氢氧化物沉淀的生成将混合体系中的金属离子分离。达到此目标的基本要求是:在某个 pH 范围,一种金属离子要完全转化为氢氧化物沉淀,而另一种离子完全不沉淀。

【例 7-7】 某溶液中含有 Ca^{2+} 和 Zn^{2+},其浓度均为 0.10 mol $\cdot$ L^{-1},向该溶液中逐滴加入 NaOH 溶液,溶液的 pH 应该控制在什么范围可以使这两种离子完全分离?已知: $K_{\text{sp}}^{\ominus}[\text{Ca(OH)}_2] = 5.5 \times 10^{-6}$, $K_{\text{sp}}^{\ominus}[\text{Zn(OH)}_2] = 1.2 \times 10^{-17}$。

解　由溶度积 $K_{\text{sp}}^{\ominus}$ 可知,随着 NaOH 溶液的加入,首先生成 Zn(OH)_2。

计算 Zn^{2+} 沉淀完全时的 pH: $c(\text{Zn}^{2+}) < 1.0 \times 10^{-6}$ mol $\cdot$ L^{-1},此时溶液中 OH$^-$ 的浓度为

$$c(\text{OH}^-) = \sqrt{\frac{K_{\text{sp}}^{\ominus}}{c(\text{Zn}^{2+})}} = \sqrt{\frac{1.2 \times 10^{-17}}{1.0 \times 10^{-6}}} = 3.5 \times 10^{-6} \ (\text{mol} \cdot \text{L}^{-1})$$

$$\text{pH} = 8.54$$

计算 Ca^{2+} 开始沉淀时的 pH:

$$c(\text{OH}^-) = \sqrt{\frac{K_{\text{sp}}^{\ominus}}{c(\text{Ca}^{2+})}} = \sqrt{\frac{5.5 \times 10^{-6}}{0.10}} = 7.4 \times 10^{-3} \ (\text{mol} \cdot \text{L}^{-1})$$

$$\text{pOH} = 2.13$$

$$\text{pH} = 11.87$$

因此,只要将 pH 控制在 8.54~11.87,Zn^{2+} 沉淀完全,而 Ca^{2+} 不沉淀,从而达到分离 Ca^{2+} 和 Zn^{2+} 的目的。

一般情况下,对于难溶金属氢氧化物 $M(OH)_n$,其开始生成沉淀所需 OH$^-$ 的浓度为 $c(\text{OH}^-) = \sqrt[n]{\dfrac{K_{\text{sp}}^{\ominus}}{c(\text{M}^{n+})}}$,而其沉淀完全时所需 OH$^-$ 的浓度为 $c(\text{OH}^-) = \sqrt[n]{\dfrac{K_{\text{sp}}^{\ominus}}{10^{-6}}}$。

7.2.3　沉淀的溶解

根据溶度积规则，要使难溶电解质沉淀发生溶解，必须使其离子积小于溶度积，因此在难溶电解质的饱和溶液中改变溶液的酸度，通过氧化还原或生成配合物等方法就可能降低构成难溶电解质离子的浓度，建立新的平衡状态，沉淀溶解平衡就会向溶解的方向移动。

1. 生成弱电解质使沉淀溶解

很多难溶电解质是由弱酸或弱碱组成的盐，可通过加入较强的碱或酸产生弱电解质产物而溶解。例如，FeS 沉淀可加酸溶解。

$$FeS \Longleftrightarrow Fe^{2+} + S^{2-}$$
$$+$$
$$H^+ \Longleftrightarrow HS^- \cdots\cdots$$

原因是增加溶液的 H^+ 浓度使平衡向右移动，从而增大沉淀的溶解度，反之降低溶液的 H^+ 浓度使平衡向左移动，沉淀的溶解度减小。

进一步细分，此方法可分为三种：

(1) 生成水，如：

$$Fe(OH)_3 + 3H^+ \Longrightarrow Fe^{3+} + 3H_2O$$

(2) 生成弱酸，如：

$$ZnS + 2H^+ \Longrightarrow Zn^{2+} + H_2S$$

(3) 生成弱碱，如：

$$Mg(OH)_2 + 2NH_4^+ \Longrightarrow Mg^{2+} + 2NH_3 \cdot H_2O$$

2. 通过氧化还原反应使沉淀溶解

一些金属硫化物沉淀的溶度积特别小，一般情况下加入盐酸很难使其溶解，此时可以加入具有氧化性的物质改变构成难溶电解质离子的价态，从而使沉淀发生溶解。例如，$K_{sp}^{\ominus}$ 很小的 CuS 不溶于盐酸，但可以溶解在具有氧化性的 HNO_3 溶液中，发生如下反应：

$$CuS(s) \Longleftrightarrow Cu^{2+} + S^{2-}$$
$$+$$
$$HNO_3 \longrightarrow S\downarrow + NO\uparrow + H_2O$$

由于氧化还原反应的发生，改变了 S^{2-} 的价态，有效地降低了构成难溶电解质 CuS 的 S^{2-} 浓度，平衡向溶解的方向移动，CuS 发生溶解。

总的反应结果为

$$3CuS(s) + 8HNO_3 \Longrightarrow 3Cu(NO_3)_2 + 3S\downarrow + 2NO\uparrow + 4H_2O$$

3. 生成配合物使沉淀溶解

在难溶电解质的饱和溶液中，加入配位剂与难溶电解质中的金属离子形成配合物或配离子，降低金属离子的浓度而使沉淀溶解。例如，AgCl 不溶于硝酸，但可以溶于氨水中：

$$AgCl(s) \rightleftharpoons Ag^+ + Cl^-$$

$$+$$

$$2NH_3 \longrightarrow [Ag(NH_3)_2]^+$$

由于 $[Ag(NH_3)_2]^+$ 的生成，大大降低了 Ag^+ 的浓度，$Q < K_{sp}^{\ominus}(AgCl)$，AgCl 沉淀开始溶解。

如果沉淀的溶解度很小，上述方法单独使用不足以将沉淀溶解完全，故可综合使用几种方法，如 HgS 的溶解：由于 $K_{sp}^{\ominus}(HgS) = 2 \times 10^{-52}$，非常小，单独利用 HNO_3 的氧化性不足以将沉淀溶解完全；此时需采用王水，利用其中浓硝酸的氧化性使 S^{2-} 浓度降低，同时利用氯离子的配位能力使 Hg^{2+} 转变为 $[HgCl_4]^{2-}$ 配离子，这样对于 HgS 才可能达到 $Q < K_{sp}^{\ominus}$ 的沉淀溶解条件，反应式如下：

$$3HgS(s) + 2NO_3^- + 12Cl^- + 8H^+ =\!=\!= 3[HgCl_4]^{2-} + 3S\downarrow + 2NO\uparrow + 4H_2O$$

7.2.4 分步沉淀和沉淀转化

1. 分步沉淀

在混合离子溶液中，加入某一沉淀剂后，混合离子发生先后沉淀的现象称为分步沉淀。例如，在同一溶液中同时含有 Cl^- 和 I^-，当慢慢滴入硝酸银溶液时，刚开始只生成 AgI 沉淀，当硝酸银溶液加到一定量时，又有 AgCl 沉淀生成，这就是分步沉淀的实例。

分步沉淀常用于离子的分离(见例 7-7)。在分步沉淀问题中，最重要的内容之一是判断沉淀产生的次序。

分步沉淀的次序：开始沉淀时，哪种离子所需沉淀剂浓度最小，这种离子就先沉淀(或哪种沉淀先达到 $Q > K_{sp}^{\ominus}$ 的条件，这种沉淀就先生成)。

分步沉淀次序可根据溶度积规则算出。

【例 7-8】　向已知浓度 $c(Cl^-) = c(CrO_4^{2-}) = 1.0 \times 10^{-2}$ mol·L^{-1} 的混合溶液中加入沉淀剂 Ag^+，哪种离子先沉淀？

解　Cl^- 开始沉淀时，所需 Ag^+ 的最低浓度为 $c_1(Ag^+)$：

$$c_1(Ag^+) = \frac{K_{sp}^{\ominus}(AgCl)}{c(Cl^-)} = \frac{1.77 \times 10^{-10}}{0.010} = 1.77 \times 10^{-8} (mol \cdot L^{-1})$$

CrO_4^{2-} 开始沉淀时，所需 Ag^+ 的最低浓度为 $c_2(Ag^+)$：

$$c_2(Ag^+) = \sqrt{\frac{K_{sp}^{\ominus}(Ag_2CrO_4)}{c(CrO_4^{2-})}} = \sqrt{\frac{1.12 \times 10^{-12}}{0.010}} = 1.06 \times 10^{-5} (mol \cdot L^{-1})$$

由于 $c_1(Ag^+) < c_2(Ag^+)$，因此 Cl^- 先被沉淀(先生成 AgCl 沉淀)。

利用分步沉淀现象和规律，也可设计分离混合离子的方案。

2. 沉淀的转化

在沉淀的饱和溶液中，适当地加入试剂后，可以使沉淀转化成溶解度更小的新沉淀，这一过程称为沉淀的转化。例如，在 $PbSO_4$ 沉淀(白色)中加入 Na_2S 溶液后，可以看到白色沉淀逐渐转化成黑色沉淀(PbS)：

$$PbSO_4(s) \rightleftharpoons Pb^{2+} + SO_4^{2-}$$
$$+$$
$$S^{2-} \rightleftharpoons PbS(s)$$

通过溶度积 $K_{sp}^{\ominus}$ 计算可知，PbS 的溶解度比 $PbSO_4$ 小得多，加入 Na_2S 溶液后就有可能使 $Q > K_{sp}^{\ominus}(PbS)$，使 $PbSO_4$ 发生溶解，生成黑色的 PbS。这一过程实质上是由于条件的改变，两个沉淀溶解平衡发生移动后的结果。

上述沉淀转化的总反应式为

$$PbSO_4(s) + S^{2-} \rightleftharpoons PbS(s) + SO_4^{2-}$$

对于此反应向右进行的趋势，可以通过该反应的平衡常数来看：

$$K = \frac{c(SO_4^{2-})}{c(S^{2-})} = \frac{c(Pb^{2+}) \cdot c(SO_4^{2-})}{c(Pb^{2+}) \cdot c(S^{2-})} = \frac{K_{sp}^{\ominus}(PbSO_4)}{K_{sp}^{\ominus}(PbS)} = \frac{2.53 \times 10^{-8}}{8.0 \times 10^{-28}} = 3.2 \times 10^{19}$$

反应的平衡常数很大，说明反应向右进行的趋势很大，也说明 $PbSO_4$ 沉淀很容易转化为 PbS 沉淀。

工业生产中，锅炉除垢中就有沉淀转化的具体运用。锅炉使用过程中产生的锅垢的主要成分是 $CaSO_4$，由于 $CaSO_4$ 既不溶于水又不溶于酸，直接用稀盐酸清洗的方法很难除去锅炉中的锅垢，此时可以先用 Na_2CO_3 溶液处理，使 $CaSO_4$ (锅垢)转化为溶解度更小的 $CaCO_3$，再用酸溶解 $CaCO_3$，从而达到清除锅垢的目的。

分步沉淀和沉淀转化的区别：①分步沉淀是在两种(或以上)混合离子溶液中滴加一种沉淀剂，先后生成两种(或以上)沉淀，最后体系中存在两种(或以上)沉淀；②沉淀转化是在一种沉淀中加入某种试剂，结果是原来的沉淀转化为另一种沉淀，最后体系中只存在一种沉淀。

7.3 沉淀滴定法

沉淀滴定法是以沉淀反应为基础的滴定方法。虽然形成沉淀的反应很多，但是能够用于滴定的沉淀反应远远不及氧化还原、酸碱和配位反应那样多，其原因是：很多沉淀没有固定的组成，化学计量关系不确定；沉淀的吸附现象可能造成较大的滴定误差；有些沉淀的溶解度大，在化学计量点时反应不够完全；缺少合适的指示剂等。这些原因都使沉淀滴定的应用受到很大的限制。目前应用最多的沉淀滴定是以生成卤化银沉淀为基础的银量法：

$$Ag^+ + X^- \rightleftharpoons AgX$$

银量法有如下主要类别：莫尔法(铬酸钾法)、福尔哈德法(铁铵矾法)和法扬斯法(吸附指示剂法)。

7.3.1　莫尔法

莫尔法是以 K_2CrO_4 为指示剂，在中性或弱碱性溶液中，用 $AgNO_3$ 标准溶液直接滴定 Cl^-（或 Br^-）的一种沉淀滴定方法。

莫尔法的基本过程如下（以 $AgNO_3$ 滴定 Cl^- 为例）：在被测定对象为 Cl^- 的溶液中，加入合适量的 K_2CrO_4 为指示剂，调节酸度，用 $AgNO_3$ 标准溶液直接滴定。滴定中，先生成白色的 $AgCl$ 沉淀，滴定终点时，稍微过量的 Ag^+ 和 CrO_4^{2-} 形成砖红色的 Ag_2CrO_4 沉淀，指示终点的到达。

滴定反应式：　　　　　　　　　　$Ag^+ + Cl^- \rightleftharpoons AgCl\downarrow$

终点现象反应式：　　　　　　　　$2Ag^+ + CrO_4^{2-} \rightleftharpoons Ag_2CrO_4$

本方法在理论和应用上需要考虑的主要问题有两个：指示剂用量和滴定时溶液的酸度。

1. 指示剂用量

以 $AgNO_3$ 滴定 Cl^- 为例。用 $AgNO_3$ 标准溶液滴定时，锥形瓶的溶液中有被测定的对象 Cl^- 和加入的指示剂 K_2CrO_4。根据分步沉淀的原理，由于 $AgCl$ 的溶解度（$S = 1.3 \times 10^{-5}\,mol \cdot L^{-1}$）比 Ag_2CrO_4 的溶解度（$S = 6.5 \times 10^{-5}\,mol \cdot L^{-1}$）小，因此在大量 Cl^- 和少量 CrO_4^{2-} 存在下，加入 Ag^+ 时，首先生成 $AgCl$ 沉淀；随着 $AgNO_3$ 的不断加入，溶液中 Cl^- 浓度越来越小，Ag^+ 浓度相应地增大，最后出现砖红色 Ag_2CrO_4 沉淀。Ag_2CrO_4 砖红色沉淀的出现指示了滴定终点的到达。

为保证测定的准确度，必须控制 K_2CrO_4 的浓度，若 K_2CrO_4 浓度过高，终点将提前出现且溶液颜色过深还会影响终点观察；若 K_2CrO_4 浓度过低，则终点出现延后，也影响滴定的准确度。实验证明，K_2CrO_4 的浓度以 $0.005\,mol \cdot L^{-1}$ 为宜。如果要求较高，应同时以 K_2CrO_4 为指示剂进行空白滴定，从实验终点消耗的滴定剂中减去空白消耗的滴定剂，获得真实终点。

2. 酸度

滴定应在中性或弱碱性介质中进行。酸度过高（pH < 6）时，由于有如下反应：

$$2CrO_4^{2-} + 2H^+ \rightleftharpoons Cr_2O_7^{2-} + H_2O$$

这时加入的 CrO_4^{2-} 主要以 $Cr_2O_7^{2-}$ 形式存在，到滴定的化学计量点附近不能产生 Ag_2CrO_4 沉淀，使得 CrO_4^{2-} 失去指示剂的显色作用。

酸度过低（pH > 11）时，可能有 AgOH 甚至 Ag_2O 析出：

$$2Ag^+ + 2OH^- \rightleftharpoons 2AgOH \rightleftharpoons Ag_2O + H_2O$$

因此，莫尔法测定的最适宜 pH 是 6.5～10.5。

滴定时，若溶液碱性太强，可先用 HNO_3 中和至甲基红变橙，再滴加稀 NaOH 至橙色变黄；酸性太强时可用 $NaHCO_3$、$CaCO_3$ 或硼砂中和。

莫尔法能测 Cl^-、Br^-，但不适宜测定 I^- 和 SCN^-。因为 AgI 或 $AgSCN$ 沉淀强烈吸附 I^-

或 SCN⁻，使滴定终点过早出现，且终点颜色变化不明显。

　　滴定不能在含有氨或其他能与 Ag⁺ 生成配合物的物质存在下进行，否则会增大 AgCl 和 Ag_2CrO_4 的溶解度，影响测定结果。

　　若有能与 Ag⁺ 生成微溶性沉淀的物质存在时，如 PO_4^{3-}、AsO_4^{3-}、SO_3^{2-}、S^{2-}、CO_3^{2-} 等，均干扰测定。有色离子影响终点观察。Ba^{2+}、Pb^{2+} 会与 CrO_4^{2-} 形成沉淀。这些情况下，应考虑干扰的消除。

　　莫尔法需要的 $AgNO_3$ 标准溶液可以用纯 $AgNO_3$ 直接配制，更多的是采用标定的方法配制。若采用与测定相同条件下的方法，用 NaCl 基准物质标定，则可以消除方法的系统误差。NaCl 易吸潮，使用前需在 500～600℃下干燥去除吸附水。常用的方法是将 NaCl 置于洁净的瓷坩埚中，加热至不再有爆破声为止。

　　$AgNO_3$ 溶液见光易分解，应保存于棕色试剂瓶中。

　　【例 7-9】　准确量取食盐水 10.00 mL，加入铬酸钾指示剂，以 0.1120 mol·L⁻¹ $AgNO_3$ 标准溶液滴定至砖红色，用去 $AgNO_3$ 标准溶液 16.05 mL。计算此食盐水中 NaCl 的质量浓度。

　　解

$$\rho(NaCl) = \frac{m(NaCl)}{V} = \frac{c(Ag^+)\cdot V(Ag^+)\cdot M(NaCl)}{V}$$
$$= \frac{0.1120\times16.05\times10^{-3}\times58.45}{10.00\times10^{-3}}$$
$$= 10.51(g\cdot L^{-1})$$

7.3.2　福尔哈德法

　　用铁铵矾[$NH_4Fe(SO_4)_2$]作指示剂，用 SCN⁻滴定 Ag⁺ 的银量法称为福尔哈德法。福尔哈德法分为直接滴定法和返滴定法。

　　1. 直接滴定法测定 Ag⁺

　　在含有 Ag⁺ 的硝酸溶液中，以铁铵矾[$NH_4Fe(SO_4)_2$]为指示剂，用 NH_4SCN 的标准溶液滴定 Ag⁺，随着 NH_4SCN 的加入，首先有 AgSCN 白色沉淀析出，当 Ag⁺被定量沉淀后，稍过量的 NH_4SCN 与 Fe^{3+} 反应生成红色配合物[$Fe(SCN)$]²⁺，指示终点的到达。滴定反应和指示剂反应分别为

$$Ag^+ + SCN^- \rightleftharpoons AgSCN\downarrow$$
$$Fe^{3+} + SCN^- \rightleftharpoons [Fe(SCN)]^{2+}$$

　　福尔哈德法应在强酸性溶液中进行，一般酸度控制在 0.1～1 mol·L⁻¹ 为宜。酸度过低，Fe^{3+} 易水解，影响红色配离子[$Fe(SCN)$]²⁺的产生。实验证明，为能观察到红色，[$Fe(SCN)$]²⁺的最低浓度为 6×10^{-6} mol·L⁻¹。要维持[$Fe(SCN)$]²⁺的平衡浓度，终点时 Fe^{3+} 的浓度通常控制在 0.015 mol·L⁻¹，这时引起的终点误差很小，可以忽略不计。

　　在滴定过程中不断形成的 AgSCN 沉淀会吸附部分 Ag⁺于其表面，容易导致滴定终点提前

出现，使测定结果偏低，所以在滴定时，必须充分摇动溶液，使被吸附的 Ag^+ 及时释放出来。

2. 返滴定法测定卤素离子

在被测卤素离子的试液中，先加入一定量过量的 $AgNO_3$ 标准溶液，然后加入铁铵矾指示剂，用 NH_4SCN 的标准溶液返滴定过量的 $AgNO_3$。

滴定反应和指示剂反应分别为

$$Ag^+_{过量} + X^- \Longrightarrow AgX \downarrow \qquad\qquad (Ag^+ \text{ 过量})$$

$$Ag^+ + SCN^- \Longrightarrow AgSCN \downarrow \qquad\qquad (\text{用 } NH_4SCN \text{ 返滴定过量的 } Ag^+)$$

$$Fe^{3+} + SCN^- \Longrightarrow [Fe(SCN)]^{2+} \qquad\qquad (\text{指示剂反应})$$

在用福尔哈德法测定 Cl^- 时，终点的判断会遇到困难，这是因为 AgCl 沉淀的溶解度比 AgSCN 的大[$K^{\ominus}_{sp}(AgSCN) = 1.0 \times 10^{-12}$，$K^{\ominus}_{sp}(AgCl) = 1.8 \times 10^{-10}$]。在临近化学计量点时，加入的 NH_4SCN 将与 AgCl 发生沉淀转化反应：

$$AgCl + SCN^- \Longrightarrow AgSCN + Cl^-$$

反应使溶液出现红色后，随着不断的摇动溶液，红色又逐渐消失，给终点观察带来困难。为了避免这种现象的发生，通常采取下面的措施：

(1)试液中加入过量 $AgNO_3$ 后，将溶液加热煮沸，使 AgCl 沉淀凝聚，以减少 AgCl 沉淀对 Ag^+ 的吸附。滤去沉淀后，用稀硝酸洗涤沉淀，洗涤液并入滤液中，然后用 NH_4SCN 标准溶液返滴定滤液中过量的 $AgNO_3$。

(2)试液中加入一定量过量的 $AgNO_3$ 后，再加入硝基苯或 1,2-二氯乙烷等有机保护剂，用力摇动后，使有机溶剂将溶液与 AgCl 沉淀隔开，有效地阻止了 SCN^- 与 AgCl 发生沉淀转化反应。

(3)提高 Fe^{3+} 的浓度以减小终点时 SCN^- 的浓度，从而减小上述误差。实验证明，当溶液中 $c(Fe^{3+}) = 0.2 \text{ mol} \cdot L^{-1}$ 时，终点误差仍小于 0.1%。

福尔哈德法测定 Br^- 和 I^- 时，由于 AgBr 和 AgI 的溶解度小于 AgSCN 的溶解度，沉淀不会发生转化反应，不必采取上述措施。

应用福尔哈德法时还应注意以下几点：

(1)滴定在酸性介质中进行。一般酸度大于 $0.3 \text{ mol} \cdot L^{-1}$，酸度过低时，$Fe^{3+}$ 将水解形成 $[Fe(OH)]^{2+}$ 等深色配合物，影响终点的观察。碱度过大还会析出 $Fe(OH)_3$ 沉淀。

(2)测定碘化物时，必须先加过量的 $AgNO_3$ 标准溶液后才能加入指示剂，否则指示剂中的 Fe^{3+} 会氧化溶液中的 I^- 而影响结果的准确度。

NH_4SCN 标准溶液不能用市售纯的 NH_4SCN 试剂直接配制，而采用福尔哈德法用 $AgNO_3$ 标准溶液标定。

【例 7-10】　取水样 100 mL，加入 25.00 mL $0.1050 \text{ mol} \cdot L^{-1} AgNO_3$ 标准溶液，然后用 $0.1180 \text{ mol} \cdot L^{-1} NH_4SCN$ 标准溶液滴定过量的 $AgNO_3$，用去 12.30 mL。求水样中 Cl 的含量(以 $g \cdot L^{-1}$ 表示)。

解　$\rho(Cl) = \dfrac{m(Cl)}{V} = \dfrac{[c(Ag^+) \cdot V(Ag^+) - c(SCN^-) \cdot V(SCN^-)]M(Cl)}{V}$

$$= \frac{(0.1050 \times 25.00 - 0.1180 \times 12.30) \times 10^{-3} \times 35.45}{0.1000}$$

$$= 0.4160(g \cdot L^{-1})$$

7.3.3　法扬斯法

利用吸附指示剂指示滴定终点的银量法称为法扬斯法。吸附指示剂是指吸附在沉淀表面后，其结构发生改变引起溶液颜色发生变化，从而指示滴定终点到达的一些有机化合物。例如，$AgNO_3$ 标准溶液滴定 Cl^- 时，以荧光黄作指示剂。AgCl 为胶状沉淀，具有强烈的吸附作用，能够选择性地吸附溶液中的离子，首先是构晶离子，如在 Cl^- 过量时，AgCl 沉淀可首先吸附 Cl^-，使胶粒带负电荷；在 Ag^+ 过量时，AgCl 沉淀可首先吸附 Ag^+，使胶粒带正电荷。

吸附指示剂荧光黄是一种有机弱酸，在溶液中解离为黄绿色的阴离子（以 In^- 表示）。$AgNO_3$ 标准溶液滴定 Cl^-，在化学计量点前，溶液中 Cl^- 过量，胶粒带负电荷，In^- 不被吸附，此时溶液呈黄绿色；而在化学计量点后，稍过量的 $AgNO_3$ 使溶液出现过量 Ag^+，胶粒带正电荷，强烈吸附 In^-，导致颜色发生变化，沉淀表面呈现粉色，指示终点到达：

$$AgCl \cdot Ag^+ + In^- \rightleftharpoons AgCl \cdot Ag \cdot In$$

黄绿色　　　　　　粉色

如果用 NaCl 标准溶液滴定 Ag^+，则颜色变化正好相反。

为了使终点颜色变化明显，应用吸附指示剂时要注意以下几点：

(1) 沉淀尽可能保持胶状，使沉淀有较大的比表面积，终点变色更加明显。为了防止凝聚，可以加入糊精或淀粉。

(2) 指示剂本身是弱的有机酸，因此滴定必须在一定的酸度条件下进行，在此酸度条件下应该有足够的阴离子 In^- 存在。

(3) 滴定中应避免强光照射。卤化银沉淀对光敏感，易分解析出金属银使沉淀变为灰黑色，影响终点观察。

(4) 指示剂的吸附能力要适当。沉淀微粒对指示剂的吸附能力应略小于对被测离子的吸附能力，否则指示剂将在化学计量点前变色，但也不能太小，否则终点又会延后。卤化银对卤化物和几种吸附指示剂的吸附能力次序如下：

$$I^- > SCN^- > Br^- > 曙红 > Cl^- > 荧光黄$$

例如，用 $AgNO_3$ 滴定 Cl^- 时可以选择荧光黄，但不能选曙红，因为 AgCl 首先吸附曙红而不是 Cl^-，从而使终点提前。表 7-1 列出了沉淀滴定中的常用吸附指示剂。

表 7-1　常用吸附指示剂

指示剂	被测离子	滴定剂	滴定条件
荧光黄	Cl^-、Br^-、I^-	$AgNO_3$	pH 7～10
二氯荧光黄	Cl^-、Br^-、I^-	$AgNO_3$	pH 4～10

续表

指示剂	被测离子	滴定剂	滴定条件
曙红	Br^-、SCN^-、I^-	$AgNO_3$	pH 2~10
甲基紫	Ag^+	NaCl	酸性溶液

7.4　重量分析法

重量分析法是通过称量物质的质量确定被测组分含量的一种分析方法。测定时一般是将被测组分与试样中其他组分分离后，然后称量，由称得的质量计算被测组分的含量。

7.4.1　重量分析法的分类及特点

根据被测组分与其他组分分离方法的不同，重量分析法分为挥发法、电解法和沉淀法三类。重量分析是直接通过称量得到分析结果，不用基准物质(或标准试样)进行比较，因此其准确度较高，相对误差一般为 0.1%~0.2%。但分析过程程序长、费时多。

1. 挥发法

利用物质的挥发性质，通过加热或其他方法使试样中的被测组分逸出，然后根据试样减轻的质量计算被测组分的含量，如试样中含水量或结晶水的测定。有时也可以使被测组分从试样中逸出后，用某种吸收剂吸收，根据吸收剂质量的增加计算被测组分的含量。例如，试样中 CO_2 的测定，以碱石灰为吸收剂。

2. 电解法

利用电解的原理，使被测金属离子在电极上还原析出，然后称量其质量，电极增加的质量即为被测金属的质量。

3. 沉淀法

利用沉淀反应使被测组分以难溶化合物的形式沉淀出来，再将沉淀过滤、洗涤、烘干或灼烧，最后称量并计算其含量。

在重量分析法中，沉淀法是最常见和最重要的，以下主要介绍沉淀法。

7.4.2　重量分析对沉淀形式和称量形式的要求

重量分析法的一般分析步骤是：称取试样；将试样溶解，配成稀溶液；控制沉淀条件，加入适量沉淀剂，使被测组分以难溶化合物形式沉淀出来(称为沉淀形)；沉淀经过过滤、洗涤、烘干或灼烧，转化为组成固定的物质(称为称量形)；然后称量。根据称量形的化学式可以计算出被测组分在试样中的含量。沉淀形与称量形可能相同，也可能不同，具体情况需要具体分析。例如，测定 Ba^{2+} 时，沉淀形和称量形一样，都是 $BaSO_4$；而测定 Mg^{2+} 时，沉淀形为 $MgNH_4PO_4 \cdot 6H_2O$，称量形为 $Mg_2P_2O_7$。

$$Ba^{2+} + SO_4^{2-} \underset{\text{沉淀形}}{\rightleftharpoons} BaSO_4 \downarrow \xrightarrow{\text{过滤、洗涤}} \xrightarrow[800℃]{\text{灰化、灼烧}} \underset{\text{称量形}}{BaSO_4}$$

$$Mg^{2+} + (NH_4)_2HPO_4 \underset{\text{沉淀形}}{\rightleftharpoons} MgNH_4PO_4 \cdot 6H_2O \downarrow \xrightarrow{\text{过滤、洗涤}} \xrightarrow[1100℃]{\text{灰化、灼烧}} \underset{\text{称量形}}{Mg_2P_2O_7}$$

为了保证测定时有足够的准确度且便于操作,重量分析对沉淀形和称量形都有一定的要求。

1. 对沉淀形的要求

(1)沉淀的溶解度要小,才能保证被测组分沉淀完全,不至于因沉淀溶解的损失而影响测定的准确度。根据一般分析结果的误差要求,沉淀的溶解损失不应超过分析天平的称量误差,即 ± 0.1 mg。

(2)沉淀应易于过滤和洗涤。为了易于过滤和洗涤,保证沉淀的纯度,在进行沉淀时,希望尽量得到粗大的晶形沉淀。

(3)沉淀的纯度要高,这样才能获得准确的分析结果,尽量避免其他杂质的沾污。

(4)沉淀由沉淀形易于转化为称量形。这种转化不仅要求容易,还要求转化是定量进行的。

2. 对称量形的要求

(1)称量形必须具有确定的化学组成,否则无法确定化学计量关系。

(2)具有足够的稳定性。不应受空气中水分、CO_2 和 O_2 等的影响。

(3)称量形的相对分子质量要大,这样可增大称量形的质量,减小称量过程中的称量误差,提高测定的准确度。

7.4.3 影响沉淀纯度的因素和沉淀条件的选择

1. 沉淀的形成

根据沉淀的物理性质,沉淀可分为晶形沉淀、无定形沉淀和凝乳状沉淀,这些沉淀类型的差异主要在于沉淀颗粒的大小和构晶离子的排列。

1)晶形沉淀

沉淀的颗粒较大,其颗粒直径为 0.1～1 μm,沉淀内部的构晶离子排列按晶体结构有规则地排列,结构紧密,沉淀所占的体积比较小,如 $BaSO_4$。

2)无定形沉淀

沉淀的颗粒小(< 0.02 μm),结构疏松,内部离子排列杂乱无章,沉淀所占的体积庞大,如 $Fe_2O_3 \cdot nH_2O$。

3)凝乳状沉淀

凝乳状沉淀的性质介于晶形沉淀和无定形沉淀之间,如 AgCl。

从沉淀的颗粒大小来看,晶形沉淀最大,无定形沉淀最小,然而从整个沉淀外形来看,无定形沉淀是由许多微小沉淀颗粒疏松地聚集在一起组成的,沉淀颗粒的排列杂乱无章,且包含大量数目不定的水分子,是疏松的絮状沉淀,不能很好地沉淀在容器的底部,也不利于洗涤和过滤。晶形沉淀是由较大的颗粒组成,内部排列较规则,结构紧密,整个沉淀所占的体积是比较小的，极容易沉降在容器的底部，过滤和洗涤也比较容易。在重量分析中，最好获得晶形沉淀。如果是无定形沉淀，应注意掌握好沉淀条件，以改善沉淀的物理性质。

生成的沉淀属于哪种类型，首先取决于沉淀本身的性质，这是内因；同时与沉淀形成的条件以及沉淀后的处理有紧密的关系，这是外因。重量分析总是希望获得颗粒大的晶形沉淀，便于过滤和洗涤，沉淀的纯度也较高。因此，探讨沉淀的形成过程以及如何控制沉淀条件对于重量分析显得尤为重要。

沉淀的形成是一个十分复杂的微观过程。在过饱和溶液中，离子相互结合，形成离子的缔合物或离子群，当这些离子群达到一定程度大小时，它们就形成能与溶液分开的固相，并由于过饱和溶液中离子继续沉积在其表面，最后成长为较大的沉淀颗粒。这些离子群称为晶核，或微晶。一般认为晶体的生长过程如下：

$$离子 \xrightarrow{\text{成核作用}} 晶核 \xrightarrow{\text{晶核生长}} 沉淀颗粒 \longrightarrow \begin{cases} \xrightarrow{\text{定向排列}} 晶形沉淀 \\ \xrightarrow{\text{非定向排列}} 无定形沉淀 \end{cases}$$

晶核形成后，存在两种倾向：一种倾向是构晶离子向晶核表面扩散，并沉积在晶核上，使晶核逐渐长大成为沉淀颗粒，这种沉淀颗粒有聚集为更大聚集体的倾向；另一种倾向是构晶离子按一定的晶格排列而形成大晶粒。当定向速度 > 聚集速度时，易形成晶形沉淀；当定向速度 < 聚集速度时，易形成无定形沉淀。

2. 影响沉淀纯度的因素

在进行重量分析时，获得沉淀的纯度越高越好，但从溶液中析出的沉淀不可避免地夹带着溶液中的其他组分，因此就很有必要了解和讨论沉淀形成过程中杂质混入的原因与沉淀净化的问题。

1) 共沉淀

在一定操作条件下，某些物质本身并不能单独析出沉淀，由于溶液中其他物质形成沉淀时，它随同生成的沉淀一起析出，这种现象称为共沉淀现象。例如，用 $BaCl_2$ 沉淀 Na_2SO_4 时，溶液中存在的可溶盐 $Fe_2(SO_4)_3$ 也一起被沉淀，使灼烧后的 $BaSO_4$ 沉淀中存在铁盐杂质，从而给分析结果带来误差。

共沉淀产生的原因主要有以下三方面：

(1) 表面吸附引起的共沉淀。

沉淀的吸附是一个普遍的现象，它是由晶体表面上离子电荷的不完全平衡引起的，溶液中与沉淀电荷相反的离子被静电吸引至晶体的表面，成为第一吸附离子层（吸附层），为了平衡（或抗衡）吸附层上的电荷，吸附层又将吸附一些与吸附层电荷相反的离子，形成扩散层。

现以 AgCl 在过量 NaCl 溶液中说明吸附现象的发生过程：AgCl 晶体中，每一个 Ag^+ 的前后、左右、上下都被另外 6 个带相反电荷的 Cl^- 所包围，整个晶体内部处于静电平衡状态。但在晶体的表面，总是有剩余的电荷未被中和，如 Cl^- 过量时，AgCl 沉淀上的 Ag^+ 强烈地吸附 Cl^- 形成吸附层，然后 Cl^- 又通过静电吸附溶液中的阳离子，如 Ag^+、H^+ 等抗衡离子，形成扩散层。当然抗衡离子也有小部分进入吸附层。扩散层中吸附的离子结合得比较松弛，易与溶液中的其他离子交换。

沉淀对杂质离子的吸附是有选择性的。凡是能与构晶离子生成微溶或解离度很小的化合物的离子优先被吸附；离子的价态越高，浓度越大，越易被吸附。这个规则称为吸附规则。

除此以外，沉淀表面吸附的杂质还与下列因素有关：对于一定量的沉淀来说，沉淀颗粒越小，沉淀的比表面积越大，吸附的杂质就越多；沉淀颗粒越大，沉淀的比表面积越小，吸附的杂质就越少。例如，大颗粒的晶体沉淀的表面吸附能力远远不及无定形沉淀。表面吸附还与溶液中杂质的浓度和离子的价态有关，杂质的浓度越大，价态越高，被沉淀吸附的量就越多，引入的杂质也越多。吸附作用是一个放热过程，因此升高温度可减少表面吸附，被吸附的杂质就会减少。

表面吸附现象发生在沉淀的表面，洗涤沉淀是减少吸附引入的杂质的最好方法。

(2) 生成混晶所引起的共沉淀。

每种晶形沉淀都有一定的晶体结构。如果杂质离子的半径与构晶离子的半径相似，所形成的晶体结构也极为相似，则它们易生成混晶，与主晶体一同沉淀下来。例如，将新生成的 $BaSO_4$ 与 $KMnO_4$ 溶液一起振荡，就很容易使 $KMnO_4$ 嵌入再结晶的 $BaSO_4$ 中，此时的 $KMnO_4$ 不能被水洗涤掉，就形成了 $KMnO_4$-$BaSO_4$ 的混晶。

常见的混晶共沉淀有：$PbSO_4$-$BaSO_4$、$MgNH_4PO_4$-$MgKPO_4$、$MnNH_4PO_4$-$ZnNH_4PO_4$、$BaSO_4$-$SrSO_4$、$CuHg(SCN)_4$-$ZnHg(SCN)_4$、$KMnO_4$-$BaSO_4$ 等。

混晶是固溶体中的一种，混晶的生成使沉淀严重不纯。生成混晶的选择性是比较高的，要避免也很困难。因为无论杂质离子的浓度有多小，只要构晶离子形成了沉淀，杂质就一定会在沉淀过程中取代某一构晶离子而进入沉淀中。

减少或消除混晶生成的最好方法是将这些杂质离子事先分离除去。用加入配位剂、改变沉淀剂等方法也能防止或减少这类共沉淀。

(3) 吸留或包夹引起的共沉淀。

如果沉淀的速度太快或沉淀剂的浓度比较大，沉淀生长速度太快，沉淀表面吸附的杂质离子来不及离开沉淀表面，就被随后生成的沉淀所覆盖，杂质就陷入晶体的内部一起沉淀，这种现象称为吸留或包夹。

吸留或包夹引入的杂质一般无法洗涤掉，只有通过重结晶才能减少杂质的含量。

2) 后沉淀

溶液中某些组分析出沉淀后，另一种本来难以析出沉淀的物质在该沉淀表面继续析出沉淀，这种现象称为后沉淀，后沉淀又称为继沉淀。

例如，用草酸盐沉淀分离 Ca^{2+}、Mg^{2+} 时，CaC_2O_4 沉淀中常伴有 MgC_2O_4 沉淀出现，因为沉淀 CaC_2O_4 时，加入了稍过量的 $Na_2C_2O_4$，使 CaC_2O_4 吸附了大量的 $C_2O_4^{2-}$，从而使 CaC_2O_4 沉淀的表面 $C_2O_4^{2-}$ 浓度比溶液中大，就有可能在沉淀的表面形成过饱和状态，使 $[Mg^{2+}] \cdot [C_2O_4^{2-}] > K_{sp}^{\ominus}$，因此 MgC_2O_4 就沉积在 CaC_2O_4 上。

由于沉淀吸附需要一定的时间，因此后沉淀常在主沉淀形成后一段时间才出现；后沉淀中的主沉淀开始可能是纯净的，后来才被第二种沉淀沾污。温度升高，后沉淀现象有时更严重。后沉淀引入杂质的程度有时比共沉淀严重。

减免后沉淀的办法是不陈化，或陈化时间不宜过长。

3. 沉淀条件的选择

在重量分析中，为了获得准确的分析结果，要求沉淀完全、纯净、易于过滤和洗涤，并减少沉淀溶解损失。因此，应当根据不同类型沉淀的特点，采用适宜的沉淀条件，保证所获得结果的准确性。

1)晶形沉淀的沉淀条件

晶形沉淀的特点是颗粒较大，内部排列紧密，易过滤和洗涤。要想获得大颗粒的沉淀，在沉淀过程中必须控制比较小的过饱和度，沉淀后还需陈化。因此，晶形沉淀应当在下列沉淀条件下进行。

(1)沉淀过程应在适当稀的溶液中进行。

在稀溶液中可以保证在沉淀形成的瞬间，溶液的相对过饱和度不会太大，生成晶核的速度较慢，均相成核不显著，有利于生成颗粒大的晶体。同时在稀溶液中，降低了杂质的浓度，共沉淀现象也相应减少，有利于得到较纯的沉淀。但并不能认为溶液越稀越好，如果溶液浓度太稀，被测组分沉淀不完全，同样会引起较大的误差。对于溶解度较大的沉淀，溶液不能过分稀释。

(2)应该在不断搅拌下，缓慢地加入沉淀剂。

在不断搅拌下可以减少溶液中的局部过浓现象，避免均相成核作用，如果局部过浓，滴入的沉淀剂来不及扩散，在局部区域沉淀剂的浓度就会增大，这时局部区域的相对过饱和度变得很大，会产生严重的均相成核，形成大量的晶核，以致得到颗粒小、纯度低的沉淀，不利于晶形沉淀的生成。

(3)沉淀应在热溶液中进行。

沉淀作用在热溶液中进行时，一方面可以增大沉淀的溶解度，降低过饱和度，有利于获得大的颗粒沉淀；另一方面可减小沉淀对杂质的吸附作用，获得纯度较高的沉淀；同时，也加快了构晶离子的扩散程度，加速了晶体的成长。但对于溶解度较大的沉淀，在热溶液中析出沉淀后宜冷却至室温后再过滤，以减少沉淀的溶解损失。

(4)陈化。

当沉淀形成后，将初生成的沉淀与母液一起放置一定的时间，这个过程称为陈化。其作用是获得完整、粗大而纯净的晶形沉淀。在同一溶液中，微小晶粒的溶解度比大晶粒的溶解度大，溶液对大晶粒达到饱和时，小晶粒却没有达到饱和，这时小晶粒就会溶解一直到溶液对小晶粒也达到饱和为止，而此时溶液对大晶粒沉淀却成为过饱和，于是溶液中的构晶离子又在大晶粒沉淀上继续沉淀，直到溶液对大晶粒沉淀又成为新的饱和……如此反复进行，经过一段时间的转化，小晶粒溶解，大晶粒长大，最后得到更大颗粒的沉淀。

另外，陈化还可以释放出因吸留或包夹引入晶体内部的部分杂质，使这些杂质重新进入溶液，沉淀变得更为纯净。在室温下，沉淀的陈化一般需要几小时甚至几十小时才能达到效果，但加热时的热陈化只需要 $1\sim 2$ h。

但陈化作用对于伴随有混晶共沉淀的，不一定能提高纯度；对伴随有继沉淀的，不仅不能提高纯度，有时反而会降低纯度。

2)无定形沉淀的沉淀条件

无定形沉淀的特点是沉淀颗粒小，结构疏松，比表面积大，吸附杂质多，含水较多，难以过滤和洗涤。对于这类沉淀，主要是使其聚集紧密，便于过滤。同时，尽量减少杂质的吸附，使沉淀纯净。因此，无定形沉淀应当在下列沉淀条件下进行。

(1)沉淀应在较浓的热溶液中进行。在较浓的溶液中进行时，可以减小离子的水化作用，使沉淀含水量减少，使沉淀结构紧密，易于凝聚，浓溶液还能促使沉淀微粒凝集。但是，浓溶液也增大了溶液中杂质的浓度，增大了污染的可能性。因此，沉淀完毕后，常用热水稀释并充分搅拌，使被吸附的杂质尽量转移到溶液中。

(2)沉淀作用应在热溶液中进行。在热溶液中，离子的水合度减小，沉淀结构紧密，促进沉淀的凝集，防止溶胶生成，同时也降低了沉淀的吸附能力。

(3)沉淀时加入大量的电解质或某些能引起沉淀微粒聚集的胶体。由于同种胶体粒子带有相同电荷，它们相互排斥，不易凝聚沉降，如果加入电解质就可以中和胶体的电荷，使之成为不带电荷的中性粒子，有利于胶体微粒的凝聚。为避免因电解质的加入带来污染，一般采用易挥发的铵盐或稀酸作为电解质，以便能在沉淀的灼烧过程中除去。

(4)不陈化。无定形沉淀聚沉后应趁热过滤，不必陈化。由于陈化会使无定形沉淀堆积聚集得更紧密，使已被吸附的杂质更难以洗涤，因此不应陈化。

7.4.4　沉淀重量法的操作

1. 沉淀的过滤和洗涤

沉淀常用滤纸或玻璃砂芯过滤器过滤。对于需要灼烧的沉淀，应根据沉淀的性状选用紧密程度不同的滤纸，以免沉淀穿过滤纸：

非晶形沉淀：使用疏松的快速滤纸过滤，如 $Fe(OH)_3$、$Al(OH)_3$ 等；

粗晶形沉淀：使用较紧密的中速滤纸过滤，如 $MgNH_4PO_4 \cdot 6H_2O$ 等；

细晶形沉淀：使用最紧密的慢速滤纸过滤，如 $BaSO_4$ 等。

如果沉淀只需烘干，则一般采用玻璃砂芯坩埚或玻璃砂芯漏斗过滤沉淀。

洗涤沉淀是为了除去沉淀表面吸附的杂质和混杂在沉淀中的母液。洗涤时要尽量避免沉淀的溶解损失，需选择合适的洗涤液。选择洗涤液的原则是：对于溶解度比较小而又不易形成胶体的沉淀，可用蒸馏水洗涤；对于溶解度较大的晶形沉淀，可用沉淀剂稀溶液洗涤，但沉淀剂必须在烘干或灼烧时易挥发或分解除去，或最后用少量蒸馏水将沉淀剂洗出。

对溶解度不随温度升高而增大较多的沉淀，可以用热液洗涤，这样过滤速度较快且不容易形成胶体。

洗涤应该在控制洗液重量的情况下采用“少量多次”的做法，每次加入洗液前，应使前一次的洗液尽量流尽，可以提高洗涤效率。

2. 沉淀的烘干或灼烧

经过洗涤、过滤后的沉淀，应根据需求进行烘干或灼烧以得到沉淀的称量形。

烘干是为了除去沉淀中的水分和可挥发物质，使沉淀形转化成组成固定的称量形。灼烧是在较高温度下进行，除了除去水分和可挥发物质外，有时还可以使沉淀形的组成转化为称量形。

用微孔玻璃坩埚过滤的沉淀，只需烘干除去沉淀中的水分和可挥发性物质后，就可使沉淀成为称量形。把微孔玻璃坩埚中的沉淀洗净后，放入烘箱，根据沉淀的性质在适当的温度下烘干，取出稍冷后，放入干燥器中冷至室温，进行称量。再烘干、冷却、称量。如此反复操作，直至恒量(前后两次质量之差不超过 0.2 mg 或操作规程规定的量)。

用滤纸过滤的沉淀通常在坩埚中炭化、灼烧后才能进行称量，即将干净的沉淀用滤纸包好，放入已经恒量的坩埚中，先用低温烘干，然后继续加热至滤纸全部炭化后，转入高温炉中灼烧至恒量。

7.4.5 重量分析法的应用示例

在重量分析中，通常的目标是被测组分的质量分数。根据定义，有

$$w_B = \frac{m_B}{m_s}$$

式中，w_B 为被测组分的质量分数；m_B 为试样中被测组分的质量；m_s 为试样的质量。

在许多情况下，沉淀的称量形与被测组分的形式不同，这就需要将由天平称量得到的称量形的质量通过一个"换算因数"换算成被测组分的质量。

换算因数是被测组分的摩尔质量与称量形的摩尔质量之比，用 F 表示，也称为重量分析因数或化学因数。

例如，硫酸钡沉淀法中，称量形都是 $BaSO_4$，被测组分为 Ba^{2+}、SO_4^{2-}、SO_3、S 的换算因数分别是

$$F = \frac{M(Ba)}{M(BaSO_4)} = \frac{137.3}{233.4} = 0.5883 \qquad F = \frac{M(SO_4^{2-})}{M(BaSO_4)} = \frac{96.07}{233.4} = 0.4116$$

$$F = \frac{M(SO_3)}{M(BaSO_4)} = \frac{80.06}{233.4} = 0.3430 \qquad F = \frac{M(S)}{M(BaSO_4)} = \frac{32.07}{233.4} = 0.1374$$

应当注意的是，在计算换算因数时，必须在被测组分的摩尔质量或称量形的摩尔质量前乘以适当的系数，以保证换算因数的分子、分母中被测成分元素的个数相等。例如，称量形是 Fe_2O_3，被测组分为 Fe 的换算因数是

$$F = \frac{2M(Fe)}{M(Fe_2O_3)} = \frac{2 \times 55.85}{159.7} = 0.6994$$

【例 7-11】 称取含镁试样 $0.1200\ g$，将试样中的镁转化为 $MgNH_4PO_4$，再灼烧成 $Mg_2P_2O_7$，称量得 $0.3650\ g$。计算试样中镁的质量分数。

解　被测组分为 Mg，称量形是 $Mg_2P_2O_7$，则

$$F = \frac{2M(Mg)}{M(Mg_2P_2O_7)} = \frac{2 \times 24.32}{222.6} = 0.2185$$

$$w(Mg) = \frac{m(Mg)}{m} = \frac{m(Mg_2P_2O_7) \cdot F}{m} = \frac{0.3650 \times 0.2185}{0.1200} = 0.6646$$

本 章 小 结

1. 沉淀溶解平衡

掌握溶度积的概念、溶解度与溶度积的关系；溶度积规则、沉淀的生成与溶解的判断；分步沉淀与沉淀转化。核心重点是溶度积规则及应用，需要掌握的计算主要是溶解度和溶度积的换算（AB 型、A_2B 型和 AB_2 型）、在同离子效应存在下的溶解度的计算、判断是否会产生沉淀的计算、分步沉淀次序的计算等。

2. 沉淀滴定法

了解莫尔法的基本原理、滴定条件、应用；福尔哈德法的原理、直接滴定法和间接滴定法及应用；法扬斯法的基本概念。

3. 重量分析法

了解重量分析法的分类和特点；沉淀的类型、沉淀法的操作程序；沉淀形和称量形的概念；影响沉淀纯度的因素、沉淀条件的选择；重量分析法的应用、换算因数、结果的计算。

化 学 视 野

沉淀反应是一类重要的化学反应，也是人类最早观察到并加以利用的化学反应类型。

1. 在分析化学中的应用

沉淀分离法是最早利用也是最常采用的分离技术之一，由于它的历史地位几乎成为传统化学分析的象征。

典型的无机定性分析是分析化学的一种来研究无机化合物中元素组成的分析方法。在硅酸盐和硫酸盐岩石的经典系统化学分析中，沉淀法的效率是最高的。

在定性分析和定量测定中，一种给定元素或官能团并不必须是同一沉淀形式；在定量工作中经常有好几种沉淀形式可供选择。

有些待测元素的一般化合物中没有溶解度足够小的化合物可供定量分离用，或者它的化合物虽然具有符合要求的溶解度，但某些其他性质妨碍了它们的定量用途，在这种情况下，我们就需要设法改变它们的沉淀形式，以达到分离和测定的目的。例如，钼磷酸铵的黄色配合物能定量地沉淀，但不能灼烧为一定形式，无法用重量法测定磷，可以将钼磷酸铵溶解，然后再沉淀为磷酸铵镁。

用沉淀法进行分离时，所需用的设备、试剂和辅助性设施都是非常简单的，价格比较低，因此得到广泛应用。

在仪器分析中，沉淀的生成和溶解的综合应用可以帮助解决试样的提纯等前期工作中的问题，如沉淀掩蔽法。

在现代工业生产中，测定微量组分，如测定合金中痕量金属以及测定矿物和岩石中微量稀有的、分散的元素，具有极重要的意义。但这些微量组分往往不能用普通方法直接测定，因此必须先使它们达到能够进行分析的浓度，也就是使其与基本组分分离并加以富集。为了达到这个目的，最广泛应用的方法之一是使微量组分之一与适宜的所谓"促集剂"或"载体"共沉淀。例如，用 H_2S 沉淀不出来的微量 Cu^{2+}，在加入少量 Hg^{2+} 盐后，再通入 H_2S，就能随 HgS 共沉淀，将所余 CuO 溶于少量 HCl，就可进一步进行鉴定或测定。在大量自来水中沉淀 $CaCO_3$ 可促集自来水中的微量铅，将其溶于乙酸后，可进一步加以测定。在天然水中加入铝盐，然后加氨水沉淀为氢氧化铝，即可促集水中全部微量钛。沉淀溶于酸后，再用 H_2O_2 作钛的比色测定。

2. 在水处理中的应用

在水处理工艺中，采用沉淀的方法是最常用的手段。例如，在待处理的水体中加入三价铁盐，由于三价铁盐水解产生大量的氢氧化铁絮状沉淀，沉淀体积庞大，在沉降过程中通过共沉淀效应把大量其他污染物带入沉淀，处理水的效率非常高。同样，三价铝盐也有类似效果。效果更好的是聚合硫酸铝、聚合氯化铁、聚丙烯酰胺等，也是利用了其可产生大量的絮状沉淀，在沉降过程中的共沉淀效应来净化水的。

废水中对健康有害的金属离子(如汞、镉、铬、铅、铜和锌)的氢氧化物都是难溶或微溶的物质。用石灰提高废水的 pH，就可使它们从水中析出。

废水中毒性较大的 Cr(Ⅵ) 通常先还原为 Cr(Ⅲ)，然后用石灰沉淀；也可以加入钡盐，使它成为溶解度极小的铬酸钡沉淀。

废水中的有机磷经生物处理后转化为磷酸盐，将使盛接废水的水体富营养化。可用铝盐或铁盐把它转化为难溶的磷酸铝或磷酸铁，从水中析出。水中的铁、锰盐类可用空气或其他氧化剂氧化为难溶的氢氧化物或氧化物，从而从水中析出。

总之，利用沉淀法处理污水仍然是应用最广泛的基础方法。

3. 在冶金及材料工业领域的应用

沉淀法在冶金工业领域被广泛应用于矿石的采选、稀散元素的富集、杂质的去除、材料的制备等方面。例如，利用多相沉淀法获得粒度大、颗粒致密、水合程度低的镍钴沉淀产品；用化学沉降法制取纳米材料；利用瓜环的特殊结构及性质与金、银、铂等金属的共沉淀作用富集贵金属；利用共沉淀法制备载药 Fe_3O_4/壳聚糖磁性复合微球；以 $ZnSO_4 \cdot 7H_2O$、$FeSO_4 \cdot 7H_2O$、$MnSO_4 \cdot H_2O$ 作为原料，草酸铵 $(NH_4)_2C_2O_4 \cdot H_2O$ 作为沉淀剂采用化学共沉淀法制备 Mn-Zn 铁氧体前驱体粉末；用共沉淀法制备暖白光 LED 用 Na_2TiF_6：Mn^{4+} 红色荧光粉；用共沉淀法制备高能量/高功率型锂离子二次电池的 5V 正极材料等。

4. 在化工领域的应用

在化工领域，沉淀法应用也十分常见。例如，湿法磷酸一段化学沉淀脱氟、以共沉淀法为基础的铜基催化剂制备；低温共沉淀法制备 Cu-Mn 复合氧化物催化剂；利用多次沉淀进行的锆铪分离、稀土分离；溶剂沉淀分离法松脂加工工艺；选择性磷酸沉淀分离铬铁的新工艺等。许多化工产品的精制提纯也是通过沉淀溶解的操作完成的。

5. 在食品和医药行业的应用

食品生产中的蛋白质沉淀分离方法、提纯酶的沉淀方法有：有机溶剂沉淀法、盐析沉淀法、等电点沉淀法、热变性沉淀法和其他方法。

在医药上，沉淀反应的应用主要有：①检验糖尿病(低浓度 $CuSO_4$ 溶液与高浓度 NaOH 溶液反应生成 $Cu(OH)_2$ 沉淀，然后摇晃成悬浊液，与还原糖水浴加热生成砖红色沉淀 Cu_2O，被用于检验尿中是否有超标葡萄糖)；②钡餐；③处理结石，如肾结石草酸钙，因为存在沉淀溶解平衡，加入特殊物质以除去结石；④对乙酰氨基酚、牛磺酸等药品的精制过程、超临界流体沉淀技术用于药物制剂的生产、分子印迹沉淀聚合法应用在药物开发研究中等。

沉淀溶解反应作为最基本的化学反应，其应用的广度和深度是难以一一叙述清楚的。过去，科技工作者已经做了很多的工作，取得了巨大的成就。将来，随着理论的发展和技术的进步，沉淀溶解反应将会在更广阔的天地中展现出风采。

习　题

一、简答题
1. 难溶电解质的溶解度与溶度积之间有什么关系？
2. 什么是溶度积规则？溶度积规则的用途是什么？
3. 使沉淀溶解的主要方法有哪些？
4. 什么是分步沉淀？什么是沉淀转化？分步沉淀和沉淀转化在现象及结果上有什么区别？
5. 如何划分晶形沉淀和无定形沉淀？晶形沉淀的沉淀条件是什么？无定形沉淀的沉淀条件是什么？
6. 基于卤化银沉淀的沉淀滴定法有哪几种？每种方法相应的指示剂是什么？
7. 重量分析法中沉淀形和称量形必须一致吗？
8. 什么是沉淀的陈化？什么情况下需对沉淀进行陈化？什么情况下不能进行陈化？
9. 重量法测定 Ba^{2+} 含量时，为什么要用稀硫酸而不是用蒸馏水洗涤沉淀？
10. 在沉淀重量法中，什么是恒量？
11. 莫尔法为什么只能在中性或弱碱性条件下进行滴定？
12. 晶形沉淀的沉淀作用为什么要在稀溶液中进行？无定形沉淀的沉淀作用为什么要在较浓的溶液中进行？

二、判断题

1. 溶度积与其他化学平衡常数一样,与难溶电解质的本性和温度有关。( )

2. 比较难溶电解质溶解度的大小,只需比较难溶电解质溶度积的大小。( )

3. 沉淀形成的先决条件是 $Q > K_{sp}^{\ominus}$。( )

4. 当定向速率大于集聚速率时,得到的是晶形沉淀。( )

5. 无机沉淀若在水中的溶解度较大,通常采用加有机溶剂的方式降低其溶解度。( )

6. 共沉淀是重量分析中最重要的误差来源之一。( )

三、选择题

1. 影响沉淀溶解度的主要因素是( )。

A. 水解效应 B. 酸效应 C. 盐效应 D. 配位效应 E. 同离子效应

2. $K_{sp}^{\ominus}(CaF_2) = 2.7 \times 10^{-11}$,若不考虑 F^- 的水解,则 CaF_2 在纯水中的溶解度为( )$mol \cdot L^{-1}$。

A. 1.9×10^{-4} B. 3.0×10^{-4} C. 2.0×10^{-4} D. 5.2×10^{-4} E. 2.6×10^{-4}

3. 晶形沉淀的沉淀条件是( )。

A. 沉淀作用宜在较浓溶液中进行 B. 应在不断搅拌中加入沉淀剂

C. 沉淀作用宜在冷溶液中进行 D. 应进行沉淀的陈化

4. 为获得纯净而易过滤、洗涤的晶形沉淀的要求是( )。

A. 沉淀的 $r_聚 > r_定$ B. 沉淀的 $r_聚 < r_定$

C. 溶液的相对过饱度量小 D. 沉淀的溶解度很小

5. 如果被吸附的杂质和沉淀具有相同的晶格,就形成( )。

A. 后沉淀 B. 机械吸留 C. 包藏 D. 混晶 E. 表面吸附

6. 当母液被包夹在沉淀中引起沉淀沾污时,有效减少该沾污的方法是( )。

A. 多次洗涤 B. 重结晶 C. 陈化 D. 改用其他沉淀剂

7. $BaSO_4$ 沉淀在 $0.10 \ mol \cdot L^{-1} \ KNO_3$ 溶液中的溶解度较其在纯水中的溶解度大,其合理的解释是( )。

A. 酸效应 B. 盐效应 C. 配位效应 D. 形成过饱和溶液

8. 沉淀滴定法中的莫尔法不适用于测定 I^-,是因为( )。

A. 生成的沉淀强烈吸附被测物 B. 没有适当的指示剂指示终点

C. 生成的沉淀溶解度太小 D. 滴定酸度无法控制

9. 在重量分析中洗涤无定形沉淀时,洗涤液应选择( )。

A. 冷水 B. 热的电解质稀溶液

C. 沉淀剂稀溶液 D. 有机溶剂

10. 用莫尔法测定 Cl^- 时,下列哪种离子存在会干扰测定? ( )

A. SO_4^{2-} B. PO_4^{3-} C. Cu^{2+} D. Ca^{2+}

四、填空题

1. 沉淀按物理性质不同可分为_____沉淀、_____沉淀和_____沉淀。沉淀形成的类型主要取决于两个因素:_____和_____的相对大小。形成晶形沉淀时是_____速率大于_____速率。

2. 在沉淀反应中,沉淀的颗粒越_____,则测定吸附杂质越_____。

3. 重量分析法主要有_____法、_____法和_____法三类。

4. 影响沉淀纯度的因素是_____和_____,其中以_____为主要因素,原因是 ①_____、②_____、③_____。

五、计算题

1. 已知室温时 $AgBr$ 的溶解度为 $7.1 \times 10^{-7} mol \cdot L^{-1}$,求它相应的溶度积(不考虑水解)。

2. 已知 $Ca(OH)_2$ 室温时的 $K_{sp}^{\ominus} = 5.02 \times 10^{-6}$,求它的溶解度(不考虑水解)。

3. 已知室温时 CaF_2 的 $K_{sp}^{\ominus} = 3.45 \times 10^{-11}$,求 CaF_2 在下列溶液中的溶解度:

(1)纯水中;

(2)0.010 mol · L^{-1} NaF 溶液中；

(3)0.010 mol · L^{-1} $CaCl_2$ 溶液中。

4. 某溶液含有浓度均为 0.10 mol·L^{-1} 的 Ni^{2+}和 Fe^{3+}，若要使 $Fe(OH)_3$ 沉淀完全而 Ni^{2+} 不沉淀，所需控制的溶液的 pH 范围是多少？

5. 在 500 mL1.5×10^{-3} mol · L^{-1} $MgCl_2$ 溶液中加入等体积 1.5×10^{-3} mol · L^{-1} NH_3 水溶液，(1)有无 $Mg(OH)_2$ 沉淀生成？(2)为了不使 $Mg(OH)_2$ 沉淀析出，至少应加入多少克 $NH_4Cl(s)$？（设加入固体后，溶液的体积不变）

6. 称取不纯的 $MgSO_4 · 7H_2O$ 0.5000 g，首先使 Mg^{2+} 生成 $MgNH_4PO_4$，最后灼烧成 $Mg_2P_2O_7$，称得 0.1980 g，计算样品中 $MgSO_4 · 7H_2O$ 的质量分数。

7. 取水样 100 mL，加入 20.00 mL 0.1120 mol · $L^{-1}$$AgNO_3$标准溶液，然后用 0.1160 mol · $L^{-1}$$NH_4SCN$ 标准溶液滴定过量的 $AgNO_3$，用去 10.00 mL。求水样中 Cl 的含量（用 mg·L^{-1} 表示）。

第 8 章　氧化还原平衡与氧化还原滴定分析

化学反应一般可以分为两大类：一类是在反应过程中反应物之间没有电子转移的非氧化还原反应，如酸碱反应、沉淀反应及配位反应等；另一类是在反应过程中反应物之间发生了电子转移(或电子偏移)的氧化还原反应。自然界中的光合作用、呼吸作用及燃烧，人们日常生产、生活中的矿石冶炼、食物腐败、金属腐蚀以及用蓄电池发动汽车等都属于氧化还原反应。氧化还原反应可分为三类：①化学氧化还原反应；②光化学氧化还原反应；③生物氧化还原反应。氧化还原反应对于制备新的化合物、获取化学热能和电能、金属的腐蚀和防护、生命活动过程中能量的获得都有重要的意义。电化学就是研究化学能与电能相互转化及转化规律的科学。

8.1　氧化还原方程式

8.1.1　氧化数的定义及判断规则

1970 年，国际纯粹与应用化学联合会定义了氧化数的概念：氧化数是指某元素一个原子的表观电荷数，这个电荷数是将成键电子指定给电负性较大的原子而求得的。

确定元素原子氧化数的一般规则如下：

(1)在单质中，元素原子的氧化数为零(如 Fe 中的 Fe^0、Cl_2 中的 Cl^0 等)。

(2)在电中性化合物中，所有元素氧化数的代数和为零。

(3)在共价化合物中，共用电子对偏向电负性大的元素的原子，原子的"形式电荷数"即为它们的氧化数。例如，NH_3 中 H 的氧化数为+1，N 为–3；C_2H_2 中 C 的氧化数为–1，H 的氧化数为+1。

(4)氧在氧化物中的氧化数一般为–2；在过氧化物(如 H_2O_2、Na_2O_2 等)中为–1；在超氧化物(如 KO_2)中为 $-\dfrac{1}{2}$；在 OF_2 中为+2，O_2F_2 中为+1。

(5)氢在化合物中的氧化数一般为+1，在与活泼金属生成的离子型氢化物(如 NaH、CaH_2)中为–1。

(6)简单离子的氧化数等于离子的电荷数，如 Mg^{2+}、Cl^- 中镁和氯的氧化数分别为+2 和 –1(注意：离子的电荷数和氧化数表示方法不同)。

【例 8-1】　求 Fe_3O_4 中 Fe 的氧化数。

解　已知 O 的氧化数为–2，设 Fe 的氧化数为 x，则

$$3x + 4 \times (-2) = 0, \quad x = +\frac{8}{3}$$

所以 Fe 的氧化数为 $+\dfrac{8}{3}$。

由此可知，氧化数可以是整数，也可以是分数或小数。

计算氧化数时应注意以下几点：

(1)在混价化合物①中，元素的氧化数为平均氧化数，如 $S_2O_3^{2-}$ 中硫的氧化数为+2 等。

(2)有些元素的氧化数要了解物质的结构才能获得实际的结果。例如，$H_2S_2O_8$ 中存在过氧键，硫的氧化数为+6 而不是+7；同样，CrO_5 中 Cr 的氧化数为+6 而不是+10 等。

8.1.2　氧化与还原

氧化与还原反应存在同一反应中，并且同时发生。一种元素的氧化数升高，必有一种元素的氧化数降低，且氧化数升高总数与氧化数降低总数相等。反应前后元素的氧化数发生变化的一类反应称为氧化还原反应。氧化数升高的过程称为氧化，如 $Fe - 2e^- \rightleftharpoons Fe^{2+}$；氧化数降低的过程称为还原，如 $Cu^{2+} + 2e^- \rightleftharpoons Cu$。反应中氧化数升高的物质是还原剂，氧化数降低的物质是氧化剂。根据元素氧化数的变化情况，将氧化还原反应进行分类，氧化数的变化发生在不同物质中不同元素上的反应称为一般氧化还原反应；将氧化数的变化发生在同一物质内不同元素上的反应称为自身氧化还原反应，如 $2KClO_3 \rightleftharpoons 2KCl + 3O_2\uparrow$；将氧化数的变化发生在同一种物质内同一种元素的不同原子上的氧化还原反应称为歧化反应，如 $2Cu^+ \rightleftharpoons Cu + Cu^{2+}$。

8.1.3　氧化还原反应方程式的配平

氧化还原反应往往比较复杂，反应方程式也较难配平。配平这类反应方程式最常用的有半反应法(也称离子-电子法)、氧化数法等，这里只介绍半反应法。

任何氧化还原反应都由氧化半反应和还原半反应组成，如钠与氯在点燃的条件下直接化合生成 NaCl 的两个半反应为

氧化半反应：

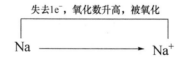

还原半反应：

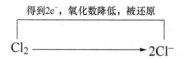

根据对应的氧化剂或还原剂写出半反应方程式，再按以下配平原则进行配平。

(1)反应过程中氧化剂得到的电子数必须等于还原剂失去的电子数。

(2)根据质量守恒定律，反应前后各元素的原子总数相等，同时反应等式两边的电荷数

---

① 混价化合物：在同一化合物中，同一元素的不同原子表现出不同的氧化数，如 Fe_3O_4 中，有一个铁原子的氧化数为+2,2 个铁原子的氧化数为+3。

相等。

上述反应的总方程式为：$Cl_2 + 2Na \longrightarrow 2NaCl$。

下面以 Cl_2 氧化 Fe^{2+} 为例说明配平步骤。

(1)找出氧化剂、还原剂及相应的还原产物与氧化产物，并写成离子反应方程式：

$$Cl_2(g) + Fe^{2+}(aq) \longrightarrow Fe^{3+}(aq) + Cl^-(aq)$$

(2)将上述反应分解为两个半反应，并分别配平，使每个半反应等式两边的原子数和电荷数相等。

氧化半反应：$\qquad\qquad Fe^{2+}(aq) - e^- \rightleftharpoons Fe^{3+}(aq)$

还原半反应：$\qquad\qquad Cl_2(g) + 2e^- \rightleftharpoons 2Cl^-(aq)$

(3)配平氧化还原反应的原子个数：

$$Cl_2(g) + 2Fe^{2+}(aq) \rightleftharpoons 2Fe^{3+}(aq) + 2Cl^-(aq)$$

对于有氢和氧参与的氧化还原反应，以 H_2O_2 在酸性介质中氧化 I^- 为例说明配平步骤。

(1)找出氧化剂、还原剂及相应的还原产物与氧化产物，并写成离子反应方程式：

$$H_2O_2(aq) + I^-(aq) + H^+(aq) \longrightarrow H_2O(l) + I_2(s)$$

(2)将上述反应分解为两个半反应，并分别配平，使每个半反应等式两边的原子数和电荷数相等。

氧化半反应：$\qquad\qquad 2I^-(aq) - 2e^- \rightleftharpoons I_2(s)$

还原半反应：$\qquad H_2O_2(aq) + 2e^- + 2H^+(aq) \rightleftharpoons 2H_2O(l)$

对 H_2O_2 被还原为 H_2O 来说，需要去掉一个 O 原子，为此可在反应式的左边加上 2 个 H^+(因为反应在酸性介质中进行)，使 2 个 H 与 1 个 O 结合生成 H_2O。

推而广之，在半反应方程式中，如果反应物和生成物所含的氧原子数目不同，可以根据介质的酸碱性，分别在半反应方程式中加 H^+ 或 OH^- 或 H_2O，并利用水的解离平衡使反应式两边的氧原子数目相等。根据氧化剂得到的电子数和还原剂失去的电子数必须相等的原则，以适当系数乘以氧化半反应和还原半反应，然后将两个半反应相加就得到一个配平的离子反应方程式。

$$H_2O_2(aq) + 2I^-(aq) + 2H^+(aq) \rightleftharpoons 2H_2O(l) + I_2(s)$$

氧化还原反应与前面所学的各种平衡类似，也存在平衡。当氧化还原反应刚刚发生时，由于其反应物浓度较大，反应速率较快，随着反应的进行，反应物浓度逐渐减小；同时，由于生成物的产生，并随着其浓度的不断增加，逆反应速率逐渐增大，当正、逆反应速率相等时，该氧化还原反应就达到了平衡。氧化还原反应方向是通过计算其反应的吉布斯函数变判断的，但通常氧化还原反应由较强氧化剂和较强还原剂向生成较弱氧化剂及较弱还原剂的方向转化。

$$较强氧化剂 + 较强还原剂 \longrightarrow 较弱氧化剂 + 较弱还原剂$$

8.2 原电池与电极电势

8.2.1 原电池

原电池是利用自发的氧化还原反应产生电流的装置，它可将化学能转化为电能，同时证明氧化还原反应中有电子转移。

1. 原电池的组成

如果把一块锌片放入 $CuSO_4$ 溶液中，锌开始溶解，而铜从溶液中析出，其离子反应方程式为

$$Zn(s) + Cu^{2+}(aq) \rightleftharpoons Zn^{2+}(aq) + Cu(s)$$

这是一个可自发进行的氧化还原反应，由于氧化剂与还原剂直接接触，电子直接从还原剂转移到氧化剂，无法产生电流。要将氧化还原反应的化学能转化为电能，必须使氧化剂和还原剂之间的电子转移通过一定的外电路，做定向运动，这就要求反应过程中氧化剂和还原剂不能直接接触，因此需要一种特殊的装置实现上述过程。

如果采用如图 8-1 所示的装置，在两个烧杯中分别盛 $ZnSO_4$ 和 $CuSO_4$ 溶液，在盛有 $ZnSO_4$ 溶液的烧杯中放入锌片，在盛有 $CuSO_4$ 溶液的烧杯中放入铜片。两个烧杯用盐桥(一个倒置的 U 形管，管内充满含饱和 KCl 溶液的琼脂凝胶)连接起来，再用导线连接锌片和铜片，中间串联一个检流计(电流表)。

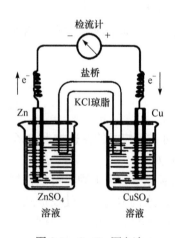

图 8-1　Cu-Zn 原电池

当原电池开始工作后，可以观察到检流计的指针发生偏转，这表明导线中有电流通过。由检流计指针偏转方向可知，电子从锌极流向铜极，也就是电流由正极(电子流入的电极)流向负极(电子流出的电极)。原电池在工作过程中发生了如下变化：

(1)检流计指针发生偏转，说明有电流产生。

(2)在铜片上有金属铜沉积上去，而锌片被溶解。

(3)取出盐桥时，检流计指针回至零点；放入盐桥时，检流计指针发生偏转，说明盐桥起到使整个装置构成通路的作用。

在原电池中，组成原电池的导体(如铜片和锌片)称为电极，同时规定，电子流出的电极称为负极，负极上发生氧化反应；电子流入的电极称为正极，正极上发生还原反应。例如，Cu-Zn 原电池中：

负极锌(Zn)：　　　$Zn(s) - 2e^- \rightleftharpoons Zn^{2+}(aq)$　　发生氧化反应

正极铜(Cu)：　　　$Cu^{2+}(aq) + 2e^- \rightleftharpoons Cu(s)$　　发生还原反应

Cu-Zn 原电池的电池反应为

$$Zn(s) + Cu^{2+}(aq) \rightleftharpoons Zn^{2+}(aq) + Cu(s)$$

Cu-Zn 原电池中所进行的电池反应和 Zn 置换 Cu^{2+} 的化学反应一样。只是在原电池装置中，氧化剂和还原剂不直接接触，氧化反应和还原反应分别同时在两个不同的反应器内进行，

电子不是直接从还原剂转移到氧化剂，而是经外电路传递，这正是原电池利用氧化还原反应将化学能转化为电能从而产生电流的原因。

2. 原电池的表示法

为了书面表达方便，可以用电池符号表示原电池，如 Cu-Zn 原电池可以表示为：
$$(-)\,Zn\,|\,ZnSO_4(c_1)\,\|\,CuSO_4(c_2)\,|\,Cu\,(+)$$
电池符号的书写有如下规定：

(1) 将负极 (−) 写在电池符号的左边，正极 (+) 写在右边。

(2) 用"|"表示两相界面，如果组成电极的物质都在溶液中，不存在界面，用","隔开；"‖"表示盐桥，盐桥左右两边分别为原电池的正负极。

(3) 用化学式表示电池物质的组成，并要注明物质的状态，而气体注明其分压，溶液要注明其浓度。若不注明，表示溶液浓度为标准浓度 $1.00\ mol \cdot L^{-1}$，气体分压为 $100\ kPa$。

(4) 对某些电极的电对不存在金属导电体时 (参与反应的电对为气体或电对均为离子态时)，需外加一个能导电且不参与电极反应的惰性电极，通常采用固态导体 C (石墨) 或铂 (Pt) 作惰性电极，惰性电极在电池符号中也要表示出来。

可见，每个原电池由两个"半电池"组成，每个"半电池"又是由同种元素的不同氧化数的氧化态和还原态构成。电极的氧化态和还原态可构成相应的电对，电对的书写形式为 [氧化态]/[还原态] (Ox/Red)。例如，与 Cu-Zn 原电池中两个"半电池"相应的电对是 Cu^{2+}/Cu、Zn^{2+}/Zn。对于非金属单质及其相应的离子也可构成氧化还原电对，如 Cl_2/Cl^-、H^+/H_2、O_2/OH^- 等。不同氧化态的同一种金属离子也可构成氧化还原电对，如 Fe^{3+}/Fe^{2+}、Pb^{4+}/Pb^{2+} 等。

【例 8-2】　将下列氧化还原反应设计成原电池，并写出原电池符号：
$$2Fe^{2+}(1.00\ mol \cdot L^{-1}) + Cl_2(100\ kPa) \rightleftharpoons 2Fe^{3+}(1.00\ mol \cdot L^{-1}) + 2Cl^-(1.00\ mol \cdot L^{-1})$$

解　电极反应为

正极：
$$Cl_2(g) + 2e^- \rightleftharpoons 2Cl^-(aq)$$

负极：
$$2Fe^{2+}(aq) - 2e^- \rightleftharpoons 2Fe^{3+}(aq)$$

该电池符号为
$$(-)\,Pt\,|\,Fe^{2+}(1.00\ mol \cdot L^{-1}),\ Fe^{3+}(1.00\ mol \cdot L^{-1})\,\|\,Cl^-(1.00\ mol \cdot L^{-1})\,|\,Cl_2(100\ kPa)\,|\,Pt\,(+)$$

理论上讲，任何一个氧化还原反应都可以设计成原电池，但实际操作时有时会遇到很大的困难。真正实用的化学电池并不很多，原电池的意义不但是把化学能转化为电能，证明反应中有电子转移，而且它把电学现象与化学反应联系起来，使人们能利用电学现象探讨化学反应的规律，从而形成了化学的一个重要分支——电化学。

8.2.2　电极电势及影响因素

1. 电极电势的形成及测定

1) 双电层理论

在铜锌原电池中，把两个电极用导线连接后就产生电流，电流从铜极流向锌极，说明铜

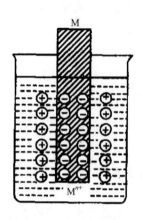

图 8-2　双电层示意图

极的电势比锌极的电势高。为什么会有这种现象？电极电势是怎么产生的？

早在 1889 年，德国化学家能斯特(W. H. Nernst)就提出了双电层理论：当把金属插入其盐溶液中时，金属与其盐溶液之间产生电势差。图 8-2 可以用来说明金属与其盐溶液间的电势差及原电池产生电流的机理。

当把金属插入其盐溶液时，会出现两种倾向：一种是金属表面的金属原子因热运动和受极性水分子的作用，以离子的形式进入溶液(金属越活泼或溶液中金属离子的浓度越小，这种倾向越大)；另一种是溶液中金属离子受到金属表面自由电子的吸引而沉积在金属表面上(金属越不活泼或金属离子浓度越大，这种倾向就越大)。当金属在溶液中溶解和沉积的速率相等时，达到动态平衡：若金属(M)溶解的速率大于沉积的速率，达到平衡时金属因部分原子以离子形式进入溶液而带负电荷，而金属附近的溶液因金属离子的进入而带正电荷，$M(s) - ze^- \underset{沉积}{\overset{溶解}{\rightleftharpoons}} M^{z+}(aq)$，这样在金属表面与其盐溶液之间就产生了双电层，即电势差，这种电势差称为该金属的平衡电极电势(简称电极电势，用 φ 表示)，如图 8-2 所示。可以预料，氧化还原电对不同，对应的电解质溶液的浓度不同，它们的电极电势也就不同。因此，若用两种活泼性不同的金属分别组成两个电极电势不等的电极，再将这两个电极以原电池的形式连接起来，就能产生电流。当参与电极反应的各物质均处于热力学标准态时，所得到的电极电势称电对的标准电极电势，用 $\varphi^{\ominus}$ 表示，SI 单位为 V。

2)电极电势的测定

如果要确定某电极的电极电势的相对值，可将该电极与标准氢电极组成原电池，由于规定标准氢电极的电极电势为零，测定原电池的电动势即可确定待测电极的电极电势。

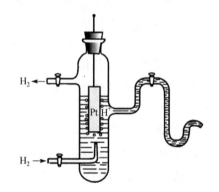

图 8-3　标准氢电极

向标准氢电极中通入压力为 100 kPa 的纯氢气流，让铂黑吸附氢气并维持饱和状态，此时被氢饱和的铂片就像由氢气构成的电极一样(图 8-3)；铂片在标准状态下的半电池符号为 $Pt \mid H_2(100\ kPa) \mid H^+(1.00\ mol \cdot L^{-1})$，$\varphi^{\ominus}(H^+/H_2) = 0.00\ V$。

【例 8-3】　已知原电池

$$(-)Pt \mid H_2(100\ kPa),\ H^+(1.00\ mol \cdot L^{-1}) \parallel Cu^{2+}(1.00\ mol \cdot L^{-1}) \mid Cu(+)$$

在 298.15 K 时测得此原电池的标准电动势为 0.337 V，求标准铜电极的电极电势。

解　已知 $\varphi^{\ominus}(H^+/H_2) = 0.00\ V$，原电池电动势 $E^{\ominus} = 0.337\ V$，则

$$E^{\ominus} = \varphi^{\ominus}(Cu^{2+}/Cu) - \varphi^{\ominus}(H^+/H_2) \qquad \varphi^{\ominus}(Cu^{2+}/Cu) = 0.337\ V$$

以标准氢电极作零标准，可测定其他电极的标准电极电势，但是标准氢电极要求氢气纯度很高，压力不稳定，因此实际上常用一些使用方便、电极电势稳定的电极代替标准氢电极作为电极电势的对比参考，称为参比电极，如甘汞电极和银-氯化银电极。

（1）甘汞电极。甘汞电极是金属汞和 Hg_2Cl_2 及 KCl 溶液组成的电极，其构造如图 8-4 所示。

甘汞电极可以写成：

$$Pt|\,Hg(l)|\,Hg_2Cl_2\,(s)|\,KCl(c)$$

相应的电极反应：

$$Hg_2Cl_2(s)+2e^-\ \rightleftharpoons\ 2Hg(l)+2Cl^-(aq)$$

当温度一定时，不同浓度的 KCl 溶液使甘汞电极的电极电势（表 8-1）具有不同的恒定值。

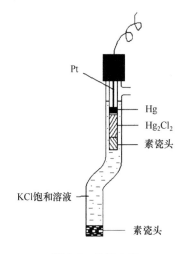

图 8-4　甘汞电极

表 8-1　甘汞电极的电极电势

KCl 浓度	饱和	$1.0\ mol\cdot L^{-1}$	$0.1\ mol\cdot L^{-1}$
电极电势 $\varphi^{\ominus}/V$	+0.2445	+0.2830	+0.3356

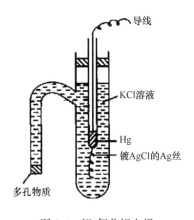

图 8-5　银-氯化银电极

（2）银-氯化银电极。银-氯化银电极是由金属表面涂以 AgCl 的银丝浸入 KCl 溶液中构成的电极，常作为内参比电极，其构造如图 8-5 所示。

银-氯化银电极可写成：

$$Ag\,|\,AgCl(s)\,|\,KCl(1.0\ mol\cdot L^{-1})$$

电极反应为

$$AgCl(s)\ +\ e^-\ \rightleftharpoons\ Ag(s)\ +\ Cl^-(aq)$$

使用时应注意：银-氯化银电极与银电极不同，银-氯化银电极的电极电势不仅与溶液中 Ag^+ 浓度有关，还与溶液中的 Cl^- 浓度有关，如表 8-2 所示。

一些电对在 298.15 K 的标准电极电势见附录Ⅶ。

$\varphi^{\ominus}$ 越小，表明电对中的还原态物质越易给出电子，即该还原态是越强的还原剂；$\varphi^{\ominus}$ 越大，表明电对中的氧化态物质越易得到电子，即该氧化态是越强的氧化剂。

表 8-2　银-氯化银电极的电极电势

KCl 浓度	饱和	$1.0\ mol\cdot L^{-1}$	$0.1\ mol\cdot L^{-1}$
电极电势 $\varphi^{\ominus}/V$	+0.2000	+0.2223	+0.2880

$\varphi^{\ominus}$ 反映物质得失电子倾向的大小，是强度量，与物质的数量无关，也与电极反应的写法

无关。因此，电极反应式乘以任何常数时，$\varphi^{\ominus}$ 不变。另外，电对的氧化态和还原态不会因电极反应进行的方向改变而改变，因此将电极反应颠倒过来写，$\varphi^{\ominus}$ 也不变。例如：

$$Zn(s) - 2e^- \rightleftharpoons Zn^{2+}(aq) \qquad \varphi^{\ominus} = -0.7626 \text{ V}$$

$$4Zn(s) - 8e^- \rightleftharpoons 4Zn^{2+}(aq) \qquad \varphi^{\ominus} = -0.7626 \text{ V}$$

$$Zn^{2+}(aq) + 2e^- \rightleftharpoons Zn(s) \qquad \varphi^{\ominus} = -0.7626 \text{ V}$$

为了方便查阅，在附录Ⅶ中把电极电势分排成两个表：酸性介质标准电极电势表（$\varphi_A^{\ominus}$）和碱性介质标准电极电势表 $\varphi_B^{\ominus}$。如果电极反应在酸性溶液中进行，则在酸性介质表中查阅；如果电极反应在碱性溶液中进行，则在碱性介质表中查阅。有些电极反应与溶液的酸度无关，如 $Cu^{2+} + 2e^- \rightleftharpoons Cu$，也列在酸性介质表中。$\varphi^{\ominus}$ 值是衡量物质在水溶液中氧化还原能力大小的物理量，不适用于非水溶液体系。

2. 电极电势的计算

标准电极电势是电对在标准态及温度为 298.15 K 时测定得到的。而实际上很多电极不可能总处于标准状态。如果参与反应的物质的浓度或温度发生了改变，电对的电极电势也会发生改变。要了解非标准状态下氧化还原反应的情况，必须掌握非标准状态下电极电势的求算。电极电势（φ）与浓度、温度间的定量关系可由能斯特方程给出。

对于电极反应

$$a \text{ 氧化态} + ze^- \rightleftharpoons b \text{ 还原态}$$

能斯特方程为

$$\varphi(\text{Ox/Red}) = \varphi^{\ominus}(\text{Ox/Red}) - \frac{RT}{zF} \ln \frac{[\text{Red}]^b}{[\text{Ox}]^a} \tag{8-1}$$

或

$$\varphi(\text{Ox/Red}) = \varphi^{\ominus}(\text{Ox/Red}) - \frac{2.303RT}{zF} \lg \frac{[\text{Red}]^b}{[\text{Ox}]^a} \tag{8-2}$$

式中，R 为摩尔气体常量（$8.314 \text{ J} \cdot \text{mol}^{-1} \cdot \text{K}^{-1}$）；$F$ 为法拉第常数（$96485 \text{ C} \cdot \text{mol}^{-1}$）；$T$ 为热力学温度；z 为电极反应得失的电子数；[Ox]和[Red]分别表示电极反应中氧化态和还原态物质的相对浓度（$c/c^{\ominus}$，$c^{\ominus} = 1 \text{ mol} \cdot \text{L}^{-1}$，不会影响计算值，为了简便，在能斯特方程中可不必列出）和相对分压（$p/p^{\ominus}$，$p^{\ominus} = 100 \text{ kPa}$）。

当温度为 298.15 K 时，将各常数值代入式（8-2），可得

$$\varphi(\text{Ox/Red}) = \varphi^{\ominus}(\text{Ox/Red}) - \frac{0.0592}{z} \lg \frac{[\text{Red}]^b}{[\text{Ox}]^a} \tag{8-3}$$

需要注意的是，活度与浓度是两个不同的概念，二者之间的关系为 $a = \gamma c$，稀溶液时 $\gamma \approx 1$，此时 $a \approx c$，本章均以浓度代替活度计算电对的电极电势。由能斯特方程可知，电极电势的高低除与电极本性" $\varphi^{\ominus}$ "有关外，还与温度及电极物质的浓度等外界因素有关，由于氧化还原反应通常在常温下进行，本书只讨论电极物质浓度对电极电势的影响。

【例 8-4】　列出下列电极反应在 298.15 K 时的电极电势计算式。

(1) $I_2(s) + 2e^- \rightleftharpoons 2I^-(aq)$　　　$\varphi^\ominus = 0.536$ V

(2) $O_2(s) + 4e^- + 4H^+(aq) \rightleftharpoons 2H_2O(l)$　　$\varphi^\ominus = 1.229$ V

(3) $PbCl_2(s) + 2e^- \rightleftharpoons Pb(s) + 2Cl^-(aq)$　　$\varphi^\ominus = -0.268$ V

(4) $MnO_4^-(aq) + 5e^- + 8H^+(aq) \rightleftharpoons Mn^{2+}(aq) + 4H_2O(l)$　　$\varphi^\ominus = 1.507$ V

解　由式(8-3)得，

(1) $\varphi(I_2/I^-) = \varphi^\ominus(I_2/I^-) - \dfrac{0.0592}{z}\lg c^2(I^-) = 0.536 - \dfrac{0.0592}{2}\lg c^2(I^-)$

(2) $\varphi(O_2/H_2O) = \varphi^\ominus(O_2/H_2O) - \dfrac{0.0592}{z}\lg \dfrac{1}{[p(O_2)/p^\ominus]\cdot c^4(H^+)}$

　　　$= 1.229 - \dfrac{0.0592}{4}\lg \dfrac{1}{[p(O_2)/p^\ominus]\cdot c^4(H^+)}$

(3) $\varphi(PbCl_2/Pb) = \varphi^\ominus(PbCl_2/Pb) - \dfrac{0.0592}{z}\lg c^2(Cl^-) = -0.268 - \dfrac{0.0592}{2}\lg c^2(Cl^-)$

(4) $\varphi(MnO_4^-/Mn^{2+}) = \varphi^\ominus(MnO_4^-/Mn^{2+}) - \dfrac{0.0592}{z}\lg \dfrac{c(Mn^{2+})}{c(MnO_4^-)\cdot c^8(H^+)}$

　　　$= 1.507 - \dfrac{0.0592}{5}\lg \dfrac{c(Mn^{2+})}{c(MnO_4^-)\cdot c^8(H^+)}$

【例 8-5】　已知电极反应 $MnO_4^-(aq) + 5e^- + 8H^+(aq) \rightleftharpoons Mn^{2+}(aq) + 4H_2O(l)$，$\varphi^\ominus(MnO_4^-/Mn^{2+}) = 1.507$ V，求 $c(MnO_4^-) = 1.0$ mol·L^{-1}、$c(Mn^{2+}) = 1.0$ mol·L^{-1}、pH = 4 时的 $\varphi(MnO_4^-/Mn^{2+})$。

解　将 $\varphi^\ominus(MnO_4^-/Mn^{2+}) = 1.507$ V、$c(MnO_4^-) = 1.0$ mol·L^{-1}、$c(Mn^{2+}) = 1.0$ mol·L^{-1}、$c(H^+) = 1.0\times10^{-4}$ mol·L^{-1} 代入式(8-3)，得

$$\varphi(MnO_4^-/Mn^{2+}) = 1.507 - \dfrac{0.0592}{5}\lg \dfrac{c(Mn^{2+})}{c(MnO_4^-)\cdot c^8(H^+)}$$

$$= 1.507 - \dfrac{0.0592}{5}\lg \dfrac{1.0}{1.0\times(1.0\times10^{-4})^8}$$

$$= 1.128 \text{ V}$$

从例 8-5 计算结果可见，MnO_4^- 的氧化能力随酸度的降低而降低，因此在高酸度溶液中 MnO_4^- 是很强的氧化剂，而中性的高锰酸钾（$KMnO_4$）溶液氧化能力很弱。但是，对于没有 H^+ 或 OH^- 参加的电极反应[如 $I_2(s) + 2e^- \rightleftharpoons 2I^-(aq)$]，溶液的酸度不会影响其电极电势。

3. 影响电极电势的因素

$\varphi^\ominus$ 是在特定条件下的电极电势。影响电极电势的主要因素是氧化剂和还原剂的浓度、溶液的酸度、生成沉淀、形成配合物。

1）氧化剂和还原剂浓度的影响

氧化还原反应中，氧化剂和还原剂的浓度不同，电对的电极电势就不同。

【例 8-6】 已知反应：$Sn(s) + Pb^{2+}(aq) \rightleftharpoons Sn^{2+}(aq) + Pb(s)$，计算不同条件时电对的电极电势。已知 $\varphi^{\ominus}(Sn^{2+}/Sn) = -0.14\ V$，$\varphi^{\ominus}(Pb^{2+}/Pb) = -0.13\ V$。

（1）反应中所有物质均处于标准状态；（2）$c(Pb^{2+}) = 0.1\ mol \cdot L^{-1}$，$c(Sn^{2+}) = 1\ mol \cdot L^{-1}$。

解 （1）反应涉及的两个电对的电极电势均为标准电极电势：

$$\varphi^{\ominus}(Sn^{2+}/Sn) = -0.14\ V, \quad \varphi^{\ominus}(Pb^{2+}/Pb) = -0.13\ V$$

（2）当 $c(Pb^{2+}) = 0.1\ mol \cdot L^{-1}$，$c(Sn^{2+}) = 1\ mol \cdot L^{-1}$ 时，Sn^{2+}/Sn 电对处于标准状态，而 Pb^{2+}/Pb 处于非标准状态，其电极电势为

$$\varphi(Pb^{2+}/Pb) = \varphi^{\ominus}(Pb^{2+}/Pb) - \frac{0.0592}{2}\lg\frac{1}{c(Pb^{2+})}$$

$$= -0.13 + \frac{0.0592}{2} = -0.16\ (V)$$

2）溶液的酸度对电极电势的影响

一些物质的氧化还原能力与溶液的酸度有关，如浓 HNO_3 为极强的氧化剂，而 KNO_3 的水溶液则没有明显的氧化性，这种现象说明溶液的酸度对物质的氧化还原能力有影响，反应中 H^+ 或 OH^- 参加，氧化还原电对的 φ 也有显著变化。

【例 8-7】 已知 $\varphi^{\ominus}(MnO_2/Mn^{2+}) = 1.23\ V$，计算 $c(Mn^{2+}) = 1.0\ mol \cdot L^{-1}$，pH 为 4.00 时的 $\varphi(MnO_2/Mn^{2+})$。

解 由题意可知：$c(Mn^{2+}) = 1.0\ mol \cdot L^{-1}$，$c(H^+) = 1.0 \times 10^{-4}\ mol \cdot L^{-1}$，电对 MnO_2/Mn^{2+} 的电极反应为

$$MnO_2(s) + 2e^- + 4H^+(aq) \rightleftharpoons Mn^{2+}(aq) + 2H_2O(l)$$

根据能斯特方程得

$$\varphi(MnO_2/Mn^{2+}) = \varphi^{\ominus}(MnO_2/Mn^{2+}) - \frac{0.0592}{2}\lg\frac{c(Mn^{2+})}{c^4(H^+)}$$

$$= 1.23 - \frac{0.0592}{2}\lg\frac{1.0}{(1.0\times10^{-4})^4}$$

$$= 1.23 - \frac{0.0592}{2}\times16 = 0.76\ (V)$$

3）沉淀的生成对电极电势的影响

在氧化还原半反应中，当加入一种与氧化态或还原态生成沉淀的沉淀剂时，就会改变电对的电极电势。

【例 8-8】 已知 $\varphi^{\ominus}(Cu^{2+}/Cu^+) = 0.17\ V$ ，CuI 的 $K_{sp}^{\ominus}(CuI) = 1.1 \times 10^{-12}$ 。计算 $c(Cu^{2+}) = 1\ mol \cdot L^{-1}$ 、$c(I^-) = 1\ mol \cdot L^{-1}$ 时的 $\varphi(Cu^{2+}/Cu^+)$ 。

解 $$Cu^{2+} + e^- \rightleftharpoons Cu^+ \qquad \varphi^{\ominus}(Cu^{2+}/Cu^+) = 0.17\ V$$

根据能斯特方程得

$$
\begin{aligned}
\varphi &= \varphi^{\ominus}(Cu^{2+}/Cu^+) - 0.0592\lg\frac{c(Cu^+)}{c(Cu^{2+})} \\
&= \varphi^{\ominus}(Cu^{2+}/Cu^+) - 0.0592\lg\frac{c(Cu^+) \cdot c(I^-)}{c(Cu^{2+}) \cdot c(I^-)} \\
&= \varphi^{\ominus}(Cu^{2+}/Cu^+) - 0.0592\lg\frac{K_{sp}^{\ominus}}{c(Cu^{2+}) \cdot c(I^-)} \\
&= \varphi^{\ominus}(Cu^{2+}/Cu^+) - 0.0592 \times \lg(1.1 \times 10^{-12}) + 0.0592\lg[c(Cu^{2+}) \cdot c(I^-)] \\
&= 0.88 + 0.0592\lg[c(Cu^{2+}) \cdot c(I^-)]
\end{aligned}
$$

当 $c(Cu^{2+}) = 1\ mol \cdot L^{-1}$ 、$c(I^-) = 1\ mol \cdot L^{-1}$ 时

$$\varphi = 0.88 + 0.0592\lg[c(Cu^{2+}) \cdot c(I^-)] = 0.88\ (V)$$

此时 $\varphi(Cu^{2+}/Cu^+)$ 正是电对 Cu^{2+}/CuI 的标准电极电势。

$$I^-(aq) + Cu^{2+}(aq) + e^- \rightleftharpoons CuI(s)$$

4）形成配合物对电极电势的影响

在氧化还原半反应中，如果加入一种能与氧化态或还原态形成稳定配合物的配位剂，就会引起电对电极电势的改变。

对于半反应： $$Fe^{3+}(aq) + e^- \rightleftharpoons Fe^{2+}(aq)$$

如果在溶液中加入 F^-，由于 Fe^{3+} 与 F^- 形成稳定的配离子 FeF^{2+}、FeF_2^+、$\cdots$、FeF_6^{3-}，溶液中 $c(Fe^{3+})$ 减小，将会改变 Fe^{3+}/Fe^{2+} 的电极电势。

$$\varphi = \varphi^{\ominus}(Fe^{3+}/Fe^{2+}) - 0.0592\lg\frac{c(Fe^{2+})}{c(Fe^{3+})}$$

4. 条件电极电势

严格地说，式（8-3）中氧化型和还原型的浓度应以活度表示，而标准电极电势是指在一定温度下（通常为 298.15 K），氧化还原半反应中各组分都处于标准状态，即离子或分子的活度等于 1 mol · L⁻¹（若反应中有气体参加，则分压等于 100 kPa）的电极电势。应用能斯特方程时，为简化起见，往往忽略溶液中离子强度的影响，以浓度代替活度进行计算，但在离子强度较大时，其影响不能忽略。另外，半反应中氧化型或还原型与溶液中其他组分可能发生副反应（如沉淀和配合物形成时，电对的氧化态或还原态物质的存在形式也随之改变，从而引起电极电势的变化）。

因此,用能斯特方程计算有关电对的电极电势时,如果采用该电对的标准电极电势,则计算的结果与实际情况相差较大。例如,计算 HCl 溶液中 Fe^{3+}/Fe^{2+} 的电极电势时,由能斯特方程得到:

$$\varphi(Fe^{3+}/Fe^{2+}) = \varphi^{\ominus}(Fe^{3+}/Fe^{2+}) - 0.0592 \lg \frac{a(Fe^{2+})}{a(Fe^{3+})}$$

若以浓度代替活度,则必须引入活度系数 γ:

$$\varphi(Fe^{3+}/Fe^{2+}) = \varphi^{\ominus}(Fe^{3+}/Fe^{2+}) - 0.0592 \lg \frac{c(Fe^{2+}) \cdot \gamma(Fe^{2+})}{c(Fe^{3+}) \cdot \gamma(Fe^{3+})}$$

同时,由于 Fe^{3+} 易与 H_2O、Cl^- 等发生如下副反应,形成一系列羟基配合物和氯配合物,

$$Fe^{3+} + H_2O \longrightarrow Fe(OH)^{2+} + H^+ \xrightarrow{H_2O} Fe(OH)_2^+ \cdots\cdots$$

$$Fe^{3+} + Cl^- \longrightarrow FeCl^{2+} \xrightarrow{Cl^-} FeCl_2^+ \cdots\cdots$$

Fe^{2+} 也可以发生类似的副反应。因此,系统除存在 Fe^{3+}、Fe^{2+} 外,还存在 $Fe(OH)^{2+}$、$FeCl^{2+}$、$FeCl_6^{3-}$ 等,所以需引入副反应系数。

将 $\alpha(Fe^{3+})$ 定义为 Fe^{3+} 的副反应系数:

$$\alpha(Fe^{3+}) = \frac{c'(Fe^{3+})}{c(Fe^{3+})} \tag{8-4}$$

式中,$c'(Fe^{3+})$ 为溶液中 Fe^{3+} 的总浓度;$c(Fe^{3+})$ 为 Fe^{3+} 的平衡浓度。

同样,将 $\alpha(Fe^{2+})$ 定义为 Fe^{2+} 的副反应系数:

$$\alpha(Fe^{2+}) = \frac{c'(Fe^{2+})}{c(Fe^{2+})} \tag{8-5}$$

式中,$c'(Fe^{2+})$ 为溶液中 Fe^{2+} 的总浓度;$c(Fe^{2+})$ 为 Fe^{2+} 的平衡浓度。

将两式合并代入电极的能斯特方程,得

$$\varphi(Fe^{3+}/Fe^{2+}) = \varphi^{\ominus}(Fe^{3+}/Fe^{2+}) - 0.0592 \lg \frac{c'(Fe^{2+}) \cdot \gamma(Fe^{2+}) \cdot \alpha(Fe^{3+})}{c'(Fe^{3+}) \cdot \gamma(Fe^{3+}) \cdot \alpha(Fe^{2+})} \tag{8-6}$$

式(8-6)是考虑了参与反应的氧化型和还原型物质发生副反应后的能斯特方程式,但是当溶液的离子强度很大,且副反应很多时,γ 值和 α 值不易求得。为此,将式(8-6)改写为

$$\varphi(Fe^{3+}/Fe^{2+}) = \varphi^{\ominus}(Fe^{3+}/Fe^{2+}) - 0.0592 \lg \frac{\gamma(Fe^{2+}) \cdot \alpha(Fe^{3+})}{\gamma(Fe^{3+}) \cdot \alpha(Fe^{2+})} - 0.0592 \lg \frac{c'(Fe^{2+})}{c'(Fe^{3+})} \tag{8-7}$$

当 $c'(Fe^{3+}) = c'(Fe^{2+}) = 1\ mol \cdot L^{-1}$ 时,或 $\dfrac{c'(Fe^{2+})}{c'(Fe^{3+})} = 1$ 时,

$$\varphi(Fe^{3+}/Fe^{2+}) = \varphi^{\ominus}(Fe^{3+}/Fe^{2+}) - 0.0592 \lg \frac{\gamma(Fe^{2+}) \cdot \alpha(Fe^{3+})}{\gamma(Fe^{3+}) \cdot \alpha(Fe^{2+})} \tag{8-8}$$

式中,γ 和 α 在特定条件下是一固定值,因而式(8-8)应为一常数,以 $\varphi^{\ominus}$ 表示:

$$\varphi^{\ominus'}(Fe^{3+}/Fe^{2+}) = \varphi^{\ominus}(Fe^{3+}/Fe^{2+}) - 0.0592 \lg \frac{\gamma(Fe^{2+}) \cdot \alpha(Fe^{3+})}{\gamma(Fe^{3+}) \cdot \alpha(Fe^{2+})} \tag{8-9}$$

式中，$\varphi^{\ominus\prime}$ 为一个随实验条件而变的常数，故称为条件电极电势，简称条件电势。

对于反应（298.15 K）：

$$a[\text{Ox}]+z\text{e}^- \rightleftharpoons b[\text{Red}]$$

条件电极电势的一般通式为

$$\varphi^{\ominus\prime}(\text{Ox/Red})=\varphi^{\ominus}(\text{Ox/Red})-\frac{0.0592}{z}\lg\frac{\gamma^b(\text{Red})\cdot\alpha^a(\text{Ox})}{\gamma^a(\text{Ox})\cdot\alpha^b(\text{Red})} \tag{8-10}$$

此电对的电极电势则按照式（8-11）计算：

$$\varphi = \varphi^{\ominus\prime}(\text{Ox/Red})-\frac{0.0592}{z}\lg\frac{c\prime(\text{Red})}{c\prime(\text{Ox})} \tag{8-11}$$

条件电极电势的大小反映了在外界因素影响下，氧化还原电对的实际氧化还原能力。因此，应用条件电极电势比用标准电极电势更能准确地判断氧化还原反应的方向、次序和反应完成的程度。附录Ⅶ同时列出了部分氧化还原半反应的条件电极电势。在处理有关氧化还原反应的电势计算时，采用条件电极电势是较为合理的，但由于条件电极电势的数目目前还比较少，如果没有相同条件下的条件电极电势，可以采用条件相近的电势数据，对于没有条件电极电势的氧化还原电对，则只能采用标准电极电势。

8.2.3 电极电势的应用

1. 原电池电动势的计算

原电池的电动势与正极的电极电势和负极的电极电势有关，当原电池处于标准状态时

$$E^{\ominus} = \varphi^{\ominus}_{\text{正极}} - \varphi^{\ominus}_{\text{负极}} \tag{8-12}$$

当原电池处于非标准状态时，

$$E = \varphi_{\text{正极}} - \varphi_{\text{负极}} \tag{8-13}$$

【例 8-9】 计算下列原电池在 298.15 K 时的电动势，并写出电池反应式。

$(-)$ Pt | Fe^{2+}(1.0 mol·L^{-1}), Fe^{3+}(0.1 mol·L^{-1}) ‖ Cl^{-1}(0.1 mol·L^{-1}) | Cl_2(100 kPa) | Pt $(+)$

解　有关原电池的电极反应及标准电极电势为

$(+)$ $Cl_2(g)+2e^- \rightleftharpoons 2Cl^-(\text{aq})$ 　　　$\varphi^{\ominus}(Cl_2/Cl^-) = 1.36$ V

$(-)$ $Fe^{3+}(\text{aq})+e^- \rightleftharpoons Fe^{2+}(\text{aq})$ 　　　$\varphi^{\ominus}(Fe^{3+}/Fe^{2+}) = 0.77$ V

将各物质相应的浓度代入能斯特方程：

$$\varphi_- = \varphi(Fe^{3+}/Fe^{2+}) = \varphi^{\ominus}(Fe^{3+}/Fe^{2+})-0.0592\lg\frac{c(Fe^{2+})}{c(Fe^{3+})}$$

$$= 0.77-0.0592\lg\frac{1.0}{0.1}$$

$$= 0.71(\text{V})$$

$$\varphi_+ = \varphi(Cl_2/Cl^-) = \varphi^{\ominus}(Cl_2/Cl^-) - \frac{0.0592}{2}lg\frac{c^2(Cl^-)}{p(Cl_2)/p^{\ominus}}$$

$$= 1.36 - \frac{0.0592}{2}lg\frac{0.01}{1}$$

$$= 1.42(V)$$

电池电动势 E 为

$$E = \varphi_{正极} - \varphi_{负极} = \varphi(Cl_2/Cl^-) - \varphi(Fe^{3+}/Fe^{2+}) = 1.42 \ V - 0.71 \ V = 0.71 \ V$$

电池反应式：　　　　$Cl_2(g) + 2Fe^{2+}(aq) \rightleftharpoons 2Cl^-(aq) + 2Fe^{3+}(aq)$

---

2. 反应的吉布斯函数变计算

在第 2 章讨论吉布斯函数时曾经指出，在恒温恒压过程中，系统吉布斯函数的减少值等于系统对外所做的最大有用功。对电池反应来说，就是指最大电功（$W_{有用}$），则

$$-\Delta_r G_m = W_{有用} \tag{8-14}$$

$W_{有用}$ 等于电池的电动势 E 乘以所通过的电荷量 Q，即

$$W_{有用} = Q \cdot E \tag{8-15}$$

如果 z mol 电子通过外电路，其电荷量为

$$Q = zF \tag{8-16}$$

式中，F 为法拉第常量，所以可得

$$-\Delta_r G_m = W_{有用} = Q \cdot E = zFE \tag{8-17}$$

即

$$\Delta_r G_m = -zFE \tag{8-18}$$

若反应处于标准状态，则

$$\Delta_r G_m^{\ominus} = -zFE^{\ominus} \tag{8-19}$$

式（8-18）和式（8-19）将反应的吉布斯函数变和电池电动势联系起来，因此可进行它们之间的相互换算。

此外，原电池的电动势也可由电动势的能斯特方程求得。电动势能斯特方程求解公式如下：

$$\Delta_r G_m = \Delta_r G_m^{\ominus} + RT \ln Q \tag{8-20}$$

$$-zFE = -zFE^{\ominus} + RT \ln Q \tag{8-21}$$

等式两边同时除以 $-zF$，得

$$E = E^{\ominus} - \frac{RT \ln Q}{zF} \tag{8-22}$$

$$E = E^{\ominus} - \frac{0.0592}{z}lg Q \tag{8-23}$$

对于例 8-9 的原电池反应

$$Cl_2(g) + 2Fe^{2+}(aq) \rightleftharpoons 2Cl^-(aq) + 2Fe^{3+}(aq)$$

$$E^{\ominus} = \varphi_{正极}^{\ominus} - \varphi_{负极}^{\ominus} = \varphi^{\ominus}(Cl_2/Cl^-) - \varphi^{\ominus}(Fe^{3+}/Fe^{2+}) = 0.59 \text{ V}$$

$$E = E^{\ominus} - \frac{0.0592}{z} \lg Q$$

$$= E^{\ominus} - \frac{0.0592}{2} \lg \frac{c^2(Cl^-) \cdot c^2(Fe^{3+})}{c^2(Fe^{2+}) \cdot [p(Cl_2)/p^{\ominus}]}$$

$$= 0.59 - \frac{0.0592}{2} \times \lg \frac{0.1^2 \times 0.1^2}{1}$$

$$= 0.71 \text{(V)}$$

【例 8-10】 若把下列反应设计成原电池,求电池的 $E^{\ominus}$ 及反应的 $\Delta_r G_m^{\ominus}$。

$$2MnO_4^-(aq) + 10Cl^-(aq) + 16H^+(aq) \rightleftharpoons 2Mn^{2+}(aq) + 5Cl_2(g) + 8H_2O(l)$$

解 正极反应

$$MnO_4^-(aq) + 5e^- + 8H^+(aq) \rightleftharpoons Mn^{2+}(aq) + 4H_2O(l) \qquad \varphi^{\ominus} = 1.507 \text{ V}$$

负极反应 $\qquad Cl_2(g) + 2e^- \rightleftharpoons 2Cl^-(aq) \qquad \varphi^{\ominus} = 1.36 \text{ V}$

$$E^{\ominus} = \varphi_{正极}^{\ominus} - \varphi_{负极}^{\ominus} = 1.507 \text{ V} - 1.36 \text{ V} = 0.147 \text{ V}$$

$$\Delta_r G_m^{\ominus} = -zFE^{\ominus} = -10 \times 96485 \text{ C} \cdot \text{mol}^{-1} \times 0.147 \text{ V}$$

$$\Delta_r G_m^{\ominus} = -1.42 \times 10^5 \text{ J} \cdot \text{mol}^{-1}$$

【例 8-11】 利用热力学函数数据计算 $\varphi^{\ominus}$ 值。

解 利用式(8-12)求算 $\varphi^{\ominus}(Zn^{2+}/Zn)$。为此,需将电对 Zn^{2+}/Zn 与另一电对组成原电池,为计算方便,最好选择 H^+/H_2 电对。电池反应式为

$$Zn(s) + 2H^+(aq) \rightleftharpoons Zn^{2+}(aq) + H_2(g)$$

查附录 I,得各物质的 $\Delta_f G_m^{\ominus}$:

物质	Zn	H⁺	Zn²⁺	H₂
$\Delta_f G_m^{\ominus}/(\text{kJ} \cdot \text{mol}^{-1})$	0	0	−147.1	0

$$\Delta_r G_m^{\ominus} = -147.1 \text{ kJ} \cdot \text{mol}^{-1}$$

$$E^{\ominus} = -\frac{\Delta_r G_m^{\ominus}}{zF} = \frac{-(-147.1 \times 10^3) \text{ J} \cdot \text{mol}^{-1}}{2 \times 96485 \text{ C} \cdot \text{mol}^{-1}} = 0.762 \text{ V}$$

又 $\qquad E^{\ominus} = \varphi_{正极}^{\ominus} - \varphi_{负极}^{\ominus} = \varphi^{\ominus}(H^+/H_2) - \varphi^{\ominus}(Zn^{2+}/Zn) = 0.762 \text{ V}$

$$\varphi^{\ominus}(Zn^{2+}/Zn) = -0.762 \text{ V}$$

可见电极电势也可以利用热力学函数求得,并非一定要用测量原电池电动势的方法得到。

3. 氧化还原反应进行方向及次序的判断

要判断氧化还原反应进行的方向，可将该氧化还原反应设计成原电池，并计算原电池的电动势。如果 $E > 0$，说明该氧化还原反应可以按原指定的方向进行；如果 $E < 0$，说明该氧化还原反应不能按原指定方向进行（而是按逆反应方向进行）。

【例 8-12】　实验室用 MnO_2 和浓 HCl 在加热的条件下反应制备 Cl_2，已知 $\varphi^{\ominus}(Cl_2/Cl^-) = 1.36\ V$，$\varphi^{\ominus}(MnO_2/Mn^{2+}) = 1.23\ V$。

(1) 写出 MnO_2 和浓 HCl 制备 Cl_2 的反应式，计算此反应在标准状态下的电动势，并判断能否在标准状态下制备得到 Cl_2。

(2) 当 $c(HCl) = 10\ mol \cdot L^{-1}$ 时，计算反应的电极电势，并判断在此状态下能否制备得到 Cl_2。

解　(1) MnO_2 和浓 HCl 制备 Cl_2 的反应式为

$$MnO_2(s) + 2Cl^-(aq) + 4H^+(aq) \Longrightarrow Mn^{2+}(aq) + Cl_2(g) + 2H_2O(l)$$

此原电池的正极为 MnO_2/Mn^{2+}，负极为 Cl_2/Cl^-。此反应处于标准状态，根据公式

$$E^{\ominus} = \varphi^{\ominus}_{正极} - \varphi^{\ominus}_{负极}$$

$$E^{\ominus} = \varphi^{\ominus}(MnO_2/Mn^{2+}) - \varphi^{\ominus}(Cl_2/Cl^-) = 1.23\ V - 1.36\ V = -0.13\ V$$

因为 $E^{\ominus} < 0$，所以此反应不能正向自发进行，即在标准状态下无法制备得到 Cl_2。

(2) $c(HCl) = 10\ mol \cdot L^{-1}$ 时，电对 MnO_2/Mn^{2+} 的电极电势发生变化。

电对 MnO_2/Mn^{2+} 的电极反应为

$$MnO_2(s) + 2e^- + 4H^+(aq) \Longrightarrow Mn^{2+}(aq) + 2H_2O(l)$$

根据能斯特方程，则

$$\varphi(MnO_2/Mn^{2+}) = \varphi^{\ominus}(MnO_2/Mn^{2+}) - \frac{0.0592}{2} \lg \frac{c(Mn^{2+})}{c^4(H^+)}$$

$$= 1.23\ V + 0.12\ V = 1.35\ V$$

同时，电对 Cl_2/Cl^- 的电极电势也发生变化，Cl_2/Cl^- 的电极反应为

$$Cl_2(g) + 2e^- \Longrightarrow 2Cl^-(aq)$$

根据能斯特方程得

$$\varphi(Cl_2/Cl^-) = \varphi^{\ominus}(Cl_2/Cl^-) - \frac{0.0592}{2} \lg \frac{c^2(Cl^-)}{1}$$

$$= 1.36\ V - 0.06\ V = 1.30\ V$$

由电动势公式得

$$E = \varphi(MnO_2/Mn^{2+}) - \varphi(Cl_2/Cl^-) = 0.05\ V$$

因为 $E > 0$，所以此反应可以正向自发进行，可以制备得到 Cl_2。

计算结果表明，MnO_2 的氧化能力随 H^+ 浓度的增大而明显增大，因此在实验室中制备 Cl_2，

需用浓盐酸与 MnO_2 反应。

【例 8-13】　对于反应 $4I^-(aq) + 2Cu^{2+}(aq) \rightleftharpoons I_2(s) + 2CuI(s)$，当 $c(Cu^{2+}) = 1\ mol \cdot L^{-1}$、$c(I^-) = 1\ mol \cdot L^{-1}$ 时，反应能否正向自发进行？

解　此反应涉及电对 I_2/I^- 及 Cu^{2+}/Cu^+，

$$\varphi^{\ominus}(I_2/I^-) = 0.54\ V，\quad \varphi^{\ominus}(Cu^{2+}/Cu^+) = 0.17\ V$$

从标准电极电势来看，$\varphi^{\ominus}(Cu^{2+}/Cu^+) < \varphi^{\ominus}(I_2/I^-)$，$I_2$ 应该可以将 Cu^{2+} 氧化成 Cu^+，而 Cu^{2+} 不可能将 I^- 氧化为 I_2。而事实是在氧化反应过程中，Cu^{2+} 将 I^- 氧化为 I_2，因为在氧化还原反应的过程中，同时伴随着沉淀反应，生成溶解度很小的 CuI 沉淀。

$$I^-(aq) + Cu^+(aq) \rightleftharpoons CuI(s) \qquad K_{sp}^{\ominus} = 1.1 \times 10^{-12}$$

结果使 $c(Cu^+)$ 浓度大为减小，Cu^{2+}/Cu^+ 电对的电极电势大为增加（计算过程见例 8-8），Cu^{2+} 成为较强的氧化剂。

由于 Cu^+ 与 I^- 形成 CuI 沉淀，Cu^{2+}/CuI 电对的标准电极电势达到 0.88 V，而 I_2/I^- 电对的标准电极电势为 0.54 V，所以 Cu^{2+} 可以将 I^- 氧化为 I_2，即在题目中的条件下反应正向自发进行。

在生产实践中，有时对一个复杂反应系统中的某一（或某些）组分要选择性地进行氧化或还原处理，而要求系统中其他组分不发生氧化还原反应。这就要对各组分有关电对的电极电势进行比较，从而选择合适的氧化剂或还原剂。

【例 8-14】　在含 Cl^-、Br^-、I^- 三种离子的混合溶液中，欲使 I^- 氧化为 I_2，而不使 Cl^-、Br^- 氧化，在常用的氧化剂 $Fe_2(SO_4)_3$ 和 $KMnO_4$ 中，选择哪一种能符合上述要求？

解　由附录 Ⅶ 得　$\varphi^{\ominus}(I_2/I^-) = 0.536\ V$　；　$\varphi^{\ominus}(Br_2/Br^-) = 1.06\ V$　；　$\varphi^{\ominus}(Cl_2/Cl^-) = 1.35\ V$　；　$\varphi^{\ominus}(Fe^{3+}/Fe^{2+}) = 0.771\ V$　；　$\varphi^{\ominus}(MnO_4^-/Mn^{2+}) = 1.51\ V$ 。

从上述电对的电极电势可以看出：

$$\varphi^{\ominus}(I_2/I^-) < \varphi^{\ominus}(Fe^{3+}/Fe^{2+}) < \varphi^{\ominus}(Br_2/Br^-) < \varphi^{\ominus}(Cl_2/Cl^-) < \varphi^{\ominus}(MnO_4^-/Mn^{2+})$$

如果选择 $KMnO_4$ 作氧化剂，在酸性介质中，$KMnO_4$ 能将 Cl^-、Br^-、I^- 分别氧化为 Cl_2、Br_2、I_2，而选用 $Fe_2(SO_4)_3$ 作氧化剂则符合上述要求。

实际上用氧化剂和还原剂的相对强弱判断氧化还原反应的方向有时更方便。

将两个电对按 $\varphi^{\ominus}$ 值由低到高的顺序排列：

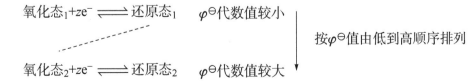

根据"强氧化剂+强还原剂 $\longrightarrow$ 弱氧化产物+弱还原产物"可以得出这样的结论：如果反应系统各物质都处于标准态时，从热力学上讲电势表左下方的物质（是相对较强的氧化剂）能

和右上方的物质(是相对较强的还原剂)发生反应，生成左上方的物质(是相对较弱的氧化产物)和右下方的物质(是相对较弱的还原产物)，也就是说在表中凡符合虚线所标示的对角线关系的物质之间的反应都能自发进行。

【例 8-15】　判断下列反应在标准状态下能否自发进行。

$$I_2(s) + 2Fe^{2+}(aq) \rightleftharpoons 2I^-(aq) + 2Fe^{3+}(aq)$$

解　从附录Ⅶ电极电势表中查出电对 Fe^{3+}/Fe^{2+} 和 I_2/I^- 的电极电势，并由低到高排列如下：

$$I_2(s) + 2e^- \rightleftharpoons 2I^-(aq) \qquad \varphi^\ominus = 0.536 \text{ V}$$

按 $\varphi^\ominus$ 值由低到高顺序排列

$$Fe^{3+}(aq) + e^- \rightleftharpoons Fe^{2+}(aq) \qquad \varphi^\ominus = 0.771 \text{ V}$$

可见，$I_2(s)$ 和 Fe^{2+} 不是对角线关系，上述反应不能自发进行，但是 Fe^{3+} 和 I^- 符合对角线关系，说明其逆反应可自发进行。

---

4. 反应进行程度的判断

水溶液中的氧化还原反应都是可逆反应，反应进行到一定程度就可以达到平衡。例如，Cu-Zn 原电池的反应：

$$Zn(s) + Cu^{2+}(aq) \rightleftharpoons Zn^{2+}(aq) + Cu(s)$$

当原电池反应达到平衡状态时，

$$K^\ominus = \frac{c(Zn^{2+})}{c(Cu^{2+})}$$

因

$$\Delta_r G_m^\ominus = -RT \ln K^\ominus = -2.303RT \lg K^\ominus \tag{8-24}$$

$$\Delta_r G_m^\ominus = -zFE^\ominus \tag{8-25}$$

式(8-24)和式(8-25)合并得

$$-2.303RT \lg K^\ominus = -zFE^\ominus \tag{8-26}$$

$$\lg K^\ominus = \frac{zFE^\ominus}{2.303RT} \tag{8-27}$$

若反应在 298.15 K 下进行，则

$$\lg K^\ominus = \frac{zE^\ominus}{0.0592} \tag{8-28}$$

$$E^\ominus = \varphi_{正极}^\ominus - \varphi_{负极}^\ominus$$

求得氧化还原反应的平衡常数 $K^\ominus$，就可以判断氧化还原反应进行的程度。对于氧化还原反应可以用两个电极的标准电极电势差衡量化学反应进行的程度，差值越大($E^\ominus$ 越大)，反应进行越完全。对一般的化学反应，若反应的 $K^\ominus$ 大于 10^6，就可以认为反应正向进行很完全。由式(8-28)可知，在 298.15 K 时，$K^\ominus = 10^6$，$n=1$ 时，$E^\ominus = 0.36$ V；$n=2$ 时，$E^\ominus = 0.18$ V；$n=3$ 时，$E^\ominus = 0.12$ V。因此，根据 $E^\ominus$ 是否大于 0.4 V 判断氧化还原反应自发进行的方向和限度很有现实意义。

8.2.4 元素电势图及应用

1. 元素电势图

同一种元素不同氧化数之间电对所对应的标准电极电势不尽相同。例如：

$$Fe^{2+}(aq) + 2e^- \rightleftharpoons Fe(s) \qquad \varphi^\ominus = -0.440 \text{ V}$$

$$Fe^{3+}(aq) + e^- \rightleftharpoons Fe^{2+}(aq) \qquad \varphi^\ominus = 0.771 \text{ V}$$

$$Fe^{3+}(aq) + 3e^- \rightleftharpoons Fe(s) \qquad \varphi^\ominus = -0.036 \text{ V}$$

为便于比较同一元素不同氧化数的氧化还原性质，把各电对的 $\varphi^\ominus$ 从高到低的顺序以图解的方式表示出来。

$$Fe^{3+} \underline{\quad 0.771 \text{ V} \quad} Fe^{2+} \underline{\quad -0.440 \text{ V} \quad} Fe$$
$$\underline{\qquad\qquad -0.036 \text{ V} \qquad\qquad}$$

横线上的数字是电对 $\varphi^\ominus$，横线左端是电对中的氧化态，右端是电对中的还原态。这种表明元素各种氧化态之间标准电极电势的图称为元素电势图。根据溶液酸碱性不同，元素电势图可分为：酸性介质 $c(H^+) = 1 \text{ mol} \cdot L^{-1}$ 电势图 $\varphi_A^\ominus$（下标 A 代表酸性介质）和碱性介质 $c(OH^-) = 1 \text{ mol} \cdot L^{-1}$ 电势图 $\varphi_B^\ominus$（下标 B 代表碱性介质）两类。例如，锰元素在酸性、碱性介质中的电势图分别为：

酸性介质（$\varphi_A^\ominus$ /V）：

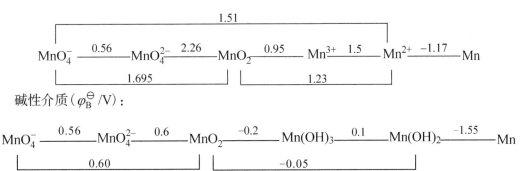

碱性介质（$\varphi_B^\ominus$ /V）：

2. 元素电势图的应用

元素电势图在无机化学中主要有以下几方面的应用。

1）比较元素各氧化态的氧化还原能力

例如，从锰电势图可见，在酸性介质中，MnO_4^-、MnO_4^{2-}、MnO_2、Mn^{3+} 都是较强的氧化剂，因为它们作为电对的氧化态时，$\varphi_A^\ominus$ 都较大。但在碱性介质中，它们的 $\varphi_B^\ominus$ 都较小，表明它们在碱性溶液中氧化能力都较弱。酸性介质中，电对氧化态中 MnO_4^{2-} 的 $\varphi_A^{\ominus}$ 最大（2.26 V），是最强的氧化剂；电对还原态中，Mn 的 $\varphi_A^{\ominus}$ 最小（−1.17 V），是最强的还原剂。

2）判断元素某氧化态能否发生歧化反应

设电势图上某氧化态 B 右边的电极电势为 $\varphi_右^{\ominus}$，左边的电极电势为 $\varphi_左^{\ominus}$，即

$$A \xleftarrow{\varphi_左^{\ominus}} B \xrightarrow{\varphi_右^{\ominus}} C$$

如果 $\varphi_右^{\ominus} > \varphi_左^{\ominus}$，则 B 在水溶液中会发生歧化反应：

$$B \longrightarrow A + C$$

如果 $\varphi_右^{\ominus} < \varphi_左^{\ominus}$，则 B 在水溶液中会发生逆（反）歧化反应：

$$A + C \longrightarrow B$$

例如，在酸性介质中：

$$MnO_4^- \underline{\quad 0.56 \quad} MnO_4^{2-} \underline{\quad 2.26 \quad} MnO_2$$

MnO_4^{2-} 的 $\varphi_右^{\ominus} > \varphi_左^{\ominus}$，因此会发生如下歧化反应：

$$3MnO_4^{2-}(aq) + 4H^+(aq) \Longrightarrow MnO_2(s) + 2MnO_4^-(aq) + 2H_2O(l)$$

根据 $\varphi_右^{\ominus} > \varphi_左^{\ominus}$ 可知，酸性介质中的 Mn^{3+}、碱性介质中的 MnO_4^{2-} 和 $Mn(OH)_3$ 都容易发生歧化反应。

3）根据相邻电对已知的 $\varphi^{\ominus}$ 计算电对未知的 $\varphi^{\ominus}$

【例 8-16】已知电势图

$$MnO_4^- \underline{\quad 0.56 \quad} MnO_4^{2-} \underline{\quad 2.26 \quad} MnO_2$$

求电对 MnO_4^-/MnO_2 的电极电势 $\varphi^{\ominus}(MnO_4^-/MnO_2)$。

解 题中涉及三电对的电极反应及其标准电极电势分别为

$$MnO_4^-(aq) + e^- \Longrightarrow MnO_4^{2-}(aq) \qquad\qquad \varphi_1^{\ominus} = 0.56\ V \qquad (1)$$

$$MnO_4^{2-}(aq) + 2e^- + 4H^+(aq) \Longrightarrow MnO_2(s) + 2H_2O(l) \qquad \varphi_2^{\ominus} = 2.26\ V \qquad (2)$$

$$MnO_4^-(aq) + 3e^- + 4H^+(aq) \Longrightarrow MnO_2(s) + 2H_2O(l) \qquad \varphi_3^{\ominus} = ? \qquad (3)$$

设三个电极反应的标准吉布斯函数变分别为 $\Delta_r G_1^{\ominus}$、$\Delta_r G_2^{\ominus}$、$\Delta_r G_3^{\ominus}$。

因为反应式（3）= 反应式（1）+ 反应式（2），所以热力学函数

$$\Delta_r G_3^{\ominus} = \Delta_r G_1^{\ominus} + \Delta_r G_2^{\ominus}$$

$$-z_3 F \varphi_3^{\ominus} = -z_1 F \varphi_1^{\ominus} - z_2 F \varphi_2^{\ominus}$$

等式两边同时除以 $z_3 F$ 得

$$\varphi_3^{\ominus} = \frac{z_1 \varphi_1^{\ominus} + z_2 \varphi_2^{\ominus}}{z_3}$$

将 $\varphi_1^{\ominus} = 0.56\ \text{V}$、$\varphi_2^{\ominus} = 2.26\ \text{V}$、$z_3 = z_1 + z_2 = 1 + 2 = 3$ 代入上式，得

$$\varphi_3^{\ominus} = \frac{0.56 + 2 \times 2.26}{3} = 1.69(\text{V})$$

若将以上的算式推广至一般的反应，则

$$\varphi^{\ominus} = \frac{z_1\varphi_1^{\ominus} + z_2\varphi_2^{\ominus} + z_3\varphi_3^{\ominus} + \cdots + z_n\varphi_n^{\ominus}}{z_1 + z_2 + z_3 + \cdots + z_n} \tag{8-29}$$

式中，$\varphi_1^{\ominus}$、$\varphi_2^{\ominus}$、$\varphi_3^{\ominus}$、$\cdots$、$\varphi_n^{\ominus}$ 依次代表相邻电对的电极电势；z_1、z_2、z_3、$\cdots$、z_n 表示相邻电对转移的电子数；$\varphi^{\ominus}$ 表示两端物质组成电对的电极电势。

8.3 氧化还原滴定法

氧化还原滴定法是以氧化还原反应为基础的滴定分析法。它的应用很广泛，不但可以直接测定本身具有氧化还原性的物质的含量，而且也可以用于测定一些本身虽无氧化还原性，但能与具有氧化还原性的物质发生定量反应的物质的含量。

8.3.1 对滴定反应的要求

作为滴定分析方法之一的氧化还原滴定法也必须符合滴定分析法所具备的三个条件，即选择的滴定反应应定量、完全地进行，滴定速率与反应速率相称、有简便准确的方法判断终点。

1. 选择合适滴定剂的条件

氧化还原反应用于滴定分析时，要使反应完全程度达到 99.9%以上，$\varphi_\text{正}^{\ominus}$ 与 $\varphi_\text{负}^{\ominus}$ 应相差多大？

一个氧化还原反应进行得是否完全，可以用反应达到平衡状态时的平衡常数 $K^{\ominus}$ 衡量，氧化还原反应的平衡常数 $K^{\ominus}$ 可由式(8-27)求得。由于滴定反应进行时，多数反应在非标准状态下进行，因此更多时候采用条件电极电势计算条件平衡常数 $K^{\ominus\prime}$。

$$z_1[\text{氧化型1}] + z_2[\text{还原型2}] \Longleftrightarrow z_2[\text{氧化型2}] + z_1[\text{还原型1}]$$

此时，

$$\left(\frac{[\text{还原型1}]}{[\text{氧化型1}]}\right)^{z_2} \geqslant 10^{3z_2}, \quad \left(\frac{[\text{氧化型2}]}{[\text{还原型2}]}\right)^{z_1} \geqslant 10^{3z_1}$$

如果 $z_1 = z_2 = 1$ 时，得到 $\lg K^{\ominus\prime} = \left(\frac{[\text{还原型1}]}{[\text{氧化型1}]} \times \frac{[\text{氧化型2}]}{[\text{还原型2}]}\right) \geqslant \lg(10^3 \times 10^3) = \lg 10^6$

则

$$E^{\ominus\prime} = \varphi_{正}^{\ominus\prime} - \varphi_{负}^{\ominus\prime} = \frac{0.0592}{z_1 z_2} \lg K^{\ominus\prime} \geqslant \frac{0.0592}{1} \times 6 \approx 0.35 \ (V)$$

因此，对于 $z_1 = z_2 = 1$ 型的反应，不仅可以用 $\lg K^{\ominus\prime} > 6$，也可以用条件电极电势之差大于 0.4 V 判断反应进行得是否完全。虽然有时两个电对的条件电极电势相差足够大，但由于其他反应的发生，氧化还原反应不能定量地进行，即氧化剂和还原剂之间没有一定的化学计量关系，这样的反应仍不能用于滴定分析。例如，$K_2Cr_2O_7$ 与 $Na_2S_2O_3$ 的反应，虽然从电极电势看，反应可以进行完全。$K_2Cr_2O_7$ 可将 $Na_2S_2O_3$ 氧化为 SO_4^{2-}，但除此以外，还有部分被氧化为单质 S，这使它们的化学计量关系不能确定，因此在以 $K_2Cr_2O_7$ 为基准物质标定 $Na_2S_2O_3$ 溶液时，并不能应用它们之间的直接反应，此外还应考虑反应速率等问题。若 $z_1 = a$，$z_2 = b$，反应类型为

$$a\big[氧化型1\big] + b\big[还原型2\big] \Longleftrightarrow b\big[氧化型2\big] + a\big[还原型1\big]$$

$$\lg K^{\ominus\prime} = \left(\frac{\big[还原型1\big]^a}{\big[氧化型1\big]^a} \times \frac{\big[氧化型2\big]^b}{\big[还原型2\big]^b} \right) = \lg\big[(99.9/0.1)^a \times (99.9/0.1)^b \big]$$

$$\approx \lg(10^{3a} \times 10^{3b}) = 3(a+b)$$

则 $K^{\ominus\prime} \geqslant 10^{3(a+b)}$，同时可求得电极电势之差大于 $3(a+b) \times \dfrac{0.0592}{a \times b}$。当 $a=1$、$b=2$ 时，$K^{\ominus\prime} \geqslant 10^9$，同时电极电势之差大于 0.27 V，反应的完全程度才能满足定量分析的要求。

综上所述，对于氧化还原滴定，为使滴定反应进行完全，选择滴定剂的条件为：滴定剂和被测定物质的条件电极电势之差大于 0.4 V。

2. 增大反应速率的途径

在氧化还原滴定分析中，氧化还原反应的速率较慢，对滴定分析的结果影响较大。要保证反应速率与滴定速率一致，必须考虑如何创造条件加快反应的速率。

可从以下几方面考虑加快反应进行的速率。

(1) 增加反应物浓度。例如，在酸性溶液中，$Cr_2O_7^{2-}$ 与 I^- 之间的反应为

$$Cr_2O_7^{2-}(aq) + 6I^-(aq) + 14H^+(aq) \Longleftrightarrow 2Cr^{3+}(aq) + 3I_2(s) + 7H_2O(l)$$

从反应方程式来看，提高 I^- 与 H^+ 的浓度，都能加快反应速率，而 H^+ 浓度对反应速率影响更大，故必须保持一定酸度。一般控制为 $0.5 \sim 1.0 \ mol \cdot L^{-1}$，太低不能满足滴定速率的要求，太高则空气中 O_2 氧化 I^- 的速率也要加快，给测定带来误差。

(2) 升高温度。例如，在用 $K_2Cr_2O_7$ 溶液测定 Fe_2O_3 含量时，当用 $SnCl_2$ 对试样做预处理将 Fe^{3+} 还原为 Fe^{2+} 时，可将被测溶液加热至沸，立刻趁热滴加 $SnCl_2$ 溶液，反应方程式为

$$Sn^{2+}(aq) + 2Fe^{3+}(aq) \Longleftrightarrow Sn^{4+}(aq) + 2Fe^{2+}(aq)$$

这样可以提高反应的速率，反应完成后，用流水冷却被测液，以免 Fe^{2+} 被空气氧化。

但必须注意对于易挥发的物质(如 I_2)，加热会促使其挥发，另外有些易被空气氧化的物质(如 Fe^{2+})加热会促进它们的氧化，还有一些物质(如 $H_2C_2O_4$)在温度过高时将促使其被分解。

(3) 加催化剂。例如，MnO_4^- 与 $C_2O_4^{2-}$ 的反应：

$$5C_2O_4^{2-}(aq) + 2MnO_4^-(aq) + 16H^+(aq) \rightleftharpoons 2Mn^{2+}(aq) + 10CO_2(g) + 8H_2O(l)$$

上述反应即使在强酸性溶液中，加热到 75～85℃时，滴定时最初几滴 KMnO$_4$ 褪色十分缓慢，但如果加入少许 Mn^{2+}，则反应立即加快，这里的 Mn^{2+}起催化作用，因此若在反应中增加 Mn(Ⅱ)的浓度，无疑可提高反应速率。也可利用反应后生成的微量 Mn^{2+}作为催化剂，称为自催化反应。此反应有一特点，即开始反应较慢(这个过程称为诱导期)，随着生成物的逐渐增多，反应也逐渐加快。

综上所述，为使氧化还原反应能按所需的方向定量地、迅速地进行完全，必须控制适当的反应条件(温度、酸度、浓度和催化剂等)。

8.3.2　氧化还原反应滴定指示剂

判断氧化还原滴定分析终点的方法一般有两种：指示剂目测法和电势滴定法。

1. 指示剂目测法

在氧化还原滴定中，可利用指示剂在化学计量点附近颜色的改变来指示终点，常用的指示剂有以下几种。

(1)氧化还原指示剂。氧化还原指示剂是本身具有氧化还原性质的有机化合物，它的氧化态和还原态具有不同颜色，能因氧化还原作用而发生颜色变化。例如，常用的氧化还原指示剂二苯胺磺酸钠，它的氧化态呈红紫色，还原态是无色的。当用 K$_2$Cr$_2$O$_7$ 溶液滴定 Fe^{2+}到化学计量点时，稍过量的 K$_2$Cr$_2$O$_7$ 将二苯胺磺酸钠由无色的还原态氧化为红紫色的氧化态，指示终点的到达。

如果用 In$_{氧化}$ 和 In$_{还原}$ 分别表示指示剂的氧化态和还原态：

$$In_{氧化} + ze^- \rightleftharpoons In_{还原}$$

$$\varphi_{In} = \varphi_{In}^{\ominus} - \frac{0.0592}{z}\lg\frac{[In_{还原}]}{[In_{氧化}]} \tag{8-30}$$

式中，$\varphi_{In}^{\ominus}$ 为指示剂的标准电极电势。当溶液中氧化还原电对的电势改变时，指示剂的氧化态和还原态的浓度比也会发生改变，从而使溶液的颜色发生变化。

与酸碱指示剂的变化情况相似，当 $\frac{[In_{还原}]}{[In_{氧化}]} < 1/10$ 时，溶液呈现氧化态的颜色，此时

$$\varphi_{In} \geqslant \varphi_{In}^{\ominus} + \frac{0.0592}{z}\lg10 = \varphi_{In}^{\ominus} + \frac{0.0592}{z}$$

当 $\frac{[In_{还原}]}{[In_{氧化}]} > 10$ 时，溶液呈现还原态的颜色，此时

$$\varphi_{In} \leqslant \varphi_{In}^{\ominus} - \frac{0.0592}{z}\lg10 = \varphi_{In}^{\ominus} - \frac{0.0592}{z}$$

故指示剂变色的电势范围为 $\varphi_{In}^{\ominus} \pm \frac{0.0592}{z}$。

在实际工作中，采用条件电极电势比较合适，得到指示剂变色的电势范围为

$\varphi_{\text{In}}^{\ominus\prime} \pm \dfrac{0.0592}{z}$。当 $z=1$ 时，指示剂变色的电势范围为 $\varphi_{\text{In}}^{\ominus\prime} \pm 0.0592$；当 $z=2$ 时，指示剂变色的电势范围为 $\varphi_{\text{In}}^{\ominus\prime} \pm 0.030$。由于此范围甚小，一般可用指示剂的条件电极电势估计指示剂变色的电势范围。表 8-3 列出了一些重要的氧化还原指示剂的条件电极电势及颜色变化。

表 8-3　一些重要的氧化还原指示剂的条件电极电势及颜色变化

指示剂	$\varphi_{\text{In}}^{\ominus}$ / V $c(\text{H}^+)=1\ \text{mol}\cdot\text{L}^{-1}$	颜色变化	
		氧化态	还原态
亚甲基蓝	0.36	蓝色	无色
二苯胺	0.76	紫色	无色
二苯胺磺酸钠	0.84	红紫色	无色
邻苯氨基苯甲酸	0.89	红紫色	无色
邻二氮杂菲-亚铁	1.06	浅蓝色	红色

（2）自身指示剂。有些标准溶液或被滴定物质本身有颜色，而滴定产物无色或颜色很浅，则滴定时就不需要另加指示剂，本身的颜色变化起着指示剂的作用，称为自身指示剂。例如，MnO_4^- 本身显紫红色，而被还原的产物 Mn^{2+} 则几乎无色，所以用 KMnO_4 滴定无色或浅色还原剂时，一般不必另加指示剂。化学计量点后 MnO_4^- 稍过量（浓度达 $2\times10^{-6}\ \text{mol}\cdot\text{L}^{-1}$）就可使溶液呈粉红色。

（3）专属指示剂。有些物质本身并不具有氧化还原性，但它能与滴定剂或被测物产生特殊的颜色，因而可指示滴定终点。例如，可溶性淀粉与 I_2 生成深蓝色吸附配合物，反应非常灵敏，蓝色的出现与消失可指示终点。又如，以 Fe^{3+} 滴定 Sn^{2+} 时，可用 KSCN 为指示剂，当溶液出现红色，即生成 Fe(Ⅲ) 的硫氰酸配合物时，即为终点。

2. 电势滴定法

氧化还原滴定的终点常用电势滴定的方法确定，电势滴定法的基本原理及确定终点的方法为通过绘制电势与滴定剂加入体积的曲线——滴定曲线，找出滴定的电势突跃范围，确定滴定的化学计量点。这种方法测定结果准确，特别是对于那些不易找到合适的指示剂的反应，效果更加明显。

8.3.3　氧化还原滴定曲线

与其他滴定相似，在进行氧化还原滴定时，随着滴定剂的不断加入，被滴定物质的氧化态和还原态的浓度逐渐改变，其电对的电势也随之变化，并在化学计量点附近出现一个突变，若将加入滴定剂的体积对电势作图，可得到一条滴定曲线，见图 8-6。

滴定曲线一般通过实验测得，也可根据能斯特方程计算求得。

例如，用计算法绘出在 $1.0\ \text{mol}\cdot\text{L}^{-1}\ \text{H}_2\text{SO}_4$ 介质中，以 $0.1000\ \text{mol}\cdot\text{L}^{-1}\ \text{Ce(SO}_4)_2$ 标准溶液滴定 $20.00\ \text{mL}\ 0.1000\ \text{mol}\cdot\text{L}^{-1}\ \text{FeSO}_4$ 溶液的滴定曲线。已知 $\varphi^{\ominus\prime}(\text{Fe}^{3+}/\text{Fe}^{2+})=0.68\ \text{V}$，$\varphi^{\ominus\prime}(\text{Ce}^{4+}/\text{Ce}^{3+})=1.44\ \text{V}$。

滴定反应式为

$$Ce^{4+}(aq) + Fe^{2+}(aq) \rightleftharpoons Ce^{3+}(aq) + Fe^{3+}(aq)$$

对滴定过程中电极电势变化的计算可分三个阶段进行。

1）化学计量点前体系的电势

在滴定过程中，每加入一定量的滴定剂，反应达到一个新的平衡，此时两个电对的电极电势相等。因此，溶液中各平衡点的电势可选用便于计算的任何一个电对计算。

在化学计量点前，随着滴定剂的加入，由于这时体系中 Fe^{2+} 过量，每加一滴 Ce^{4+} 溶液，Ce^{4+} 几乎完全被还原为 Ce^{3+}，故 Ce^{4+}/Ce^{3+} 电对的电极电势极小，不易求得，而溶液中主要电对是 Fe^{3+}/Fe^{2+}，整个溶液的电极电势变化可根据 Fe^{3+}/Fe^{2+} 电对计算 φ 值。

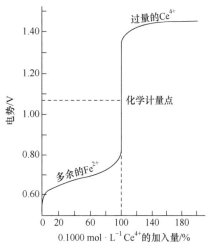

图 8-6　以 $0.1000\ mol \cdot L^{-1}\ Ce^{4+}$ 滴定 $0.1000\ mol \cdot L^{-1}\ Fe^{2+}$ 的滴定曲线

加入 $19.98\ mL\ Ce(SO_4)_2$ 标准溶液时，

$$n(Fe^{3+}) = 19.98\ mL \times 0.1000\ mol \cdot L^{-1} = 1.998\ mmol$$

剩余 Fe^{2+} 的量为

$$n(Fe^{2+}) = 0.02\ mL \times 0.1000\ mol \cdot L^{-1} = 0.002\ mmol$$

$$\varphi(Fe^{3+}/Fe^{2+}) = \varphi^{\ominus\prime}(Fe^{3+}/Fe^{2+}) - 0.0592 \lg \frac{c(Fe^{2+})}{c(Fe^{3+})}$$

$$= 0.68 + 0.0592 \lg \frac{1.998}{0.002} = 0.86\ (V)$$

2）化学计量点时体系的电势

当滴入 $20.00\ mL\ Ce^{4+}$ 溶液时，反应正好到达化学计量点，此刻溶液中两电对的电极电势相等，故化学计量点的电势为

$$\varphi^{eq}(Fe^{3+}/Fe^{2+}) = \varphi^{\ominus\prime}(Fe^{3+}/Fe^{2+}) - 0.0592 \lg \frac{c(Fe^{2+})}{c(Fe^{3+})}$$

$$\varphi^{eq}(Ce^{4+}/Ce^{3+}) = \varphi^{\ominus\prime}(Ce^{4+}/Ce^{3+}) - 0.0592 \lg \frac{c(Ce^{3+})}{c(Ce^{4+})}$$

令 $\varphi_1 = \varphi^{\ominus\prime}(Fe^{3+}/Fe^{2+})$，$\varphi_2 = \varphi^{\ominus\prime}(Ce^{4+}/Ce^{3+})$。将两式相加得

$$2\varphi^{eq} = \varphi_1 + \varphi_2 - 0.0592 \lg \frac{c(Ce^{3+}) \cdot c(Fe^{2+})}{c(Ce^{4+}) \cdot c(Fe^{3+})}$$

当反应完成时，由于加入 $Ce(SO_4)_2$ 的量与 Fe^{2+} 的量相等，即 $c(Ce^{4+}) = c(Fe^{2+})$，$c(Ce^{3+}) = c(Fe^{3+})$，因此

$$\varphi^{eq} = \frac{\varphi_1 + \varphi_2}{2} = \frac{0.68\ V + 1.44\ V}{2} = 1.06\ V$$

3) 化学计量点后体系的电势

当加入过量的 Ce^{4+} 溶液时，由于 Fe^{2+} 反应完全，溶液中 $c(Fe^{2+}) \approx 0$，因而可利用 Ce^{4+}/Ce^{3+} 电对电势计算 φ 值。

如滴入 20.02 mL Ce^{4+} 的溶液，生成 Ce^{3+} 的量为

$$n(Ce^{3+}) = 20 \text{ mL} \times 0.1000 \text{ mol} \cdot L^{-1} = 2.0 \text{ mmol}$$

剩余 Ce^{4+} 的量为

$$n(Ce^{4+}) = 0.02 \text{ mL} \times 0.1000 \text{ mol} \cdot L^{-1} = 0.002 \text{ mmol}$$

因此
$$\varphi(Ce^{4+}/Ce^{3+}) = \varphi^{\ominus\prime}(Ce^{4+}/Ce^{3+}) - 0.0592 \lg \frac{c(Ce^{3+})}{c(Ce^{4+})}$$

$$= 1.44 - 0.0592 \lg \frac{2.0}{0.002} = 1.26 \text{ (V)}$$

用同样的方法可以计算滴入 Ce^{4+} 溶液的体积分别为 25.00 mL、30.00 mL、40.00 mL 时的电势，将以上计算结果列于表 8-4 中，并绘制成滴定曲线，见图 8-6。

表 8-4　Ce^{4+}滴定 Fe^{2+} 时溶液的电势（$1.0 \text{ mol} \cdot L^{-1} H_2SO_4$ 溶液）

滴入 Ce^{4+} 溶液的体积/mL	滴定分数/%	电势/V
1.00	5.0	0.60
4.00	20.0	0.64
10.00	50.0	0.68
19.80	99.0	0.80
19.98	99.9	0.86
20.00	100.0	1.06 （突跃范围）
20.02	100.1	1.26
30.00	150.0	1.42
40.00	200.0	1.45

由以上计算可知，化学计量点附近有明显的电势突跃(0.86~1.26 V)，电势突跃的范围由 Fe^{2+} 剩余 0.1% 和 Ce^{4+} 过量 0.1% 时两点的电极电势所决定。同时，可知化学计量点的位置与其得失电子数有关。上例中，化学计量点电势 φ 为 1.06 V，正好处于滴定突跃的中心，曲线在化学计量点前后是对称的。如果 $z_1 \neq z_2$，如在 $1 \text{ mol} \cdot L^{-1}$ HCl 介质中，Ce^{4+} 滴定 Sn^{2+} 溶液，电势突跃范围为 0.23~1.9 V，化学计量点电势 φ^{eq} 为 0.52 V，位置偏向于电子转移数多的电对 (Sn^{4+}/Sn^{2+}) 的值一方。

氧化还原滴定的突跃范围大小与氧化剂和还原剂两电对的条件电极电势差值有关，相差越大，突跃范围越大，反之差值越小，突跃范围越小。例如，在相同条件下，分别用 $KMnO_4$、$Ce(SO_4)_2$、$K_2Cr_2O_7$ 滴定 Fe^{2+} 溶液，其突跃范围分别为 0.86~1.46 V、0.86~1.26 V、0.86~1.06 V，可见条件电极电势差越大，突跃范围越大。

对同一反应而言，当介质不同，所得的滴定曲线的突跃范围大小也不相同，如图 8-7 所示。

由图 8-7 可以看出，在化学计量点之前，由于曲线的位置是取决于被测物电对的条件电极电势 $\varphi^{\ominus\prime}(Fe^{3+}/Fe^{2+})$ ，由于介质不同，影响到电对中 Fe^{3+} 和 Fe^{2+} 的浓度，因此会引起 $\varphi^{\ominus\prime}(Fe^{3+}/Fe^{2+})$ 条件电极电势值的改变，从而使滴定曲线位置发生改变，如在 H_3PO_4 介质中，Fe^{3+} 与 PO_4^{3-} 配合作用生成无色 $[Fe(PO_4)_2]^{3-}$ 配离子，而使 Fe^{3+} 浓度降低，引起 $\varphi^{\ominus\prime}(Fe^{3+}/Fe^{2+})$ 减小，曲线位置下降，使滴定突跃范围增大，而 $HClO_4$ 因不与 Fe^{3+} 反应，故 $\varphi^{\ominus\prime}(Fe^{3+}/Fe^{2+})$ 较高，突跃最小。

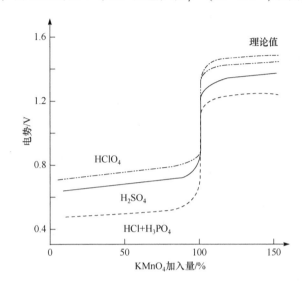

图 8-7　用 $KMnO_4$ 溶液在不同介质中滴定 Fe^{2+} 的滴定曲线

用氧化还原滴定法定量分析时，在了解了滴定过程中电势变化规律后，即可按照滴定曲线的特征找出确定终点的方法(注意：若用指示剂指示终点，通常要求突跃范围大于 0.2 V)。

还需注意的是，对于不可逆电对(如 MnO_4^-/Mn^{2+} 、$Cr_2O_7^{2-}/Cr^{3+}$ 等)，其电极电势计算不遵循能斯特方程，由计算所得滴定曲线与实际之间有一定差异，其滴定曲线通常由实验测定。

8.3.4　常用氧化还原滴定方法

1. 高锰酸钾法

1)原理及特点

高锰酸钾是强氧化剂。在强酸性溶液中，MnO_4^- 被还原为 Mn^{2+}：

$$MnO_4^- + 8H^+ + 5e^- \Longrightarrow Mn^{2+} + 4H_2O \qquad\qquad \varphi^{\ominus} = 1.507\ V$$

在中性或弱碱性溶液中，MnO_4^- 被还原为 MnO_2：

$$MnO_4^- + 2H_2O + 3e^- \Longrightarrow MnO_2 + 4OH^- \qquad\qquad \varphi^{\ominus} = 0.595\ V$$

可见，高锰酸钾法既可在酸性条件下使用，也可在中性或弱碱性条件下使用。一般都在强酸性条件下使用，但 $KMnO_4$ 氧化有机物在碱性条件下的反应速率比在酸性条件下更快，所以用高锰酸钾法测定有机物一般都在碱性溶液中进行。

在不同的酸溶液中，MnO_4^- 被还原为 Mn^{2+} 时的条件电极电势也不相同。在 NaOH 浓度大于 2 mol·L⁻¹ 的碱溶液中，很多有机物与 KMnO₄ 反应，此时 MnO₄⁻ 被还原为 MnO₄²⁻：

$$MnO_4^- + e^- \rightleftharpoons MnO_4^{2-} \qquad \varphi^{\ominus} = 0.558\ V$$

利用 KMnO₄ 作氧化剂，可直接滴定许多还原性物质，如 Fe^{2+}、H_2O_2、草酸盐等，但有些氧化性物质，如 MnO_2、PbO_2、Pb_3O_4、$K_2Cr_2O_7$、$KClO_3$、H_3VO_4 等，可用间接滴定法测定。测定 MnO_2，可在其 H_2SO_4 溶液中加入一定量过量的 $Na_2C_2O_4$，MnO_2 与 $C_2O_4^{2-}$ 作用完毕后，用 KMnO₄ 标准溶液滴定过量的 $C_2O_4^{2-}$。

某些物质(如 Ca^{2+})虽不具有氧化还原性，但能与另一还原剂或氧化剂定量反应，也可以用间接法测定。例如，将 Ca^{2+} 沉淀为 CaC_2O_4，然后用稀 H_2SO_4 将所得沉淀溶解，用 KMnO₄ 标准溶液滴定溶液中的 $C_2O_4^{2-}$，间接求得 Ca^{2+} 的含量。显然，凡是能与 $C_2O_4^{2-}$ 定量地沉淀为草酸盐的金属离子(如 Sr^{2+}、Ba^{2+}、Ni^{2+}、Cd^{2+}、Zn^{2+}、Cu^{2+}、Pb^{2+}、Hg^{2+}、Ag^+、Bi^{3+}、Ce^{3+} 等)都能用该法测定。

高锰酸钾法可利用化学计量点后微过量的 MnO₄⁻ 本身的粉红色来指示终点的到达。

高锰酸钾法的优点是 KMnO₄ 氧化能力强，应用广泛，但也因此可以与很多还原性物质发生作用，干扰比较严重。并且 KMnO₄ 试剂常含少量杂质，其标准溶液不够稳定。但 KMnO₄ 溶液可用还原剂作基准物质标定。常用的基准物质有 $H_2C_2O_4·2H_2O$、$Na_2C_2O_4$、$(NH_4)_2SO_4·6H_2O$ 等。其中草酸钠（$Na_2C_2O_4$）不含结晶水，容易提纯，是最常用的基准物质。

为了使此反应能定量地、较迅速地进行，应注意以下滴定条件的选择。

(1)温度：在室温下此反应的速率缓慢，因此应将溶液加热至 75~85℃，但温度不宜过高，否则在酸性溶液中会使部分 $H_2C_2O_4$ 发生分解：$H_2C_2O_4 \longrightarrow CO_2(g) + CO(g) + H_2O(l)$。

(2)酸度：溶液保持足够的酸度，一般开始滴定时，溶液酸度为 0.5~1.0 mol·L⁻¹。酸度不够时，往往容易生成 MnO_2 沉淀；酸度过高又会促使 $H_2C_2O_4$ 分解。

(3)滴定速度：由于 MnO₄⁻ 与 $C_2O_4^{2-}$ 的反应是自动催化反应，滴定开始时，加入的第一滴 KMnO₄ 溶液褪色很慢，所以开始滴定时要慢些，在 KMnO₄ 红色未褪去之前，不要加入第二滴。待 KMnO₄ 溶液起作用后，滴定速度就可以稍快些，但不能让 KMnO₄ 溶液像流水一样流下去，否则部分加入的 KMnO₄ 溶液来不及与 $C_2O_4^{2-}$ 反应，此时在热的酸性溶液中会发生分解：

$$2MnO_4^-(aq) + 16H^+(aq) + 5C_2O_4^{2-}(aq) \rightleftharpoons 2Mn^{2+}(aq) + 10CO_2(g) + 8H_2O(l)$$

终点后，稍微过量的 KMnO₄ 使溶液呈现粉红色而指示终点的到达。该终点不太稳定，是由于空气中的还原性气体及尘埃等落入溶液中能使 KMnO₄ 缓慢分解，使粉红色消失，所以经过半分钟不褪色才可认为终点已到达。

2)应用

(1) H_2O_2 的测定。

在酸性溶液中，H_2O_2 定量地被 MnO₄⁻ 氧化，其反应为

$$2MnO_4^-(aq) + 6H^+(aq) + 5H_2O_2 \rightleftharpoons 2Mn^{2+}(aq) + 5O_2(g) + 8H_2O(l)$$

反应在室温下酸性溶液中进行。反应开始速率较慢，但因 H_2O_2 不稳定，不能加热，随着反应进行，生成的 Mn^{2+} 催化了反应，使反应速率加快。

H_2O_2 不稳定，工业上用 H_2O_2 时常加入某些有机化合物(如乙酰苯胺等)作为稳定剂，这

些有机化合物大多能与 MnO_4^- 反应而干扰测定，此时最好采用碘量法测定 H_2O_2。

（2）Ca^{2+} 的测定。

一些金属离子能与 $C_2O_4^{2-}$ 生成难溶的草酸盐沉淀，如果将生成的草酸盐沉淀溶于酸中，再用 $KMnO_4$ 标准溶液滴定 $H_2C_2O_4$，可间接测定这些金属离子。Ca^{2+} 就采用此法进行测定。

$$Ca^{2+}(aq) + C_2O_4^{2-}(aq) \Longrightarrow CaC_2O_4(s)$$

$$2MnO_4^-(aq) + 16H^+(aq) + 5C_2O_4^{2-}(aq) \Longrightarrow 2Mn^{2+}(aq) + 10CO_2(g) + 8H_2O(l)$$

$$CaC_2O_4(s) + 2H^+(aq) \Longrightarrow Ca^{2+}(aq) + H_2C_2O_4$$

在沉淀 Ca^{2+} 时，如果将沉淀剂 $(NH_4)_2C_2O_4$ 加到中性或碱性的 Ca^{2+} 溶液中，生成的 CaC_2O_4 沉淀颗粒很小，难以过滤，而且含有碱式草酸钙和氢氧化钙，所以必须选择合适的沉淀 Ca^{2+} 的条件。

正确沉淀 CaC_2O_4 的方法是将含 Ca^{2+} 的试液先用盐酸酸化，然后加入 $(NH_4)_2C_2O_4$。由于 $C_2O_4^{2-}$ 在酸性溶液中大部分以 $HC_2O_4^-$ 形式存在，$C_2O_4^{2-}$ 的浓度很小，此时即使 Ca^{2+} 的浓度相当大，也不会生成 CaC_2O_4 沉淀。如果在加入 $(NH_4)_2C_2O_4$ 后将溶液加热至 $70\sim80℃$，滴入稀氨水，由于 H^+ 逐渐被中和，$C_2O_4^{2-}$ 浓度缓慢增加，可以生成粗颗粒结晶的 CaC_2O_4 沉淀。最后控制溶液的 pH 为 $3.5\sim4.5$（甲基橙呈黄色）并继续保温约 30 min 使沉淀陈化。这样不仅可避免其他不溶性钙盐的生成，而且所得 CaC_2O_4 沉淀也便于过滤和洗涤。放置冷却后，过滤、洗涤，将 CaC_2O_4 溶于稀硫酸中即可用 $KMnO_4$ 标准溶液滴定热溶液中与 Ca^{2+} 定量结合的 $H_2C_2O_4$。

（3）铁的测定。

将试样溶解后（通常使用盐酸作为溶剂），生成的 Fe^{3+}（实际上是 $[FeCl_4]^-$、$[FeCl_6]^{3-}$ 等配离子）应先用还原剂还原为 Fe^{2+}，然后用 $KMnO_4$ 标准溶液滴定。常用的还原剂是氯化亚锡（也可用 Zn、Al、H_2S、SO_2 及汞齐等作还原剂）：

$$2Fe^{3+}(aq) + Sn^{2+}(aq) \Longrightarrow 2Fe^{2+}(aq) + Sn^{4+}(aq)$$

多余的 $SnCl_2$ 可以通过加入 $HgCl_2$ 而除去：

$$SnCl_2 + 2HgCl_2 \longrightarrow SnCl_4 + Hg_2Cl_2 \downarrow$$

但是 $HgCl_2$ 有毒，为了避免污染环境，近年来采用了各种不用汞盐的方法测定铁。

在滴定前还应加入硫酸锰、硫酸及磷酸的混合液，其作用是：①避免 Cl^- 存在下所发生的诱导反应；②由于滴定过程中生成黄色的 Fe^{3+}，达到终点时，微过量的 $KMnO_4$ 所呈现的粉红色将不易分辨，影响终点的正确判断，在溶液中加入磷酸，使其与 Fe^{3+} 生成无色的 $[Fe(PO_4)_2]^{3-}$ 配离子，可使终点易于观察。

（4）测定某些有机化合物。

在强碱性溶液中，MnO_4^- 与有机化合物反应，生成绿色的 MnO_4^{2-}。利用这一反应可以用高锰酸钾法测定某些有机化合物。例如，测定甘油的含量，在试液中加入一定量过量的 $KMnO_4$ 标准溶液，并加入氢氧化钠至溶液呈碱性：

$$14MnO_4^-(aq) + C_3H_8O_3 + 20OH^-(aq) \Longrightarrow 3CO_3^{2-}(aq) + 14MnO_4^{2-}(aq) + 14H_2O(l)$$

待反应完成后,将溶液酸化,用还原剂标准溶液(Fe^{2+}标准溶液)滴定溶液中所有的高价离子,使之还原为 Mn^{2+},计算出消耗还原剂标准溶液的物质的量。用同样的方法,测出在碱性溶液中反应前一定量的 $KMnO_4$ 标准溶液相当于还原剂标准溶液的用量。根据两者之差,计算出该有机化合物的含量。此法可用于测定甲酸、甲醇、柠檬酸、酒石酸等。

2. 重铬酸钾法

1)原理及特点

$K_2Cr_2O_7$ 在酸性条件下与还原剂作用,$Cr_2O_7^{2-}$ 被还原成 Cr^{3+}。可见 $K_2Cr_2O_7$ 的氧化能力比 $KMnO_4$ 稍弱些,但它仍是一种较强的氧化剂,能测定许多无机物和有机物。此法只能在酸性条件下使用,它的应用范围虽比高锰酸钾法小些,但也具有一系列优点。

(1)$K_2Cr_2O_7$ 易于提纯,可以直接准确称取一定质量的干燥纯净的 $K_2Cr_2O_7$,准确配制成一定浓度的标准溶液。

(2)$K_2Cr_2O_7$ 溶液相当稳定,只要保存在密闭容器中,浓度可长期保持不变。

(3)不受 Cl^- 还原作用的影响,可在盐酸溶液中进行滴定。

重铬酸钾法有直接法和间接法。一些有机试样在硫酸溶液中,常加入过量 $K_2Cr_2O_7$ 标准溶液,加热至一定温度,冷却后稀释,再用 Fe^{2+}(一般用硫酸亚铁铵)标准溶液返滴定。这种间接方法还可以用于腐殖酸肥料中腐殖酸的分析及电镀液中有机物的测定。

应用 $K_2Cr_2O_7$ 标准溶液进行滴定时,常用氧化还原指示剂,如二苯胺磺酸钠或邻苯氨基苯甲酸等。

应该指出的是,使用 $K_2Cr_2O_7$ 时应注意废液的处理,以免污染环境。

2)应用

例如,铁的测定。重铬酸钾法测定铁利用下列反应:

$$Cr_2O_7^{2-}(aq) + 14H^+(aq) + 6Fe^{2+}(aq) \Longrightarrow 2Cr^{3+}(aq) + 6Fe^{3+}(aq) + 7H_2O(l)$$

试样(铁矿石等)一般用 HCl 溶液加热分解后,将铁还原为亚铁,然后用 $K_2Cr_2O_7$ 标准溶液滴定。铁的还原方法与高锰酸钾法测定铁相同,但在测定步骤上有以下不同之处。

(1)重铬酸钾的电极电势与氯的电极电势相近,因此在盐酸溶液中滴定时,不会因氧化 Cl^- 而产生误差,因而滴定时不需加入 $MnSO_4$。

(2)滴定时需要采用氧化还原指示剂,如二苯胺磺酸钠。终点时溶液由绿色(Cr^{3+}颜色)突变为紫色或蓝紫色。已知二苯胺磺酸钠变色时的 $\varphi_{In}^{\ominus} = 0.84\ V$。若 Fe^{3+}/Fe^{2+}电对按 $\varphi^{\ominus} = 0.68\ V$ 计算,则滴定至 99.9%时的电极电势为

$$\varphi(Fe^{3+}/Fe^{2+}) = \varphi^{\ominus\prime}(Fe^{3+}/Fe^{2+}) - 0.0592\ \lg\frac{c(Fe^{2+})}{c(Fe^{3+})}$$

$$= 0.68 - 0.0592\ \lg\frac{0.0020}{0.998} = 0.86\ (V)$$

可见,当滴定进行至 99.9%时,电极电势已超过指示剂变色的电势(0.84 V)。此时滴定终点将过早到达。为了减小终点误差,需要在试液中加入 H_3PO_4,使 Fe^{3+}生成无色的、稳定的 $[Fe(PO_4)_2]^{3-}$ 配阴离子,降低 Fe^{3+}/Fe^{2+}电对的电势。例如,在 $1\ mol \cdot L^{-1}$ HCl 与 $0.25\ mol \cdot L^{-1}$ H_3PO_4 溶液中,$\varphi^{\ominus\prime}(Fe^{3+}/Fe^{2+}) = 0.51\ V$,从而避免了过早氧化指示剂。

3）COD 的测定

COD（化学需氧量）定义：以化学方法测量水样中需要被氧化的还原性物质的量。水样在一定条件下，以氧化水样中还原性物质所消耗的氧化剂的量为指标，折算成每升水样全部被氧化后，需要氧的毫克数，以 mg/L 表示。它反映了水被还原性物质污染的程度。该指标也作为有机物相对含量的综合指标之一。

重铬酸钾法测定 COD 原理：在水样中加入一定量的重铬酸钾标准溶液和硝酸银，在强酸性介质中加热回流一定时间，部分重铬酸钾被水样中还原物质还原，以试亚铁灵为指示剂，用硫酸亚铁铵标准溶液滴定水样中未被还原的重铬酸钾，由消耗的硫酸亚铁铵的量换算成消耗氧的质量浓度。

具体实验步骤见中华人民共和国环境保护标准 HJ 828—2017。空白实验：测定水样的同时，取与水样相同体积的重蒸馏水，做空白实验，记录滴定空白时硫酸亚铁铵溶液的用量。

测定 COD 涉及的反应式为：$O_2(g) + 4e^- + 4H^+ \rightleftharpoons 2H_2O(l)$，在用 O_2 和重铬酸钾氧化同一还原性物质时，3 mol O_2 相当于 2 mol $K_2Cr_2O_7$，即 $3n(K_2Cr_2O_7)=2n(O_2)$，$n(K_2Cr_2O_7)=2/3\,n(O_2)$。

滴定反应为：$Cr_2O_7^{2-}(aq) + 14H^+(aq) + 6Fe^{2+}(aq) \rightleftharpoons 2Cr^{3+}(aq) + 6Fe^{3+}(aq) + 7H_2O(l)$，此时 $6n(K_2Cr_2O_7) = n(Fe^{2+})$，结合上述关系式，有 $n(O_2)=1/4\,n(Fe^{2+})$。所以，水样中 COD 的计算公式为：

$$COD(Cr, mg \cdot L^{-1}) = 8 \times 1000(V_0 - V_1) \cdot c / V$$

式中，V_0 为空白实验所消耗的硫酸亚铁铵标准溶液的体积（mL）；V_1 为水样测定所消耗的硫酸亚铁铵标准溶液的体积（mL）；c 为硫酸亚铁铵标准溶液的浓度（mol·L⁻¹）；V 为水样的体积（mL）。

测定 COD 需注意以下几个方面：

（1）取样时水样一定要摇匀，有的水样上下层液的 COD 值相差很大，所以取样时一定要摇匀后马上吸取。

（2）加硝酸银的作用是消除水样中氯离子的干扰，在实验回流前加入硝酸，在加热回流前加入硝酸银掩蔽氯离子的干扰，在实验回流前加入硝酸银产生砖红色沉淀，若回流冷却后仍有沉淀可加少量氯化钠使砖红色沉淀消失。

（3）化学需氧量的测定结果受实验条件的影响较大。例如，氧化剂的浓度、反应液的酸度、温度、试剂加入顺序及反应时间等条件对测定结果均有影响，必须严格按操作步骤进行。

（4）回流过程中若溶液颜色变绿，说明水样的化学耗氧量太高，需将水样适当稀释后重新测定。若水样化学耗氧量太低，则可以用较低浓度的重铬酸钾和硫酸亚铁铵标准溶液测定。

3. 碘量法

1）原理及特点

碘量法是利用 I_2 的氧化性和 I^- 的还原性进行滴定的分析方法，分为直接碘量法和间接碘量法。由于固体 I_2 在水中的溶解度很小（0.00133 mol·L⁻¹），因此实际应用时通常将 I_2 溶解在 KI 溶液中，此时 I_2 在溶液中以 I_3^- 形式存在，为方便起见，一般简写为 I_2。

半反应及电极电势为

$$I_2(s) + I^-(aq) \rightleftharpoons I_3^-(aq) \qquad \varphi^{\ominus\prime} = 0.534\ V$$

由 I_2/I^- 电对的条件电极电势可知 I_2 是一种较弱的氧化剂,能与较强的还原剂(如 Sn^{2+}、Sb^{3+}、As_2O_3、S^{2-}、SO_3^{2-})等作用,如:

$$I_2(s) + SO_2(g) + 2H_2O(l) \rightleftharpoons 2I^-(aq) + 4H^+(aq) + SO_4^{2-}(aq)$$

因此,可用 I_2 标准溶液直接滴定这类还原性物质,这种方法称为直接碘量法。另外,I^- 为一种中等强度的还原剂,能被氧化剂(如 $K_2Cr_2O_7$、$KMnO_4$、H_2O_2、KIO_3 等)定量氧化而析出 I_2,如:

$$2MnO_4^-(aq) + 16H^+(aq) + 10I^-(aq) \rightleftharpoons 2Mn^{2+}(aq) + 5I_2(s) + 8H_2O(l)$$

析出的 I_2 用还原剂 $Na_2S_2O_3$ 标准溶液滴定:

$$I_2(s) + 2S_2O_3^{2-}(aq) \rightleftharpoons 2I^-(aq) + S_4O_6^{2-}(aq)$$

因而可间接测定氧化性物质,这种方法称为间接碘量法。

直接碘量法的基本反应为

$$I_2(s) + 2e^- \rightleftharpoons 2I^-(aq)$$

I_2 的氧化能力不强,能被 I_2 氧化的物质有限,而且直接碘量法的应用受溶液中 H^+ 浓度的影响较大。例如,在较强的碱性溶液中就不能用 I_2 溶液滴定,因为当 pH 较高时,会发生如下副反应:

$$3I_2(s) + 6OH^-(aq) \rightleftharpoons 5I^-(aq) + IO_3^-(aq) + 3H_2O(l)$$

这样就会给测定带来误差。在酸性溶液中,只有少数还原能力强且不受 H^+ 浓度影响的物质才能发生定量反应,所以直接碘量法的应用受到一定的限制。但是,凡能与 KI 作用定量地析出 I_2 的氧化性物质以及能与过量 I_2 在碱性介质中作用的有机物质,都可用间接碘量法测定。

间接碘量法的基本反应为

$$2I^-(aq) - 2e^- \rightleftharpoons I_2(s)$$

$$I_2(s) + 2S_2O_3^{2-}(aq) \rightleftharpoons 2I^-(aq) + S_4O_6^{2-}(aq)$$

I_2 与硫代硫酸钠定量反应生成连四硫酸钠($Na_2S_4O_6$)。

应该注意的是,I_2 和 $Na_2S_2O_3$ 的反应需在中性或弱酸性溶液中进行,因为在碱性溶液中,会同时发生如下反应:

$$4I_2(s) + 10 OH^-(aq) + S_2O_3^{2-}(aq) \rightleftharpoons 2SO_4^{2-}(aq) + 8I^-(aq) + 5H_2O(l)$$

从而使氧化还原过程复杂化。因此,在用 $Na_2S_2O_3$ 溶液滴定 I_2 之前,溶液应先调节成中性或弱酸性。如果需要在弱碱性溶液中滴定 I_2,应用 $NaAsO_2$ 代替 $Na_2S_2O_3$。

碘量法可能产生误差的来源有以下两点:①I_2 具有挥发性,容易挥发损失;②I^- 在酸性溶液中易被空气中的氧氧化。

$$4I^-(aq) + 4H^+(aq) + O_2(g) \rightleftharpoons 2I_2(s) + 2H_2O(l)$$

此反应在中性溶液中进行得极慢,但随溶液中 H^+ 浓度增加而加快,若受阳光直接照射,反应速率则增加得更快。因此,碘量法一般在中性或弱酸性溶液中及低温(小于 25℃)下进行滴定。I_2 溶液应保存于棕色密封的试剂瓶中。在间接碘量法中,氧化所析出的 I_2 必须在反应完毕后立即进行滴定,滴定最好在碘量瓶中进行,为了减少 I⁻ 与空气的接触,滴定时不应过度摇荡。

碘量法的终点常用淀粉指示剂确定。在有少量 I⁻ 存在下,I₂ 与淀粉反应生成蓝色吸附配合物,根据蓝色的出现或消失指示终点。在室温及少量 I⁻ 存在下,该反应的灵敏度为 $c(\text{I}^-) = (1\sim2)\times10^{-5} \text{ mol} \cdot \text{L}^{-1}$。无 I⁻ 时,反应的灵敏度降低;I⁻ 浓度太大,终点变色不灵敏。另外,反应灵敏度还随溶液温度升高而降低。乙醇及甲醇的存在均会降低其灵敏度。此外,碘量法也可利用 I₂ 溶液的黄色作自身指示剂,但灵敏度较差。

淀粉溶液应使用新鲜配制的,若放置过久,其与 I₂ 形成的配合物不呈蓝色,呈紫色或红色。这种紫色吸附配合物在用 Na₂S₂O₃ 滴定时褪色慢,终点不敏锐。

标定 Na₂S₂O₃ 溶液的基准物质有纯碘、KIO₃、KBrO₃、K₂Cr₂O₇、K₃[Fe(CN)₆]等,除纯碘外,这些物质都能与 KI 反应析出 I₂:

$$5\text{I}^-(\text{aq}) + \text{IO}_3^-(\text{aq}) + 6\text{H}^+(\text{aq}) \rightleftharpoons 3\text{I}_2(\text{s}) + 3\text{H}_2\text{O(l)}$$

$$6\text{I}^-(\text{aq}) + \text{BrO}_3^-(\text{aq}) + 6\text{H}^+(\text{aq}) \rightleftharpoons 3\text{I}_2(\text{s}) + 3\text{H}_2\text{O(l)} + \text{Br}^-(\text{aq})$$

$$6\text{I}^-(\text{aq}) + \text{Cr}_2\text{O}_7^{2-}(\text{aq}) + 14\text{H}^+(\text{aq}) \rightleftharpoons 3\text{I}_2(\text{s}) + 7\text{H}_2\text{O(l)} + 2\text{Cr}^{3+}(\text{aq})$$

$$2\text{I}^-(\text{aq}) + 2\left[\text{Fe(CN)}_6\right]^{3-}(\text{aq}) \rightleftharpoons \text{I}_2(\text{s}) + 2\left[\text{Fe(CN)}_6\right]^{4-}(\text{aq})$$

$$4\text{I}^-(\text{aq}) + 2\text{Cu}^{2+}(\text{aq}) \rightleftharpoons \text{I}_2(\text{s}) + 2\text{CuI(s)}$$

析出的 I₂ 用 Na₂S₂O₃ 标准溶液滴定。

标定时称取一定量的基准物质,在酸性溶液中与过量 KI 作用,以淀粉为指示剂,析出的 I₂ 用 Na₂S₂O₃ 溶液滴定。标定时应注意以下几点:

(1)基准物质(如 K₂Cr₂O₇)与 KI 反应时,溶液的酸度越大,反应速率越快,但酸度太大时,I⁻ 容易被空气中的 O₂ 氧化,在开始滴定时,酸度一般以 0.8~1 mol · L⁻¹ 为宜。

(2)K₂Cr₂O₇ 与 KI 的反应速率较慢,应将溶液在暗处放置一定时间(约 5 min),待反应完全后再以 Na₂S₂O₃ 溶液滴定。KIO₃ 与 KI 的反应快,不需要放置。

(3)在以淀粉作指示剂时,应先以 Na₂S₂O₃ 溶液滴定至溶液呈浅黄色,然后加入淀粉溶液,用 Na₂S₂O₃ 溶液继续滴定至蓝色恰好消失,即为终点。若淀粉指示剂加入太早,则大量的 I₂ 与淀粉结合成蓝色物质,这一部分碘就不容易与 Na₂S₂O₃ 反应,因而使滴定产生误差。

滴定至终点后,再经过几分钟,溶液又会出现蓝色,这是由空气中的氧气氧化 I⁻ 引起的。

2)应用

硫酸铜中铜的测定。二价铜盐与 I⁻ 的反应如下:

$$4\text{I}^-(\text{aq}) + 2\text{Cu}^{2+}(\text{aq}) \rightleftharpoons \text{I}_2(\text{s}) + 2\text{CuI(s)}$$

生成的 I₂ 再用 Na₂S₂O₃ 标准溶液滴定,就可计算出铜的含量。

上述反应是可逆的,为了促使反应趋于完全,必须加入过量的 KI,但 KI 浓度太大会妨碍终点的观察。同时由于 CuI 沉淀强烈地吸附 I₂,使测定结果偏低。如果加入 KSCN,使 CuI 转化为溶解度更小的 CuSCN 沉淀:

$$\text{CuI(s)} + \text{SCN}^-(\text{aq}) \rightleftharpoons \text{I}^-(\text{aq}) + \text{CuSCN(s)}$$

这样不但可以释放出被吸附的 I₂,而且反应时后产生的 I⁻ 可与未作用的 Cu²⁺ 反应。在这种情况下，可以使用较少的 KI 就能使反应进行得更完全。但是，KSCN 只能在接近终点时加入，否则 SCN⁻会直接还原 Cu^{2+} 而使结果偏低。

$$6Cu^{2+}(aq) + 7SCN^-(aq) + 4H_2O(l) \rightleftharpoons HCN(aq) + 7H^+(aq) + SO_4^{2-}(aq) + 6CuSCN(s)$$

为防止铜盐水解，反应必须在酸性溶液中进行（一般控制溶液 pH 为 3～4）。酸度过低，反应速率慢，终点拖长；酸度过高，I⁻被空气氧化为 I_2 的反应被 Cu^{2+} 催化而加速，结果偏高。由于大量 Cl⁻与 Cu^{2+} 配位，因此应使用 H_2SO_4 而不用 HCl（少量 HCl 不干扰）。

测定矿石（铜矿等）、合金、炉渣或电镀液中的铜也可采用碘量法。这时对于固体试样可选用适当的溶剂将矿石等溶解后，再用上述方法测定，但应注意防止其他共存离子的干扰，如试样中常含有的 Fe^{3+} 能氧化 I⁻：

$$2I^-(aq) + 2Fe^{3+}(aq) \rightleftharpoons I_2(s) + 2Fe^{2+}(aq)$$

从而干扰铜的测定。若加入 NH_4HF_2，使 Fe^{3+} 生成稳定的 $[FeF_6]^{3-}$ 配离子，降低了 Fe^{3+}/Fe^{2+} 电对的电极电势，从而防止氧化 I⁻的反应发生。NH_4HF_2 还可控制溶液的 pH 为 3～4。

【例 8-17】 称取软锰矿 0.1000 g，试样经碱溶后得到 MnO_4^{2-}，煮沸溶液以除去过氧化物，再酸化溶液，此时 MnO_4^{2-} 歧化为 MnO_4^- 和 MnO_2，然后滤去 MnO_2，用 $0.1012\ mol \cdot L^{-1}\ Fe^{2+}$ 标准溶液滴定 MnO_4^-，用去 25.80 mL，计算试样中 MnO_2 的质量分数。

解 有关反应方程式为

$$MnO_2(s) + Na_2O_2(s) \rightleftharpoons Na_2MnO_4(s)$$

$$3MnO_4^{2-}(aq) + 2H_2O(l) \rightleftharpoons 2MnO_4^-(aq) + MnO_2(s) + 4OH^-(aq)$$

$$MnO_4^-(aq) + 8H^+(aq) + 5Fe^{2+}(aq) \rightleftharpoons Mn^{2+}(aq) + 5Fe^{3+}(aq) + 4H_2O(l)$$

其化学计量关系为

$$2MnO_4^- \sim 10Fe^{2+} \qquad 2MnO_4^- \sim 3MnO_4^{2-} \qquad 3MnO_2(s) \sim 3Na_2MnO_4$$

Fe^{2+} 与 MnO_2 的总化学计量关系为

$$10Fe^{2+} \sim 2MnO_4^- \sim 3MnO_4^{2-} \sim 3MnO_2$$

$$10Fe^{2+} \sim 3MnO_2$$

已知 MnO_2 的相对分子质量为 86.94，则

$$w(MnO_2) = 0.1012\ mol \cdot L^{-1} \times 25.80 \times 10^{-3}\ L \times \frac{3 \times 86.94\ g \cdot mol^{-1}}{10 \times 0.1000\ g} = 0.6810 = 68.10\%$$

在实际工作中，常需要对大量试样重复测定其中同一组分的含量，这时可用滴定度表示标准溶液的浓度，使计算简化。

【例 8-18】 0.1000 g 工业甲醇，在 H_2SO_4 溶液中与 25.00 mL 0.01667 $mol \cdot L^{-1}\ K_2Cr_2O_7$ 溶液作用，反应完成后，以邻苯氨基苯甲酸作指示剂，用 0.1000 $mol \cdot L^{-1}\ (NH_4)_2Fe(SO_4)_2$ 溶

液滴定剩余的 $K_2Cr_2O_7$，用去 10.00 mL。计算试样中甲醇的质量分数。

解 有关反应方程式为

$$Cr_2O_7^{2-}(aq) + 8H^+(aq) + CH_3OH(l) \rightleftharpoons 2Cr^{3+}(aq) + CO_2(g) + 6H_2O(l) \quad Cr_2O_7^{2-}\sim CH_3OH$$

$$Cr_2O_7^{2-}(aq) + 14H^+(aq) + 6Fe^{2+}(aq) \rightleftharpoons 2Cr^{3+}(aq) + 6Fe^{3+}(aq) + 7H_2O(l) \quad Cr_2O_7^{2-}\sim 6Fe^{2+}$$

$$Cr_2O_7^{2-}\sim CH_3OH\sim 6Fe^{2+}$$

$$w(CH_3OH) = \frac{[c(K_2Cr_2O_7)\cdot V(K_2Cr_2O_7) - \frac{1}{6}c(Fe^{2+})\cdot V(Fe^{2+})]\times 10^{-3}\times M(CH_3OH)}{m_{试样}}$$

$$= \frac{(0.01667\times 25.00 - \frac{1}{6}\times 0.1000\times 10.00)\times 10^{-3}\ mol\times 32.04\ g\cdot mol^{-1}}{0.1000\ g}$$

$$= 0.0801 = 8.01\%$$

【**例 8-19**】 有一 $K_2Cr_2O_7$ 标准溶液，已知其浓度为 0.01683 $mol\cdot L^{-1}$，计算其 $T(Fe/K_2Cr_2O_7)$、$T(Fe_2O_3/K_2Cr_2O_7)$。称取某含铁试样 0.2801 g，溶解后将溶液中的 Fe^{3+} 还原为 Fe^{2+}，然后用上述 $K_2Cr_2O_7$ 标准溶液滴定，用去 25.60 mL。计算试样中 Fe 和 Fe_2O_3 的质量分数。

解 用 $K_2Cr_2O_7$ 标准溶液滴定 Fe^{2+} 时，Fe^{2+} 被氧化为 Fe^{3+}，有下列反应式：

$$Cr_2O_7^{2-}(aq) + 14H^+(aq) + 6Fe^{2+}(aq) \rightleftharpoons 2Cr^{3+}(aq) + 6Fe^{3+}(aq) + 7H_2O(l) \quad Cr_2O_7^{2-}\sim 6Fe^{2+}$$

由反应式可知有如下化学计量关系：$Cr_2O_7^{2-}\sim 6Fe^{2+}\sim 3Fe_2O_3$，根据浓度与滴定度之间的关系有

$$T(X/B) = \frac{x}{b}c_B M(X)\times 10^{-3}$$

$$T(Fe/K_2Cr_2O_7) = 6c(K_2Cr_2O_7)\times M(Fe)\times 10^{-3}$$

$$= (6\times 0.01683\times 55.85\times 10^{-3})\ g\cdot mL^{-1} = 0.005640\ g\cdot mL^{-1}$$

同理，$T(Fe_2O_3/K_2Cr_2O_7) = 3c(K_2Cr_2O_7)\times M(Fe_2O_3)\times 10^{-3}$

$$= (3\times 0.01683\times 159.7\times 10^{-3})\ g\cdot mL^{-1} = 0.008063\ g\cdot mL^{-1}$$

$$w(Fe) = \frac{T(Fe/K_2Cr_2O_7)\times V(K_2Cr_2O_7)}{m_{试样}} = \frac{0.005640\ g\cdot mL^{-1}\times 25.60\ mL}{0.2801\ g} = 0.5155 = 51.55\%$$

$$w(Fe_2O_3) = \frac{T(Fe_2O_3/K_2Cr_2O_7)\times V(K_2Cr_2O_7)}{m_{试样}} = \frac{0.008063\ g\cdot mL^{-1}\times 25.60\ mL}{0.2801\ g} = 0.7369 = 73.69\%$$

本 章 小 结

1. 重要的基本概念

氧化数的概念；电池符号的书写规范及各符号的含义；原电池的组成与电池反应；电极与电极反应；电

极电势与标准电极电势；条件电极电势。

2. 电极电势

了解电极电势产生的原因，掌握标准电极电势及标准氢电极的电极电势 $\varphi^{\ominus}(H^+/H_2)=0$ 的意义；掌握电极的能斯特方程及其应用：非标准状态的电极电势 φ 可用能斯特方程计算，对于电极反应

$$aOx(氧化型)+ze^- \rightleftharpoons bRed(还原型)$$

$$\varphi(Ox/Red)=\varphi^{\ominus}(Ox/Red)-\frac{0.0592}{z}\lg\frac{[Red]^b}{[Ox]^a}$$

3. 电极电势的应用

掌握电池电动势的计算：
$$E^{\ominus}=\varphi^{\ominus}_{正极}-\varphi^{\ominus}_{负极}(标态) \quad 或 \quad E=\varphi_{正极}-\varphi_{负极}(非标态)$$
掌握反应的吉布斯函数变的计算：
$$\Delta_r G_m^{\ominus}=-zFE^{\ominus}(标态) \quad 或 \quad \Delta_r G_m=-zFE(非标态)$$
掌握氧化还原反应进行方向及次序的判断；通过电池电动势判断反应进行程度，氧化还原反应在达到平衡时进行的程度可由标准平衡常数 $K^{\ominus}$ 的大小反映。

$$\lg K^{\ominus}=\frac{zE^{\ominus}}{0.0592}(T=298.15\,K)$$

4. 元素电势图及应用

掌握电势图应用：比较元素各氧化态的氧化还原能力；判断元素某氧化态能否发生歧化反应；计算电对的 $\varphi^{\ominus}$。

5. 常见的氧化还原滴定法

了解常见的氧化还原滴定法（高锰酸钾法、重铬酸钾法、碘量法）及其应用。

化 学 视 野

化学电源又称电池，是借自发的氧化还原反应将化学能直接转变为电能的装置，它在国民经济、科学技术和日常生活中广泛应用。

常见的化学电源有锌锰干电池、铅蓄电池、锂离子电池、燃料电池。

1. 锌锰干电池

锌锰干电池是最早进入市场的实用电池，又称勒克朗谢电池。锌锰干电池的工作原理如下：

负极反应：$$Zn(s)-2e^- \rightleftharpoons Zn^{2+}(aq)$$
正极反应：$$MnO_2(s)+2H_2O(l)+2e^- \rightleftharpoons 2MnO(OH)(s)+2OH^-(aq)$$
电解质反应：$Zn^{2+}(aq)+2NH_4^+(aq)+2Cl^-(aq)+2OH^-(aq) \rightleftharpoons [Zn(NH_3)_2Cl_2](aq)+2H_2O(l)$
总反应：$Zn(s)+MnO_2(s)+2NH_4^+(aq)+2Cl^-(aq) \rightleftharpoons [Zn(NH_3)_2Cl_2](aq)+2MnO(OH)(s)$
锌锰干电池的电动势约为 0.5 V。干电池中的药品一旦耗尽，将无法工作。

2. 铅蓄电池

铅蓄电池是用含锑 5%～8% 的铅锑合金铸成栅状极板，在栅板上分别填充 PbO₂（作为正极）和海绵状

Pb(作为负极)，二者交替排列而成。铅蓄电池放电过程中发生的化学反应为

负极反应：
$$Pb(s) + SO_4^{2-}(aq) - 2e^- \rightleftharpoons PbSO_4(s)$$

正极反应：
$$PbO_2(s) + 4H^+(aq) + SO_4^{2-}(aq) + 2e^- \rightleftharpoons PbSO_4(s) + 2H_2O(l)$$

放电反应：
$$PbO_2(s) + Pb(s) + 2H_2SO_4(aq) \rightleftharpoons 2PbSO_4(s) + 2H_2O(l)$$

放电后，正、负极表面都沉积上一层 $PbSO_4$，电解液中 H_2SO_4 也有一定消耗，所以使用到一定程度后，就需要充电。充电时将一个电压略高于蓄电池电压的直流电源与蓄电池相接，充电时(由电能转变为化学能)所发生的反应为

负极反应：
$$PbSO_4(s) + 2e^- \rightleftharpoons Pb + SO_4^{2-}(aq)$$

正极反应：
$$PbSO_4(s) + 2H_2O(l) \rightleftharpoons PbO_2(s) + 4H^+(aq) + SO_4^{2-}(aq) + 2e^-$$

充电反应：
$$2PbSO_4(s) + 2H_2O(l) \rightleftharpoons PbO_2(s) + Pb(s) + 2H_2SO_4(aq)$$

铅蓄电池具有电压稳定、价格便宜等优点，常用作汽车的启动电源与物品短程运送车、矿山坑道车等的牵引动力；缺点是比较笨重。

3. 锂离子电池

锂离子电池是一种二次电池，它主要依靠锂离子在正极和负极之间的移动来工作。锂离子电池充放电过程中发生的化学反应为

正极反应：
$$LiCoO_2 \underset{放电}{\overset{充电}{\rightleftharpoons}} Li_{1-x}CoO_2 + xLi^+ + xe^-$$

负极反应：
$$6C + xLi^+ + xe^- \underset{放电}{\overset{充电}{\rightleftharpoons}} Li_xC_6$$

电池总反应：
$$LiCoO_2 + 6C \underset{放电}{\overset{充电}{\rightleftharpoons}} Li_{1-x}CoO_2 + Li_xC_6$$

锂离子电池的性能优势如下：①能量密度高；②平均输出电压高，约为 3.6 V，是 Cd-Ni(镉镍电池)、MH-Ni(镉氢电池)的 3 倍；③输出功率大，自放电小；④没有 Cd-Ni、MH-Ni 的记忆效应，循环性能优越；⑤可快速充放电；⑥工作温度范围宽；⑦没有环境污染；⑧使用寿命长。

锂离子电池广泛应用于手机、笔记本电脑、电动汽车等领域。

4. 燃料电池

燃料电池(fuel cell, FC)是一种等温绝热并直接将储存在燃料和氧化剂中的化学能高效、环境友好地转化为电能的发电装置，也是一种新型的无污染、无噪声、大规模、大功率和高效率的汽车动力和发电设备。

按燃料电池的运行机理可分为酸性燃料电池和碱性燃料电池(AFC)；按电解质的种类不同可分为碱性燃料电池、磷酸燃料电池(PAFC)、熔融碳酸盐燃料电池(MCFC)、质子交换膜燃料电池(PEMFC)、固体氧化物燃料电池(SOFC)；根据工作温度可分为常温型、中温型、高温型和超高温型等；按燃料类型可分为氢燃料电池、甲烷燃料电池、甲醇燃料电池、乙醇燃料电池等；按供料形式可分为气体型和液体型两种；按燃料来源可分为直接型、间接型和可再生型。各种燃料电池主要性能特征对比见表 8-5。

表 8-5　各种燃料电池主要性能特征对比

电池类型	阳极	阴极	电解质	腐蚀性	工作温度/℃	应用方向
碱性燃料电池	Pt/Ni	Pt/Ag	KOH(l)	强	约 100	航天飞机
磷酸燃料电池	Pt/C	Pt/C	H_3PO_4(l)	强	约 200	分布式电站
熔融碳酸盐燃料电池	Ni/Al	Li/NiO	Li_2CO_3(l)	强	约 650	分布式电站
质子交换膜燃料电池	Pt/C	Pt/C	Dow Nafion	无	约 85	电动汽车、潜艇等
固体氧化物燃料电池	Ni/ZrO_2	Sr/LaMnO_2	YSZ	弱	约 1000	分布式电站

燃料电池的工作原理见图 8-8。

负板反应：$2H_2 + 4OH^- \rightleftharpoons 4H_2O + 4e^-$

正极反应：$O_2 + 2H_2O + 4e^- \rightleftharpoons 4OH^-$

电池反应：$2H_2 + O_2 \rightleftharpoons 2H_2O$

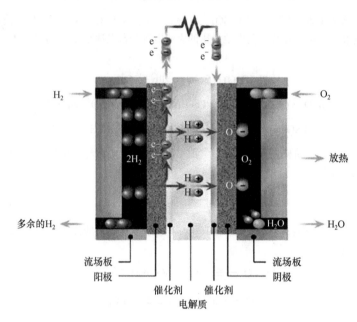

图 8-8　燃料电池工作原理图

　　燃料电池的性能优势：①不受热机效率的限制，能量转换效率高，理论发电效率可达 100%，不需要石油燃料；②无污染，噪声低，维修保养方便；③处于热备用状态，燃料电池随负荷变化的能力非常强；④电池的储能能力不取决于电池本身的大小，只要不断供给燃料，燃料电池就能连续产生电能；⑤灵活性大；⑥燃料多样性。

习　题

一、简答题

1. 用半反应法配平下列反应的离子方程式：

(1) $OH^-(aq) + Cl_2(g) \longrightarrow ClO^-(aq) + Cl^-(aq) + H_2O(l)$

(2) $Mn^{2+}(aq) + PbO_2(s) + H^+(aq) \longrightarrow MnO_4^-(aq) + Pb^{2+}(aq) + H_2O(l)$

(3) $SO_3^{2-}(aq) + Cl_2(g) + H_2O(l) \longrightarrow Cl^-(aq) + SO_4^{2-}(aq) + H^+(aq)$

(4) $H_2O_2(aq) + CrO_2^-(aq) + 2OH^- \longrightarrow CrO_4^{2-}(aq) + H_2O(l)$

2. 下列物质在一定条件下都可以作为氧化剂：$KMnO_4$，$K_2Cr_2O_7$，$CuCl_2$，$FeCl_3$，H_2O_2，I_2，Br_2，F_2，PbO_2。试根据酸性介质中标准电极电势的数据，把它们按氧化能力的大小排列成序，并写出相应的还原产物。

3. 对于下列氧化还原反应：①写出相应的半反应；②以这些氧化还原反应设计构成原电池，写出电池符号。

(1) $2Fe^{3+} + Cu \rightleftharpoons Cu^{2+} + 2Fe^{2+}$

(2) $CdSO_4 + Zn \rightleftharpoons ZnSO_4 + Cd$

(3) $2H^+ + 2Cl^- + Pb \rightleftharpoons PbCl_2 + H_2$

4. 下列各物质中画线元素的氧化数是多少？

$\underline{H}_3N$	$Ba\underline{O}_2$	$K\underline{O}_2$	$O\underline{F}_2$	$\underline{I}_2O_5$	$K_2\underline{Pt}Cl_6$	$\underline{Cr}O_4^{2-}$	$\underline{Mn}_2O_7$	$K_2\underline{Mn}O_4$	$\underline{S}_4O_6^{2-}$

二、计算题

1. 由镍电极 (Ni^{2+}/Ni) 和标准氢电极组成原电池，若 $c(Ni^{2+}) = 0.0100\ mol \cdot L^{-1}$ 时，原电池的电动势为 0.315 V，其中镍为负极，计算镍电极的标准电极电势。

2. 计算 298.15 K 时下列原电池的电动势，指出正、负极，写出原电池的电池反应。

(1) $Ag \mid Ag^+ (0.1\ mol \cdot L^{-1}) \parallel Cu^{2+} (0.01\ mol \cdot L^{-1}) \mid Cu$

(2) $Zn \mid Zn^{2+} (0.001\ mol \cdot L^{-1}) \parallel Cu^{2+} (1\ mol \cdot L^{-1}) \mid Cu$

(3) $Pb \mid Pb^{2+} (0.1\ mol \cdot L^{-1}) \parallel Cl^- (0.1\ mol \cdot L^{-1}) \mid AgCl \mid Ag$

(4) $Zn \mid Zn^{2+} (0.1\ mol \cdot L^{-1}) \parallel HAc\ (0.1\ mol \cdot L^{-1}) \mid H_2 (100\ kPa) \mid Pt$

3. 查阅标准电极电势表，计算下列反应的标准平衡常数。

(1) $4H^+ + 2Cl^- + MnO_2(s) \rightleftharpoons Mn^{2+} + Cl_2(g) + 2H_2O$

(2) $2Ag^+ + Zn \rightleftharpoons 2Ag + Zn^{2+}$

4. 根据标准电极电势表，(1) 选择一种合适的氧化剂，使 Sn^{2+}、Fe^{2+} 分别氧化为 Sn^{4+}、Fe^{3+}，而不使 Cl^- 氧化为 Cl_2；(2) 选择一种合适的还原剂，使 Cu^{2+}、Ag^+ 分别还原为 Cu、Ag，而不使 Fe^{2+} 还原。

5. 下列反应在标准状态下 (未配平) 能否按指定方向自发进行？

(1) $Fe^{3+}(aq) + Br^-(aq) \longrightarrow Br_2(l) + Fe^{2+}(aq)$

(2) $Cr^{3+}(aq) + I_2(s) + H_2O(l) \longrightarrow Cr_2O_7^{2-}(aq) + H^+(aq) + I^-(aq)$

(3) $Fe^{2+}(aq) + Sn^{4+}(aq) \longrightarrow Sn^{2+}(aq) + Fe^{3+}(aq)$

6. 计算电池反应 $2Al(s) + 3Ni^{2+}(aq) \rightleftharpoons 2Al^{3+}(aq) + 3Ni(s)$，当 $c(Ni^{2+}) = 0.80\ mol \cdot L^{-1}$、$c(Al^{3+}) = 0.02\ mol \cdot L^{-1}$ 时的电动势。

7. 已知 $MnO_4^-(aq) + 8H^+ + 5e^- \rightleftharpoons Mn^{2+}(aq) + 4H_2O(l)$，$\varphi^{\ominus} = 1.507\ V$，$Fe^{3+} + e^- \rightleftharpoons Fe^{2+}$，$\varphi^{\ominus} = 0.771V$。

(1) 判断反应 $MnO_4^-(aq) + 8H^+ + 5Fe^{2+} \rightleftharpoons Mn^{2+} + 5Fe^{3+} + 4H_2O$ 的方向。

(2) 将这两个半电池组成原电池，写出该原电池的电池符号，标明电池的正负极，并计算其标准电动势。

(3) 当 $c(H^+) = 10\ mol \cdot L^{-1}$、其他各离子浓度均为 $1\ mol \cdot L^{-1}$ 时，计算该电池的电动势。

8. 在 pH = 6 时，下列反应能否自发进行 (设其他物质均处于标准状态)？

(1) $2MnO_4^-(aq) + 16H^+(aq) + 10Cl^-(aq) \rightleftharpoons 2Mn^{2+}(aq) + 8H_2O(l) + 5Cl_2(g)$

(2) $Cr_2O_7^{2-}(aq) + 14H^+(aq) + 2Br^-(aq) \rightleftharpoons 2Cr^{3+}(aq) + 7H_2O(l) + Br_2(l)$

9. 若下列原电池的 E = 0.50 V，则 $c(H^+)$ 是多少？

$$(-)Pt \mid H_2(100\ kPa),\ H^+(c\ mol \cdot L^{-1}) \parallel Cu^{2+}(1.00\ mol \cdot L^{-1}) \mid Cu(+)$$

10. 计算 298.15 K 时下列电池的电动势，写出电池反应，并求其平衡常数。

(1) $(-)\ Pb \mid Pb^{2+}(0.10\ mol \cdot L^{-1}) \parallel Cu^{2+}(0.50\ mol \cdot L^{-1}) \mid Cu\ (+)$

(2) $(-)\ Sn \mid Sn^{2+}(0.05\ mol \cdot L^{-1}) \parallel H^+(1\ mol \cdot L^{-1}) \mid H_2(100\ kPa) \mid Pt\ (+)$

11. 试根据下列元素电势图回答：Cu^+、Ag^+、Au^+、Fe^{2+} 等离子中哪些能发生歧化反应？

$$Cu^{2+} \xrightarrow{\ 0.153\ } Cu^+ \xrightarrow{\ 0.521\ } Cu$$

$$Ag^{2+} \xrightarrow{\ 1.987\ } Ag^+ \xrightarrow{\ 0.799\ } Ag$$

$$Au^{3+} \xrightarrow{\ 1.41\ } Au^+ \xrightarrow{\ 1.68\ } Au$$

$$Fe^{3+} \xrightarrow{\ 0.771\ } Fe^{2+} \xrightarrow{\ -0.447\ } Fe$$

12. 计算在 1 mol · L⁻¹ HCl 溶液中用 Fe^{3+} 滴定 Sn^{2+} 的电势突跃范围。在此滴定中应选用什么指示剂？若用所选指示剂滴定终点是否与化学计量点符合？

13. 将含有 $BaCl_2$ 的试样溶解后加入 $K_2Cr_2O_7$ 使其生成 $BaCr_2O_7$ 沉淀，过滤洗涤后将沉淀溶于 HCl，再加入过量的 KI 溶液，并用 $Na_2S_2O_3$ 溶液滴定析出的 I_2。若试样为 0.4392 g，滴定时耗去 0.1007 mol · L⁻¹ $Na_2S_2O_3$ 标准溶液 29.61 mL。计算试样中 $BaCl_2$ 的质量分数。

14. 用 $KMnO_4$ 法测定硅酸盐试样中的 Ca^{2+} 含量，称取试样 0.5863 g，在一定条件下，将钙沉淀为 CaC_2O_4，过滤、洗涤沉淀，将洗净的 CaC_2O_4 溶解于稀 H_2SO_4 中，用 25.64 mL 0.05052 mol · L⁻¹ $KMnO_4$ 标准溶液滴定至终点，计算硅酸盐中 Ca 的质量分数。

15. 抗坏血酸(维生素 C，摩尔质量为 176.1 g · mol⁻¹)是一种还原剂，可以将抗坏血酸加在柠檬汁中作抗氧化剂，起到隔绝氧气的作用，从而达到保鲜目的。它的半反应为 $C_6H_6O_6 + 2H^+ + 2e^- \rightleftharpoons C_6H_8O_6$，能被 I_2 氧化。如果 10 mL 柠檬汁样品用 HAc 酸化，并加入 20.00 mL 0.02500 mol · L⁻¹ I_2 溶液，待反应完全后，过量的 I_2 用 10 mL 0.0100 mol · L⁻¹ $Na_2S_2O_3$ 溶液滴定，计算每毫升柠檬汁中抗坏血酸的质量。

第9章　可见分光光度分析

9.1　概　　述

分光光度法是基于有色物质对光的选择性吸收而建立的对物质进行定性和定量分析的方法，是一种广泛应用的微量组分分析方法。根据物质对不同波长范围的光的吸收，分光光度法可分为可见分光光度法、紫外分光光度法、红外吸收光谱法等。分析化学中常将紫外-可见分光光度法称为分光光度法。本章仅重点介绍可见分光光度法。

9.1.1　分光光度法的特点

分光光度法主要应用于测定试样中微量组分的含量。其具有操作方便、仪器设备简单、灵敏度高、准确度高和选择性较好等优点，适用于微量组分的测定。其测定下限可达 $10^{-7} \sim 10^{-6}\,\mathrm{g \cdot L^{-1}}$。该方法的相对误差为 2%～5%，可满足微量组分的测定要求，几乎适用于所有无机离子和有机化合物的测定，应用于冶金、环保、医药、地质、临床、生物等方面。因此，分光光度法已成为生产和科研部门应用很广泛的分析方法。

9.1.2　物质对光的选择性吸收

光是一种电磁辐射或电磁波。它具有波动性和粒子性（即波粒二象性），可用能量、波长、频率和速度等物理量来描述这些性质。

电磁波包括从波长很短的 X 射线到波长很长的无线电波，有很宽的波长范围。将电磁波按照波长的大小顺序排列成电磁波谱，可划分为不同的电磁波区。不同波长光的能量与分子和原子中电子不同能级的跃迁能量以及分子的振动能、转动能相对应，产生了各种光谱分析方法。常见的有：紫外光区、可见光区和红外光区，其波长依次增大，能量依次减小。根据波长排列可得到电磁波谱（表 9-1）。

表 9-1　电磁波谱范围表

光谱名称	波长范围	跃迁类型	辐射源	分析方法
X 射线	0.1～10 nm	K 和 L 层电子	X 射线管	X 射线光谱法
远紫外光	10～200 nm	中层电子	氢、氙灯	真空紫外分光光度法
近紫外光	200～400 nm	价电子	氢、氘、氙灯	紫外分光光度法
可见光	400～750 nm	价电子	钨灯	可见分光光度法
近红外光	0.75～2.5 μm	分子振动	碳化硅热棒	近红外分光光度法
中红外光	2.5～5.0 μm	分子振动	碳化硅热棒	中红外分光光度法
远红外光	5.0～1000 μm	分子转动和振动	碳化硅热棒	远红外分光光度法
微波	0.1～100 cm	分子转动	电磁波发生器	微波光谱法
无线电波	1～1000 m	—	—	核磁共振波谱法

本章仅讨论溶液中物质分子对可见区域光的吸收——可见分光光度法。

理论上将同一波长的光称为单色光,由不同波长的光组成的光称为复合光。白光、白炽灯光等可见光都是复合光。人眼能感觉到的光的波长为 400～760 nm,称为可见光,是由红、橙、黄、绿、青、蓝、紫等各色光按一定比例混合而成的。各种色光波长范围不同(称为波段)。不仅上述七种颜色的光可以混合成白光,也可以将两种适当颜色的单色光按一定强度比例混合成一种白光,这两种单色称为互补色光。

物质的颜色是因物质对不同波长的光具有选择性吸收作用而产生的。表 9-2 列出物质颜色和吸收光之间的关系。表中两种相对应颜色的光即为互补色光。例如,$CuSO_4$ 溶液因吸收了白光中的黄光而呈现蓝色。若溶液对白光中各种颜色的光都不吸收,则溶液为透明无色。

表 9-2　物质颜色和吸收光之间的关系

物质颜色	吸收光颜色	波长范围/nm
黄绿色	紫色	400～450
黄色	蓝色	450～480
橙色	绿蓝色	480～490
红色	蓝绿色	490～500
紫红色	绿色	500～560
紫色	黄绿色	560～580
蓝色	黄色	580～600
绿蓝色	橙色	600～650
绿色	紫红色	650～760

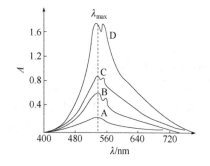

图 9-1　$KMnO_4$ 溶液的光吸收曲线
A、B、C、D 表示不同浓度下的吸收曲线

以上仅粗略地用物质对各种色光的选择性吸收来说明物质呈现的颜色。若将各种波长的单色光依次通过一定浓度的某一有色溶液,并测定每一种波长下有色溶液对光的吸收程度(即吸光度),然后以波长为横坐标、吸光度为纵坐标作图,可得一条吸收光谱曲线或称光吸收曲线,能更清楚地描述物质对不同波长光的吸收特点。图 9-1 是四种不同浓度的 $KMnO_4$ 溶液的光吸收曲线。由图可见,$KMnO_4$ 溶液对 525 nm 的绿色光吸收最强而呈现紫色,而对紫色、红色光的吸收很弱。光吸收程度最大处对应的波长称为最大吸收波长(吸收峰),以 A_{max} 表示,$KMnO_4$ 溶液的 $\lambda = 525$ nm。不同浓度的 $KMnO_4$ 溶液,相应的吸光度值大小不同,吸光度随物质浓度增大而增大,这就是物质定量分析的依据。不同物质的溶液,其最大吸收波长不同,这是物质定性分析的依据。

9.2　光吸收的基本定律

9.2.1　朗伯-比尔定律

朗伯(J. H. Lambert)和比尔(A. A. Beer)分别于 1760 年和 1852 年研究证明了光的吸收强

度与液层厚度及被测物浓度的定量关系，二者结合成为朗伯-比尔定律，也称为光的吸收定律，这是分光光度法定量分析的依据。

当一束平行的单色光通过一均匀的有色溶液时，光的一部分将被有色溶液吸收，一部分透过溶液，还有一部分被器皿表面反射。由于在实际测量时，都采用同样材料及厚度的比色皿，因此反射光的强度基本不变，其影响可以不予考虑。当单色光透过有色溶液时，有色溶液中的吸光物质吸收了光能，光的强度会减弱，其减弱程度与入射光的强度、溶液液层的厚度、溶液的浓度成正比。

$$A = \lg \frac{I_0}{I_t} = \kappa bc \tag{9-1}$$

式中，A 为吸光度；I_0 为入射光强度；I_t 为透射光强度；κ 为比例常数；b 为液层厚度；c 为溶液浓度。

透射光强度 I_t 与入射光强度 I_0 之比称为透光度或透射比，用 T 表示：

$$T = \frac{I_t}{I_0} \tag{9-2}$$

吸光度 A 与溶液透光度 T 的关系为

$$A = \lg \frac{I_0}{I_t} = \lg \frac{1}{T} = -\lg T = \kappa bc \tag{9-3}$$

这是分光光度法定量测定的依据。式中的比例常数 κ 与吸光物质的性质、入射光波长及温度等因素有关，该常数称吸光系数或吸收系数。

吸光系数 κ 值随所取单位不同而不同。通常液层厚度 b 以 cm 为单位，当浓度 c 是以 $g \cdot L^{-1}$ 为单位的质量浓度，κ 的单位为 $L \cdot g^{-1} \cdot cm^{-1}$；若 c 以 $mol \cdot L^{-1}$ 为单位，此时的吸光系数称为摩尔吸光系数，用 ε 表示，其单位为 $L \cdot mol^{-1} \cdot cm^{-1}$，则式(9-3)写为 $A = \varepsilon bc$。朗伯-比尔定律的物理意义是：当一束平行单色光垂直通过某一均匀非散射的有色吸光物质溶液时，其吸光度 A 与吸光物质的浓度 c 及吸光层的厚度 b 成正比。这就是分光光度法进行定量分析的理论依据。

朗伯-比尔定律是光吸收的基本定律，适用于所有的电磁辐射和所有的有色吸光物质(气体、固体、液体、原子、分子和离子)。同时应当指出，朗伯-比尔定律的成立是有前提的，即：①入射光为平行单色光且垂直照射；②吸收光的有色物质为非散射体系；③吸光质点之间无相互作用；④辐射与物质之间的作用仅限于光吸收过程，无荧光和光化学现象发生。

ε 比 κ 更常用，因为有时吸收光谱的纵坐标用 ε 或 $\lg\varepsilon$ 表示，并以最大摩尔吸光系数 ε_{max} 表示吸光强度。摩尔吸光系数的物理意义是：当吸光物质的浓度为 $1 \, mol \cdot L^{-1}$、吸收层的厚度为 1 cm 时，吸光物质对某波长光的吸光度。但在实际工作中，不能直接取 $1 \, mol \cdot L^{-1}$ 这样高浓度的溶液来测定 ε，而是在适宜的低浓度时测其吸光度 A，然后根据 $\varepsilon = A / bc$ 求得。摩尔吸光系数可通过实验测得。

【例 9-1】　已知含铁(Fe^{2+})浓度为 $1.0 \, \mu g \cdot mL^{-1}$ 的溶液，用邻二氮菲光度法测定铁。使用厚度为 2 cm 的吸收池，在 510 nm 处测得吸光度 $A = 0.390$，计算该配合物的摩尔吸光系数。

解　已知 Fe 的相对原子质量为 55.85。

$$c = \frac{1.0 \times 10^{-3}}{55.85} = 1.8 \times 10^{-5} (mol \cdot L^{-1})$$

$$\varepsilon = \frac{A}{bc} = \frac{0.390}{2 \times 1.8 \times 10^{-5}} = 1.1 \times 10^4 (\text{L} \cdot \text{mol}^{-1} \cdot \text{cm}^{-1})$$

【例 9-2】　某有色溶液，当用 1 cm 比色皿时，其透射比为 T，若改用 2 cm 比色皿，透射比应为多少？

解　由 $A = \lg\dfrac{1}{T} = -\lg T = \kappa bc$，可得 $T = 10^{-\kappa bc}$。

当 $b_1 = 1$ cm 时，$T_1 = 10^{-\kappa c} = T$，当 $b_2 = 2$ cm 时，$T_2 = 10^{-2\kappa c} = T^2$。

9.2.2　对朗伯-比尔定律的偏离

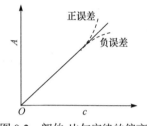

图 9-2　朗伯-比尔定律的偏离

分光光度法中，光的吸收定律是定量测定物质含量的基础。定量分析时，通常液层厚度一定，按照朗伯-比尔定律，以 A 对 c 作图，应该是一条通过直角坐标原点的直线，通常称为工作曲线（或称标准曲线）。但在实际工作中，有时会在工作曲线的高浓度端发生偏离的情况，如图 9-2 中虚线所示。

若在弯曲部分进行定量，将产生较大的测定误差。引起偏离的原因很多，主要可能的原因如下：

1. 样品溶液因素

吸光系数与溶液的折光指数有关。溶液的折光指数随溶液浓度的变化而变化。实践证明，当溶液的浓度 $c < 0.01$ mol · L^{-1} 或更低时，折光指数基本上是一个常数，说明朗伯-比尔定律仅在稀溶液的情况下才适用。在高浓度（通常 $c > 0.01$ mol · L^{-1}）时，随着溶液浓度的增大，溶质吸光质点彼此间相互影响和相互作用加强，就会改变吸光质点的电荷分布，改变它们对光的吸收能力，即改变物质的摩尔吸光系数，从而偏离朗伯-比尔定律。

朗伯-比尔定律是一个有限制性的定律，它是建立在均匀、非散射的溶液基础上的，如果介质不均匀，呈胶体、乳浊、悬浮状态，则入射光除了被吸收外，还会有反射、散射的损失，实际测得的吸光度增大，导致对朗伯-比尔定律的偏离。

此外，溶液中的化学反应，如溶质的解离、缔合、形成新化合物或互变异构等作用，都会使被测组分的吸收曲线发生明显改变，其中有色化合物的解离是偏离朗伯-比尔定律的主要因素。例如，显色剂 KSCN 与 Fe^{3+} 形成红色配合物 $[\text{Fe(SCN)}_6]^{3-}$，存在下列平衡：

$$[\text{Fe(SCN)}_6]^{3-}(\text{aq}) \Longleftrightarrow Fe^{3+}(\text{aq}) + 6\text{SCN}^-(\text{aq})$$

溶液稀释时，平衡向右移动，解离度增大。当溶液体积增大一倍时，$[\text{Fe(SCN)}_6]^{3-}$ 的浓度不只降低为 1/2，因此吸光度降低为 1/2 以下，导致工作曲线偏离朗伯-比尔定律。

2. 仪器因素

朗伯-比尔定律仅适用于单色光，而在实际测定中，单色光的光强并不够，这就要求光源中的狭缝必须具有一定的宽度。这就导致出射狭缝投射到被测溶液的光束并非理论上要求的单色光，而是具有较窄波长范围的复合光带，显然会引起对朗伯-比尔定律的偏离。在所使用的波长范围内，吸光物质的吸收能力变化越大，这种偏离越显著。这种由于仪器光源带来的影响并非定律本身的不正确,而是由仪器条件的限制所造成的。随着科技的发展,更先进仪器的研制成功,将有利于减小这种偏差。

9.3　可见分光光度计

利用分光光度法测定物质含量的基本原理是:由光源发出白光,采用分光装置获得单色光,让单色光通过有色溶液,光的强度通过检测器进行测量,从而求出被测物质的含量。

实验过程需要借助分光光度计。分光光度计无论其型号如何,基本上均由光源、单色器(包括光学系统)、吸收池、检测系统、显示系统等五部分组成。

9.3.1　光源

在分光光度法中,要求光源在比较宽的光谱区域内发出有足够强度且分布均匀的连续光谱,并在一定时间内保持稳定,以保证测量的重现性。

在可见、近红外光区测量时,常用钨灯或碘钨灯作为光源,它发出的光的波长为 $320\sim2500$ nm。其发出光的强度分布随灯丝温度的变化而变化,温度升高,总强度增大,但高温会影响灯的寿命。光强受电源电压的影响大,因此必须使用稳压器以提供稳定的电源电压,保证光源光强稳定不变。

在紫外光区测定时,常采用氢灯或氘灯,它们发出波长为 $180\sim375$ nm 的连续光谱。

9.3.2　单色器

单色器的作用是将光源发出的连续光谱的光分为各种波长的单色光。单色光的分辨能力越高,得到的单色光的纯度就越高。单色器主要组成为入射狭缝、准直透镜(使辐射光束成平行光线)、色散元件(使不同波长的辐射以不同的角度进行辐射)、聚焦透镜或凹面反射镜(使单色光束在单色器的出口曲面上成像)、出射狭缝,如图 9-3 所示。

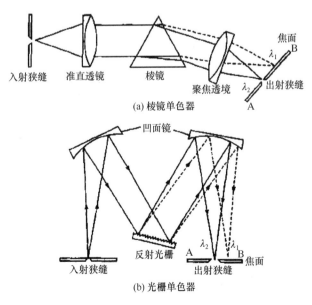

图 9-3　两种类型的单色器

色散元件的质量决定单色器的质量。棱镜和光栅是两种主要的色散元件。棱镜的波长精度是 $\pm 3 \sim \pm 5$ nm，光栅的精度是 ± 0.2 nm，光栅的使用波长范围较宽。

9.3.3　吸收池

吸收池是用于盛放试样的液槽，也称比色皿，是由无色透明、耐腐蚀的光学玻璃或石英制成的，是单色器和检测器之间光路的连接部分，能透过所需光谱范围内的光线。可见光区用玻璃吸收池，紫外光区用石英吸收池。大多数仪器都配有液层厚度为 0.5 cm、1.0 cm、2.0 cm、3.0 cm 等一套规格的吸收池以供选用。同一厚度的吸收池之间的透光度误差应小于 0.5%。吸收池窗口应完全垂直于入射光束，以减小反射损失。使用时注意保持吸收池的光洁，指纹、油脂或四壁的积污都会影响透光度，特别注意透光面不要受磨损。

由朗伯-比尔定律可知，被测物质的量一定时，被测量的体积越小(浓度越大)，光程越长，测得的吸光度值越大。因此，可以改进吸收池的几何形状，使每单位光程所占的溶液体积尽可能小，"光程/体积"的值尽可能大。

9.3.4　检测系统

将透过吸收池的光转换成光电流并测量出其大小的装置称为检测器。理想的检测器在使用波长范围内应具有高灵敏度、高信噪比，响应时间快并且响应恒定。所产生的光电流必须与照射在检测器上的光强度成正比，常用的光电转换器有光电池、光电管、光电倍增管、二极管阵列等检测器。

(1)光电池。光电池常见的有硒光电池，当光照射在光电池上时，硒表面就有电子逸出，由于硒的半导体性质，电子只能单向移动而被聚集于金属薄膜(透明的金或银的薄膜)上，带负电，成为光电池的负极，铁片为正极。通过与外电路很小的电阻连接，可直接用检流计测量，光电流的大小与入射光强度成正比。硒光电池对光的敏感波长范围为 $300 \sim 800$ nm，对 $500 \sim 600$ nm 的光最灵敏。在 750 nm 处，相对灵敏度降至 10%左右。

(2)光电管。光电管是由一个阳极和一个光敏阴极组成的真空(或充有少量惰性气体)二极管。当它被足够能量的光照射时，能发射电子。当两极间有电位差时，发射的电子就流向阳极而产生电流，电流的大小取决于入射光的强度。在同等强度的光照下，它所产生的电流约为光电池的 1/4，但由于光电管有很高的内阻，产生的电流很容易放大，因此具有灵敏度高、光敏范围广、不易疲劳等优点。

(3)光电倍增管。光电倍增管相当于一个多阴极的光电管，光经过多个阴极的电子发射，光电流放大了许多倍。光电倍增管适用于测弱光，不能用来测强光，否则信号漂移、灵敏度下降。光电倍增管对紫外和可见光的检测灵敏度较高，而且响应时间极快。

(4)二极管阵列是在 $200 \sim 1000$ nm 紧密排列几百个光电二极管，扩大了光电管的响应范围，二极管阵列检测器先测量后分光。

9.3.5　显示系统

显示系统(显示器)的作用是将检测器检测的信号以适当方式显示或记录下来。在分光光度计中常用的是微安表、数码显示管等。早期的分光光度计通常使用悬镜式光点反射检流计测量产生的光电流，其灵敏度约为 10^3 A/格。检流计的标尺上有两种刻度，等刻度的标尺是百分

透光度 T，对数刻度则为吸光度 A。透光度与吸光度两者可互相换算。现代精密的分光光度计多配有微处理机，能在屏幕上显示操作条件和各项数据，并对光谱图像进行数据处理，测定准确而可靠。

9.4 显色反应及影响因素

9.4.1 显色反应与显色剂

分光光度法测定的是有色溶液，在实际测量中，为了使被测物质的溶液对可见光的吸收在仪器上有足够的响应信号，首先应在被测溶液中加入某种物质，把无色或浅色的被测物质转化为有色化合物，这个过程称为显色过程，发生的化学反应称为显色反应，参加显色反应的主要试剂称为显色剂。显色反应多为氧化还原反应和配位反应。显色反应一般可表示为

$$M \quad + \quad R \quad \Longleftrightarrow \quad MR$$

被测组分　显色剂　　有色化合物

为了获得一个灵敏度高、选择性好的显色反应，需了解分光光度法对显色反应的要求并掌握显色反应的条件。应用于分光光度法的显色反应必须符合下列要求：

(1) 灵敏度足够高。要求显色反应中所生成的有色化合物有大的摩尔吸光系数。一般 ε 值在 $10^4 \sim 10^5 \, \text{L} \cdot \text{mol}^{-1} \cdot \text{cm}^{-1}$ 时，可认为此显色反应灵敏度较高。

(2) 形成的有色化合物组成要固定、稳定性要高。生成的有色化合物应具有固定的组成，而且稳定性要高，这样显色反应才能进行得完全。

(3) 反应的选择性要好。一种显色剂最好只与一种被测组分发生显色反应，不与共存的其他离子反应，这样干扰就少。这种显色剂实际上是不存在的，因此常根据样品中待测元素和共存元素一起存在的情况，选择干扰较少或易于消除的显色剂显色。

(4) 显色剂在测定波长处无明显吸收。

(5) 显色反应受温度、pH、试剂加入量的变化影响要小。若反应条件要求过于严格，难以控制，测定结果的重现性就差。

此外，要保证生成的有色化合物与显色剂之间的颜色差别要大，这样试剂空白小，才能保证测定结果有良好的准确度和重现性。

显色剂分无机显色剂和有机显色剂。无机显色剂如硫氰酸盐、钼酸盐等，价格便宜，但灵敏度和选择性不高，故应用不多。有机显色剂的品种繁多，灵敏度和选择性较高，尽管价格贵，但应用广泛。它们一般含有双键，如 C＝C、C＝O、C＝N、N＝O 等，这些基团称为发色团。还有一些基团，如—NH₂、—OH 等，能使化合物的颜色加深，称为助色团。

9.4.2 影响显色反应的因素

1. 显色剂用量

根据化学平衡移动原理，为使显色反应趋于完全，应加入过量的显色剂，但显色剂不能过量太多，否则会引起副反应，对测定反而不利。显色剂用量由实验确定，即固定待测组分浓度及其他条件，仅改变显色剂的用量，作 A-c_R 曲线，求出有色化合物吸光度最大且稳定时所对应的显色剂用量范围。如果显色用量在某个范围内，测得的吸光度不变(曲线上的平台部

分），如图 9-4(a) 所示，即可在此范围内确定显色剂的加入量；否则就必须严格控制显色剂的用量（无平台出现时），如图 9-4(b) 和图 9-4(c) 所示。

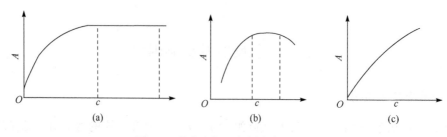

图 9-4　吸光度与显色剂浓度的关系

2. 酸度

酸度对显色反应的影响是多方面的，现讨论如下。

1）酸度对显色剂浓度的影响

显色剂大多数是有机弱酸，在溶液中有如下平衡：

$$M^{n+} \quad + \quad nR^- \quad \rightleftharpoons \quad MR_n$$

被测组分　　显色剂　　　　有色化合物

$$+$$

$$nH^+ \quad \rightleftharpoons \quad nHR$$

溶液酸度改变，引起上述平衡移动，平衡时：

$$\beta^{\ominus}(MR_n) = \frac{c(MR_n)}{c(M^{n+}) \times c^n(R^-)} \qquad K_a^{\ominus} = \frac{c(H^+) \times c(R^-)}{c(HR)} \tag{9-4}$$

合并得

$$\frac{c(MR_n)}{c(M^{n+})} = \beta^{\ominus}(MR_n) \times \left[K_a^{\ominus} \times \frac{c(HR)}{c(H^+)} \right]^n \tag{9-5}$$

在一定条件下，$\beta^{\ominus}(MR_n) \times (K_a^{\ominus})^n$ 是常数，测定时 HR 的浓度是不变的，则式(9-5)可写为

$$\frac{c(MR_n)}{c(M^{n+})} = \frac{K'}{c^n(H^+)} \tag{9-6}$$

由式(9-6)可知，$\dfrac{c(MR_n)}{c(M^{n+})}$ 的值取决于溶液中的 $c(H^+)$，当 $c(H^+)$ 增大时，$\dfrac{c(MR_n)}{c(M^{n+})}$ 的值减小，即 $c(H^+)$ 浓度增大，溶液中 $c(R^-)$ 减小，使配位反应不能完全进行，因此测定受到影响。

2）酸度对显色剂颜色的影响

当显色剂为有机弱酸时，它本身具有酸碱指示剂的性质，在不同的 pH 情况下，显色剂的分子和离子状态具有不同的颜色，可能干扰测定。

3）酸度对配合物组成的影响

在不同酸度下，某些被测组分与显色剂能形成不同组成的配合物。例如，磺基水杨酸与 Fe^{3+} 的显色反应中，当溶液的 pH 为 2~3 时，生成 1∶1 的红紫色配合物；pH 为 4~7 时，生

成 1∶2 的棕橙色配合物；pH 为 8~10 时，生成 1∶3 的黄色配合物；当 pH > 12 时，生成 $Fe(OH)_3$ 沉淀。因此，必须严格控制溶液 pH，才能得到准确的测定结果。

　　4) 酸度对被测离子存在状态的影响

　　多数金属离子在溶液酸度降低时发生水解，形成各种多核羟基配合物、碱式盐，甚至析出氢氧化物沉淀，不利于分光光度法的测定。

　　在实际测定中，显色反应的最适宜酸度由实验方法确定，即固定被测组分和显色剂的浓度，在一系列溶液中改变 pH，在一定波长下测定其吸光度，以 A 对 pH 作图，从图中找出最适宜的 pH 作为测定时的条件。

3. 显色时的温度和时间

　　多数显色反应在室温下能很快地进行，但有些反应受温度影响很大，室温下反应很慢，需加热至一定温度(如磷钼蓝法测定磷，其发色温度为 55~60℃)才能进行完全。有些反应在高温下不稳定，反应生成物易褪色，因此对不同的显色反应，必须选择合适的温度。显色反应由于反应速率不同，完成反应的时间不同。有些反应能瞬时完成，且颜色能在长时间内保持稳定；有些反应虽能快速完成，但产物迅速分解。因此，必须选择适当的显色时间，使有色配合物的颜色能够稳定。然而，温度和时间的选择都要通过实验确定。对于一般的分析，希望加入显色剂后数分钟就达到最大的吸光度值，且在 1~2 h 稳定不变。显色太慢，影响分析速度；颜色稳定时间太短，不便于操作。

4. 溶剂的影响

　　许多有色配合物在水中解离度较大，而在有机溶剂中的解离度较小。例如，$Fe(SCN)^{2+}$ 在丙酮溶液中，配合物颜色变深，从而提高了测定的灵敏度。有些配合物易溶于有机溶剂，如用适当的有机溶剂将它萃取出来，再测定萃取液的吸光度，这种方法称萃取光度法。其优点是：分离了杂质，提高了方法的选择性；把有色物质浓缩到有机溶剂的小体积内，降低其解离度，从而提高了测定的灵敏度；方法比较简单、方便、快速。

5. 干扰物质的影响及消除

　　常见的干扰物质对显色反应的影响表现为干扰离子本身有颜色，在测量条件下吸收光或发生水解，或析出沉淀等，以影响吸光度的测量。例如，干扰离子与显色剂生成更稳定的无色配合物，消耗显色剂，被测离子显色反应不完全；或干扰离子与显色剂生成有色配合物而干扰测定。通过控制溶液的酸度；加入适当的掩蔽剂或利用氧化还原反应改变干扰离子的价态；选择适当的测量条件，如利用两者的不同，选择适当波长的光进行测定；采用萃取或其他分离方法，预先分离干扰离子；选择合适的参比溶液等都可以消除干扰离子的影响。

9.5　分光光度法仪器测量误差及测量条件的选择

　　任何光度计都有一定的仪器测量误差，该误差可能来源于：入射光源不稳定；吸收池玻璃的厚薄不均匀；池壁不够平行、表面有水迹、油污或划痕等；光电池不灵敏、疲劳现象及检流计的刻度不够准确等。以上因素造成的测量误差的总和，最后表现为产生透光度读数误差 ΔT。由

于透光度 T 与浓度 c 之间是对数关系，在吸收池厚度 b 不变的情况下，同样的 ΔT 对不同浓度溶液所造成的 Δc 不同。因此，为了使测量结果有较高的灵敏度和准确度，除注意显色反应的条件控制外，还必须选择和控制适宜的测量条件，以消除或减小测量误差。主要考虑以下几个方面。

9.5.1　入射光波长的选择

根据吸收曲线，入射光波长的选择应以溶液的 λ_{max} 为宜。此时 ε 值最大，测定时灵敏度和准确度最高，但当有干扰存在时，应根据具体情况兼顾灵敏度和选择性。

9.5.2　光度计读数范围的选择

光度计读数误差是经常遇到的测量误差，当透光度读数太大或太小时，微小的透光度读数误差会造成相当大的浓度相对误差。根据朗伯-比尔定律：

$$A = \lg \frac{1}{T} = \varepsilon bc \quad \text{或} \quad A = -\lg T = \varepsilon bc$$

微分得

$$d(\lg T) = 0.434 \frac{dT}{T} = -\varepsilon bc \tag{9-7}$$

在分析工作中，人们感兴趣的是由透光度 T 的读数误差所造成的浓度相对误差，从式(9-7)可知

$$\frac{\Delta c}{c} = 0.434 \frac{\Delta T}{T \lg T} \tag{9-8}$$

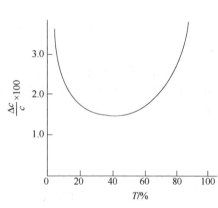

图 9-5　$\frac{\Delta c}{c} \times 100$ 与 T 的关系

$\frac{\Delta c}{c}$ 对 T 作图，可得如图 9-5 所示的曲线。

由图 9-5 可以看出，在 $T = 36.8\%(A = 0.434)$ 处的浓度相对误差有一个极小值，而在透光度坐标两端的对应误差迅速增大。通常，透光度读数在 $10\% \sim 70\%(A = 1.0 \sim 0.15)$ 时，浓度相对误差较小，因此过高或过低的吸光度都将造成很大的测量误差。通常可调整溶液浓度或吸收池厚度使吸光度读数落在这一范围。一般分光光度计的透光度读数误差为 $\pm 0.002 \sim \pm 0.011$。如果以 ± 0.005 计算，这一误差所造成的浓度相对误差为 $1.4\% \sim 2.2\%$。计算结果如表 9-3 所示。

表 9-3　不同 T(或 A)值时浓度测量的相对误差

（假设透光度测量误差 ΔT 为 ± 0.005）

透光度	吸光度	浓度百分误差/%	透光度	吸光度	浓度百分误差/%
0.95	0.022	± 10.2	0.40	0.399	± 1.36
0.90	0.046	± 4.74	0.30	0.523	± 1.13
0.80	0.097	± 2.80	0.20	0.699	± 1.55
0.70	0.155	± 2.00	0.10	1.000	± 2.17
0.60	0.222	± 1.63	0.030	1.528	± 4.75
0.50	0.301	± 1.44	0.020	1.699	± 6.38

9.5.3　参比溶液的选择

在分光光度分析中，选择适当的参比溶液非常重要。通常参比溶液的选择应考虑以下两点。

(1)若仅显色剂与被测组分反应的产物有吸收，其他试剂均无吸收，可以用纯溶剂作参比溶液。若显色剂和其他试剂略有吸收，则应用不含被测组分的试剂溶液作参比溶液。

(2)若显色剂与试剂中干扰物质也发生反应，且产物在所选择波长处也有吸收，则可选合适的掩蔽剂将被测组分掩蔽后再加显色剂和其他试剂，以此溶液作为参比溶液。

可采用与测定试样时的相同操作步骤配制合适的参比溶液，装入吸收池，置于光路中，并调节光强至吸光度 A 为零。然后，在同样条件下测量标准溶液及试样溶液的吸光度值。这样，即可消除吸收池表面的反射和溶剂的吸收的影响。

9.5.4　溶液浓度的测定

测量有色溶液的吸光度后，常用工作曲线法或比较法确定其浓度。

1. 工作曲线法

与标准系列法相似，先配制一系列不同浓度的被测组分的标准溶液，在相同条件下显色，用相同厚度的吸收池，在同一波长的单色光下以适宜的参比溶液调节吸光度 A 为零后分别测定其吸光度，然后以吸光度为纵坐标，以浓度为横坐标作图，即得到一条通过原点的直线，称为工作曲线或标准曲线，如图 9-6 所示。再将待测试液在相同的条件下测定其吸光度，由工作曲线可查得相应的浓度。应注意定量测定一般要选择在线性范围内进行，更为可靠。在实际工作中，有时工作曲线不通过原点(零点)。这可能是由参比溶液选择不当、吸收池厚度不等、吸收池放置位置不妥、吸收池透光面不清洁或在低浓度下有色配合物解离度增大等原因造成的。

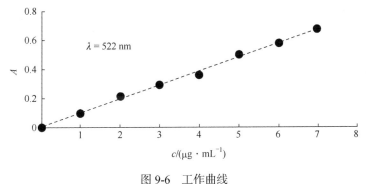

图 9-6　工作曲线

2. 比较法

同一强度的单色光，通过两个厚度相同而浓度不同的有色溶液时，两溶液浓度之比等于其吸光度之比。

$$\frac{c}{c(\text{试})} = \frac{A}{A(\text{试})} \tag{9-9}$$

式中，c 为标准溶液浓度；$c(\text{试})$ 为试样溶液浓度；A 为标准溶液吸光度；$A(\text{试})$ 为试样溶液吸光度。

标准溶液浓度是已知的,因此只要用分光光度计测得标准溶液和试样溶液的吸光度,便可利用这个公式计算试样溶液的浓度。用比较法测定时,标准溶液浓度应与试样溶液浓度相近,以免产生较大误差。

9.6 分光光度法的应用

分光光度法是一种很好的测定微量组分的方法,也能应用于常量组分和多组分的测定,已广泛地应用于科学研究的各个领域,如化学平衡的研究、有机物纯度测定等。在生物学中,可应用于生物成分的鉴定和结构的研究,如动、植物脂肪酸的分析,蛋白质、氨基酸的测定,核酸的测定以及某些生物性能如酶的结构、作用机理及活性的测定等。

9.6.1 单组分的测定

对试样中某种组分的测定,常采用上述工作曲线法。以磷的测定为例,磷是构成生物体的重要元素之一,也是土壤肥效的要素之一。试样中微量磷的测定常用分光光度法。该法测定磷是按如下反应进行的。

$$H_3PO_4 + 12(NH_4)_2MoO_4 + 21HNO_3 \rightleftharpoons (NH_4)_3PO_4 \cdot 12MoO_3 + 21NH_4NO_3 + 12H_2O$$

用维生素 C(还原剂)可将其中的 Mo(Ⅵ)还原为 Mo(Ⅴ),生成蓝色的磷钼蓝,$\lambda_{max} = 660$ nm。然后用工作曲线法测定试样中磷的含量。

9.6.2 多组分的测定

由于吸光度具有加和性,应用分光光度法可以对同一溶液中的不同组分含量直接进行测定,而不需要预先进行分离。这样就可以大大减少分析操作过程,避免在分离过程中造成的误差。尤其对于含量较低的组分进行分析时,此方法效果更好些。假定溶液中存在两种组分 X 和 Y,它们的吸收光谱一般有以下两种情况。

(1)吸收光谱不重叠或至少可能找到某一波长时 X 有吸收而 Y 不吸收;在另一波长时,Y 有吸收而 X 不吸收,如图 9-7 所示,则可分别在 λ_1 和 λ_2 时,测定组分 X 和 Y 而互相不产生干扰。

(2)吸收光谱重叠。可找出两个波长,在该波长下,二组分的吸光度差值 ΔA 较大,如图 9-8 所示。在波长 λ_1 和 λ_2 时测定吸光度 A_1 和 A_2,由吸光度值的加和性得联立方程:

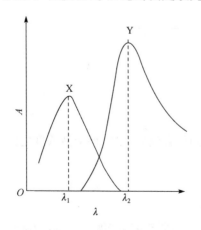

图 9-7 吸收光谱不重叠

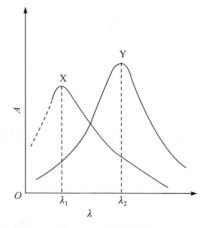

图 9-8 吸收光谱重叠

$$A_1 = \varepsilon_{X1}b\,c_X + \varepsilon_{Y1}b\,c_Y \ , \quad A_2 = \varepsilon_{X2}b\,c_X + \varepsilon_{Y2}b\,c_Y \tag{9-10}$$

式中，c_X、c_Y 分别为 X 和 Y 的浓度；ε_{X1}、ε_{Y1} 分别为 X 和 Y 在波长 λ_1 时的摩尔吸光系数；ε_{X2}、ε_{Y2} 分别为 X 和 Y 在波长 λ_2 时的摩尔吸光系数；b 为液层厚度。

　　摩尔吸光系数值可用 X 和 Y 的纯溶液在两种波长下测得，解联立方程组可求出 c_X、c_Y 值。原则上对任何数目的组分都可以用此方法建立方程组求解。在实际应用中通常仅限于两个或三个组分的体系，如果能利用计算机解多元联立方程，就不会受到这种限制。

9.6.3　光度滴定

　　光度测量也可用来确定滴定的终点，光度滴定通常都是用经过改装的在光路中可插入滴定容器的分光光度计或光电比色计进行。测定滴定过程中溶液的吸光度，并绘制滴定剂体积和对应的吸光度的曲线，根据滴定曲线就可确定滴定终点。图 9-9 是用光度滴定法确定 EDTA 连续滴定 Bi^{3+} 和 Cu^{2+} 的终点的示例。在 745 nm 波长处，Bi^{3+} 和 EDTA 都无吸收。加入 EDTA，首先与 Bi^{3+} 配位，形成铋的配合物也无吸收，因此在第一化学计量点前，吸光度不发生变化。在第一化学计量点后，随着 EDTA 的加入，铜配合物开始产生，因铜配合物在此波长处产生吸收，故吸光度不断增加。到达铜的化学计量点后，再增加 EDTA 时，吸光度不再发生变化。很明显，由滴定曲线可得到两个确定的终点。

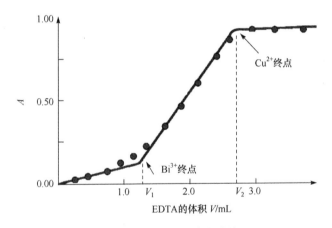

图 9-9　光度滴定法滴定曲线

0.1 mol·L^{-1} EDTA 溶液滴定 100 mL 2×10^{-3} mol·L^{-1} Bi^{3+} 和 Cu^{2+} 溶液，测定波长为 745 nm

　　用光度滴定法确定终点灵敏，并可克服目视溶液的滴定曲线（所用波长为 745 nm）滴定中的干扰；而且实验数据是在远离化学计量点的区域测得的，终点是由直线外推法得到的，所以平衡常数较小的滴定反应也可用光度滴定法进行滴定。光度滴定法确定终点已用于氧化还原滴定、酸碱滴定、配位滴定及沉淀滴定等各类滴定中。

9.6.4　酸碱解离常数的测定

　　分光光度法可用于测定酸或碱的解离常数，是研究酸碱指示剂及金属指示剂的重要方法之一，如有一元弱酸 HL，按下式解离：

$$HL \Longleftrightarrow H^+ + L^- \qquad K_a^\ominus = \frac{c(H^+)\cdot c(L^-)}{c(HL)}$$

首先配制一系列总浓度 c 相等而 pH 不同的 HL 溶液，用酸度计测定各溶液的 pH。在酸式 HL 或碱式 L⁻ 有最大吸收的波长下，用 1 cm 比色皿测定各溶液的吸光度 A。根据分布分数的概念，

$$A = \varepsilon_{HL} \frac{c(H^+) \cdot c}{K_a^\ominus + c(H^+)} + \varepsilon_{L^-} \frac{K_a^\ominus c}{K_a^\ominus + c(H^+)} \tag{9-11}$$

假设高酸度时，弱酸全部以碱式存在，即 $c = c(HL)$，测得的吸光度为 A_{HL}，则

$$A_{HL} = \varepsilon_{HL} \cdot c \tag{9-12}$$

低酸度时，弱酸全部以碱式存在，即 $c = c(L^-)$，测得的吸光度为 A_{L^-}，则

$$A_{L^-} = \varepsilon_{L^-} \cdot c \tag{9-13}$$

将式(9-12)、式(9-13)代入式(9-11)，得

$$A = \frac{A_{HL} \cdot c(H^+)}{K_a^\ominus + c(H^+)} + \frac{A_{L^-} \cdot K_a^\ominus}{K_a^\ominus + c(H^+)}$$

整理得

$$K_a^\ominus = \frac{A_{HL} - A}{A - A_{L^-}} c(H^+)$$

取对数得

$$pK_a^\ominus = pH + \lg \frac{A - A_{L^-}}{A_{HL} - A} \tag{9-14}$$

式(9-14)是用分光光度法测定一元弱酸解离常数的基本公式。利用实验数据，可由此公式用代数法计算 $pK_a^\ominus$。

9.6.5　配合物组成的测定

在分光光度法中许多时候是基于形成有色配合物，因此测定有色配合物的组成对研究显色反应的机理、推断配合物的结构是十分重要的。用分光光度法测定有色配合物组成的方法有饱和法、连续变化法、斜率比法和平衡移动法等，这里仅介绍前两种。

1. 饱和法

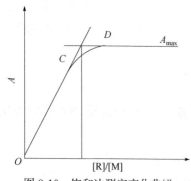

图 9-10　饱和法测定变化曲线

饱和法又称摩尔比法，此法是固定一种组分(通常是金属离子 M)的浓度，改变配位剂(R)的浓度，得到一系列[R]/[M]比不同的溶液，并配制相应的试剂空白作参比液，分别测定其吸光度。以吸光度 A 为纵坐标，[R]/[M]比为横坐标作图。

当配位剂量较小时，金属离子没有完全配位。随着配位剂量逐渐增加，生成的配合物不断增多。当配位剂增加到一定浓度时，吸光度不再增大，如图 9-10 所示。从交点向横坐标作垂线，对应的[R]/[M]比就是配合物的配位

比。这种方法简便、快速，对于解离度小的配合物，可以得到满意的结果。

2. 连续变化法

连续变化法又称等摩尔系列法。设 M 为金属离子，R 为显色剂，c_M 和 c_R 分别为溶液中 M 和 R 的浓度，在被测溶液中 $c_M + c_R = c$（定值）的前提下，改变 c_M 和 c_R 的相对量，配制一系列溶液，在有色配合物的最大吸收波长处测量这一系列溶液的吸光度。当溶液 A 值达到最大时，即配合物 MR_n 浓度最大，则 c_R/c_M 值为配合物的组成比。若以吸光度 A 为纵坐标，c_M/c 值为横坐标作图，绘出连续变化法曲线。由两曲线外推的交点所对应的 c_M/c 值，可得到配合物的组成 M 与 R 之比 n 值。当 c_M/c 为 0.5 时，配位比为 1∶1；当 c_M/c 为 0.33 时，配位比为 1∶2；当 c_M/c 为 0.25 时，配位比为 1∶3。根据 A_0 与 A 的差值，还可以求得配合物的解离度和稳定常数。连续变化法测定配位比适用于只形成一种组成且解离度较小的稳定配合物。若用于研究配位比高且解离度较大的配合物就得不到准确的结果。

本 章 小 结

1. 基本概念

掌握透光度、吸光度、摩尔吸光系数、吸收曲线等，了解紫外-可见光的产生。

2. 基本理论

掌握朗伯-比尔定律；了解吸光度的加和性，影响显色反应的条件；掌握偏离朗伯-比尔定律的因素和分光光度法测量误差。

3. 基本计算

掌握朗伯-比尔定律 $A = \kappa bc$ 的应用，计算摩尔吸光系数。

化 学 视 野

1. 朗伯

朗伯是德国数学家、天文学家、物理学家。他自学成才，所研究的范围很广。1764 年进入柏林科学院，成为欧拉和拉格朗日的同事。

物质对光吸收的定量关系很早就受到了科学家们的注意，并对其进行了研究。皮埃尔·布格和朗伯分别在 1729 年和 1760 年阐明了物质对光的吸收程度和吸收介质厚度之间的关系，为后来光吸收基本定律的建立做出了贡献。

2. 比尔

比尔是德国物理学家和数学家。比尔出生于特里尔，他在那里学习了数学和自然科学。此后，他在波恩为尤利乌斯·普吕克工作，并在 1848 年得到了哲学博士学位。1850 年，他成为一名讲师。1854 年，比尔发表了《高级光学启蒙》一书。1855 年，比尔在波恩成为一名数学教授。

1852 年，比尔又提出了光的吸收程度和吸光物质浓度之间的关系，将朗伯与比尔的工作结合起来得到了光吸收的基本定律——朗伯-比尔定律，或称比尔-朗伯定律。

3. 常用的几种分光光度计

1) 72 型分光光度计

72 型分光光度计是一种简易的直读式可见分光光度计。它由磁饱和稳压器、单色器(玻璃棱镜)、光电转换器(硒光电池)和检流计组成。波长范围为 420~700 nm，供可见光区作定量分析用。它的光学系统结构如图 9-11 所示。由钨丝灯发出的白光经入射狭缝、反射镜和透镜形成的平行光照到棱镜上，经色散后再经反射镜和透镜聚焦于出射狭缝上，调节波长读数盘，可得到所需波长的单色光。该光通过吸收池后照射到硒光电池上，产生的光电流输入检流计，从而测出透光度 T 或吸光度 A。该仪器结构简单，使用方便，读数稳定，测定结果重现性好，应用广泛。缺点是色散元件的色散能力较差。

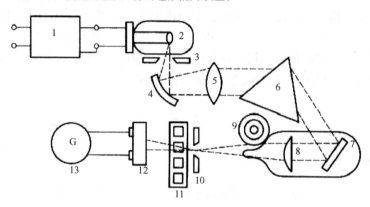

图 9-11　72 型分光光度计结构示意图

1. 稳压电源；2. 钨丝灯；3. 入射狭缝；4、7. 反射镜；5、8. 透镜；6. 棱镜；
9. 波长读数盘；10. 出射狭缝；11. 吸收池；12. 硒光电池；13. 检流计

2) 721 型分光光度计

721 型分光光度计是 72 型分光光度计的改进型，其特点是用体积小的晶体管稳压电源代替了笨重的磁饱和稳压器，用光电管代替了硒光电池作为转换元件。光电管配合放大线路将微弱光电流放大后推动指针式微安表，以代替易损坏的灵敏光电检流计。由于对电子系统进行了很大的改进，721 型分光光度计可以将所有的部件组装成一个整件，装置紧凑，操作方便。仪器结构示意图如图 9-12 所示。

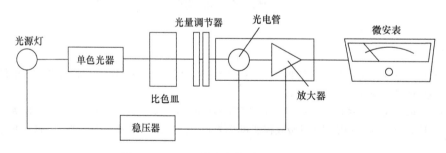

图 9-12　721 型分光光度计的结构示意图

3) 722 型分光光度计

722 型分光光度计与 721 型分光光度计的不同处是采用卤丝灯作光源，真空光电管作为光电转换器，并采用微电流放大器和数字显示器，可使用波长范围扩展到 330~880 nm，因此使用较为方便。

4) 751 型分光光度计

751 型分光光度计是一种手动式紫外-可见分光光度计，波长范围为 200~1000 nm，用于紫外光区、可见光区和近红外光区的分析。其波长精度、稳定性和重现性都较高。

此外，除以上介绍的单波长单光束分光光度计外，还有双波长双光束及双波长分光光度计等，请阅读仪器分析等教材。

习　题

一、简答题

1. 朗伯-比尔定律的数学表达式及物理意义是什么？它对吸光光度分析有什么重要意义？

2. 绘制工作曲线时，偏离朗伯-比尔定律的原因有哪些？

3. 显色剂的选择原则是什么？显色条件指的是哪些条件？怎样确定适宜的显色条件？

4. 什么是参比溶液？怎样选择适宜的参比溶液？

5. 分光光度计是由哪些部件组成？各部件的作用是什么？

6. 分光光度法误差的主要来源有哪些？怎样减免这些误差？

7. 测定金属钴中微量锰时，在酸性溶液中用 KIO_3 将锰氧化为高锰酸根离子后进行吸光度的测定。若用高锰酸钾配制标准系列，在测定标准系列及试液的吸光度时应选何种物质作参比溶液？

二、计算题

1. 0.088 mg Fe^{3+} 用硫氰酸盐显色后，在容量瓶中用水稀释到 50 mL，用 1 cm 比色皿，在波长 480 nm 处测得 $A=0.740$。求吸光系数 ε 及 κ。

2. 取钢试样 1.0 g 溶解于酸中，将其中的锰氧化成高锰酸盐，准确配制成 250 mL 溶液，测得其吸光度为 1.00×10^{-3} mol·L^{-1} $KMnO_4$ 溶液吸光度的 1.5 倍。计算钢中锰的百分含量。

3. 用磺基水杨酸法测定微量铁含量。标准溶液是由 0.2160 g $NH_4Fe(SO_4)_2 \cdot 12H_2O$ 溶于水中稀释至 500 mL 配制成的。根据下列数据绘制标准曲线：

标准铁溶液的体积 V/mL	0.0	2.0	4.0	6.0	8.0	10.0
吸光度	0.0	0.165	0.320	0.480	0.630	0.790

某试液 5.00 mL，稀释至 250 mL。取此稀释液 2.00 mL，与绘制工作曲线相同条件下显色和测定吸光度。测得 $A=0.500$。计算试液铁含量 (mg·mL^{-1})（铁铵矾的相对分子质量为 482.178）。

第10章　元素化学选述

10.1　元 素 概 述

10.1.1　元素分布

迄今，人们已经发现了 118 种元素，其中 94 种为天然存在的元素，其余为人工合成元素。各种元素在地球上的含量相差极为悬殊。氧是地壳中含量最多的元素，其次是硅，这两种元素的质量约占地壳总质量的 75%。氧、硅、铝、铁、钙、钠、钾、镁这 8 种元素的质量占地壳总质量的 99%以上。

10.1.2　元素分类

在化学上按习惯将元素分成普通元素和稀有元素，这种划分只是相对的，它们之间没有严格的界限。稀有元素一般是指自然界中含量很少，或被人们发现较晚，或对其研究较少，或较难以提炼，以致在工业上应用较晚的元素。稀有元素通常分为以下几类：

轻稀有元素：锂(Li)、铷(Rb)、铯(Cs)、铍(Be)；

高熔点稀有元素：钛(Ti)、锆(Zr)、铪(Hf)、钒(V)、铌(Nb)、钽(Ta)、钼(Mo)、钨(W)、铼(Re)；

分散稀有元素：镓(Ga)、铟(In)、铊(Tl)、锗(Ge)、硒(Se)、碲(Te)；

稀有气体：氦(He)、氖(Ne)、氩(Ar)、氪(Kr)、氙(Xe)、氡(Rn)；

稀土金属：钪(Sc)、钇(Y)、镥(Lu)和镧系元素；

铂系元素：钌(Ru)、铑(Rh)、钯(Pd)、锇(Os)、铱(Ir)、铂(Pt)；

放射性稀有元素：钫(Fr)、镭(Ra)、锝(Tc)、钋(Po)、砹(At)、铹(Lr)和锕系元素。

在自然界中只有少数元素(如稀有气体、N_2、O_2、S、C、Au、Pt 等)以单质的形态存在，绝大多数元素都以化合态存在，而且主要以氧化物、硫化物、卤化物和含氧酸盐的形式存在。

我国的矿产资源丰富，其中钨、锌、锑、锂、稀土元素等含量占世界首位，铜、锡、铅、汞、镍、钛、钼等储量也居世界前列。

10.2　s 区 元 素

10.2.1　s 区元素的通性

s 区元素包括周期表中的 I A 族(氢、锂、钠、钾、铷、铯、钫)和 II A 族(铍、镁、钙、锶、钡、镭)，共 13 种元素，其中有 12 种金属元素。由于第 I A 族金属元素的氢氧化物都是易溶于水的强碱，所以常称为碱金属。第 II A 族中钙、锶、钡的氧化物性质介于"碱性的"(碱金属的氧化物和氢氧化物)和"土性的"(难溶的氧化物如 Al_2O_3)之间，所以称为碱土金属。碱金属和碱土金属原子的价层电子构型分别为 ns^1 和 ns^2，因为它们的原子最外层有 1～2 个 s 电子，所以称为 s 区元素。其中，锂、铷、铯、铍是稀有金属元素，钫、镭是放射性元素。

　　s 区元素是最活泼的金属元素。碱金属和碱土金属的基本性质分别列于表 10-1 和表 10-2 中。碱金属最外层只有 1 个 ns 电子，而内层为 8 电子结构(Li 的次外层是 2 电子)，它的原子半径在同周期中(稀有气体除外)是最大的，而核电荷数却是最小的，由于内层电子的屏蔽作用较显著，因此它们很容易失去最外层的一个电子，使第一电离能在同周期中最低。因此，碱金属是同周期元素中金属性最强的元素。碱土金属核电荷比碱金属大，原子半径比碱金属小，所以金属性比碱金属稍弱。

表 10-1　碱金属元素的基本性质

性质	元素				
	锂(Li)	钠(Na)	钾(K)	铷(Ru)	铯(Cs)
原子序数	3	11	19	37	55
价层电子构型	$2s^1$	$3s^1$	$4s^1$	$5s^1$	$6s^1$
主要氧化数	+1	+1	+1	+1	+1
单质的熔点/K	453.8	371	336.9	312.2	302
单质的沸点/K	1613.2	1154.6	1038.7	967.2	952
单质的密度(293 K)/(g·cm^{-3})	0.535	0.968	0.856	1.532	1.879
单质的硬度(金刚石为 10)	0.6	0.4	0.5	0.3	0.2
原子半径(金属半径)/pm	152	186	227	248	265
M^+离子半径(金属半径)/pm	68	95	133	148	169
第一电离能 I_1/(kJ·mol^{-1})	520	469	419	403	376
第二电离能 I_2/(kJ·mol^{-1})	7298	4562	3051	2633	2230
电负性	0.98	0.93	0.82	0.82	0.79
标准电极电势/V	−3.045	−2.714	−2.925	−2.925	−2.923

表 10-2　碱土金属元素的基本性质

性质	元素				
	铍(Be)	镁(Mg)	钙(Ca)	锶(Sr)	钡(Ba)
原子序数	4	12	20	38	56
价层电子构型	$2s^2$	$3s^2$	$4s^2$	$5s^2$	$6s^2$
主要氧化数	+2	+2	+2	+2	+2
单质的熔点/K	1550	923	1112	1042	998
单质的沸点/K	3243	1363	1757	1657	1913
单质的密度(293 K)/(g·cm^{-3})	1.85	1.74	1.55	2.60	3.59
单质的硬度(金刚石为 10)	4.0	2.0	1.5	1.8	—
原子半径(金属半径)/pm	111.3	160	197.3	215.1	217.3
M^{2+}离子半径(金属半径)/pm	31	65	99	113	135
第一电离能 I_1/(kJ·mol^{-1})	899.4	737.7	589.9	549.5	502.9
第二电离能 I_2/(kJ·mol^{-1})	1757	1451	1145	1064	965.3

续表

性质	元素				
	铍(Be)	镁(Mg)	钙(Ca)	锶(Sr)	钡(Ba)
第三电离能 I_3/(kJ·mol^{-1})	14849	7733	4912	4207	3575
电负性	1.57	1.31	1.00	0.95	0.89
标准电极电势(M^{2+}/M)/V	−1.85	−2.37	−2.87	−2.89	−2.92

在 s 区元素中,同一族元素(除第二周期元素)随着核电荷数的增加,同族元素的原子半径、离子半径逐渐增大,电离能逐渐减小,电负性逐渐减小,金属性、还原性逐渐增强。

s 区元素的一个重要特点是各族元素通常只有一种稳定的氧化态。s 区元素的单质是最活泼的金属,它们都能与大多数非金属反应,如它们极易在空气中燃烧。除了铍和镁外,它们都较易与水反应,形成稳定的氢氧化物,而这些氢氧化物大多数是强碱。s 区元素所形成的化合物大多数是离子型的。第二周期的锂和铍的离子半径小,极化作用强,形成的化合物是共价型的,少数镁的化合物也是共价型的。常温下,在 s 区元素的盐类水溶液中,金属离子大多数不发生水解。除铍外,s 区元素的单质都能溶于液氨生成蓝色的还原性溶液。

10.2.2　s 区重要元素及其化合物

1. 氢

1)氢的性质

氢在元素周期表的第一个位置,它的原子结构最为简单,外层只有一个 s 电子,因此常把它与碱金属排在 I A 族。单质氢是以双原子分子形式存在,常温常压下是一种无色无味的气体,密度比空气小,是所有气体中最轻的。将氢气进行深度冷冻并加压,可转变成液体甚至透明固体。

氢的化学性质并不活泼,但它可直接或间接地与金属或非金属结合,形成的化合物种类和数目非常多。

(1)氢的可燃性。

氢气可在氧气或空气中燃烧,得到的氢氧焰温度可高达 3000℃,适合于金属的切割或焊接。其反应为

$$2H_2(g) + O_2(g) \xrightarrow{点燃} 2H_2O(l) \qquad \Delta_r H_m^{\ominus} = -285.83 \text{ kJ} \cdot \text{mol}^{-1}$$

注意,在点燃氢气或加热氢气时,必须确保氢气的纯净,以免发生爆炸事故。

(2)氢的还原性。

氢可以和许多金属氧化物、卤化物等在加热的情况下发生反应,表现出一定的还原性,如,

$$H_2 + CuO \xrightarrow{\triangle} H_2O + Cu$$

$$4H_2 + Fe_3O_4 \xrightarrow{高温} 4H_2O + 3Fe$$

$$2H_2 + TiCl_4 \xrightarrow{高温} 4HCl + Ti$$

(3)氢的氧化性。

氢可以和 I A 族和 II A 族(除 Be、Mg 外)活泼金属相互反应,生成离子型氢化物。在离子

型氢化物中，氢接受电子生成负一价的氢离子，表现出一定的氧化性。

$$2Na + H_2 \xrightarrow{\text{点燃}} 2NaH$$

$$Ca + H_2 \xrightarrow{\text{高温}} CaH_2$$

(4) 加成反应。

在适当温度及催化剂的条件下，氢可以与不饱和碳氢化合物发生加成反应，生成饱和碳氢化合物。

$$CH \equiv CH + 2H_2 \longrightarrow CH_3 - CH_3$$

(5) 氢与某些金属生成金属型氢化物。

氢气可以与某些金属反应生成一类外观类似金属的金属氢化物。在这类氢化物中，氢气与金属的比值有的是整数比，如 BeH_2、MgH_2、CuH 等，有的是非整数比，如 $VH_{0.56}$、$ZrH_{1.92}$。

2) 氢的用途

氢在科学研究、工业生产中具有重要作用。氢气最大的用途是合成氨，其次是在催化剂作用下合成醇类，以及用于植物油的氢化来合成人造脂肪和人造黄油。在无机工业中合成盐酸、生产金属氢化物、还原金属氧化物。在有机合成工业中不饱和键的催化加氢等都需要消耗一定量的氢气。在宇航技术中用液氢作为高能燃料。

2. 碱金属和碱土金属单质

1) 物理性质

碱金属和碱土金属都是具有金属光泽的银白色金属。它们物理性质的主要特点是轻、软，熔点低，密度小，都是轻金属。其中，锂是最轻的金属。除铍和镁外，碱金属和碱土金属的硬度也很小，可以用刀切割。

碱金属原子半径大，只有 1 个价电子，所形成的金属键很弱，它们的熔点、沸点都很低。铯的熔点比人体体温还低。碱土金属原子半径比相应的碱金属小，具有 2 个价电子，所形成的金属键比碱金属强，故它们的熔、沸点比碱金属高。在碱金属和碱土金属的晶体中有活动性较强的自由电子存在，因而它们具有良好的导电性和导热性。

2) 化学性质

碱金属和碱土金属是化学活性很强的金属元素。它们可以与许多非金属单质直接反应生成离子型化合物。在绝大多数化合物中，它们以阳离子形式存在。碱金属和碱土金属的重要化学反应分别列于表 10-3 中。

表 10-3　碱金属和碱土金属的一些重要反应

金属	直接与金属反应的物质	反应方程式
碱金属	H_2	$2M + H_2 \longrightarrow 2MH$
碱土金属		$M + H_2 \longrightarrow MH_2$
碱金属	H_2O	$2M + 2H_2O \longrightarrow 2MOH + H_2\uparrow$
Ca、Sr、Ba		$M + 2H_2O \longrightarrow M(OH)_2 + H_2\uparrow$
碱金属	卤素	$2M + X_2 \longrightarrow 2MX$
碱土金属		$M + X_2 \longrightarrow MX_2$

续表

金属	直接与金属反应的物质	反应方程式
Li	N$_2$	$6Li + N_2 \longrightarrow 2Li_3N$
Mg、Ca、Sr、Ba		$3M + N_2 \longrightarrow M_3N_2$
碱金属	S	$2M + S \longrightarrow M_2S$
Mg、Ca、Sr、Ba		$M + S \longrightarrow MS$
Li	O$_2$	$4Li + O_2 \longrightarrow 2Li_2O$
Na		$2Na + O_2 \longrightarrow Na_2O_2$
K、Rb、Cs		$M + O_2 \longrightarrow MO_2$
碱土金属		$2M + O_2 \longrightarrow 2MO$
Ca、Sr、Ba		$M + O_2 \longrightarrow MO_2$

碱金属的 $\varphi^{\ominus}(M^+/M)$ 和碱土金属的 $\varphi^{\ominus}(M^{2+}/M)$ 都很小，相应金属的还原性很强，都能与水发生剧烈反应，并生成氢气。

$$2Na + 2H_2O \rightleftharpoons 2NaOH + H_2\uparrow$$

$$2K + 2H_2O \rightleftharpoons 2KOH + H_2\uparrow$$

$$Ca + 2H_2O \rightleftharpoons Ca(OH)_2 + H_2\uparrow$$

钠和钾与水反应很剧烈，并能放出大量的热，使钠、钾熔化，同时使 H_2 燃烧。虽然锂的标准电极电势比铯还小，但它与水反应时还不如钠激烈，一方面是因为锂的升华焓很大，不易熔化，因而反应速率小；另一方面，反应生成的氢氧化锂溶解度较小，覆盖在金属表面上，也减小了反应速率。同周期的碱土金属与水反应不如碱金属激烈。铍、镁与冷水作用很慢，因为形成的难溶氢氧化物覆盖在金属表面，阻止金属与水的进一步作用。利用这些金属与水反应的性质，常将钠与钙作为某些有机溶剂的脱水剂，除去其中含有的极少量的水。

此外，钠、锂、镁、钙还常用作冶金、无机合成和有机合成中的还原剂。例如，20%以上的金属钠可用于还原钛、锆的氯化物，生成相应的金属。

$$TiCl_4(g) + 4Na(l) \xrightarrow{700\sim800℃} 4NaCl(s) + Ti(s)$$

3. 碱金属和碱土金属元素的重要化合物

1）氧化物

碱金属在过量的空气中燃烧时，生成不同类型的氧化物：正常氧化物、过氧化物、超氧化物、臭氧化物（含 O_3^-）和低氧化物。

（1）正常氧化物。

碱金属中的锂和所有碱土金属在空气中燃烧时，生成正常的氧化物 Li_2O 和 MO。其他碱金属的正常氧化物是用金属与它们的过氧化物或硝酸盐作用得到的。例如，

$$Na_2O_2 + 2Na \rightleftharpoons 2Na_2O$$

$$2KNO_3 + 10K \xrightarrow{\quad\quad} 6K_2O + N_2\uparrow$$

碱土金属氧化物也可由它们的碳酸盐或硝酸盐加热分解得到。例如，

$$CaCO_3 \xrightarrow{\triangle} CaO + CO_2\uparrow$$

$$2Sr(NO_3)_2 \xrightarrow{强热} 2SrO + 4NO_2\uparrow + O_2\uparrow$$

碱金属氧化物与水化合生成碱性氢氧化物 MOH。Li_2O 与水反应很慢，Rb_2O 和 Cs_2O 与水发生剧烈反应，甚至爆炸。

碱土金属的氧化物都是难溶于水的白色粉末。BeO 几乎不与水反应，MgO 与水缓慢反应生成 $Mg(OH)_2$，CaO、SrO、BaO 遇水都能发生剧烈反应生成相应的碱，并放出大量的热。

BeO 和 MgO 可作耐高温材料，CaO 是重要的建筑材料，在冶炼厂用作助剂，以除去硫、磷、硅等杂质，在化工厂用作制取电石的原料，还可用作生产钙的化学试剂，用于污水处理、造纸等，其产量仅次于硫酸。

(2) 过氧化物和超氧化物。

过氧化物是含有过氧基（—O—O—）的化合物，可看作 H_2O_2 的衍生物。除铍外，所有的碱金属和碱土金属都能形成过氧化物。

除了锂、铍、镁外，碱金属和碱土金属都能形成超氧化物。其中，钾、铷、铯在过量的空气中燃烧可直接生成超氧化物。

Na_2O_2 是化工中最常用的碱金属过氧化物。纯的 Na_2O_2 为白色粉末，工业品一般为淡黄色。工业上是将金属钠在铝制容器中加热到 300℃，并通入不含二氧化碳的干燥空气制得 Na_2O_2。

Na_2O_2 是一种强氧化剂，工业上用作漂白剂。Na_2O_2 在熔融时几乎不分解，但遇到棉花、木炭或铝粉等还原性物质时，就会发生爆炸，使用时应当注意安全。

室温下，过氧化物和超氧化物与水或稀酸反应生成过氧化氢，过氧化氢又分解为氧气。

$$Na_2O_2 + 2H_2O \xrightarrow{\quad\quad} 2NaOH + H_2O_2$$

$$Na_2O_2 + H_2SO_4 \xrightarrow{\quad\quad} Na_2SO_4 + H_2O_2$$

$$2KO_2 + 2H_2O \xrightarrow{\quad\quad} 2KOH + H_2O_2 + O_2\uparrow$$

$$2KO_2 + H_2SO_4 \xrightarrow{\quad\quad} K_2SO_4 + H_2O_2 + O_2\uparrow$$

$$2H_2O_2 \xrightarrow{\quad\quad} 2H_2O + O_2\uparrow$$

过氧化钠、超氧化钾都能与二氧化碳反应，放出氧气：

$$2Na_2O_2 + 2CO_2 \xrightarrow{\quad\quad} 2Na_2CO_3 + O_2\uparrow$$

$$4KO_2 + 2CO_2 \xrightarrow{\quad\quad} 2K_2CO_3 + 3O_2\uparrow$$

因此，过氧化物和超氧化物可以用作氧气发生剂，用于防毒面具、高空飞行、消防队员及潜水员水下工作时的供氧剂和二氧化碳吸收剂。

(3) 臭氧化物和低氧化物。

干燥的钠、钾、铷、铯的氢氧化物固体与臭氧反应，可生成臭氧化物。例如，

$$6KOH + 4O_3 \xrightarrow{\quad\quad} 4KO_3 + 2KOH \cdot H_2O + O_2\uparrow$$

产物在液氨中重结晶，可以得到橙红色的 KO_3 晶体。室温下，臭氧化物缓慢分解，生成超氧化物和氧气：

$$2KO_3 \Longrightarrow 2KO_2 + O_2 \uparrow$$

碱金属臭氧化物与水激烈反应，生成 MOH 和 O_2。

$$4MO_3 + 2H_2O \Longrightarrow 4MOH + 5O_2 \uparrow$$

Rb 和 Cs 除可形成以上氧化物外，还可形成低氧化物。例如，低温时，Rb 发生不完全氧化反应可得到 Rb_6O，它在 $-7.3℃$ 以上时分解为 Rb_9O_2。

2）氢氧化物

碱金属和碱土金属的氧化物（除 BeO 和 MgO 外）与水作用，即可得到相应的氢氧化物，同时放出大量的热。

碱金属和碱土金属的氢氧化物均为白色固体，易潮解，在空气中吸收 CO_2 生成碳酸盐。所以，固体 NaOH、$Ca(OH)_2$ 常用作干燥剂。

（1）溶解度。

除 LiOH 外，碱金属的氢氧化物在水中的溶解度都比较大，溶解时还放出大量的热。碱土金属氢氧化物在水中的溶解度要小得多。$Be(OH)_2$ 和 $Mg(OH)_2$ 难溶于水，$Ca(OH)_2$ 和 $Sr(OH)_2$ 微溶于水，$Ba(OH)_2$ 可溶但溶解度不大。由 $Be(OH)_2$ 到 $Ba(OH)_2$ 溶解度依次增大，这是因为随着金属离子半径的增大，阴阳离子之间的作用力逐渐减弱，容易被水分子解离。

（2）碱性。

碱金属和碱土金属的氢氧化物中，除 $Be(OH)_2$ 为两性氢氧化物外，其余均为碱性。同族元素氢氧化物的碱性均随金属元素原子序数的增加而增强：

$$LiOH < NaOH < KOH < RbOH < CsOH$$
中强碱　　强碱　　强碱　　强碱　　强碱

$$Be(OH)_2 < Mg(OH)_2 < Ca(OH)_2 < Sr(OH)_2 < Ba(OH)_2$$
两性　　中强碱　　中强碱　　强碱　　强碱

氢氧化钠又称苛性钠、烧碱，是一种十分重要的基本化工原料。实际生产中，主要通过电解氯化钠来制得。NaOH 是白色晶体，极易吸收水和空气中的 CO_2，生成 Na_2CO_3。在化学分析工作中需要不含 Na_2CO_3 的 NaOH 溶液，可先配制 NaOH 的饱和溶液，Na_2CO_3 因不溶于饱和的 NaOH 溶液而沉淀析出，静置取上层清液，用煮沸后冷却的新鲜水稀释到所需的浓度即可。

氢氧化钠能腐蚀玻璃，实验室盛氢氧化钠溶液的试剂瓶应用橡胶塞，而不能用玻璃塞，否则存放时间较长，NaOH 就和瓶口玻璃中的 SiO_2 发生反应生成黏性的 Na_2SiO_3 而将玻璃塞和瓶口黏结在一起。

$$SiO_2 + 2NaOH \Longrightarrow Na_2SiO_3 + H_2O$$

3）盐类

碱金属、碱土金属常见的盐有卤化物、硫酸盐、硝酸盐、碳酸盐和磷酸盐。

（1）晶体类型。

绝大多数碱金属、碱土金属的盐类晶体都是离子晶体，它们具有较高的熔、沸点，常温下是固体，熔化时能导电。只有 Be^{2+} 半径小，电荷较多，极化能力强，当它与易变形的负离子（如 Cl^-、Br^-、I^- 等）结合时，其化合物已经过渡为共价化合物。例如，$BeCl_2$ 具有较低的熔点，易升华，能溶于有机溶剂中，这些性质表明 $BeCl_2$ 是共价化合物。

(2)溶解性。

碱金属的绝大多数盐都是易溶于水的，但由于 Li^+ 半径特别小，电荷密度高，和阴离子结合的晶格能高，尤其是半径小、电荷高的阴离子，所以不少锂盐是难溶于水的，如 LiF、Li_2CO_3、Li_3PO_4 等。一些大阴离子的钾盐，如 $KClO_4$、$K_2[PtCl_6]$、$K_3[Co(NO_2)_6]$ 和酒石酸氢钾等在水中的溶解度都很小。铷和铯的类似盐也是难溶的，且溶解度比相应的钾盐还小。钠的难溶盐不多，仅 $Na[Sb(OH)_6]$ 等少数几种盐难溶于水。

碱土金属的盐比相应的碱金属盐溶解度小，而且不少是难溶的，如氟化物(除 BeF_2 外)、碳酸盐、磷酸盐、铬酸盐、草酸盐等都是难溶的。碱土金属的硫酸盐在水中的溶解度从 Be 到 Ba 依次减小，$BeSO_4$ 和 $MgSO_4$ 易溶，而 $CaSO_4$ 微溶，$BaSO_4$ 难溶。

(3)热稳定性。

一般来说，碱金属的盐具有较高的热稳定性。卤化物在高温时挥发而不分解；硫酸盐在高温下既不挥发又难分解；碳酸盐除 Li_2CO_3 在 1000℃ 以上部分分解为 Li_2O 和 CO_2 外，其余皆不分解；唯有硝酸盐的热稳定性较差，加热到一定温度即可分解：

$$4LiNO_3 \xrightarrow{700℃} 2Li_2O + 4NO_2\uparrow + O_2\uparrow$$

$$2NaNO_3 \xrightarrow{730℃} 2NaNO_2 + O_2\uparrow$$

$$2KNO_3 \xrightarrow{670℃} 2KNO_2 + O_2\uparrow$$

碱土金属盐的热稳定性比碱金属差，但常温下也都是稳定的。碱土金属的碳酸盐、硫酸盐的稳定性都是随着金属离子半径的增大而增强，表现为它们的分解温度依次升高。铍盐的稳定性较差，如 $BeCO_3$ 加热不到 100℃ 就分解了，但 $BaCO_3$ 需加热到 1360℃ 才分解。

10.3　p 区 元 素

10.3.1　p 区元素的通性

p 区元素包括元素周期表中的ⅢA～ⅧA 族元素，包括了除氢外的所有非金属元素和部分金属元素。若以 B-Si-As-Te-At 为分界线，p 区元素分为上、下两部分。分界线及分界线之上为非金属元素，分界线之下为金属元素。与 s 区元素相似，p 区元素的原子半径在同一族中自上而下逐渐增大，获得电子的能力逐渐减弱，元素的非金属性逐渐减弱，金属性逐渐增强。除ⅦA 族和ⅧA 族外，p 区各族元素都由明显的非金属元素起，过渡到明显的金属元素止。

p 区元素的价电子层构型为 $ns^2np^{1\sim6}$，它们大多数都有多种氧化态，这点不同于 s 区元素。随着价层 p 电子数的增多，失电子趋势减弱，逐渐转变为共用电子，甚至得到电子，因此 p 区非金属元素除有正氧化数外，还有负氧化数。ⅢA～ⅤA 族同族元素自上而下低氧化数化合物的稳定性增强，高氧化数化合物的稳定性减弱，这种现象称为"惰性电子对效应"。

10.3.2　p 区重要元素及其化合物

1. 硼族元素

1) 概述

硼族元素位于周期表ⅢA族，包括硼（B）、铝（Al）、镓（Ga）、铟（In）、铊（Tl）五种元素。除硼为非金属外，其余四种均为金属。硼和铝都是常见元素，铝在地壳中的含量仅次于氧和硅。镓、铟、铊三种元素都是稀散元素且性质比较相似，所以常把这三种元素称为镓分族。

硼族元素基态原子价电子层构型为 ns^2np^1，最高氧化数为+3。B、Al 一般只形成氧化数为+3 的化合物。从镓到铊，由于惰性电子对效应，氧化数为+3 的化合物的稳定性降低，氧化数为+1 的化合物稳定性增加。

硼族元素的价电子层有 4 个原子轨道（ns、np_x、np_y、np_z），但只有 3 个电子，在形成共价键时，价电子层未充满（ns^2、np_x^1、np_y^0、np_z^0）。像这种价电子数（如 B，3 个价电子）小于价层轨道数（1 个 ns 轨道 +3 个 np 轨道）的元素称为缺电子元素，所形成的化合物称为缺电子化合物（如 BF_3、$AlCl_3$ 等）。缺电子化合物还有很强的继续接受电子的能力，所以易形成聚合分子（如 Al_2Cl_6）和配位化合物（如 HBF_4）。

硼族元素的基本性质列于表 10-4 中。

表 10-4　硼族元素的基本性质

性质	元素				
	硼（B）	铝（Al）	镓（Ga）	铟（In）	铊（Tl）
原子序数	5	13	31	49	81
价层电子构型	$2s^22p^1$	$3s^23p^1$	$4s^24p^1$	$5s^25p^1$	$6s^26p^1$
主要氧化数	+3	+3	(+1)+3	+1，+3	+1(+3)
共价半径/pm	82	118	126	144	148
M^+离子半径/pm	—	—	113	132	140
M^{3+}离子半径/pm	20	50	62	81	95
第一电离能 I_1/(kJ·mol^{-1})	800.6	577.6	578.8	558.3	589.3
第二电离能 I_2/(kJ·mol^{-1})	2427	1817	1979	1821	1971
第三电离能 I_3/(kJ·mol^{-1})	3660	2745	2963	2705	2878
电子亲和能/(kJ·mol^{-1})	29	48	48	69	117
电负性	2.04	1.61	1.81	1.78	1.62

2) 硼及其化合物

(1) 硼单质。

硼是一种典型的非金属元素。自然界没有游离的硼，主要是以化合物的形式存在，如硼砂（$Na_2B_4O_7 \cdot 10H_2O$）、硼镁矿（$Mg_2B_2O_5 \cdot H_2O$）、方硼石（$2Mg_3B_8O_{15} \cdot MgCl_2$）、硼酸（$H_3BO_3$）等。

单质硼有无定形硼和晶形硼等多种同素异形体，无定形硼为棕色粉末，晶形硼呈黑灰色。硼的熔点、沸点都很高。晶形硼的硬度很大，在单质中，硬度仅次于金刚石。单质硼的晶体结构都很复杂，其中最普遍的一种是 α-菱形硼，其基本结构单元为 12 个 B 原子组成的正二十面体的对称几何构型，如图 10-1 所示。每个面近似为一个等边三角形，20 个面交成 12 个角顶，每个角顶被一个硼原子所占据，然后由 B_{12} 的这种二十面体组成六方晶系的 α-菱形硼（图 10-2）。

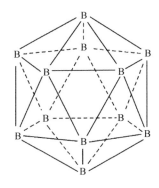

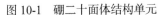

图 10-1　硼二十面体结构单元

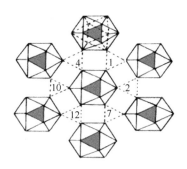

图 10-2　α-菱形硼的六方晶系结构

晶形单质硼较惰性，无定形硼化学性质比较活泼。只要条件合适，硼几乎可以与除氢和稀有气体外的所有非金属直接反应。

$$2B + 3X_2 \xlongequal{\quad} 2BX_3 (X = F、Cl、Br、I)$$

$$2B + N_2 \xlongequal{\quad} 2BN$$

高温下，硼几乎能与所有的金属反应生成金属硼化物。

$$2B + 3Mg \xlongequal{\quad} Mg_3B_2$$

硼还能从许多稳定的氧化物（如 SiO_2、H_2O 等）中夺取氧。例如，在炽热环境中，无定形硼可与水蒸气作用生成硼酸和氢气。

$$2B + 6H_2O(g) \xlongequal{\quad} 2H_3BO_3 + 3H_2$$

在无氧化剂时，无定形硼不溶于酸，即使在盐酸或氢氟酸中长期煮沸，也不起任何作用。但热的浓 H_2SO_4、热的浓 HNO_3 能逐渐将硼氧化成硼酸。

$$2B + 3H_2SO_4(浓) \xlongequal{\quad} 2H_3BO_3 + 3SO_2 \uparrow$$

$$B + 3HNO_3(浓) \xlongequal{\quad} H_3BO_3 + 3NO_2 \uparrow$$

在有氧化剂存在时，硼与强碱共熔可得到偏硼酸盐。

$$2B + 2NaOH + 3KNO_3 \xlongequal{\quad} 2NaBO_2 + 3KNO_2 + H_2O$$

(2)硼的氢化物。

硼和氢不能直接化合，但可间接形成一系列共价型化合物，如 B_2H_6、B_4H_{10}、B_5H_9、B_6H_{10} 等，这类化合物的性质与烷烃相似，所以又称为硼烷。目前已制出的硼烷有 20 多种，根据其组成可分为多氢硼烷（B_nH_{n+6}）和少氢硼烷（B_nH_{n+4}）两大类。最简单的硼烷是乙硼烷，其结构如图 10-3(a)所示。在 B_2H_6 中，共有 14 个价层轨道，但只有 12 个电子，所以 B_2H_6 是缺电子化合物。在这类硼烷分子中，除形成一部分正常共价键外，还会形成一部分三中心键，即 2 个 B 原子与 1 个 H 原子通过共用 2 个电子而形成三中心二电子键[图 10-3(b)]。三中心键是一种非定域的键，常用弧线表示，像 2 个 B 原子通过氢原子作为桥梁而连接起来的，所以该三中心键又常被称为氢桥。

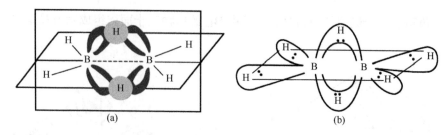

图 10-3　B_2H_6 分子的结构

硼烷在常温下大多数为液体或固体，只有极少数为气体，如 B_2H_6 等。硼烷一般都有剧毒。相对分子质量较小的硼烷在常温下遇空气容易发生自燃。例如，乙硼烷在潮湿的空气中极易燃烧，生成三氧化二硼 (B_2O_3) 和水，同时放出大量的热。

$$B_2H_6(g) + 3O_2(g) \Longrightarrow B_2O_3(s) + 3H_2O(g)$$

硼烷与水可发生不同程度的水解，反应速率也不同。乙硼烷极易水解，室温下反应很快：

$$B_2H_6 + 6H_2O \Longrightarrow 2H_3BO_3 + 6H_2$$

在乙醚中，乙硼烷可与 LiH(NaH) 直接反应生成硼氢化锂 $LiBH_4$（硼氢化钠 $NaBH_4$），它们的还原性都比 B_2H_6 强，常用于有机合成工业。

$$2LiH + B_2H_6 \Longrightarrow 2LiBH_4$$

$$2NaH + B_2H_6 \Longrightarrow 2NaBH_4$$

硼烷还可与 CO、NH_3 等具有孤对电子的分子发生加成反应生成配合物。

$$2CO + B_2H_6 \Longrightarrow 2[H_3B \leftarrow CO]$$

$$2NH_3 + B_2H_6 \Longrightarrow 2[H_3B \leftarrow NH_3]$$

(3) 硼的含氧化合物。

由于硼与氧形成的 B—O 键键能大，因此硼的含氧化合物具有很高的稳定性。构成硼的含氧化合物的基本单元是平面三角形的 BO_3 和四面体的 BO_4，这是由硼元素的亲氧性和缺电子性所决定的。

i. 三氧化二硼

B_2O_3 是白色固体，晶态 B_2O_3 比较稳定，熔点为 460℃。制备 B_2O_3 的一般方法是加热硼酸使其脱水。

$$2H_3BO_3 \stackrel{\triangle}{\Longrightarrow} B_2O_3 + 3H_2O$$

硼也可与氧直接化合得到 B_2O_3。B_2O_3 易溶于水，生成硼酸。但在热的水蒸气中生成挥发性的偏硼酸 (HBO_2)。

$$B_2O_3(晶形) + H_2O(g) \Longrightarrow 2HBO_2$$

$$B_2O_3(无定形) + 3H_2O(l) \Longrightarrow 2H_3BO_3$$

B_2O_3 能被碱金属镁、铝等还原为单质硼。

$$B_2O_3 + 3Mg \Longrightarrow 2B + 3MgO$$

熔融的 B_2O_3 可以溶解许多金属氧化物而得到有特征颜色的偏硼酸盐玻璃体，这个反应可

用于定性分析中，用来鉴定金属离子，称为硼珠试验。例如，

$$B_2O_3 + CuO \Longrightarrow Cu(BO_2)_2(蓝色)$$

$$B_2O_3 + NiO \Longrightarrow Ni(BO_2)_2(绿色)$$

ii. 硼酸

硼酸包括正硼酸(H_3BO_3，也称原硼酸、硼酸)、偏硼酸(HBO_2)和多硼酸($xB_2O_3 \cdot yH_2O$)。将纯的硼砂($Na_2B_4O_7 \cdot 10H_2O$)溶于沸水中并加入盐酸，放置后可析出硼酸：

$$Na_2B_4O_7 + 5H_2O + 2HCl \Longrightarrow 4H_3BO_3 + 2NaCl$$

在 H_3BO_3 的晶体结构中，每个 B 原子以 sp^2 杂化轨道与氧原子结合成平面三角形结构，每个氧原子在晶体内又通过氢键连接成片状结构(图 10-4)，层与层之间以分子间作用力连接，有解理性和滑腻感，可作润滑剂。

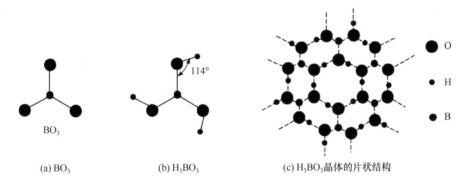

(a) BO_3　　　　(b) H_3BO_3　　　　(c) H_3BO_3晶体的片状结构

图 10-4　BO_3 及 H_3BO_3 晶体的片状结构

H_3BO_3 是一元弱酸，$K_a^{\ominus} = 5.75 \times 10^{-10}$，其酸性来源不是本身给出质子，而是由于硼的缺电子性，能加合水分子解离出的具有孤对电子的 OH^-，而释放出 H^+：

$$B(OH)_3 + H_2O \Longrightarrow \left[HO-\overset{\displaystyle OH}{\underset{\displaystyle OH}{B}}-OH \right]^- + H^+$$

在 H_3BO_3 溶液中加入多羟基化合物，如甘油(丙三醇 $C_3H_8O_3$)和甘露醇($C_6H_{14}O_6$)，其酸性将大大增强。

$$HO-\overset{OH}{\underset{OH}{B}} + \begin{matrix} HO-CH_2 \\ | \\ CHOH \\ | \\ HO-CH_2 \end{matrix} \Longrightarrow \left[O-B\begin{matrix} O-C\overset{H_2}{} \\ | \\ O-C\underset{H_2}{} \end{matrix} CHOH \right]^- + H^+ + 2H_2O$$

iii. 硼酸盐

硼酸盐有偏硼酸盐、正硼酸盐和多硼酸盐等多种类型。其中最重要的硼酸盐是四硼酸钠，俗称硼砂。硼砂的分子式是 $Na_2B_4O_5(OH)_4 \cdot 8H_2O$，习惯上也常写作 $Na_2B_4O_7 \cdot 10H_2O$。硼砂的主要结构单元为$[B_4O_5(OH)_4]^{2-}$，如图 10-5 所示，是由 2 个 BO_3 原子团和 2 个 BO_4 原子团通

过共用角顶氧原子联结而成。

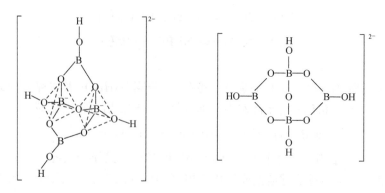

图 10-5　$[B_4O_5(OH)_4]^{2-}$ 的结构示意图

硼砂是无色半透明晶体或白色结晶粉末，无臭，味咸，在空气中缓慢风化失水。硼砂易溶于水，其溶液因其水解而显碱性：

$$[B_4O_5(OH)_4]^{2-} + 5H_2O \Longrightarrow 4H_3BO_3 + 2OH^- \Longrightarrow 2H_3BO_3 + 2B(OH)_4^-$$

20℃时，硼砂溶液的 pH 为 9.24。硼砂溶液中含有等量的 H_3BO_3 和 $B(OH)_4^-$，故具有缓冲作用，在实验室可用它配制缓冲溶液。

硼砂主要用于玻璃和搪瓷行业。在玻璃中，可增强紫外线的透射率，提高玻璃的透明度和耐热性能。在搪瓷制品中，可使瓷釉不易脱落而使其具有光泽。此外，硼砂还是制取含硼化合物的基本原料，几乎所有的含硼化合物都可经硼砂制备。

3）铝及其化合物

（1）铝单质。

铝是一种银白色、有光泽的轻金属，密度 2.7 g·cm^{-3}，熔点 933 K，沸点 2740 K，具有良好的延展性和传热导电性。铝在自然界分布很广，主要以铝硅酸盐的形式存在，如长石、云母、高岭土等。铝矿石主要有铝土矿（$Al_2O_3 \cdot nH_2O$）和冰晶石（Na_3AlF_6）等。

常温下，在空气中金属铝表面发生缓慢氧化生成一薄层致密氧化物膜，阻止氧气、水继续和铝反应，这层膜对铝起保护作用，因此铝具有一定的抗锈蚀能力，被大量用于制造日常器皿。此外，铝还可用于制造合金、建筑设备、机械、汽车、飞机等。

铝在加热时可在氧气中燃烧，生成氧化铝并发出强烈的白光，同时放出大量的热。

$$4Al + 3O_2 \xrightarrow{\triangle} 2Al_2O_3$$

铝具有强还原性，能将大多数金属氧化物还原成单质。例如，

$$2Al + Fe_2O_3 \Longrightarrow Al_2O_3 + 2Fe$$

因此，在冶金工业中常用作还原剂炼制高熔点金属，如镍、铬、锰、钒等。

（2）氧化铝和氢氧化铝。

氧化铝（Al_2O_3）是一种白色粉状物，具有多种晶形，常见的是 α-Al_2O_3 和 γ-Al_2O_3。

自然界中的刚玉为 α-Al_2O_3，熔点高，硬度大（仅次于金刚石），不溶于水、酸或碱，常用作高硬质材料、耐磨材料和耐火材料。

γ-Al_2O_3 称为活性氧化铝，不溶于水，但能溶于酸和碱，是典型的两性氧化物。γ-Al_2O_3 具

有大的比表面积，有较强的吸附能力和催化活性，可用作吸附剂和催化剂。

$$Al_2O_3 + 3H_2SO_4 =\!=\!= Al_2(SO_4)_3 + 3H_2O$$

$$Al_2O_3 + 2NaOH =\!=\!= 2NaAlO_2 + H_2O$$

氢氧化铝[$Al(OH)_3$]是两性氢氧化物，不溶于水，能溶于酸和碱，其碱性略强于酸性。

$$Al(OH)_3 + 3H^+ =\!=\!= Al^{3+} + 3H_2O$$

$$Al(OH)_3 + OH^- =\!=\!= [Al(OH)_4]^-$$

（3）卤化物。

在三卤化铝中，除 AlF_3 是离子化合物外，$AlCl_3$、$AlBr_3$ 和 AlI_3 均是共价化合物。铝的卤化物中以 $AlCl_3$ 最为重要。由于铝盐极容易发生水解，因此在水溶液中无法得到无水 $AlCl_3$，只能用干法制取，如在氯气或氯化氢气流中加热金属铝可得到无水 $AlCl_3$。

$$2Al + 3Cl_2(g) \xrightarrow{\triangle} 2AlCl_3$$

$$2Al + 6HCl(g) \xrightarrow{\triangle} 2AlCl_3 + 3H_2(g)$$

无水 $AlCl_3$ 能溶于有机溶剂，在水中发生强烈的水解，甚至在潮湿的空气中也因强烈水解而冒烟。

$AlCl_3$ 分子中的铝原子是缺电子原子，存在空轨道，而氯原子有孤对电子，因此可以通过配位键形成具有桥式结构的二聚分子 Al_2Cl_6，如图 10-6 所示。在 Al_2Cl_6 分子中，每个铝原子以不等性 sp^3 杂化轨道和 4 个氯原子形成四面体结构，2 个铝原子与两侧的 4 个氯原子在同一平面上，中间的 2 个氯原子位于该平面的两侧。

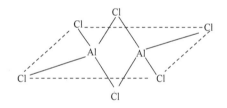

$AlCl_3$ 除可聚合为二聚分子外，还能与有机胺、醚、醇等加成，因此被广泛用作石油化工和有机合成工业的催化剂。

图 10-6　Al_2Cl_6 分子结构

（4）含氧酸盐。

常见的铝的含氧酸盐有硝酸铝[$Al(NO_3)_3$]、硫酸铝[$Al_2(SO_4)_3$]、铝钾钒[明矾，$KAl(SO_4)_2 \cdot 12H_2O$]等。

硝酸铝、硫酸铝是离子型化合物，都易溶于水，由于 Al^{3+} 的水解，溶液呈酸性。

$$[Al(H_2O)_6]^{3+} =\!=\!= [Al(OH)(H_2O)_5]^{2+} + H^+$$

铝的弱酸盐水解更加明显，甚至达到几乎完全的程度，因此铝的弱酸盐不能用湿法制备。

$$2Al^{3+} + 3S^{2-} + 6H_2O =\!=\!= 2Al(OH)_3 \downarrow + 3H_2S \uparrow$$

$$2Al^{3+} + 3CO_3^{2-} + 3H_2O =\!=\!= 2Al(OH)_3 \downarrow + 3CO_2 \uparrow$$

在 Al^{3+} 溶液中加入茜素的氨溶液，生成红色沉淀。反应方程式如下：

$$Al^{3+} + 3NH_3 \cdot H_2O =\!=\!= Al(OH)_3 \downarrow + 3NH_4^+$$

$$Al(OH)_3(s) + 3C_{14}H_6O_2(OH)_2(茜素) =\!=\!= Al(C_{14}H_7O_4)_3(红色) + 3H_2O$$

这一反应灵敏度较高，溶液中微量的 Al^{3+} 也有明显反应，故常用来鉴定 Al^{3+} 的存在。

工业上最重要的铝盐是硫酸铝和明矾。明矾可以净水，因为硫酸铝与水作用所得的氢氧化铝具有很强的吸附能力，在印染工业上硫酸铝或明矾可用作媒染剂。泡沫灭火器中装有硫酸铝的饱和溶液。

2. 碳族元素

1）概述

碳族元素位于周期表ⅣA族，包括碳(C)、硅(Si)、锗(Ge)、锡(Sn)、铅(Pb)五种元素。碳、硅为非金属，锗是半金属，而锡和铅为金属。

碳族元素基态原子价电子层构型为 ns^2np^2，能形成氧化值为+4 和+2 的化合物。在碳化物中，碳还可以形成氧化值为−4 的化合物。碳族元素的基本性质列于表 10-5 中。

表 10-5　碳族元素的基本性质

性质	元素				
	碳(C)	硅(Si)	锗(Ge)	锡(Sn)	铅(Pb)
原子序数	6	14	32	50	82
价层电子构型	$2s^22p^2$	$3s^23p^2$	$4s^24p^2$	$5s^25p^2$	$6s^26p^2$
主要氧化数	+2，+4，−4	+4	+4	+2，+4	+2，+4
共价半径/pm	77	117	122	141	154
M^{2+}离子半径/pm	—	—	73	102	120
M^{4+}离子半径/pm	16	42	53	71	84
第一电离能 I_1/(kJ·mol^{-1})	1087	787	762	709	716
电子亲和能/(kJ·mol^{-1})	122.5	119.6	115.8	120.6	101.3
电负性	2.55	1.90	2.01	1.2	1.6

2）碳及其化合物

（1）单质。

在自然界以单质存在的碳是金刚石和石墨，以化合物形式存在的碳主要有煤、石油、天然气、碳酸盐和二氧化碳等。

碳有石墨、金刚石和碳原子簇(富勒烯)等多种同素异形体。

在石墨晶体中，碳原子以 sp^2 杂化轨道与邻近的三个碳原子成键，构成平面六角网状结构（图 10-7），由这些网状结构连成层状结构。层中 C—C 之间的距离为 141.5 pm，每个碳原子有

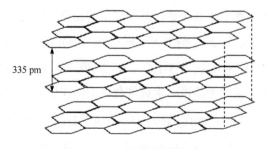

335 pm

图 10-7　石墨的晶体结构

一个未参加杂化的 p 轨道，并有一个 p 电子，同一层中这些 p 电子可以形成离域大π键，这些离域π电子可以在整个碳原子平面内活动，这使得石墨具有金属光泽，并且具有良好的导电和导热性能。层与层之间相距 335 pm，靠分子间作用力相结合，所以石墨易沿着与层平行的方向滑动，质软且具有润滑性。石墨在工业上用作润滑剂就是利用这一特性。

金刚石中，每个碳原子以 sp³ 杂化轨道与另外 4 个碳原子成键，C—C 距离为 154 pm，其晶体结构如图 10-8 所示。在所有物质中，金刚石的硬度最大，熔点最高。由于金刚石中碳原子的价电子都参加了成键，因此金刚石不导电。由于 C—C 键很强，室温下金刚石是非常惰性的。金刚石俗称钻石，除用作装饰品外，主要用于制造钻探用钻头、切割和磨削工具。

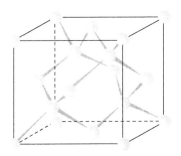

图 10-8　金刚石的晶体结构

20 世纪 80 年代发现了碳的第三种晶体形态，称为球烯或富勒烯。它是由碳元素结合形成的稳定分子，分子式为 C_n（一般 $n < 200$），其中研究最多的是 C_{60}。

富勒烯 C_{60} 具有 60 个顶点和 32 个面，其中 12 个为正五边形，20 个为正六边形，整个分子形似足球，所以又称为"足球烯"。目前，富勒烯的研究领域已涉及有机化学、无机化学、生命科学、材料科学、高分子科学、催化化学、电化学、超导体等众多学科及应用研究领域，应用潜力巨大。

碳单质最重要的用途是在冶金工业中用来还原金属氧化物矿物。焦炭是冶金工业中重要的原材料。

$$MO + C \xlongequal{\quad} M + CO$$

（2）含氧化合物。

i. 一氧化碳

一氧化碳 CO 是无色、无味、易燃的有毒气体。它与血红蛋白的结合能力比 O_2 大 300 倍左右，其结果是妨碍血液中血红蛋白输送氧的作用。空气中 CO 含量达到 0.05%（体积分数）时，人会感到头晕，达到 0.2% 时，会神志不清，达到 1% 时，会导致死亡。

实验室可以用浓硫酸从蚁酸或草酸中脱水制取 CO：

$$HCOOH \xrightarrow[\text{加热}140℃]{\text{浓}H_2SO_4} CO\uparrow + H_2O$$

$$H_2C_2O_4 \xlongequal{\text{浓}H_2SO_4} CO\uparrow + CO_2\uparrow + H_2O$$

CO 分子中的碳原子与氧原子间形成三重键，一个σ键，两个π键，与 N_2 分子类似。但

与 N₂ 分子所不同的是其中一个 π 键是配位键，这对电子由氧原子提供。CO 的结构式可表示为

$$:C\!\!\equiv\!\!O:$$

CO 是强还原剂，在高温下可将许多金属氧化物还原为金属，如

$$3CO + Fe_2O_3 \xrightarrow{\triangle} 2Fe + 3CO_2$$

$$CO + CuO \xrightarrow{\triangle} Cu + CO_2$$

CO 可作为配体与过渡金属原子或离子形成羰基化合物，如四羰基合镍 $Ni(CO)_4$、五羰基合铁 $Fe(CO)_5$。CO 表现出强烈的加和性，是因为 C 原子中的孤对电子容易进入其他的空轨道，从而形成配合物。

CO 能将 $PdCl_2$ 溶液还原析出 Pd：

$$PdCl_2 + CO + H_2O = Pd + CO_2 + 2HCl$$

由于 Pd 的析出而使溶液变黑，该反应可用于 CO 的鉴定。

ii. 二氧化碳

CO_2 是无色无味的气体，主要产生于碳和含碳化合物的燃烧、碳酸钙的分解、动物的呼吸排放等过程。植物的光合作用和海洋中的生物可将 CO_2 转变为 O_2。大气中 CO_2 含量增加，会产生温室效应而使地球的气温升高。

CO_2 是直线形分子，其结构曾被认为是 $O\!\!=\!\!C\!\!=\!\!O$，但 CO_2 分子中 C—O 键长为 116.3 pm，介于 C=O 双键和 C≡O 三键之间，其键能也介于双键和三键之间，因此 CO_2 分子的结构可用离域大 π 键描述：

$$:\!\ddot O\!\!-\!\!C\!\!-\!\!\ddot O\!:$$

CO_2 不助燃，空气中 CO_2 的含量达 25% 时，火焰就会熄灭，可用作灭火剂。但 CO_2 能与燃烧的 Mg 反应：

$$CO_2 + 2Mg = 2MgO + C$$

所以镁燃烧时不能用 CO_2 灭火。

iii. 碳酸及其盐

CO_2 溶于水后主要以水合二氧化碳 $CO_2 \cdot nH_2O$ 存在，极少部分以 H_2CO_3 的形式存在。碳酸仅存在于水溶液中，而且浓度很小，浓度增大时即分解出 CO_2。纯的碳酸至今尚未制得。

碳酸是二元酸，通常将水溶液中 H_2CO_3 的解离平衡写成：

$$H_2CO_3 \rightleftharpoons H^+ + HCO_3^- \quad K_{a1}^\ominus = 4.36 \times 10^{-7}$$

$$HCO_3^- \rightleftharpoons H^+ + CO_3^{2-} \quad K_{a2}^\ominus = 4.68 \times 10^{-11}$$

碳酸盐有酸式盐和正盐两种形式。正盐中除碱金属（不包括 Li）和铵盐以外都难溶于水。对于难溶的碳酸盐来说，通常其碳酸氢盐有较大的溶解度，如 $Ca(HCO_3)_2$ 的溶解度比 $CaCO_3$

大。但对易溶的碳酸盐来说，其相应酸式盐的溶解度则较小。例如，$NaHCO_3$ 和 $KHCO_3$ 的溶解度分别小于 Na_2CO_3 和 K_2CO_3 的溶解度。这是因为 HCO_3^- 通过氢键形成二聚离子或多聚链状结构离子的结果。

$$\left[\begin{array}{c} O-C \begin{array}{c} OH----O \\ O----HO \end{array} C-O \end{array}\right]^{2-} \qquad \left[\begin{array}{c} O \quad O \\ C \quad H \quad C \quad H \\ O \quad O \end{array}\right]^{2n-}_n$$

碳酸盐具有强烈的水解性，当金属离子与可溶性碳酸盐作用时，可能生成碳酸盐、碱式碳酸盐或氢氧化物，其具体情况视金属离子 M^{n+} 的水解和生成物的溶度积而定，如

$$2Ag^+ + CO_3^{2-} =\!=\!= Ag_2CO_3 \downarrow (碱土金属离子，Mn^{2+}，Ni^{2+})$$

$$2Cu^{2+} + 2CO_3^{2-} + H_2O =\!=\!= Cu_2(OH)_2CO_3 \downarrow + CO_2 \uparrow (Be^{2+}，Zn^{2+}，Co^{2+})$$

$$2Al^{3+} + 3CO_3^{2-} + 3H_2O =\!=\!= 2Al(OH)_3 \downarrow + 3CO_2 \uparrow (Fe^{3+}，Cr^{3+})$$

碳酸盐的另一个性质是其热稳定性差。碳酸氢盐受热分解成相应的碳酸盐、水和二氧化碳：

$$2MHCO_3 \xrightarrow{\triangle} M_2CO_3 + H_2O + CO_2 \uparrow$$

大多数碳酸盐在加热时分解为金属氧化物和二氧化碳：

$$MCO_3 \xrightarrow{\triangle} MO + CO_2 \uparrow$$

一般来说，碳酸、碳酸氢盐和碳酸盐的热稳定性顺序为：$H_2CO_3 < MHCO_3 < M_2CO_3$。例如，$Na_2CO_3$ 很难分解，$NaHCO_3$ 在 270℃分解，H_2CO_3 室温下就分解。碱土金属碳酸盐的热稳定性随原子序数增加而增大。这种规律可用离子极化的理论解释，也可用热力学和晶格能的理论解释。

3）硅及其化合物

（1）单质。

单质硅的晶体结构类似于金刚石，熔、沸点较高，性硬脆，能刻划玻璃。在低温下，单质硅并不活泼，与水、空气和酸均无反应，但能与强氧化剂和强碱作用。

$$Si + O_2 \xrightarrow{\triangle} SiO_2$$

$$Si + 2X_2 \xrightarrow{\triangle} SiX_4 (X = F、Cl、Br、I)$$

$$Si + 2OH^- + H_2O \xrightarrow{\triangle} SiO_3^{2-} + 2H_2 \uparrow$$

高纯硅（杂质少于百万分之一）具有良好的半导体性能，常被用作半导体材料。

（2）含氧化合物。

i. 二氧化硅

二氧化硅又称硅石，常压下有多种晶型，其中最常见的是石英。石英是原子晶体，其中每个 Si 原子与 4 个氧原子以单键相连，构成 SiO_4 四面体结构单元，每个 SiO_4 又通过共用氧原子相互连接。从整体上看，每个 Si 原子周围有 4 个 O 原子，而每个 O 原子又被 2 个 Si 原子共用，如图 10-9 所示。石英玻璃膨胀系数小，能透过可见光和紫外光，耐腐蚀性强（除 HF 和

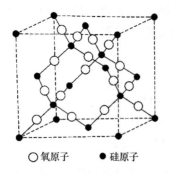

○ 氧原子　● 硅原子

图 10-9　方石英的晶体结构

熔碱外），不易引入杂质，可用来制作光学仪器的透镜和棱镜、紫外灯、汞灯及高级石英器皿等。现代光通信中的光导纤维也是由 SiO_2 经特殊工艺制成的。

二氧化硅的化学性质不活泼，但能与氢氟酸、浓碱及熔融的 Na_2CO_3 反应。

$$SiO_2 + 4HF = SiF_4\uparrow + 2H_2O$$
$$SiO_2 + 6HF = H_2SiF_6 + 2H_2O$$
$$SiO_2 + 2OH^- \xrightarrow{\triangle} SiO_3^{2-} + H_2O$$
$$SiO_2 + Na_2CO_3 \xrightarrow{熔融} Na_2SiO_3 + CO_2\uparrow$$

ii. 硅酸及其盐

可溶性硅酸盐与酸作用生成硅酸：

$$SiO_3^{2-} + 2H^+ = H_2SiO_3$$

硅酸酸性比碳酸还弱，其 $K_{a1}^\ominus = 1.70\times10^{-10}$，$K_{a2}^\ominus = 1.58\times10^{-12}$。硅酸不溶于水，组成比较复杂，且随生成条件而变，常以通式 $x SiO_2 \cdot y H_2O$ 表示。由于各种硅酸中偏硅酸的组成最简单，所以习惯上常用化学式 H_2SiO_3 表示硅酸。

除 Na_2SiO_3（俗称水玻璃）和 K_2SiO_3 是可溶性硅酸盐外，大多数硅酸盐难溶于水，且有特征颜色。例如，

$CuSiO_3$　$CoSiO_3$　$MnSiO_3$　$NiSiO_3$　$Fe_2(SiO_3)_3$　$ZnSiO_3$　$Al_2(SiO_3)_3$
蓝绿色　　紫色　　浅红色　　翠绿色　　棕红色　　　白色　　无色透明

SiO_3^{2-} 具有强的水解性，与 Al^{3+} 作用生成 H_2SiO_3 和 $Al(OH)_3$，与 NH_4^+ 作用生成 H_2SiO_3 和 NH_3。

$$3Na_2SiO_3 + Al_2(SO_4)_3 + 6H_2O = 3H_2SiO_3\downarrow + 2Al(OH)_3\downarrow + 3Na_2SO_4$$
$$Na_2SiO_3 + 2NH_4Cl = H_2SiO_3\downarrow + 2NaCl + 2NH_3\uparrow$$

硅酸盐种类极多，其结构可分为链状、片状和三维网络状，如图 10-10 所示。但其基本结构单元都是硅氧四面体[图 10-10(a)]，四面体通过共用顶点连接成各种结构形式。

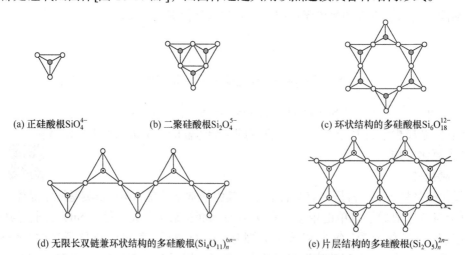

(a) 正硅酸根 SiO_4^{4-}　　(b) 二聚硅酸根 $Si_2O_7^{6-}$　　(c) 环状结构的多硅酸根 $Si_6O_{18}^{12-}$

(d) 无限长双链兼环状结构的多硅酸根 $(Si_4O_{11})_n^{6n-}$　　(e) 片层结构的多硅酸根 $(Si_2O_5)_n^{2n-}$

图 10-10　可溶性硅酸盐硅酸根阴离子的结构

　　天然沸石是重要的铝硅酸盐，属立体结构，具有多孔性，有许多孔穴，这些孔穴能吸附水分子，也能吸附一定大小的气体分子，所以沸石能作为干燥剂和吸附剂使用。此外，还可用作中性离子交换剂使用，如钠沸石($Na_2[Al_2Si_3O_{10}] \cdot 2H_2O$)中的 Na^+ 可以和 Ca^{2+} 进行交换。

　　分子筛是具有孔隙的硅铝酸钠，有天然的和人工合成的两种。天然的是泡沸石($Na_2O \cdot Al_2O_3 \cdot SiO_2 \cdot nH_2O$)，是一种含有结晶水的硅铝酸盐，经过脱水处理后，其晶体中形成许多一定大小和外部相通的微细孔道，有良好的吸附性能。它能吸附比这些孔径小的分子，而直径大的分子不能进入孔道。因此，将大小不同的分子通过各种泡沸石就可以将其分离，所以称为分子筛。分子筛是由硅氧四面体和铝氧四面体结构单元组成，比表面积很大，孔径均匀，具有较高的机械强度和热稳定性，常用作干燥剂和催化剂。

　　分子筛的吸附能力不仅取决于其孔径的大小，同时也和被吸附物质的性质有关。分子筛在室温下能吸附那些比它孔径小，同时又容易液化的气体，如水汽、氨和二氧化碳等，而对那些分子直径虽然小于它的孔径，但难以液化的气体如氢、氧、氮、氩等则不能吸附。因此，分子筛可以将这两类气体很好地分离。例如，半导体材料的生产中，常用分子筛除去氢气中的微量水分，选择性地吸附混在硅烷气体中的硼氢化合物和氨等杂质。

　　4)对角线规则

　　在 s 区和 p 区元素中，除了同族元素的性质相似外，某些处于对角线位置的两元素，如 Li 与 Mg、Be 与 Al、B 与 Si 等，它们的性质十分相似，其化合物的性质也有许多相似之处，这种相似性称为对角线规则。

　　例如，B 与 Si 的相似性为：①在自然界，两者都是以含氧化合物存在；②二者单质状态下都有半导体的性质；③B—O 键和 Si—O 键都很稳定；④氢化物均多种多样，都有挥发性，且可在空气中自燃，并能水解；⑤H_3BO_3 和 H_4SiO_4 都是弱酸，都能形成多酸盐，结构都很复杂；⑥氧化物都能与一些金属氧化物共熔生成有特殊颜色的盐。

　　这种相似性的主要原因是它们具有相似的离子电荷与离子半径比，如 Be^{2+} 的半径虽然小于 Al^{3+}，但 Al^{3+} 的电荷高于 Be^{2+}。

　　3. 氮族元素

　　1)概述

　　氮族元素位于周期表VA族，包括氮(N)、磷(P)、砷(As)、锑(Sb)、铋(Bi)五种元素。其中氮和磷属于非金属元素，砷和锑为准金属，铋为金属。自然界的氮绝大部分以单质状态存在于空气中。与氮相反，磷在自然界不存在单质，均以化合物形式存在，最重要的矿石是磷矿石，其主要成分是 $Ca_3(PO_4)_2$。砷、锑、铋是亲硫元素，自然界的砷、锑、铋主要以硫化物矿存在，如雄黄(As_4S_4)、辉锑矿(SbS_3)、辉铋矿(Bi_2S_3)等。

　　氮族元素基态原子的价层电子构型为 ns^2np^3，有获得 3 个电子形成 M^{3-} 的趋势，但实际得电子的能力比ⅥA族的元素差，只有半径小、电负性大的氮和磷可以形成极少数氧化数为-3 的具有离子键特征的化合物，如 Li_3N、Mg_3N_2、Ca_3P_2 等。氮族元素与电负性较大的元素结合时，主要形成+3 和+5 的化合物。由于"惰性电子对效应"，氮族元素氧化数为+3 的化合物稳定性自上而下逐渐增强，而氧化数为+5(除氮外)的化合物稳定性自上而下逐渐减弱。

　　氮族元素原子在基态时，原子都有半充满的 p 轨道，因而相比同周期前后元素有相对较大的电离能，与其他元素成键时，往往表现出较强的共价性。氮族元素除氮原子外，其他原子的最外层都有空的 d 轨道，成键时 d 轨道也可能参与成键，所以除 N 原子具有不超过 4 的配位数外，其他原子的最高配位数为 6，如 PCl_6^{3-}。

氮族元素的基本性质列于表 10-6 中。

表 10-6 氮族元素的基本性质

性质	元素				
	氮(N)	磷(P)	砷(As)	锑(Sb)	铋(Bi)
原子序数	7	15	33	51	83
价层电子构型	$2s^2 2p^3$	$3s^2 3p^3$	$4s^2 4p^3$	$5s^2 5p^3$	$6s^2 6p^3$
主要氧化数	-3, -2, -1, +1, +2, +3, +4, +5	-3, +1, +3, +5	-3, +3, +5	+3, +5	+3, +5
原子共价半径/pm	75	110	122	143	152
第一电离能 I_1/(kJ·mol^{-1})	1402.3	1011.8	944	831.6	703.8
第一电子亲和能/(kJ·mol^{-1})	58	75	58	59	-33
电负性	3.04	2.19	2.18	2.05	2.02

2）氮及其化合物

（1）单质。

单质氮 N_2 在常态下是一种无色无味的气体，微溶于水。常温下，氮气的性质极不活泼，加热时可与活泼金属 Li、Ca、Mg 等反应生成离子型氮化物。在高温高压并有催化剂存在时，氮气与氢气化合生成氨，这个反应已被广泛应用于工业领域。

$$N_2 + 3H_2 \underset{\text{催化剂}}{\overset{\text{高温、高压}}{\rightleftharpoons}} 2NH_3$$

在放电的条件下，氮气可以直接与氧化合生成一氧化氮：

$$N_2 + O_2 \xrightarrow{\text{放电}} 2NO$$

N_2 是双原子分子，两个氮以三键结合，键能特别大（945.4 kJ·mol^{-1}），加之核间距小（109.8 pm），所以 N_2 分子极为稳定。N_2 分子解离能是双原子分子中最高的。实验证明，加热至 3273 K 时只有 0.1% N_2 分解。由于 N_2 稳定性好，它常被用作保护气以防止某些物质和空气接触而被氧化。N_2 还可以用于制备硝酸、氨及各种铵盐等。

（2）氢化物。

i. 氨

图 10-11　NH_3 分子结构示意图

氨分子中氮原子采用不等性 sp^3 杂化方式，有一对孤对电子，分子呈三角锥结构，如图 10-11 所示。由于孤对电子对成键电子的排斥作用，氨分子中 N—H 共价单键的键角减小至 107°18′，这种结构使 NH_3 分子具有较强的极性和较强的配位能力。

氨在常温下是一种具有刺激性气味的气体，在水中溶解度很大。由于氨分子间能形成分子间氢键，因此其熔点、沸点都高于同族的 PH_3。氨容易被液化，液态氨的气化焓较大，所以常被用作制冷剂。

氨的化学性质比较活泼，能与很多物质发生反应。

（a）配位反应。因为 NH_3 分子中 N 有一对孤对电子，这对孤对电子容易进入中心原子（或

离子)的空轨道形成配位化合物。例如,

$$BF_3 + NH_3 \Longrightarrow F_3B \leftarrow NH_3$$

$$AgCl + 2NH_3 \Longrightarrow [Ag(NH_3)_2]Cl$$

$$Cu(OH)_2 + 4NH_3 \Longrightarrow [Cu(NH_3)_4](OH)_2$$

(b)取代反应。氨分子中的三个 H 可依次被其他原子或原子团取代,分别生成氨基(—NH₂)、亚氨基(=NH)和氮化物(≡N)等衍生物。例如,

$$2Na + 2NH_3 \overset{\triangle}{\Longrightarrow} 2NaNH_2 + H_2$$

$$3Mg + 2NH_3 \overset{\triangle}{\Longrightarrow} Mg_3N_2 + 3H_2$$

(c)氧化还原反应。氨分子中的 N 原子氧化数为−3,能够被一些氧化剂氧化形成高氧化数的物质。例如,

$$4NH_3 + 3O_2 \Longrightarrow 2N_2 + 6H_2O$$

$$4NH_3 + 5O_2 \overset{Pt}{\Longrightarrow} 4NO + 6H_2O$$

$$2NH_3 + 3Cl_2 \Longrightarrow N_2 + 6HCl$$

$$3CuO + 2NH_3 \Longrightarrow 3Cu + N_2 + 3H_2O$$

(d)氨解反应。氨基或亚氨基可取代其他化合物中的原子或基团。例如,

$$COCl_2(光气) + 4NH_3 \Longrightarrow CO(NH_2)_2(尿素) + 2NH_4Cl$$

$$HgCl_2 + 2NH_3 \Longrightarrow Hg(NH_2)Cl\downarrow(氨基氯化汞) + NH_4Cl$$

这类反应实际上是 NH₃ 参与的复分解反应,与水解反应类似,故称为氨解反应。

ii. 铵盐

氨与酸作用可以得到相应的铵盐。铵盐一般为无色晶体,绝大多数易溶于水,而且是强电解质。铵盐与碱金属的盐性质非常相似,尤其是钾盐,这是因为 NH_4^+ 的半径(143 pm)与 K^+ 的半径(133 pm)相近。

氨为弱碱,铵盐溶于水有一定程度的水解,与强酸根组成的铵盐的水溶液显酸性,如 NH_4NO_3、NH_4Cl 等,而乙酸铵的水溶液接近中性。在铵盐水溶液中加入强碱,将发生如下反应:

$$NH_4^+ + OH^- \Longrightarrow NH_3 + H_2O$$

将溶液加热,氨即挥发出来,这是检验铵盐的一种方法。

铵盐对热不稳定,固体铵盐受热很容易分解,产物一般为 NH₃ 和相应的酸。

$$NH_4HCO_3 \overset{\triangle}{\Longrightarrow} NH_3\uparrow + CO_2\uparrow + H_2O$$

$$NH_4Cl \overset{\triangle}{\Longrightarrow} NH_3\uparrow + HCl\uparrow$$

$$(NH_4)_3PO_4 \overset{\triangle}{\Longrightarrow} 3NH_3\uparrow + H_3PO_4$$

如果相应酸为氧化性酸如 HNO_3、$H_2Cr_2O_7$ 等,则铵盐分解产物为 N₂ 或氮的氧化物,这类盐受热往往会发生爆炸。

$$NH_4NO_3 \xrightarrow{\triangle} N_2O \uparrow + 2H_2O$$

$$(NH_4)_2Cr_2O_7 \xrightarrow{\triangle} N_2 \uparrow + Cr_2O_3 + 4H_2O$$

铵盐最重要的用途是作肥料, 另外硝酸铵还是某些炸药的成分, 氯化铵还可用于除去金属表面的氧化物, 其原理是:

$$2NH_4Cl + MO \rightleftharpoons 2NH_3 \uparrow + H_2O + MCl_2$$

(3) 含氧化合物。

氮可以形成多种氧化物, 在这些氧化物中氮的氧化数可以从+1 到+5。常见的氧化物有 N_2O、NO、N_2O_3、NO_2、N_2O_4 和 N_2O_5。室温下, N_2O_3 是蓝色液体, NO_2 是红棕色气体, N_2O_5 是无色固体, 其余都是无色气体。

i. 一氧化氮

NO 是无色气体, 在水中的溶解度小。NO 分子中有未成对的单电子存在, 具有顺磁性, 在参与反应时也容易失去该单电子形成亚硝酰离子 NO^+。例如,

$$2NO + Cl_2 \rightleftharpoons 2NOCl(氯化亚硝酰)$$

NO 具有还原性, 在空气中迅速被氧化为红棕色的 NO_2。

NO 分子中有孤对电子存在, 所以可作为配体和很多金属形成配合物, 如$[Fe(NO)]SO_4$、$[Co(NO)]CO_3$ 等, 这类配合物称为亚硝酰配合物。

ii. 二氧化氮和四氧化二氮

NO_2 是红棕色气体, 具有特殊臭味, 有毒。NO_2 冷却后得无色的气体 N_2O_4, 两者很容易达到平衡。

$$2NO_2(g) \rightleftharpoons N_2O_4(g)$$

NO_2 有氧化性, 与水作用发生歧化反应生成 HNO_3 和 NO, 在碱作用下则歧化为 NO_3^- 和 NO_2^-:

$$3NO_2 + H_2O \rightleftharpoons 2HNO_3 + NO$$

$$2NO_2 + 2NaOH \rightleftharpoons NaNO_3 + NaNO_2 + H_2O$$

iii. 亚硝酸及其盐

亚硝酸是一种弱酸, 其 $K_a^{\ominus} = 5.13 \times 10^{-4}$。亚硝酸很不稳定, 只能存在于很稀的冷溶液中, 溶液浓缩或加热时都会分解。

$$2HNO_2 \rightleftharpoons H_2O + N_2O_3(蓝色) \rightleftharpoons H_2O + NO + NO_2(红棕色)$$

在低温下将强酸加入亚硝酸盐溶液中时, 就可以得到亚硝酸溶液。

$$NaNO_2 + H_2SO_4 \rightleftharpoons HNO_2 + NaHSO_4$$

将 NO_2 和 NO 混合物溶解在冰冻的水中, 也可生成亚硝酸的水溶液, 若溶于碱, 则得到亚硝酸盐。

$$NO_2 + NO + H_2O \xrightarrow{低温} 2HNO_2$$

$$NO_2 + NO + 2OH^- \Longrightarrow 2NO_2^- + H_2O$$

亚硝酸及亚硝酸盐在酸性介质中既有氧化性又有还原性，但以氧化性为主，其还原产物一般为 NO。

$$2NO_2^- + 2I^- + 4H^+ \Longrightarrow 2NO + I_2 + 2H_2O$$

$$5NO_2^- + 2MnO_4^- + 6H^+ \Longrightarrow 5NO_3^- + 2Mn^{2+} + 3H_2O$$

大多数亚硝酸盐是稳定的，除浅黄色的不溶盐 $AgNO_2$ 外，一般都易溶于水。亚硝酸盐有毒，并且是致癌物质。NO_2^- 也是常见的配体，能和许多金属离子如 Fe^{2+}、Co^{3+}、Cr^{3+} 等形成配离子。

iv. 硝酸及其盐

硝酸是一种重要的无机强酸，是制造炸药、染料、硝酸盐和许多其他化学药品的重要原料。

HNO_3 分子呈平面结构，其中 N 原子采取 sp^2 杂化，3 个杂化轨道分布在同一平面上呈三角形，分别与 3 个 O 原子的 2p 轨道（各含 1 个电子）重叠组成 3 个 σ键。被孤对电子占据的 2p 轨道垂直于平面和 2 个非羟基氧的 2p 轨道（各含 1 个电子）组成一个三中心四电子的离域π键（Π_3^4）。这种结构使硝酸中氮原子表现的氧化数为+5。另外，硝酸分子中还存在分子内氢键，其结构如图 10-12(a) 所示。

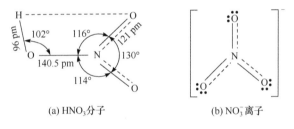

(a) HNO_3 分子　　　　　(b) NO_3^- 离子

图 10-12　硝酸和硝酸根离子的结构示意图

硝酸能与水以任意比例混溶。纯硝酸是一种无色的透明油状液体，溶解了过多 NO_2 的浓硝酸呈棕黄色，称为发烟硝酸。浓硝酸很不稳定，见光受热容易分解：

$$4HNO_3 \Longrightarrow 4NO_2 \uparrow + O_2 \uparrow + 2H_2O$$

硝酸是重要的氧化剂，除了 Au、Pt、Ph 和 Ir 等少数金属外，许多金属都能被硝酸氧化，硝酸被还原的程度与金属活泼性和硝酸的浓度有关。

$$Cu + 4HNO_3(浓) \Longrightarrow Cu(NO_3)_2 + 2NO_2 \uparrow + 2H_2O$$

$$3Cu + 8HNO_3(稀) \Longrightarrow 3Cu(NO_3)_2 + 2NO \uparrow + 4H_2O$$

$$4Zn + 10HNO_3(稀) \Longrightarrow 4Zn(NO_3)_2 + N_2O \uparrow + 5H_2O$$

$$4Zn + 10HNO_3(极稀) \Longrightarrow 4Zn(NO_3)_2 + NH_4NO_3 + 3H_2O$$

硝酸还可以把 S、P、C、As 等非金属单质氧化为相应的高价酸，自身被还原为 NO。

$$S + 2HNO_3(浓) \Longrightarrow H_2SO_4 + 2NO \uparrow$$

$$3P + 5HNO_3(浓) + 2H_2O \xlongequal{\quad} 3H_3PO_4 + 5NO\uparrow$$

Fe、Al、Cr 与冷的浓硝酸接触时会钝化，即表面形成一层致密的氧化物，阻止了金属的进一步氧化。经浓硝酸钝化处理的金属，与稀硝酸也不再反应。现在一般用铝制容器盛装浓硝酸。有机物或碳化物也能被浓硝酸氧化成 CO_2，表现为硝酸对有机物如衣服、皮肤等具有腐蚀性和破坏性。

硝酸与金属或金属氧化物作用可制得相应的硝酸盐。几乎所有的硝酸盐都易溶于水且容易结晶。

在硝酸盐中，NO_3^- 的构型为平面三角形，N 原子的 3 个 sp^2 杂化轨道分别与 3 个 O 原子的 1 个 2p 轨道(各含 1 个电子)组成 3 个 σ 键外，三个 O 原子上另 1 个 2p 轨道(各含 1 个电子)与 N 原子上被孤对电子占据的 2p 轨道，再加上外来的 1 个电子共同组成一个四中心六电子的离域大 π 键 (Π_4^6)，其结构如图 10-12(b)所示。

硝酸盐一个非常重要的性质是热稳定性，硝酸盐的热稳定性主要表现在 NO_3^- 的不稳定性和氧化性上。硝酸盐受热分解可以分成以下三类：

第一类：对于碱金属和某些碱土金属的硝酸盐分解产生亚硝酸盐和氧气，如

$$2NaNO_3 \xlongequal{\triangle} 2NaNO_2 + O_2\uparrow$$

第二类：对于金属活动顺序表中位于 Mg～Cu 之间的金属硝酸盐，受热分解为相应的金属氧化物、NO_2 和 O_2。例如，

$$2Pb(NO_3)_2 \xlongequal{\triangle} 2PbO + 4NO_2\uparrow + O_2\uparrow$$

第三类：对于金属活动顺序表中位于 Cu 后的金属硝酸盐，受热分解为金属单质、NO_2 和 O_2。例如，

$$2AgNO_3 \xlongequal{\triangle} 2Ag + 2NO_2\uparrow + O_2\uparrow$$

$$Hg(NO_3)_2 \xlongequal{\triangle} Hg + 2NO_2\uparrow + O_2\uparrow$$

3) 磷及其化合物

(1) 单质。

单质磷主要有三种同素异形体，白磷、红磷和黑磷。最常见的是白磷。

白磷以四面体构型的 P_4 分子存在，分子中 P—P—P 键角是 60°，分子内部具有张力，结构不稳定，如图 10-13(a)所示。白磷化学性质很活泼，在空气中能自燃，能溶于非极性有机溶剂。工业上白磷主要用来制造高纯度磷酸，生产有机磷杀虫剂、烟幕弹等。

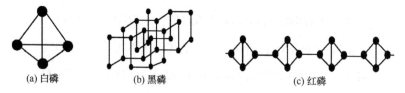

(a) 白磷　　　　　　(b) 黑磷　　　　　　　　　　(c) 红磷

图 10-13　磷单质同素异形体的结构示意图

白磷经放置或在 400℃密闭条件下加热数小时就可以转化成红磷。红磷结构比较复杂，到

目前还没有弄清楚，有人认为红磷是由 P_4 分子断裂开一个键，由许多等边三角形连接起来而形成的长链状大分子，如图 10-13(c)所示。红磷比白磷稳定，其化学性质不如白磷活泼，室温下不与 O_2 反应，400℃以上才能燃烧。红磷不溶于有机溶剂。红磷可用来制造火柴，火柴盒侧面所涂的物质就是红磷和 Sb_2O_3 等物质的混合物。

白磷在高压和较高温度下可以转化为黑磷。黑磷具有类似石墨状的片层结构，并具有导电性。但与石墨不同的是，黑磷每一层内的磷原子并不都在同一平面上，而是相互连接成网状结构，如图 10-13(b)所示。

(2)氢化物。

磷和氢可形成一系列氢化物，其中最重要的是 PH_3(膦)，其结构与 NH_3 类似，P 采取 sp^3 杂化，分子结构为三角锥形，是一个极性分子，但分子极性比 NH_3 弱得多。有多种反应可制备磷化氢，如

(a)磷化钙的水解：　　　　$Ca_3P_2 + 6H_2O \Longrightarrow 3Ca(OH)_2 + 2PH_3$

(b)磷化碘和碱反应：　　　$PH_4I + NaOH \Longrightarrow NaI + PH_3 + H_2O$

(c)单质磷和氢气反应：　　$P_4(g) + 6H_2(g) \Longrightarrow 4PH_3(g)$

(d)白磷和碱反应：　　　　$P_4(s) + 3OH^- + 3H_2O \Longrightarrow PH_3(g) + 3H_2PO_2^-$

膦是一种无色有剧毒的气体，具有强还原性，能从某些金属盐(如 Cu^{2+}、Ag^+、Au^+ 的盐)溶液中将金属置换出来：

$$PH_3 + 4CuSO_4 + 4H_2O \Longrightarrow 4Cu + 4H_2SO_4 + H_3PO_4$$

(3)含氧化合物。

i. 三氧化二磷

磷在常温下缓慢氧化，或在不充足的空气中燃烧，生成 P(Ⅲ)的氧化物，即 P_4O_6，常称为三氧化二磷。这个氧化物的生成可以看作每两个 P 原子间嵌入一个氧原子而形成的稠环分子[图 10-14(a)]。由于这个分子具有类似球状的结构而容易滑动，因此三氧化二磷是具有滑腻感的白色蜡状固体。三氧化二磷有很强的毒性，当溶于冷水时缓慢生成亚磷酸，因此 P_4O_6 又称为亚磷酸的酸酐。P_4O_6 易溶于有机溶剂，与冷水、热水的作用分别如下：

$$P_4O_6 + 6H_2O(冷) \Longrightarrow 4H_3PO_3$$

$$P_4O_6 + 6H_2O(热) \Longrightarrow 3H_3PO_4 + PH_3$$

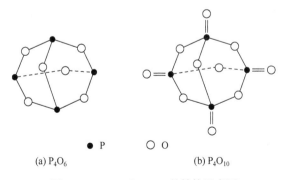

(a) P_4O_6　　　　　　(b) P_4O_{10}

● P　　○ ○ O

图 10-14　P_4O_6 和 P_4O_{10} 的结构示意图

ii. 五氧化二磷

磷在充足的氧气中反应时，P_4O_6 分子中每个磷原子上均有一对孤对电子，会受到氧分子

的进攻，因此会被继续氧化成 P_4O_{10}，简称五氧化二磷，其结构如图 10-14(b)所示。P_4O_{10} 是白色粉末状固体，有很强的吸水性，常用作气体和液体的干燥剂。

$$P_4O_{10} + 6H_2SO_4 = 4H_3PO_4 + 6SO_3$$

$$P_4O_{10} + 12HNO_3 = 6N_2O_5 + 4H_3PO_4$$

iii. 磷的含氧酸及其盐

磷能生成多种氧化数的含氧酸，其中磷原子总是采取 sp^3 杂化方式。常见的有次磷酸 H_3PO_2、亚磷酸 H_3PO_3 和磷酸 H_3PO_4。

(a)次磷酸及其盐。次磷酸是无色晶状固体，属于一元中强酸（$K_a^{\ominus} = 1.0 \times 10^{-2}$），结构如图 10-15(a)所示。

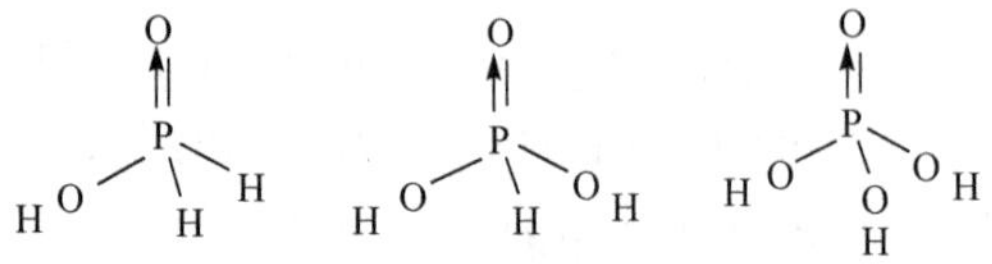

(a) 次磷酸　　　(b) 亚磷酸　　　(c) 磷酸

图 10-15　次磷酸、亚磷酸和磷酸的分子结构

次磷酸在常温下比较稳定，升温至 50℃发生分解。但在碱性溶液中，次磷酸非常不稳定，容易歧化成 HPO_3^{2-} 和 PH_3。

次磷酸及其盐都是强还原剂，尤其是在碱性溶液中，还原能力更强。卤素单质、重金属盐如 $AgNO_3$、$CuCl_2$ 等都能在溶液中被次磷酸或次磷酸盐还原。次磷酸盐一般易溶于水，加之具有较强的还原性，所以常用于化学镀。

(b)亚磷酸及其盐。亚磷酸是白色固体，容易发生潮解，在水中溶解度比较大，结构如图 10-15(b)所示。H_3PO_3 是二元中强酸，电离常数 $K_{a1}^{\ominus} = 5.0 \times 10^{-2}$，$K_{a2}^{\ominus} = 2.5 \times 10^{-7}$。

纯亚磷酸或它的浓溶液受热时容易发生歧化反应。

$$4H_3PO_3 \xrightarrow{\triangle} 3H_3PO_4 + PH_3\uparrow$$

亚磷酸及其盐在水溶液中都是强还原剂。例如，亚磷酸容易将 Ag^+ 还原成金属 Ag。

$$H_3PO_3 + 2Ag^+ + H_2O = H_3PO_4 + 2Ag + 2H^+$$

(c)磷酸及其盐。纯磷酸是无色晶体。市售磷酸是含量82%的黏稠状溶液，其黏度大的原因可能与溶液中存在氢键有关。H_3PO_4 具有磷氧四面体结构，磷氧四面体是所有 $P(V)$ 含氧酸和盐的基本结构单元，如图 10-15(c)所示。磷酸分子中含有三个羟基，是一个三元中强酸，其逐级电离常数如下：$K_{a1}^{\ominus} = 7.08 \times 10^{-3}$，$K_{a2}^{\ominus} = 6.31 \times 10^{-8}$，$K_{a3}^{\ominus} = 4.17 \times 10^{-13}$。

无论在酸性溶液还是在碱性溶液中，H_3PO_4 几乎不显示氧化性。磷酸根离子具有很强的配位能力，能与许多金属离子形成可溶性配合物，如与 Fe^{3+} 生成可溶性无色配合物 $H_3[Fe(PO_4)_2]$ 和 $H[Fe(HPO_4)_2]$，利用这种性质，分析化学上常用 PO_4^{3-} 掩蔽 Fe^{3+}。

正磷酸可形成三种类型的盐：M_3PO_4、M_2HPO_4 和 MH_2PO_4（M 为一价金属离子）。三种盐的溶解性和水解性对比见表 10-7。

表 10-7 三种磷酸盐溶解性和水解性比较

项目	M_3PO_4	M_2HPO_4	MH_2PO_4
溶解性	大多数难溶于水 (除 K^+、Na^+、NH_4^+外)		大多数易溶于水
水溶液酸碱性	pH > 7	pH > 7	pH < 7
酸碱性原因	水解为主	水解>电离	水解<电离

正磷酸盐比较稳定,但磷酸一氢盐和磷酸二氢盐受热却容易脱水形成焦磷酸盐或偏磷酸盐等。Na_3PO_4、Na_2HPO_4 和 NaH_2PO_4 水溶液与 $AgNO_3$ 作用都生成黄色的 Ag_3PO_4 沉淀,但偏磷酸钠($NaPO_3$)和焦磷酸钠($Na_2P_2O_7$)与 $AgNO_3$ 作用都生成白色沉淀。偏磷酸盐和焦磷酸盐经乙酸酸化后加入蛋清溶液,能使蛋清凝聚的是偏磷酸。以上反应可定性鉴别正磷酸盐、偏磷酸盐和焦磷酸盐。

磷酸盐中比较重要的是磷酸的钙盐。工业上利用天然磷酸钙生产磷肥,反应如下:

$$Ca_3(PO_4)_2 + 2H_2SO_4 + 2H_2O \longrightarrow Ca(H_2PO_4)_2 + 2CaSO_4 \cdot 2H_2O$$

得到的 $Ca(H_2PO_4)_2$ 和 $CaSO_4 \cdot 2H_2O$ 的混合物,称为"过磷酸钙"(磷肥),可作为化肥使用。

4. 氧族元素

1)概述

氧族元素位于周期表ⅥA 族,包括氧(O)、硫(S)、硒(Se)、碲(Te)、钋(Po)五种元素。在自然界中氧和硫能以单质存在,由于很多金属在地壳中以氧化物和硫化物的形式存在,因此这两种元素常被称为成矿元素。硒和碲为稀散元素,常存在于重金属的硫化物矿中,在自然界中不存在单质,它们都是半导体材料。钋是放射性元素。

氧族元素从上到下原子半径和离子半径逐渐增大,电离能和电负性逐渐减小。因而随着原子序数的增加,元素的金属性逐渐增强,而非金属性逐渐减弱。氧和硫是典型的非金属元素,硒和碲是准金属元素,钋是金属元素。

氧族元素的价层电子构型为 ns^2np^4,其原子有获得两个电子达到稀有气体稳定电子层结构的趋势,表现出较强的非金属性。它们在化合物中常见的氧化数为-2。氧在ⅥA 族中电负性最大(仅次于氟),可以和大多数金属元素形成二元离子型化合物。硫、硒、碲与大多数金属元素化合时主要形成共价化合物,同时它们的原子外层均存在可利用的 d 轨道,可形成氧化数为+2、+4 和+6 的化合物。氧除与氟化合时显正价外,其氧化数一般表现为-2,在过氧化物中为-1。

氧族元素的基本性质列于表 10-8 中。

表 10-8 氧族元素的基本性质

性质	元素				
	氧(O)	硫(S)	硒(Se)	碲(Te)	钋(Po)
原子序数	8	16	34	52	84
价层电子构型	$2s^22p^4$	$3s^23p^4$	$4s^24p^4$	$5s^25p^4$	$6s^26p^4$
主要氧化数	-2, -1, 0	-2, 0, +2, +4, +6	-2, 0, +2, +4, +6	-2, 0, +2, +4, +6	—
原子共价半径/pm	66	104	117	137	153

续表

性质	元素				
	氧(O)	硫(S)	硒(Se)	碲(Te)	钋(Po)
M^{2-}离子半径/pm	140	184	198	221	—
M^{6+}离子半径/pm	—	29	42	56	67
第一电离能 I_1/(kJ·mol⁻¹)	1314	1000	941	869	812
第一电子亲和能/(kJ·mol⁻¹)	142	200.4	195	190.2	173.7
电负性	3.44	2.58	2.55	2.10	2.10

2)氧及其化合物

(1)单质。

i. 氧气

氧气是无色、无味的气体，在 -183℃ 凝结成淡蓝色液体，常在 15 MPa 的压力下把氧气装入钢瓶储存。虽然氧气在水中的溶解度很小，但它是水中各种生物赖以生存的重要条件。

氧分子的结构为 $\overset{\cdot\cdot}{:}\overset{\cdot\cdot}{O}—\overset{\cdot\cdot}{O}\overset{\cdot\cdot}{:}$，具有顺磁性。

氧分子的电离能较大(498.34 kJ·mol⁻¹)，所以常温下氧气的反应活性不强，仅能使一些还原性强的物质(如 NO、SnCl₂、KI 等)氧化。但如果在加热的情况下，除了卤素、少数贵金属(如 Pt、Au 等)及稀有气体外，氧气几乎能与所有的元素直接化合形成氧化物。

液态氧的化学活性很高，与许多金属、非金属，尤其是有机物接触时，易发生爆炸性反应，因此在储存、运输和使用液氧时必须格外小心。

氧气的用途十分广泛，富氧空气或纯氧可用于医疗和高空飞行，大量的纯氧可用于炼钢。氢氧焰和氧炔焰可用来切割和焊接金属。液氧可用作制冷剂和火箭发动机的助燃剂。

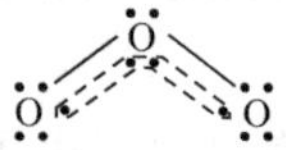

ii. 臭氧

臭氧是氧气的同素异形体，其分子构型为 V 形，如图 10-16 所示，键角为 117°，分子的偶极矩 $\mu=1.8\times10^{-30}$C·m。臭氧是唯一的极性单质。

图 10-16　O₃ 的分子结构

O₃ 是淡蓝色气体，有鱼腥味，极不稳定，常温下缓慢分解：

$$2O_3(g) \rightleftharpoons 3O_2(g)$$

臭氧的氧化能力介于氧分子和氧原子之间：

$$O_3(g) + 2H^+ + 2e^- \rightleftharpoons O_2 + H_2O \qquad \varphi_A^\ominus = 2.076 \text{ V}$$

$$O_3(g) + H_2O + 2e^- \rightleftharpoons O_2 + 2OH^- \qquad \varphi_B^\ominus = 1.24 \text{ V}$$

由电极电势可知，无论是酸性还是碱性条件下，臭氧都具有比较强的氧化性，是仅次于 F₂、高氙酸盐的强氧化剂。臭氧能够氧化一些具有还原性的单质或化合物，如

$$2NO_2 + O_3 == N_2O_5 + O_2$$

$$PbS + 4O_3 == PbSO_4 + 4O_2$$

$$2Co^{2+} + O_3 + 2H^+ == 2Co^{3+} + O_2 + H_2O$$

臭氧能迅速定量地氧化 I⁻ 为 I₂，此反应常用来测定臭氧的含量：

$$O_3 + 2I^- + H_2O \Longrightarrow I_2 + O_2 + 2OH^-$$

利用臭氧的氧化性和不易导致二次污染的优点，臭氧可用作消毒剂，用于净化废气、废水。

大气中的臭氧层最重要的意义在于吸收阳光中强烈的紫外线辐射，保护地球上的生命。大气中的还原性气体污染物如 SO_2、CO、H_2S、NO、NO_2，以及氟利昂分解产生的氯原子等，与大气中的 O_3 发生反应，导致 O_3 浓度降低，使臭氧层变得越来越薄。因此，对臭氧层的保护已经是全球性的任务。

(2)过氧化氢。

过氧化氢的分子式为 H_2O_2，俗称"双氧水"，其结构见图 10-17。过氧化氢分子中有一过氧键(—O—O—)，每个氧原子各连一个氢原子，两个氢原子和两个氧原子不在同一个平面上，两个氢原子像在半展开书本的两页纸上，两页纸面的夹角约为 94°。

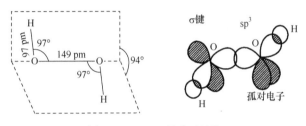

图 10-17 H_2O_2 的分子结构

纯过氧化氢是一种淡蓝色黏稠液体，分子间有氢键，极性比水强。H_2O_2 分子之间发生强烈的缔合作用，其缔合程度比水还大，所以沸点比水高。过氧化氢可与水以任意比例互溶，通常所用的双氧水是过氧化氢的水溶液，质量分数有 30% 和 3% 两种。

过氧化氢的化学性质主要表现在热不稳定性、强氧化性、弱还原性和极弱的酸性。

i. 热不稳定性

由于过氧键—O—O—的键能较小，因此过氧化氢分子不稳定，易分解：

$$2H_2O_2(l) \Longrightarrow 2H_2O(l) + O_2(g) \qquad \Delta_r H_m^{\ominus} = -196.06 \ kJ \cdot mol^{-1}$$

纯过氧化氢在避光和低温下较稳定，常温下分解缓慢，但在 153℃时爆炸分解。过氧化氢在碱性介质中分解较快，微量杂质的存在，如重金属离子 Fe^{2+}、Mn^{2+}、Cr^{3+} 等都能大大加速 H_2O_2 的分解。为了防止 H_2O_2 的分解，通常将其储存在光滑塑料瓶或棕色玻璃瓶中并置于阴凉处，并加入一些稳定剂如锡酸钠、焦磷酸钠、8-羟基喹啉等抑制所含杂质的催化作用。

ii. 氧化还原性

过氧化氢中氧的氧化数为-1，处于氧的中间氧化数，因此 H_2O_2 既有氧化性又有还原性。

过氧化氢可将黑色的 PbS 氧化为白色的 $PbSO_4$，这一反应可用于油画的漂白。

$$PbS + 4H_2O_2 \Longrightarrow PbSO_4 + 4H_2O$$

在碱性溶液中，H_2O_2 可以将 $[Cr(OH)_4]^-$ 氧化成 CrO_4^{2-}：

$$2[Cr(OH)_4]^- + 3H_2O_2 + 2OH^- \Longrightarrow 2CrO_4^{2-} + 8H_2O$$

过氧化氢还原性较弱，只有遇到比它更强的氧化剂时才表现出还原性。例如，

$$2MnO_4^- + 5H_2O_2 + 6H^+ \Longrightarrow 2Mn^{2+} + 5O_2 + 8H_2O$$

$$Cl_2 + H_2O_2 \Longrightarrow 2HCl + O_2$$

利用 H_2O_2 的氧化性可漂白毛、丝织物和油画，以及用作杀菌消毒剂。工业上，利用 H_2O_2 的还原性除残氯。

iii. 弱酸性

过氧化氢具有极弱的酸性：

$$H_2O_2 \Longrightarrow H^+ + HO_2^- \qquad K_{a1}^{\ominus} = 2.4 \times 10^{-12}$$

$$HO_2^- \Longrightarrow H^+ + O_2^{2-} \qquad K_{a2}^{\ominus} = 1.0 \times 10^{-24}$$

H_2O_2 可与碱反应，如：

$$H_2O_2 + Ba(OH)_2 \Longrightarrow BaO_2 + 2H_2O$$

3) 硫及其化合物

(1) 单质。

单质硫俗称硫磺，属于分子晶体，松脆，不溶于水，导电性和导热性都比较差。硫有很多同素异形体，最常见的是晶状的菱形硫和单斜硫(图 10-18)，两者均溶于 CS_2 中，都是由 S_8 环状分子组成，如图 10-19 所示。在 S_8 环状分子中，每个 S 原子以 sp^3 杂化轨道与另外两个 S 原子形成共价单键相联结。将硫加热超过它的熔点就变成黄色液体，S_8 环状结构断裂并聚合成无限长链状的分子(S_∞)并相互绞在一起。若将熔融的硫急速倒入冷水中，长链硫被固定，成为能拉伸的弹性硫。

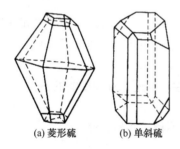

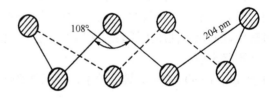

图 10-18　菱形硫和单斜硫的晶体　　　　　图 10-19　S_8 环状结构

硫的化学性质比较活泼，能与许多金属直接化合生成相应的硫化物，也能与氢、氧、卤素(除碘外)、碳、磷等直接作用生成相应的共价化合物。例如，

$$Hg + S \Longrightarrow HgS \quad Fe + S \Longrightarrow FeS \quad S + H_2 \Longrightarrow H_2S \quad 2S + C \Longrightarrow CS_2$$

单质硫遇强氧化剂时表现出还原性：

$$S + 3F_2 \Longrightarrow SF_6$$

$$S + 2HNO_3(浓) \overset{\triangle}{=\!=\!=} H_2SO_4 + 2NO \uparrow$$

$$S + 2H_2SO_4(浓) \Longrightarrow 3SO_2 \uparrow + 2H_2O$$

硫在强碱溶液中发生歧化反应：

$$3S + 6NaOH(浓) \overset{\triangle}{=\!=\!=} 2Na_2S + Na_2SO_3 + 3H_2O$$

世界上每年消耗大量的单质硫，其中大部分用于制造硫酸。另外，橡胶制品工业、造纸工业、焰火、硫酸盐等产品的生产中也要用掉一定数量的硫磺，还有一部分硫则用于漂染工业、

农药和医药工业中。

（2）硫化氢。

硫化氢是在热力学上唯一稳定的硫的氢化物，它作为火山爆发或细菌作用的产物广泛存在于自然界中。H_2S 是一种无色、有恶臭的剧毒气体。与 H_2O 一样，S 也采取不等性 sp^3 杂化，分子也呈 V 形（图 10-20），但其分子极性比水分子弱，并且分子间形成氢键的倾向很弱，所以 H_2S 熔点（187 K）和沸点（202 K）比 H_2O 低得多。

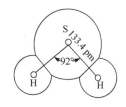

图 10-20 H_2S 的分子结构

H_2S 具有强还原性，能和许多氧化剂如 I_2、Br_2、$KMnO_4$、浓 H_2SO_4 等反应：

$$I_2 + H_2S === 2HI + S\downarrow$$

$$4Br_2 + H_2S + 4H_2O === 8HBr + H_2SO_4$$

$$H_2SO_4(浓) + H_2S === SO_2\uparrow + 2H_2O + S\downarrow$$

$$2KMnO_4 + 5H_2S + 3H_2SO_4 === K_2SO_4 + 2MnSO_4 + 8H_2O + 5S\downarrow$$

H_2S 水溶液在空气中放置时，会逐渐变浑浊，这是由于 H_2S 被氧化成 S：

$$O_2 + 2H_2S === 2H_2O + 2S\downarrow$$

H_2S 可由硫蒸气与 H_2 直接合成，但在实验室中常用稀硫酸和金属硫化物反应制得：

$$FeS + H_2SO_4(稀) === FeSO_4 + H_2S\uparrow$$

（3）金属硫化物。

金属硫化物大多是有颜色的、难溶于水的固体。碱金属和碱土金属的硫化物及硫化铵易溶于水，而ⅠB 和ⅡB 族重金属的硫化物是已知溶解度最小的化合物之一。金属硫化物的溶解度不仅取决于温度，还与溶解时溶液的 pH 及 H_2S 的分压有关。金属硫化物在水中有不同的溶解性和特征颜色（表 10-9），在分析化学中可用于分离和鉴别不同的金属。

表 10-9 常见金属硫化物的颜色和溶度积（298.15 K）

硫化物	颜色	溶度积 $K_{sp}^{\ominus}$
CuS	黑色	6.3×10^{-36}
CoS(α)	黑色	4.0×10^{-21}
HgS	黑色	1.6×10^{-52}
HgS	红色	4.0×10^{-53}
MnS	肉色	2.5×10^{-13}
CdS	黄色	8.0×10^{-27}
PbS	黑色	8.0×10^{-28}
α-ZnS	白色	1.6×10^{-24}
FeS	黑色	6.3×10^{-18}
Ag_2S	黑色	6.3×10^{-50}

各种硫化物的生成和溶解在定性分析中广泛地应用于分离离子。H_2S 气体在水中的饱和浓度约为 $0.1 \ mol \cdot L^{-1}$，由此可知溶液中氢离子和硫离子浓度之间的关系是：

$$[H^+]^2[S^{2-}] = 1.3 \times 10^{-21}$$

因此，在酸性溶液中通入 H_2S，此时 S^{2-} 浓度低，溶液中只能析出那些溶度积小的金属硫化物；而在碱性溶液中通入 H_2S，此时 S^{2-} 浓度高，可将多种金属离子沉淀为硫化物。反之，如适当地控制酸度，就可以达到溶解不同硫化物的目的。例如，在 ZnS、MnS、PbS、CdS、CuS 的混合沉淀中加入稀盐酸，使 S^{2-} 形成 H_2S 从而减小 S^{2-} 浓度，这时 ZnS 和 MnS 可以溶解，如加入浓盐酸，PbS 和 CdS 也能溶解；因 CuS 的 $K_{sp}^{\ominus}$ 很小，必须用强氧化剂 HNO_3 将 S^{2-} 氧化成单质 S 才能溶解。对于 $K_{sp}^{\ominus}$ 更小的 HgS，不仅需要用 HNO_3 氧化 S^{2-}，还需要用大量的 Cl^- 使 Hg^{2+} 形成配离子，才能使 HgS 溶解。

$$3HgS + 2HNO_3 + 12HCl == 3[HgCl_4]^{2-} + 6H^+ + 4H_2O + 3S\downarrow + 2NO\uparrow$$

金属硫化物无论是易溶于水还是微溶于水，都会发生一定程度的水解而使溶液显碱性。Cr_2S_3、Al_2S_3 在水中完全水解，这些硫化物不能从水溶液中制得。

$$Al_2S_3 + 6H_2O == 2Al(OH)_3\downarrow + 3H_2S\uparrow$$

Na_2S 是工业上有较多用途的一种水溶性硫化物，是一种白色晶状固体，在空气中易潮解。工业上，它被广泛应用于涂料、漂染、制革等行业，此外它还可用于制造荧光粉。

　　(4) 含氧化合物。

　　i. 二氧化硫、亚硫酸及其盐

硫或 H_2S 在空气中燃烧，或煅烧硫铁矿 FeS_2 均可得到 SO_2。SO_2 是无色且具有强烈刺激性气味的气体，容易液化。

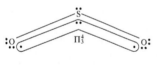

图 10-21　SO_2 的分子结构

气态 SO_2 的分子构型为 V 形，如图 10-21 所示。分子中的 S 采取 sp^2 杂化，其中两个杂化轨道与氧成键，另一个杂化轨道有一对孤对电子。S 原子未参与杂化的 p 轨道上的孤对电子与两个 O 原子的未成对 p 电子形成三中心四电子的大 π 键（Π_3^4）。

SO_2 的极性很强，易溶于水，会生成很不稳定的亚硫酸 H_2SO_3。H_2SO_3 是二元中强酸，$K_{a1}^{\ominus} = 1.29 \times 10^{-2}$，$K_{a2}^{\ominus} = 6.16 \times 10^{-8}$。所谓"亚硫酸"只存在于水溶液中，目前尚未制得纯 H_2SO_3。在 SO_2、亚硫酸及其盐中，S 的氧化数为 +4，所以既有氧化性又有还原性，但以还原性为主，它们的还原性强弱顺序为：$SO_3^{2-} > H_2SO_3 > SO_2$。

$$SO_2 + 2H_2S == 3S + 2H_2O$$

$$SO_2 + 2CO \xrightarrow{\text{高温}} S + 2CO_2$$

$$H_2SO_3 + I_2 + H_2O == H_2SO_4 + 2HI$$

$$2Na_2SO_3 + O_2 == 2Na_2SO_4$$

SO_2 主要用于生产硫酸和亚硫酸盐，同时还大量用于合成洗涤剂、食品防腐剂和消毒剂。因 SO_2 能和一些有机色素结合成无色的化合物，故 SO_2 还可用作漂白剂。亚硫酸可以形成正盐（如 Na_2SO_3）和酸式盐（如 $NaHSO_3$）。亚硫酸盐因具有强还原性而被大量应用于染料工业。在纺织和印染工业上，亚硫酸盐经常被用作去氯剂。

$$SO_3^{2-} + Cl_2 + H_2O === SO_4^{2-} + 2H^+ + 2Cl^-$$

ii. 三氧化硫、硫酸及其盐

无色的气态 SO_3 主要以单分子存在，分子构型为平面三角形。SO_3 分子中，S 原子以 sp^2 杂化轨道与 3 个 O 原子形成 3 个 σ 键，另外，还有一个垂直于分子平面的四中心六电子的大 π 键（Π_4^6）（图 10-22）。

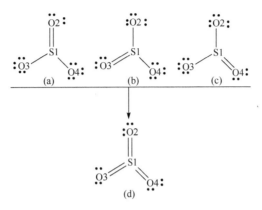

图 10-22　SO_3 的分子结构

纯净的 SO_3 是易挥发的无色固体，是一种强氧化剂，在高温下能将 P 氧化成 P_4O_{10}，可以将碘化物氧化成单质碘。

$$10SO_3 + P_4 === 10SO_2 + P_4O_{10}$$

$$SO_3 + 2KI === K_2SO_3 + I_2$$

SO_3 极易与水化合生成硫酸，SO_3 在潮湿的空气中呈雾状，同时放出大量热。

$$SO_3 + H_2O === H_2SO_4 \qquad \Delta_r H_m^\ominus = -79.4\ kJ\cdot mol^{-1}$$

纯硫酸是无色油状液体，熔点 283.4 K，沸点 603 K。硫酸的高沸点和黏稠性与其分子间存在氢键有关。H_2SO_4 分子具有四面体构型，硫原子采用不等性 sp^3 杂化，含有一个电子的杂化轨道与 2 个羟基氧原子形成 2 个 σ 键，含有孤对电子的 2 个杂化轨道和非羟基氧原子的 p 空轨道重叠形成 2 个 σ 键；与此同时，非羟基氧原子中被孤对电子占据的 p 轨道可以和 S 原子的空 d 轨道重叠，形成 p-d π 键，如图 10-23 所示。

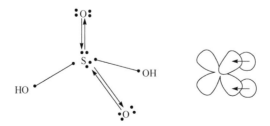

图 10-23　H_2SO_4 的分子结构及分子中的 p-d π 键

浓硫酸的吸水性和脱水性很强，除了能吸收游离水分之外，还能从纤维、糖中按 H∶O 为 2∶1 的比例夺取 H_2O，使其碳化。因此，浓硫酸能严重破坏动植物组织，如能损坏衣服、烧伤皮肤，使用时必须注意安全。浓硫酸万一溅到皮肤上，应该立即用大量的清水冲洗，然后用

2%的小苏打水或者稀氨水冲洗。

浓硫酸是一种很强的氧化剂，加热时氧化性更显著，它能氧化许多金属和非金属，而本身被还原为 SO_2。与过量的活泼金属作用，可以被还原成 S 甚至 H_2S。

$$C + 2H_2SO_4(浓) \xrightarrow{\triangle} CO_2 \uparrow + 2SO_2 \uparrow + 2H_2O$$

$$Cu + 2H_2SO_4(浓) \xrightarrow{\triangle} CuSO_4 + SO_2 \uparrow + 2H_2O$$

$$4Zn + 5H_2SO_4(浓) \xrightarrow{\triangle} 4ZnSO_4 + H_2S \uparrow + 4H_2O$$

金属铁、铝和冷浓硫酸接触，生成一层致密的氧化物保护膜，使其不再与浓硫酸反应，这就是可用铁、铝制的器皿盛放浓硫酸的原因。

硫酸溶液是二元强酸，第一步电离是完全的，第二步电离常数 $K_{a2}^{\ominus} = 1.2 \times 10^{-2}$。硫酸不易分解，难挥发，与某些挥发性酸的盐共热时，可以将挥发性酸置换出来。

硫酸能形成酸式盐和正盐。在酸式盐中，只有最活泼的碱金属元素能够形成稳定的固态酸式硫酸盐，如向硫酸钠溶液中加入过量的硫酸，就能结晶析出硫酸氢钠。

酸式硫酸盐大部分易溶于水，硫酸盐除 $BaSO_4$、$PbSO_4$、$CaSO_4$、$SrSO_4$ 等难溶，Ag_2SO_4 微溶于水外，其余都易溶于水。可溶性硫酸盐从溶液中析出的晶体常带有结晶水，如 $CuSO_4 \cdot 5H_2O$（胆矾）、$FeSO_4 \cdot 7H_2O$（绿矾）、$ZnSO_4 \cdot 7H_2O$（皓矾）等。

硫酸盐的热稳定性很高，如 Na_2SO_4、$BaSO_4$ 等在 1000℃也不会分解。但一些重金属硫酸盐如 $CuSO_4$、Ag_2SO_4 等易分解为金属氧化物或单质。

$$CuSO_4 \xrightarrow{\triangle} CuO + SO_3 \uparrow$$

$$2Ag_2SO_4 \xrightarrow{\triangle} 4Ag + 2SO_3 \uparrow + O_2 \uparrow$$

SO_3 在工业上主要用来生产硫酸。硫酸是化学工业中的一种重要化工原料，硫酸年产量可衡量一个国家的重化工生产能力。硫酸大量用于肥料工业中制造过磷酸钙和硫酸铵，还可用于石油精炼、炸药生产，以及制造各种矾、染料、颜料和药物等。许多硫酸盐有很重要的用途，如 $Al_2(SO_4)_3$ 是净水剂、造纸填充剂和媒染剂；$CuSO_4 \cdot 5H_2O$ 是消毒剂和农药；$FeSO_4 \cdot 7H_2O$ 是农药和治疗贫血的药剂，也是制造蓝黑墨水的原料；芒硝 $Na_2SO_4 \cdot 10H_2O$ 是重要的化工原料等。

iii. 硫的其他含氧酸及其盐

(a) 焦硫酸及其盐。焦硫酸是一种无色的晶状固体，熔点 308 K。当冷却发烟硫酸时，可以析出焦硫酸晶体。焦硫酸可以看作是由两分子硫酸脱去一分子水所得产物。

焦硫酸的酸性、吸水性、腐蚀性比硫酸更强。焦硫酸是一种强氧化剂，也是一种良好的磺化剂，工业上用于制造染料、炸药和其他有机磺酸化合物。

焦硫酸盐可与某些既不溶于水又不溶于酸的金属氧化物（如 Al_2O_3、Fe_2O_3 等）共熔，生成可溶于水的硫酸盐，这是分析化学中处理某些固体试样的一种重要方法。

$$Fe_2O_3 + 3K_2S_2O_7 =\!=\!= Fe_2(SO_4)_3 + 3K_2SO_4$$

(b)硫代硫酸及其盐。硫代硫酸 $H_2S_2O_3$ 可看作是硫酸分子中的一个氧原子被硫原子所取代的产物。硫代硫酸极不稳定，遇水分解。稳定的硫代硫酸盐(与游离酸相比)可由 H_2S 和亚硫酸的碱溶液作用制得，也可将硫粉溶于沸腾的亚硫酸钠碱性溶液中，或将 Na_2S 和 Na_2CO_3 以 2∶1 的物质的量比配成溶液再通入 SO_2 制备。

$$Na_2SO_3 + S =\!=\!= Na_2S_2O_3$$

$$2Na_2S + Na_2CO_3 + 4SO_2 =\!=\!= 3Na_2S_2O_3 + CO_2$$

硫代硫酸钠($Na_2S_2O_3 \cdot 5H_2O$)又称海波或大苏打，是无色透明的晶体，易溶于水，其水溶液显碱性。硫代硫酸钠具有一定的还原性，是中等强度的还原剂，能定量地被 I_2 氧化为连四硫酸根，这是容量分析中碘量法的理论基础：

$$2S_2O_3^{2-} + I_2 =\!=\!= S_4O_6^{2-} + 2I^-$$

$S_2O_3^{2-}$ 遇更强氧化剂，将进一步反应生成硫酸盐：

$$S_2O_3^{2-} + 4Cl_2 + 5H_2O =\!=\!= 2SO_4^{2-} + 10H^+ + 8Cl^-$$

因此，在纺织和造纸工业上用硫代硫酸钠作脱氯剂。

$S_2O_3^{2-}$ 中的硫原子和氧原子在一定条件下可以与金属配位，如与银(Ag^+)形成配离子。例如，难溶于水的 AgBr 可以溶解在 $Na_2S_2O_3$ 中：

$$AgBr + 2S_2O_3^{2-} =\!=\!= [Ag(S_2O_3)_2]^{3-} + Br^-$$

$Na_2S_2O_3$ 用作定影液，就是利用上述反应溶解胶片上未曝光的 AgBr。

(c)过硫酸及其盐。硫的含氧酸含有过氧基(—O—O—)时称为过硫酸。过硫酸可视为过氧化氢的衍生物。

过二硫酸是无色晶体，具有很强的吸水性和氧化性，能使有机物碳化。在 $AgNO_3$ 催化下，$S_2O_8^{2-}$ 能将 Mn^{2+} 氧化成 MnO_4^-，此反应在钢铁分析中用于测定锰的含量。

$$5S_2O_8^{2-} + 2Mn^{2+} + 8H_2O \xrightarrow{Ag^+} 2MnO_4^- + 10SO_4^{2-} + 16H^+$$

过二硫酸及其盐均不稳定，受热易分解，放出 SO_3 和 O_2。

$$2K_2S_2O_8 \xrightarrow{\triangle} 2K_2SO_4 + 2SO_3\uparrow + O_2\uparrow$$

过二硫酸遇水发生水解生成硫酸和过氧化氢，工业上利用这个反应制备过氧化氢。

$$H_2S_2O_8 + H_2O =\!=\!= H_2SO_4 + H_2SO_5$$

$$H_2SO_5 + H_2O =\!=\!= H_2SO_4 + H_2O_2$$

5. 卤素元素

1)概述

卤素元素简称卤素，位于周期表ⅦA 族，包括氟(F)、氯(Cl)、溴(Br)、碘(I)、砹(At) 5 种元素。卤素希腊文原意是成盐元素，它们表现出典型的非金属性质。除稀有气体外，在周期表中它们是唯一没有金属元素的族。在自然界，氟主要以萤石(CaF_2)和冰晶石(Na_3AlF_6)等矿物形式存在，氯、溴、碘主要以钾、钠、钙、镁的无机盐形式存在于海水中，海藻是碘的重要来源，砹为放射性元素，微量且短暂地存在于镭、锕或钍的蜕变产物中。

卤素原子的价层电子构型均为 ns^2np^5，与稀有气体的 8 电子稳定结构相比，仅缺少一个电子，因此卤素原子都有获得一个电子成为卤素离子的强烈趋势。卤素和同周期元素相比较，其非金属性最强。在本族内自上而下各元素电负性逐渐减小，因而从氟到碘，非金属性依次减弱。

卤素元素的一些基本性质列于表 10-10 中。

表 10-10　卤素的基本性质

性质	元素			
	氟(F)	氯(Cl)	溴(Br)	碘(I)
原子序数	9	17	35	53
主要氧化数	−1, 0	−1, 0, +1, +3, +4, +5, +7	−1, 0, +1, +3, +5, +7	−1, 0, +1, +3, +5, +7
价层电子构型	$2s^22p^5$	$3s^23p^5$	$4s^24p^5$	$5s^25p^5$
共价半径/pm	64	99	114	133
离子(X⁻)半径/pm	135	181	195	216
第一电离能 /(kJ · mol⁻¹)	1681	1251	1140	1008
电子亲和能 /(kJ · mol⁻¹)	328	348.8	324.5	295.3
电负性	3.90	3.15	2.85	2.65

2) 卤素单质

(1) 物理性质。

卤素单质均为双原子分子，固态时为非极性分子晶体。常温常压下，氟是浅黄色气体，氯是黄绿色气体，溴是红棕色液体，碘是紫黑色带金属光泽的固体。随着卤素原子半径的增大，卤素分子之间的色散力也逐渐增大，因此卤素单质的熔点、沸点、密度等物理性质都按由氟到碘的顺序依次递增。表 10-11 中列出了卤素单质的一些重要物理性质。

表 10-11　卤素单质的物理性质

性质	氟(F_2)	氯(Cl_2)	溴(Br_2)	碘(I_2)
聚集状态	气	气	液	固
颜色	淡黄色	黄绿色	红棕色	紫黑色
单质的熔点/K	53.38	172.02	265.95	386.5
单质的沸点/K	84.86	238.95	331.76	457.35
单质的密度/(g · cm⁻³)	1.108(l)	1.57(l)	3.12(l)	4.93(s)
气化热/(kJ · mol⁻¹)	6.32	20.41	30.71	46.61
溶解度/[g · (100 g 水)⁻¹, 293 K]	分解水放出 O_2	0.732(反应)	3.58	0.029

卤素单质在水中的溶解度不大(氟除外，与水相遇猛烈反应)。氯、溴、碘的水溶液分别称为氯水、溴水和碘水。卤素单质在有机溶剂如乙醇、四氯化碳等中的溶解度比在水中的溶解度

大得多，并且呈现一定的颜色。例如，溴在这些有机溶剂中溶解而形成的溶液随着溴的浓度不同而呈现从黄色到棕红色的颜色。碘在介电常数较大的溶剂如乙醇和乙醚中生成的溶液显棕色或红棕色，这是溶剂化的结果；在介电常数较小的非极性溶剂如二硫化碳、四氯化碳等中呈紫色，这是因为在这些溶液中碘主要以分子状态存在。

碘在水中溶解度极小但易溶于碘化物溶液（如碘化钾），这主要是形成溶解度很大的 I_3^- 的缘故：

$$I_2 + I^- \Longrightarrow I_3^-$$

在这个平衡中，总有碘单质存在，因此多碘化钾溶液的性质实际上与碘溶液相同。实验室常用此反应获得浓度较大的碘水溶液。其他的多卤离子如 Cl_3^- 和 Br_3^-，远不及 I_3^- 稳定。

卤素单质均有刺激性气味，强烈刺激眼、鼻、喉、气管的黏膜，吸入较多会严重中毒（毒性从氟到碘依次减小），甚至会造成死亡。空气中含有 0.01% 的氯气时会引起严重的氯气中毒，此时可吸入乙醇和乙醚的混合气体解毒，吸入少量氨气也有缓解作用。

(2) 化学性质。

卤素化学活性高，氧化能力强，其中氟是最强的氧化剂。卤素单质的化学性质主要有以下几个方面：

i. 与水（酸、碱）反应

卤素单质与水可以发生两种类型的反应：

(a) 氧化反应：　　　　$2X_2 + 2H_2O \Longrightarrow 4H^+ + 4X^- + O_2$

(b) 歧化反应：　　　　$X_2 + H_2O \Longrightarrow H^+ + X^- + HXO$

F_2 的氧化性强，只能与水发生第一类反应，且反应剧烈。Cl_2 在日光下缓慢地置换出水中的氧。Br_2 与水反应非常缓慢地放出氧气，但当溴化氢浓度高时，HBr 会与氧作用而析出 Br_2。碘不能置换水中的氧，相反氧可作用于 HI 溶液使 I_2 析出。

$$4H^+ + 4I^- + O_2 \Longrightarrow 2I_2 + 2H_2O$$

Cl_2、Br_2、I_2 与水主要发生第二类反应，此类反应是可逆的，298 K 时反应的平衡常数分别为 4.2×10^{-4}、7.2×10^{-9}、2.0×10^{-13}。可见，从 Cl_2 到 I_2，反应进行的程度越来越小。从其水解反应式可知，加酸能抑制卤素的水解，加碱则促进水解，生成卤化物和次卤酸盐。

ii. 与金属反应

氟能强烈地与所有金属直接作用生成高价氟化物。氟与铜、镁、镍作用时，由于在金属表面生成一层氟化物膜而阻止了氟与它们的进一步作用，因此氟可以储存在铜、镁、镍或由它们的合金制成的容器中。

氯也能与各种金属作用，有的需要加热，反应较为剧烈。氯在干燥的情况下不与铁作用，因此可将氯储存于铁罐中。

溴和碘在常温下可以与活泼金属作用，与其他金属的反应需要加热。

iii. 与非金属反应

氟几乎与所有的非金属元素（除氧、氮外）都能直接化合，甚至在低温下，氟仍能与溴、碘、硫、磷、砷、硅、碳、硼等非金属猛烈反应，常伴随着燃烧和爆炸，这是因为生成的氟化物具有挥发性，它们的生成并不妨碍非金属表面与氟的进一步作用。氟和稀有气体直接化合形成多种类型的氟化物。

氯可以与大多数非金属单质直接化合，作用程度不如氟剧烈。溴、碘的活泼性比氯差。例如，在氯与磷的反应中，磷过量将生成三氯化磷，氯气过量则生成五氯化磷；但溴和碘与磷作用只生成三溴化磷和三碘化磷。

$$2P(过量) + 3Cl_2 \xrightarrow{\quad\quad} 2PCl_3$$
$$2P + 5Cl_2(过量) \xrightarrow{\quad\quad} 2PCl_5$$
$$2P + 3Br_2 \xrightarrow{\quad\quad} 2PBr_3$$
$$2P + 3I_2 \xrightarrow{\quad\quad} 2PI_3$$

iv. 与氢反应

卤素单质都能与氢直接化合：

$$X_2 + H_2 \xrightarrow{\quad\quad} 2HX$$

但反应的剧烈程度鲜明地表现出卤素单质化学活泼性的差异。氟在低温和暗处即可与氢化合，放出大量的热并引起爆炸；氯与氢在暗处室温下反应非常慢，但在加热（523 K 以上）或强光照射下，发生爆炸性反应；在紫外线照射时或加热至 648 K 时，溴与氢可发生作用，但剧烈程度远不如氯；碘和氢的反应，则需要更高的温度，并且作用不完全。

从上述卤素单质与金属、非金属、氢气作用的反应条件和反应剧烈程度可见氟、氯、溴、碘的化学活泼性依次减弱。

3) 卤化氢和氢卤酸

(1) 物理性质。

卤化氢均为具有强烈刺激性气味的无色气体。卤化氢分子的极性随着卤素电负性的不同而变化，HF 分子极性最大，HI 分子的极性最小，卤化氢的一些物理性质列于表 10-12 中。

表 10-12　卤化氢的物理性质

性质	HF	HCl	HBr	HI
熔点/K	189.6	158.9	186.3	222.4
沸点/K	292.7	188.1	206.4	237.8
生成热/(kJ · mol⁻¹)	−271	−92	−36	+2
1273 K 的分解度/%	—	0.014	0.5	33
键能/(kJ · mol⁻¹)	565.0	428.0	362.0	295.0
溶解热/(kJ · mol⁻¹)	61.55	74.90	85.22	81.73
溶解度/[g · (100 g 水)⁻¹, 273 K]	∞	82.3	221	234
气态分子的偶极矩/(×10⁻³⁰ C · m)	6.071	3.602	2.715	1.418
水溶液中表观电离度/(0.1 mol · L⁻¹, 291 K)	8.5	92.6	93.5	95
恒沸点/K	393	383	399	400
恒沸物密度/(g · cm⁻³)	1.14	1.10	1.49	1.71
恒沸物百分含量/%	35.37	20.24	47	57

卤化氢分子有极性，在水中有很大的溶解度。273 K 时 1 m³ 水可溶解 500 m³ 氯化氢，氟化氢则可无限制地溶于水中。卤化氢的水溶液是氢卤酸，卤化氢极容易液化，液态卤化氢不

导电。

卤化氢的物理性质按 HCl、HBr、HI 的顺序呈规律性的变化，只有 HF 在许多性质上表现出例外，如熔、沸点偏高，其原因是 HF 分子间存在氢键，存在其他卤化氢所没有的缔合作用。

（2）化学性质。

i. 酸性

除氢氟酸外，其余的氢卤酸在稀的水溶液中全部解离为氢离子和卤离子，都是强酸，而且按照 HCl、HBr、HI 的顺序酸的强度增大。氢溴酸、氢碘酸的酸性甚至强于高氯酸。

ii. 还原性

根据 X_2/X^- 的标准电极电势数据可知，卤素的氧化能力大小顺序为：$F_2 > Cl_2 > Br_2 > I_2$；卤离子的还原能力大小顺序为：$I^- > Br^- > Cl^- > F^-$。

因此，按 $F \rightarrow Cl \rightarrow Br \rightarrow I$ 的顺序，前面的卤素单质（X_2）可以将后面的卤素从它们的卤化物中置换出来。例如，

$$Cl_2 + 2Br^- \Longrightarrow 2Cl^- + Br_2$$

$$Cl_2 + 2I^- \Longrightarrow 2Cl^- + I_2$$

$$Br_2 + 2I^- \Longrightarrow 2Br^- + I_2$$

这类反应在工业上常用来制备单质溴和碘。因此，氢卤酸和卤化氢的还原能力按 HF、HCl、HBr、HI 的顺序增强。氢碘酸在常温时可以被空气中的氧气氧化：

$$4H^+ + 4I^- + O_2 \Longrightarrow 2I_2 + 2H_2O$$

氢溴酸和氧的反应进行得很慢，盐酸不能被氧气所氧化，但在强氧化剂如 $KMnO_4$、MnO_2、$K_2Cr_2O_7$ 等的作用下可以表现出还原性：

$$MnO_2 + 4HCl(浓) \Longrightarrow MnCl_2 + 2H_2O + Cl_2\uparrow$$

氢氟酸没有还原性。

iii. 热稳定性

卤化氢的热稳定性是指其受热能否分解为单质：

$$2HX \Longrightarrow H_2 + X_2$$

从表 10-12 中列出的卤化氢在 1273 K 分解度的实验数据可以看出，它们的热稳定性按 HF > HCl > HBr > HI 的顺序依次减弱。HF 在很高温度下并不显著地解离，而 HI 在 573 K 时就大量分解为碘和氢。

（3）用途。

氢卤酸中的氢氟酸和盐酸有较大的实用意义。常用盐酸的质量分数为 37%，密度为 $1.19 \ g \cdot cm^{-3}$，浓度为 $12 \ mol \cdot L^{-1}$。盐酸是一种重要的工业原料和化学试剂，用于制造各种卤化物。此外，在皮革工业、焊接、电镀、搪瓷、医药和食品工业都有广泛的应用。氢氟酸（或 HF 气体）能与 SiO_2 反应生成气态 SiF_4：

$$SiO_2 + 4HF \Longrightarrow SiF_4\uparrow + 2H_2O$$

利用这一反应，氢氟酸被广泛用于分析化学中，用以测定矿物或钢样中 SiO_2 的含量，还用在玻璃器皿上刻蚀标记和花纹，毛玻璃和灯泡的"磨砂"就是氢氟酸腐蚀的。通常将氢氟酸

储存在塑料容器中。

4) 含氧酸及其盐

除氟外，氯、溴和碘可生成四种类型的含氧酸，分别为次卤酸(HXO)、亚卤酸(HXO_2)、卤酸(HXO_3)和高卤酸(HXO_4)，其中卤素的氧化态分别为$+1$、$+3$、$+5$、$+7$。在它们的含氧酸根离子结构中，卤素原子全都采取sp^3杂化，故次卤酸根离子为直线形，亚卤酸根离子为 V 形，卤酸根离子为三角锥形，高卤酸根离子为四面体形，结构见图 10-24。

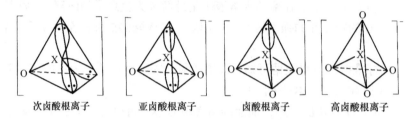

次卤酸根离子　　　　亚卤酸根离子　　　　卤酸根离子　　　　高卤酸根离子

图 10-24　卤素含氧酸根离子的结构

卤素的含氧酸不稳定，大多只能存在于水溶液中，尚未得到游离的纯酸。在卤素的含氧酸中只有氯的含氧酸有较多的实际用途。$HBrO_2$ 和 HIO 的存在是短暂的，往往只是化学反应的中间产物。

(1) 次卤酸 HXO 及其盐。

次卤酸都是很弱的一元酸，其酸强度按 $HClO \rightarrow HBrO \rightarrow HIO$ 的顺序依次减弱。

卤素单质与水作用生成次卤酸和氢卤酸：

$$X_2 + H_2O \rightleftharpoons H^+ + X^- + HXO$$

此反应为可逆反应，所得的次卤酸浓度很低。如能设法除去生成的氢卤酸，则反应向右进行的程度将增大。例如，在 Cl_2 的水溶液中加入 HgO 和 $CaCO_3$，将反应混合物蒸馏，可得到次氯酸溶液。

$$HgO + H_2O + 2Cl_2 = HgCl_2 + 2HClO$$

$$CaCO_3 + H_2O + 2Cl_2 = CaCl_2 + CO_2 + 2HClO$$

使水解作用完全的另一方法是加入碱，如 KOH：

$$X_2 + 2KOH = KX + KXO + H_2O$$

次卤酸都很不稳定，仅存在于水溶液中，其稳定程度按 HClO、HBrO、HIO 迅速减小。次卤酸的分解方式基本有两种：

(a) $2HXO = 2HX + O_2\uparrow$

(b) $3HXO = 3H^+ + 2X^- + XO_3^-$

这是两个能同时独立进行的平行反应，究竟以哪个反应为主，主要取决于外界条件。在光照或使用催化剂时，次卤酸几乎完全按方式(a)进行而放出氧气，因此次卤酸都是强氧化剂。如果加热，则反应主要按方式(b)进行，这是次卤酸的歧化反应。

次氯酸及次氯酸盐是强氧化剂，具有杀菌、漂白作用。例如，将氯气通入 $Ca(OH)_2$ 中，就得到大家熟知的漂白粉。漂白粉是由 $Ca(ClO)_2$、$Ca(OH)_2$、$CaCl_2$ 等组成的混合物，其有效成分是 $Ca(ClO)_2$。次氯酸盐的漂白作用主要基于次氯酸的氧化性。漂白粉中的 $Ca(ClO)_2$ 可以说只是潜在的强氧化剂，使用时必须加酸，使其转变成 HClO 后才具有强氧化性，能发挥其漂白、消毒的作用。

（2）亚卤酸 HXO_2 及其盐。

已知的亚卤酸仅有亚氯酸 $HClO_2$，它存在于水溶液中，酸性强于次氯酸，为中强酸，$K_a^{\ominus} = 1.1 \times 10^{-2}$。

纯的亚氯酸溶液可用硫酸和亚氯酸钡溶液作用制取：

$$H_2SO_4 + Ba(ClO_2)_2 =\!=\!= BaSO_4\downarrow + 2HClO_2$$

过滤分离硫酸钡，可得稀的亚氯酸溶液。亚氯酸的水溶液也不稳定，易发生如下分解反应：

$$8HClO_2 =\!=\!= 6ClO_2 + Cl_2\uparrow + 4H_2O$$

将过氧化钠或过氧化氢的碱溶液与 ClO_2 作用，可得到纯净的 $NaClO_2$：

$$2ClO_2 + Na_2O_2 =\!=\!= 2NaClO_2 + O_2\uparrow$$

亚氯酸盐在溶液中较稳定，有强氧化性，用作漂白剂。在固态时加热或打击亚氯酸盐，则迅速分解发生爆炸。在溶液中加热发生歧化反应，并转化为氯酸盐和氯化物。

$$3NaClO_2 =\!=\!= 2NaClO_3 + NaCl$$

（3）卤酸 HXO_3 及其盐。

氯酸和溴酸可稳定存在于水溶液中，但浓度不可太高。当稀溶液加热时或浓度太高（质量分数：氯酸超过 40%，溴酸超过 50%）时分解：

$$4HBrO_3 =\!=\!= 2Br_2 + 5O_2\uparrow + 2H_2O$$

$$8HClO_3 =\!=\!= 4HClO_4 + 2Cl_2\uparrow + 3O_2\uparrow + 2H_2O$$

碘酸以白色固体存在。固体碘酸在加热时可脱水生成 I_2O_5。可见，卤酸的稳定性按 $HClO_3$、$HBrO_3$、HIO_3 的顺序增大。

$HClO_3$、$HBrO_3$ 是强酸，HIO_3 是中强酸，其浓溶液都是强氧化剂。

氯酸和溴酸可由相应的钡盐与硫酸作用制取：

$$Ba(XO_3)_2 + H_2SO_4 =\!=\!= BaSO_4\downarrow + 2HXO_3$$

碘酸则可用碘与浓硝酸作用制取：

$$I_2 + 10HNO_3 =\!=\!= 2HIO_3 + 10NO_2\uparrow + 4H_2O$$

卤酸盐通常用卤素单质在热的浓碱中歧化或氧化卤化物制得：

$$3X_2 + 6KOH =\!=\!= KXO_3 + 5KX + 3H_2O \quad (X = Cl,\ Br,\ I)$$

碘酸盐也可用碘化物在碱溶液中用氯气氧化得到：

$$KI + 6KOH + 3Cl_2 =\!=\!= KIO_3 + 6KCl + 3H_2O$$

从 XO_3^- 的标准电极电势来看，其氧化能力的次序是溴酸盐 > 氯酸盐 > 碘酸盐。

卤酸盐中，氯酸钾最为重要，它在 630 K 时熔化，约在 670 K 时开始歧化分解：

$$4KClO_3 =\!=\!= 3KClO_4 + KCl$$

当使用 MnO_2 作催化剂时，氯酸钾在较低的温度下按下式分解：

$$2KClO_3 \xrightarrow{\quad\quad} 2KCl + 3O_2 \uparrow$$

固体氯酸钾是强氧化剂,当它与硫磺或红磷混合均匀,撞击时会发生猛烈爆炸。氯酸钾大量用于制造火柴、炸药的引信、信号弹和礼花等。氯酸钠用作除草剂,溴酸盐和碘酸盐用作分析试剂。

(4)高卤酸 HXO_4 及其盐。

用浓硫酸和高氯酸钾作用,可以制取高氯酸:

$$KClO_4 + H_2SO_4(浓) \xrightarrow{\quad\quad} KHSO_4 + HClO_4$$

经减压蒸馏可以获得浓度为 60%的市售 $HClO_4$。工业上采用电解氧化盐酸的方法制取高氯酸。电解时用铂作阳极,用银或铜作阴极,在阳极区可得到质量分数达 20%的高氯酸:

$$4H_2O + Cl^- \xrightarrow{\quad\quad} ClO_4^- + 8H^+ + 8e^-$$

无水高氯酸是无色、黏稠状液体,冷、稀溶液比较稳定,但浓的高氯酸不稳定,受热分解:

$$4HClO_4 \xrightarrow{\quad\quad} 2Cl_2 + 7O_2 + 2H_2O$$

浓的高氯酸(质量分数>60%)与易燃物相遇会发生猛烈爆炸,但冷的稀高氯酸没有明显氧化性。$HClO_4$ 是最强的无机含氧酸。

高氯酸是常用的分析试剂。高氯酸盐易溶于水,但钾盐的溶解度很小,因此在定性分析中常用高氯酸钾鉴定钾离子。高氯酸镁吸湿性很强,可用作干燥剂。

10.4　d 区 元 素

d 区元素包括周期表第ⅢB 至第Ⅷ族,共八列元素,与ⅠB、ⅡB 族统称为过渡元素。这些元素都是金属元素,位于长式元素周期表 s 区元素和 p 区元素之间,即典型的金属元素和非金属元素之间,因而称为过渡元素。其中,镧系和锕系元素又称为内过渡元素。第ⅢB 族的钪、钇和其他镧系元素的性质相近,所以常将钪、钇和镧系的 15 个元素共 17 个元素总称为稀土元素。

同周期 d 区元素金属性递变不明显,人们通常按不同周期将过渡元素分为下列三个过渡系:

第一过渡系:第四周期元素,从钪(Sc)到锌(Zn);

第二过渡系:第五周期元素,从钇(Y)到镉(Cd);

第三过渡系:第六周期元素,从镥(Lu)到汞(Hg)。

10.4.1　d 区元素的通性

1. 原子的电子层结构和半径

d 区元素原子结构的共同特点是价电子一般依次分布在次外层的 d 轨道上,最外层只有 1～2 个电子(Pd 除外),较易失去,其价层电子构型为 $(n-1)d^{1\sim9}ns^{1\sim2}$。由于 $(n-1)d$ 轨道和 ns 轨道能量相近,d 电子可部分或全部参与化学反应,因此常表现出多种氧化态。

同周期 d 区元素随着原子序数的增大,原子半径缓慢减小,直到铜族前后又稍增大。此外,同族元素由上到下,原子半径增大,但第五、第六周期(ⅢB 族除外)由于镧系收缩,几乎抵消了同族元素由上到下周期数增加的影响，使这两个周期的同族元素的原子半径十分接近，导致第二过渡系和第三过渡系的同族元素在性质上的差异比第一过渡系和第二过渡系相应的元素要小。d 区元素的原子半径以及它们随原子序数和周期变化的情况如图 10-25 所示。

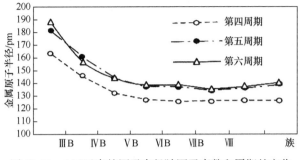

图 10-25　d 区元素的原子半径随原子序数和周期的变化

2. d 区元素的物理性质

过渡金属外观多呈银白色或灰白色，有光泽。d 区元素的单质都是高熔点、高沸点、密度大、导电性和导热性良好的金属。金属中熔点最高的是钨（W），硬度最大的是铬（Cr），密度最大的是第Ⅷ族的锇（Os）。造成这种特性的原因可能是过渡元素的单质的原子半径小，采用紧密堆积时除有 s 电子外，还有部分 d 电子参与成键，除金属键外还有部分共价键，因此结合比较牢固。

3. d 区元素的化学性质

第一过渡系元素的电离能和电负性都比较小，具有较强的还原性，电极电势均为负值。ⅢB 族元素是其中最活泼的金属元素，性质与碱土金属接近。同一周期从左到右，金属活泼性总体趋势是逐渐减弱，但元素从左到右电离能增加的幅度远不如主族元素那样显著，表现出的金属性很接近。同族元素的活泼性从上到下依次减弱。第一过渡系的单质比第二、第三过渡系单质活泼。例如，d 区元素第一过渡系的金属都能与稀酸（盐酸或硫酸）作用，而第二、第三过渡系的单质大多较难发生类似反应。第二、第三过渡系的某些元素单质仅能溶于王水或氢氟酸中，如锆（Zr）、铪（Hf）等，有些甚至不溶于王水，如钌（Ru）、铑（Rh）、锇（Os）、铱（Ir）等。过渡元素化学性质的差别，与第二、第三过渡系的原子具有较大的电离能和升华焓有关。有时，这些金属在表面上易形成致密的氧化膜，这也影响了它们的活泼性。

10.4.2　d 区重要元素及其化合物

1. 铬及其化合物

1）铬单质
（1）物理性质。

铬是周期表ⅥB 族的第一种元素，在自然界中主要以铬铁矿 $Fe(CrO_2)_2$ 存在。铬是灰白色略带金属光泽的金属，它的熔点和沸点都很高，铬是硬度最大的过渡金属。此外，铬的密度大，机械性能好，抗腐蚀性能强，因此被广泛用于钢铁、合金及金属表面镀铬。含铬 12% 以上的钢称为不锈钢，有很好的耐热性、耐磨性和耐腐蚀性。许多金属表面镀铬，不仅防锈而且光亮如新。

(2) 化学性质。

由于铬的表面容易生成一层氧化膜而呈钝态，所以常温下 Cr 金属活泼性差，在空气、水中相当稳定。铬能缓慢地溶于稀盐酸或稀硫酸中，先有 Cr(Ⅱ)生成，Cr(Ⅱ)在空气中迅速被氧化成 Cr(Ⅲ)：

$$Cr + 2HCl =\!=\!= CrCl_2(蓝色) + H_2\uparrow$$

$$4CrCl_2(蓝色) + 4HCl + O_2 =\!=\!= 4CrCl_3(绿色) + 2H_2O$$

高温时铬活泼，与 X_2、O_2、S、C、N_2 直接化合，一般生成 Cr(Ⅲ)化合物。高温时铬也能与酸反应，熔融时可以与碱反应。

2) 铬的重要化合物

铬的价电子构型为 $3d^5 4s^1$，六个电子都能参与成键，因此铬可以形成多种氧化数的化合物，其中+3 和+6 两种氧化数的化合物最重要。

(1) Cr(Ⅲ)化合物。

i. 三氧化二铬

Cr_2O_3 俗称铬绿，是绿色晶体，微溶于水，与 Al_2O_3 相似，具有两性，溶于酸形成 Cr(Ⅲ)盐，溶于强碱形成亚铬酸盐(CrO_2^-)：

$$Cr_2O_3 + 3H_2SO_4 =\!=\!= Cr_2(SO_4)_3(蓝紫色) + 3H_2O$$

$$Cr_2O_3 + 2NaOH =\!=\!= 2NaCrO_2(绿色) + H_2O$$

Cr_2O_3 作为绿色颜料而广泛用于油漆、陶瓷及玻璃工业，还可用作有机合成的催化剂，也是制取铬盐和冶炼金属铬的原料。

ii. 氢氧化铬

向 Cr(Ⅲ)盐中加入碱，即有灰绿色胶状水合氧化铬($Cr_2O_3 \cdot xH_2O$)沉淀生成，水合氧化铬含水量是可变的，通常称为氢氧化铬，用 $Cr(OH)_3$ 表示。

氢氧化铬难溶于水，具有两性，溶于酸形成 Cr^{3+}，溶于碱形成绿色的$[Cr(OH)_4]^-$。

$$Cr(OH)_3 + 3H^+ =\!=\!= Cr^{3+} + 3H_2O$$

$$Cr(OH)_3 + OH^- =\!=\!= [Cr(OH)_4]^-(亮绿色)$$

iii. 铬(Ⅲ)盐

常见的铬(Ⅲ)盐有 $CrCl_3 \cdot 6H_2O$(紫色或绿色)、$Cr_2(SO_4)_3 \cdot 18H_2O$(紫色)及铬钾矾 $KCr(SO_4)_2 \cdot 12H_2O$(蓝紫色)，它们都易溶于水。

$CrCl_3$ 稀溶液呈紫色，其颜色随温度、离子浓度变化而变化。在冷的稀溶液中，由于$[Cr(H_2O)_6]^{3+}$的存在而显紫色，但随温度升高和 Cl^-浓度的加大，又生成$[CrCl(H_2O)_5]^{2+}$(浅绿色)或$[CrCl_2(H_2O)_4]^+$(暗绿色)而使溶液呈绿色。

在碱性溶液中，$[Cr(OH)_4]^-$有较强的还原性，易被 H_2O_2、Cl_2、Br_2、Na_2O_2 等氧化为铬酸盐。

$$2[Cr(OH)_4]^-(亮绿色) + 3H_2O_2 + 2OH^- =\!=\!= 2CrO_4^{2-}(黄色) + 8H_2O$$

在酸性溶液中，需要很强的氧化剂如高锰酸钾、过硫酸盐等，才能将 Cr^{3+}氧化为 $Cr_2O_7^{2-}$：

$$2Cr^{3+} + 3S_2O_8^{2-} + 7H_2O = Cr_2O_7^{2-} + 6SO_4^{2-} + 14H^+$$

(2) Cr(Ⅵ)化合物。

i. 三氧化铬

CrO_3俗称铬酐，为暗红色晶体，易潮解，有毒。向$K_2Cr_2O_7$的饱和溶液中加入过量的浓硫酸，即可析出暗红色晶体：

$$K_2Cr_2O_7 + 2H_2SO_4(浓) = 2CrO_3 + 2KHSO_4 + H_2O$$

CrO_3遇热不稳定，超过熔点即分解放出O_2。

$$4CrO_3 \xrightarrow{\triangle} 2Cr_2O_3 + 3O_2 \uparrow$$

在分解过程中，可形成中间产物二氧化铬(CrO_2，黑色)。CrO_2有磁性，可用于制造高级录音带。CrO_3是一种强氧化剂，与一些有机物如乙醇接触时，会发生着火或爆炸，本身被还原为Cr_2O_3。

CrO_3溶于水生成铬酸H_2CrO_4，溶于碱得到铬酸盐。

$$CrO_3 + H_2O = H_2CrO_4(黄色)$$

$$CrO_3 + 2NaOH = Na_2CrO_4 + H_2O$$

因此，CrO_3是铬酸的酸酐。H_2CrO_4为二元强酸，与硫酸的酸性强度接近，但不稳定，只能存在于溶液中。

ii. 铬酸盐与重铬酸盐

铬酸盐及重铬酸盐均有毒。重铬酸盐大多易溶于水，而铬酸盐除钾、钠和铵盐外都不溶于水。钾、钠的铬酸盐及重铬酸盐是铬最重要的盐，K_2CrO_4为黄色晶体，$K_2Cr_2O_7$为橙红色晶体(俗称红矾钾)。$K_2Cr_2O_7$在高温下溶解度大，低温时溶解度小，易通过重结晶的方法提纯；且$K_2Cr_2O_7$晶体不易潮解，又不含结晶水，故常用作分析化学中的基准物质。

向铬酸盐溶液中加入酸，溶液由黄色变成橙红色；而向重铬酸盐溶液中加入碱，溶液由橙红色变成黄色，这表明铬酸盐和重铬酸盐溶液存在如下平衡：

$$CrO_4^{2-}(黄色) \underset{OH^-}{\overset{H^+}{\rightleftharpoons}} Cr_2O_7^{2-}(橙红色)$$

实验证明，当$pH = 11$时，Cr(Ⅵ)几乎全部以CrO_4^{2-}形式存在；当$pH = 1.2$时，Cr(Ⅵ)几乎全部以$Cr_2O_7^{2-}$形式存在。

向重铬酸盐溶液中加入Ba^{2+}、Pb^{2+}或Ag^+使上述平衡向生成CrO_4^{2-}的方向移动，生成相应的铬酸盐沉淀。

$$Cr_2O_7^{2-} + 2Ba^{2+} + H_2O = 2BaCrO_4 \downarrow (柠檬黄) + 2H^+$$

$$Cr_2O_7^{2-} + 2Pb^{2+} + H_2O = 2PbCrO_4 \downarrow (铬黄色) + 2H^+$$

$$Cr_2O_7^{2-} + 4Ag^+ + H_2O = 2Ag_2CrO_4 \downarrow (砖红色) + 2H^+$$

重铬酸盐在酸性溶液中有强氧化性，可氧化H_2S、HI、$FeSO_4$等许多物质，本身被还原为Cr^{3+}。

$$Cr_2O_7^{2-} + 3H_2S + 8H^+ = 2Cr^{3+} + 3S \downarrow + 7H_2O$$

$$Cr_2O_7^{2-} + 6I^- + 14H^+ \mathrel{=\!=\!=} 2Cr^{3+} + 3I_2 + 7H_2O$$

$$Cr_2O_7^{2-} + 6Fe^{2+} + 14H^+ \mathrel{=\!=\!=} 2Cr^{3+} + 6Fe^{3+} + 7H_2O$$

在分析化学中常用上述反应测定溶液中的 Fe^{2+} 含量。

2. 锰及其化合物

1) 锰单质

(1)物理性质。

块状锰是白色金属，质硬而脆，外形与铁相似，粉末状的锰单质为灰色。在自然界中主要以软锰矿(MnO_2)形式存在。锰主要用来制造合金钢。含锰 10% 以上的锰钢具有良好的抗冲击、耐磨损及耐蚀性，可用作耐磨材料，如制造粉碎机、钢轨等。

(2)化学性质。

锰属于活泼金属，在空气中其表面生成一层致密的氧化物保护膜而变暗，粉末状的锰很容易氧化。在加热时，锰能与 X_2、O_2、B、C、P、N_2 等许多非金属直接化合。

$$Mn + X_2 \mathrel{=\!=\!=} MnX_2$$

$$3Mn + N_2 \mathrel{=\!=\!=} Mn_3N_2$$

$$3Mn + C \mathrel{=\!=\!=} Mn_3C$$

金属锰的还原性很强，易溶于稀的非氧化性酸中产生氢气。

$$Mn + 2H^+ \mathrel{=\!=\!=} Mn^{2+} + H_2 \uparrow$$

Mn 和冷水不发生反应，因生成的 $Mn(OH)_2$ 对反应有抑制作用，在热水中或者加入 NH_4Cl 时即可顺利进行反应，这一点与 Mg 相似。

$$Mn + 2H_2O(热) \mathrel{=\!=\!=} Mn(OH)_2 \downarrow + H_2 \uparrow$$

在氧化剂存在下，Mn 能与熔融的碱反应：

$$2Mn + 4KOH(熔融) + 3O_2 \mathrel{=\!=\!=} 2K_2MnO_4 + 2H_2O$$

2) 锰的重要化合物

锰的价电子构型为 $3d^5 4s^2$，七个电子都能参与成键，其中氧化数为+2、+4、+7 的化合物最重要。

(1) Mn(Ⅱ)化合物。

锰的化合物中，Mn(Ⅱ)的化合物最稳定。Mn(Ⅱ)的强酸盐易溶，如 $MnSO_4$、$MnCl_2$ 等，而弱酸盐和氢氧化物难溶。在水溶液中，Mn^{2+} 常以浅粉红色的 $[Mn(H_2O)_6]^{2+}$ 水合离子形式存在，所以从水溶液中结晶出来的 Mn(Ⅱ)盐是带有结晶水的粉红色晶体，如 $MnSO_4 \cdot 7H_2O$、$Mn(NO_3)_2 \cdot 6H_2O$、$MnCl_2 \cdot 4H_2O$ 等。

Mn(Ⅱ)盐与碱液反应时，产生白色胶状沉淀 $Mn(OH)_2$，它在空气中不稳定，迅速被氧化成棕色的 $MnO(OH)_2$(水合二氧化锰)：

$$Mn^{2+} + 2OH^- \mathrel{=\!=\!=} Mn(OH)_2 \downarrow (白色)$$

$$2Mn(OH)_2 + O_2 \mathrel{=\!=\!=} 2MnO(OH)_2 (棕色)$$

Mn(Ⅱ)在酸性介质中比较稳定，只有用强氧化剂如过二硫酸铵、铋酸钠、二氧化铅、高

碘酸等才能将 Mn^{2+} 氧化成紫红色的 MnO_4^-：

$$2Mn^{2+} + 5S_2O_8^{2-} + 8H_2O = 2MnO_4^- + 10SO_4^{2-} + 16H^+$$

$$2Mn^{2+} + 5NaBiO_3 + 14H^+ = 2MnO_4^- + 5Bi^{3+} + 5Na^+ + 7H_2O$$

（2）Mn（Ⅳ）化合物。

二氧化锰（MnO_2）为棕黑色粉末，是锰最稳定的氧化物，不溶于水。MnO_2 是两性氧化物，可以与浓酸、浓碱反应。

$$4MnO_2 + 6H_2SO_4(浓) = 2Mn_2(SO_4)_3(紫红色) + 6H_2O + O_2\uparrow$$

$$2Mn_2(SO_4)_3 + 2H_2O = 4MnSO_4 + 2H_2SO_4 + O_2\uparrow$$

$$MnO_2 + 2NaOH(浓) = Na_2MnO_4(亚锰酸钠) + H_2O$$

MnO_2 在酸性溶液中有强氧化性：

$$MnO_2 + 4HCl(浓) \xrightarrow{\triangle} MnCl_2 + 2H_2O + Cl_2\uparrow$$

在碱性条件下，可被氧化至 Mn（Ⅵ）：

$$3MnO_2 + 6KOH + KClO_3 = 3K_2MnO_4(绿色) + KCl + 3H_2O$$

（3）Mn（Ⅶ）化合物。

Mn（Ⅶ）化合物以 $KMnO_4$ 最为常见。$KMnO_4$ 俗称灰锰氧，深紫色晶体，能溶于水，是一种强氧化剂。工业上用电解 K_2MnO_4 的碱性溶液或用 Cl_2 氧化 K_2MnO_4 制备：

$$2MnO_4^{2-} + 2H_2O = 2MnO_4^- + H_2\uparrow + 2OH^-$$

$$2MnO_4^{2-} + Cl_2 = 2MnO_4^- + 2Cl^-$$

$KMnO_4$ 在酸性溶液中会缓慢分解而析出 MnO_2：

$$4MnO_4^- + 4H^+ = 4MnO_2\downarrow + 3O_2\uparrow + 2H_2O$$

光对此分解反应有催化作用，因此 $KMnO_4$ 必须保存在棕色瓶中。$KMnO_4$ 的氧化能力随介质的酸性减弱而减弱，其还原产物也因介质的酸碱性不同而发生变化，MnO_4^- 在酸性、中性（或弱碱性）、强碱性介质中的还原产物分别为 Mn^{2+}、MnO_2 和 MnO_4^{2-}。例如，

$$2MnO_4^- + 6H^+ + 5SO_3^{2-} = 2Mn^{2+} + 5SO_4^{2-} + 3H_2O$$

$$2MnO_4^- + H_2O + 3SO_3^{2-} = 2MnO_2\downarrow + 3SO_4^{2-} + 2OH^-$$

$$2MnO_4^- + 2OH^- + SO_3^{2-} = 2MnO_4^{2-} + SO_4^{2-} + H_2O$$

$KMnO_4$ 在化学工业中用于生产维生素 C、糖精等，在轻化工中用于纤维、油脂的漂白和脱色，在医疗上用作杀菌消毒剂，在日常生活中可用于饮食用具、器皿、蔬菜、水果等的消毒。

3. 铁系元素

铁系元素属于第四周期的第Ⅷ族元素，包括铁(Fe)、钴(Co)、镍(Ni)。铁在自然界主要以氧化物(如磁铁矿 Fe_3O_4、赤铁矿 Fe_2O_3)或硫化物(如黄铁矿 FeS_2)形式存在。钴和镍在自然界常共生，主要矿物有镍黄铁矿($NiS \cdot FeS$)和辉钴矿($CoAsS$)。

1)铁、钴、镍的单质

铁、钴、镍的单质都是具有光泽的银白色金属，密度大，熔点高。铁和镍的延展性好，钴则较硬而脆。它们都具有磁性，在外加磁场作用下，磁性增强，外磁场被移走后，仍保持很强的磁性，所以称为铁磁性物质。铁、钴、镍的合金都是良好的磁性材料。

铁、钴、镍均为中等活泼的金属，能从非氧化性酸中置换出氢气(钴反应较慢)。冷的浓硝酸可使铁、钴、镍变成钝态，因此储存和运输浓硝酸的容器和管道可用铁制品。

金属铁能被浓碱溶液侵蚀，而钴和镍在强碱中的稳定性比铁高，因此实验室在熔融碱性物质时，最好用镍坩埚。

铁、钴、镍均能形成金属氢化物，如 FeH_2、CoH_2。这类氢化物的体积比原金属的体积有显著增加。钢铁与氢(如稀酸清洗钢铁制件产生的氢气)作用生成氢化物时会使钢铁的延展性和韧性下降，甚至使钢铁形成裂纹，此即"氢脆"现象。

2)铁、钴、镍的化合物

铁、钴、镍的价层电子构型依次为 $3d^6 4s^2$、$3d^7 4s^2$ 和 $3d^8 4s^2$。铁系元素能形成+2、+3 两种氧化数的化合物，其中铁以氧化数+3，而钴和镍以氧化数+2 的化合物比较稳定。这是由于 $Fe^{2+}(3d^6)$ 丢失一个 3d 电子能成为半充满的稳定结构 $3d^5$，而 $Co^{2+}(3d^7)$ 和 $Ni^{2+}(3d^8)$ 却不能。因此，相应地容易得到 Fe(Ⅲ)的化合物，而不易得到 Ni(Ⅲ)的化合物。

(1)氧化物。

铁、钴、镍均能形成氧化数为+2 和+3 的氧化物，它们的颜色各不相同：

FeO	CoO	NiO	Fe_2O_3	Co_2O_3	Ni_2O_3
黑色	灰绿色	暗绿色	砖红色	黑色	黑色

铁除了生成+2 和+3 的氧化物外，还能形成混合氧化态氧化物 Fe_3O_4，经 X 射线结构研究证明：它是一种铁(Ⅲ)酸盐，即 $Fe(Ⅱ)Fe(Ⅲ)[Fe(Ⅲ)O_4]$。

铁、钴、镍氧化数为+2、+3 的氧化物均能溶于强酸生成相应的盐，而不能溶于水和碱，属于碱性氧化物。氧化数为+3 的氧化物的氧化能力按铁—钴—镍的顺序递增，但稳定性递减。

(2)氢氧化物。

在隔绝空气的情况下，向 Fe^{2+}、Co^{2+}、Ni^{2+} 的盐溶液中加入碱会分别得到白色的 $Fe(OH)_2$、粉红色的 $Co(OH)_2$ 和绿色的 $Ni(OH)_2$ 沉淀。

$$M^{2+} + 2OH^- \rightleftharpoons M(OH)_2 \downarrow \quad (M = Fe、Co、Ni)$$

白色的 $Fe(OH)_2$ 极易被空气中的氧气氧化成红棕色的 $Fe(OH)_3$，粉红色的 $Co(OH)_2$ 也可以被空气中的氧气缓慢氧化成棕黑色的 $CoO(OH)$。

$$4Fe(OH)_2 + O_2 + 2H_2O \rightleftharpoons 4Fe(OH)_3$$

同样条件下，绿色的 $Ni(OH)_2$ 不能被空气中的氧气氧化，只有用更强的氧化剂才能将其氧化成黑色的沉淀 NiO(OH)。

　　铁系元素的氢氧化物均难溶于水，它们的氧化还原性及变化规律与其氧化物相似：

← 还原性增强

$$Fe(OH)_2 \quad Co(OH)_2 \quad Ni(OH)_2$$

白色　　　　粉红色　　　　绿色

$$Fe(OH)_3 \quad CoO(OH) \quad NiO(OH)$$

红棕色　　　棕黑色　　　黑色

氧化性增强 →

　　Fe(OH)$_3$ 与盐酸只能起中和作用，而 CoO(OH) 却能氧化盐酸放出氯气。

$$Fe(OH)_3 + 3HCl \Longrightarrow FeCl_3 + 3H_2O$$

$$2CoO(OH) + 6HCl \Longrightarrow 2CoCl_2 + Cl_2 \uparrow + 4H_2O$$

　　(3) M(II)盐。

　　氧化数为+2 的铁、钴、镍盐，在性质上有许多相似之处。它们的强酸盐都易溶于水，并伴有微弱水解使溶液显酸性。强酸盐从水溶液中析出晶体时，往往带有一定数量的结晶水，如 $MSO_4 \cdot 7H_2O$、$M(NO_3)_2 \cdot 6H_2O$、$MCl_2 \cdot 6H_2O$ 等。水合盐晶体及其水溶液呈现各种颜色，如 $[Fe(H_2O)_6]^{2+}$ 为浅绿色，$[Co(H_2O)_6]^{2+}$ 为粉红色，$[Ni(H_2O)_6]^{2+}$ 为苹果绿色。铁系元素的硫酸盐都能与碱金属或铵的硫酸盐形成复盐，如硫酸亚铁铵 $(NH_4)_2SO_4 \cdot FeSO_4 \cdot 6H_2O$(俗称莫尔盐)比相应的亚铁盐 $FeSO_4 \cdot 7H_2O$(俗称绿矾)更稳定，不易被氧化，是化学分析中常用的还原剂，用于标定 KMnO$_4$ 标准溶液。

　　$CoCl_2 \cdot 6H_2O$ 是常见的 Co(II)盐，随着所含结晶水分子的数目不同而呈现出不同的颜色：

$$CoCl_2 \cdot 6H_2O \underset{}{\overset{52.25℃}{\Longleftrightarrow}} CoCl_2 \cdot 2H_2O \overset{90℃}{\Longleftrightarrow} CoCl_2 \cdot H_2O \overset{120℃}{\Longleftrightarrow} CoCl_2$$

粉红色　　　　　　　　橙红色　　　　　　　蓝紫色　　　　　　蓝色

　　在氯气中加热钴的主要产物是氯化钴(II)，将粉红色的六水化合物在 150℃真空加热脱水或用氯化亚硫酰处理，都容易制得无水 CoCl$_2$。蓝色的无水 CoCl$_2$ 在潮湿的空气中吸水变为粉红色，故蓝色 CoCl$_2$ 加到干燥剂硅胶中可作为吸水程度的指示剂。

　　(4) M(III)盐。

　　铁系元素中，由于 Co^{3+} 和 Ni^{3+} 具有强氧化性，故只有 Fe^{3+} 才能形成稳定的可溶性盐，如 $Fe(NO_3)_3 \cdot 6H_2O$、$FeCl_3 \cdot 6H_2O$、$Fe_2(SO_4)_3 \cdot 12H_2O$ 等。

　　因为 Fe(OH)$_3$ 的碱性比 Fe(OH)$_2$ 更弱，因此 Fe(III)盐溶于水后都容易发生水解，使溶液显黄色或红棕色：

$$[Fe(H_2O)_6]^{3+} + H_2O \Longrightarrow [Fe(OH)(H_2O)_5]^{2+} + H_3O^+$$

$$[Fe(OH)(H_2O)_5]^{2+} + H_2O \Longrightarrow [Fe(OH)_2(H_2O)_4]^+ + H_3O^+$$

加热或进一步增大 pH，水解加剧，最终缩聚成红棕色的氢氧化铁胶状沉淀。

　　Fe^{3+} 的氧化性虽远不如 Co^{3+} 和 Ni^{3+}，但仍属于中等强度的氧化剂，能氧化许多物质。例如，

$$2Fe^{3+} + H_2S \Longrightarrow 2Fe^{2+} + S \downarrow + 2H^+$$

$$2Fe^{3+} + 2I^- \Longrightarrow 2Fe^{2+} + I_2$$

$$2Fe^{3+} + Cu \Longrightarrow 2Fe^{2+} + Cu^{2+}$$

印刷制版就是利用 Fe^{3+} 这一性质，作铜板的腐蚀剂，溶解铜板上需要去掉的部分。

10.5　ds 区元素

ds 区元素包括周期表ⅠB族和ⅡB族元素。其中ⅠB族铜、银和金通常称为铜族元素，ⅡB族锌、镉和汞称为锌族元素。

在自然界，铜族元素和锌族元素除了以硫化物矿和氧化物矿形式存在外，还以单质形式存在。常见的有辉铜矿（Cu_2S）、孔雀石[$Cu_2(OH)_2CO_3$]、黄铜矿（$CuFeS_2$）、赤铜矿（Cu_2O）、辉银矿（Ag_2S）、碲金矿（$AuTe_2$）、闪锌矿（ZnS）、菱锌矿（$ZnCO_3$）、辰砂（HgS）等。铜、银、金是人类历史上最早发现的三种金属，自古以来就作为货币金属或装饰品。

10.5.1　ds 区元素的通性

铜、锌副族价层电子构型分别为 $(n-1)d^{10}ns^1$、$(n-1)d^{10}ns^2$，从最外层电子数来看，分别与ⅠA、ⅡA主族相同，因此在氧化态和某些化合物的性质方面有相似性。但是，由于次外层电子构型不同，它们又与主族元素在性质上存在较大差异，如化合物的溶解度、颜色及离子的配位能力等。

10.5.2　ds 区重要元素及其化合物

1. 铜族元素

1) 单质

(1) 物理性质。

铜、银、金的单质都有其特征颜色，纯铜为红色，金为黄色，银为银白色。它们的密度都大于 $5\ g \cdot cm^{-3}$，都是重金属。另外，它们的熔、沸点相对较低，硬度小，有极好的延展性和可塑性。它们的导电、导热性能是所有金属中最好的，银占首位，其次是铜，铜是最通用的导体。

铜、银、金能与许多金属形成合金，其中铜的合金品种最多，如黄铜（Cu 60%，Zn 40%）、青铜（Cu 80%，Sn 15%，Zn 5%）等。其中黄铜表面经抛光可呈金黄色，是仿金首饰的材料。银表面反射光线能力强，曾用作眼镜、保温瓶、太阳能反射镜等。

(2) 化学性质。

铜、银和金的化学活泼性差。室温及干燥空气中，铜族元素都不会与氧反应，但在加热的情况下，铜能与氧化合生成黑色的氧化铜：

$$2Cu + O_2 \xrightarrow{\triangle} 2CuO$$

在潮湿的空气中，铜的表面会逐渐生成一层绿色铜锈（主要成分是碱式碳酸铜，俗称铜绿）：

$$2Cu + O_2 + CO_2 + H_2O \Longrightarrow Cu(OH)_2 \cdot CuCO_3$$

铜绿可防止金属进一步腐蚀。银和金不会发生上述反应。但空气中若存在 H_2S 气体，银的表面很快会出现一层黑色薄膜，这是由于生成了 Ag_2S。

铜族元素单质不能置换出非氧化性稀酸中的氢，但铜、银可以与强氧化性酸如硝酸、浓硫酸等反应。例如，

$$3Cu + 8HNO_3(稀) \Longrightarrow 3Cu(NO_3)_2 + 2NO\uparrow + 4H_2O$$

$$Cu + 4HNO_3(浓) \Longrightarrow Cu(NO_3)_2 + 2NO_2\uparrow + 2H_2O$$

金的活泼性最差，只能溶于王水中，

$$Au + HNO_3(浓) + 4HCl(浓) \Longrightarrow H[AuCl_4] + NO\uparrow + 2H_2O$$

这是由于金离子能形成稳定的配离子，降低了金电对的电极电势，从而使金被氧化。

当有沉淀剂或配位剂存在下，铜、银和金可与氧发生作用。例如，

$$4M + O_2 + 2H_2O + 8CN^- \Longrightarrow 4[M(CN)_2]^- + 4OH^- \quad (M = Cu,\ Ag,\ Au)$$

除此之外，铜、银在加热时能与硫直接化合生成硫化物，金则不能。在与卤素的反应中，金的活泼性也最差。总之，铜副族由铜至金，金属的活泼性逐渐减弱。

2) 铜的重要化合物

(1) 氧化物和氢氧化物。

i. 氧化亚铜

氧化亚铜 (Cu_2O) 属于共价化合物，不溶于水，对热稳定，但在潮湿的空气中被缓慢氧化成 CuO。由于晶粒大小的不同呈现出不同的颜色，如橙黄色、鲜红或深棕色。Cu_2O 呈弱碱性，溶于稀酸，立即歧化为 Cu 和 Cu^{2+}。

$$Cu_2O + H_2SO_4(稀) \Longrightarrow Cu + CuSO_4 + H_2O$$

氧化亚铜可溶于氨水生成无色的配离子 $[Cu(NH_3)_2]^+$：

$$Cu_2O + 4NH_3 + H_2O \Longrightarrow 2[Cu(NH_3)_2]^+ + 2OH^-$$

$[Cu(NH_3)_2]^+$ 易被空气中的氧氧化成深蓝色的 $[Cu(NH_3)_4]^{2+}$，利用此反应可除去气体中的氧。

ii. 氧化铜

氧化铜 (CuO) 为黑色不溶于水的粉末。氧化铜热稳定性较好，只有在较高温度下 (1273 K) 受热分解为 Cu_2O，放出氧气。

$$4CuO \stackrel{\triangle}{=\!=\!=} 2Cu_2O + O_2\uparrow$$

在碱性介质中，Cu^{2+} 可被含有醛基的葡萄糖还原为红色的 Cu_2O，医学上常利用此特性检测尿液中的糖分，从而帮助诊断糖尿病。

CuO 具有一定的氧化性，是有机分析中常用的氧化剂。

iii. 氢氧化铜

在 Cu^{2+} 溶液中加入强碱，即有蓝色 $Cu(OH)_2$ 絮状沉淀析出，它微显两性，既能溶于酸也能溶于碱，形成蓝紫色 $[Cu(OH)_4]^{2-}$ 溶液。

$$Cu(OH)_2 + 2H^+ \Longrightarrow Cu^{2+} + 2H_2O$$

$$Cu(OH)_2 + 2OH^- \Longrightarrow [Cu(OH)_4]^{2-}$$

氢氧化铜加热脱水变成黑色的 CuO。

$$Cu(OH)_2 \xrightarrow{\triangle} CuO + H_2O$$

(2)铜的盐类。

i. 氯化亚铜和氯化铜

无水 $CuCl_2$ 为棕黄色固体，可由单质直接化合而成，它是共价化合物，其结构是由 $CuCl_4$ 平面组成的长链，如图 10-26 所示。

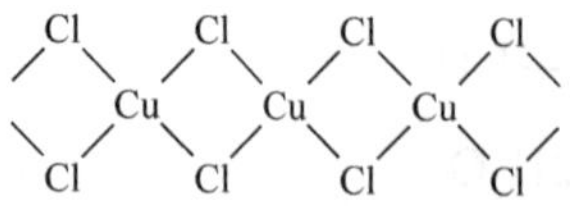

图 10-26　$CuCl_2$ 链状的分子结构

$CuCl_2$ 不但易溶于水，而且易溶于一些有机溶剂(如乙醇、丙酮)。在 $CuCl_2$ 很浓的水溶液中可形成黄色的 $[CuCl_4]^{2-}$：

$$Cu^{2+} + 4Cl^- \rightleftharpoons [CuCl_4]^{2-}(黄色)$$

而 $CuCl_2$ 的稀溶液显浅蓝色，原因是水分子取代 $[CuCl_4]^{2-}$ 中的 Cl^-，形成了 $[Cu(H_2O)_4]^{2+}$：

$$[CuCl_4]^{2-}(黄色) + 4H_2O \rightleftharpoons [Cu(H_2O)_4]^{2+}(浅蓝色) + 4Cl^-$$

$CuCl_2$ 的浓溶液通常为黄绿色或绿色，这是因为溶液中同时含有 $[CuCl_4]^{2-}$ 和 $[Cu(H_2O)_4]^{2+}$。

在热的浓盐酸中，用铜粉还原 $CuCl_2$，生成 $[CuCl_2]^-$，用水稀释即可得到难溶于水的白色 CuCl 沉淀。

$$Cu^{2+} + Cu + 2Cl^- \rightleftharpoons 2CuCl\downarrow(白色)$$

CuCl 的盐酸溶液能吸收 CO，形成氯化羰基亚铜 $[CuCl(CO)]\cdot H_2O$，此反应在气体分析中可用于测定混合气体中 CO 的含量。在有机合成中 CuCl 用作催化剂和还原剂。

ii. 硫酸铜

无水硫酸铜 $(CuSO_4)$ 为白色粉末，但从水溶液中结晶时，得到的是蓝色五水合硫酸铜 $(CuSO_4 \cdot 5H_2O)$ 晶体，俗称胆矾，其结构式为 $[Cu(H_2O)_4]SO_4\cdot H_2O$。

无水 $CuSO_4$ 易溶于水，吸水性很强，吸水后即显出特征的蓝色，但不溶于乙醇和乙醚，可利用这一性质检验有机液体中的微量水分，也可用作干燥剂，从有机液体中除去水分。$CuSO_4$ 溶液由于 Cu^{2+} 的水解而显酸性。

$CuSO_4$ 是制取其他铜盐的重要原料，在电解或电镀中用作电解液和配制电镀液，纺织工业中用作媒染剂。$CuSO_4$ 具有杀菌能力，可用于蓄水池、游泳池中以防止藻类生长。硫酸铜和石灰乳混合而成"波尔多液"可用于消灭植物病虫害。

3)银的重要化合物

(1)氧化银。

在硝酸银溶液中加入 NaOH，首先析出极不稳定的白色 AgOH 沉淀，它立即脱水转化为黑色的氧化银。

Ag_2O 具有较强的氧化性，与有机物摩擦能引起燃烧，能氧化 CO，本身被还原成单质 Ag。

$$Ag_2O + CO \rightleftharpoons 2Ag + CO_2$$

Ag_2O 与 CuO、MnO_2 及 Co_2O_3 的混合物在室温下能将 CO 迅速氧化为 CO_2，因此被用于防毒面具中。

(2)硝酸银。

硝酸银是重要的可溶性银盐。将 Ag 溶于热的 65%的硝酸，蒸发、结晶，制得无色菱片状硝酸银晶体。$AgNO_3$ 不稳定，光照或加热到 713 K 时就会发生分解而析出单质银。

$$2AgNO_3 \xrightarrow{\triangle} 2Ag\downarrow + 2NO_2\uparrow + O_2\uparrow$$

因此，硝酸银要保存在棕色瓶中。

硝酸银具有氧化性，可被微量有机物和铜、锌等金属还原成单质。皮肤或工作服沾上硝酸银后逐渐变成黑色。硝酸银主要用于制造照相底片所需的溴化银乳剂，它还是一种重要的分析试剂。医药上常用它作消毒剂和防腐剂。

(3)卤化银。

在卤化银中，只有 AgF 是离子型化合物，易溶于水，AgCl、AgBr 和 AgI 均难溶于水，且溶解度按 AgCl—AgBr—AgI 的顺序依次降低，颜色依次加深。卤化银有感光性，在光照下被分解为单质：

$$2AgX \xrightarrow{hv} 2Ag + X_2$$

基于卤化银的感光性，可用它作照相底片上的感光物质。例如，照相底片上敷有一层含有 AgBr 胶粒的明胶，在光照下，AgBr 被分解为"银核"（银原子）：

$$2AgBr \xrightarrow{hv} 2Ag + Br_2$$

然后用显影剂(含有机还原剂如对苯二酚)处理，使含银核的 AgBr 粒子被还原为金属而变成黑色，最后在含有 $Na_2S_2O_3$ 定影液的作用下，使未感光的 AgBr 形成$[Ag(S_2O_3)_2]^{3-}$而溶解，晾干后就得到"负像"（俗称底片）：

$$AgBr + 2S_2O_3^{2-} \Longrightarrow [Ag(S_2O_3)_2]^{3-} + Br^-$$

印相时，将负像放在照相纸上再进行曝光，经显影、定影，即得"正像"。

AgI 在人工降雨中用作冰核形成剂。此外，作为快离子导体(固体电解质)，AgI 已用于固体电解质电池和电化学器件中。

2. 锌族元素

1)单质

(1)物理性质。

锌、镉、汞均为银白色金属，其中锌略带蓝白色。锌族元素单质的熔、沸点较低，且按锌—镉—汞的顺序降低，与 p 区金属元素有些类似。汞是常温下唯一的液体金属，有流动性，又被称为"水银"。汞受热均匀膨胀且不润湿玻璃，故用于制造温度计。汞具有挥发性，室内空气中即使含有微量的汞蒸气，也会有害于人体健康。若不慎将汞撒落，可用锡箔将它"沾起"形成锡汞齐，再在可能残留的地方撒上硫粉以形成无毒的 HgS。

锌、镉、汞相互之间或与其他金属都容易形成合金。大量的锌用于制造白铁皮(将干净的铁片浸在熔化的锌里制得，以防止铁的腐蚀)和干电池。在冶金工业上，锌粉作为还原剂应用于金属镉、金、银的冶炼。

汞可以与许多金属如 Na、K、Ag、Au、Zn、Pb 等形成合金，这种合金称为汞齐。因组成不同，汞齐可以显液态或固态。汞齐在化学、化工和冶金中有重要用途，钠汞齐与水反应缓慢放出氢，在有机化学中常用作还原剂。

(2) 化学性质。

锌、镉、汞的化学活泼性随原子序数的增大而递减，这与碱土金属恰好相反，但比铜族活泼性强。锌和镉能从稀酸中置换出氢气，汞的活泼性要远比这两种物质差，不能置换出非氧化性稀酸中的氢，但可以与强氧化性硝酸、浓硫酸等反应。

$$Zn + 2HCl \rightleftharpoons ZnCl_2 + H_2 \uparrow$$

$$Hg + 2H_2SO_4(浓) \rightleftharpoons HgSO_4 + SO_2 \uparrow + 2H_2O$$

与镉、汞不同，锌是两性金属，能溶于强碱溶液中：

$$Zn + 2NaOH + 2H_2O \rightleftharpoons Na_2[Zn(OH)_4] + H_2 \uparrow$$

锌能溶于氨水中形成配离子，而同样是两性金属的铝，却不能溶于氨水。

$$Zn + 4NH_3 + 2H_2O \rightleftharpoons [Zn(NH_3)_4]^{2+} + H_2 \uparrow + 2OH^-$$

另外，锌在潮湿空气中，表面生成的一层致密碱式碳酸盐 $Zn(OH)_2 \cdot ZnCO_3$ 起保护作用，使锌具有防腐蚀的性能，故铜、铁的表面常镀锌防腐。

$$2Zn + O_2 + H_2O + CO_2 \rightleftharpoons Zn(OH)_2 \cdot ZnCO_3$$

2) 锌、镉的重要化合物

(1) 氧化物和氢氧化物。

锌、镉在加热时与氧反应，或把锌、镉的碳酸盐加热均可以制得 ZnO 和 CdO。这些氧化物几乎不溶于水，常被用作颜料。ZnO、CdO 均较稳定，受热升华但不分解。CdO 属于碱性氧化物，ZnO 属于两性氧化物。

氧化锌，俗称锌白，可以用作白色颜料。ZnO 对热稳定，微溶于水，显两性，溶于酸、碱分别形成锌盐和锌酸盐。

$$ZnO + 2HCl \rightleftharpoons ZnCl_2 + H_2O$$

$$ZnO + 2NaOH + H_2O \rightleftharpoons Na_2[Zn(OH)_4]$$

在锌盐和镉盐溶液中加入适量强碱可析出 $Zn(OH)_2$ 和 $Cd(OH)_2$ 沉淀。室温下，$Zn(OH)_2$、$Cd(OH)_2$ 可稳定存在，但受热时都会脱水生成氧化物，$Zn(OH)_2$ 的热稳定性强于 $Cd(OH)_2$。

$$Zn(OH)_2 \xrightarrow{\triangle} ZnO + H_2O$$

$$Cd(OH)_2 \xrightarrow{\triangle} CdO + H_2O$$

$Zn(OH)_2$ 也具有明显的两性，溶于酸形成锌盐，溶于碱形成锌酸盐。

$$Zn(OH)_2 + 2OH^- \rightleftharpoons [Zn(OH)_4]^{2-}$$

$Zn(OH)_2$ 和 ZnO 显两性，在饱和水溶液中存在下列平衡：

$$Zn^{2+} + 2OH^- \rightleftharpoons Zn(OH)_2 \underset{-2H_2O}{\overset{+2H_2O}{\rightleftharpoons}} 2H^+ + [Zn(OH)_4]^{2-}$$

加酸,平衡向左移动,生成 Zn^{2+};加碱,平衡向右移动,生成 $[Zn(OH)_4]^{2-}$ 配离子。

$Zn(OH)_2$、$Cd(OH)_2$ 能溶于氨水形成配离子,这与 $Al(OH)_3$ 不同,据此可以将铝盐与锌盐、镉盐加以区分和分离。

$$Zn(OH)_2 + 4NH_3 = [Zn(NH_3)_4]^{2+} + 2OH^-$$

$$Cd(OH)_2 + 4NH_3 = [Cd(NH_3)_4]^{2+} + 2OH^-$$

(2)其他化合物。

在含有 Zn^{2+}、Cd^{2+} 的溶液中通入 H_2S 气体,得到相应的硫化物。ZnS 是白色的,CdS 是黄色的,ZnS 和 CdS 都难溶于水。

ZnS 本身可作白色颜料,与硫酸钡共沉淀形成的混合晶体 $ZnS \cdot BaSO_4$,又称锌钡白(立德粉),是优良的白色颜料。若在 ZnS 晶体中加入微量 Cu、Mn、Ag 作为活化剂,经光照射后可发出不同颜色的荧光,这种材料可作为荧光粉,制作荧光屏。

CdS 称为镉黄,用作黄色颜料,主要用于半导体材料、陶瓷、玻璃等着色,还可用于涂料、塑料和电子材料。

氯化锌是一种比较重要的锌盐。无水氯化锌为白色固体,在水中的溶解度较大,吸水性很强,其水溶液由于 Zn^{2+} 的水解而显酸性:

$$Zn^{2+} + H_2O \rightleftharpoons [ZnOH]^+ + H^+$$

$ZnCl_2$ 的浓溶液中,由于形成了配合酸 $H[ZnCl_2(OH)]$,溶液具有显著的酸性(如 $6\ mol \cdot L^{-1}$ $ZnCl_2$ 溶液的 pH=1),能溶解金属氧化物:

$$ZnCl_2 + H_2O = H[ZnCl_2(OH)]$$

$$Fe_2O_3 + 6H[ZnCl_2(OH)] = 2Fe[ZnCl_2(OH)]_3 + 3H_2O$$

因此,在用锡焊接金属前,常用 $ZnCl_2$ 浓溶液清除金属表面的氧化物,焊接时它不损害金属表面,当水分蒸发后,熔盐覆盖金属表面,使之不再氧化,能保证焊接金属的直接接触。$ZnCl_2$ 还可用作有机合成工业的脱水剂、缩合剂及催化剂,以及印染业的媒染剂,也用作石油净化剂和活性炭活化剂。此外,$ZnCl_2$ 还可用于干电池、电镀、医药、木材防腐和农药等方面。

3)汞的重要化合物

汞能形成氧化数+1、+2 的化合物。

(1)氯化汞和氯化亚汞。

氯化汞($HgCl_2$)可在过量的氯气中加热金属汞而制得。$HgCl_2$ 为共价化合物,氯原子以共价键与汞原子结合成直线形分子 Cl—Hg—Cl。$HgCl_2$ 的熔点较低(280℃),易升华,因而俗名"升汞"。$HgCl_2$ 略溶于水,在水中溶解度很小,主要以 $HgCl_2$ 分子形式存在,所以有"假盐"之称。$HgCl_2$ 在水中稍有水解:

$$HgCl_2 + H_2O \rightleftharpoons Hg(OH)Cl + HCl$$

$HgCl_2$ 与稀氨水反应,生成难溶解的氨基氯化汞:

$$HgCl_2 + 2NH_3 = Hg(NH_2)Cl\downarrow(白色) + NH_4Cl$$

$HgCl_2$ 在酸性溶液中具有氧化性,适量的 $SnCl_2$ 可将其还原为难溶于水的白色氯化亚汞 Hg_2Cl_2。

$$2HgCl_2 + SnCl_2 == Hg_2Cl_2 \downarrow (白色) + SnCl_4$$

如果 $SnCl_2$ 过量,生成的 Hg_2Cl_2 可进一步被还原为金属汞,使沉淀变黑。

$$Hg_2Cl_2 + SnCl_2 == 2Hg \downarrow + SnCl_4$$

在分析化学中利用此反应鉴定 $Hg(\text{II})$ 或 $Sn(\text{II})$。$HgCl_2$ 的稀溶液有杀菌作用,外科上用作消毒剂。同时,$HgCl_2$ 还可用作有机反应的催化剂。

金属汞与 $HgCl_2$ 固体一起研磨,可制得氯化亚汞(Hg_2Cl_2)。Hg_2Cl_2 为白色固体,难溶于水,少量时无毒,因为略甜,俗称"甘汞",常用于制作甘汞电极。Hg_2Cl_2 见光易分解,应将它保存在棕色瓶中。

$$Hg_2Cl_2 \xrightarrow{hv} Hg + HgCl_2$$

Hg_2Cl_2 与氨水反应可生成氨基氯化汞和汞,而使沉淀显灰色,此反应可用于鉴定 $Hg(\text{I})$。

$$Hg_2Cl_2 + 2NH_3 == Hg(NH_2)Cl \downarrow (白色) + Hg \downarrow (黑色) + NH_4Cl$$

(2)硝酸汞和硝酸亚汞。

硝酸汞[$Hg(NO_3)_2$]和硝酸亚汞[$Hg_2(NO_3)_2$]都溶于水,并水解生成碱式盐沉淀。

$$2Hg(NO_3)_2 + H_2O == HgO \cdot Hg(NO_3)_2 \downarrow + 2HNO_3$$

$$Hg_2(NO_3)_2 + H_2O == Hg_2(OH)NO_3 \downarrow + HNO_3$$

因此,在配制硝酸汞和硝酸亚汞溶液时,应先溶于稀硝酸中。

在 $Hg(NO_3)_2$ 溶液中加入 KI 可产生橙红色 HgI_2 沉淀,后者溶于过量的 KI 中,形成无色的[HgI_4]$^{2-}$:

$$Hg^{2+} + 2I^- == HgI_2 \downarrow (橙红色)$$

$$HgI_2 + 2I^- == [HgI_4]^{2-}$$

同样,在 $Hg_2(NO_3)_2$ 溶液中加入 KI 可产生浅绿色 Hg_2I_2 沉淀,继续加入 KI 溶液,形成[HgI_4]$^{2-}$,同时有汞析出:

$$Hg_2^{2+} + 2I^- == Hg_2I_2 \downarrow (浅绿色)$$

$$Hg_2I_2 + 2I^- == [HgI_4]^{2-} + Hg \downarrow$$

在 $Hg(NO_3)_2$ 中加入氨水,可得碱式氨基硝酸汞白色沉淀:

$$2Hg(NO_3)_2 + 4NH_3 + H_2O == HgO \cdot NH_2HgNO_3 \downarrow (白色) + 3NH_4NO_3$$

而在硝酸亚汞溶液中加入氨水,不仅有上述白色沉淀产生,同时有汞析出:

$$2Hg_2(NO_3)_2 + 4NH_3 + H_2O == HgO \cdot NH_2HgNO_3 \downarrow + 2Hg \downarrow + 3NH_4NO_3$$

$Hg_2(NO_3)_2$ 溶液与空气接触时易被氧化为 $Hg(NO_3)_2$:

$$2Hg_2(NO_3)_2 + O_2 + 4HNO_3 == 4Hg(NO_3)_2 + 2H_2O$$

可在 $Hg(NO_3)_2$ 溶液中加入少量金属汞,使所生成的 Hg^{2+} 被还原成 Hg_2^{2+}:

$$Hg^{2+} + Hg == Hg_2^{2+}$$

　　$Hg(NO_3)_2$ 是实验室常用的化学试剂，用它制备汞的其他化合物。除此之外，汞还能形成许多稳定的有机化合物，如甲基汞、乙基汞等。这些化合物中都含有 C—Hg—C 共价键直线形结构，较易挥发、毒性大，在空气和水中相当稳定。

本 章 小 结

1. 化学元素的分区

　　掌握元素的分区：s 区、p 区、d 区和 ds 区。

2. s 区元素

　　s 区元素包括周期表 ⅠA～ⅡA 族元素，共有氢、碱金属和碱土金属 13 种元素。碱金属和碱土金属是金属活泼性最强的两族元素。

3. p 区元素

　　p 区元素包括周期表 ⅢA～ⅧA 族元素，共有 25 种元素，其中 10 种金属元素，15 种非金属元素。

4. d 区元素

　　d 区元素包括周期表 ⅢB～Ⅷ族元素，都是金属元素，本章着重介绍了位于第一过渡系的铬、锰及铁系元素单质及主要化合物的结构、性质及变化规律。

5. ds 区元素

　　ds 区元素包括 ⅠB 和 ⅡB 族元素，价层电子构型为 $(n-1)d^{10}ns^{1\sim2}$。由于 ds 区元素位于 d 区和 p 区元素之间，在性质上往往具有 d 区元素向 p 区元素过渡的特征，本章着重介绍了铜、银、锌、汞的单质及主要化合物的性质及用途。

化 学 视 野

　　无机元素在生命过程中发挥着重要的作用。Na^+、K^+、Mg^{2+}、Ca^{2+} 四种离子占人体中金属离子总量的 99%。在动物和人体内，Na^+ 和 K^+ 是体液中的主要阳离子，在维持体液酸碱平衡、渗透压及参与神经信息传递过程等方面有重要的作用。镁是焦磷酸酶、蛋白脂酶、腺苷三磷酸酶及一些肽酶等多种酶的激活剂。由 Mg^{2+} 激活的酶至少可以催化十多种生化反应，并具有相当高的特异性。细胞内的核苷酸、DNA 复制、蛋白质的合成、植物的光合作用、糖类的代谢等都与镁密切相关。钙是构成骨骼和牙齿的主要成分，一般为羟基磷酸钙 $Ca_5(PO_4)_3OH$，占人体钙的 99%。钙有许多重要的生理功能，如调节体内磷酸盐的输送和沉积，维持神经肌肉的正常兴奋和心跳规律，参与凝血过程，抑制毒物（如铅）的吸收，影响细胞膜的渗透等。

　　铝也是广泛存在于人和动植物体内的一种微量元素，其生化功能主要涉及酶、辅因子、蛋白质、腺苷三磷酸（ATP）、DNA 及钙、磷的代谢。研究发现，动物体内铝含量过高会干扰磷的代谢，产生各种骨骼病变，降低核酸及磷脂中磷的含量，从而影响细胞和组织内磷酸化过程。碳是构成生命的六大元素之一，但单质碳难以被动植物直接利用。碳通过多种途径转化为 CO_2，CO_2 被植物吸收后，在叶绿素和日光的作用下，与水化合形成碳水化合物及其他有机物，这些物质直接或间接被动物和人利用后又转化为 CO_2 进入大气，这样周而复始，既为各种生物提供了养料，又维持了自然界 C 的相对平衡。氮和磷是动植物组织构成最基本的成分。蛋白质和脂肪的合成离不开 N、P、C、H、O、S 这六种元素，核酸的合成也需要除 S 外的其他五种元素。自然界的氮储量甚多，其中大部分以游离态存在于空气中，不能被动植物直接利用。人类以此为原料合成各种氮肥供作物利用，生产出高蛋白的植物及其产品又供动物和人利用，从而增加动物和人的蛋白质含量。磷是蛋白质、核酸及骨骼的重要成分。磷在生物体内经过一系列生化过程转化为 ATP，ATP 是能量的主要来源。酸式磷酸盐（HPO_4^{2-} 和 $H_2PO_4^-$）还是体液中重要的缓冲剂。从生命体的呼吸到有机物的氧化分解都需要氧的参与。植物叶绿素在日光的作用下，可使有机物分离产生 CO_2 和 H_2O，变成自身的养料，同时向空间输送 O_2，使自然界 CO_2 和 O_2 的产生与消耗处于动态平衡、永无完竭的状态。硫是构成动植物蛋白质不可缺少的重要元素。蛋白质中含硫 0.3%～2.5%，动物体内的硫大部分存在于毛发、软骨等组织中。

铜、锌和铁都是人和动、植物所必需的微量元素。叶绿素的形成是铁、铜、锌共同作用的结果。体内多份氧化酶、氨基氧化酶、抗坏血酸氧化酶、细胞色素氧化酶等许多蛋白和酶的组成与铜有关。人和动物缺铜时，就会降低铜对合成血红蛋白的催化，即使有足够的铁，照样会产生贫血。但是，过量的铜也会使人和动物的肝脏铜量剧增，产生溶血现象。人体中含锌为 2.5 g 左右，是铁含量的 1/2，是铜含量的 2.5 倍。缺锌会影响骨骼发育和生殖发育，导致矮小病和性功能障碍，味觉、嗅觉迟钝，智力低下，伤口愈合延缓，胎儿先天性畸形，以及使高血压发病率增高。铁是构成血红蛋白、肌红蛋白的必需成分，也是细胞色素酶、细胞色素氧化酶、过氧化酶等的活性成分。血红素的每一个单元都有一个铁原子，如果没有铁就不能合成血红蛋白，氧就无法输送，组织细胞就不能进行新陈代谢，生命就无法存活。

习　题

一、选择题

1. 下列物质中与 Cl_2 作用能生成漂白粉的是（　　）。

A. $CaCO_3$ 　　　　B. $CaSO_4$ 　　　　C. $Mg(OH)_2$ 　　　　D. $Ca(OH)_2$

2. 下例碱金属、碱土金属氢氧化物中碱性最强的是（　　）。

A. $Be(OH)_2$ 　　　　B. $Mg(OH)_2$ 　　　　C. $Ca(OH)_2$ 　　　　D. LiOH

3. 下列各对元素化学性质最相似的是（　　）。

A. H-Li 　　　　B. Na-Mg 　　　　C. Al-Be 　　　　D. Al-Si

4. 硼酸是（　　）弱酸。

A. 一元 　　　　B. 二元 　　　　C. 三元 　　　　D. 以上都不对

5. 下列化合物中，偶极矩不为零的分子是（　　）。

A. CO_2 　　　　B. CCl_4 　　　　C. CS_2 　　　　D. CO

6. 下列氢化物在水溶液中，酸性最强的是（　　）。

A. H_2O 　　　　B. H_2S 　　　　C. H_2Se 　　　　D. H_2Te

7. 氢卤酸中酸性最强的是（　　）。

A. HF 　　　　B. HBr 　　　　C. HCl 　　　　D. HI

8. 氯的含氧酸中，酸性最强的是（　　）。

A. HClO 　　　　B. $HClO_2$ 　　　　C. $HClO_3$ 　　　　D. $HClO_4$

9. 下列物质不会被空气氧化的是（　　）。

A. $Mn(OH)_2$ 　　　　B. $Fe(OH)_2$ 　　　　C. $[Co(NH_3)_6]^{2+}$ 　　　　D. $[Ni(NH_3)_6]^{2+}$

10. 从含有少量 Cu^{2+} 的 $ZnSO_4$ 溶液中除去 Cu^{2+} 最好的试剂是（　　）。

A. Na_2CO_3 　　　　B. NaOH 　　　　C. HCl 　　　　D. Zn

11. 能共存于溶液中的一对离子是（　　）。

A. Fe^{3+} 和 I^- 　　　　B. Pb^{4+} 和 Sn^{2+} 　　　　C. Ag^+ 和 PO_4^{3-} 　　　　D. Fe^{3+} 和 SCN^-

12. 有关 H_3PO_4、H_3PO_3、H_3PO_2 不正确的论述是（　　）。

A. 氧化态分别是+5、+3、+1 　　　　B. P 原子是四面体几何构型的中心

C. 三种酸在水中的解离度相近 　　　　D. 都是三元酸

13. 乙硼烷分子中不存在（　　）。

A. 三中心二电子键 　　　　B. 氢桥键 　　　　C. σ键 　　　　D. π键

14. BF_3、B_2H_6、Al_2Cl_6 都是稳定的化合物，BH_3、$AlCl_3$ 则相对不稳定，其原因是（　　）。

A. 前者形成大π键，后者缺电子

B. 前者通过大π键、多中心键、配位键补偿了缺电子，后者缺电子

C. 前者缺电子，后者有多中心键

D. 前者有配位键，后者缺电子

15. 在含有 $0.1\ mol\cdot L^{-1}$ 的 Pb^{2+}、Cd^{2+}、Mn^{2+} 和 Cu^{2+} 的 $0.3\ mol\cdot L^{-1}$ HCl 溶液中通入 H_2S，全部沉淀的一组离子是（　　）。

A. Mn^{2+}，Cd^{2+}，Cu^{2+}　　　　B. Cd^{2+}，Mn^{2+}

C. Pb^{2+}，Mn^{2+}，Cu^{2+}　　　　D. Cd^{2+}，Cu^{2+}，Pb^{2+}

16. 下列化合物中，既能溶于浓碱，又能溶于酸的是（　　）。

A. Ag_2O　　　　　　B. $Cu(OH)_2$　　　　　　C. HgO　　　　　　D. $Cd(OH)_2$

二、完成并配平下列反应方程式

$Na_2O_2 + CO_2 \longrightarrow$　　　　　　　　　　$B_2H_6(g) + O_2(g) \longrightarrow$

$SiO_2(s) + HF \longrightarrow$　　　　　　　　　　$C + H_2SO_4 \longrightarrow$

$Ca_3P_2 + H_2O \longrightarrow$　　　　　　　　　　$Cu_2O + H_2SO_4 \longrightarrow$

$MnO_2(s) + HCl(浓) \longrightarrow$　　　　　　　$MnO_2(s) + KOH + O_2 \longrightarrow$

$Cr_2O_7^{2-} + H_2O_2 + H^+ \longrightarrow$　　　　　$ZnCl_2(浓) + H_2O \longrightarrow$

$Hg_2(NO_3)_2 + S^{2-}(过量) \longrightarrow$　　　　$Hg(NO_3)_2 + NaOH \longrightarrow$

$HgCl_2 + SnCl_2 \longrightarrow$

三、写出下列过程中的反应方程式并配平

1. 在消防员的空气背包里，超氧化钾既是空气净化剂又是供氧剂。

2. 不可用玻璃瓶久盛碱溶液。

3. 白磷燃烧后的产物是 P_4O_{10}，而不是 P_2O_5。

4. $FeCl_3$ 溶液中通入 H_2S，有乳白色沉淀析出。

5. 铜器在潮湿的空气中会慢慢生成一层绿色物质。

四、简答题

1. 商品 $NaOH(s)$ 中常含有少量 Na_2CO_3，如何鉴别并将其除去？在实验室中，如何配制不含 Na_2CO_3 的 $NaOH$ 溶液？

2. Al 为什么不溶于水，却易溶于浓 NH_4Cl 或浓 Na_2CO_3 溶液？写出相关的反应方程式。

3. 氮和磷是同族元素，为什么氮形成双原子分子，而磷形成 P_4 分子？

4. 配制 $SnCl_2$、$FeCl_3$ 溶液时，为什么不能用蒸馏水而要用稀盐酸配制？

5. SO_2 和 Cl_2 的漂白机理有什么不同？

6. 为什么向 $Hg_2(NO_3)_2$ 溶液中通入 H_2S 气体生成的是 HgS 和 Hg，而不是 Hg_2S？

7. 为什么焊接铁皮时，常先用浓 $ZnCl_2$ 溶液处理铁皮表面？

8. 为什么氯化汞的饱和溶液和汞研磨后变成白色糊状？

9. 为什么要用棕色瓶储存 $AgNO_3$？

10. 已知酸性溶液中，钒的电势图如下：

$$VO_2^+ \xrightarrow{1.00\ V} VO^{2+} \xrightarrow{0.36\ V} V^{3+} \xrightarrow{-0.25\ V} V^{2+} \xrightarrow{-1.2\ V} V$$

$[\varphi^{\ominus}(Zn^{2+}/Zn) = -0.76\ V,\quad \varphi^{\ominus}(Sn^{2+}/Sn) = -0.14\ V,\quad \varphi^{\ominus}(Fe^{3+}/Fe^{2+}) = 0.77\ V,\quad \varphi^{\ominus}(O_2/H_2O) = 1.229\ V]$

求电对 VO_2^+/V^{2+} 的标准电极电势。欲使 $VO_2^+ \rightarrow V^{2+}$，$VO_2^+ \rightarrow V^{3+}$，可分别选择什么物质作还原剂？低氧化态钒在空气中是否稳定？

11. $Zn(OH)_2$ 不溶于氨水，却可溶解在 NH_3-NH_4Cl 溶液中，为什么？已知：$K_{sp}^{\ominus}[Zn(OH)_2] = 1.2\times10^{-17}$，$K_f^{\ominus}\{[Zn(NH_3)_4]^{2+}\} = 2.9\times10^9$，$K_b^{\ominus}(NH_3\cdot H_2O) = 1.8\times10^{-5}$。

12. 化合物 A 是一种黑色固体，它不溶于水、稀乙酸和氢氧化钠，而易溶于热盐酸中，生成一种淡绿色溶液 B，如溶液 B 与铜丝一起煮沸，逐渐变棕黄色(溶液 C)，溶液 C 若用大量水稀释，生成白色沉淀 D，D

可溶于氨溶液中，生成无色溶液 E，E 若暴露在空气中，则迅速变蓝（溶液 F），向溶液 F 中加入 KSCN 时，蓝色消失，生成溶液 G，向溶液 G 中加入锌粉，则生成红棕色沉淀 H，H 不溶于稀的酸和碱，可溶于热硝酸，生成蓝色溶液 I，向溶液 I 中慢慢加入 NaOH 溶液，生成蓝色胶状沉淀 J，将 J 过滤，取出，然后加热，又生成原来的化合物 A。判断各字母代表的物质，写出各步反应方程式。

13. 有一锰的化合物，是不溶于水但很稳定的黑色粉状物质 A，该物质与浓硫酸反应得到淡红色溶液 B，且有无色气体 C 放出。向 B 溶液中加入强碱，可以得到白色沉淀 D。此沉淀在碱性介质中很不稳定，易被氧化为棕色的 E。若将 A 与 KOH、KClO₃ 一起混合加热熔融可得到一绿色物质 F，将 F 溶于水并通入 CO₂，则溶液变成紫色 G，且析出 A。A、B、C、D、E、F、G 各为什么物质？写出相应的反应方程式。

第 11 章 分离与富集

定量分析的任务是测定物质中有关组分的含量,但绝大多数试样都含有多种组分,当对其中某一组分进行测定时,其他共存组分可能产生干扰。采用掩蔽和控制分析条件等较为简便的方法仍无法消除共存组分的干扰时,需进行分离后测定。有的试样中待测组分含量较低,而所采用的方法因灵敏度不够高而无法进行测定时,需要进行富集,即在分离的同时,设法增大待测组分的浓度。

分析化学中常用的分离方法有沉淀分离法、萃取分离法、离子交换分离法和液相色谱分离法等。这些方法虽然各不相同,但都有一个共同点,即本质都是使待分离组分分别处于不同的两相中,然后采用物理方法进行分离。

11.1 沉淀分离法

以沉淀反应为基础的分离方法称为沉淀分离法,包括常规沉淀法、均相沉淀法、共沉淀分离法等。常规沉淀分离法和均相沉淀分离法主要用于常量组分的分离,共沉淀分离法主要用于微量组分的分离和富集。

11.1.1 常量组分的沉淀分离

沉淀分离法是利用被测组分和干扰组分与某种试剂(沉淀剂)反应的产物溶解度不同而进行分离的方法。通常在试样中加入适当的沉淀剂,并控制反应条件,使待测组分沉淀出来,或者将干扰组分沉淀除去,从而达到分离的目的。

沉淀剂可分为无机沉淀剂和有机沉淀剂两大类。用无机沉淀剂进行沉淀分离的方法较为经典。例如,通常利用 NaOH 作沉淀剂,可以使两性金属离子(如 Zn^{2+}、Al^{3+} 等)与其他非两性金属离子分离。也可以利用氨或氨缓冲溶液,通过控制溶液 pH 在 9 左右,实现高价金属离子和大部分低价金属离子的分离。还可以利用形成硫化物沉淀实现分离。由于各种金属硫化物的溶度积相差较大,因此可以通过控制溶液的酸度控制硫离子的浓度,从而使金属离子分离。

无机沉淀剂的选择性和分离效果等指标一般不如有机沉淀剂,正逐步被有机沉淀剂所取代,但由于无机沉淀剂便宜易得,在一些场合还经常使用。利用有机沉淀剂进行沉淀分离具有选择性较好、灵敏度较高、生成的沉淀性能较好等优点。例如,可以利用草酸分离 Ca^{2+}、Sr^{2+}、Ba^{2+} 与 Fe^{3+}、Al^{3+} 等离子,前者可以形成草酸盐沉淀,后者生成可溶性配合物。

沉淀分离法的基本原理是沉淀溶解平衡,在前面的"重量分析法"中已讨论过。

11.1.2 微量组分的共沉淀分离和富集

共沉淀现象是指某一物质在其离子积尚未超过溶度积或处于过饱和亚稳定状态等可溶条件时,在溶液中随主体沉淀一起沉淀的现象,主体沉淀称为共沉淀剂,或称搜集剂(捕集剂)、载体。

重量分析中，共沉淀现象是沾污沉淀的主要因素，应尽量减小其影响。但共沉淀现象也可作为痕量组分的有效富集方法之一。例如，水中痕量的 Pb^{2+} 浓度太低，不能用一般的方法测定。如果使用浓缩的方法，虽然可以提高其浓度，但水中其他组分的含量也相应提高，势必影响 Pb^{2+} 的测定；如果在水中加入碳酸钠，使水中的 Ca^{2+} 变成 $CaCO_3$ 沉淀，利用共沉淀作用使 Pb^{2+} 也全部沉淀；所得沉淀溶于尽可能少的酸中，Pb^{2+} 的浓度将大为提高，从而使痕量的 Pb^{2+} 富集，并与其他元素分离。这里所用的 $CaCO_3$ 称为共沉淀剂。为了富集水中的 Pb^{2+}，也可用 HgS 作共沉淀剂。

11.2　液-液萃取分离法

液-液萃取分离法也称溶剂萃取分离法，是利用物质对水的亲疏性不同而进行分离的一种方法。这种分离方法简便、快速，所需设备在大多数情况下只要有分液漏斗即可。另一方面，它既可以用来分离大量组分，也可以用来分离和富集微量及痕量组分；既可以分离有机物质，也可以分离无机离子，因此应用十分广泛；同时共萃取现象很少。但也存在缺点：对于分配比 D 值较小的萃取体系需反复多次进行，特别是对于大批量分离任务来说，劳动强度大；大多数有机溶剂易挥发、有毒，许多溶剂易燃易爆；少数溶剂价格昂贵，因此在应用上受到一定的限制。

11.2.1　萃取分离的基本原理

1. 萃取过程的本质

根据相似相溶原理，大多数无机盐如 $NaCl$、$CaCl_2$ 等，都属于离子型化合物，能溶于水而难溶于有机溶剂，这种性质称为亲水性。油脂、苯、长链烷烃等有机化合物是共价化合物，是非极性或弱极性的化合物，因此具有难溶于水而易溶于有机溶剂的性质，这种性质称为疏水性或亲油性。萃取分离就是利用物质对水的亲疏性不同，从而实现分离两种组分的目的。

若需把水相中的无机离子等亲水性物质萃取到有机相中时，应把物质的亲水性转化为疏水性。例如，在水溶液中 Ni^{2+} 是以水合离子形式存在，具有亲水性。若要将其转化为疏水性则必须中和其电荷，同时需要引入疏水基团取代水和分子，使其具有疏水性并且能溶于有机溶剂。因此，可以在 pH≈9 的氨性溶液中加入丁二酮肟。Ni^{2+} 能与丁二酮肟形成螯合物，且 Ni^{2+} 被疏水性的丁二酮肟分子所包围，具有疏水性，同时该螯合物不带电荷，能被有机溶剂如氯仿萃取。因此可以说，萃取的本质就是物质由亲水性转化为疏水性。

有时又需要把有机相中的物质再转入水相，这个过程称为反萃取。例如，上文提到的 Ni^{2+}-丁二酮肟螯合物在被氯仿萃取后，若将水相更换为 $0.5\sim1$ mol·L^{-1}HCl 溶液时，有机相中的螯合物会被破坏，Ni^{2+} 又重新恢复亲水性从而返回水相。将萃取与反萃取配合使用能提高萃取分离的选择性。

2. 分配系数和分配比

物质无论是在水相还是在有机相中都有一定的溶解度。亲水性强的物质在水相中的溶解度较大，在有机相中的溶解度较小；而疏水性的物质则相反。当采用有机溶剂从水相中萃取溶质 A 时，由于溶解度的不同，溶质 A 会在两相间进行分配。如果溶质 A 在水相和有机相中存在的型体相同，设在达到分配平衡时溶质 A 在有机相中的平衡浓度为 $c(A)_o$，在水相中的平衡浓度为 $c(A)_w$。则它们的比值在一定温度下为一常数，即分配定律，

$$K_D = \frac{c(A)_o}{c(A)_w} \tag{11-1}$$

式中，K_D 为分配系数。

实际上，在萃取的过程中往往伴随着解离、缔合或配位等化学作用。此时，溶质 A 在水相和有机相中就可能存在多种形式，也不适用于分配定律。于是又引入了参数分配比，分配比是指溶质 A 在有机相中的各种存在形式的总浓度 c_o 与在水相中的各种存在形式的总浓度 c_w 之比，用 D 表示：

$$D = \frac{c_o}{c_w} \tag{11-2}$$

只有在最简单的萃取体系中，溶质在两相中的存在形式完全相同时，$D=K_D$，在大多数情况下，$D \neq K_D$。当两相体积相等时，如果 $D>1$，表明溶质进入有机相中的量比留在水相中的量多。而在实际工作中，一般要求 D 至少为 10。分配比不仅与一些常数有关，还与酸度、溶质浓度等有关。

3. 萃取率和分离系数

萃取率 E 常用来表示萃取的完全程度，表示物质被萃取到有机相中的百分数，即

$$E = \frac{溶质A在有机相中的总量}{溶质A的总量} \times 100\% \tag{11-3}$$

$$E = \frac{c_o V_o}{c_o V_o + c_w V_w} \times 100\% \tag{11-4}$$

如果将式(11-4)中的分子和分母同时除以 $c_w V_w$，可以得到

$$E = \frac{D}{D + (V_w/V_o)} \times 100\% \tag{11-5}$$

式中，c_o 和 c_w 分别为有机相和水相中溶质的浓度；V_o 和 V_w 分别为有机相和水相的体积，V_w/V_o 称为相比。当相比一定时，萃取率仅取决于分配比 D，D 越大，萃取效率越高。当 $V_w/V_o=1$ 时，

$$E = \frac{D}{D+1} \times 100\% \tag{11-6}$$

则不同 D 值的萃取率 E 如表 11-1 所示。

表 11-1 不同 D 值的萃取率

D	1	10	100	1000
E/%	50	91	99	99.9

　　由表 11-1 可知，在有机相和水相的体积相等时，萃取率由分配比 D 决定。当分配比 D 较小时，一次萃取不能达到分离测定的要求，常需要采用连续多次萃取的方法提高萃取效率。

　　为了达到分离的目的，不仅要求被萃取物质的分配比大，萃取率高，而且还要求溶液中共存组分间的分离效果好。常用分离系数 β 衡量萃取分离两种物质 (A 和 B) 的难易程度。其中，

$$\beta = \frac{D_A}{D_B} \tag{11-7}$$

　　当 $\beta = 1$ 时，有

$$\frac{[A]_o}{[A]_w} = \frac{[B]_o}{[B]_w}$$

$$\frac{[A]_o}{[B]_o} = \frac{[A]_w}{[B]_w}$$

表明达到平衡时，A 和 B 两种物质在有机相和水相中浓度之比相等，无分离效果。

　　4. 萃取率与萃取次数的关系

　　设需要从体积为 V_w 的水溶液中萃取质量为 m_0 的溶质，使用体积为 V_o 的有机溶剂萃取，在一次萃取后水相中还剩余溶质质量为 m_1，则进入有机相的溶质可以表示为 $(m_0 - m_1)$，此时分配比表示为

$$D = \frac{c_o}{c_w} = \frac{(m_0 - m_1)/V_o}{m_1/V_w}$$

$$m_1 = m_0[V_w/(DV_o + V_w)] \tag{11-8}$$

不难导出萃取 n 次后，水相中剩余溶质 m_n 为

$$m_n = m_0[V_w/(DV_o + V_w)]^n$$

　　【例 11-1】　　含 I_2 的水溶液 100 mL，其中含 I_2 10.00 mg。用 90 mL CCl_4 按下述两种方式进行萃取：(1) 90 mL 萃取一次；(2) 每次用 30 mL，分三次萃取。比较其萃取效率 ($D = 85$)。

　　解　(1) 用 90 mL CCl_4 萃取一次时，

$$m_1 = 10.00 \text{ mg} \times \left(\frac{100 \text{ mL}}{85 \times 90 \text{ mL} + 100 \text{ mL}} \right) = 0.13 \text{ mg}$$

$$E = \frac{(10.00 - 0.13) \text{mg}}{10.00 \text{ mg}} \times 100\% = 98.7\%$$

　　(2) 每次用 30 mL CCl_4，分三次萃取时，

$$m_3 = 10.00 \text{ mg} \times \left(\frac{100 \text{ mL}}{85 \times 30 \text{ mL} + 100 \text{ mL}} \right)^3 = 0.00054 \text{ mg}$$

$$E = \frac{(10.00 - 0.00054) \text{mg}}{10.00 \text{ mg}} \times 100\% = 99.99\%$$

由此可见，相同量的萃取剂，分多次萃取的效率比一次萃取的效率高。

11.2.2 重要的萃取体系

在无机分析中,所要测定的元素多数是以离子形态存在于水溶液中,具有亲水性。当用与水不混溶的有机溶剂萃取分离待测元素时,必须要在水溶液中加入某种试剂,使被萃取物质与该试剂结合,从而由亲水性转换成疏水性。这种试剂被称为萃取剂,用于萃取的有机溶剂称为萃取试剂。根据被萃取组分与萃取剂间反应类型的不同,可以将萃取体系分为金属螯合物萃取体系、离子缔合物萃取体系及无机共价化合物萃取体系。

1. 金属螯合物萃取体系

螯合物萃取中使用的萃取剂称为螯合剂,一般是有机酸或弱碱,它们能与待萃取的金属离子形成电中性的螯合物,同时萃取剂本身含有较多的疏水基团,有利于有机溶剂的萃取。例如,Ni^{2+} 与丁二酮肟反应形成的螯合物不带电荷,而且 Ni^{2+} 被疏水性的丁二酮肟分子所包围,因此整个螯合物具有疏水性,容易被 $CHCl_3$、CCl_4 等有机溶剂萃取。常见的螯合剂还有 8-羟基喹啉、二硫腙、乙酰丙酮等。

萃取效率与螯合物的稳定性、螯合物在有机相中的分配系数等有关。螯合剂与金属离子形成的螯合物越稳定,螯合物在有机相的分配系数越大,萃取效率越高。由于不同金属离子所生成的螯合物稳定性不同,螯合物在两相中的分配系数不同,因此可以选择适当的萃取条件,如萃取剂和萃取溶剂的种类、溶液的酸度等,就可使不同的金属离子通过萃取得以分离。

2. 离子缔合物萃取体系

阴离子和阳离子通过静电引力结合形成的电中性化合物称为离子缔合物。缔合物具有疏水性,能被有机溶剂萃取。例如,在 6 mol·L^{-1} HCl 溶液中,用乙醚萃取 Fe^{3+} 时,Fe^{3+} 与 Cl^- 配合形成配阴离子 $[FeCl_4]^-$,溶剂乙醚与 H^+ 结合形成阳离子 $[(CH_3CH_2)_2OH]^+$,该阳离子与配阴离子缔合形成中性分子,可被乙醚萃取。

这类萃取体系溶剂分子也参加到被萃取的分子中,因此它既是萃取剂也是萃取溶剂。除了醚类外,还有酮类(如甲基异丁基酮)、酯类(如乙酸乙酯)、醇类(如环己醇)等。

3. 无机共价化合物萃取体系

无机共价化合物萃取体系也称为简单分子萃取体系,如 I_2、Cl_2、Br_2、$GeCl_4$、AsI_3、SnI_4、OsO_4 等稳定的共价化合物,不带电荷,在水溶液中以分子形式存在,可以被 CCl_4、$CHCl_3$ 和苯等惰性有机溶剂萃取。

11.2.3 萃取操作方法

定量分析中常采用间歇萃取法(也称单效萃取法),在容积为 60~125 mL 的梨形分液漏斗中进行萃取。其主要步骤为:移取一定体积的试液于分液漏斗中,加入萃取剂,调节至最佳分离条件(酸度、掩蔽剂等),加入一定体积的有机溶剂,盖上顶塞充分振荡数分钟(注意放气)。静置至两相分层后,转动漏斗的旋塞,使下层的水相或有机相流入另一容器中进行分离。如果被萃取物质的分配比足够大,则一次萃取即可达到定量分离的要求;如果分配比不够大,经第一次分离后,可在水相中再加入新鲜有机溶剂,重复萃取一两次。

11.3　离子交换分离法

利用离子交换剂与溶液中的离子发生交换反应而进行分离的方法，称为离子交换分离法。早在 20 世纪初，工业上就已经开始使用天然的无机离子交换剂沸石来软化硬水。由于其交换能力低，化学稳定性和机械强度差，再生困难，因而应用受到限制。为了克服无机离子交换剂的缺点，20 世纪 40 年代以来合成出多种类型的有机离子交换剂，称为离子交换树脂，开始了离子交换分离的新阶段，现已得到广泛应用。

离子交换法的突出优点是分离效果好。它不仅能用于带相反电荷离子间的分离，也可用于带同种电荷离子间的分离，特别是可用于性质相近离子间的分离；还可用于微（痕）量组分的富集和高纯物质的制备等。该方法所用设备较简单，操作较容易，不仅适用于实验室，而且适用于工业生产的大规模分离。其主要缺点是分离时间较长，耗费洗脱液的量较多，因此在实验室中通常只用于解决比较困难的分离问题。

11.3.1　离子交换树脂的种类和性质

1. 离子交换树脂的种类

离子交换树脂是一类高分子聚合物，按其性能可划分为以下几种。

1）阳离子交换树脂

这类树脂的活性交换基团是酸性的，它的 H^+ 可被正离子交换。根据活性基团酸性的强弱，可分为强酸型、弱酸型两类：一般强酸型树脂含有磺酸基（—SO_3H），弱酸型树脂含有羧基（—COOH）或酚羟基（—OH）。

这类树脂以强酸型应用最广，它在酸性、中性或碱性溶液中都能使用。弱酸型树脂对 H^+ 的亲和力大，酸性溶液中不能使用，它们需要在中性，甚至碱性条件下才能与离子发生交换作用，但选择性好。如果选酸作洗脱剂，能分离不同强度的碱性氨基酸。

2）阴离子交换树脂

这类树脂的活性基团是碱性的，它的阴离子可被其他负离子交换。根据基团碱性的强弱，又分为强碱型和弱碱型两类。强碱型树脂含有季氨基[—$N(CH_3)_3Cl$]；弱碱型树脂含伯氨基（—NH_2）、仲氨基（=NH）或叔氨基（≡N）基团。强碱型阴离子交换树脂可在很宽的 pH 范围使用，而弱碱型阴离子交换树脂不能在碱性条件下使用。

3）螯合树脂

这类树脂含有特殊的活性基团，可与某些金属离子形成螯合物，在交换过程中能选择性地交换某种金属离子，如含有氨羧基[—$N(CH_2COOH)_2$]的螯合树脂能对 Cu^{2+}、Co^{2+} 及 Ni^{2+} 等金属离子有很好的选择性螯合作用，所以对化学分离有重要意义。现已合成了许多类螯合树脂。可以预计，利用这种方法，同样可以通过制备含某一金属离子的树脂分离含有某些官能团的有机化合物。例如，含汞的树脂可分离含有巯基的化合物，如半胱氨酸、谷胱甘肽等。这一设想可能对生物化学的研究有一定的意义。

2. 离子交换树脂的性质

1）交联度

聚苯乙烯型树脂是由二乙烯苯将各链状分子连成网状结构形成的，故二乙烯苯被称为交联剂。交联的程度用交联度表示，在聚苯乙烯树脂中通常以含有二乙烯苯的量表示交联度。

交联度的大小直接影响树脂的孔隙度。交联度大，网眼小，树脂结构紧密，离子难以进入树脂相，交换反应速率慢，但选择性高；相反，交联度小，网眼大，交换反应速率快，但选择性差。在实际工作中，树脂的交联度一般在 4%～14%为宜。

2）交换容量

交换容量是指每克树脂所能交换的离子的物质的量，它取决于树脂网状结构内所含酸性或碱性基团的数目。它反映了一定量的干树脂所能交换的一价离子的最大量，是表征某种树脂交换能力大小的特征参数。此值由实验测定，一般树脂的交换容量为 $3\sim6\ \mathrm{mmol\cdot g^{-1}}$。

11.3.2　离子交换树脂的能力及分离方法

1. 离子交换树脂的离子交换亲和力

离子交换树脂对离子的交换能力的大小称为离子交换的亲和力。这种亲和力的大小与水合离子半径、离子的电荷及离子的极化程度有关。水合离子的半径越小，其电荷越高，极化度也越高，亲和力越大。根据实验可得，在常温下稀溶液中，树脂对离子的亲和力顺序如下。

1）强酸型阳离子交换树脂

不同价态的离子：

$$Na^+ < Ca^{2+} < Fe^{3+} < Th(\mathrm{IV})$$

相同价态的离子：

$$Li^+ < H^+ < Na^+ < NH_4^+ < K^+ < Rb^+ < Cs^+ < Ag^+ < Tl^+$$

$$Mg^{2+} < Ca^{2+} < Sr^{2+} < Ba^{2+}$$

2）强碱型阴离子交换树脂

$$F^- < OH^- < CH_3COO^- < HCOO^- < Cl^- < NO_2^- < CN^- < Br^- < NO_3^- < HSO_4^- < I^- < CrO_4^{2-} < SO_4^{2-}$$

树脂对不同离子的亲和力强弱不同，因此在进行离子交换时，具有一定的选择性。当溶液中各离子的浓度大致相同时，亲和力大的离子先被交换，亲和力小的离子后被交换。而在洗脱时，亲和力较小的离子总是先被洗脱进入水相，这样在反复的交换和洗脱过程中才能使不同的离子得以分离。

2. 离子交换分离操作过程

离子交换分离一般都是在交换柱上进行，操作过程如下。

1）树脂的选择和处理

针对不同的分离对象，需要选择适当类型和粒度的树脂。树脂应先用水浸泡，再用 $4\sim6\ \mathrm{mol\cdot L^{-1}}$ HCl 溶液浸泡除去杂质，同时使树脂溶胀，最后用水将其冲洗至中性，浸入水中备用。此时阳离子树脂已处理成 H 型，阴离子树脂已处理成 Cl 型。

2）装柱

装柱时需要避免树脂层中出现气泡的现象，因此经过处理的树脂应该在柱中充满水的情况下装入柱中。树脂床的高度一般在柱高的 90% 左右。为防止树脂干裂，树脂的顶部应保持一定的液面。

3）交换

将待分离的试液缓慢地倾入柱中，并以适当的流速由上而下流经柱中进行交换。交换完成后，用洗涤液洗去残留的溶液及从树脂中被交换下来的离子。

4）洗脱

将交换到树脂上的离子，用适当的洗脱剂置换下来。阳离子交换树脂常用 HCl 溶液作洗脱剂，阴离子交换树脂常用 HCl、NaOH 或 NaCl 作洗脱剂。

5）树脂的再生

把柱内的树脂恢复到交换前的形式。多数情况下洗脱过程也就是树脂的再生过程。

11.4　色谱分离法

色谱分离法又称色层分离法或色谱法，是一种物理化学分离法。它是利用混合物中各组分在两相（固定相和流动相）中分布程度的差异而达到分离目的的分离方法。

色谱方法的种类很多，其中气相色谱法和液相色谱法需要专门的仪器，属于仪器分析的范畴，本书不予讨论。这里主要讨论以分离为目的的柱色谱、薄层色谱、纸色谱分离法。

11.4.1　固定相和流动相

萃取色谱是将溶剂萃取与色谱分离技术相结合的液相分配色谱，一般在柱上进行，称柱色谱。以涂渍或吸留于多孔、疏水的惰性载体的有机萃取剂为固定相，以含有合适的无机化合物的水溶液为流动相。由于它与正相分配色谱相反，故又称为反相分配色谱。把含有待分离组分的试液置于色谱柱上层，加入流动相，被分离组分从柱顶随流动相逐渐向下移动的同时，它们不断地在两相间进行萃取和反萃取多次分配，最终根据各分离组分的洗脱曲线判定分离优劣。

11.4.2　柱色谱分离法

柱色谱是把吸附剂（固定相），如 Al_2O_3、硅胶等，装入柱内，然后在柱的顶部注入待分离的样品溶液。如果样品内含有 A、B 两种组分，则两者均被吸附在柱的上端，形成一个环带。当样品全部加完后，可选择适当的洗脱剂（流动相）进行洗脱，A、B 两组分随洗脱剂向下流动而移动。吸附剂对不同物质具有不同的吸附能力，当用洗脱剂洗脱时，柱内连续不断地发生溶解、吸附、再溶解、再吸附的现象。又由于洗脱剂与吸附剂两者对 A、B 两组分的溶解能力与吸附能力不相同，因此 A、B 两组分移动的距离也不同。吸附弱的和溶解度大的组分（如 A）容易洗脱下来，移动的速率也大些。经过一定时间后，A、B 两组分完全分开，形成两个环带，每一个环带内是一种纯净的物质。如果 A、B 两组分有颜色，则能清楚地看到色环；若继续冲洗，则 A 组分先从柱内流出，用适当容器接收，再进行分析测定。

11.4.3　薄层色谱分离法

薄层色谱又称为薄层层析。它是一种将柱色谱与纸色谱相结合发展起来的色谱方法。薄层色谱法是把固定相吸附剂(如硅胶、中性氧化铝、聚酰胺等)在玻璃板上铺成均匀的薄层(此处玻璃板又称为薄层板),将试样点在薄层板的一端距边缘一定距离处,把薄层板放入色谱缸中,使点有试样的一端浸入流动相(展开剂)中,由于薄层的毛细作用,展开剂沿着吸附剂薄层上升,遇到样品时,试样就溶解在展开剂中并随着展开剂上升。在此过程中,试样中的各组分在固定相和流动相之间不断地发生溶解、吸附、再溶解、再吸附的分配过程。易被吸附的物质移动得慢一些,较难吸附的物质移动得快一些,经过一段时间后,不同物质上升的距离不一样而形成相互分开的斑点从而得到分离。

薄层色谱法的固定相吸附剂颗粒粒径要比柱色谱法小得多,一般为 $10\sim40\ \mu m$。由于被分离的对象及所用展开剂的极性不同,应选用活性不同的吸附剂作固定相,吸附剂的活性可分为Ⅰ～Ⅴ级,Ⅰ级的活性最强,Ⅴ级的活性最弱。吸附剂和展开剂选择的一般原则是:非极性组分的分离,选用活性强的吸附剂,用非极性展开剂;极性组分的分离,选用活性弱的吸附剂,用极性展开剂。实际工作中要经过多次实验确定。

11.4.4　纸色谱分离法

纸色谱又称为纸层析,它是以滤纸作为载体进行色谱分离的。按其作用机理,纸色谱属于分配色谱。滤纸上吸附的水作为固定相,一般滤纸上的纤维能吸附 22% 左右的水分,其中约 6% 的水借氢键与纤维素的羟基结合在一起,在一般条件下难以脱去,因此纸色谱不仅可用不溶于水的有机溶剂作流动相,而且可以用与水相溶的有机溶剂,如丙醇、乙醇、丙酮等作流动相。

在滤纸条的下端点上待分离的试样,然后挂在加盖的玻璃缸(色谱筒)内,将纸条下端浸入流动相中,不要让试样点接触液面,如图 11-1 所示。流动相由于滤纸的毛细管作用,沿滤纸向上展开,因此流动相又称为展开剂。当流动相接触到点在滤纸上的试样点(原点)时,试样中的各组分就不断地在固定相和展开剂之间进行分配,从而使试样中分配系数不同的各种组分得以分离。当分离进行一定时间后,溶剂前沿上升到接近滤纸条的上沿;取出滤纸条,在溶剂前沿处做上标记;晾干滤纸条,在滤纸条上找出各组分的斑点,然后再进行定性定量分析。

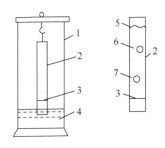

图 11-1　纸色谱示意图
1. 层析筒;2. 滤纸;3. 试样原点;
4. 有机溶剂;5. 溶剂前沿;6、7. 组分斑点

纸色谱的固定相一般为固定在纤维素上的水分,因而适用于水溶性的有机物(如氨基酸、糖类)的分离,此时流动相大多采用以水饱和的正丁醇、正戊醇、酚类等。有时为了得到更好的分离效果,采用混合溶剂和双向色谱法。例如,氨基酸的分离,取一块 15 cm×15 cm 的滤纸,点样于纸边 2 cm 处,风干,然后进行第一次展开,用 CH_3OH-H_2O-吡啶(20:5:1)作展开剂,溶剂前沿达 14 cm 处取出,风干;第二次展开时,将滤纸卷成筒状,使斑点处于下方,用叔丁醇-甲基乙基酮-水-乙二胺(10:10:5:1)展开至溶剂前沿达 14 cm 处,取出风干。经过两次展开,氨基酸彼此间能得到很好的分离。

纸色谱上的斑点有时没有颜色,要借助于各种物理和化学的方法使其成为有色物质而显现出来,最简单的方法是用紫外灯照射,许多有机物对紫外线有吸收或吸收紫外线后发射出荧光,从而显露出斑点。上述氨基酸分离实验,可用与氨基酸反应呈现出颜色的茚三酮喷雾显色。

纸色谱法设备简单,易于操作,应用范围广。它可用于有机物质、生化物质和药物的分离,也可用于无机物的分离。由于它需用的试样量很少(μg 级),因此在各种贵金属和稀有元素的分离方面也得到了很好的应用。

11.5　其他分离和富集方法简介

新型分离技术在近 30 年来发展迅速,在某些领域,它比传统分离技术具有更多的优越性。新型分离技术大致分为三类:第一类为对传统分离过程或方法加以变革后的分离技术,如基于萃取的超临界流体萃取、液膜萃取、双水相萃取,以及基于吸附的色谱分离等;第二类为基于材料科学的发展形成的分离技术,如反渗透、超滤、气体渗透、渗透气化等膜分离技术;第三类为膜与传统分离相结合形成的分离技术,如膜吸收、膜萃取、亲和超滤、膜反应器等。

新型分离技术的发展与科技的进步以及人类对自然界的探索密切相关。众所周知,生物产品分离具有对象复杂、产物浓度低、产品易变性等特点,迫切需要更合适的分离技术,以提高产品质量,降低成本。这就使膜分离、超临界流体萃取、色谱分离等技术在生物大分子物质的提取与纯化方面备受关注;空间实验室内的生命保障系统正常运行是宇航员生活与工作的前提,该系统所涉及的 CO_2 收集与浓缩、电解水产生氧、生活污水的再生回用等,以及空间高等植物栽培过程中营养物的供给、温度与湿度的调节等方面均需攻克来自分离方面的难关。已有探索研究结果表明,膜接触器、膜电解等新型分离技术有望获得成功,特别是在晶体环保和节能减排日益成为全世界关注的焦点下,那些具有低能耗、无污染的新型分离技术得到充分的开发和应用。

11.5.1　膜分离法

膜分离技术在近几十年发展非常迅速,已从早期的脱盐发展到化工、食品、生物工程、医药、电子等领域的废水处理、产品分离及高纯水生成。与常规分离方法相比较,膜分离具有能耗低、分离效率高、操作过程简单、不污染环境等优点,是解决能源、资源和环境问题的重要高新技术。

膜分离过程是以选择性透过膜为分离介质。当膜两侧存在某种推动力(如浓度差、压力差、电位差等)时,原料侧组分选择性地透过膜,从而达到分离、提纯的目的。实现一个膜分离过程必须具备膜和推动力这两个必要条件。通常膜原料侧称为膜上游,通过侧称为膜下游。不同的膜分离过程推动力不同,选用的膜也不同。

1. 膜的类型

膜是膜分离技术的核心,膜材料的化学性质和结构对膜分离的性能起着决定性作用。因此,膜的选择是进行膜分离的关键,一张合适的膜必须具备以下特性:①严格的分子量截断,即膜能截断超过特定相对分子质量的所有分子,而让所有的较小分子通过;②对小的溶质分子、溶剂有良好的透过率;③有良好的热稳定性、化学和生物稳定性,能耐热、耐酸碱、耐微生物侵蚀和耐氧化等;④有良好的机械加工性能,易加工成膜。

膜通常可分为生物膜和人工合成膜,后者是由有机高分子构成的,是膜分离技术中应用最广的一种膜。按照不同的分类方法,高分子膜可分为多种类型,从分离方法分类,可分为微孔膜、超滤膜、渗透膜、离子交换膜等;从膜的形状分类,可分为平板膜、管状膜、螺旋卷膜和中空纤维膜;从膜的物理结构可分为对称膜、非对称膜、复合膜、致密膜、多孔膜、均质膜和非均质膜。下面简单介绍几种较常见的膜。

微孔膜是高分子膜中最简单的一种膜,具有很多孔径分布均匀的微孔,孔径为 1 nm～0.03 μm。其分离作用相当于过滤。孔隙率大约为 40%。

致密膜孔径为 0.5～1 nm,其结构比较致密,孔隙率小于 19%。

非对称膜是由上层极薄的致密的活化层(0.1～2 μm)及下层大孔的支持层(100～200 μm)组成,其中支持层起增强膜机械强度的支撑作用。非对称膜具有各向异性。

复合膜是一种由高选择性的活性超薄层和化学性质稳定、机械性能好的多孔的支撑膜复合而成的膜。

离子交换膜又称为离子交换树脂膜,是一种膜状的离子交换树脂,其微观结构与离子交换树脂相同,带有活性基团。

2. 常见的膜分离过程及其基本原理

1) 微滤和超滤

微滤和超滤都是在压力差推动作用下进行的筛孔分离过程,如图 11-2 所示。当存在一定的外压时,含有高分子溶质 A 和低分子溶质 B 的混合溶液流过膜表面时,溶剂和低分子溶质 B 能够透过膜,进入膜下游,而分子大于膜孔的高分子(如蛋白质)被膜截留,继续在膜的上游,从而实现小分子、离子与大分子化合物的分离。通常,截留相对分子质量为 $500～10^6$ 的膜分离过程称为超滤,只能截留更大分子的膜分离过程称为微滤。超滤和微滤被广泛应用于医药工业的过滤除菌、高纯水的制备,以及废水处理、食品工业中牛奶脱脂等。

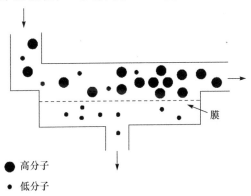

● 高分子

· 低分子

图 11-2　微滤和超滤工作原理示意图

2) 渗析

渗析也称为透析,是最早被发现和研究的膜分离现象。其分离的基础是离子或小分子从半透膜的一侧液相(料液)转入另一侧液相(渗析液)的迁移率之差。起到区分作用的选择性薄膜,相转移的推动力是膜两侧中组分的浓度梯度。主要用于如蛋白质、激素及酶这一类物质的浓缩、脱盐和纯化。由于它在人工肾开发中的应用,渗析技术近年来重新引起了人们的重视。通过渗析将肾衰竭患者血液中的新陈代谢废物排出体外,同时对血液进行水、电解质和酸碱平衡的调节，即为血液渗析，这种渗析装置也称人工肾。

　　3）电渗析

　　电渗析是利用离子交换膜和直流电场的作用，从水溶液和其他不带电组分中分离电荷离子组分的一种电化学分离过程。电渗析过程如图 11-3 所示。阴阳离子膜被交替排列在两电极之间，接上直流电后，阳离子向阴极移动，易通过阳膜却被阴膜阻挡而被截留在 2、4 单元；相反，阴离子向阳极移动，易通过阴膜却被阳膜阻挡而被截留在 2、4 单元。结果，在 2、4 单元中离子浓度增加，而在 3 单元中流出的水成为淡水。因此，电渗析法被广泛用于咸水脱盐。

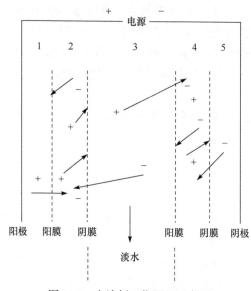

图 11-3　电渗析工作原理示意图

　　我国永兴岛上的海水淡化站即采用这种方法，日产淡水 20 t。

11.5.2　固相萃取法

　　固相萃取始于 20 世纪 80 年代中期。非溶剂型萃取分离技术，实际上是一个待分离物质

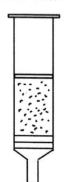

的吸附-洗脱分离过程。固相萃取柱(图 11-4)一般为开口，直径 1 cm，柱长约 7.5 cm，内装分离载体，多为硅氧基烷，如 C18，颗粒直径 40～80 μm，载体高度根据待分离富集组分的量选定，常为 1～2 cm，分离富集程序为：选择适宜固相萃取柱，用水或者适当的缓冲溶液润湿载体，选用适宜溶剂洗涤除去干扰物，然后洗脱待分离物质。

　　固相萃取一般靠重力使溶液流过固相萃取柱，若有阻力，把注射器和微收集器连接在固相萃取柱上，抽气，使试样液缓慢流过萃取柱。

　　一般固相萃取柱可以重复使用 30 次，有时使用一定次数后，需要清洗除去有关杂质，先用甲醇(5 mL)，再用甲醇-二氯甲烷[50∶50(体积比)，10 mL]洗涤，进行柱的再生。

图 11-4　固相萃取示意图

　　对痕量组分的分离，与液-液萃取相比，固相萃取法的优点为：快速，所需溶剂少，对于含有微量组分的大体积(几升)试液也能灌入并通过柱富集。

11.5.3 超临界流体萃取

1. 原理

超临界流体萃取是用超临界流体作为萃取剂进行萃取分离的方法，萃取剂是超临界条件下的气体，可认为是气-固萃取。超临界流体常温常压下为气体，在超临界条件下为液体。超临界流体密度较大，与溶质分子作用力类似液体。另外，超临界流体黏度低，类似气体，接近零的表面张力，比许多一般液体更容易渗透固体颗粒，传质速率高，使萃取过程快速、高效。萃取完全后，由简单的降低压力就可以从萃取物中使超临界流体萃取剂成为气体而除去。

超临界流体萃取中萃取剂的选择随萃取对象不同而改变，表 11-2 列举了一些可作为超临界流体萃取剂的临界温度和压力。通常用 CO_2 作为超临界流体萃取剂分离低极性和非极性的化合物；用氨或氧化亚氮超临界流体萃取分离极性较大的化合物。

表 11-2 一些气体的临界温度 (t_c) 和压力 (p_c)

气体种类	t_c/℃	p_c/MPa	气体种类	t_c/℃	p_c/MPa
CO_2	31.7	7.93	H_2O	374.1	22.12
SO_2	157.8	7.87	CH_4	−82.1	4.64
$CClF_3$	2.8	3.87	CHF_3	25.7	4.75

2. 超临界流体萃取分离设备组成及流程

由钢瓶、高压泵及其他附属装置组成超临界流体发生源，其功能是将常温常压下的气体转化为超临界流体。由试样管及附属装置构成超临界流体萃取部分，处于超临界流态的萃取剂在此将被萃取的物质从试样基体中溶解出来，随着流体的流动，含被萃取物的流体与试样基体分开。含有被萃取物的流体通过由喷口及吸收管组成的溶质减压吸附分离装置减压降温转化为常温常压态，超临界流态的萃取剂挥发逸出，而溶质吸附在吸收管内的多孔填料表面，再用适宜的溶剂淋洗吸收管并把溶质收集起来用于分析。

3. 影响因素

压力、温度、萃取时间及其他加入溶剂种类对超临界萃取分离均有影响。压力的改变对超临界流体的溶解能力发生较大影响，在低压下，溶解度大的物质先被萃取，随着压力增加，难溶物质也逐渐被溶解与基体分离。这样只需改变压力，就可以把试样中的不同组分按在超临界流体中溶解度的大小先后被萃取分离出来。

温度的变化也会改变超临界流体的萃取能力，主要影响超临界流体的密度和溶质的蒸气压。在低温区(临界温度以上)时，温度升高，超临界流体密度减小，而溶质蒸气压增加不多，因此超临界流体的萃取能力降低，升温可使溶质从超临界流体萃取剂中析出；进一步升高温度到高温区时，超临界流体密度进一步降低，此时溶质的蒸气压迅速增加并表现出主导作用，溶质挥发度提高，萃取率反而增大。吸收管和收集器的温度也会影响萃取率，萃取出的溶质溶解和吸附在吸收管内，会放出吸附热或溶解热，降低温度有利于提高收率。为此有时在吸收管后附加一个冷阱。

萃取时间的影响取决于被萃取物质在超临界流体中的溶解度和被萃取物质在基体中的传

质速率两个因素。在流体中溶解度越大，萃取率越高，速度快，时间短；在基体中的传质速率越大，萃取越完全，效率越高。

在超临界流体中加入少量其他溶剂可以改变其对溶质的溶解能力。通常加入量不超过10%，以加入极性溶剂如甲醇、异丙醇等居多。这样可使超临界流体萃取技术的应用范围扩大到极性较大的化合物。

本 章 小 结

1. 基本概念

了解定量分离、回收率的基本概念；了解常见的分离方法和原理。

2. 掌握各种分离方法及其应用

沉淀分离法：常规沉淀分离法和均相沉淀分离法用于进行常量组分的分离，共沉淀分离法对微量组分进行分离和富集；了解沉淀分类法在分离生物大分子，特别是蛋白质和酶中的应用。溶剂萃取分离法：用螯合物或者离子缔合物萃取体系将亲水的无机离子转化成疏水的螯合物或者离子缔合物；掌握分配系数 K_D、分配比 D 和萃取率 E 等概念及其相互关系。了解离子交换树脂与离子间发生的交换反应而使离子分离的方法。掌握色谱法的类型(柱色谱、纸色谱和薄层色谱等)及应用。

化 学 视 野

完成复杂样品分析一般要经过样品制备(提取、纯化、浓缩)和分析检测(鉴别、检查、含量测定)等步骤。样品制备中的前处理技术远远不能适应分析测定技术的发展需要，往往成为分析技术的瓶颈，而分离富集是样品前处理的重要手段，因此也得到快速发展。

经典的分离富集技术在理论上和实践上不断完善发展，新的提取技术的发展也充满了活力。

在沉淀分离法方面，研究开发了许多新的沉淀剂，共沉淀富集痕量元素的技术成为重要的分离富集方法；研究开发了很多新的萃取体系，如离子对萃取体系；开发了螯合离子交换树脂及表面负载有固定螯合官能团的吸附富集技术。

发展快速、安全和更加环境友好的提取技术是发展趋势。环境友好型溶剂[包括超临界二氧化碳、亚临界水(SW)、离子液体(IL)等]的应用极大程度地降低了传统的有机溶剂萃取所带来的危害。对于液体样品，固相萃取(SPE)已取代液-液萃取(LLE)成为实验室最常用的技术。在其基础上还发展了固相微萃取(SPME)技术。最近较新的技术还有搅拌棒吸附萃取(SB-SE)、浊点技术(CPE)及膜萃取(ME)等。对于固态样品，加压溶剂萃取(PLE)作为索氏萃取(SE)的替代技术，已经被越来越多的实验室所采用。此外，还有微波辅助萃取(MAE)、超临界流体萃取(SFE)、基质固相分散萃取(MSPDE)和超声波辅助萃取(UAE)等。应用于挥发、半挥发有机污染物的顶空固相微萃取(HS-SPME)和顶空单滴微萃取(HS-SDME)等技术的研究也是目前比较活跃的领域。

色谱是当今研究最活跃、发展最快的分离技术。现代色谱分析将浓缩、分离、测定结合起来，成为复杂体系中组分、价态、化学性质相近的元素或化合物分离、测定的一种重要的分析技术。色谱在制备分离及提纯上也成为不可或缺的有力手段。20 世纪 50 年代兴起的气相色谱，20 世纪 60 年代发展的气相色谱-质谱(GC-MS)联用技术，20 世纪 70 年代崛起的高效液相色谱，20 世纪 80 年代初出现的超临界流体色谱及近几年急剧发展的毛细管区域电泳等，使色谱领域充满活力，成为分析化学中发展最快、应用最广的领域之一。

各种分离技术相互渗透，发展了新的分离富集方法。

萃取色谱法将萃取分离的选择性与色谱分离的高效性有机地结合起来。萃淋树脂是 20 世纪 70 年代发展起来的兼有离子交换和萃取两者优点的一类树脂，因此具有选择性好、分离效率高、易于实现自动化等特点，在分离分析上获得了广泛应用。

泡沫浮选分离技术。泡沫分离技术早在 1962 年就被用于矿物的浮选，但用于分析化学仅有十多年的历史。可以用于许多不溶性和可溶性物质的分离，它设备较简单，可以连续进行，一般在常温下操作，对低浓度组分的分离特别有效，可用于环境试样中痕量元素的富集。

液膜分离是 20 世纪 80 年代发展起来的化学分离方法。在液膜分离过程中，组分主要是依靠互不相溶的两液相间的选择性渗透、化学反应、萃取和吸附等机理而进行分离的。欲分离的组分从膜外相透过液膜进入膜内相而得到富集。这种方法将液-液萃取中的萃取和反萃步骤结合在一起，因此效率较溶剂萃取高。

分离富集技术与测量方法有机结合是当今分析化学发展的趋势之一。目前最有成效的进样-分离富集-检测有机结合的仪器是气相色谱仪、高效液相色谱仪、离子色谱仪及碳硫分析仪、测汞仪等。氢化物原子吸收、冷原子吸收是基于使待测元素形成氢化物或汞原子蒸气后直接原子化进而进行检测；阳极溶出法集分离富集与测定于一身，具有很高的灵敏度。

分离富集技术要尽可能简单、快速，要易于实现自动化。流动注射(FI)技术实现了样品自动引入、稀释和在线富集。流动注射分析(FIA)技术中，采用微型分离柱可以进行在线分析，也可以与溶剂萃取、膜分离、氢化物原子吸收、高效液相色谱等联用实现分离分析的自动化。

各种在线样品前处理技术得到快速发展。例如，膜分离技术与现代分析仪器结合，成为当代最具竞争力的 GC 或 MS 分析样品制备方法和技术之一。聚二甲基硅氧烷膜分离模块装置与质谱、气相色谱、气相色谱-质谱联用测定空气中挥发性有机物，可以直接进行在线测定。

发展化学形态分析的分离富集方法。自然界各种物质存在的元素常以不同物理化学形态出现，在生命科学、环境科学或材料科学中组分的状态是极其重要的因素，因此元素状态分析是分析化学的一个重要发展方向，形态的富集方法是研究的重要课题。

习　　题

一、简答题

1. 简述分离富集在分析化学中的重要意义。
2. 分别说明分配系数和分配比的重要意义。在溶剂萃取分离中为什么必须引入分配比这一参数？
3. 什么是离子交换树脂的交联度和交换容量？
4. 在离子交换分离法中，影响离子交换亲和力的主要因素有哪些？
5. 常用的膜分离方式有哪些？比较微滤与超滤的区别。
6. 如何萃取分离 R—COOH、R—NH$_2$ 和 RCOR？
7. 分析中常用的离子交换树脂有哪些类型？

二、计算题

1. 饮用水中常含有痕量氯仿。实验表明，取 100 mL 水，用 0.1 mL 戊烷萃取时的萃取率为 53%。取 10 mL 水用 1.0 mL 戊烷萃取时的萃取率为多少？

2. 称取 1.200 g H$^+$ 型阳离子交换树脂后，Ca^{2+} 和 Mg^{2+} 被交换至树脂上，流出液使甲基橙呈橙色为止。收集所有洗脱液，用甲基橙作指示剂，以 0.1000 mol · L^{-1} NaOH 标准溶液滴定，用去 22.10 mL，计算树脂的交换容量。

参 考 文 献

大连理工大学无机化学教研室.2018. 无机化学.6 版. 北京: 高等教育出版社.

邓玉良.2005. 小瑞典, 大化学: 谈瑞典对近代化学的贡献. 化学世界, 46(11): 702-704.

冯辉霞, 杨万明.2018. 无机及分析化学. 武汉: 华中科技大学出版社.

呼世斌, 黄蔷蕾.2010. 无机及分析化学.3 版. 北京: 高等教育出版社.

华中师范大学等.2011. 分析化学(上册).4 版. 北京: 高等教育出版社.

《化学发展简史》编写组.1980. 化学发展简史. 北京: 科学出版社.

黄蔷蕾, 冯贵颖.2008. 无机及分析化学习题精解与学习指南. 北京: 高等教育出版社.

黄志洵.2000. 波粒二象性理论的成就与存留问题. 北京广播学院学报(自然科学版), (4): 1-16.

吉林大学, 武汉大学, 南开大学.2019. 无机化学(下册).4 版. 北京: 高等教育出版社.

江南大学.2006. 无机及分析化学教程. 北京: 高等教育出版社.

李瑞祥, 曾红梅, 周向葛, 等.2019. 无机化学.2 版. 北京: 化学工业出版社.

凌永乐.2009. 化学元素的发现. 北京: 商务印书馆.

刘伟生.2013. 配位化学. 北京: 化学工业出版社.

刘艳.2001. 分析化学发展史. 哈尔滨学院学报, 22(4): 138-140.

陆玉琴, 季鸿昆.1987. 略论我国近代分析化学的发展史. 扬州师院学报(自然科学版), (4): 66-74.

南京大学无机及分析化学编写组.2015. 无机及分析化学.5 版. 北京: 高等教育出版社.

王学荣.2013. 对波粒二象性的理解和认识. 电子制作, (10): 220.

王治平.2009. 浅议"波粒二象性". 科技创新导报, (21): 200.

魏琴.2018. 无机及分析化学教程.2 版. 北京: 科学出版社.

武汉大学.2016. 分析化学.6 版. 北京: 高等教育出版社.

武汉大学无机及分析化学编写组.2016. 无机及分析化学.3 版. 武汉: 武汉大学出版社.

杨丙雨, 冯玉怀.2009. 中国古代的火试金法. 贵金属, 30(1): 59-62.

浙江大学.2019. 无机及分析化学.3 版. 北京: 高等教育出版社.

郑仁垟.2007. 固体表面上的化学过程: 2007 年诺贝尔化学奖简介. 大学化学, 22(6): 13-17.

钟国清.2014. 无机及分析化学.2 版. 北京: 科学出版社.

周程, 周雁翎.2011. 战略性新兴产业是如何育成的: 哈伯-博施合成氨法的发明与应用过程考察. 科学技术哲学研究, 28(1): 84-94.

朱兵, 陈洵欢, 张文俊, 等.2014. 中国合成氨行业清洁生产潜力分析. 清华大学学报(自然科学版), 54(3): 309-313.

朱玉军, 王香风, 王巧玲.2007.2007 年诺贝尔化学奖简介. 化学教育, 28(11): 3-5.

附　录

附录 I　一些常见单质、离子及化合物的热力学函数

（298.15 K，100 kPa）

物质	$\Delta_f H_m^\ominus /(kJ \cdot mol^{-1})$	$\Delta_f G_m^\ominus /(kJ \cdot mol^{-1})$	$S_m^\ominus /(J \cdot mol^{-1} \cdot K^{-1})$
Al(s)	0	0	28.33
Al^{3+}(ap)	−531	−485	−321.7
Al$_2$O$_3$(α, 刚玉)	−1675.7	−1582.3	50.92
Ag(s)	0	0	42.6
Ag$^+$(aq)	105.6	77.1	72.7
AgNO$_3$(s)	−124.4	−33.4	140.9
AgCl(s)	−127.0	−109.8	96.3
AgBr(s)	−100.4	−96.9	107.1
AgI(s)	−61.8	−66.2	115.5
Ba(s)	0	0	62.5
Ba^{2+}(aq)	−537.6	−560.8	9.6
BaCl$_2$(s)	−855.0	−806.7	123.7
BaSO$_4$(s)	−1473.2	−1362.2	132.2
Br$_2$(g)	30.9	3.1	245.5
Br$_2$(l)	0	0	152.2
C(石墨)	0	0	5.7
C(金刚石)	1.9	2.9	2.4
CO(g)	−110.5	−137.2	197.7
CO$_2$(g)	−393.51	−394.34	213.74
Ca(s)	0	0	41.6
Ca^{2+}(aq)	−542.8	−553.6	−53.1
CaCl$_2$(s)	−795.8	−748.8	108.4
CaCO$_3$(s)	−1206.92	−1128.8	92.90
CaO(s)	−635.09	−604.0	39.75
Ca(OH)$_2$(s)	−985.2	−897.5	83.4
CaSO$_4$(s)	−1425.2	−1313.4	108.4
Cl$_2$(g)	0	0	223.1
Cl$^-$(aq)	−167.2	−131.2	56.5
Cu(s)	0	0	33.2
Cu^{2+}(aq)	64.8	65.5	−99.6
CuO(s)	−157.3	−129.7	42.63

物质	$\Delta_f H_m^{\ominus}/(kJ \cdot mol^{-1})$	$\Delta_f G_m^{\ominus}/(kJ \cdot mol^{-1})$	$S_m^{\ominus}/(J \cdot mol^{-1} \cdot K^{-1})$
$Cu_2O(s)$	−168.6	−146.0	93.14
$F_2(g)$	0	0	202.8
$F^-(aq)$	−332.6	−278.8	−13.8
$Fe(s)$	0	0	27.3
$Fe^{2+}(aq)$	−89.1	−78.9	−137.7
$Fe^{3+}(aq)$	−48.5	−4.7	−315.9
$FeO(s)$	−272.0	−251.0	61.0
$Fe_3O_4(s)$	−1118.4	−1015.4	146.4
$Fe_2O_3(s)$	−824.2	−742.2	87.4
$Fe(OH)_2(s)$	−569.0	−486.5	88.0
$Fe(OH)_3(s)$	−823.0	−696.5	106.7
$H_2(g)$	0	0	130.68
$H^+(aq)$	0	0	0
$HCl(g)$	−92.3	−95.3	186.9
$HF(g)$	−273.3	−275.4	173.78
$HBr(g)$	−36.29	−53.41	98.70
$HI(g)$	265.5	1.720	6.6
$H_2O(g)$	−241.82	−228.58	188.83
$H_2O(l)$	−285.8	−237.1	70.0
$H_2S(g)$	−20.6	−33.4	205.8
$I_2(g)$	62.4	19.3	260.7
$I_2(s)$	0	0	116.1
$I^-(aq)$	−55.2	−51.6	111.3
$K(s)$	0	0	64.7
$K^+(aq)$	−252.4	−283.3	102.5
$KI(s)$	−327.9	−324.9	106.3
$KCl(s)$	−436.5	−408.5	82.6
$Mg(s)$	0	0	32.7
$Mg^{2+}(aq)$	−466.9	−454.8	−138.1
$MgO(s)$	−601.6	−569.3	27.0
$MnO_2(s)$	−520.0	−465.1	53.1
$Mn^{2+}(aq)$	−220.8	−228.1	−73.6
$N_2(g)$	0	0	191.6
$NH_3(g)$	−45.9	−16.4	192.8
$NH_4Cl(s)$	−314.4	−202.9	94.6
$NO(g)$	91.3	87.6	210.8
$NO_2(g)$	33.18	51.3	240.06
$N_2O(g)$	82.05	104.2	219.74
$Na(s)$	0	0	51.3

物质	$\Delta_f H_m^\ominus /(kJ \cdot mol^{-1})$	$\Delta_f G_m^\ominus /(kJ \cdot mol^{-1})$	$S_m^\ominus /(J \cdot mol^{-1} \cdot K^{-1})$
$Na^+(aq)$	−240.1	−261.9	59.0
$NaCl(s)$	−411.2	−384.1	72.1
$Na_2CO_3(s)$	−1130.7	−1044.4	134.98
$NaHCO_3(s)$	−950.8	−851.0	101.7
$NaNO_3(s)$	−467.9	−367.0	116.5
$O_2(g)$	0	0	205.14
$OH^-(aq)$	−230.0	−157.2	−10.8
$SO_2(g)$	−296.81	−300.1	248.22
$SO_3(g)$	−395.7	−371.1	256.8
$Zn(s)$	0	0	41.6
$Zn^{2+}(aq)$	−153.9	−147.1	−112.1
$ZnO(s)$	−350.46	−320.5	43.65
$CH_4(g)$	−74.81	−50.72	186.26
$C_2H_2(g)$	227.4	209.9	200.9
$C_2H_4(g)$	52.4	68.4	219.3
$C_2H_6(g)$	−84.0	−32.0	229.2
$C_6H_6(g)$	82.9	129.7	269.2
$C_6H_6(l)$	49.1	124.5	173.4
$CH_3OH(g)$	−201.0	−162.3	239.9
$CH_3OH(l)$	−239.2	−166.6	126.8
$HCHO(g)$	−108.6	−102.5	218.8
$HCOOH(l)$	−425.0	−361.4	129.0
$C_2H_5OH(g)$	−234.8	−167.9	281.6
$C_2H_5OH(l)$	−277.6	−174.8	160.7
$CH_3CHO(l)$	−192.2	−127.6	160.2
$CH_3COOH(l)$	−484.3	−389.9	159.8
$H_2NCONH_2(s)$	−333.1	−197.33	104.60
$C_6H_{12}O_6(s)$	−1273.3	−910.6	212.1
$C_{12}H_{22}O_{11}(s)$	−2226.1	−1544.6	360.2

附录 II　弱电解质解离常数

1. 常见弱酸的解离常数

弱酸名称	化学式	$K_a^\ominus$	$pK_a^\ominus$
砷酸	H_3AsO_4	$6.03 \times 10^{-3}(K_{a1}^\ominus)$	2.22
		$1.05 \times 10^{-7}(K_{a2}^\ominus)$	6.98
		$3.16 \times 10^{-12}(K_{a3}^\ominus)$	11.44

弱酸名称	化学式	$K_a^\ominus$	$pK_a^\ominus$
亚砷酸	$HAsO_2$	6.61×10^{-10}	9.18
硼酸	H_3BO_3	5.75×10^{-10}	9.24
焦硼酸	$H_2B_4O_7$	$1.0\times10^{-4}(K_{a1}^\ominus)$	4.00
		$1.0\times10^{-9}(K_{a2}^\ominus)$	9.00
碳酸	H_2CO_3 (CO_2+H_2O)	$4.36\times10^{-7}(K_{a1}^\ominus)$	6.35
		$4.68\times10^{-11}(K_{a2}^\ominus)$	10.33
氢氰酸	HCN	6.17×10^{-10}	9.21
次氯酸	$HClO$	2.88×10^{-8}	7.54
铬酸	H_2CrO_4	$1.8\times10^{-1}(K_{a1}^\ominus)$	0.74
		$3.16\times10^{-7}(K_{a2}^\ominus)$	6.50
氢氟酸	HF	6.61×10^{-4}	3.18
亚硝酸	HNO_2	5.13×10^{-4}	3.29
磷酸	H_3PO_4	$7.08\times10^{-3}(K_{a1}^\ominus)$	2.15
		$6.31\times10^{-8}(K_{a2}^\ominus)$	7.20
		$4.17\times10^{-13}(K_{a3}^\ominus)$	12.38
亚磷酸	H_3PO_3	$5.0\times10^{-2}(K_{a1}^\ominus)$	1.30
		$2.5\times10^{-7}(K_{a2}^\ominus)$	6.60
氢硫酸	H_2S	$1.07\times10^{-7}(K_{a1}^\ominus)$	6.97
		$1.26\times10^{-13}(K_{a2}^\ominus)$	12.90
亚硫酸	H_2SO_3 (SO_2+H_2O)	$1.29\times10^{-2}(K_{a1}^\ominus)$	1.90
		$6.16\times10^{-8}(K_{a2}^\ominus)$	7.21
偏硅酸	H_2SiO_3	$1.70\times10^{-10}(K_{a1}^\ominus)$	9.77
		$1.58\times10^{-12}(K_{a2}^\ominus)$	11.80
甲酸	$HCOOH$	1.77×10^{-4}	3.74
乙酸	CH_3COOH	1.74×10^{-5}	4.74
丙酸	C_2H_5COOH	1.35×10^{-5}	4.87

弱酸名称	化学式	$K_a^\ominus$	$pK_a^\ominus$
乳酸	$CH_3CHOHCOOH$	1.4×10^{-4}	3.86
苯甲酸	C_6H_5COOH	6.2×10^{-5}	4.21
草酸	$H_2C_2O_4$	$5.9\times10^{-2}(K_{a1}^\ominus)$	1.22
		$6.4\times10^{-5}(K_{a2}^\ominus)$	4.19
酒石酸	$[CH(OH)COOH]_2$	$9.1\times10^{-4}(K_{a1}^\ominus)$	3.04
		$4.3\times10^{-5}(K_{a2}^\ominus)$	4.37
邻苯二甲酸	$C_8H_6O_4$	$1.1\times10^{-3}(K_{a1}^\ominus)$	2.95
		$3.9\times10^{-5}(K_{a2}^\ominus)$	4.41
柠檬酸	$C_6H_8O_7$	$7.4\times10^{-4}(K_{a1}^\ominus)$	3.13
		$1.7\times10^{-5}(K_{a2}^\ominus)$	4.76
		$4.0\times10^{-7}(K_{a3}^\ominus)$	6.40
苯酚	C_6H_5OH	1.1×10^{-10}	9.95

2. 常见弱碱的解离常数

弱碱名称	化学式	$K_b^\ominus$	$pK_b^\ominus$
氢氧化铝	$Al(OH)_3$	$1.38\times10^{-9}(K_{b3}^\ominus)$	8.86
氢氧化银	$AgOH$	1.10×10^{-4}	3.96
氢氧化钙	$Ca(OH)_2$	$3.72\times10^{-3}(K_{b1}^\ominus)$	2.43
		$3.98\times10^{-2}(K_{b2}^\ominus)$	1.40
氨水	$NH_3 \cdot H_2O$	1.79×10^{-5}	4.75
甲胺	CH_3NH_2	4.20×10^{-4}	3.38
乙胺	$C_2H_5NH_2$	5.60×10^{-4}	3.25
三乙醇胺	$(HOCH_2CH_2)_3N$	5.80×10^{-7}	6.24
吡啶	C_5H_5N	1.70×10^{-9}	8.77
肼(联氨)	$N_2H_4 \cdot H_2O$	$3.0\times10^{-6}(K_{b1}^\ominus)$	5.52
		$7.6\times10^{-15}(K_{b2}^\ominus)$	14.12
羟胺	$NH_2OH \cdot H_2O$	9.12×10^{-9}	8.04
氢氧化锌	$Zn(OH)_2$	9.55×10^{-4}	3.02

附录Ⅲ　常见配离子的稳定常数

配离子	$K_f^{\ominus}$	配离子	$K_f^{\ominus}$
$[AgCl_2]^-$	1.10×10^5	$[Cu(en)_2]^{2+}$	1.00×10^{20}
$[AgI_2]^-$	5.50×10^{11}	$[Cu(NH_3)_2]^+$	7.24×10^{10}
$[Ag(CN)_2]^-$	1.26×10^{21}	$[Cu(NH_3)_4]^{2+}$	2.09×10^{13}
$[Ag(NH_3)_2]^+$	1.12×10^7	$[Fe(NCS)_2]^+$	2.29×10^2
$[Ag(SCN)_2]^-$	3.72×10^7	$[Fe(CN)_6]^{4-}$	1.00×10^{35}
$[Ag(S_2O_3)_2]^{3-}$	2.88×10^{13}	$[Fe(CN)_6]^{3-}$	1.00×10^{42}
$[AlF_6]^{3-}$	6.90×10^{19}	$[FeF_6]^{3-}$	1.00×10^{16}
$[Au(CN)_2]^-$	1.99×10^{38}	$[HgCl_4]^{2-}$	1.17×10^{15}
$[Ca(EDTA)]^{2-}$	1.00×10^{11}	$[HgI_4]^{2-}$	6.76×10^{29}
$[Cd(en)_2]^{2+}$	1.23×10^{10}	$[Hg(CN)_4]^{2-}$	2.51×10^{41}
$[Cd(NH_3)_4]^{2+}$	2.78×10^7	$[Mg(EDTA)]^{2-}$	4.37×10^8
$[Co(NCS)_4]^{2-}$	1.00×10^3	$[Ni(CN)_4]^{2-}$	1.99×10^{31}
$[Co(NH_3)_6]^{2+}$	1.29×10^5	$[Ni(NH_3)_6]^{2+}$	5.50×10^8
$[Co(NH_3)_6]^{3+}$	1.58×10^{35}	$[Zn(CN)_4]^{2-}$	5.01×10^{16}
$[Cu(CN)_2]^-$	1.00×10^{24}	$[Zn(NH_3)_4]^{2+}$	2.88×10^9

附录Ⅳ　EDTA 的酸效应系数 $\lg\alpha_{Y(H)}$

pH	$\lg\alpha_{Y(H)}$	pH	$\lg\alpha_{Y(H)}$	pH	$\lg\alpha_{Y(H)}$	pH	$\lg\alpha_{Y(H)}$	pH	$\lg\alpha_{Y(H)}$
0.0	23.64	1.6	15.11	3.2	10.14	4.8	6.84	6.4	4.06
0.1	23.06	1.7	14.68	3.3	9.92	4.9	6.65	6.5	3.92
0.2	22.47	1.8	14.27	3.4	9.70	5.0	6.45	6.6	3.79
0.3	21.89	1.9	13.88	3.5	9.48	5.1	6.26	6.7	3.67
0.4	21.32	2.0	13.51	3.6	9.27	5.2	6.07	6.8	3.55
0.5	20.75	2.1	13.16	3.7	9.06	5.3	5.88	6.9	3.43
0.6	20.18	2.2	12.82	3.8	8.85	5.4	5.69	7.0	3.32
0.7	19.62	2.3	12.50	3.9	8.65	5.5	5.51	7.1	3.21
0.8	19.08	2.4	12.19	4.0	8.44	5.6	5.33	7.2	3.10
0.9	18.54	2.5	11.90	4.1	8.24	5.7	5.15	7.3	2.99
1.0	18.01	2.6	11.62	4.2	8.04	5.8	4.98	7.4	2.88
1.1	17.49	2.7	11.35	4.3	7.84	5.9	4.81	7.5	2.78
1.2	16.98	2.8	11.09	4.4	7.64	6.0	4.65	7.6	2.68
1.3	16.49	2.9	10.84	4.5	7.44	6.1	4.49	7.7	2.57
1.4	16.02	3.0	10.60	4.6	7.24	6.2	4.34	7.8	2.47
1.5	15.55	3.1	10.37	4.7	7.04	6.3	4.20	7.9	2.37

pH	$\lg\alpha_{Y(H)}$	pH	$\lg\alpha_{Y(H)}$	pH	$\lg\alpha_{Y(H)}$	pH	$\lg\alpha_{Y(H)}$	pH	$\lg\alpha_{Y(H)}$
8.0	2.27	8.9	1.38	9.8	0.59	10.7	0.13	11.6	0.02
8.1	2.17	9.0	1.28	9.9	0.52	10.8	0.11	11.7	0.02
8.2	2.07	9.1	1.19	10.0	0.45	10.9	0.09	11.8	0.01
8.3	1.97	9.2	1.10	10.1	0.39	11.0	0.07	11.9	0.01
8.4	1.87	9.3	1.01	10.2	0.33	11.1	0.06	12.0	0.01
8.5	1.77	9.4	0.92	10.3	0.28	11.2	0.05	12.1	0.01
8.6	1.67	9.5	0.83	10.4	0.24	11.3	0.04	12.2	0.005
8.7	1.57	9.6	0.75	10.5	0.20	11.4	0.03	13.0	0.0008
8.8	1.48	9.7	0.67	10.6	0.16	11.5	0.02	13.9	0.0001

附录Ⅴ　部分金属离子的水解效应系数 $\lg\alpha_{M(OH)}$

金属离子	pH													
	1	2	3	4	5	6	7	8	9	10	11	12	13	14
Al^{3+}					0.4	1.3	5.3	9.3	13.3	17.3	21.3	25.3	29.3	33.3
Bi^{3+}	0.1	0.5	1.4	2.4	3.4	4.4	5.4							
Ca^{2+}													0.3	1.0
Cd^{2+}									0.1	0.5	2.0	4.5	8.1	12.0
Co^{2+}								0.1	0.4	1.1	2.2	4.2	7.2	10.2
Cu^{2+}								0.2	0.8	1.7	2.7	3.7	4.7	5.7
Fe^{2+}									0.1	0.6	1.5	2.5	3.5	4.5
Fe^{3+}			0.4	1.8	3.7	5.7	7.7	9.7	1.7	13.7	15.7	17.7	19.7	21.7
Hg^{2+}			0.5	1.9	3.9	5.9	7.9	9.9	11.9	13.9	15.9	17.9	19.9	21.9
La^{3+}										0.3	1.0	1.9	2.9	3.9
Mg^{2+}											0.1	0.5	1.3	2.3
Mn^{2+}										0.1	0.5	1.4	2.4	3.4
Ni^{2+}									0.1	0.7	1.6			
Th^{4+}				0.2	0.8	1.7	2.7	3.7	4.7	5.7	6.7	7.7	8.7	9.7
Pb^{2+}							0.1	0.5	1.4	2.7	4.7	7.4	10.4	13.4
Zn^{2+}									0.2	2.4	5.4	8.5	11.8	15.5

附录Ⅵ　常见难溶电解质的溶度积常数

化学式	$K_{sp}^{\ominus}$	化学式	$K_{sp}^{\ominus}$
AgBr	5.35×10^{-13}	Ag_2CrO_4	1.12×10^{-12}
Ag_2CO_3	8.46×10^{-12}	AgI	8.52×10^{-17}
AgCl	1.77×10^{-10}	Ag_3PO_4	8.89×10^{-17}

续表

化学式	$K_{sp}^{\ominus}$	化学式	$K_{sp}^{\ominus}$
Ag_2SO_4	1.2×10^{-5}	$FePO_4$	4×10^{-27}
Ag_2S	6.3×10^{-50}	FeS	6.3×10^{-18}
$Al(OH)_3$(无定形)	1.3×10^{-33}	Hg_2Cl_2	1.3×10^{-18}
$BaCO_3$	2.58×10^{-9}	$Hg_2(OH)_2$	2×10^{-24}
$BaCrO_4$	1.17×10^{-10}	Hg_2I_2	5.2×10^{-29}
BaF_2	1.84×10^{-7}	Hg_2SO_4	6.5×10^{-7}
BaC_2O_4	1.6×10^{-7}	Hg_2S	1.0×10^{-47}
$Ba_3(PO_4)_2$	3.4×10^{-23}	HgS(红)	4.0×10^{-53}
$BaSO_4$	1.08×10^{-10}	HgS(黑)	1.6×10^{-52}
$BaSO_3$	5.0×10^{-10}	$MgNH_4PO_4$	2×10^{-13}
$Bi(OH)_3$	4.0×10^{-31}	$MgCO_3$	6.82×10^{-6}
$BiOCl$	1.8×10^{-31}	MgF_2	5.16×10^{-11}
Bi_2S_3	1.0×10^{-97}	$Mg(OH)_2$	5.61×10^{-12}
$CaCO_3$	3.36×10^{-9}	$MnCO_3$	2.24×10^{-11}
$CaC_2O_4 \cdot H_2O$	2.32×10^{-9}	$Mn(OH)_2$	1.9×10^{-13}
CaF_2	3.45×10^{-11}	MnS(无定形)	2.5×10^{-10}
$Ca(OH)_2$	5.5×10^{-6}	MnS(晶形)	2.5×10^{-13}
$Ca_3(PO_4)_2$	2.07×10^{-33}	$NiCO_3$	1.42×10^{-7}
$CaSO_4$	4.93×10^{-5}	$Ni(OH)_2$	2.0×10^{-15}
$CdCO_3$	1.0×10^{-12}	$\alpha\text{-}NiS$	3.2×10^{-19}
$Cd(OH)_3$	5.3×10^{-15}	$\beta\text{-}NiS$	1.0×10^{-24}
CdS	8.0×10^{-27}	$PbBr_2$	6.6×10^{-6}
$Cr(OH)_3$	6.3×10^{-31}	$PbCO_3$	7.4×10^{-14}
$CoCO_3$	1.4×10^{-13}	PbC_2O_4	4.8×10^{-10}
$Co(OH)_2$	1.6×10^{-15}	$PbCl_2$	1.7×10^{-5}
$\alpha\text{-}CoS$	4.0×10^{-21}	$PbCrO_4$	2.8×10^{-13}
$\beta\text{-}CoS$	2.0×10^{-25}	PbI_2	9.8×10^{-9}
$CuBr$	6.27×10^{-9}	$Pb_3(PO_4)_2$	8.0×10^{-40}
$CuCl$	1.72×10^{-7}	$PbSO_4$	2.53×10^{-8}
$CuCN$	3.47×10^{-20}	PbS	8.0×10^{-28}
$CuCO_3$	1.4×10^{-10}	$Sn(OH)_2$	5.45×10^{-27}
CuI	1.27×10^{-12}	$Sn(OH)_4$	1.0×10^{-56}
$CuOH$	1.0×10^{-14}	SnS	1.0×10^{-25}
$Cu(OH)_2$	2.2×10^{-20}	$ZnCO_3$	1.46×10^{-10}
Cu_2S	2.5×10^{-48}	ZnC_2O_4	2.7×10^{-8}
CuS	6.3×10^{-36}	$Zn(OH)_2$	1.2×10^{-17}
$Fe(OH)_2$	4.87×10^{-17}	$\alpha\text{-}ZnS$	1.6×10^{-24}
$Fe(OH)_3$	2.79×10^{-39}	$\beta\text{-}ZnS$	2.5×10^{-22}

附录Ⅶ　常见电对的标准电极电势(298.15 K)

1. 酸性介质

电对	电极反应	$\varphi_A^\ominus$ / V
Ag^+/Ag	$Ag^+ + e^- \rightleftharpoons Ag$	0.799
$AgBr/Ag$	$AgBr + e^- \rightleftharpoons Ag + Br^-$	0.071
$AgCl/Ag$	$AgCl + e^- \rightleftharpoons Ag + Cl^-$	0.222
AgI/Ag	$AgI + e^- \rightleftharpoons Ag + I^-$	−0.152
Al^{3+}/Al	$Al^{3+} + 3e^- \rightleftharpoons Al$	−1.622
Ba^{2+}/Ba	$Ba^{2+} + 2e^- \rightleftharpoons Ba$	−2.906
BaO_2/Ba	$BaO_2 + 4H^+ + 2e^- \rightleftharpoons Ba^{2+} + 2H_2O$	2.365
Be^{2+}/Be	$Be^{2+} + 2e^- \rightleftharpoons Be$	−1.847
$Br_2(l)/Br^-$	$Br_2(l) + 2e^- \rightleftharpoons 2Br^-$	1.065
BrO_3^-/Br^-	$BrO_3^- + 6H^+ + 6e^- \rightleftharpoons Br^- + 3H_2O$	1.44
$BrO_3^-/Br_2(l)$	$2BrO_3^- + 12H^+ + 10e^- \rightleftharpoons Br_2(l) + 6H_2O$	1.52
Ca^{2+}/Ca	$Ca^{2+} + 2e^- \rightleftharpoons Ca$	−2.866
Cd^{2+}/Cd	$Cd^{2+} + 2e^- \rightleftharpoons Cd$	−0.403
Ce^{3+}/Ce	$Ce^{3+} + 3e^- \rightleftharpoons Ce$	−2.483
ClO_3^-/Cl^-	$ClO_3^- + 6H^+ + 6e^- \rightleftharpoons Cl^- + 3H_2O$	1.45
ClO_3^-/Cl_2	$2ClO_3^- + 12H^+ + 10e^- \rightleftharpoons Cl_2 + 6H_2O$	1.47
ClO_4^-/ClO_3^-	$ClO_4^- + 2H^+ + 2e^- \rightleftharpoons ClO_3^- + H_2O$	1.19
ClO_4^-/Cl_2	$2ClO_4^- + 16H^+ + 14e^- \rightleftharpoons Cl_2 + 8H_2O$	1.34
ClO_4^-/Cl^-	$ClO_4^- + 8H^+ + 8e^- \rightleftharpoons Cl^- + 4H_2O$	1.38
Cl_2/Cl^-	$Cl_2 + 2e^- \rightleftharpoons 2Cl^-$	1.36
Co^{2+}/Co	$Co^{2+} + 2e^- \rightleftharpoons Co$	−0.277
Cr^{2+}/Cr	$Cr^{2+} + 2e^- \rightleftharpoons Cr$	−0.913
Cr^{3+}/Cr	$Cr^{3+} + 3e^- \rightleftharpoons Cr$	−0.744
$Cr_2O_7^{2-}/Cr^{3+}$	$Cr_2O_7^{2-} + 14H^+ + 6e^- \rightleftharpoons 2Cr^{3+} + 7H_2O$	1.33
Cs^+/Cs	$Cs^+ + e^- \rightleftharpoons Cs$	−2.923

电对	电极反应	$\varphi_A^\ominus / V$
Cu^+/Cu	$Cu^+ + e^- \rightleftharpoons Cu$	0.521
Cu^{2+}/Cu^+	$Cu^{2+} + e^- \rightleftharpoons Cu^+$	0.153
Cu^{2+}/Cu	$Cu^{2+} + 2e^- \rightleftharpoons Cu$	0.337
$Cu^{2+}/CuCl$	$Cu^{2+} + Cl^- + e^- \rightleftharpoons CuCl$	0.538
Cu^{2+}/CuI	$Cu^{2+} + I^- + e^- \rightleftharpoons CuI$	0.88
$F_2/HF(aq)$	$F_2 + 2H^+ + 2e^- \rightleftharpoons 2HF(aq)$	3.035
Fe^{2+}/Fe	$Fe^{2+} + 2e^- \rightleftharpoons Fe$	−0.440
Fe^{3+}/Fe^{2+}	$Fe^{3+} + e^- \rightleftharpoons Fe^{2+}$	0.771
$[Fe(CN)_6]^{3-}/[Fe(CN)_6]^{4-}$	$[Fe(CN)_6]^{3-} + e^- \rightleftharpoons [Fe(CN)_6]^{4-}$	0.361
H^+/H_2	$2H^+ + 2e^- \rightleftharpoons H_2$	0.000
$H_3AsO_4/HAsO_2$	$H_3AsO_4 + 2H^+ + 2e^- \rightleftharpoons HAsO_2 + 2H_2O$	0.56
$HClO/Cl_2$	$2HClO + 2H^+ + 2e^- \rightleftharpoons Cl_2 + 2H_2O$	1.63
Hg_2^{2+}/Hg	$Hg_2^{2+} + 2e^- \rightleftharpoons 2Hg$	0.788
Hg^{2+}/Hg	$Hg^{2+} + 2e^- \rightleftharpoons Hg$	0.854
Hg^{2+}/Hg_2^{2+}	$2Hg^{2+} + 2e^- \rightleftharpoons Hg_2^{2+}$	0.920
Hg_2Cl_2/Hg	$Hg_2Cl_2 + 2e^- \rightleftharpoons 2Hg + 2Cl^-$	0.268
$HgCl_2/Hg_2Cl_2$	$2HgCl_2 + 2e^- \rightleftharpoons Hg_2Cl_2 + 2Cl^-$	0.63
HIO/I^-	$HIO + H^+ + 2e^- \rightleftharpoons I^- + H_2O$	0.99
HNO_2/NO	$HNO_2 + H^+ + e^- \rightleftharpoons NO + H_2O$	1.00
H_2O_2/H_2O	$H_2O_2 + 2H^+ + 2e^- \rightleftharpoons 2H_2O$	1.776
H_2SO_3/S	$H_2SO_3 + 4H^+ + 4e^- \rightleftharpoons S + 3H_2O$	0.450
I_2/I^-	$I_2 + 2e^- \rightleftharpoons 2I^-$	0.536
IO_3^-/I^-	$IO_3^- + 6H^+ + 6e^- \rightleftharpoons I^- + 3H_2O$	1.085
IO_3^-/I_2	$2IO_3^- + 12H^+ + 10e^- \rightleftharpoons I_2 + 6H_2O$	1.195
K^+/K	$K^+ + e^- \rightleftharpoons K$	−2.925
La^{3+}/La	$La^{3+} + 3e^- \rightleftharpoons La$	−2.522
Li^+/Li	$Li^+ + e^- \rightleftharpoons Li$	−3.045
Mg^{2+}/Mg	$Mg^{2+} + 2e^- \rightleftharpoons Mg$	−2.363

续表

电对	电极反应	$\varphi_A^\ominus$ / V
Mn^{2+}/Mn	$Mn^{2+} + 2e^- \Longrightarrow Mn$	-1.180
MnO_2/Mn^{2+}	$MnO_2 + 4H^+ + 2e^- \Longrightarrow Mn^{2+} + 2H_2O$	1.23
MnO_4^-/Mn^{2+}	$MnO_4^- + 8H^+ + 5e^- \Longrightarrow Mn^{2+} + 4H_2O$	1.507
MnO_4^-/MnO_2	$MnO_4^- + 4H^+ + 3e^- \Longrightarrow MnO_2 + 2H_2O$	1.695
Na^+/Na	$Na^+ + e^- \Longrightarrow Na$	-2.714
$NaBiO_3/Bi^{3+}$	$NaBiO_3 + 6H^+ + 2e^- \Longrightarrow Bi^{3+} + Na^+ + 3H_2O$	2.03
Ni^{2+}/Ni	$Ni^{2+} + 2e^- \Longrightarrow Ni$	-0.250
NO_3^-/NO_2	$NO_3^- + 2H^+ + e^- \Longrightarrow NO_2 + H_2O$	0.80
NO_3^-/HNO_2	$NO_3^- + 3H^+ + 2e^- \Longrightarrow HNO_2 + H_2O$	0.934
NO_3^-/NO	$NO_3^- + 4H^+ + 3e^- \Longrightarrow NO + 2H_2O$	0.96
O_2/H_2O	$O_2 + 4H^+ + 4e^- \Longrightarrow 2H_2O$	1.229
O_2/H_2O_2	$O_2 + 2H^+ + 2e^- \Longrightarrow H_2O_2$	0.682
Pb^{2+}/Pb	$Pb^{2+} + 2e^- \Longrightarrow Pb$	-0.13
PbO_2/Pb^{2+}	$PbO_2 + 4H^+ + 2e^- \Longrightarrow Pb^{2+} + 2H_2O$	1.455
$PbSO_4/Pb$	$PbSO_4 + 2e^- \Longrightarrow Pb + SO_4^{2-}$	-0.359
Rb^+/Rb	$Rb^+ + e^- \Longrightarrow Rb$	-2.925
$S/H_2S(aq)$	$S + 2H^+ + 2e^- \Longrightarrow H_2S$	0.142
Sc^{3+}/Sc	$Sc^{3+} + 3e^- \Longrightarrow Sc$	-2.077
Sn^{2+}/Sn	$Sn^{2+} + 2e^- \Longrightarrow Sn$	-0.14
Sn^{4+}/Sn^{2+}	$Sn^{4+} + 2e^- \Longrightarrow Sn^{2+}$	0.151
SO_4^{2-}/H_2SO_3	$SO_4^{2-} + 4H^+ + 2e^- \Longrightarrow H_2SO_3 + H_2O$	0.172
$SO_4^{2-}/S_2O_3^{2-}$	$2SO_4^{2-} + 10H^+ + 8e^- \Longrightarrow S_2O_3^{2-} + 5H_2O$	0.29
$S_2O_3^{2-}/S$	$S_2O_3^{2-} + 6H^+ + 4e^- \Longrightarrow 2S + 3H_2O$	0.465
$S_2O_8^{2-}/SO_4^{2-}$	$S_2O_8^{2-} + 2e^- \Longrightarrow 2SO_4^{2-}$	2.01
$S_4O_6^{2-}/S_2O_3^{2-}$	$S_4O_6^{2-} + 2e^- \Longrightarrow 2S_2O_3^{2-}$	0.08
Sr^{2+}/Sr	$Sr^{2+} + 2e^- \Longrightarrow Sr$	-2.888
Ti^{2+}/Ti	$Ti^{2+} + 2e^- \Longrightarrow Ti$	-1.628
Ti^{3+}/Ti	$Ti^{3+} + 3e^- \Longrightarrow Ti$	-1.21

续表

电对	电极反应	$\varphi_A^\ominus$ / V
V^{2+}/V	$V^{2+} + 2e^- \Longrightarrow V$	-1.186
VO_2^+/VO^{2+}	$VO_2^+ + 2H^+ + e^- \Longrightarrow VO^{2+} + H_2O$	1.000
VO_4^{3-}/VO^{2+}	$VO_4^{3-} + 6H^+ + e^- \Longrightarrow VO^{2+} + 3H_2O$	1.031
VO_4^{3-}/VO^+	$VO_4^{3-} + 6H^+ + 2e^- \Longrightarrow VO^+ + 3H_2O$	1.256
XeF_2/Xe	$XeF_2 + 2H^+ + 2e^- \Longrightarrow Xe + 2HF$	2.64
Y^{3+}/Y	$Y^{3+} + 3e^- \Longrightarrow Y$	-2.372
Zn^{2+}/Zn	$Zn^{2+} + 2e^- \Longrightarrow Zn$	-0.763

2. 碱性介质

电对	电极反应	$\varphi_B^\ominus$/V
$[Ag(CN)_2]^-/Ag$	$[Ag(CN)_2]^- + e^- \Longrightarrow Ag + 2CN^-$	-0.31
$[Al(OH)_4]^-/Al$	$[Al(OH)_4]^- + 3e^- \Longrightarrow Al + 4OH^-$	-2.30
AsO_4^{3-}/AsO_2^-	$AsO_4^{3-} + 2H_2O + 2e^- \Longrightarrow AsO_2^- + 4OH^-$	-0.67
ClO^-/Cl_2	$2ClO^- + 2H_2O + 2e^- \Longrightarrow Cl_2 + 4OH^-$	0.49
ClO^-/Cl^-	$ClO^- + H_2O + 2e^- \Longrightarrow Cl^- + 2OH^-$	0.89
$[Co(NH_3)_6]^{3+}/[Co(NH_3)_6]^{2+}$	$[Co(NH_3)_6]^{3+} + e^- \Longrightarrow [Co(NH_3)_6]^{2+}$	0.108
$Co(OH)_3/Co(OH)_2$	$Co(OH)_3 + e^- \Longrightarrow Co(OH)_2 + OH^-$	0.17
$CrO_4^{2-}/[Cr(OH)_4]^-$	$CrO_4^{2-} + 4H_2O + 3e^- \Longrightarrow [Cr(OH)_4]^- + 4OH^-$	-0.13
$Cr(OH)_3/Cr$	$Cr(OH)_3 + 3e^- \Longrightarrow Cr + 3OH^-$	-1.34
$[Cu(CN)_2]^-/Cu$	$[Cu(CN)_2]^- + e^- \Longrightarrow Cu + 2CN^-$	-0.429
F_2/F^-	$F_2 + 2e^- \Longrightarrow 2F^-$	2.866
$Fe(OH)_2/Fe$	$Fe(OH)_2 + 2e^- \Longrightarrow Fe + 2OH^-$	-0.877
H_2O/H_2	$2H_2O + 2e^- \Longrightarrow H_2 + 2OH^-$	-0.828
HO_2^-/OH^-	$HO_2^- + H_2O + 2e^- \Longrightarrow 3OH^-$	0.867
$HSnO_2^-/Sn$	$HSnO_2^- + H_2O + 2e^- \Longrightarrow Sn + 3OH^-$	-0.909
MnO_4^-/MnO_4^{2-}	$MnO_4^- + e^- \Longrightarrow MnO_4^{2-}$	0.558
MnO_4^-/MnO_2	$MnO_4^- + 2H_2O + 3e^- \Longrightarrow MnO_2 + 4OH^-$	0.603
MnO_4^{2-}/MnO_2	$MnO_4^{2-} + 2H_2O + 2e^- \Longrightarrow MnO_2 + 4OH$	0.62

续表

电对	电极反应	$\varphi_B^{\ominus}/V$
O_2/OH^-	$O_2 + 2H_2O + 4e^- \rightleftharpoons 4OH^-$	0.401
S/S^{2-}	$S + 2e^- \rightleftharpoons S^{2-}$	−0.48
SO_3^{2-}/S	$SO_3^{2-} + 3H_2O + 4e^- \rightleftharpoons S + 6OH^-$	−0.59
$SO_3^{2-}/S_2O_3^{2-}$	$2SO_3^{2-} + 3H_2O + 4e^- \rightleftharpoons S_2O_3^{2-} + 6OH^-$	−0.571
SO_4^{2-}/SO_3^{2-}	$SO_4^{2-} + H_2O + 2e^- \rightleftharpoons SO_3^{2-} + 2OH^-$	−0.93
$[Zn(NH_3)_4]^{2+}/Zn$	$[Zn(NH_3)_4]^{2+} + 2e^- \rightleftharpoons Zn + 4NH_3$	−1.04
$[Zn(OH)_4]^{2-}/Zn$	$[Zn(OH)_4]^{2-} + 2e^- \rightleftharpoons Zn + 4OH^-$	−1.216

附录Ⅷ　部分电对的条件电极电势

电极反应	$\varphi_A^{\ominus\prime}/V$	介质
$Ag^+ + e^- \rightleftharpoons Ag$	0.228	$1\ mol \cdot L^{-1}\ HCl$
	0.59	$1\ mol \cdot L^{-1}\ NaOH$
$Ce^{4+} + e^- \rightleftharpoons Ce^{3+}$	1.70	$1\ mol \cdot L^{-1}\ HClO_4$
	1.61	$1\ mol \cdot L^{-1}\ HNO_3$
	1.44	$1\ mol \cdot L^{-1}\ H_2SO_4$
	1.28	$1\ mol \cdot L^{-1}\ HCl$
$Co^{3+} + e^- \rightleftharpoons Co^{2+}$	1.85	$4\ mol \cdot L^{-1}\ HNO_3$
$Cr^{3+} + e^- \rightleftharpoons Cr^{2+}$	−0.40	$5\ mol \cdot L^{-1}\ HCl$
$Cr_2O_7^{2-} + 14H^+ + 6e^- \rightleftharpoons 2Cr^{3+} + 7H_2O$	0.93	$0.1\ mol \cdot L^{-1}\ HCl$
	1.00	$1\ mol \cdot L^{-1}\ HCl$
	1.05	$2\ mol \cdot L^{-1}\ HCl$
	1.08	$3\ mol \cdot L^{-1}\ HCl$
$CrO_4^{2-} + 4H_2O + 3e^- \rightleftharpoons [Cr(OH)_4]^- + 4OH^-$	−0.12	$1\ mol \cdot L^{-1}\ NaOH$
$Fe^{3+} + e^- \rightleftharpoons Fe^{2+}$	0.70	$1\ mol \cdot L^{-1}\ HCl$
	0.64	$5\ mol \cdot L^{-1}\ HCl$
	0.68	$1\ mol \cdot L^{-1}\ H_2SO_4$
	0.732	$1\ mol \cdot L^{-1}\ HClO_4$
	0.46	$2\ mol \cdot L^{-1}\ H_3PO_4$
	0.70	$1\ mol \cdot L^{-1}\ HNO_3$
$I_3^- + 2e^- \rightleftharpoons 3I^-$	0.5446	$0.5\ mol \cdot L^{-1}\ H_2SO_4$
$MnO_4^- + 8H^+ + 5e^- \rightleftharpoons Mn^{2+} + 4H_2O$	1.45	$1\ mol \cdot L^{-1}\ HClO_4$
$O_2 + 2H_2O + 4e^- \rightleftharpoons 4OH^-$	0.41	$1\ mol \cdot L^{-1}\ NaOH$
$Pb^{2+} + 2e^- \rightleftharpoons Pb$	−0.32	$1\ mol \cdot L^{-1}\ NaAc$
	−0.14	$1\ mol \cdot L^{-1}\ HClO_4$

续表

电极反应	$\varphi_A^{\ominus\prime}/V$	介质
$Sn^{4+} + 2e^- \Longrightarrow Sn^{2+}$	0.14	$1\ mol \cdot L^{-1}\ HCl$
	−0.16	$1\ mol \cdot L^{-1}\ HClO_4$
$Ti^{4+} + e^- \Longrightarrow Ti^{3+}$	−0.05	$1\ mol \cdot L^{-1}\ H_3PO_4$
	−0.04	$1\ mol \cdot L^{-1}\ HCl$
	0.12	$1\ mol \cdot L^{-1}\ H_2SO_4$